제2판

분자생물학의 원리

Veer Bala Rastogi

역자 김상해 · 유병제 · 한승진

이 도서의 국립중앙도서관 출판예정도서목록(CIP)은 서지정보유통지원시스템 홈페이지(http://seoji.nl.go.kr)와 국가자료공동목록시스템(http://www.nl.go.kr/kolisnet)에서 이용하실 수 있습니다.
(CIP제어번호 : CIP2019046844)

This is a translation of *Principles of Molecular Biology 2nd edition* by Veer Bala Rastogi, published by MedTech, an Imprint of Scientific International PVT, LTD.

Copyright©2016 Rastogi & MedTech. All rights reserved. This book is protected by copyright. No part of this book may be reproduced or transmitted in any form or by any means, including as photocopies or scanned-in or other electronic copies, or utilized by any information storage and retrieval system without written permission from the copyright owner, except for brief quotations embodied in critical articles and reviews.

KOREAN language edition published by Bioscience Publishing Co., Ltd.

Copyright©2020. Bioscience Publishing Co., Ltd. All rights reserved.

이 도서의 한국어판 저작권은 Scientific International과의 독점 계약으로 ㈜바이오사이언스출판에 있습니다. 저작권법에 의해 보호를 받는 저작물이므로 무단전재와 무단복제를 금합니다.

분자생물학의 원리 제2판

초판 인쇄: 2020년 1월 20일
초판 발행: 2020년 1월 30일

저 자: Veer Bala Rastogi
역 자: 김상해 · 유병제 · 한승진
발행인: 문 정 구
발행처: (주)바이오사이언스출판
주 소: 06569 서울특별시 서초구 도구로 115, 1층(방배동)
전 화: (02)581-4057~8
팩 스: (02)581-4059
이메일: inquiry@biosciencepub.com
홈페이지: http://www.biobooks.co.kr
ISBN: 978-89-6824-095-9 (93470)

등록번호: 제22-3079호
값 28,000원

 **(주)바이오사이언스출판**

Principles of Molecular Biology second edition

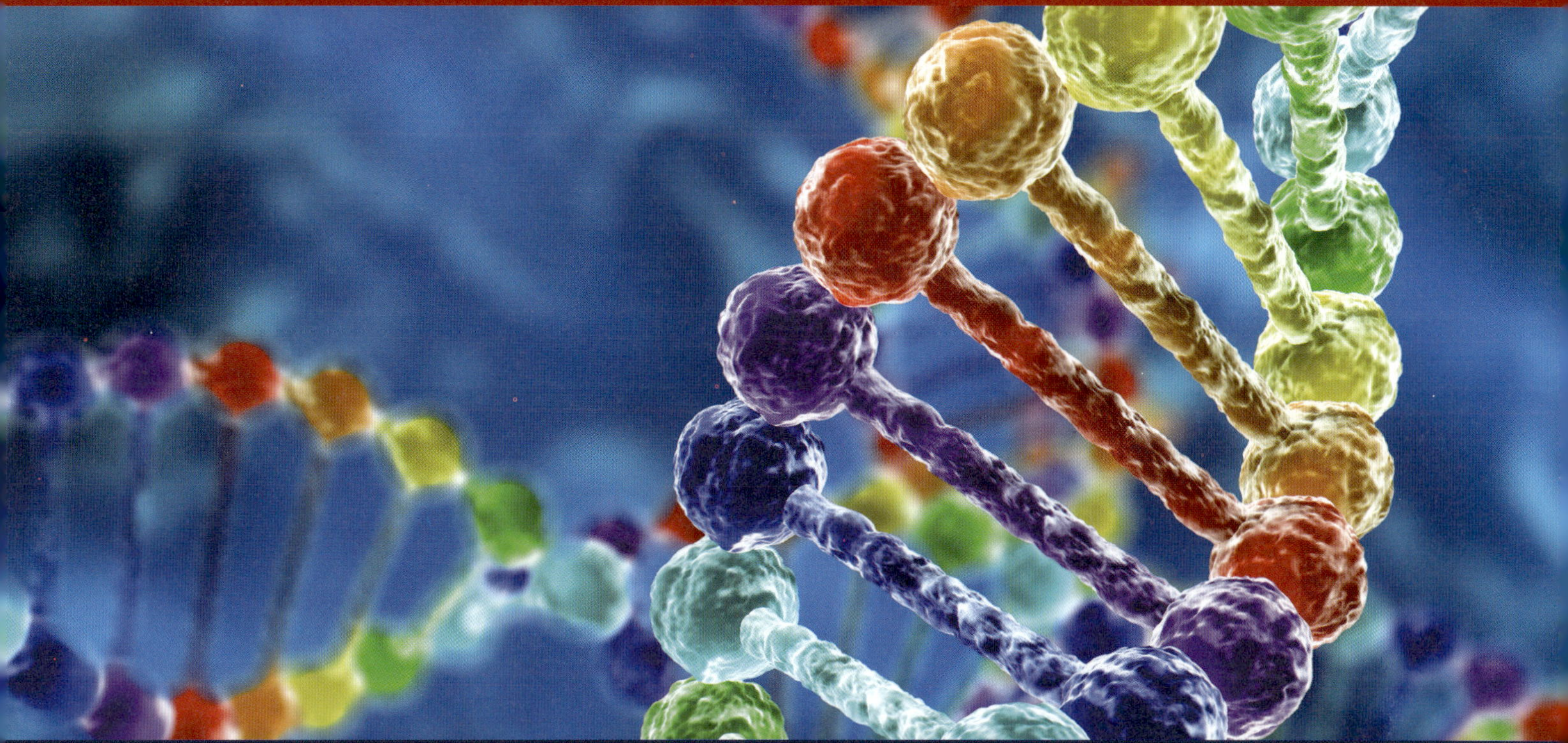

제2판

분자생물학의 원리

Veer Bala Rastogi

역자 김상해 · 유병제 · 한승진

BIO BIOSCIENCE (주)바이오사이언스출판

차례

서문

지난 세기 동안 생물학과 생화학 그리고 미생물학 분야에서 축적되어온 방대한 지식은 생명현상과 생물체에 대한 연구에 전반적인 혁신을 가져왔다. 현재 생명이란 분자들의 상호작용과 발현의 결과로 간주하며 모든 생물학적 과정은 세포 수준에서 일어나는 생화학 반응의 결과로 여긴다. 분자생물학의 기원은 화학과 생물학의 경이로운 통합에서 나온다. 분자생물학은 주로 유전자와 유전자 산물과 관련된 분자들을 주로 다룬다. 또한 생물 정보의 저장과 전달 그리고 발현 등의 기작을 분자 수준에서 이해하고 설명하는 것도 포함한다.

이 책은 위의 과정에 대한 기본적이고 축약되고 깊이 있는 정보를 분자 수준에서 제공하며 여기에는 생물 정보의 전달에 관련된 분자들의 분자 구조도 포함한다. 즉, DNA의 복제와 수선, 발현과 조절의 분자 기작 그리고 이 모든 과정에서의 단백질의 역할과 합성된 단백질이 여러 세포에서 활성을 나타나게 하거나 조절할 수 있는 기능을 갖는 단백질이 되도록 변형하는 과정들을 망라하고 있다.

이 책은 현대 학문의 자세하고 완전한 부분의 설명을 담고 있지는 않아서 교수와 전문연구자를 위한 참고 서적은 아니다. 그러나 이 책은 분자생물학의 기본과 응용을 효과적으로 소개하는 데 목적이 있으며 학부생과 대학원생에게 생물학의 원리의 최신 개념을 포함한 기본서가 될 것이다.

이 책은 17장으로 나누었다. 1장은 각 주제에 대한 짧은 소개와, 역사, 분자생물학의 탄생과 성장에서 다른 자연과학의 기여, 그리고 다른 생명과학들과의 관계를 다룬다.

2장과 3장은 생명의 화학적 기초와 여러 생물 분자들의 구조와 기능을 간단히 설명하고 있으며 4장은 거대분자를 분리하는 데 사용하는 여러 방법들과 연구를 소개한다. 5장과 6장, 8장 그리고 9장은 유전물질인 DNA와 구조, 수선 그리고 복제를 상세히 다룬다. 7장은 진핵생물 DNA가 단백질과 결합하여 핵단백질 섬유 또는 염색질을 형성하는 과정에 대해 설명한다. 10장과 11장은 리보핵산의 구조와 전사, 가공 그리고 생명체에서의 역할을 담고 있다. 12장에는 유전암호에 대해 설명하며 13장은 원핵생물과 진핵생물에서 단백질 합성의 여러 단계와 번역 기작을 다룬다.

14장은 바이러스와 원핵생물 그리고 진핵생물의 유전자 발현을 다루고 15장에서는 원핵생물과 진핵생물의 유전자 발현을 조절하는 다양한 기작에 대해 설명한다. 16장은 진핵생물의 유전자 발현의 조절에 대해 다루며 17장은 분자생물학의 분파로 발전한 재조합 DNA 기술과 이것이 인간에게 얼마나 유용하고 필수불가결한 것인지를 다룬다.

이 책에는 두 가지 이유에서 각 장에 참고문헌이나 추서를 달지 않았다. 첫째는 학부생이나 대학원생 수준에서 학생과 교수 모두 이런 교재의 참고문헌을 선호하지 않을 것이라는 생각이다. 학생들은 핵심적인 내용만 다루어도 충분하다. 둘째는 최신 참고문헌은 구글 검색을 통해 충분히 찾을 수 있기 때문이다.

저자는 오랜 강의 경험과 저술 경력을 바탕으로 적당하고 깔끔한 그림으로 이 책을 저술하고자 하였다. 각 주제들은 단순하고 명확하며 이해하기 쉽게 다루었다. 중요하고 부가적인 정보들은 교재 안에 부가 설명으로 다루었다.

이 책은 원고를 작성해가는 모든 단계에서 도움을 준 많은 지지자들의 협력과 따뜻한 관심이 없었다면 불가능하였을 겁니다. 저자는 그들에게 많은 빚을 지고 있으며 진심으로 감사를 드립니다.

학생과 교수님들께 이 책이 다음 개정판으로 더 증진할 수 있도록 건설적인 조언과 가감 없는 제언을 부탁합니다.

특히 이 책이 발간되도록 관심을 가져주신 Scientific International 출판사의 비노드 제인(Vinod Jain)과 라잔 제인(Rajan jaiin) 그리고 앞으로의 문제들을 매일같이 해결해 주기 위해 노력하는 비노드 차우한(Vinod Chauhan)께 진심으로 감사를 드립니다.

비어 바라 라스토기(Veer Bala Rastogi)

역자 서문

생물학 분야에서 분자생물학이 차지하는 중요성은 현 시대를 살아가는 생물학자에게는 너무나 당연한 것으로 여기고 있다. 이제는 생물의 주요 현상들에 대한 연구를 분자 수준에서 시작하여 궁극적으로 통합적인 관점으로 바라보는 단계에 이르렀다 여기에는 많은 자연과학의 발전과 기술의 개발이 초석이 되었다는 것을 누구도 부인할 수 없다. 19세기부터 20세기 중반까지 생물체를 구성하는 많은 분자들에 대한 연구가 있어 왔으며 특히 1953년에 왓슨과 크릭이 DNA 구조를 밝힘으로써 생물학의 발전은 급속도로 빨라지게 되었다. 우리나라도 1980년대 들어서면서 분자생물학을 기초로 한 유전공학 분야가 소개된 이후 전국의 생물학 관련 학과에서 새로운 학문에 대한 흥미와 열정이 지속적으로 높아져 오고 있다. 30여 년간 대학에서 분자생물학 또는 관련 과목으로 학생들을 가르쳐 오면서 늘 고민해온 것은 나날이 발전하는 학문의 이론과 발견을 시대에 뒤떨어지지 않게 강의를 하는 것이며, 그 다음은 강의의 특성에 따라 적합한 교재를 선정하는 것이었다.

이 책은 저자가 서문에 밝힌 대로 대학원생이나 교수들을 위한 것이라기보다 학부생들에게 도움이 되도록 저술되었다. 지금까지 발간된 분자생물학 교재는 그 내용이 방대하고 자세히 기술되어 전체 분량이 상당히 많은 편이었다. 이러한 책을 대학에서 교재로 선택하는 경우 보통 두 학기, 즉 일 년의 강의가 필요하다. 그러나 대학이나 학과의 특성상 한 학기 강의에 사용할 경우는 적절치 않을 수 있다. 이런 점에서 이 책은 분자생물학을 좀 더 요약하고 중심적인 내용만 간추려서 저술되었기에 한 학기용 분자생물학 교재로 사용하기에 적합하다고 생각된다. 이 책은 총 17장으로 구성되어 있으며 1장은 분자생물학에 대한 서론 부분으로 분자생물학의 역사와 다른 생물학 분야와의 관계 등을 소개하였다. 2장과 3장은 생명의 화학적 기초와 여러 생물 분자들의 구조와 기능을 설명하였고, 4장은 거대분자를 연구하는 데 필요한 방법들을 다루었다. 5장에서 9장까지는 유전물질인 DNA의 구조와 수선 그리고 복제와 같은 중요한 내용을 담고 있으며, 10장과 11장은 RNA와 전사과정을 설명하였다. 13장은 단백질 합성과정인 번역에 대해 다루고 14장에서 16장까지는 원핵생물과 진핵생물에서의 유전자의 발현과 조절을 다루었다. 마지막으로 17장은 유전공학과 재조합 DNA 기술들을 소개하였다.

이 책을 번역하는 데 참여하신 대구대학교의 유병재 교수님과 인제대학교의 한승진 교수님께 감사를 드린다. 저를 포함한 역자들은 약 1년 동안 완벽한 번역을 위해 힘쓰고 수차례의 교정과 검토를 통해 책의 완성도를 높이려고 애썼다. 모든 역자들이 한 해 동안 혼신의 노력을 기울여 책의 오역이나 탈자가 없도록 힘썼으나 그 와중에도 미흡한 부분이 있을 수 있다. 그런 부분들은 추후에 더 검토하여 수정함으로써 완전한 번역서가 되도록 힘쓰겠다. 이 책이 나오기까지 위에 언급한 역자들 외에도 (주)바이오사이언스출판의 홍수희 팀장님과 편집부 직원들의 열의 그리고 문정구 대표님과 정진열 부장님의 헌신적인 도움이 있었음을 밝힌다.

2019년 12월
역자를 대표한
김상해

역자 소개

대표역자
김상해
인제대학교 BNIT융합대학 바이오테크놀로지학부 bioshkim@inje.ac.kr

유병제
대구대학교 과학생명융합대학 생명과학과 bjyoo@daegu.ac.kr

한승진
인제대학교 BNIT융합대학 바이오테크놀로지학부 hansjin@inje.ac.kr

학습 목표

- 분자생물학 용어의 기원
- 컴퓨터 활용
- 분자생물학의 탄생
- 분자생물학의 발전
- 분자생물학의 확대
- 고전 분자생물학과 현대 분자생물학
- 유용한 실험 생물: 박테리아, 박테리오파지, 효모, 동물세포
- 생명과학에서의 분자생물학

분자생물학은 분자의 상호작용 면에서 생물학적 과정들을 이해하고 설명하는 생물학의 한 가지이다. 즉 생물학을 분자 수준에서 연구하는 것이다. 그러므로 분자생물학은 세포의 자세한 구조나 세포 소기관, 그리고 생물의 거대분자들에 관한 것이라기보다 그들의 기능과 합성에 관한 학문이다. 분자생물학은 **'유전자와 유전자 산물에 대한 생화학'**으로 규정할 수 있다. 이것은 분자생물학이 **유전학**(genetics)과 **생화학**(biochemistry) 그리고 **세포생물학**(cell biology)의 통합을 의미한다. 하나의 개체는 수많은 세포로 이루어져 있다. 세포가 포함하고 있는 단백질의 전체가 각 세포의 구조와 기능을 결정하며 단백질의 구성 성분인 아미노산의 서열이 단백질의 구조와 기능을 결정한다. 궁극적으로는 단백질의 아미노산 분자의 서열은 관련 유전자의 뉴클레오티드의 서열이 결정한다. 또한 분자생물학은 주로 유전정보의 전달과 발현의 기작을 이해하고 설명하는 것과 관련 있다고 할 수 있다. 사실 분자생물학은 새로운 원리라기보다 생명체와 생물 활성에 대한 새로운 관점의 방법이다.

초기에 세포학자와 유전학자 그리고 생화학자들은 각자 그들의 독립적이며 명확한 목표 그리고 연구 분야를 가지고 있었다. **세포학자**(cell biologists)는 세포 소기관의 구조와 기능에 관심을 갖고 특정 세포 구조를 만들고 작동하는데 특정 단백질이 어떻게 참여하는지를 연구하였다. **유전학자**(geneticists)는 유전자 산물을 찾고 분석하며 유전자의 유전 특성을 연구하였다. **생화학자**

(biochemists)는 단백질과 효소의 3차원 구조와 작용을 연구하였다. 지난 몇 세기 동안 분자생물학은 세 가지 분야의 집합과 통합을 통해 촉진되어 왔다.

1.1 분자생물학 용어의 기원

'분자생물학'이란 용어는 1938년 록펠더 재단에서 생물학과 생화학, 세포생물학 그리고 유전학에 자연과학적 도구를 적용한다는 계획을 설명하면서 만들어졌다. 1945년 이후에 **윌리엄 애스트버리**(William Astbury)가 이 용어를 생체 거대분자들의 화학적 그리고 물리학적 구조를 연구하는 데 사용하였다.

다음의 세 가지 주요 과학 분야가 분자생물학의 발전에 크게 기여하였다:

1. 기구와 기술
2. 방사성 동위원소와 형광 표지
3. 핵산과 효소학

1.2 컴퓨터의 활용

DNA의 뉴클레오티드 서열과 다른 종류의 단백질의 아미노산 서열을 분석하는 데 컴퓨터를 사용함으로써 분자생물학 분야를 폭넓게 확장시켰다. **생물정보학**(Bioinformatics), **유전체학**(Genomics) 그리고 **단백질체학**(Proteomics)은 분자생물학과 생명공학에서 가장 최근에 확장된 분야다. 이들 분야는 DNA의 뉴클레오티드 서열이나 단백질의 아미노산 서열 그리고 염색체의 유전자 서열 등과 같은 생물 정보의 저장, 가공 그리고 분석하는 데 컴퓨터를 활용한다.

1.3 분자생물학의 탄생

분자생물학은 유전학자가 유전자의 본질과 작동 기작을 찾고, 생화학자가 단백질과 효소가 세포에서 어떻게 합성되는지 그리고 유전자가 이 과정에 어떻게 관여하는지를 이해하려고 노력하는 중에 탄생하였다.

1. 생화학의 기여

분자생물학은 20세기 초반부터 과학자들이 세포 내의 분자 변화의 방법을 이해하고자 할 때 생리화학을 생화학으로 대체하면서 생겨났다.

첫 번째 실험은 1897년 독일 생화학자인 **에드워드 부흐너**(Edward Buchner)가 효모 세포 추출물로 시험관에서 당 발효 실험을 한 것이다. 그 이후 얼마 동안은 중요한 연구가 이루어지지 않았다. 20세기 초 중반에는 해당과정과 크렙스 회로와 같은 주요 대사 과정을 이해하는 것이 대표적이다. 1922년 독일 화학자인 **헤르만 슈타우딩거**(Hermann Staudinger)가 세포 내의 분자를 표현하기 위해 **거대분자**(macromolecule)란 용어를 도입하였다.

물리화학의 진전은 시험관에서 효소 작용을 연구하는 것을 가능케 하였다. 단백질과 효소의 결정을 분리하고 이 결정의 X선 회절상을 통하여 거대분자의 자세한 구조와 특정 활성 부위를 밝힐 수 있었다. 이는 항원-항체 반응의 개념과 **면역학**(science of immunology)의 발전에 기여하였다.

조지 웰스 비들(George Wells Beadle, 1903~1989)

2. 유전학의 기여

유전학 분야에서의 여러 가지 발견은 분자생물학이 탄생하는 데 크게 기여하였다. 1930년대에 염색체는 핵산과 단백질로 이루어져 있다고 밝혀졌다. 초기에는 단백질의 다양한 종류와 구조 때문에 유전자가 단백질일 것으로 여겼다. 핵산은 물질을 지지하거나 에너지를 저장하는 역할일 것으로 생각했다.

에드워드 라우리 테이텀 (Edward Lawrie Tatum, 1909~1975): 1유전자 1효소설 주장

유전자와 물질대사 사이의 정확한 관계는 1902년 **아치발드 게로드**(Archibald Garrod)가 그의 저서 '물질대사의 선천성 이상'을 통해 처음으로 밝혔다. **게로드**는 1909년 인간의 대사 이상의 화학적 본질을 정확히 밝힘으로써 유전학과 생화학의 관계를 확립하였다.

그러나 분자생물학의 발전은 박테리아와 박테리오파지 같은 단순한 시스템을 사용하여 기본적인 생물 과정들의 생화학적 기초를 이해한 이후에 가능해졌다. 1941년에 **조지 비들**(George Beadle)과 **에드워드 테이텀**(Edward Tatum)이 붉은빵곰팡이(*Neurospora*)에서 효소 합성을 조절하는 유전자를 찾았다. 이들은 **'1 유전자 1 효소설**(One gene one enzyme theory)'을 주장하였다. 그러나 1 유전자 1 효소설의 창시자는 미생물학자인 **프란츠 모바스**(Franz Moewas)로서 비들과 테이텀의 1 유전자 1 효소설보다 더 일찍 예측하였다.

마타 체이스(Martha Chase): DNA 분자 구조에 기여

1944년에 **에이버리**(Avery), **매클라우드**(MacLeod) 그리고 **매카티**(McCarty)가 유전자의 화학적 본질을 발견하면서 유전학과 생화학의 연관성을 더 강화시켰다. 이는 미생물에서 인간에 이르기까지 모든 생물은 DNA에 유전 정보를 담고 있으며 다음 세대의 자손에게 이를 전달한다는 사실을 밝혔다.

1940년과 1960년 사이에 박테리오파지를 연구한 과학자들은 DNA 구조를 밝히는 데 크게 기여하였다. **델브뤼크**(Delbruck), **펠릭스 데렐**(Felix d'Herelle) 그리고 **프레드릭 허쉬**(Frederick Hershey)와 **체이스**(Chase) 등이 DNA의 분자 구조를 밝히는 연구를 하였다. 1953년에 **왓슨**(Watson)과 **크릭**(Crick)이 **윌킨스**(M. H. F. Wilkins)와 **로절린드 프랭클린**(Rosalind Franklin)의 X선 회절 연구를 기초로 하여 DNA의 이중나선 구조를 밝혔다.

로절린드 프랭클린(Rosalind Franklin): DNA의 X선 회절 형태 작성

1950년대와 1960년대 기간 중 다음의 4가지 중요한 발견이 분자생물학을 더 확대시켰다:

- DNA 구조와 성질에 대한 설명
- 단백질 합성에서 여러 RNA의 구조와 역할
- 유전암호
- 유전자 조절 기작

위에 언급한 발견들은 박테리아(주로 대장균)과 바이러스나 박테리오파지 같은 단세포 생물과 같은 원핵생물에서 연구된 결과다. (1) **게로드**(Garrod)가 밝힌 사람에서 유전적 결함과 생화학적 이상 사이의 관련성과 (2) 붉은빵곰팡이(*Neurospora crassa*)의 생화학적 돌연변이체와 이들의 유전적 조절과 같은 연구들을 제외하면 진핵세포에서의 분자생물학의 다양한 지식들은 훨씬 더 최근에 알려졌다.

3. 분자생물학의 탄생에 물리학과 물리학자의 역할

물리학자와 연구원들은 거대분자의 분리와 그들의 구조를 밝히기 위한 기구와 기술들을 개발하고 발전시키면서 분자생물학 분야에 크게 기여하였다. 물리학자 **쉴라드**(Szilard)는 박테리아에서 유전자 조절을 분석하는 기술을 개발하였고, **조지 가모우**(George Gamow, 1954)는 DNA의 염기서열과 폴리펩티드 사슬의 아미노산 사이의 관계를 설명하는 유전암호를 판독하였다.

4. 분자생물학 분야에 기구와 생물학적 기술의 기여

초원심분리기와 분석용 원심분리기, 전자현미경, 전기영동, 크로마토그래피, X선 회절법, DNA 합성기, 그리고 컴퓨터 같은 기구들은 생물 분자와 세포 소기관 그리고 세포의 분자 구조를 분리하고 연구하는 데 많은 도움을 주었다. 또한 분광분석법과 자기방사법, 형광표지법 그리고 DNA 복제나 RNA 전사, RNA에서 단백질로의 번역 과정에 참여하는 여러 효소의 동정과 역할을 분석하는 기술들은 분자생물학 분야의 지식을 혁신시켰다.

초원심분리기는 물질과 거대분자 구조의 침강률을 측정하는 데 사용한다. 침강의 단위를 'S'라 한다. 이는 물질의 밀도를 나타낸다. 분석용 원심분리기는 1920년대 **테오도르 스베드베리**(Theodor Svedberg)가 개발하였다. 이는 거대분자나 작은 세포 소기관 또는 구성물의 분자량을 분석하는데 사용한다.

전자현미경은 1930년대 **크놀**(Knoll)과 **루스카**(Ruska)가 발명하였다. 전자현미경의 도움으로 바이러스와 거대분자 그리고 여러 세포 소기관들의 자세한 구조에 대한 연구가 가능해졌다. 1940년과 1950년대 사이에 다양한 **크로마토그래피**(chromatography) 방법이 개발되어 거대분자를 크기별로 분리하고 정제하는 데 도움을 주었다. 1906년에 **미하일 츠베트**(Mikhail Tswett)가 단순한 칼럼 크로마토그래피를 개발하였다. **어윈 샤가프**(Erwin Chargaff)는 다른 종에서 얻은 DNA의 염기 조성을 분석하기 위하여 종이 크로마토그래피 방법을 사용하였다.

어윈 샤가프(Erwin Chargaff)

세포 추출물을 원심분리기로 분리하여 분획을 얻은 뒤 각 분획을 전자현미경으로 연구하여 생화학적으로 분석을 하게 되면 세포 구조와 생화학적 기능 간의 연관성을 알 수 있다. **클로드**(Claude)와 **크리스티앙 드 뒤브**(Christian deDuve), **조지 펄레이드**(George Palade), **키스 포터**(Keith Porter) 등이 세포 소기관과 그들의 생화학적 조성 그리고 기능에 대한 초기 분석을 하였다.

1.4 분자생물학의 발전

분자생물학의 발전은 주로 20세기 동안 이루어졌다. 여기에는 DNA 분자 구조, DNA 기능과 복제 기작, 단백질 합성 기작과 조절 그리고 유전물질의 조작과 재조합 DNA의 합성과 새로운 숙주세포로의 도입 등을 이해하는 데 중요한 발견들이 포함되어 있다. 분자생물학의 발전 과정에서 획기적인 발견을 이끈 방법들은 다음과 같다:

1. 왓슨과 크릭은 DNA의 이중나선 구조를 밝혔다(1953)

이 업적은 다음의 중요한 연구에 기초한다.

(a) **로런스 브래그**(Lawrence Bragg)의 실험실에서 수행한 X선 회절 모습의 완성
(b) **윌킨스**(Wilkins)와 **프랭클린**(Franklin)이 밝힌 X선 회절 모습에 대한 연구
(c) DNA에는 아데닌과 티민, 그리고 시토신과 구아닌이 같은 농도를 가진다는 **샤가프**의 화학적 분석
(d) DNA의 염기들은 수소결합을 한다는 **굴랜드**(Gulland)의 결론

DNA의 이중나선 모델은 다음의 의문들에 대해 명확한 설명을 해준다.

- 유전정보가 어떻게 DNA의 뉴클레오티드 서열에서 암호화되는가?
- 유전정보가 어떻게 세포분열 과정에서 딸세포에게로 전달되는가?
- DNA 분자는 어떻게 정확하게 세대를 거쳐 복제되는가?

제임스 왓슨(James D. Watson)

2. 유전암호의 판독

왓슨과 **크릭**은 DNA의 염기서열과 DNA에서 합성되는 폴리펩티드 가닥의 아미노산 사이에 관련이 있다고 주장하였다. **가모우**는 세 개의 뉴클레오티드로 된 코돈의 개념을 설명하였다. 1957년에 **프란시스 크릭**(Francis Crick)과 **레슬리 오젤**(Leslie Orgel)이 코돈을 왼쪽에서 오른쪽으로 읽자고 제안하였고 1960년대의 가장 획기적인 발견은 유전암호 전체를 밝힌 것이다.

프란시스 크릭(Francis Crick)

3. 단백질 합성 기작

RNA 합성 기작(**전사**, transcription)과 폴리펩티드 가닥의 합성에서 여러 종류의 RNA들의 역할, 그리고 폴리펩티드 가닥의 합성(**번역**, translation) 기작에 대한 발견은 유전자와 형질의 관계를 확립하는 데 도움을 주었다. **마셜 니런버그**(Marshall Nirenberg)와 **요한 하인리히 마세이**(Johann Heinrich Mathei)는 1961년에 폴리 U를 가진 RNA로 시험관에서 단백질을 합성하였다. 그렇게 합성된 단백질은 페닐알라닌이란 단 한 종류의 아미노산으로 이루어진 가닥이었다.

4. 단백질 합성의 조절 기작

1941년 **비들**(Beadle)과 **테이텀**(Tatum)(1)은 붉은빵곰팡이(*Neurospora*)를 연구하면서 유전자 활성이 조절된다는 것을 밝혔다. 이후 1965년에 **자코브**(Jacob)과 **모노**(Monod) 그리고 **르워프**(Lwoff) 등이 원핵생물에서 유전자 조절의 '오페론 모델'을 만들어 노벨상을 수상했다.

1.5 분자생물학의 확대

1965년에서 1972년 사이에 분자생물학의 진전은 거의 없었다. 분자생물학에서의 중요한 진전은 1972년 이후 약 20년 동안 있었고 이 기간 동안의 가장 놀라운 발견들은 다음과 같다:

- 시험관에서 리보핵산 가수분해 효소 A의 합성
- 단백질들의 3차원적 구조 발견
- 복제와 전사 그리고 번역의 분자 기작과 *중합효소 I*과 *III*의 역할에 대한 완전한 해석
- 여러 종류의 RNA(mRNA, tRNA, rRNA)의 동정과 구조 그리고 역할
- 병리학 분야의 지식
- 시험관에서 DNA 합성
- 재조합 DNA를 만들기 위한 외래 DNA의 분리, 조작 그리고 연결

이 기간 동안 분자생물학자들은 단백질 합성 과정에 대한 '중심 원리(central dogma)'와 '역 원리(dogma reverse)'를 주창하였다. **생어**(Sanger)는 인슐린의 아미노산 서열을 밝히고 이후 mRNA의 염기 서열도 밝혔다. **하르 고빈드 코라나**(Har Gobind Khorana)는 시험관에서 처음으로 유전자를 합성했다. 분자생물학자들은 유전자를 분리하고 정제하는 기술들을 개발하였다.

많은 분자생물학자들이 고등생물에서 미생물의 기능과 발생 그리고 병원성 영향에 관심을 가졌다. 이러한 연구는 **약리학**(pharmacology)과 **신경생물학**(neurobiology), **내분비학**(endocrinology) 그리고 **면역학**(immunology)과 같은

분자생물학의 새로운 가지들이 만들어지도록 하였다. 또한 분자생물학자들은 발생 과정의 분화에 대한 분자적 기초에도 관심을 가졌다. 분자생물학의 확대에 가장 중요한 역할을 한 획기적 사건은 다음과 같다:

1. 재조합 DNA 기술과 유전공학

분자생물학자들은 원핵생물과 진핵생물의 세포 배양법을 개발하고 세포 소기관을 단편화하고 분리하며, 그리고 진핵생물 DNA를 분리해서 단편화하여 유전자 운반체 DNA에 연결하는 방법들을 개발함으로써 재조합 DNA를 만드는 것이 가능하게 되었다. 지금은 재조합 DNA나 cDNA를 박테리아나 진핵생물 세포로 전달하는 기술도 개발되었다. cDNA나 재조합 DNA를 가진 박테리아 세포는 사람의 여러 가지 호르몬(인슐린, 소마토스타틴, 사람 성장 호르몬)과 새로운 유기화합물의 합성 장소로 사용할 수 있다. 유전자 전달 기술은 과학자가 동물이나 사람의 결함 유전자를 정상 유전자로 대체할 수 있게 해준다. 이는 사람과 가축의 유전병을 치료하는 획기적인 방법이 될 것이다.

2. 분리 유전자의 발견과 유전자 이어맞추기 방법

리처드 로버트(Richard Roberts)와 **필립 샤프**(Philips Sharp)는 mRNA가 단백질로 번역되는 개시 과정에 중요한 mRNA상의 선도서열을 찾았다. **길버트**(Gilbert)는 진핵생물 유전자에 인트론과 엑손의 존재를 보고하였으며 진핵생물 DNA에 단백질 정보는 비암호서열 부분으로 분리된 암호서열 부분에 들어있다라는 개념을 제기했다. 암호서열 부분을 **엑손**(exon)이라 하고 비암호서열 부분은 **인트론**(intron)이라 부른다. 그래서 진핵생물 유전자는 **분리 유전자**(split genes)라 한다. 이들 mRNA의 1차 전사체에도 엑손과 인트론이 포함되어 있다. 1차 전사체의 성숙 과정에서 인트론이 제거되고 엑손은 이어맞추기가 된다.

분리 유전자의 개념은 분자생물학자에게 다음과 같은 기작을 이해하고 연구하는 데 도움을 준다:

- 정상 세포가 암세포로 형질전환되는 기작
- 노화 기작
- 세포 분화 동안 일어나는 조직화된 변화의 기작
- RNA의 촉매 역할 발견
- 돌연변이 기작

3. 헛유전자(pseudogenes)의 발견

클라우드 야크(Claude Jacq, 1977)가 헛유전자를 발견했다. 이는 유전자 중복으로 만들어진 진화적 산물로 생각되었으나 지금은 레트로바이러스의 역전사효소가 mRNA로부터 만든 결과로 여긴다.

4. 교정 기작의 발견

진핵세포에서 유전자의 전사로 만들어진 RNA 분자에는 기능이 없다는 것이 밝혀졌다. 이를 **1차 전사체**(primary transcripts)라 한다. 이들은 모든 인트론 부분의 제거와 엑손 부분의 이어맞추기, 5′ 말단에 메틸-G 캡의 첨가 그리고 3′ 말단에 폴리A 또는 폴리U의 첨가와 같은 과정을 통해 기능적인 형태로 바뀐다.

5. 발암유전자의 발견(발암유전자 패러다임)

1975년 즈음에 **로버트 휴브너**(Robert Huebner)와 **조지 토다로**(George Todaro)는 모든 사람 유전체 내에는 몇몇 레트로바이러스가 잠복하거나 발현하지 않는 상태로 존재하며 이들은 세대를 거쳐 전달된다고 주장하였다. 이들은 가끔 DNA나 RNA 바이러스에 의해 활성을 갖게 되고 발암유전자로 바뀐다.

1981년과 1984년 사이에 종양학자와 분자생물학자들은 자생적 암과 화학물질이나 바이러스에 의한 암에는 동일한 유전자가 관련이 있다는 것을 발견하고 '**세포성 발암유전자의 패러다임**(paradigm of cellular oncogenes)'을 확립하였다. 또한 동일한 발암유전자는 정상적인 세포 성장에 필요한 단백질을 만든다는 점을 주목하였다. 결국 정상적인 유전자가 암을 일으키는 유전자로 전환된다고 결론지었다. 발암유전자 패러다임에 대한 추가적인 정보들은 다음과 같다:

- 정상 유전자와 발암유전자의 유전체를 얻고 그들 사이의 미세한 유사성을 찾기 위해 비교
- 초기 암을 찾기 위한 확정 진단과 예후적 진단의 발전

6. DNA 지문 분석

지난 10년까지 주형가닥인 단선 DNA를 사용하거나 상보적인 가닥과 방사성 물질로 표지된 DNA나 RNA 탐침자를 만들기 위해 RNA 시발체(primer)에 뉴클레오티드를 첨가하는데 시험관에서 DNA 절편을 합성하여 왔다. 이는 강간 피해자와 살인범을 찾는 등의 법의학적인 많은 사례들을 해결하는 데 도움을 주었다. 전기영동법이 이 분야에 크게 기여하였다.

오늘날 많은 바이러스와 박테리아, 그리고 사람을 포함한 다세포 동물의 유전체 지도는 더 많은 연구와 조작을 위해 인터넷 상에서 이용이 가능하다. 분자생물학이 이 분야를 택한 사람들에게 밝은 미래를 제공하는 가장 발전이 크고 가장 흥미로운 학문 중 하나라는 데 의심하지 않는다.

분자생물학의 탄생과 성장 그리고 확대에 기여한 사람을 **표 1.1**에 나타내었다.

표 1.1 분자생물학 분야의 공로자 요약

1928	그리피스	생쥐에 폐렴을 일으키는 폐렴쌍구균(*Diplococcus pneumoniae*)의 형질전환 발견.
1934	쉴레징거	박테리오파지는 DNA와 단백질로 이루어졌음을 발표.
1941	비들, 테이텀	붉은빵곰팡이(*Neurospora*)의 생화학적 유전학에서 고전적 실험을 발표하고 '1유전자 1효소' 설을 확립.
1944	에이버리, 매클라우드, 매카티	폐렴쌍구균에서 형질전환 물질이 DNA임을 밝힘.
1950	샤가프	DNA 내에 아데닌 분자의 수는 티민의 수와 같고 시토신 분자의 수는 구아닌의 수와 같음을 밝힘.
1952	허쉬, 체이스	T2 박테리오파지의 DNA 만이 숙주세포로 들어가고 단백질 껍질은 밖에 남아 있다고 밝혀 1969년에 노벨상을 수상.
1953	왓슨, 크릭	DNA의 이중나선 구조 모델을 제시함. 두 나선이 퓨린과 피리미딘 사이에 수소결합으로 연결되어 서로 꼬인 구조를 가진다 라고 밝혀 1962년에 노벨상을 수상.
1955	오초아, 그룬버그-마나고	폴리뉴클레오티드 가인산분해효소(phosphorylase) 발견.
1956	기러, 슈럼	담배 모자이크 바이러스(TMV)의 유전물질이 RNA임을 밝힘.
1957	프랜켈-콘랫, 싱거	혼성 RNA 바이러스를 만들어 TMV의 유전물질이 RNA임을 입증.
1957	메셀슨, 스탈	왓슨과 크릭이 제안한 DNA의 반보존적 복제 모델을 증명.
1957	호글랜드, 자메닉, 스티븐슨	운반 RNA(tRNA)를 동정하고 기능에 대해 제안.
1958	비들, 테이텀	붉은빵곰팡이의 생화학적 유전학에 대한 기여로 노벨상 수상.
1958	레더버그, 테이텀	접합에 의한 박테리아의 재조합 과정을 발견하여 노벨상 수상.
1958	콘버그	대장균에서 DNA 중합효소를 발견: 1959년 노벨상 수상.
1958	크릭	분자유전학의 '중심 원리'를 발표.
1958~1959	이스베, 호로비츠 등	DNA 의존 RNA 중합효소 발견.
1959	진스하임	바이러스 ψ-X-174에서 단일가닥 DNA를 분리함.
1959	오초아, 콘버그	시험관에서 핵산을 합성하는 연구로 노벨상 수상.
1961	니런버그, 마타이	유전암호는 전령 RNA(mRNA)에 있다고 밝힘.
1961	크릭	유전암호는 세 문자로 된 코돈으로 되어 있다고 제안.
1961	자코브, 모노	유전자 발현에 대한 오페론 개념을 제시하고 1975년 노벨상 수상.
1962	왓슨, 크릭, 윌킨스	DNA의 3차원적 구조를 밝힌 공로로 노벨상 수상.
1964	테민	RNA 종양 바이러스에서 프로바이러스의 DNA를 확인하여 1975년 노벨상 수상.
1964	마아커, 생어	단백질 합성의 개시에 중요한 역할을 하는 아미노아실 tRNA를 발견.
1965	크릭	tRNA의 안티코돈의 동요 가설 주장. 이는 동일한 tRNA가 동일한 아미노산에 대한 여러 개의 코돈들을 인식한다는 설.
1965	자코브, 모노, 르워프	미생물 유전학에 기여; 바이러스에서 단백질 합성 기작을 발견하여 노벨상 수상.

(계속)

표 1.1 분자생물학 분야의 공로자 요약 (계속)

1966	코라나, 니런버그, 홀리	효소의 완전한 유전암호를 분석(1968년 노벨상 수상).
1969	조슈아 레더버그	사람과 식물의 염색체에 새로운 유전자를 도입시킬 수 있는 바이러스 고안.
1969	허쉬, 델브뤼크, 루리아	바이러스의 복제와 재조합 연구로 노벨 의학상 수여.
1969	브리튼, 데이비드슨	진핵생물에서 단백질 합성을 조절하는 유전자-건전지 모델을 제안.
1970	하워드 테민, 데이비드 볼티모어	종양 바이러스에서 RNA 주형으로부터 DNA가 합성됨을 밝힘; RNA 의존성 DNA 중합효소인 역전사효소를 발견하여 1975년에 노벨상 수상.
1970	네이선스, 스미스	제한효소를 분리(1978년 노벨상).
1970	크니퍼, 콘버그, 제프터, 리차드슨	DNA 중합효소 II 발견.
1971	서덜랜드	호르몬의 작용에서 고리형 AMP(cAMP)의 역할을 발견.
1972	머츠, 데이비스	DNA 연결효소가 절단된 DNA의 부착 말단을 대장균의 DNA와 연결시킬 수 있다는 것을 발견.
1972	스타인, 무어, 앤핀선	리보핵산 가수분해효소의 구조와 활성을 연구하여 노벨상 수상.
1972	포터, 에덜먼	항체의 화학적 구조를 밝혀 노벨상 수상.
1973	김성호	tRNA의 3차원적 구조를 밝힘.
1974	클라우드, 볼티모어	역전사효소의 초미세구조를 밝힘.
1974	콘버그, 토마스	'뉴클레오솜 개념'이란 염색질 구조에 대한 모델을 제시.
1975	둘베코	바이러스가 암의 병원체임을 제시.
1975	서던	특정 DNA 절편을 찾는 '서던 블롯화 기술'을 개발.
1975	프립노우	대장균의 DNA에서 프리나우 상자(Pribnow box) 또는 −10 서열을 발견.
1976	도네가와, 호즈미	항체 형성에서 DNA 재배열을 밝히고 이는 항체의 다양성과 관련이 있다고 밝힘; 1989년 노벨상 수상.
1977	맥삼, 길버트, 코울슨	DNA 염기서열 분석기술을 개발.
1977	참본, 레더, 플라벨	β-글로빈과 오발부민, 그리고 tRNA의 분리된 유전자 연구.
1977	호그니스, 데이비드, 데이비드슨	초파리의 28S rRNA의 분리된 유전자 연구.
1977	생어와 동료들	파지 ψ-X-174의 5387개의 전체 뉴클레오티드 서열을 밝혀 1980년 노벨상 수상.
1978	아르버, 네이선스, 스미스	제한효소 기술을 개발하여 노벨상 수상.
1978~1979	길버트	엑손과 인트론이란 용어를 사용.
1978	히넨 등	대장균의 플라스미드로 효모(*Saccharomyces cerevisiae*)를 형질전환 시키는 실험을 함.
1978	마이클 스미스	합성한 올리고뉴클레오티드로 자리 특이적 돌연변이화의 방법을 개발.

(계속)

표 1.1 분자생물학 분야의 공로자 요약 (계속)

1979	코로나	기능적인 유전자를 시험관에서 합성.
1979	알빈 등	RNA 띠를 분리하는 '노던 블롯화 기술'을 개발.
1979	토우빈 등	단백질 분자를 분리하는 '웨스턴 블롯화 기술'을 개발.
1980	길버트	재조합 DNA 기술과 DNA 염기서열 분석기술을 개량.
1982	클루그	tRNA의 3차원적 구조와 핵산-단백질 복합체의 구조를 밝혀 노벨상 수상.
1982	팔미터, 브린스터	유전공학으로 형질전환 생쥐를 만듦.
1983	매클린톡	옥수수 유전체에서 이동 요소(mobile element)를 설명하는 '도약 유전자 개념(jumping gene concept)'을 도입하여 노벨상 수상.
1983	체크, 올트먼	RNA가 효소와 촉매 기능을 가진다고 밝혀 1989년에 노벨상 수상.
1984	로버트 티얀	진핵생물 유전자의 조절과 관련된 SPI이란 DNA 결합 단백질을 발견.
1984	콜러, 밀스타인	단항체(monoclonal antibody) 개발.
1985	알렉 제프리	DNA 지문 분석법 개발.
1985	캐리 멀리스	유전자 클로닝에 이용하는 중합효소연쇄반응(PCR)과 열 안정 효소인 Taq-DNA 중합효소를 발견하여 1993년 노벨상 수상.
1987	스탠포드와 동료	외래 DNA를 식물세포로 도입할 수 있는 입자 발사 총을 개발.
1988	왓슨	인간 유전체 분석 프로젝트를 총괄.
1988	블랙, 엘리언, 히칭스	DNA 합성과 세포 분열을 저해하고 효율적인 항암 화학요법에 사용하는 6-머캅토퓨린과 티오구아닌과 같은 약제를 만들어 노벨상을 수상.
1989	추이, 콜린스 등	낭성 섬유증(cystic fibrosis) 유전자를 찾음.
1990	사이키	중합효소연쇄반응(PCR)을 개발.
1991	랄지 싱	하이데라바드의 CCMB에서 β KM-DNA 탐침자를 사용하여 새로운 DNA 지문 분석 기술을 개발.
1992	에드윈 크렙스, 에드먼드 피셔	가역적인 단백질 인산화가 생물학적 조절 기작으로 사용됨을 밝혀 노벨상 수상.
1993	로버츠, 샤프	분리된 유전자와 RNA 가공에 대한 연구로 노벨상 수상.
1993	체임벌린	DNA 주형에서 전사체의 신장에 대한 자벌레 모델 제시.
1994	길먼	'GTP-결합(G) 단백질'의 구조와 기능 연구.
1995	루이스 크리스티안, 뉘슬라인-폴하르트, 비샤우스	초기 배 발생에서 유전적 조절에 관한 연구로 노벨상 공동 수상.
1997	스탠리 프루시너	감염에 대한 새로운 생물학적 원리인 프리온(Prion)을 발견하여 노벨상 수상.
1999	권터 블로벨	세포 내의 단백질 분자의 운송과 위치는 내재성 신호에 의한다는 연구로 노벨상 수상.
2001	릴런드 하트웰, 티모시 헌트, 폴 너스	세포 주기의 조절에 대한 연구로 노벨상 수상.

(계속)

표 1.1 분자생물학 분야의 공로자 요약 (계속)

2002	시드니 브레너, 존 설스턴, 로버트 호비츠	기관 발생과 예정된 세포 사멸과 관련된 유전자 조절 기작을 밝혀 노벨상 수상.
2005	배리 마셜, 로빈 워런	위와 장의 궤양의 주원인이 박테리아란 것을 증명하여 노벨상 수상.
2006	로저 콘버그	진핵생물 전사의 분자적 기초를 연구하여 노벨상을 수상.
2006	앤드류 파이어, 크레이그 멜로	이중가닥 RNA에 의한 RNA 간섭 유전자 침묵을 발견하여 노벨 의학/생리학상을 수상.
2007	마틴 존 에번스, 매슈 코프먼, 마리오 카페키, 올리버 스미시스	낙아웃 생쥐와 생쥐에서 특수한 유전자 변형을 만들기 위해 배아 줄기 세포를 사용한 유전자 표적화 기술을 개발하여 노벨상을 수상.
2009	캐럴 위드니 그라이더, 엘리자베스 블랙번, 잭 윌리엄 조스택	**말단소체 중합효소**(telomerase)는 말단소체가 계속적으로 짧아짐을 방지한다는 것을 발견.

1.6 고전 분자생물학과 현대 분자생물학

1. 고전 분자생물학

이는 관찰 과학이며 단백질에 중점을 둔다. 3차원적 구조를 가진 단백질은 생물학적 과정에 특별한 요소이며 이들은 효소와 구조 단백질 그리고 조절 단백질로 작용한다.

2. 현대 분자생물학

이는 중재와 활동의 과학이다. 실험적 접근 방식을 통해 유전자의 뉴클레오티드 서열을 결정하고 이를 가지고 단백질의 아미노산 서열을 분석하게 된다.

여기에는 유사한 구조를 가지는 단백질 계통을 찾고 구조가 알려진 단백질의 기능과 이들 단백질의 합성에 관여하는 유전자의 구조를 결정하는 일들을 포함한다.

현대 분자생물학자들은 원핵생물과 진핵생물에서 유전자 발현의 조절 기작에 대해 연구해 왔다. 그들은 유전자 발현을 조절하는 유전자의 프로모터와 조절 부위의 상류에 결합하는 단백질의 조합을 찾았다. 분자생물학자들은 알이나 박테리아 세포 또는 생쥐 세포에 변형시킨 유전자나 돌연변이체 유전자를 도입시켜 유도되는 분자적 변형의 효과를 관찰할 수 있었다. 이러한 형질전환 개체에서 도입한 DNA의 기능과 도입한 유전자에서 합성되는 단백질을 조사할 수 있다.

1.7 분자생물학에 사용하는 유용한 실험 생물

생명 현상은 박테리아나 바이러스에서 사람에 이르기까지 모든 생명체에서 기본적으로 동일하다는 인식 하에 분자생물학 분야는 빠르게 성장했다. 그러므로 박테리아, 바이러스, 박테리오파지, 단세포 생물인 녹조류, 효모, 붉은빵곰팡이(*Neurospora*), 선형동물, 초파리, 애기장대(*Arabidopsis*)와 같은 식물 등과 같은 단순한 생물들을 분자적 연구에 사용하였다. 박테리아와 바이러스의 연구는 DNA 분자, DNA와 단백질과의 관계, 다양한 단백질의 작용, 여러 효소의 역할, 그리고 재조합 DNA 기술에 대한 많은 정보를 제공하였다. 또한 다양한 물질대사 과정과 모든 과정의 각 단계에 필요한 효소들도 단순한 미생물의 연구를 통해 얻었다. 이후 단순한 생물에 작동되는 기본적인 생물학적 원리들은 더 고등한 다세포 생물에게도 똑같이 적용됨을 알 수 있었다.

1. 박테리아: 가장 유용한 생물

박테리아는 단순하며 단세포 생물로서 세포질에 노출된 한 개의 염색체를 가진다. 박테리아는 진핵생물에 있는 핵이 없다. 박테리아의 염색체는 한 개의 환형의 이중나선 DNA이며 단백질 뼈대에 붙어 있다. DNA에는 진핵생물처럼 DNA에 결합하여 핵단백질 섬유나 염색질 섬유를 만드는 염기성 단백질은 없다. 박테리아에는 소포체(ER), 골지체, 미토콘드리아, 리소좀과 같은 세포 소기관도 없다.

박테리아는 다음과 같은 이유 때문에 분자생물학자들이 가장 유용하게 사용하는 실험 생물이다:

(1) 단순한 구조: 박테리아는 매우 단순한 구조를 가진다. 미토콘드리아, ER, 골지체, 리소좀, 엽록체와 같은 세포 소기관이 없다.

(2) 유전물질: 박테리아 세포는 세포질에 노출된 한 개의 환형 이중나선 DNA를 가진다. 전형적인 박테리아의 유전체에는 인트론이 없다. 단백질 암호 유전자는 오페론 형태로 배열되어 있다. 각 오페론에는 한 개 이상의 구조 유전자 또는 시스트론(cistron)과 함께 작동 부위, 조절 부위, 억제 유전자가 포함되어 있다. 그래서 한 오페론에서 전사되는 박테리아의 mRNA는 다중 시스트론이다.

(3) 배양: 박테리아는 액체 상태나 고형 상태로 배양 배지에서 쉽게 키울 수 있다. 박테리아는 한 세대당 분열 속도가 20분 정도로 빨리 자란다. 예로

서 대장균 세포 한 개가 적정 조건에서 20시간이 지나면 10^9개가 된다.

(4) 원영양체(prototrophs)와 영양요구체(auxotrophs): 박테리아는 최소배지에서 키울 수 있다. **최소배지**(minimal medium)에는 무기염과 포도당과 같은 탄소원만을 포함한다. 여기에는 아미노산과 비타민, 단백질 등은 없다. 무기 배지에서 아미노산이나 단백질, 효소, 비타민, 그리고 지질과 같은 유기물질을 합성할 수 있는 박테리아를 **원영양체**라 한다.

어떤 돌연변이 균주는 배양 배지에 특정 아미노산을 첨가해야 하는 것도 있다. 이런 박테리아는 **영양요구체**라 한다. 예를 들어 배양액에 아미노산 루이신(leucine)이 필요한 박테리아는 **루이신 영양요구체**라 하고 유전적 조성은 leu^-로 표시한다. 이것의 원영양체는 **루이신 원영양체**라 부르고 leu^+로 표시한다.

(5) 접합: 박테리아는 **접합**(conjugation)과 **형질도입**(transduction), 그리고 **형질전환**(transformation)을 통해 유전자를 교환한다.

- **접합**에서 공여 박테리아(F^+ 또는 Hfr 균주)는 수용세포(F^- 균주)에 자신의 DNA 복사본을 전달한다. 이때 두 균주의 세포들은 서로 부착되어 있다.
- **형질도입**은 숙주세포의 DNA를 포함한 바이러스가 또 다른 숙주세포로 들어가서 그 숙주세포의 DNA와 교환을 하는 것이다.
- **형질전환**은 배지에 있는 박테리아의 유리(free) DNA 조각이 세포 안

부가 설명: 최소배지

최소배지는 박테리아를 키울 때 당(주로 포도당, 글리세롤, 젖산)과 같은 탄소원은 들어 있지만 유기화합물은 포함하지 않은 배양 배지이다. 배지에는 황, 인산, 염소, 나트륨, 칼륨, 마그네슘, 암모늄과 같은 모든 무기이온이 들어 있다.

박테리아는 고형 배지에서 자란다

- 초기에는 박테리아를 감자 절편에서 키웠다.
- 그 후 젤라틴으로 감자 절편을 대체했으나 이것은 박테리아 세포의 특정 효소에 의해 분해되었다.
- 지금은 한천(agar)배지에서 박테리아를 키운다.

한천 도말: 한천은 1660년 일본의 미노 타로재몬(Mino Tarozaemon)이 발견했으며 젤리 같은 물질로서 여러 해초류(조류)에서 얻는다. 가열한 한천 용액을 페트리접시에 담고 액체 배양액을 첨가한다. 식히면 한천은 굳는다. 고형 한천과 영양배지를 포함한 페트리접시를 **플레이트**(plate)라 하고 고형 성장 배지를 **영양 한천**(nutrient agar)이라 부른다. 한천 표면에 박테리아를 뿌리는 것을 **도말**(plating)이라 한다.

고형 한천 플레이트에서 각각의 박테리아 세포는 세포분열을 통해 딸세포를 만들며 이는 균체(colony)를 형성한다. 사실상 각 박테리아의 균체는 하나의 딸세포 클론으로서 하나의 부모 세포에서 나온 것이고 동일한 유전자형과 표현형을 가진다.

도말은 박테리아가 원영양체인지 영양요구체인지를 확인하는 데 필요하다.

으로 들어가는 것이다. 이 과정은 박테리아의 세포막과 세포벽을 배지의 유리 DNA 조각이 잘 들어가도록 만들어 주면 일어날 수 있다. 외래 DNA를 실험적으로 도입시키는 기술을 **형질감염**(transfection)이라 한다.

(6) 박테리아의 대사 조절: 박테리아의 대사 활성은 매우 잘 조절된다. 이들은 필요치 않는 물질은 합성하지 않는다. 예로서 성장 배지에 트립토판이나 메티오닌 같은 아미노산이 있으면 이들 아미노산에 대한 유전자는 조절을 받아 이들 아미노산의 합성에 필요한 효소를 합성하지 않는다. 유사한 예로 젖당(lactose) 대사에 관련된 효소계는 성장 배지에 젖당이 없을 때까지는 작동하지 않는다. 그러므로 박테리아에서 대사 과정을 찾거나 유전자 작동의 조절 기작을 연구하는 것은 비교적 쉽다.

2. 박테리오파지

박테리아에 기생하는 바이러스를 **박테리오파지**(bacteriophage) 또는 **파지**(phage)라고 한다. 이들의 구조와 생활사는 박테리아에 비해 훨씬 단순하다. 그러나 생물의 대부분 중요한 특징들을 가지고 있다.

(1) 구조: 파지는 구형이지만 대부분은 올챙이 모양을 가진다. 대장균이 숙주

부가 설명: 대장균, 초기의 역균

분자생물학의 초기 연구 대부분은 장 세균인 대장균(*Escherichia coli*)에서 이루어졌으며 **비들**(Beadle)과 **테이텀**(Tatum) 그리고 **레더버그**(Lederberg)가 유전적 도구로 사용하였다. 생화학과 분자생물학 그리고 분자유전학의 근본적인 부분을 연구하는데 다음과 같은 이유로 대장균을 가장 이상적인 모델로 여겼다.

- 대장균은 시험관에서 쉽게 다룰 수 있고 키울 수 있다.
- 대장균은 최소배지에서 키울 수 있다.
- 다양한 대장균의 돌연변이체를 만들었다.
- 대장균의 다양한 돌연변이체를 이용하여 박테리아 유전체의 유전자 지도를 만들 수 있다.
- 대장균은 접합과 형질도입을 통해 유전자를 교환한다.
- 대장균은 적당한 조건에서 20분마다 이분법으로 분열한다.
- 세포 분열 과정이 단순하다.
- 대장균 유전체는 단순하고 짧다. 진핵생물에 있는 비기능적인 뉴클레오티드 서열(인트론)은 없다. 대장균 유전체에는 약 4백만 개의 염기쌍이 있고 약 4천개의 단백질을 암호한다.
- 박테리아 세포는 작고 세포 외의 독립적인 유전물질인 **플라스미드**(plasmid)를 가진다. 각 플라스미드에는 적은 수의 유전자가 들어 있고 이 유전자는 질병을 일으키거나 항생제에 저항성을 나타낸다. 이들은 숙주인 박테리아 세포에게 새로운 성질을 부여하고 이런 세포를 확인할 수 있게도 한다.

그림 1.1

T_2 박테리오파지의 구조

세포인 T_4 **박테리오파지**는 올챙이 모양을 가지며 머리(head)와 이음고리(collar) 그리고 꼬리(tail)로 나뉜다.

- 머리: 머리는 다면체 또는 육각형이며 속이 빈 구조다. 머리의 단백질 껍질은 머리 캡시드(capsid)라 한다. 캡시드는 **캡소머**(capsomer)라는 2,000개의 단백질 단위로 이루어져 있다. 머리 캡슐 안에는 약 75개 이상의 유전자를 포함한 환형의 이중나선 DNA가 들어 있다.
- 꼬리: 꼬리는 속이 빈 실린더 모양이다. 중앙의 속이 빈 중심은 단백질로 된 스프링 같은 신축적인 피복으로 둘러싸여 있다.
- 말단판과 꼬리 섬유: 꼬리의 중심은 육각형의 **말단판**(end plate) 위에

그림 1.2

박테리오파지의 용균 생활사

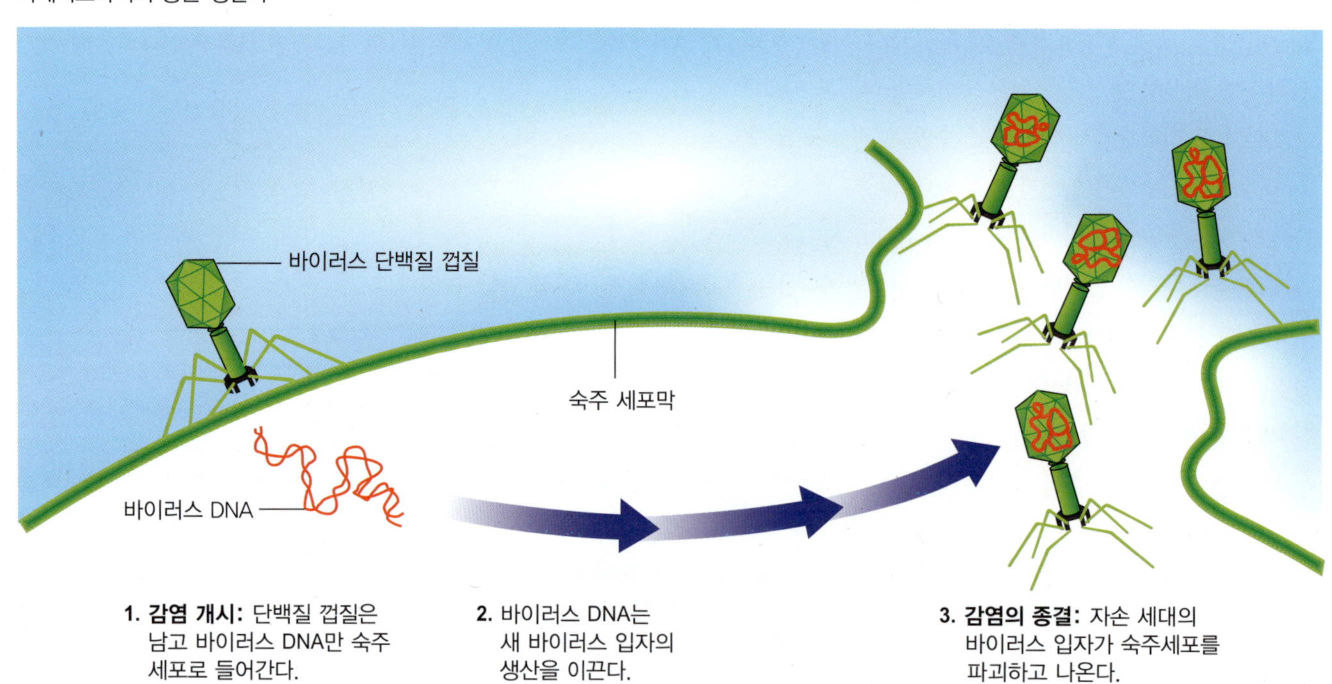

놓여 있다. 말단판에서 폴리펩티드 사슬로 된 6개의 꼬리 섬유와 6개의 침(spike)이 나와 있다.

(2) 박테리오파지의 유전체: 대부분의 보통 파지는 이중나선 DNA를 가지지만 단선 DNA나 단선 RNA 그리고 이중나선 RNA를 가진 파지도 있다.

(3) 생활사: 파지는 숙주세포가 없으면 증식하지 못한다. 그러므로 파지는 숙주세포의 표면에 부착하며 무성생식이나 유성생식이 아닌 용균성 생활사로 증식한다.

파지의 용균성 생활사에는 다음 단계가 있다:

- 숙주 박테리아 세포의 표면에 파지 입자의 **부착**(adsorption).
- 꼬리가 박테리아 세포벽을 **관통**(penetration).
- 꼬리를 통해 박테리아 세포의 세포질로 파지 DNA의 **도입**(entry).
- 박테리아의 합성 기구를 **조절**(control)하여 파지의 DNA와 단백질을 합성케 함.
- DNA와 단백질로 파지 입자를 **조립**(assembly)함.
- 박테리아 세포를 **용균**(lysis)시켜 파지 입자를 방출함.

용균된 박테리아 세포는 수백 개의 파지를 방출한다. 그러므로 파지는 박테리아보다 더 빨리 증식한다. 박테리아의 분열 시간은 약 30분 정도인데 이때 한 개의 파지에서 100개 이상의 파지가 만들어진다. 4번의 분열이 일어나는 두 시간 정도면 약 100^4개의 파지가 만들어지는 반면, 같은 시간 동안 박테리아 수는 2^4개가 된다.

인슐린을 생산하는 인간 인슐린 유전자를 가진 재조합 박테리아 세포

파지의 생활사에서 여러 단계들은 유전적으로 조절된다. 이러한 조절에 대한 분자적 연구는 모든 세포의 생물학적 과정의 기초를 이해하는 데 크게 기여했다.

바이러스와 박테리오파지 그리고 박테리아에 대한 대사와 유전학적 연구는 분자생물학에 초석이 되어왔다. 지난 십 년 동안 박테리아와 바이러스가 가진 단순한 구조와 짧은 생활사 때문에 이들을 이용하여 분자 수준에서 생물학적 기능을 이해하는데 많은 발전이 있었다.

바이러스와 파지는 작은 유전체를 가지고 빠르게 증식하기 때문에 분자적 연구에 훌륭한 모델이 되었다.

3. 효모

효모는 단세포 생물이며 가장 단순한 진핵생물이다. 맥주효모(*Saccharomyces cerevisiae*)의 유전체는 가장 완전히 연구된 것 중 하나다. 전체는 1,400만 개의 염기쌍이며 16개의 선형 염색체로 구성된다. 최근에 기술적 진전이 이루어져 분자생물학자들이 효모 돌연변이체를 이용하여 DNA 복제, 전사, RNA 가공, 단

부가 설명: 왜 효모 세포인가?

- 효모 세포는 시험관에서 박테리아와 같이 단일 세포에서 콜로니를 형성하도록 배양할 수 있으며 액체배지에서 진탕 배양할 수도 있다.
- 효모 세포는 박테리아처럼 단세포 생물이며 쉽게 다룰 수 있다.
- 효모와 박테리아의 기본 물질대사는 동일하다. 그러나 거대분자를 합성하는 전반적인 과정은 진핵생물과 닮았으며 박테리아와는 다르다. 그러므로 효모에서의 이들 과정에 대한 연구는 진핵생물의 거대분자 합성 연구에 도움을 준다.
- 효모 세포는 반수체와 이배체 상태 둘 다 가진다.
- 반수체 효모 세포는 고등생물의 암, 수 접합체와 같은 두 가지 교배형을 가진다.

백질 합성, 단백질 분류, 단백질 수송, 그리고 세포분열의 조절 등과 같은 고등생물에서의 조절 기작을 이해하는 데 도움을 주었다.

분자생물학자들이 사용하는 또 다른 단세포 진핵생물에는 조류(algae)인 클라미도모나스(*Chlamydomonas*)와 원생동물인 테트라히메나(*Tetrahymena*)가 있다.

4. 동물세포

동물세포는 지난 10년간 널리 연구되었고 다음과 같은 것을 이해하는 데 도움을 주었다:

- 난자에서 성체로의 발생 과정
- 여러 과정에서 호르몬의 조절
- 세포분화에서 호르몬의 조절
- 정상 세포와 암세포의 차이점

분자생물학자와 유전학자들은 초기에 동물세포를 배양하고 유지하는데 몇 가지 문제가 있었다:

(1) 동물세포는 제한된 세대 수만큼만 증식한다.

(2) 자손 세포의 염색체 수가 정상적인 이배체 세포보다 대개 더 증가한다.

(3) 세포 배양은 장기간 키우면 점점 더 이질화한다.

(4) 동물세포는 서로 접촉하게 되면 분열을 멈춘다. 이를 **접촉 저해**(contact inhibition)라 한다. 동물세포를 연속적으로 배양하고 분열케 하려면 가득 찬 세포층을 제거하고 세포를 분리하여 적은 수의 세포로 분산시켜야 한다.

(5) 적혈구나 간엽세포 그리고 생식선 세포와 같은 소수의 세포만을 배양할 수 있었다.

1.8 생명과학에서의 분자생물학

분자생물학과 생물학의 다른 분야와의 연계에 대해 아래에서 설명한다.

1. 유전학과 분자생물학(분자유전학)

전통적인 모든 유전학의 현상들을 분자 수준으로 설명할 수 있다. 예로서 유전자는 분자생물학적의 의미에서 DNA 절편이다. 형질의 발현은 DNA 절편 또는 유전자가 기능을 나타낸 결과다. DNA 절편에서 단백질이 합성되고 합성된 단백질이 효소와 운반 단백질 그리고 구조 단백질로 역할한다.

분자유전학과 재조합 DNA 기술 분야에서 개발된 기법들을 사용하여 원하는 유전자나 인간의 유전병과 관련한 유전자를 분리할 수 있게 되었으며, 이를 시험관에서 합성하거나 정상 세포에서 분리한 정상 유전자로 대체할 수 있게 되었다. 인간 유전학의 최신 연구는 주로 '**유전자 대체요법**'(gene replacement therapy)에 중점을 두고 있다.

분자유전학의 도움으로 이루어진 형질전환 동물과 식물의 개발은 식량 문제 해결과 인간 집단의 영양식을 제공하는 한 단계이다. 실험실에서 사람의 유전자를 박테리아에 도입시켜 관련된 효소나 호르몬을 합성할 수 있는 것도 분자유전학의 또 다른 분야이다.

2. 분자생물학과 시험관 유전학(*in vitro* Genetics)

분자생물학의 기법들은 원하는 뉴클레오티드로 된 합성 DNA와 DNA 복제와 단백질 합성 등에 필요한 여러 가지 효소를 얻을 수 있게 하였다. 이런 기능적인 핵산 분자를 사용하여 세포가 없는 배지에서 돌연변이 과정, 선별, 분리, 그리고 증식을 할 수 있다. 또한 이런 돌연변이체 DNA 분자의 표현형적 효과를 시험관에서 연구할 수 있게 되었다. 이러한 연구를 시험관 **유전학**(*in vitro* genetics)이라 한다. 시험관 유전학은 다음의 분야에 적용할 수 있다:

- **전사 조절**(transcriptional regulation)에 필요한 단백질이 DNA 분자에 결합하는 부위를 분석하고 확인하는 연구.
- 분리한 DNA 절편을 PCR로 증폭하여 다수의 복사본을 얻어 새로운 유전자 집단을 만든다.
- 리보자임(ribozyme)을 변형시켜 기질 특이성을 바꾼다.
- RNA에 결합하는 단백질의 결합 부위를 확인.

3. 유전적 족문 분석

유전적 족문 분석(genetic footprinting)은 유전체 규모로 DNA 서열을 기능적으로 분석할 수 있는 미생물에서 수행되는 경제적이고 효과적인 방법이다 박테리아의 유전체에 DNA 서열을 넣은 후 이 박테리아에 돌연변이를 일으키고 돌연변이체 종류들을 선별한다. 이 돌연변이체 종류들은 서로 다른 돌연변이 때문에 생긴 것으로 이들 다양한 표현형의 변화에 대해 연구한다.

4. 분자생물학과 세포생물학(분자세포생물학)

분자생물학에 따르면 세포 내의 모든 구조는 유기 거대분자들이 조립하여 만들어진다. 세포를 연구하는데 면역형광법(immunofluorescence), 흐름 세포구분측정법(flow-sorting cytometry), 면역세포화학법(im,unocytochemistry), 자기방사법(autoradiography), 농도 구배 원심분리기(gradient centrifugation), 형광현미경, 전자현미경 등과 같은 효과적이고 단순한 방법들이 개발되어 세포의 구조를 이해하는 데 도움을 주었다. 분자생물학 분야의 기술적 발전은 세포질 안에 세포골격(cytoskeleton)과 미세소관, 미세섬유, 그리고 장원섬유(tonofibril)의 존재와 화학적 조성에 대한 연구도 가능케 하였다.

분자생물학은 세포 내와 세포들 사이에서 분자들의 수송 기작과 G-단백질과 cAMP, 그리고 세포 간 수송의 이온투과담체(ionophore) 같은 수송 단백질의 역할을 이해하는 데 도움을 주었다.

5. 분자생물학과 유전체학(분자생물학의 주기율표)

'최신 유전체학'(new genomics)의 목표는 인간을 포함한 여러 동물의 유전지도와 물리적 지도 그리고 유전체(genome)의 전체 뉴클레오티드 서열을 밝히는 것이다. 사람 유전체에 대한 연구를 **'인간 유전체 분석 프로젝트'**(Human Genome Project, HGP)라 부른다. HGP는 생물학의 주기율표에서 세기적 결정판 그리고 통합체로 볼 수 있다. 1869년부터 1889년까지 화학자들은 모든 원자를 체계적으로 나열하고 유사성과 차이점에 따른 형태로 배열하였다. 20세기의 HGP는 백만 개가 넘는 사람 유전자의 생물학적 주기율표를 만드는 일을 완성하였다. 화학자가 원자를 질량과 하전에 따라 확인하듯이 생물학자들은 뉴클레오티드 서열로부터 각 유전자를 찾고 또한 아미노산 서열에서 단백질을 찾을 수 있게 되었다. 현재는 많은 개체(원핵생물과 진핵생물)의 유전체에 대한 전체 자료는 인터넷 상에서 이용 가능하다. 현재 생물학자와 유전학자들은 다음과 같은 목적으로 유전체를 연구하고 있다:

- 사람 유전체의 다중메가염기(multimegabase) 지역의 염기서열을 일상적

으로 재분석.
- 사람 유전체의 모든 변이체를 확인.
- 다른 생물체의 유전체 서열을 새롭게 분석.
- 유전자 발현을 mRNA 수준에서 관찰.
- 세포 회로망을 조작하기 위한 유전적 도구.
- 단백질 수준과 변형 상태 확인.
- 단백질 상호작용의 체계적 목록.
- 아미노산 서열을 통해 단백질의 기본 구조를 분석.

세포 표면과 여러 세포 기관들 사이에서 일어나는 단백질의 수송은 소낭(vesicle)을 통해 이루어진다. 이 소낭의 형성은 신호 단백질이 조절한다. 그러므로 서로 다른 수송체들은 세포의 다른 수송 계에 의해 수송된다. 분자생물학자들은 세포 내 또는 세포 사이의 수송과 관련된 단백질과 효소를 찾고 분리하여 서열을 밝혔다.

신호가 전달되고 특정 조직이 자극을 받는 분자적 기작이 밝혀졌다. 단백질이 자신의 고유한 역할을 위해 구분되고 표식이 붙고 장소가 결정되는 과정에 대한 연구들이 진행되었다.

6. 분자생물학과 진화(분자적 진화)

분자생물학은 진화학자에게 서로 다른 생명체 그룹들 사이의 연관성을 연구하고 진화의 기작을 이해하는 데 필요한 훌륭한 도구를 제공하였다. 분자생물학은 화석의 단백질과 DNA 자료를 제공하고 종 내 개체들과 종간, 그리고 속간에 있는 유전적 유사성과 다양성을 파악할 수 있게 하였다. 분자생물학은 진화 기작을 이해하는데 다음과 같이 기여했다.

(1) 세포의 기원: 진화학자들은 분자적 자료를 바탕으로 과거 10억 년 동안의 사건들을 통해 세포가 처음으로 만들어지는 과정을 예상하고 분석할 수 있게 하였다.

(2) 복합 단백질의 생성: **분리 유전자**(split gene)의 발견은 복합 단백질이 생성되는 기작을 살펴보는 데 도움을 주었다.

(3) 진핵세포의 기원: 서로 다른 세포에 있는 **핵산**과 **단백질**을 비교함으로써 첫 진핵세포가 약 32억 년 전에 생겼다는 공생기원 가설이 힘을 얻었다. 진화학자에 따르면 진핵세포는 여러 종류의 단세포 원핵생물들이 융합되어서 만들어졌고 이들이 **미토콘드리아**나 **엽록체**, 그리고 **핵**의 형태로 공생 공존하게 된 것이다.

(4) 유전적 근연관계 측정: 수집된 방대한 생명체의 핵산(DNA)과 단백질에

대한 수많은 분자적 자료를 통해 다른 종들 사이의 유전적 거리나 유사성 정도를 양적으로 측정할 수 있게 되었다.

(5) 분자 시계: 분자적 변이나 유전자 돌연변이가 종종 중립적이라는 것이 알려지면서 여러 종들의 유전적 근연관계 즉 '분지 시간(divergence time)'을 추론할 수 있게 되었다. 이를 **분자 시계**(molecular clock)라 한다. 이것은 두 개의 매우 가까운 종들의 분지 시간을 측정할 수 있게 하며 같은 종 그룹에서 형질의 진화율과 한 종이나 분류군의 진화율도 알 수 있게 한다.

(6) 분기론적 분류법: 분자적 자료들은 다른 동물군이나 식물군 사이의 새로운 관계를 추적하는 데 도움을 준다. 이는 계통수에서 새로운 분지가 만들어지게 하였다. DNA 분자 구조의 유사성을 기초로 개체를 분류하는 새로운 방법을 **분기론적 분류법**(cladism)이라 한다.

(7) 인간과 유인원 그리고 원숭이의 관계: 인간과 유인원 그리고 원숭이에 있는 헤모글로빈의 DNA와 미토콘드리아 DNA에 대한 분자적 진화 연구는 이들의 관계와 이들 그룹이 분지한 시간들을 알 수 있게 하였다.

(8) 일본 과학자 **모투 기무라**(Motoo Kimura)는 분자적 진화의 '중립 모델(neutralist model)'을 제안하였다. 이 모델은 분자적 진화에서 선택(selection)의 역할을 최소화 했다. 대신 진화는 생명체의 유전물질의 분자적 체계에서 생기는 돌연변이 때문에 일어난다는 점을 강조하였다.

7. 분자생물학과 발생학

발생학의 두 가지 특징:

(1) 세포분열

(2) 세포 분화를 통한 기관 형성

모든 개체는 단세포인 **접합체**(zygote)라는 수정란에서 발생한다. 고도로 조직화된 다세포 생물의 다양한 조직과 기관들은 이 접합체로부터 만들어진다. 과학자에게는 무형의 알이 어떻게 복잡하고 고도로 조직화된 배아(embryo)로 바뀌고 미분화된 접합체의 세포가 어떻게 분화 과정을 겪는지가 수수께끼였다.

분자 수준에서 세포 분화는 같은 개체의 서로 다른 세포들이 다양한 유전자 활성을 갖는 것을 의미한다. 사실 세포 특수화란 적혈구(RBC)에서 헤모글로빈 같은 특수 단백질을 더 잘 합성한다든지 신경세포는 신경전달물질 단백질을 만들고, 선세포는 분비 단백질을, 그리고 형질세포는 항체를 만드는 것 등을 의미한다. 진핵생물 세포 각각은 전체 유전자를 갖고 있지만 그중 단지 적은 비중만 발현한다. 다른 조직의 세포들은 다른 세트의 유전자를 발현하기 때문에 다른 단백질을 갖는 것이다. **자코브**(Jacob)와 **모노**(Monod)는 고등생물의 구조적 복잡성은 배아 발생 동안 조절 유전자가 있어 이들이 매우 복잡한 네트워크로 상호작용을 하여 만들어진다고 주장하였다. 진핵생물에서 전사인자를 암호하는 '**호메오상자 유전자**(homeobox gene)'가 발견되었고 원핵생물에서는 '**오페론 설**(operon model)'이 발견되어 세포 분화의 관점을 지지하였다.

여기에는 두 종류의 유전자가 있다:

(1) 살림 유전자(house-keeping gene): 이 유전자는 모든 종류의 세포에서 활성을 보인다. 이는 구조 단백질의 합성과 세포막, 리보솜, 그리고 미토콘드리아와 호흡 효소를 만드는 데 필요하다. 1975년 **메리 클레어 킹**(Mary Claire King)과 **알리언 윌슨**(Alien Wilson)은 침팬지와 사람의 단백질을 연구하여 구조 단백질이 구조 유전자와 연관이 있고 이 유전자들은 형태적인 차이를 찾는데 매우 밀접한 관련이 있다고 제시하였다.

(2) 조절 유전자(regulatory gene) 또는 럭셔리 유전자(luxury gene): 다른 세포와 조직에서 발현되는 유전자를 **조절 유전자** 또는 **럭셔리 유전자**라 한다. 형태학적 또는 생리학적인 차이는 조절 유전자의 수준으로 생긴다. 예로서 글로빈이나 오발부민의 유전자와 면역글로불린의 유전자는 다른 종류의 세포에서 발현된다. 개체들의 다양성은 조절 유전자에 돌연변이가 생겨 나타나는 것이다.

분자생물학자들은 발생과 분화와 관련된 많은 유전자를 분리하고 확인하였다. 이들 유전자의 발현이 변형되면 새로운 형태학적 구조와 새로운 조직화가 생기도록 진화를 이끈다.

분자생물학의 도움으로 생명의 체계의 전반적인 작동에 대한 이해가 가능해졌고 이는 이중나선 분자인 DNA의 구조와 기능의 특성을 발견하는 일이 가능케 하였다. DNA의 발견 이후 분자생물학의 가시적 발전과 기여는 원자 이론이 채택되는 물리학에서의 발전과 비교할 수 있다. 오늘날 생물학 분야는 분자생물학이 간여하지 않으면 어떠한 이해와 확장도 불가능하다. 분자생물학은 박테리아나 바이러스처럼 단순한 형태와 가장 진화된 동물과 식물 사이의 근본적인 관련성을 추적하게끔 하였다. 이는 박테리아와 바이러스가 가진 생물 활성의 근본적 원리가 훨씬 더 진화한 다세포 생물인 동물과 식물의 복합적인 세포에게도 적용되기 때문이다.

문 제

1. 분자생물학을 통해 알게 된 것은 무엇인가? 생물학 분야에서 분자생물학의 역할을 말해 보시오.

2. 분자생물학이 진화 기구를 이해하는 데 도움을 준 사례를 논하시오.

3. '분자생물학의 기원은 생화학과 유전학의 결합'이란 주장이 옳음을 보이시오.

4. 분자생물학의 역사에서 중요한 사건들을 논하시오.

5. 살림 유전자(house-keeping gene)와 럭셔리 유전자(luxury gene)를 구별해 보시오.

6. 발생 과정에서 세포 분화 기작을 짧게 설명하시오.

7. 분자생물학을 탄생시킨 발견에는 무엇이 있는가?

8. 분자생물학에서 컴퓨터의 역할을 요약해 보시오.

9. 시험관 합성이란 무엇을 의미하는가? 생화학 분야에서 최초의 시험관 실험은 무엇이며 누가 실험을 하였는가?

10. 다음 과학자들의 업적에 대해 답하시오:
    (a) 알렉 제프리
    (b) 프리나우
    (c) 코라나
    (d) 길버트
    (e) 비들과 테이텀
    (f) 그리피스

11. 다음 발견을 한 과학자 이름을 적으시오.
    (a) 박테리아에서 재조합
    (b) DNA의 반보존적 복제를 증명하는 실험
    (c) 폴리뉴클레오티드 포스포릴라제 효소를 발견
    (d) DNA 3차원적 구조
    (e) 역전사효소의 초정밀구조
    (f) RNA 띠를 구분하는 노던 블롯화 기술
    (g) 엑손과 인트론 용어 사용

12. 웨스턴 블롯화 기술은 어디에 사용하는가?

13. RNA가 촉매로 작용하거나 RNA의 효소적 역할을 발견한 사람은?

14. Taq DNA 중합효소는 무엇이며 역할은?

15. 중합효소연쇄반응 기술을 개발한 사람은?

생명의 화학적 기초: 원자와 분자

2

학습 목표

- 원자
- 아원자 입자
- 화학결합: 이온결합, 공유결합
- 그 밖의 결합: 배위결합, 수소결합, 소수성 상호작용
- 물은 생명의 필수 요소
- 산, 염기, 염: 생물에서 산-염기 균형
- 화학 반응

지구상의 모든 물질은 원자와 분자로 이루어져 있다. 생명체는 **원형질**(protoplasm)과 같이 매우 특수화된 방법으로 조직화되어 있는데 이것은 무생물에서는 없는 특별한 특성을 가진다. 현대 생물학의 많은 부분이 분자 수준으로 연구되어 왔으며 이러한 분야를 분자생물학이라고 한다. 생물학에는 세 가지 통합 개념이 있다: 에너지 전달과 전환, 정보 전달, 그리고 진화이며 이 모두는 원자와 분자의 상호작용과 활성으로 이루어진다. 생명 과정을 이해하기 위해서는 생화학의 기본 원리를 알아야 한다. 그러므로 분자생물학의 연구를 시작하기 전에 생명체 안에 있는 여러 원자와 분자들의 상호작용에 대해 아는 것이 중요하다.

생물학적으로 중요한 분자와 물질대사 반응, 유전암호와 단백질 합성, 그리고 이들의 조절 등과 같은 과정이 여러 복잡성을 가진 생물체 안에서 일어나는데 이에 관한 연구 결과는 두 가지 보편성을 보여준다.

(1) 생물계와 무생물계에는 동일한 물리적, 화학적인 원리가 작동한다.

(2) 생명체는 매우 다양하지만 그들의 화학적 조성과 물질대사의 화학적 기초는 같다(이것은 박테리아의 연구에서 얻은 결과가 사람을 포함한 다른 동물에게도 적용된다는 것을 설명해 준다).

2.1 원자는 원소의 기본 입자다

원자(atom)는 원소(element)를 구성하는 단위다. 원자라는 단어는 *atomos*라는 그리스어에서 유래하였는데 '더 이상 쪼개어지지 않는다'는 뜻이다. 이 용어는 고대 그리스 철학자들이 사용하였는데 그들은 모든 물질은 더 이상 나눌 수 없는 작은 입자로 이루어져 있다고 믿었다. 각 원소에는 한 종류의 원자만 들어 있다. 원자는 광학현미경으로 볼 수 있는 가장 작은 입자보다 훨씬 작다.

1. 원자는 아원자(subatom) 입자로 구성되어 있다

세 종류의 아원자 입자가 원자를 구성한다: **양성자**(proton), **중성자**(neutron), **전자**(electron)이다. 양성자는 양전하를 가진다, 중성자는 전기적으로 중성이며 전자는 음전하를 가진다. 원자가 가지는 전자 수는 양성자의 수와 같기 때문에 원자는 중성이다.

1) 원자핵을 구성하는 양성자와 중성자

원자핵 안에 있는 양성자 수를 **원자번호**(atomic number)라고 한다. 원자 핵 안에 있는 양성자와 중성자 수를 합한 것을 원자의 **원자량**(atomic mass 또는

그림 2.1

수소, 탄소, 질소, 산소, 나트륨과 칼륨의 원자 구조. 원자량은 양성자(p)$^+$와 중성자(n) 수의 합이다.

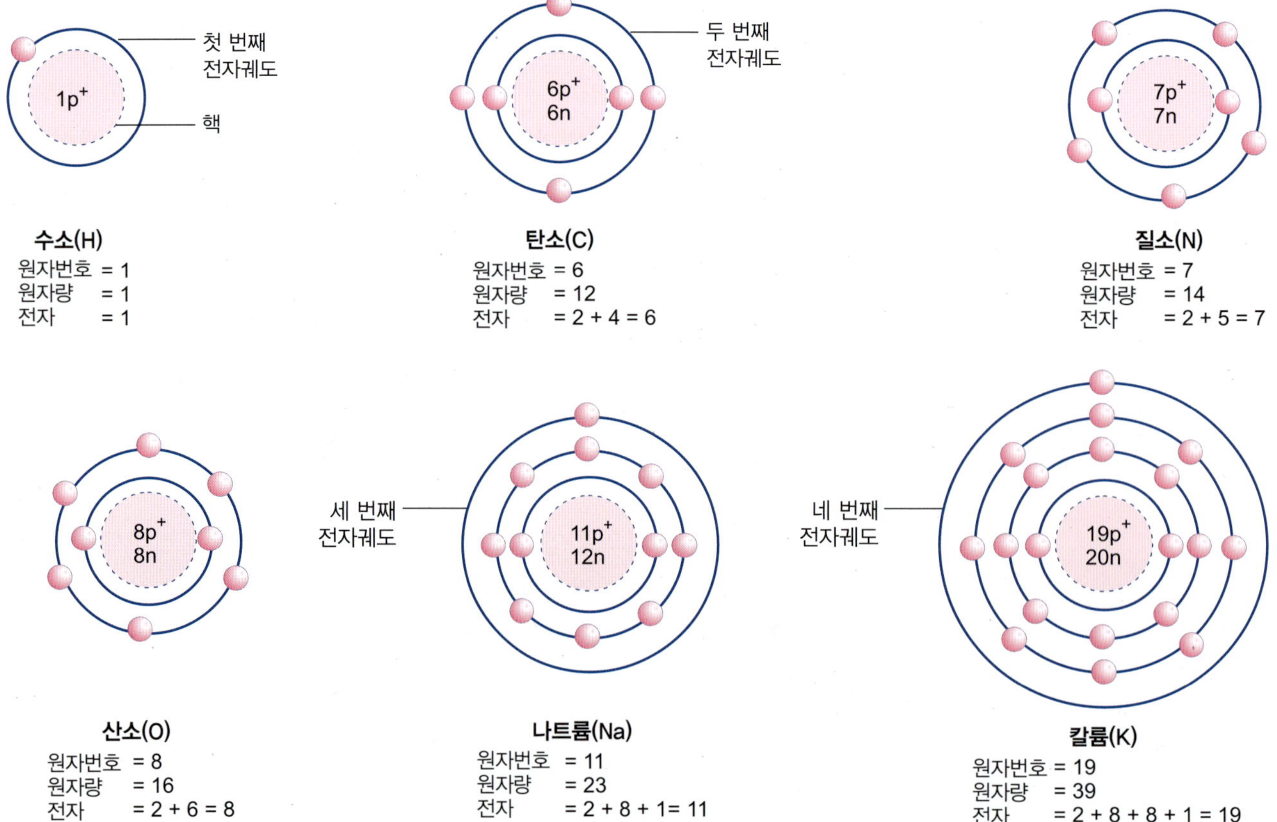

atomic weight)이라 한다. 예로서 산소 원자는 양성자 8개와 중성자 8개를 가지므로 원자량은 16이다.

2) 전자

전자는 원자 핵 주변의 궤도에 있다. 궤도를 전자각(shell) 또는 **오비탈**(orbital)이라 부른다. 원자에 전자들의 분포는 고정되어 있으며 **전자배치**(electronic configuration, 예로서 2, 8, 18)로 나타낸다. 이는 $2n^2$의 일반적인 공식으로 나타낼 수 있으며 n은 전자각의 수를 가리킨다(예로서 1, 2, 3).

첫 전자각에는 전자 두 개가 들어있다. 두 번째와 최외각 전자각은 최대한 8개의 전자를 가질 수 있다. 최외각 전자각은 이 안의 전자가 화학 결합에 참여하므로 **가전자각**(valence shell)이라고 한다. 전자들은 양전하의 양성자를 가진 핵과의 인력으로 인해 자신의 전자각에 붙잡혀 있게 된다.

음전하의 전자가 양전하의 핵에서 더 멀리 떨어지는 데에는 에너지가 필요하다. 에너지가 주어지면 전자는 한 궤도에서 다음 궤도로 도약할 수 있다. 이 과정에서 **양자**(quantum)라고 하는 불연속적인 에너지량을 흡수한다.

3) 8전자 규칙(octet rule)

최외각 전자각에 전자가 8개 있으면 원자는 안정된다. 원자가 가전자 각에 전자를 8개 보다 적게 가지면 불완전한 가전자 각이 된다. 이때는 서로 불완전한 원자끼리 작용하여 자신의 전자를 주고받고 또는 서로 공유하면서 각자의 가전자각을 완전한 형태로 만들려고 한다. 화학적 안정성을 얻기 위해 가전자 각에 최대 8개의 전자를 채우려는 특징을 8전자 규칙이라 한다.

2.2 원자를 결합하는 화학결합

둘 이상의 원자들은 화학적으로 결합하여 **분자**(molecule)를 형성한다. 서로 다른 원소의 원자가 결합하면 **화합물**(compound)이 된다. 분자의 원자들은 **화학결합**(chemical bond)이란 인력으로 서로 붙잡고 있다. 결합은 위치에너지의 양으로 나타낼 수 있다. 이를 결합 에너지라 하며 **화학결합을 깨는데 필요한 에너지**로 규정한다.

1. 이온결합 또는 공유결합

화학결합은 한 원자에서 다른 원자로 전자를 전달하거나 두 원자 사이에서 전자를 공유함으로서 형성되며 다음과 같은 세 종류의 결합이 있다:

> 이온결합에서 서로 반대 전하의 이온은 음이온과 양이온 사이의 인력 때문에 서로 결합할 수 있다. 이는 전자나 전자들의 전달에 의해 형성된다.

(1) 이온결합

부가 설명: 이온 화합물의 특징

- 이온 화합물에서 결합은 금속과 비금속 사이에서 형성된다.
- 이온 화합물에서 다음과 같이 금속은 항상 앞에 적고 비금속은 뒤에 적는다. 소금(NaCl), 염화칼륨(KCl), 황산나트륨(Na_2SO_4), 여기서 나트륨과 칼륨은 금속이고 Cl^-과 SO_4^{--}는 비금속 이온이다.
- 이온 화합물은 물이나 다른 극성 용매에 잘 녹는다.
- 용액에서 이온 화합물은 전기를 잘 전도한다.
- 이온 화합물은 포화 용액에서 결정체 형태로 분리된다.
- 이온 화합물은 자신의 이온들 사이의 강한 정전기적 결합 때문에 용해점이 높다.

(2) 공유결합

(3) 배위결합

2. 이온결합(이온결합에서 전자가 전달된다)

이온결합에서 서로 반대 전하를 가진 이온들은 양전하와 음전하 사이의 정전기적 인력으로 결합한다. 이온은 한 원자의 최외각에 있는 전자가 다른 원자로 전달될 때 만들어진다. 그 결과 안정된 양이온과 음이온이 형성된다. 반대 전하를 가진 이온들은 결합하여 분자를 만든다.

$$\underset{\text{원자}}{A + B} \longrightarrow \underset{\text{이온}}{A^+ + B^{-e}} \longrightarrow \underset{\text{분자}}{A^+ \bullet B^{-e}}$$

이온은 반대 전하를 가진 이온과 모든 방향에서 결합하기 때문에 전방위적이다. 양전하를 가진 이온은 음전하 이온에 둘러싸일 수도 있고 음전하 이온이 양전하 이온에 둘러싸일 수도 있다.

예시: 소금은 나트륨이온과 염소이온이 이온결합을 한 것이다. 나트륨 원자는 총 11개의 전자를 가진다(2 + 8 + 1). 가전자 각에는 전자 한 개만 있다. 염소

그림 2.2
소금에서 이온결합의 형성 모식도

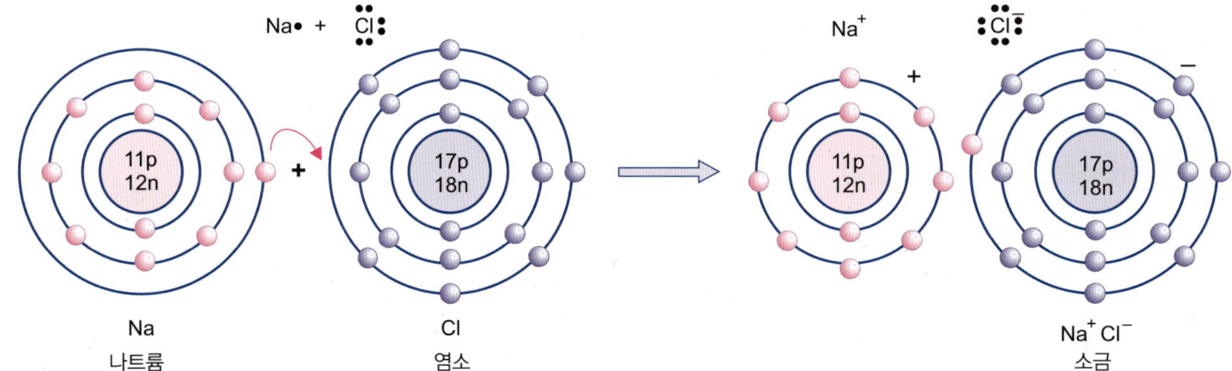

원자는 총 17개의 전자를 가지며 가전자 각에는 7개의 전자가 있다(2 + 8 + 7). 나트륨 원자의 가전자 각에 있는 하나의 전자를 잃으면 바깥 각에는 8개의 전자가 남는다. 나트륨은 전자 한 개를 잃음으로서 양전하의 이온이 된다. 그래서 나트륨이온은 1^+의 전하를 가진다. 이 전자가 염소에게 전달되면 염소의 최외각 전자각은 8개의 전자를 갖는다. 전자 하나가 추가되었기 때문에 염소 원자는 1^- 전하를 가진 음전하의 이온으로 바뀐다. 이들 양전하와 음전하는 두 이온을 잡아 당겨 이온결합을 형성한다.

전자 전달로 만들어진 화합물을 **이온결합**(electrovalent) **화합물** 또는 **극성**(polar) **화합물**이라 한다. 이 화합물은 용액에서 항상 이온 상태로 존재하는데 이를 **전해질**(electrolyte)이라 한다. 이 용액은 훌륭한 전기전도체이다. 이온결합을 하는 화합물이나 분자의 순 전하(net charge)는 0이며 전기적으로 중성이다.

공유결합에서 원자는 전자를 한 개, 두 개, 또는 세 개를 공유한다.

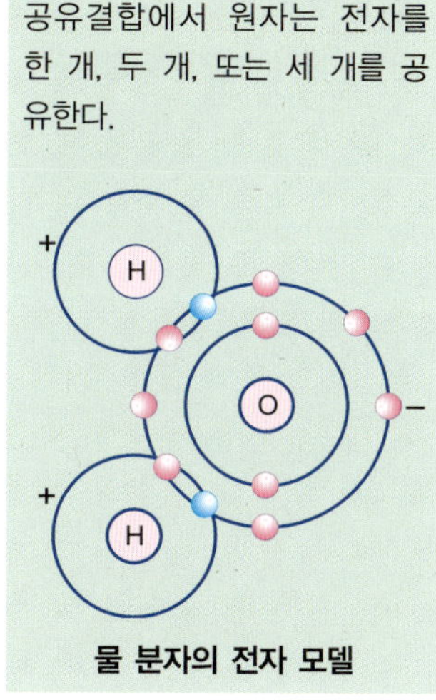

물 분자의 전자 모델

3. 공유결합(전자의 공유)

공유결합에서 두 개의 원자는 최외각 전자 한 개나 두 개 또는 세 개를 공유한다. 두 원자 사이에 공유한 전자쌍이 많을수록 공유결합은 더 강하다. 공유결합은 같거나 다른 원소의 원자들 사이에서 형성된다. 이 결합은 유기화합물의 가장 흔한 화학결합이며 무기화합물에도 존재한다.

공유결합의 가장 단순한 예는 산소 원자 한 개에 수소 원자 두 개가 결합한 물이다. 원자의 외각에 있는 전자 수는 아래 그림처럼 원소 기호의 주변에 점으로 표시하여 쉽게 나타낸다:

$$H\cdot + H\cdot + \cdot\ddot{\underset{\cdot\cdot}{O}}\cdot \longrightarrow H:\ddot{\underset{\cdot\cdot}{O}}:H \quad \text{또는} \quad H-O-H$$

1) 공유결합에는 단일, 이중 또는 삼중 결합이 있다

공유하는 전자쌍의 수에 따라 공유결합에는:

(1) 단일 공유결합: 두 개의 원자가 단일 공유결합으로 한 개의 전자쌍만을 공유한다. 예로서 수소 분자는 두 개의 수소 원자가 자신들이 가진 최외각

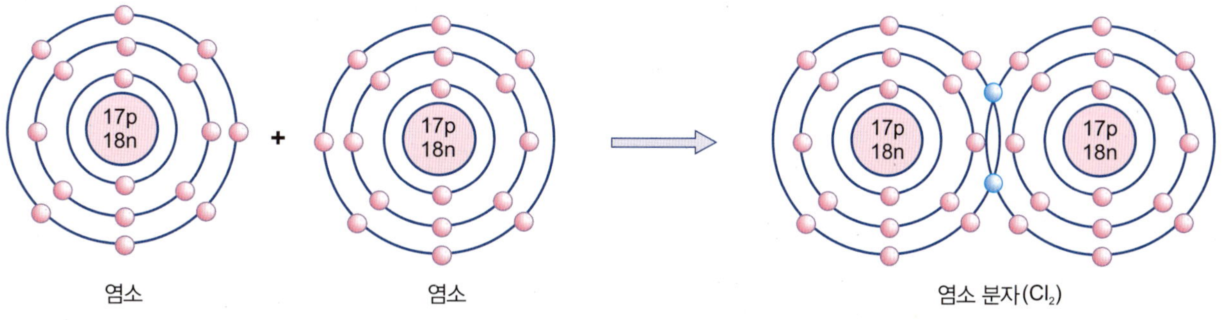

그림 2.3
두 개의 염소 원자 사이의 공유결합 형성

그림 2.4

단일, 이중, 삼중 공유결합

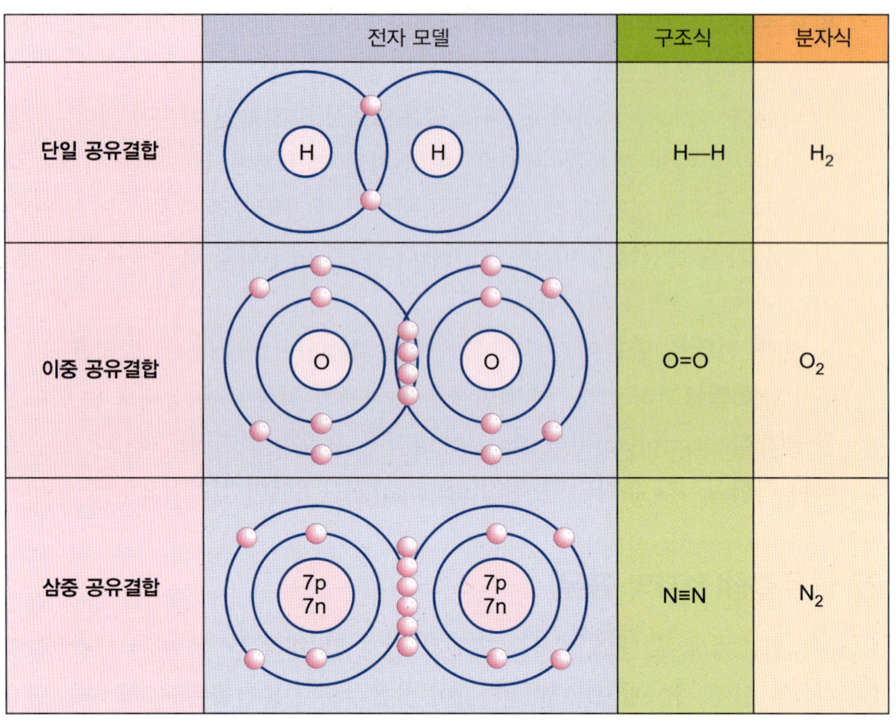

인 첫 번째 전자각 에 있는 한 개의 전자들을 공유한다. 비슷하게 염소 분자의 경우에도 두 개의 염소 원자가 자신들의 외각에 두 개의 전자를 공유한다.

H•+•H ⟶ H:H 또는 H—H 또는 H_2

:Cl•+•Cl: ⟶ :Cl:Cl 또는 Cl—Cl 또는 Cl_2

(2) 이중 공유결합: 이중 공유결합은 두 원자가 두 개의 전자쌍을 공유하는 것이다. 산소 분자의 경우 두 개의 산소 원자가 두 개의 전자쌍을 공유한다.

O: + :O ⟶ O::O ⟶ O=O 또는 O_2

(3) 삼중 공유결합: 질소 분자처럼 두 원자 사이에 세 개의 전자쌍을 공유하면 삼중 공유결합이 된다.

분자의 두 원자 사이의 결합수는 선으로 표시한다: **단일결합**(−), **이중결합**(=), **삼중결합**(≡).

:N⋮ + ⋮N: ⟶ :N⋮⋮N: ⟶ N≡N

공유결합에서 결합을 형성하는 힘은 이온결합에서처럼 두 원자 사이의 정전기적 인력이다. 그러나 그 힘은 다른 방법으로 만들어진다.

2) 공유결합에는 극성과 비극성이 있다

공유결합에는 두 종류가 있다: 극성결합과 비극성결합.

(1) 극성 공유결합: 극성 공유결합에서는 두 원자 사이의 전자 공유 상태가 불균등하다. 공유결합에서 원자가 전자를 당기는 힘을 전기음성도(electronegativity)라 한다. 전기음성도가 큰 원자는 결합한 전자를 더 가까이 끌어당긴다. 원자의 전기음성도가 클수록 약한 음전하를 띠며 δ^-로 표시한다. 전기음성도가 작은 원자는 약한 양전하(δ^+)를 가진다. 그래서 극성 공유결합은 이온결합과 공유결합 사이에서의 전이 단계를 나타낸다.

물의 경우 두 개의 수소 원자가 산소 원자 한 개와 극성 공유결합을 하고 있다. 산소는 모든 원소 중 가장 강한 전기음성도를 가진다. 산소는 수소보다 전자를 자기쪽으로 훨씬 더 강하게 당긴다.

부가 설명: 전기음성도

원자의 전기음성도는 공유결합에서 공유한 전자를 끌어당기는 힘의 측도다. 원자번호가 높거나 원자 반경이 작은 원자일수록 전기음성도가 크다. 원자의 전기음성도가 클수록 반대 전하를 가진 원자에 대한 인력도 크다. 전기음성도는 두 원자 사이의 극성 공유결합을 만들게 하며 결합력을 결정한다.

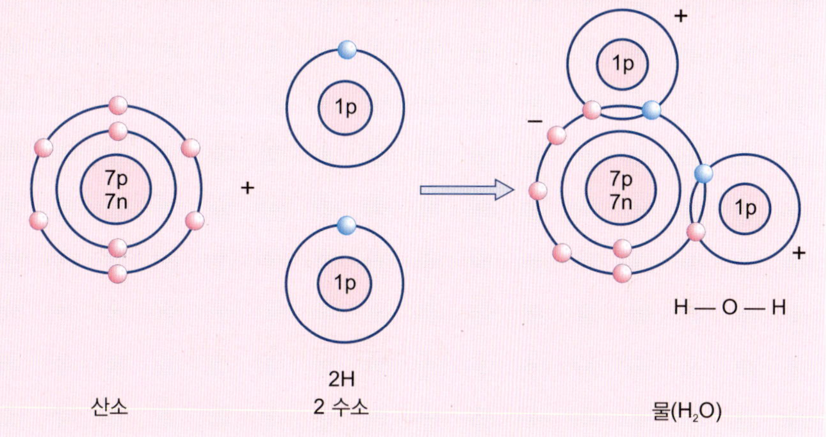

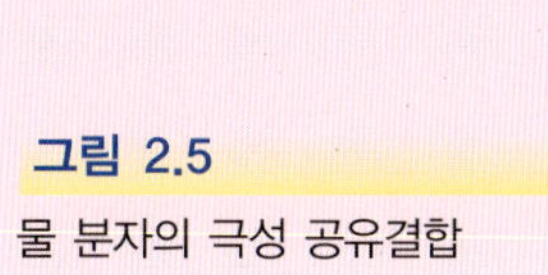
그림 2.5
물 분자의 극성 공유결합

(2) 비극성 공유결합: 비극성 공유결합에서는 두 원자가 전자를 균등하게 공유한다. 여기에는 양전하와 음전하는 없다. 두 개의 동일한 원자들은 항상 비극성 공유결합을 이룬다. 탄소와 수소 원자 사이의 결합도 비극성이다.

·C· + •H •H •H •H ⟶ H:C:H (H 위, H 아래) ⟶ H—C—H (H 위, H 아래) 또는 CH_4

3) 이온결합과 공유결합의 차이점

이온결합과 공유결합의 차이점은 다음과 같다:

(1) 이온결합에서 반대 전하를 가진 원자는 정전기적 인력으로 서로를 붙잡

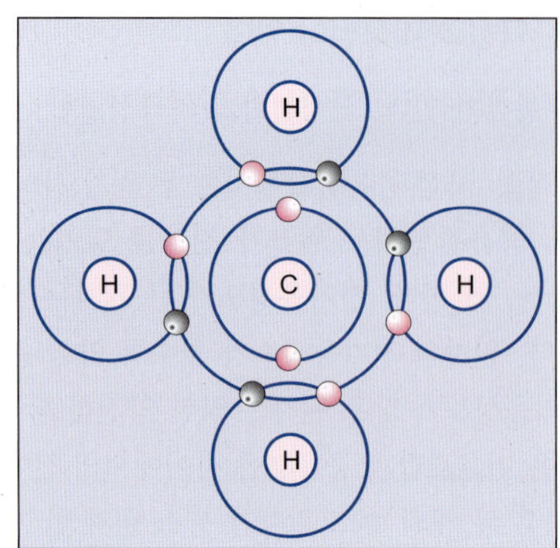

그림 2.6
탄소와 수소 원자 사이의 비극성 공유결합

고 있다. 공유결합은 두 원자는 전자쌍을 공유하면서 결합한다.

(2) 이온결합에서 전자는 한 원자에서 다른 원자로 전이되지만 공유결합에서의 전자쌍은 두 원자 사이에 공유되어 있다.

(3) 이온결합은 주로 NaCl이나 KNO_3 같은 무기화합물에서 형성된다. 공유결합은 무기화합물에도 있지만 대개는 유기화합물에 존재한다.

(4) 이온화합물은 전자가와 극성을 가진다. 공유결합은 전자가가 없거나 이온화하지 않는다.

(5) 이온결합은 이온화하지만 공유결합은 그렇지 않다.

4. 다른 종류의 결합

1) 배위결합 또는 반극성결합

배위결합도 전자를 상호적으로 공유하여 만들어지지만 공유한 전자는 같은 원자의 것이다. 공유한 전자쌍을 **고립전자쌍**(lone pair)이라 한다. 전자쌍을 제공하는 원자를 **공여자**(donor)라 하고 전자쌍을 받는 원자를 **수여자**(acceptor)라 한다. 원자들 사이의 이런 결합을 **배위**(coordinate) 또는 **반극성**(semipolar)이라 한다. 그 이유는 분자의 약한 극성이 한쪽 편에 분포하기 때문이다.

예로서 암모니아 분자는 질소 원자에 전자의 고립전자쌍을 가지며 이를 전자가 부족한 H^+에게 주어 배위결합을 형성한다.

$$NH_3 + H^+ \rightarrow NH_4^+$$

배위결합은 유기화합물에서는 드물다. 이 경우는 **엽록소 II**와 **헴**(heme)에서 볼 수 있는데 Mg이나 Fe가 질소 원자에 배위적으로 연결되어 있다.

수소결합은 한 분자의 약한 양전하의 수소 원자와 다른 분자의 약한 음전하의 원자 사이에서 형성된다. 또는 같은 분자 내의 부분들 사이에서도 형성된다.

부가 설명: 수소결합의 중요성

- 수소결합은 물의 성질에 중요한 영향을 미친다.
- 단백질과 핵산에 중요하므로 생물학적 과정에도 중요하다.
- 수소결합은 이중나선 DNA의 두 가닥을 결합시킨다.
- 수소결합을 끊으면 DNA는 변성된다.
- 수소결합은 한 분자 내에서나 DNA처럼 다른 분자 사이에서 형성된다.
- 수소결합은 높은 방향성을 가진다.
- 수소결합은 수소 원자를 공여하거나 수여할 수 있는 것과만 결합하기 때문에 매우 특이적이다.

2) 수소결합

수소결합은 약한 결합이며 한 극성 분자에 있는 부분적으로 양전하를 띠는 수소 원자와 다른 극성 분자의 부분적인 음전하를 가진 원자 사이에서 만들어진다. 그러므로 다른 분자들에서 서로 반대 전하를 가진 지역 간 인력이 작용할 때 수소결합이 만들어진다. 수소결합의 결합력은 공유결합에 비해 5% 정도다. 그러므로 수소결합은 원자를 분자에 결합시킬 수는 없고 분자들끼리 또는 큰 분자(단백질, 핵산)의 다른 부분들을 연결해 줄 수 있다.

수소는 부분적인 양전하를 가진 양전기성이며 생명계에서 산소와 질소는 부분적으로 음전기성을 가진다. 물은 수소결합의 가장 좋은 예다.

인접한 물 분자들은 수소결합으로 연결되어 있다. 한 물 분자의 수소는 다른 물 분자의 산소 원자와 연결된다. 이는 물 분자에 응집력을 만들어 표면장력이 높아지게 한다(그림 2.7).

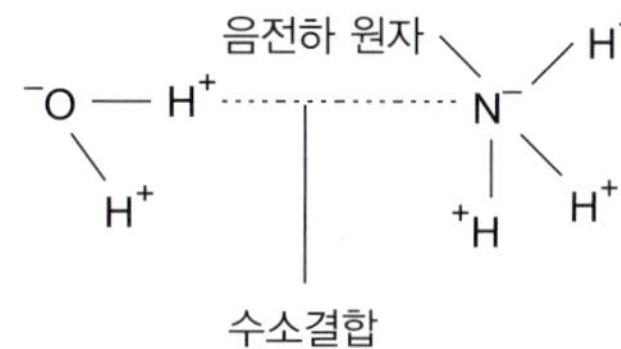

그림 2.7
수산화암모늄(NH_4OH)의 질소 원자와 물 분자의 수소 원자 사이에서의 수소결합

3) 소수성 상호작용 또는 비극성 상호작용

물에서 비극성 분자나 비극성 그룹이 함께 무리지어 있는 것을 소수성 상호작용(hydrophobic interaction)이라 한다. 지질은 소수성 분자다. 이 거대분자의 소수성 그룹들은 물 분자를 배제하면서 교질입자(micelle)를 형성한다. 소수성 상호작용은 거대분자의 접힘, 효소와 기질의 결합, 그리고 생물의 막에서 지질 이중층의 형성 등을 이끄는 원동력이다.

5. 유기화합물은 탄소 골격을 가진다

모든 화합물은 크게 두 가지 범주로 나눈다: **무기화합물**(inorganic compound)과 **유기화합물**(organic compound)

(1) 무기화합물: 이 화합물은 비교적 분자량이 작은 단순한 물질이다. 이산화탄소(CO_2)와 탄산염을 가진 화합물을 제외한 다른 모든 무기화합물은 탄

소를 가지지 않는다. 물과 무기염, 단순한 산과 염기들은 무기화합물이다. 이들 분자의 구조는 화학 구조식으로 나타낸다. 물을 제외한 무기화합물은 생물 체중의 약 1~1.5% 정도를 차지한다.

(2) 유기화합물: 유기화합물은 탄소 원소를 포함한다. 이들은 대개 크고 복잡하며 사슬이나 고리 모양을 만든다. 생물에 있는 유기화합물은 탄수화물, 지질, 단백질, 핵산, 비타민 등이 있다. 유기화합물의 분자 구조는 실험식이나 화학식(또는 구조식)으로 나타낸다.

2.3 생명체에 있어 물의 중요성

물은 모든 생명체에게 중요하며 가장 많이 들어 있는 무기화합물이다. 우리 체중의 약 70%가 물이며 해파리와 특정 수생 식물에서는 95%가 넘는다. 물은 생명체 안에서 일어나는 대부분 화학반응의 매체이기 때문에 모든 생물에서 가장 필수적이다. 물은 많은 화학반응의 반응물이거나 생성물이다. 물이 가지는 독특한 물리적, 화학적 성질은 생물이 진화하고 생존할 수 있게 한다. 사실상 생물은 물이 없이는 존재할 수 없다.

1. 물 분자는 극성이다

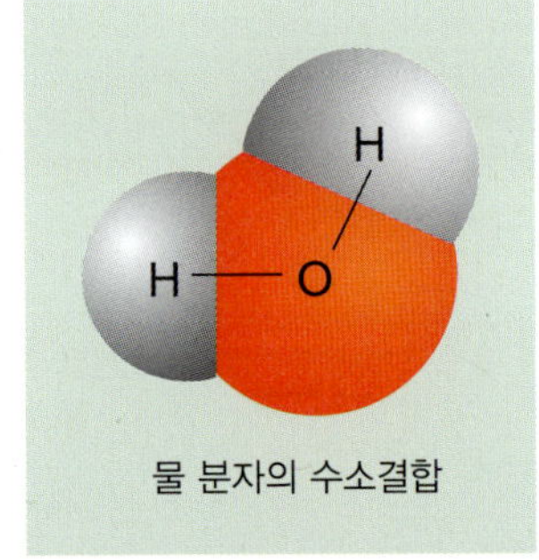

물 분자의 수소결합

물 분자는 두 개의 수소 원자가 산소 원자 한 개와 공유결합을 이루고 있다. 수소 원자와 산소 원자 사이의 공유결합은 **극성 공유결합**(polar covalent bond)이다. 그 이유는 음전하를 띤 산소 원자의 핵이 공유하고 있는 수소 원자의 전자를 자기 쪽으로 더 끌어당기기 때문이다. 그래서 인접한 물 분자들은 서로 수소결합을 하여(그림 2.8) 그물망처럼 된다. 한 개의 물 분자에 있는 수소 원자는 약한 양전하를 띠며 인접한 물 분자에 있는 약한 음전하의 산소 원자와 수소결합을

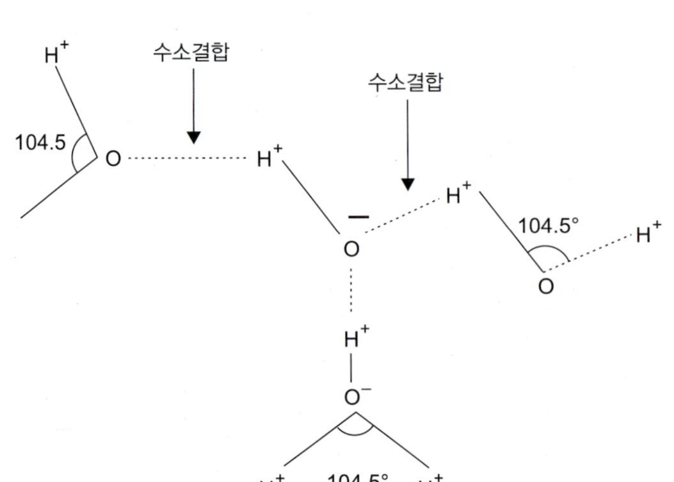

그림 2.8

인접한 물 분자 사이에서의 수소결합 형성. 물 분자의 전하 띤 지역이 인접한 분자의 반대 전하를 가진 부분에 끌린다.

이룬다. 이렇게 물 분자 하나는 인접한 4개의 물 분자와 수소결합을 하게 된다. 인접한 물 분자 사이의 결합은 물이 응집력을 갖게 한다.

물의 극성 성질은 물이 생물의 유용한 매체로 작용케 하는 6가지 특징을 갖게 한다:

1) 물은 뛰어난 용매다

물은 분자의 극성 성질 때문에 뛰어난 용매가 된다. 수소 원자와 산소 원자 사이의 극성 공유결합은 물 분자 각각이 인접한 여러 용질의 이온이나 분자들과 상호작용을 할 수 있게 해준다.

(1) 이온 용질: 이온 용질은 친수성으로 물에 친화적이다. 예를 들면 소금은 물에 있으면 나트륨과 염소이온으로 해리된다. 물 분자에 있는 수소 원자의 양전하(H^+)는 염소이온(Cl^-)을 잡아당긴다. 결과적으로 많은 물 분자가 염소이온(Cl^-)을 둘러싸게 된다. 이와 유사하게 물 분자에 있는 음전하의 산소 원자는 나트륨이온(Na^+)을 잡아당겨 Na^+ 이온 주위에 물 분자가 둘러싸이게 한다. 그래서 Na^+와 Cl^- 이온은 분리되고 물 분자로 가로막혀 재결합이 되지 않는다.

(2) 극성 화합물: 극성 화합물도 물에 녹는다. 예로서 암모니아는 전기적으로

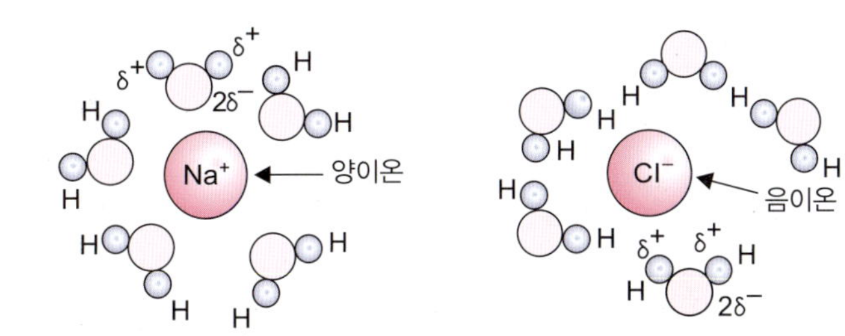

그림 2.9
물에서 이온성 용질인 NaCl의 용해를 나타내는 모식도

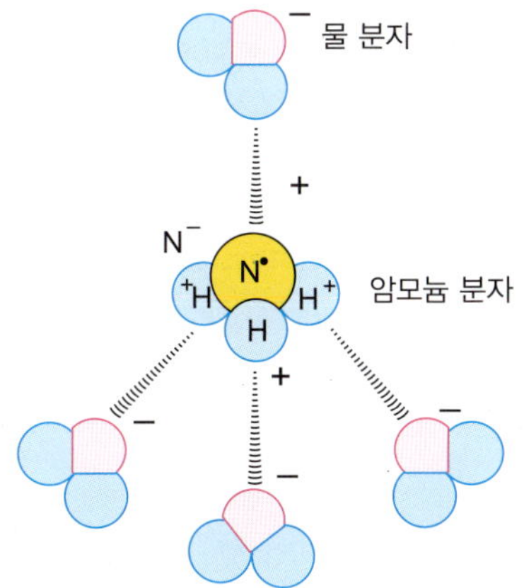

그림 2.10
물에서 극성 화합물인 암모니아의 용해를 나타내는 모식도

중성인 분자다. 그러나 강한 음전기성의 질소 원자와 수소 원자 사이의 공유결합은 극성을 나타낸다. 음전기성 질소 원자는 수소 원자의 외각 전자를 잡아당긴다. 결과적으로 암모니아 분자의 양쪽 끝은 각각 반대 전하를 가진다. 그래서 암모니아는 물처럼 극성이다. 물은 비극성 화합물과 전하가 대칭적으로 분포된 중성 분자는 용해시키지 못한다.

2) 물은 높은 기화열을 가진다

물 분자들 사이의 매우 강한 인력 때문에 물 분자가 분리되어 기체가 되는데 많은 열이 필요하다. 그래서 물은 비교적 비등점이 높다(100°C). 이것은 연못이나 호수의 온도를 안정되게 유지시키며, 육상 생물의 과열을 막아주고 지구의 기후를 온화하게 유지시킨다. 물은 높은 기화열로 인해 액체에서 기체로 바뀔 때 많은 양의 열을 방출한다. 그러므로 물은 여름에 몸 표면에서 땀을 증발시켜 사람의 체온을 유지시켜 준다.

부가 설명: 생물학적으로 물의 중요한 기능

A. 모든 생물체에서

1. **구조**: 물은 원형질에서 차지하는 양이 높다.
2. **용매**: 물은 모든 유기 또는 무기 화합물에 대한 뛰어난 용매이며 확산이 일어나는 매체다.
3. **반응물질**: 물은 생물 반응에서 생기는 가수분해에서 반응물질로 작용한다.
4. **지지대**: 물은 수상 생물의 지지대이며 생물 환경이 된다.
5. **수정**: 수정을 위해 배우자들의 수송을 돕는다.
6. **확산**: 물은 포자, 씨, 배우자와 수상 생물의 유충을 확산시킨다.

B. 동물에서

1. **수송**: 물은 영양분, 기체(산소), 호르몬, 효소 등을 몸의 한 부분에서 다른 쪽으로 혈액이나 체강액 그리고 조직액 상태로 수송한다.
2. **삼투 조절**: 물은 몸의 외부와 내부 환경의 조성을 항상 일정하게 유지시킨다.
3. **체온 유지**: 물은 여름에 땀을 흘리거나 숨을 헐떡이는 등의 증발 작용을 통해 체온을 식힌다.
4. **윤활제**: 물은 연접이나 세포막 사이에서 윤활제 역할을 한다.
5. **지지대**: 지렁이나 다른 동물의 경우 물은 유체골격 역할을 한다.
6. **방어**: 눈물과 점액은 방어 작용을 한다.
7. **이동**: 해류는 동물이 헤엄쳐 다른 곳으로 이동하게 한다.

C. 식물에서

1. **삼투압**: 물은 삼투압으로 식물 세포와 식물체의 내부 환경을 조절한다.
2. **팽만성**: 물은 세포를 팽만하게 만들며 세포의 신장, 분열, 생장과 스트로마의 개폐에 도움을 준다.
3. **광합성의 반응물질**: 물은 광합성 과정에서 H^+와 OH^- 이온을 제공한다.
4. **수송과 전좌**: 물은 무기 이온을 수송하고 합성한 영양분을 체관부를 통해 식물체의 다른 곳으로 이동시키는 역할을 한다.
5. **씨앗의 발아**: 건조한 씨앗이 물을 흡수하면 부풀어 종피가 벗겨지고 씨앗이 싹튼다.

3) 물은 비열이 높기 때문에 뛰어난 온도 완충제다

물 분자 사이의 비교적 강한 수소결합 때문에 물의 비열은 높다. 이로 인해 물은 뛰어난 온도 완충제다. 물의 온도를 조금 변화시키는 데에도 많은 양의 열이 방출 또는 흡수되어야 한다. 더운 조건에서는 공기로부터 열을 흡수하고 추운 조건에서는 공기로 열을 방출하여 온도를 안정시킨다.

4) 물은 4℃에서 최대치 밀도를 가진다

물 분자 사이의 수소결합은 물의 밀도에 영향을 준다. 물이 4°C일 때 결합이 최대가 되며 밀도도 최대치가 된다. 온도가 내려가면 물은 팽창하기 시작한다. 얼음에서는 물 분자들이 좀 더 떨어진 상태에서 수소결합이 형성되므로 용액이 얼면 물은 팽창한다. 그래서 고체 얼음은 4°C의 용액보다 10% 정도 가볍다. 이 때문에 얼음은 물 표면에 뜨게 된다. 이는 호수와 개울의 표면에서 절연층 역할을 해주며 이런 곳에서 생물이 추운 기간에도 살 수 있게 해준다.

5) 물은 화학반응의 반응물질이다

물이 가지는 극성은 수소이온(H^+)과 수산이온(OH^-)을 쉽게 해리시키거나 재결합시킬 수 있어 많은 화학반응에서 **반응물질**(reactant)이나 **생성물질**(product)로 작용한다. 물은 모든 분해 반응의 주요 반응물질로서 작용해 큰 분자를 작은 분자로 분해시킨다. 합성반응에도 물 분자가 참여한다. 세포에서 유기화합물을 합성하는데 쓰이는 수소와 산소는 물이 제공한다.

6) 물 분자는 약하게 해리한다

물 분자는 H^+와 OH^- 이온으로 약하게 이온화한다. 물 분자가 해리하려는 경향은 H^+와 OH^- 이온이 재결합하여 물이 되려는 경향과 평형을 이룬다. 이 같은 물의 특성을 다음과 같이 표시할 수 있다:

$$HOH \rightleftharpoons H^+ + OH^-$$

순수한 물에서 H^+와 OH^- 이온의 농도는 항상 같다. 이런 용액을 산성이나 염기성이 아닌 **중성**(neutral)이라 한다. 순수한 물에서 H^+와 OH^- 이온의 농도는 0.0000001(10^{-7}) 몰/리터이다.

2.4 산, 염기, 염

무기염이 물에 있으면 해리되거나 이온화한다.

1. 산(acid)은 수소이온(양성자, proton)을 방출한다

산(acid)은 한 개 이상의 양전하의 수소이온(H^+)과 한 개 이상의 음이온(anion)으로 해리되는 물질이다.

$$\text{산} \longrightarrow H^+ + \text{음이온}$$

이는 산이 매질에 H^+ 이온이나 양성자를 공여한다는 것을 의미한다. 그래서 산을 **H^+ 공여자** 또는 **양성자 공여자**(proton donor)라 한다. 염산(HCl)과 황산(H_2SO_4)은 무기산인 반면, 젖산($C_3CHOHCOOH$)과 아세트산(CH_3COOH)은 보통의 유기산이다. 이들의 해리 산물은 다음과 같다:

$$HCl \longrightarrow H^+ + Cl^-$$
$$CH_3COOH \longrightarrow CH_3COO^- + H^+$$

2. 염기는 양성자 수여자다

염기(base)는 한 개 이상의 양이온(cation)과 한 개 이상의 음전하의 수산이온(OH^-)으로 해리하는 물질이다. OH^-는 H^+이나 양성자와 즉시 결합한다. 그래서 염기를 '**양성자 수여자**(proton acceptor)'라 한다.

$$\text{염기} \longrightarrow \text{양이온} + OH^-$$
$$H^+ + OH^- \rightleftharpoons H_2O$$

예로서 수산화나트륨(NaOH)와 수산화암모늄(NH_4OH)은 일반적인 무기염기다. 이들은 해리하여 OH^- 이온을 방출한다.

$$NaOH \longrightarrow Na^+ + OH^-$$
$$NH_4OH \longrightarrow NH_4 + OH^-$$

3. 염은 양이온과 음이온으로 해리한다

염(salt)은 산과 염기가 반응하여 만들어지는 물질이다. 물에 용해되면 염은 양이온과 음이온으로 해리하지만 H^+나 OH^-는 생기지 않는다.

2.5 생물에서 산-염기의 균형

모든 생물체의 내부는 용액 환경으로 이 안에서 산은 H^+과 음이온으로 해리한다. 염기는 수산이온(OH^-)과 양이온으로 해리한다. 용액에서 유리 수소이온의 수가 더 많은 경우에는 용액은 산성이 된다. 유리 H^+ 이온의 수가 많을수록 용액은 더 산성이 된다. 반대로 용액에 유리 OH^- 이온 수가 많을수록 용액은 더 염기성 또는 알칼리성이 된다. 그러나 생화학적 반응은 매체의 산도 또는 알칼리도가 조금만 변해도 매우 민감하기 때문에 몸 안의 H^+과 OH^- 이온은 일정한 균형을 이룬다.

1. 수소이온 농도는 매체의 pH를 결정한다

대부분의 화학물질은 물에 용해되면 이온이라는 전기적으로 전하를 가진 입자로 쪼개진다. 양전하의 이온을 **양이온**(cation)이라 하고 음전하의 이온을 **음이온**(anion)이라 한다. 순수한 물에서도 H^+과 OH^- 이온으로의 해리가 있다. H^+ 이온은 양이온이고 OH^-은 음이온이다. 물에 산(HCl)을 첨가하면 H^+ 이온이 많아지고 알칼리(NaOH, KOH)를 첨가하면 OH^- 이온의 농도가 증가한다.

$$H_2O \rightleftharpoons H^+ + OH^-$$
$$HCl \longrightarrow H^+ + Cl^-$$
$$NaOH \longrightarrow Na^+ + OH^-$$

이온은 전하를 띤 입자이므로 이들은 물의 전기 전도도에 영향을 준다. 이온의 농도는 해리와 이온화의 정도를 측정하는 데 사용한다. 이온의 농도는 용액의 리터당 그램으로 표시한다. 예를 들어 22°C에서 순수한 물의 수소이온 농도가 10^{-7}이면 물 백만 리터에 1 g의 H^+ 이온이 있다는 것을 의미한다.

그래서

$$cH\frac{1}{1\text{백만}} = N = 10^{-7}\ g/l$$

cH는 H 이온 농도, N은 노르말 농도이다.

순수한 물에서 H^+과 OH^- 이온의 수가 같으면 $H^{-7}OH^{-7} = 10^{-14}\ k$다. 그래서 H^+ 이온 농도를 알면 OH^- 이온의 농도를 알 수 있다.

용액의 활성을 cH로 표시한다:

$$H^+ = 10^{-7} \quad \therefore\ OH^- = 10^{-7}\ \text{중성 용액}$$
$$H^+ = 10^{-6} \quad \therefore\ OH^- = 10^{-8}\ \text{산성 용액}$$
$$H^+ = 10^{-9} \quad \therefore\ OH^- = 10^{-5}\ \text{알칼리 용액}$$

음(−) 표시를 없애기 위해 **소렌센**(Sorensen)이 수소 잠재성 또는 pH를 도입하였다. $cH = 10^{-7}$은 pH = 7이고, $cH = 10^{-6}$은 pH = 6이 된다.

2. 수소이온 농도의 중요성

생물 세포 내와 모든 체액의 pH는 항상 7 또는 중성에 가깝도록 유지한다. 이는

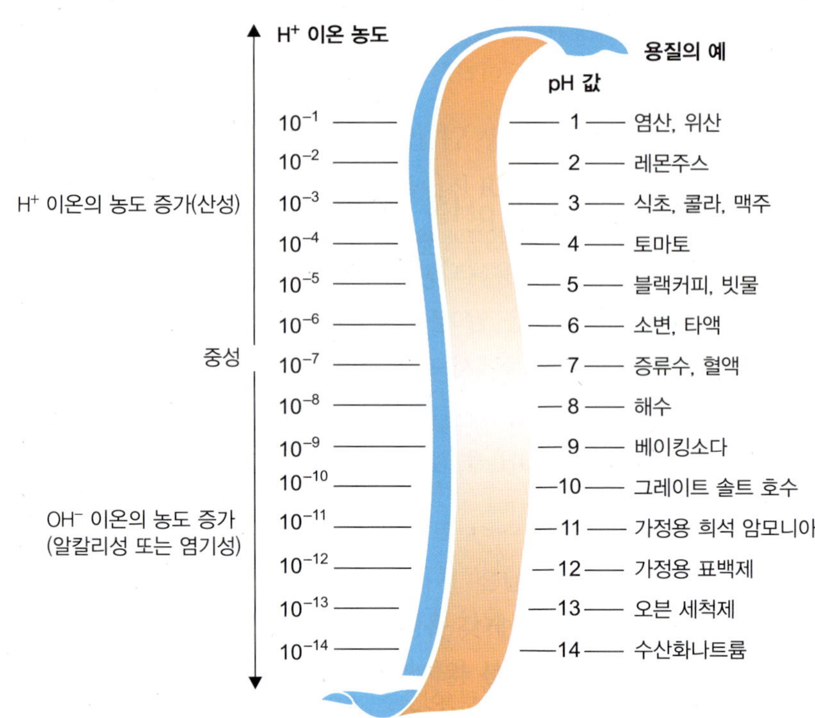

그림 2.11

pH 범위: H^+와 OH^- 이온의 비례량; pH가 7보다 낮으면 산성인 반면 7보다 높으면 알칼리성 또는 염기성이다; 순수 물의 pH는 7이며 중성이다.

세포 내 분자의 구조와 기능 그리고 물질대사의 모든 생화학적 반응이 수소이온(H^+)과 수산이온(OH^-)의 농도에 매우 민감하기 때문이다. pH에 약간의 변화만 있어도 치명적이다. 그래서 생물계는 수소이온 농도의 어떠한 변화에도 견딘다. 생물은 이런 H^+과 OH^- 이온의 변화를 최소화하기 위하여 여러 완충액 계를 발전시켰다.

3. pH 범위 또는 수소 잠재성 범위

pH는 용액의 '수소 잠재성, potential of hydrogen'의 약자이며 수소이온 농도의 측도다. pH는 '**수소이온 농도의 음의 로그**'로 규정하고 $-\log[H^+]$로 표시한다.

1) pH 범위

용액의 **산도**(acidity)나 **알칼리도**(alkalinity)는 **pH 범위**로 나타낸다. 범위는 0에서 14까지다. 이 범위는 몰/리터 단위에서 H^+ 이온의 농도를 기준으로 한다. pH 7은 용액에 1l당 수소이온이 백만분의 일(0.0000001) 몰로 들어 있다는 것을 의미한다. 0.0000001은 1×10^{-7}이다. 이 값을 pH로 바꾸면 음 지수(−7)는 양수(7)로 바뀐다. 이는 리터당 1×10^{-7}의 수소이온 농도를 가진 용액은 pH가 7인 것을 의미한다.

pH 7은 pH 범위에서 중간이다. 여기서 H^+과 OH^- 이온 농도는 같다. 그래서 순수한 물처럼 pH 7인 용액은 중성이다. H^+ 이온이 더 많은 용액은 산성이 된

부가 설명: pH는 로그함수다

용액의 pH는 로그함수로 나타낸다. 용액의 pH가 4에서 3으로 감소하면 H^+ 이온 농도는 10^{-4} M에서 10^{-3} M로 10배 증가한다. 그래서 pH 범위에서 숫자 1은 H^+ 이온 농도의 수가 10배로 변한다는 것을 의미한다. pH 3인 용액이 pH 4 보다 산성이 두 배가 아니라 10배 더 산성이라는 것을 말한다. 용액의 pH가 조금 변했을 때 용액 안의 실제 H^+과 OH^- 이온 농도는 많이 변한다.

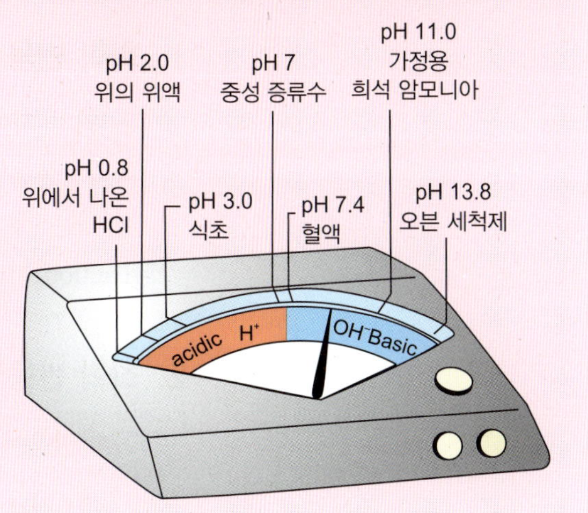

그림 2.12
pH 측정기

표 2.1 사람 체액과 흔한 물질의 pH 값

번호	체액 또는 물질	pH
1.	타액	6.35~6.85
2.	위액	1.50~2.50
3.	혈액	7.35~7.45
4.	소변	5.00~7.80
5.	우유	6.60~6.90
6.	증류수	7.00
7.	레몬즙	2.20~2.40
8.	탄산음료	3.00~3.50
9.	토마토 주스	4.20
10.	마그네시아유	10.00~11.00
11.	석회수	12.30

다. 산성 화합물은 pH 범위가 0에서 7 사이이다. H^+ 이온보다 OH^- 이온이 더 많은 용액은 **염기성**(basic) 또는 **알칼리성**(alkaline)이다. 염기성 용액의 pH 범위는 7~14가 된다.

대부분의 생물은 pH 6.5~8.5의 환경에서 가장 잘 성장한다.

2.6 화학 반응

화학 반응은 다른 원소의 원자들 사이에 결합이 만들어지거나 끊어지는 것이다. 화학 반응이 일어나고 나면 원자의 전체 수는 같으나 이들 원소의 원자들이 재배열하여 새로운 성질을 가진 새로운 분자가 만들어진다.

1. 화학 반응 동안 에너지를 획득하거나 방출한다

두 원자 사이에서 화학 결합이 만들어질 때 에너지가 쓰인다. 에너지가 필요한 화학반응을 **흡열반응**(endergonic reaction)이라 한다. 유사하게 화학결합이 끊어질 때는 에너지가 방출된다. 에너지를 방출하는 화학 반응을 **발열반응**(exergonic reaction)이라 한다.

2. 화학 반응의 종류

화학 반응에는 다음과 같은 종류가 있다:

(1) 합성 반응: 둘 이상의 분자나 이온 그리고 분자들이 새롭고 더 큰 분자를 만들기 위해 결합할 때 이 반응을 합성 반응이라 한다. 합성 반응에서는 새로운 결합이 만들어진다. 합성 반응은 다음과 같이 나타낸다:

A	+	B	⟶	AB
원자		원자		새 분자

결합하는 원자나 이온 또는 분자를 **반응물질**(reactant)이라 하고 이들이 결합하여 만든 물질을 **생성물질**(product, AB)이라 한다. 생물에서는 합성 반응의 생성물질이 반응물질로 작용하여 결합한 뒤 또 다른 생성물질을 만들 수 있다. 생물에서 합성 반응의 경로(하나의 합성 반응 후에 두 번째, 세 번째 반응이 연속할 수 있다)를 총괄하여 **동화작용 경로**(anabolic pathway) 또는 **동화작용**(anabolism)이라 한다.

예시: 단순한 설탕 분자(포도당, 과당)가 결합하여 전분이 되거나 아미노산이 결합하여 단백질이 되는 것이 합성 반응의 예다. 전분과 단백질의 합성은 **축합반응**(condensation reaction)의 예이며 **동화작용**을 나타낸다.

(2) 분해 반응: 분해 반응은 합성 반응의 반대다. 분해 과정에서 결합은 끊어지고 큰 분자가 더 작은 분자나 이온, 원자로 쪼개진다. 이를 나타내면:

AB	⟶	A	+	B
화합물의 분자		원자		원자

생물의 분해 반응을 **이화작용 반응**(catabolic reaction) 또는 **이화작용**(catabolism)이라 한다. 예로서 설탕이 포도당과 과당으로 나누어지거나 전분이 포도당 분자로 분해되는 것을 설탕의 이화작용 또는 전분의 이화작용이라 한다.

(3) 치환 반응: 치환 반응에서는 합성 반응과 분해 반응이 동시에 일어난다. 치환 반응을 다음과 같이 표시한다:

$$AB + CD \longrightarrow AD + BC$$

이 반응에서 A와 B 그리고 C와 D 사이의 결합이 끊어지고 A와 D 그리고 B와 C 사이에서 새 결합이 생긴다. 예를 들면:

$$NaOH + HCl \longrightarrow NaCl + H_2O$$

(4) 가역 반응: 이론적으로 모든 화학 반응은 가역적이다. 즉 양방향으로 반응이 일어날 수 있다. 이를 다음과 같은 식으로 표시할 수 있다:

$$A + B \underset{\text{합성}}{\overset{\text{분해}}{\rightleftharpoons}} AB$$

3. 활성화 에너지

충돌이론에 따르면 원자와 이온 그리고 분자들은 연속적으로 움직여 서로 충돌한다. 충돌에서 입자들에 의해 전이되는 에너지는 전기적 구조를 파괴하고 화학결합을 끊거나 새 결합이 만들어지게 한다. 화학반응에 필요한 충돌 에너지를 **활성화 에너지**(activation energy)라 한다. 그래서 **활성화 에너지는 특정 분자의 안정된 전기적 형태를 파괴해서 전자의 재배열을 이끄는 데 필요한 에너지량이다.**

4. 효소는 반응의 활성화 에너지를 낮춘다

효소(enzyme)는 생물체 안에서 생물 촉매제로 역할 하는 큰 단백질 분자다. 촉매제처럼 효소는 반응물질이나 반응 매체의 온도를 올리지 않고 체온에서 생기는 화학반응의 속도를 빠르게 만든다.

효소는 특정 화학 물질이나 반응물질에 대한 '활성부위(active site)'를 가진다. 특정 효소의 반응물질을 기질(substrate)이라 한다. 반응이 일어날 때 효소와 반응물질 사이의 일시적인 결합으로 **효소-기질 복합체**(enzyme-substrate complex)가 만들어진다. 이것은 충돌이 더 효과적으로 일어나고 반응의 활성화 에너지를 낮추게 한다. 그래서 효소는 세포의 정상적인 기능이 가능한 온도에서 생물학적 반응을 가속시킨다.

문 제

1. 화학결합이란? 화학결합의 종류를 쓰시오.
2. 이온결합과 공유결합의 차이에 대해 쓰고 수소결합의 특징은?
3. 수소결합은 무엇인가? 수소결합이 있는 두 가지 예를 쓰시오.
4. 수소결합으로 인한 물의 독특한 특징을 기술하시오.
5. 산과 염기 그리고 염을 짧게 설명하시오.
6. 수소이온 농도의 중요성을 쓰고 용액에서 pH의 특징은?
7. 용액의 pH는 무엇을 의미하며 pH = 3인 용액이 pH = 4인 용액보다 10배의 산성인 이유를 설명하시오.
8. 물의 구조와 놀라운 성질을 기술하시오.
9. '물은 다재다능한 용매다'라는 것을 정의하시오.
10. 물 분자 사이와 물 분자 내에 있는 결합에는 어떤 종류가 있나?

3 생명의 분자: 생물 분자

학습 목표

- 유기화합물: 작용기, 작용기의 역할
- 탄수화물: 화학적 조성, 생물학적 중요성
- 분류: 단당류, 올리고당, 다당류
- 지질: 지질의 특수 형태, 순수 지방, 지방산, 지질의 중요성
- 지질의 분류: 단순 지질, 유도 지질
- 단백질: 단백질은 거대분자, 단백질의 생물학적 중요성
- 아미노산: 아미노산의 특징, 필수아미노산, 비필수아미노산, 아미노산의 기능, 아미노산 분류, 단백질의 1차, 2차, 3차, 4차구조, 단백질 분류

모든 생명체는 생물 분자(biomolecule)로 이루어져 있다. 생물 분자는 생물을 유지하고 물질대사 과정에 관여한다. 이들은 생물에 자연 상태로 있는 화학 화합물이라고도 한다. 생물의 화학물질에 대한 연구는 분자생물학의 확장과 밀접하게 연관되어 있다. 자연에 있는 109개의 원소 중 22개만 생물에게 중요하다. 이들은 표 3.1에 나타내었다.

6개 원소가 모든 생물체 질량의 98% 정도를 차지한다. 가장 흔한 원소는 수소, 탄소, 산소, 그리고 질소며 이들은 몸을 구성하는 모든 원소의 96%에 달한다. 수소, 산소, 질소, 탄소의 생물학적 중요성은 이들이 각각 결합가를 1, 2, 3, 4를 가지기 때문이며 이 결합가로 다른 원소와 더 안정적인 공유결합을 만들 수 있기 때문이다.

3.1 유기화합물

생물에 있는 대부분의 화학 화합물은 항상 **탄소**(carbon)와 **수소**(hydrogen)를 가지며 탄소 원자는 공유결합을 하여 신장된 사슬구조나 가지 친 사슬구조 또는 고리 구조를 만든다. 이 생물 분자들은 생물체에서만 조립된다고 생각하기 때문에 **유기화합물**(organic compound)이라고 불렀다. 1928년에 독일 생

표 3.1 생명체의 원소

번호	유기분자의 주원소	기호
	A. 비금속	
1.	수소	H
2.	탄소	C
3.	질소	N
4.	산소	O
5.	인	P
6.	황	S
7.	염소	Cl
	B. 개체의 주요 이온	
1.	나트륨	Na^{+}
2.	칼륨	K^{+}
3.	마그네슘	Mg^{2+}
4.	칼슘	Ca^{2+}
번호	**개체의 미량원소**	**기호**
	C. 개체의 미량원소	
1.	망간	Mn
2.	철	Fe
3.	코발트	Co
4.	구리	Cu
5.	아연	Zn
6.	붕소	B
7.	알루미늄	Al
8.	규소	Si
9.	바나듐	V
10.	몰리브듐	Mo
11.	요오드	I

부가 설명: 탄소의 독특한 특징-생명에 필수

탄소는 매우 다양한 유기화합물을 만들 수 있는 독특한 특징을 가진다. 이들의 특징은 다음과 같다:

- 탄소는 낮은 질량을 가진 비교적 작은 원자다. 원자량은 12이며 핵에 6개의 양성자와 6개의 중성자를 가진다.
- 전자 수는 6개다. 이들은 핵 주위의 두 개의 궤도에 2 + 4로 배치되어 있다.
- 탄소의 첫 궤도에 전자 두 개가 들어 있고 두 번째인 바깥 궤도에는 4개의 전자가 있다. 그래서 탄소의 결합가는 4다. 이는 수소, 질소, 산소, 인, 황 원자들과 4개의 강한 공유결합을 형성할 수 있다.
- 탄소는 그 자체끼리 단일, 이중, 삼중결합을 쉽게 이룬다. 그래서 고리나 사슬 형태로 큰 탄소 골격을 만들 수 있다.
- 탄소는 탄소, 산소, 질소 원자와 다중 공유결합을 형성할 수 있다.

화학자인 **프레드리히 뵐러**(Friedrich Wohler)가 생물체의 거의 모든 유기화합물을 시험관에서 합성할 수 있는 방법으로 요소(urea)를 합성했다. 현재 알려진 유기화합물은 5백만 개가 넘는다. 이는 탄소가 다른 원소들에 비해 많은 원자들과 공유결합을 형성해 매우 다양한 분자들을 만들 수 있기 때문이다.

유기화합물은 세포와 조직의 주요 구조 구성물이며 기능적으로도 매우 중요하다. 유기화합물은 모든 대사 반응에 참여하고 조절하며, 정보를 전달하고, 생물의 모든 활동에 필요한 에너지를 제공한다.

1. 유기화합물의 여러 작용기

유기화합물의 한 분자에 있는 탄소 원자 사슬을 탄소 골격(carbon skeleton)이라 한다. 이 탄소 원자가 수소 원자와 결합하면 탄화수소 사슬이 만들어진다. 탄화수소 사슬에 다른 요소가 결합하면 특징적인 작용기가 된다. 작용기는 특정 유기분자의 물리적, 화학적 성질 대부분을 나타내는 원자의 특수 기다. 다양한 작용기와 화합물의 종류를 표 3.2에 나타내었다.

2. 작용기의 역할

작용기는 수소결합이나 이온결합을 통해 다른 분자들과 연결하게 하고 특정 화합물에서 일어나는 반응의 종류를 결정한다.

대부분의 유기화합물은 두 개 이상의 작용기를 가진다. 예로서 모든 아미노산은 두 개의 작용기를 가진다: **아미노기**(amino group, $-NH_2$), **카르복실기**(carboxyl group, $-COOH$). 아미노산 몇 개는 부수 작용기를 가지고 이것 때문에 특수한 성질을 나타낸다.

3. 유기 분자는 3차원 구조를 가진다

탄소 원자 하나가 4개의 다른 원자에 단일 공유결합으로 연결되면 탄소화합물은 **사면체**(tetrahedron)라고 하는 3차원 모양을 가진다(그림 3.1). 이 결합 중에서 두 개 사이의 각은 약 109.5°다. 이 결합각은 일정하고 다양한 유기화합물에서도 동일하다.

4. 유기 분자는 이성질체를 가진다

두 화합물이 같은 분자식을 가지나 다른 구조와 다른 성질을 가질 때 이들을 서로에 대한 이성질체(isomer)라고 한다. 이성질체는 물리적 화학적 성질이 다르며 일반명과 화학명도 다르다. 세 종류의 이성질체가 있다: **구조적 이성질체**(structural isomer), **기하학적 이성질체**(geometric isomer), **거울상 이성질체**(enantiomer).

표 3.2 작용기와 작용기를 포함한 화합물

번호	작용기	기 명칭	화합물 종류
1.	$R-OH$	수산	알코올
2.	$R-C(=O)-H$	카르보닐(말단)	알데히드
3.	$R-C(=O)-R$	카르보닐(내부)	케톤
4.	$R-C(=O)-O-R$	에스테르	에스테르
5.	$R-CH_2-NH_2$	아미노	아민
6.	$R-CH_2-O-CH_2-R$	에테르	에테르
7.	$R-CH_2-SH$	설프히드릴	설프히드릴
8.	$R-C(=O)-OH$	카르복실	유기산
9.	$R-CH_3$	메틸	유기화합물
10.	$R-O-P(=O)(OH)-OH$	인산	유기인산

5. 구조적 이성질체

구조적 이성질체는 공유결합의 배열과 원자의 배열이 다른 유기화합물이다. 예를 들면 4탄소 탄화수소인 **부탄**(butane)에는 두 개의 구조적 이성질체가 있다(그림 3.2). 한 이성질체는 직선의 사슬을 가지고 다른 것은 가지 친 사슬을 가지는데 이를 **이소부탄**(isobutane)이라 한다.

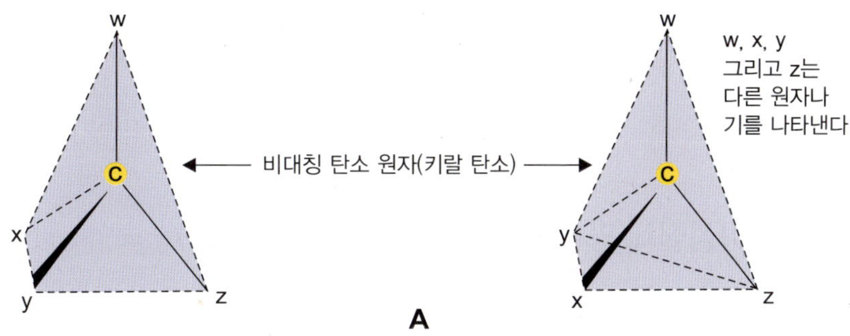

중심 비대칭 탄소 원자에 대한 결합의 4면체 배열은 공간에서 기의 두 가지 가능한 배열을 의미하며 이들은 거울상을 이룬다.

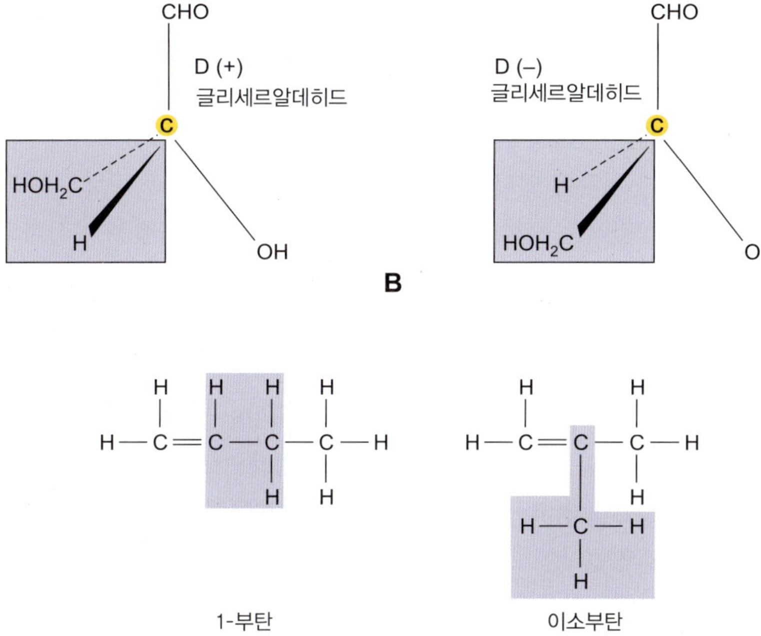

그림 3.1

A. 4면체 탄소; B. 글리세르알데히드처럼 4개의 단일 공유결합을 가진 유기 분자의 탄소 원자는 4면체 모양을 가진다

그림 3.2

부탄의 두 가지 이성질체

6. 기하학적 이성질체(시스, 트랜스 이성질체)

기하학적 이성질체는 같은 원자나 기를 가지는 화합물이며 공유결합의 배열도 같다. 그러나 이들 기가 공간에 배열된 순서가 다르다. 기하학적 이성질체를 시스(*cis*)와 트랜스(*trans*) **이성질체**(isomer)라고도 부른다. 시스-트랜스 이성질체에서 탄소 사슬의 탄소 두 개가 이중결합으로 연결되어 있다. 이중결합은 단일결합처럼 유연하지 못하기 때문에 탄소에 연결된 원자들은 결합 축에서 회전할 수가 없다. 시스 배열에서 두 개의 더 큰 성분은 이중결합의 같은 쪽에 있고, 트랜스형에서는 이중결합의 반대쪽에 있게 된다(그림 3.3). 이들을 **입체이성질체**(stereoisomer) 또는 **기하학적 이성질체**(geometric isomer)라고 한다.

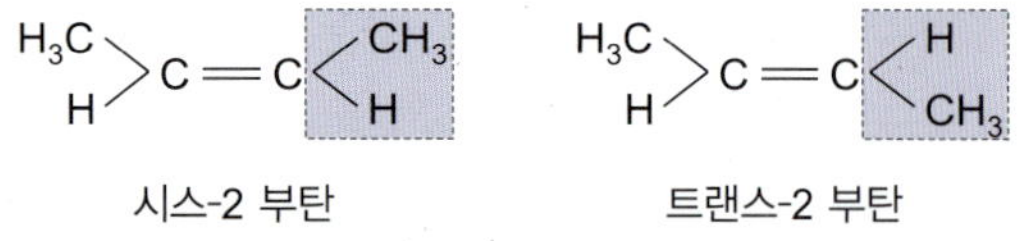

그림 3.3
2-부탄의 두 가지 기하학적 이성질체 또는 입체 이성질체

7. 거울상 이성질체(광학이성질체, optical isomer)

거울상 이성질체는 서로의 거울상이며 중첩될 수 없다. 중심 탄소에 결합한 4개의 기가 다를 때 중심 탄소를 비대칭 또는 **키랄**(chiral) **탄소 원자**라 한다. 비대칭 탄소에 있는 4개의 기는 서로에 대해 거울상인 두 가지 다른 방법으로 배열될 수 있다.

거울상 이성질체는 용액에서 비대칭 탄소 원자 또는 4면체 탄소에 결합되어 있는 기의 절대배치에 따라 D형과 L형으로 존재한다. 예로서 글리세르알데히드의 D-이성질체는 비대칭 탄소의 오른쪽에 −OH기가 붙어 있으며 L-이성질체에서는 −OH기가 왼쪽에 있다.

거울상 이성질체는 광학이성질체다. 이들의 화학적 성질은 유사하고 물리적 성질은 같다. 그러나 편광 빛이 D-이성질체가 든 용액을 통과하면 빛은 오른쪽으로 회전한다. D-이성질체를 **우회전성**(dextrorotatory)이라 한다. L-이성질체는 편광 빛이 왼쪽으로 회전하기 때문에 **좌회전성**(levorotatory)이라고 한다. 세포에는 화합물의 두 거울상 이성질체 중 단지 하나만 존재한다. 그러나 실험실에서 합성을 하면 D와 L-이성질체 둘 다 똑같은 양으로 만들어진다. 이런 혼합물을 **라세미 혼합물**(racemic mixture) 또는 **DL 혼합물**이라 한다. 이 혼합물은 광학 활성을 보이지 않는다.

단당류와 아미노산은 둘 다 광학 이성질체화의 현상을 보이며 D-형과 L-형으로 나타난다(그림 3.4).

8. 많은 생물 분자는 중합체(거대분자)다

단백질, 핵산, 탄수화물 같은 많은 생물 분자들은 대단히 크기 때문에 **거대분자**(macromolecule)라 한다. **거대분자**는 단량체(monomer)라는 작고 단순한 유기화합물이 서로 연결되어 만들어진다. 이렇게 단량체들이 연결되어 형성된 대형 분자를 **중합체**(polymer) 또는 **거대분자**라고 한다. 예로서 단백질은 아미노산 단

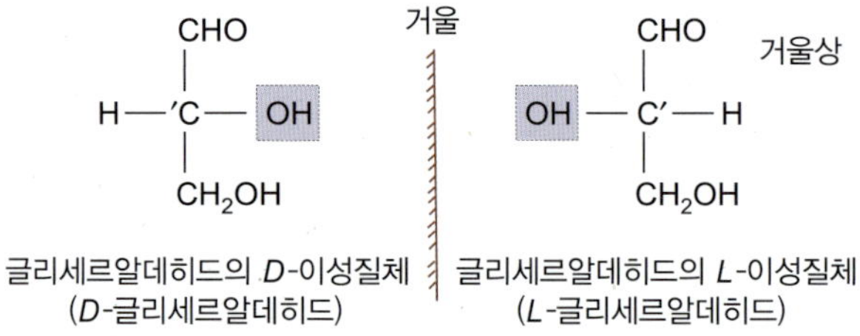

그림 3.4
단당류 글리세르알데히드의 D와 L 이성질체. C'는 키랄 탄소 원자다.

량체의 중합체이며 핵산(DNA, RNA)은 뉴클레오티드 단량체, 다당류는 단당류 단량체의 중합체다. 거대분자 중합체가 만들어지는 과정을 **중합화**(polymerisation) 또는 **축합**(condensation) 또는 **탈수합성**(dehydration synthesis)이라 한다.

중합 과정에서 두 단량체는 물 한 분자가 빠지면서 서로 연결된다. 이 반응에서 한 단량체에서는 수소 원자를 다른 단량체에서는 수산기를 제거하면서 일어난다.

탄수화물, **단백질**, **핵산**, **지질** 같은 거대분자는 세포에서 주요 유기화합물이다.

3.2 탄수화물

탄수화물(라틴어 *carbo* = 석탄; +그리스어 *hydro* = 물)은 탄소, 수소, 산소로 이루어진 화합물이다. 이는 또한 물에서처럼 수소와 산소가 2 : 1의 비율을 가지기 때문에 '탄소의 수화물'이라고도 한다. 그리고 설탕 또는 단당류의 중합체이기 때문에 당류(saccharide)라고도 한다. 예로서 포도당, 과당, 설탕, 전분, 글리코겐, 셀룰로오스 등이 있다.

탄수화물은 음식의 기본 구성성분이며 모든 생물의 주요한 에너지원이다. 탄수화물 1 g은 4.9 kcal의 에너지를 만든다.

1. 탄수화물의 화학적 조성

탄수화물은 탄소, 수소, 산소가 1 : 2 : 1의 비로 구성된 화합물이다. 일반식은 $C_n(H_2O)_n$ 또는 $(CH_2O)_n$이며 n은 탄소 원자의 수를 나타낸다.

화학적으로 탄수화물은 한 개 이상의 $-OH$기를 가진 **알데히드**(aldehyde) 또는 알코올의 **케톤**(ketone) **유도체**다. 탄소 사슬의 말단에 카르보닐기가 있으면 **알데히드**($^{H}_{R}{>}C=O$)이고 탄소 사슬의 중간에 있으면($-C=O$) **케톤**이 된다. 알데히드기를 가진 탄수화물을 **알도오스**(aldose)라 하고 케톤기를 가진 것을 **케토오스**(ketose)라 한다.

2. 탄수화물의 생물학적 중요성

(1) 주요 에너지원: 탄수화물은 생물의 주 에너지원이며 호흡의 연료로 사용된다. 산소가 있으면 CO_2와 물로 분해되고 몸의 세포에서 사용하는 에너지가 나온다.

(2) 구조 구성성분: 식물세포에서 탄수화물(셀룰로오스)은 구조 골격을 구성하고 동물세포에서는 세포 표면에 솜털 모양의 외피를 형성한다.

(3) 저장: 몸에서 에너지원으로 즉시 쓰기 위해 탄수화물을 저장한다. 식물의

저장 탄수화물은 전분이고 동물은 글리코겐이다.

(4) 물질대사에서의 역할: 탄수화물은 아미노산과 지방산의 물질대사에서 중요한 역할을 한다.

(5) 특수 기능:

- 특정 당단백질은 호르몬 역할을 한다.
- 세포 표면의 당단백질은 세포 인식과 몸의 면역계를 돕는다.
- 점액성 다당류인 헤파린은 항응고제 역할을 한다.

3. 탄수화물의 분류

생물의 탄수화물은 다음의 세 가지 형태로 존재한다:

(1) 포도당과 과당과 같은 단당류.

(2) 세포 인식과 면역계에 도움을 주는 세포 표면에 있는 당단백질.

(3) 전분과 셀룰로오스 같은 다당류.

보통 설탕과 같은 단당류나 이당류는 물에 잘 용해한다. 이런 것은 **미세분자**(micromolecule)로, 다당류는 **거대분자**(macromolecule)로 간주한다.

1) 단당류는 단순한 당이다

조성: 단당류는 한 개의 당류 분자로 된 단순한 당이다. 이들의 일반식은 $C_nH_{2n}O_n$이다. 단당류에서 탄소 원자의 수는 대개 3~7개 정도다. 탄소 원자들은 단일 공유결합으로 연결되어 가지가 없는 직선 사슬을 만든다. 단당류 한 분자에는 두 개의 작용기가 있다: (i) 산소가 탄소 원자에 이중결합으로 붙어 있는 **카르보닐기**(carbonyl group, −C=O), (ii) 사슬의 모든 다른 탄소 원자에 붙어 있는 **수산기**(−OH).

단당류는 무색이고 단맛이 나는 결정형 물질이다. 이들은 물에 용해하며 알코올에서는 드물게 용해한다.

단당류는 탄소 원자의 수에 따라 분류한다

(1) 트리오스: 탄소 원자 3개($C_3H_6O_3$)

(2) 테트로오스: 탄소 원자 4개($C_4H_8O_4$)

(3) 펜토오스: 탄소 원자 5개($C_5H_{10}O_5$)

(4) 헥소오스: 탄소 원자 6개($C_6H_{12}O_6$)

(5) 헵토오스: 탄소 원자 7개($C_7H_{14}O_7$)

알데히드기나 케톤기에 따른 단당류의 분류

위의 단당류들은 **표 3.3**에 나타낸 것처럼 알데히드나 케톤처럼 두 가지 형태를

표 3.3 다른 종류의 단당류와 알도오스형과 케토형

번호	이름	화학식	알도오스 당	케토 당
1.	트리오스	$C_3H_6O_3$	글리세르알데히드 또는 글리셀로오스	디히드록시아세톤
2.	테트로오스	$C_4H_8O_4$	에리트로오스와 트레오스	에리틀루오스
3.	펜토오스	$C_5H_{10}O_5$	리보오스, 디옥시리보오스, 크실로오스, 릭소오스, 아라비노오스	리불로오스, 크실룰로오스
4.	헥소오스	$C_6H_{12}O_6$	포도당, 갈락토오스, 만노오스, 알로오스, 알트로오스, 탈로오스	프락토오스, 소보오스, 사이코오스, 타가토오스
5.	헵토오스	$C_7H_{14}O_7$	만노헵툴로오스	세도헵툴로오스

보인다.

(1) 트리오스($C_3H_6O_3$): 이들은 헥소오스가 대사 분해 과정에서만 생긴다. 자연계에는 없다. 이 사슬은 3개의 탄소 원자로 이루어져 있어서 가장 작은 탄화수소 분자다. **글리세르알데히드**(glyceraldehyde)와 **디히드록시아세톤**(dihydroxyacetone)은 포도당의 해당과정에서 만들어지는 두 개의 트리오스다.

(2) 테트로오스($C_4H_8O_4$): 탄소 4개로 된 화합물이다. 예는 **에리트로오스**(erythrose)와 **트레오스**(threose)가 있다.

(3) 펜토오스($C_5H_{10}O_5$): 이는 5탄당이다. 예로는 **리보오스**(ribose), **디옥시리보오스**(deoxyribose), **리불로오스**(ribulose), **자일룰로오스**(xylulose), **아라비노오스**(arabinose)가 있다. 리보오스와 디옥시리보오스는 핵산(DNA, RNA)과 조효소(NAD, NADP, 플라보단백질)의 주 구성성분이다(그림 3.5).

(4) 헥소오스($C_6H_{12}O_6$): 6탄당이며 **포도당, 과당, 갈락토오스, 만노오스**(mannose) 등이 있다. 이들의 구조식은 $C_6H_{12}O_6$으로 동일하다. 이들은 단맛이 나고 결정형이며 물에 용해하며 쉽게 투석할 수 있다. 또한 알코올 발효가 된다. 이는 주요 에너지원이며 다른 탄수화물의 원료로 쓰인다. 몸에 들어온 모든 탄수화물은 결국 포도당으로 가수분해된다. 포도당과 과당만이 용액에 존재한다.

포도당과 과당, 그리고 만노오스는 첫 번째와 두 번째 탄소 원자에서만 다르다. 포도당의 카르보닐기(C=O)는 첫 번째 탄소 원자에 붙어서 **알데히드기**(aldehyde group)를 만든다. 그러나 과당에서는 두 번째 탄소 원자에 결합하여 **케토기**(keto group)를 형성한다(그림 3.6).

그림 3.5

펜토오스 당인 리보오스와 디옥시리보오스: 직쇄구조와 고리구조

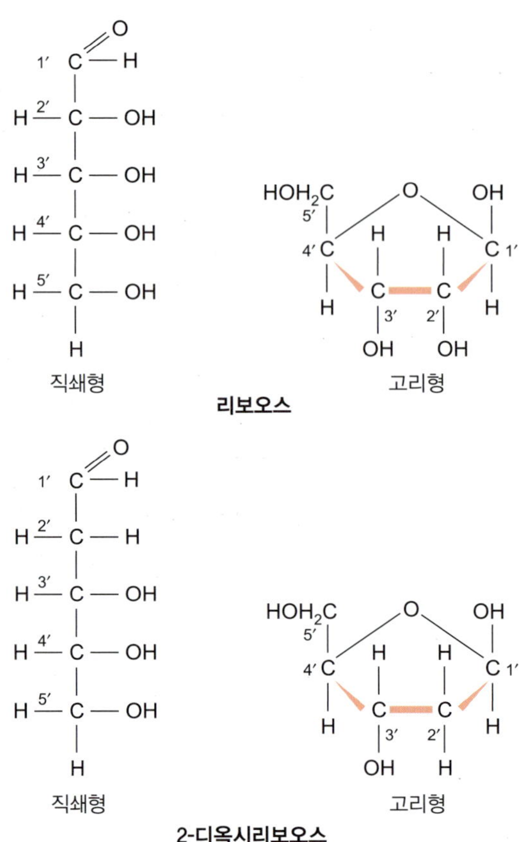

2) 단당류 예

(1) 포도당(glucose): 과일과 벌꿀에 있는 당 또는 **덱스트로오스**(dextrose)다. 몸에서는 혈액과 소화 중의 장에 있다. 물에서 포도당은 α-포도당과 β-포도당이 평형을 이루며 혼합되어 있다. 포도당은 물질대사의 주요 원료다.

(2) 과당(fructose): 과당 또는 과일당은 **레불로오스**(levulose)라고도 한다. 조성은 포도당과 비슷하지만 이들은 **케토헥소오스**(ketohexose)이고 세포가 잘 흡수하지 못한다. 이는 수산기의 위치가 다르기 때문이다. 간과 장에서 포도당으로 바뀐다.

(3) 갈락토오스(galactose): 우유의 당이나 포도당과 연결된 젖당(lactose)에 있다. 소화 동안 젖당 한 분자는 포도당과 갈락토오스로 가수분해된다. 갈락토오스는 가장 빠르게 흡수되어 몸에서 사용할 수 있는 포도당으로 바뀐다.

(4) 만노오스(mannose): 식물의 만노산과 고무진에서 만들어진다. 이것은 알부민, 글로불린, 점액성 단백질에 있는 첨가 다당류의 구성성분이다. 당

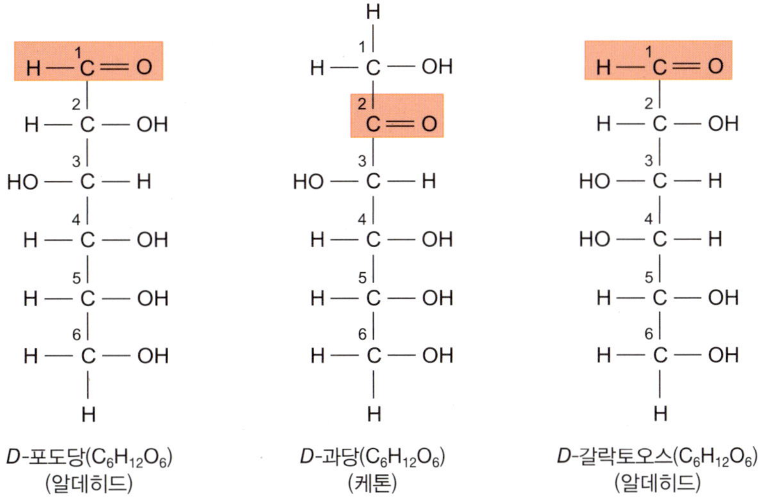

그림 3.6

단당류: 포도당, 과당, 그리고 갈락토오스

단백질에도 존재한다. 동물에서 대사과정에 사용되기 전에 포도당으로 바뀐다.

(5) 아미노당(헥소사민, hexosamine): 아미노당(amino-sugar)에서는 알도오스의 수산기 대신 아미노기나 아세틸 아미노기를 가진다. 여기에는 **글루코사민**(glucosamine), **갈락토사민**(galactosamine), **아세틸 글루코사민**(acetyl glucosamine) 등이 있다.

글루코사민은 키틴, 히알루론산, 헤파린, 점액성 다당류, 그리고 박테리아의 다당류 등에 있으며 **갈락토사민**은 콘드로이틴(chondroitin)에 들어 있다.

3) 단당류의 구조적 특이성

(1) 알도오스형과 케토오스형: 헥소오스 당은 주로 알도오스형이나 케토오스형으로 존재한다. 이를 **알도헥소오스**(aldohexose) 또는 **케토헥소오스**(ketohexose)라 한다. 알데히드기와 케톤기 때문에 모든 단당류는 환원당이다.

(2) 비대칭 탄소 원자: 탄소 원자는 4개의 결합가에 4개의 다른 원자나 원자의 기를 가지기 때문에 **비대칭 탄소** 원자라고 한다. 모든 단당류는 비대칭 탄소 원자를 가진다.

(3) 입체이성질화: 단당류는 한 개 또는 그 이상의 비대칭 탄소 원자를 가진다. 이 비대칭 탄소를 **키랄 탄소 원자**라고도 한다. 비대칭 탄소 원자로 인해 용액에서 단당류 분자는 두 가지 이성질체로 존재한다. 이들은 구조식은 같으나 입체적 형태는 다르다. 그래서 이를 **입체이성질체** 또는 **기하학적 이성질체**라고 한다.

그림 3.7

글리세르알데히드의 두 가지 이성질체: D-이성질체와 L-이성질체

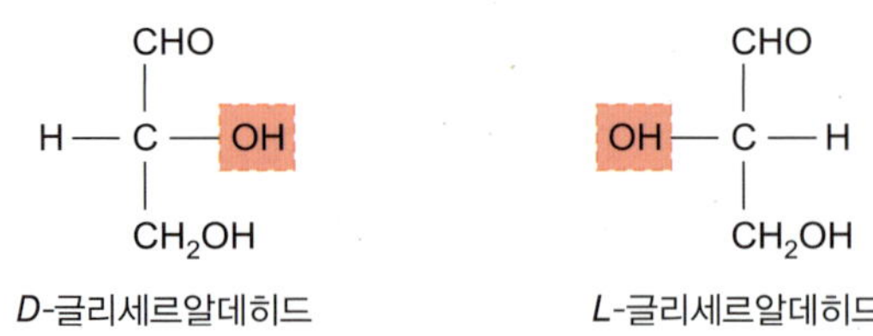

(4) D-이성질체와 L-이성질체: 단당류 분자에서 말단 1차 알코올의 탄소 옆에 있는 두 번째 탄소의 수산기가 오른쪽에 있으면 **D-이성질체**가 된다. 수산기가 왼쪽에 있으면 단당류 분자는 **L-이성질체**다. 자연 상태의 단당류는 주로 D-이성질체다.

(5) 광학이성질체: 광활성을 보이는 용액에 편광 빛을 통과시키면 빛은 오른쪽이나 왼쪽으로 회전한다. 편광 빛을 오른쪽으로 회전하게 하는 화합물을 **우회전성**(dextrorotatory)이라 하고 D 또는 +로 표시한다. 왼쪽으로 회전하게 하는 것은 **좌회전성**(levorotatory)라 하고 L 또는 −로 표시한다.

용액에 우회전성과 좌회전성 이성질체가 같은 수로 있으면 이 혼합물은 광활성을 보이지 않는다. 이런 혼합물을 **라세미** 혼합물 또는 **DL 혼합물**이라고 한다. 입체이성질화와 광학이성질화는 두 개의 개별적인 성질이다.

(6) 에피머(epimer): 포도당의 2번, 3번, 4번 탄소 원자에 있는 OH^-와 H^+ 이온이 교환되어 생기는 이성질체를 **에피머**라고 한다. 포도당의 가장 중요한 에피머는 2번 탄소와 4번 탄소에서 에피머화가 일어나 만들어지는 만노오스와 갈락토오스다.

(7) 환형 구조: 단당류의 분자 구조에는 두 가지 다른 형이 있다: **열린 사슬 구조**, **환형** 또는 **고리 구조**.

직쇄 구조식은 그들의 알도헥소오스의 특징을 보여준다. **피셔**(Fischer)

그림 3.8

포도당의 직쇄 구조와 α, β 고리 구조의 구조식

α-포도당(고리구조) 직쇄구조의 포도당 β-포도당(고리구조)

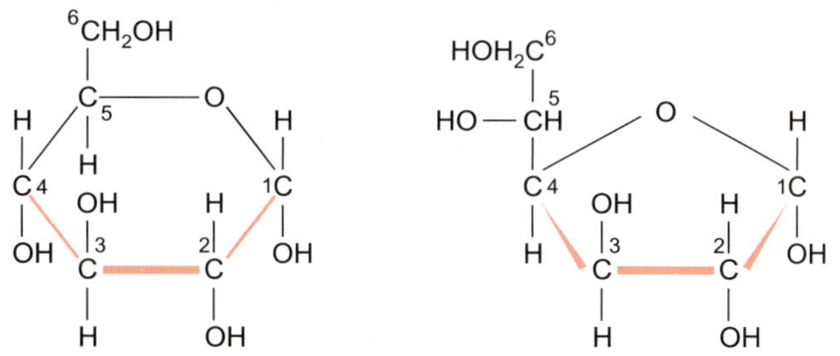

α-D-글루코피라노오스 α-D-글루코퓨라노오스

그림 3.9
포도당의 피라노오스와 퓨라노오스 구조

가 제안해서 **피셔식**(Fischer formula)이라고 한다(그림 3.8).

5개 이상의 탄소 원자를 가진 단당류는 **환형 구조**를 가진다. 환형 구조의 경우 카르보닐기(−C=O)는 수산기(−OH)의 산소와 공유결합을 한다. 용해된 상태의 D-포도당은 **헤미아세탈형**(hemi-acetal form)이다. 이 형태에서 C-5 탄소 원자에 있는 수산기는 C-1의 알데히드기와 결합하거나 반응한다.

(8) α-아노머와 β-아노머: 포도당 분자의 환형 구조는 두 가지 입체이성질체의 형태를 보인다. 이들은 α형과 β형이다.

(9) 광활성의 변화로 용액에서 α형과 β형이 상호 전환되는 것을 **변성광**(mutarotation)이라 한다. 변성광 상태에서 헤미아세탈 고리는 열리고 C_1 탄소의 −H기와 −OH기의 위치가 바뀌게 된다.

(10) 피라노오스와 퓨라노오스 고리 구조: 6탄당의 환형이나 고리구조를 **피라노오스 고리**(pyranose ring)라 한다. 피라노오스 고리는 5개의 탄소와 C-1과 C-5 탄소 사이에 연결되어 있는 산소 원자 한 개로 이루어져 있다. 여섯 번째 탄소는 고리 바깥에 있다. 퓨라노오스 고리는 4개의 탄소와 C-1과 C-4 탄소 원자 사이에 연결되어 있는 산소 한 개로 구성된다. 다섯 번째와 여섯 번째 탄소 원자는 고리 바깥에 있다. 피라노오스 고리는 육각형인 반면 퓨라노오스 고리는 오각형이다.

4) 올리고당: 올리고당은 2~10개의 단당류 분자를 가진다

올리고당은 2~10개의 단당류 단위들이 공유결합인 **글리코시드 결합**으로 연결된 탄수화물이다(그림 3.10). 단당류 두 분자의 각각 1번과 4번 위치에서 물 한 분자가 빠지면서 연결된다. 그 결과 1-4 연결 이당류가 생긴다. 올리고당의 단당류 단위체는 유사할 수도 있고 다른 종류일 수도 있다.

5) 단당류 단위체 수에 따라 분류

(1) 이당류: 이당류는 두 개의 같거나 다른 단당류가 물 한 분자가 빠지면서

그림 3.10
젖당에서 단당류 두 분자 사이의 글리코시드 결합

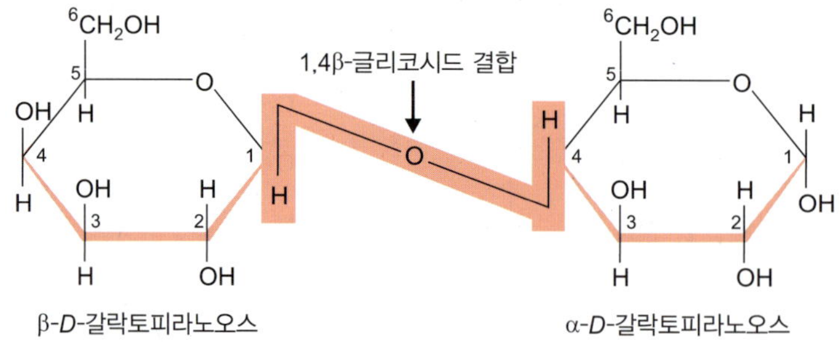

축합되어 만들어진다. 실험식은 $C_{12}H_{22}H_{11}$이다. 식물의 **자당**(sucrose)과 **말토오스** 그리고 동물의 **젖당**이 주요 이당류다. 이 당은 헥소오스가 축합되어 생긴다.

$$\underset{\text{포도당}}{C_6H_{12}O_6} + \underset{\text{과당 또는 포도당}}{C_6H_{12}O_6} \rightarrow \underset{\text{이당류}}{C_{12}H_{22}O_{11}} + H_2O$$

ⓐ 자당(sucrose): 자당 또는 감자당은 사탕수수, 근대, 당근, 과일 등의 식물에 풍부하다. 이들은 매우 달고 결정형이며 물에 잘 녹는다. 가수분해가 일어나면 포도당과 과당이 같은 비로 생긴다.

ⓑ 젖당(lactose): 젖당은 우유에 들어 있고 젖먹이에게 필요한 유일한 탄수화물이다. 이는 유청의 백색의 모래 같은 결정을 형성한다. 대단히 달고 식물에는 없다. 가수분해되면 젖당은 포도당과 갈락토오스가 동량으로 생긴다.

ⓒ 말토오스(맥아당, malt sugar): 자연계에는 없다. 이것은 전분과 글리코겐이 아밀라아제와 프티알린(ptyalin) 효소로 가수분해되면 생기는 산물이다. 말타아제 효소가 분해하면 포도당 두 분자가 생긴다.

ⓓ 셀로비오스(cellobiose): 셀룰로오스에서 생기며 포도당 두 분자로 가수분해 된다.

(2) 삼당류: 단당류 세 분자로 된 올리고당이다.

ⓐ 만노트리오스(mannotriose): 갈락토오스 두 분자와 포도당 한 분자로 이루어진다.

ⓑ 로비노오스(robinose): 갈락토오스 한 분자와 두 분자의 람노오스(rhamnose)가 축합하여 만들어진다.

ⓒ 라피노오스(raffinose): 포도당, 갈락토오스, 과당 한 분자씩이 결합하여 만들어진다.

ⓓ 젠티아노오스(gentianose): 과당 한 분자와 포도당 두 분자로 이루어져 있고 겐티아나 뿌리에서 얻는다.

ⓔ 멜리비오스(melibiose): 가수분해되면 과당 한 분자와 포도당 두 분자가 생긴다.

그림 3.11
포도당 중합체인 전분의 일부분

(3) 사당류: 4개의 단당류로 구성되고 두 종류가 있다:

ⓐ 스타키오스(stachyose): D-포도당과 과당, 그리고 두 분자의 갈락토오스로 구성된다. 강낭콩에 들어 있다.

ⓑ 스코로도스(scorodose): 마늘과 양파의 근에 있다.

6) 다당류는 거대분자다

다당류는 많은 수의 단당류(포도당)가 그 수만큼의 물 분자가 빠지면서 축합하여 만들어진 당이다. 단당류의 수는 10개 이상에서 수천 개로 글리코시드 결합으로 연결된다. 이들은 환원력이 없고 단맛도 없다. 예로는 셀룰로오스, 전분, 글리코겐이 있다. 가수분해가 일어나면 단당류 분자가 된다. 이들의 일반 분자식은 $(C_6H_{12}O_6)_n$이다.

7) 다당류의 특징

- 다당류는 물에 녹지 않거나 교질용액을 만든다.
- 무색이다.
- 당 같은 단맛이 없다.
- 분자량이 매우 크다.
- 다당류는 수천 개의 단당류 분자로 이루어진 거대분자다. 일반식은 $(C_6H_{12}O_6)_n$이다.
- 가수분해가 일어나면 단당류 분자가 된다.

8) 다당류의 분류

다당류는 4가지 다른 방법으로 분류한다:

A. 구성성분에 따라 두 종류로 나눈다:

(1) 펜토산(pentosan): 펜토오스 단위체로 구성

(2) 헥소산(hexosan): 헥소오스 단위체로 구성

B. 구성성분의 이름에 따라 세 종류로 나눈다:

(1) 글루코산(glucosan): 글루코오스 단위체

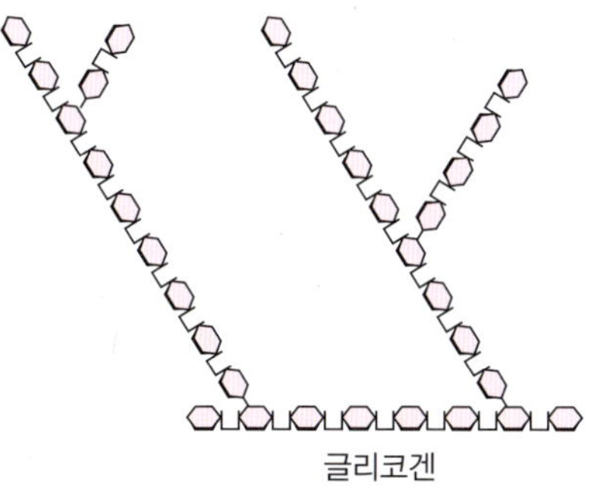

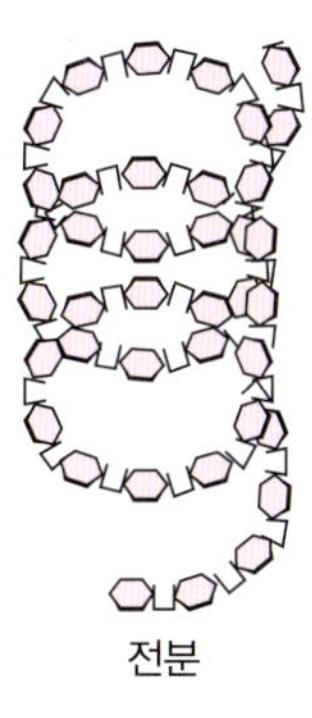

셀룰로오스

그림 3.11a
3가지 다당류 (a) 글리코겐 (b) 전분 (c) 셀룰로오스

(2) 프락토산(fructosan): 프락토오스 단위체
(3) 갈락탄(galactan): 갈락토오스 단위체

C. 화학적 조성에 따라 두 종류로 나눈다:

(1) 동형다당류(homopolysaccharide): 한 종류의 단당류만으로 된 중합체다. 예를 들어 글리코겐, 전분, 그리고 셀룰로오스는 포도당이 중합한 것이다. **전분**과 **글리코겐**은 각각 식물과 동물에서 포도당의 저장체인 반면 **셀룰로오스**와 **키틴**은 구조적 다당류다. 셀룰로오스는 식물세포의 세포벽을 형성하고 키틴은 절지동물에서 외골격의 부분을 형성한다.

동형다당류의 명명은 그들의 구성성분에 따른다. 예로서 포도당 단위체로 구성된 동형다당류는 **글루칸**(glucan)이라 하고, 과당으로 된 것은 **프락탄**(fructan), 갈락토오스로 된 것은 **갈락탄**(galactan), 그리고 자일로오스(xylose) 분자로 된 것을 **자일란**(xylan)이라고 한다. 몇몇 동형다당류는 단순한 **글루쿠론산**(glucuronic acid)과 **이두론산**(iduronic acid) 분자로 된 **글루코사민**과 **갈락토사민** 단당류 같은 아미노당으로 이루어져 있다.

(2) 이형다당류(heteropolysaccharide): 둘 이상의 단당류 분자로 구성된다. 예로서 **점액성 다당류, 당단백질, 키틴, 펩티도글리칸, 한천, 펙틴, 헤미셀룰로오스** 등이 있다. 히알루론산은 D-글루쿠론산과 N-아세틸 D-글루코사민이 교대로 배열한 중합체다.

D. 기능에 따라 세 종류로 나눈다:

(1) 저장 다당류: 포도당의 중합체인 동형다당류다. 포도당이 세포의 물질대사의 주요 에너지원이기 때문에 저장된 에너지원이다. 필요할 때 가수분해되어 포도당 단량체가 된다. 식물의 저장 다당류는 **전분** 형태이고 동물과 녹조류, 곰팡이에서는 **글리코겐**이다. 박테리아와 효모에서는 **덱스트란**(dextran)이다. 저장 다당류의 다른 형태로는 덱스트린(dextrin)과 이눌린(inulin)이 있다.

(i) 전분은 아밀로오스와 아밀로펙틴의 혼합물이다: 녹색 식물의 저장 다당류는 음식에서 가장 중요한 탄수화물원이다. 이는 곡물, 감자, 야채, 고구마, 타피오카, 과일 등에 저장되어 있다. 이는 약 50,000개의 포도당 분자를 가진 α-글루코시드 사슬로 이루어져 있다. 전분은 **아밀로오스**(amylose)와 **아밀로펙틴**(amylopectin) **다당류**의 혼합물이다.

ⓐ 아밀로오스는 전분의 15~20% 정도를 차지한다. 이는 시계 스프링처럼 꼬여 가지가 없는 사슬 모양이다. 각 사슬은 대략 300~400개의 포도당 단위로 이루어져 있다. 사슬 내의 포도당 분자는 1-4 α-결합으로 연결되어 있다. 분자량은 60,000이고 요오드에서 파

란색을 나타낸다.

ⓑ 아밀로펙틴: 전분의 80~85%를 차지한다. 이 분자는 가지를 가지고 집중적으로 꼬인 모양이다. 더 복잡한 구조 때문에 아밀로펙틴은 아밀로오스보다 물에 덜 용해된다. 이는 요오드 용액에서 적보라색을 띤다.

아밀로펙틴 분자는 분자량이 5,000,000 정도이며 한 사슬에 적어도 80개의 가지가 있다.

전분은 식물에 다른 형태, 다른 크기의 전분 과립 형태로 저장된다. 생 전분은 냉수에서 불용성이지만 가열하면 희석된 농도에서는 교질 용액을 형성한다. 농축된 농도에서는 젤라틴 같은 물질이 만들어지며 풀로 사용한다.

(ii) 글리코겐은 동물성 전분이며 포도당의 중합체다: 모든 고등 동물과 사람의 간세포와 근육세포에 저장되어 있다. 5,000~10,000개의 포도당 단위체를 가진 가지가 난 중합체다. 분자량은 대략 4,000,000 정도이고 각 글리코겐 분자에는 α-D-포도당이 α-1-4 글루코시드 결합으로 연결되어 있다. 가지들은 주 사슬에 α-1-6 결합으로 연결된다.

글리코겐은 물에 녹으며 요오드에서 적색을 띤다. 성인에는 약 400 g의 글리코겐이 근육에 저장되어 있다. 포도당에서 글리코겐이 합성되는 과정을 **글리코겐 합성과정**(glycogenesis)이라 하며 저장된 글리코겐이 포도당으로 가수분해되는 것을 **글리코겐 분해과정**(glycogenolysis)이라 한다. 포도당은 일상의 물질대사를 위해 간에서 몸의 모든 세포로 확산된다. 근육에서 만든 포도당은 근육에서만 사용된다.

(iii) 덱스트린(dextrin): 덱스트린은 침 효소인 *아밀라제*(*amylase*)가 전분을 부분적으로 가수분해하면 생긴다. 약한 단맛이 나고 물에서 점성의 용액을 형성한다. 가수분해되면 말토오스(maltose)가 생기고 이것은 *말타아제*(*maltase*)에 의해 포도당으로 더 가수분해된다.

(iv) 덱스트란(dextran): 효모와 박테리아의 저장 다당류다. 가지 친 사슬 형태이며 D-포도당 분자가 α 1,6-글루코시드 결합으로 연결되어 있다.

(v) 이눌린(inulin): 아티초크(artichoke) 같은 국화과와 다알리아과 식물에 저장된 다당류이며 프락토오스 분자의 중합체다.

(2) 구조적 다당류: 구조적 다당류 또한 D-포도당 분자가 중합하여 만든 **동형 다당류**다. 식물세포의 세포벽과 절지동물의 외골격에 길고 강한 섬유 형태로 존재한다. 중요한 구조적 다당류에는 **셀룰로오스**(cellulose)와 **키틴**(chitin)이 있다.

ⓐ 셀룰로오스: 지구상에 가장 많이 존재하는 탄수화물이다. 식물세포의 세포벽을 구성하고 세포에 기계적인 힘을 제공한다. 이는 강하나 탄력이 있는 섬유로 이루어져 있다. 각 셀룰로오스 섬유는 10,000개에서 15,000개 정도의 β, D-포도당이 β-1, 4 결합으로 연결되어 만들어진다. 많은 셀룰로오스 분자들이 모여 미세섬유(microfibril)와 미세섬유 다발을 이룬다. 이들은 합쳐져서 인장 강도가 매우 큰 **거대원섬유**(macrofibril)가 된다. 셀룰로오스는 사람의 음식물의 중요한 구성성분이다. 아들은 장 내용물의 부피를 크게 하여 장 내벽의 연동 운동을 자극한다. 셀룰로오스는 물에 녹지도 않으며 소화즙에 있는 **아밀라아제**로도 쉽게 분해되지 않는다.

ⓑ 키틴: 키틴은 곤충과 다른 절지동물의 외골격과 곰팡이의 세포벽에 존재한다. 이들은 D-포도당의 유도체인 **N-아세틸 글루코사민**(N-acetyl glucosamine)의 중합체다. 키틴은 부드럽고 피부 같으나 단백질과 탄산칼슘이 퇴적되면 딱딱하게 된다. 키틴은 물에 녹지 않는다.

(3) 복합 다당류: 점액성 다당류는 복합적이고 점액질의 다당류다. 이들은 단백질과 다당류로 구성된 **이형다당류**(heteropolysaccharide)다. 복합 다당류는 젤 모양이고 세포외 기질에 들어 있으며 세포에서 분비된다. 이사브골(isabgol) 씨를 물에 넣거나 콩과 식물인 레이디스핑거를 잘랐을 때 생기는 점액성 물질은 **점액**(mucus)이다. 이들은 갈락토오스와 만노오스로 된 이형다당류다. 해조류의 **한천**과 해초, **카라기닌**(carageenin) 등도 점액성 물질이다. 동물에 있는 주요 점액성 다당류는 **히알루론산**(hyaluronic acid), **황산콘드로이틴**(chondroitin sulfate), **헤파린**(heparin), **황산케라틴**(keratin sulphate) 등이 있다.

ⓐ 히알루론산: 이는 모든 조작의 기질, 뼈 관절의 윤활액, 뇌와 척수의 뇌척수액, 눈의 유리체액 등에 있으며 윤활유 역할을 한다. 이들은 **글루쿠론산**(glucuronic acid)과 **N-아세틸 글루코사민**이 교대로 연결하여 실 모양의 구조를 형성한다.

ⓑ 황산콘드로이틴: 결합조직과 연골, 힘줄, 피부 등에 있으며 이들 구조에 힘과 탄성을 제공한다.

3.3 지질

1. 지질은 지방 또는 지방 유사 물질이다

지질은 기름지며 지방 유사 물질로서 물에는 불용성이지만 에테르, 클로로포름, 뜨거운 알코올이나 이황화탄소에는 용해된다. 지질은 동물 몸의 중요 저장 영양

물질이며 중요한 구조 구성물이다. 1943년에 독일 생화학자인 **윌름 블루어**(Wilhem Bloor)가 지방 성분과 지방 유사 물질에 '**지질**(lipid)'이란 용어를 사용하였다.

글리세롤	지질 분자
CH_2OH	$R_1COO.CH_2$
$CHOH$	$R_2COO.CH$
CH_2OH	$R_3COO.CH_2$

그림 3.12
글리세롤과 지질의 분자 구조

2. 지질의 특이한 성질

- 지질은 탄소와 수소, 그리고 산소로 구성된 화합물이다. 이 안에 산소 원자의 개수는 탄소나 수소 원자 수보다 훨씬 적다.
- 지질은 지방산과 다가 알코올의 에스테르다.
- 지질 분자는 극성이며 소수성이다. 물에 불용성이지만 에테르, 벤젠, 아세톤, 페트로륨 같은 비극성 탄산 용매에 용해한다.

3. 순수 지방은 글리세롤과 지방산의 트리에스테르이다

탄수화물처럼 지방은 탄소, 수소, 산소로 구성되어 있으나 지방 분자의 산소원자 수는 탄수화물 분자보다 적다. 순수 지방은 지방산과 3가 알코올의 에스테르이며 **트리글리세리드**(triglyceride)라고도 한다.

이것은 지질 한 분자에는 세 개의 지방산이 글리세롤 한 분자에 연결되어 있다는 것을 의미한다. 지방산의 카르복실기(−COOH)가 글리세롤 분자의 알코올기(−OH)와 에스테르 결합(ester bond)을 이룬다. 지방산의 상태가 지질의 특성을 결정한다.

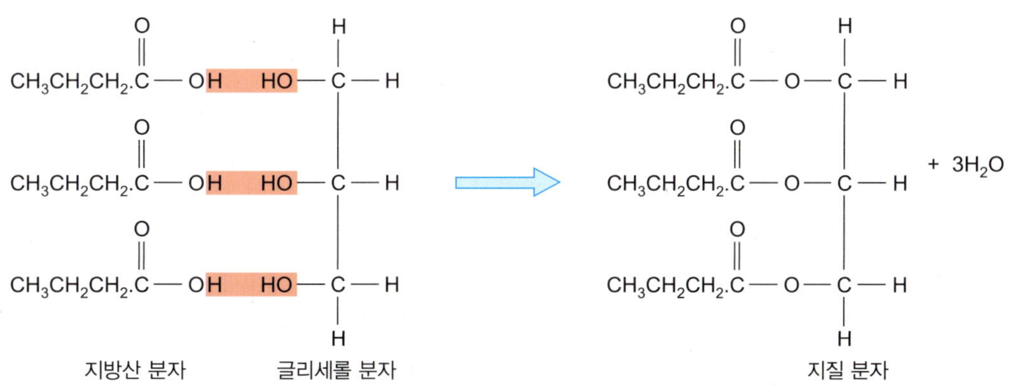

그림 3.13
지질 분자는 글리세롤 1분자와 지방산 3분자로 구성

자연계에 있는 트리글리세리드 대부분은 혼합 트리글리세리드다. 즉 이들은 한 분자에 두 개나 세 개의 다른 지방산을 포함한다. 지방산에는 포화 지방산과 불포화 지방산이 있다. 부틸산, 카프르산, 카프로산, 스테르산, 세로트산, 팔미트산 등은 포화 지방산이며 올레산, 리놀산, 팔미톨산 등은 불포화 지방산이다.

그림 3.14
중성지방의 비누화

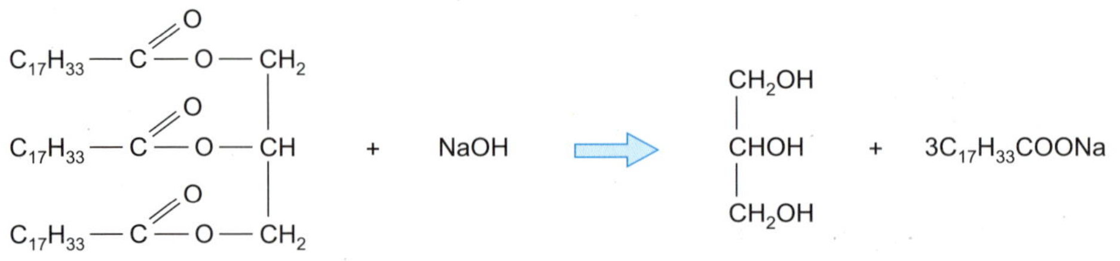

$$\begin{array}{l} C_{17}H_{33}-C(=O)-O-CH_2 \\ C_{17}H_{33}-C(=O)-O-CH \\ C_{17}H_{33}-C(=O)-O-CH_2 \end{array} + NaOH \Rightarrow \begin{array}{l} CH_2OH \\ CHOH \\ CH_2OH \end{array} + 3C_{17}H_{33}COONa$$

트리올린 수산화나트륨 글리세롤 올레산나트륨(비누)

4. 지질이 가수분해나 비누화되면 글리세롤과 세 개의 지방산 분자가 생긴다

지질은 알칼리와 함께 가열하면 가수분해 된다. 이 과정을 **비누화**(saponification)라 한다. 가수분해하면 트리글리세리드는 글리세롤과 지방산으로 나누어진다. 효소인 *리파제*(*lipase*)가 가수분해를 일으킨다. 트리글리세리드는 세포에서 지방 방울을 만들어서 영양분을 저장하는 역할을 한다.

5. 지방산

지방산은 지질의 구조 단위체다. 이는 지방을 가수분해하면 생기며 긴 탄화수소 사슬의 카르복실산이다. 이들은 단순식 $CH_3(CH_2)COOH$로 나타낸다. 탄소 사슬은 길고 가지가 없다. 사슬 내 탄소 원자의 수는 4~30개 정도로 다양하지만 보통은 16~18개 정도다. 사슬의 탄소 원자는 항상 짝수다.

지방산의 한쪽 끝은 **카르복실기**(−COOH)를 가지고 다른 쪽 끝은 **메틸기**(−CH_3)를 가진다. 지방산의 탄소 원자는 번호 1인 카르복실 탄소에서부터 번호를 매긴다. 다음의 2번 탄소를 α-**탄소**, 3번 탄소는 β-**탄소**라 하며 사슬 끝의 메틸 탄소는 γ-**탄소**라 한다.

−COOH기의 음전하 때문에 지방산은 **극성**이다. 그래서 모든 지방산 분자는 **친수성 머리** 또는 **극성 말단**을 가진다. 지방산의 나머지 부분은 긴 꼬리 형태의 탄화수소로 이루어져 있으며 소수성이다. 소수성 꼬리 때문에 지방산은 물에 용해하지 않고 물에 표층을 이루거나 이중층의 원 모양이 된다.

6. 포화지방산과 불포화지방산

순수 지방산은 직쇄 화합물이며 두 종류가 있다: 포화지방산과 불포화지방산(그림 3.15 A, B).

(1) 포화지방산: 포화지방산에는 탄화수소 사슬에 이중결합이 없다. 그래서 사슬은 직선이다. 사슬 내 모든 탄소 원자는 완전히 포화되어 있다. 더 이상 추가되는 탄소는 없다. 이들의 융점은 매우 높아서 포화지방산을 가진

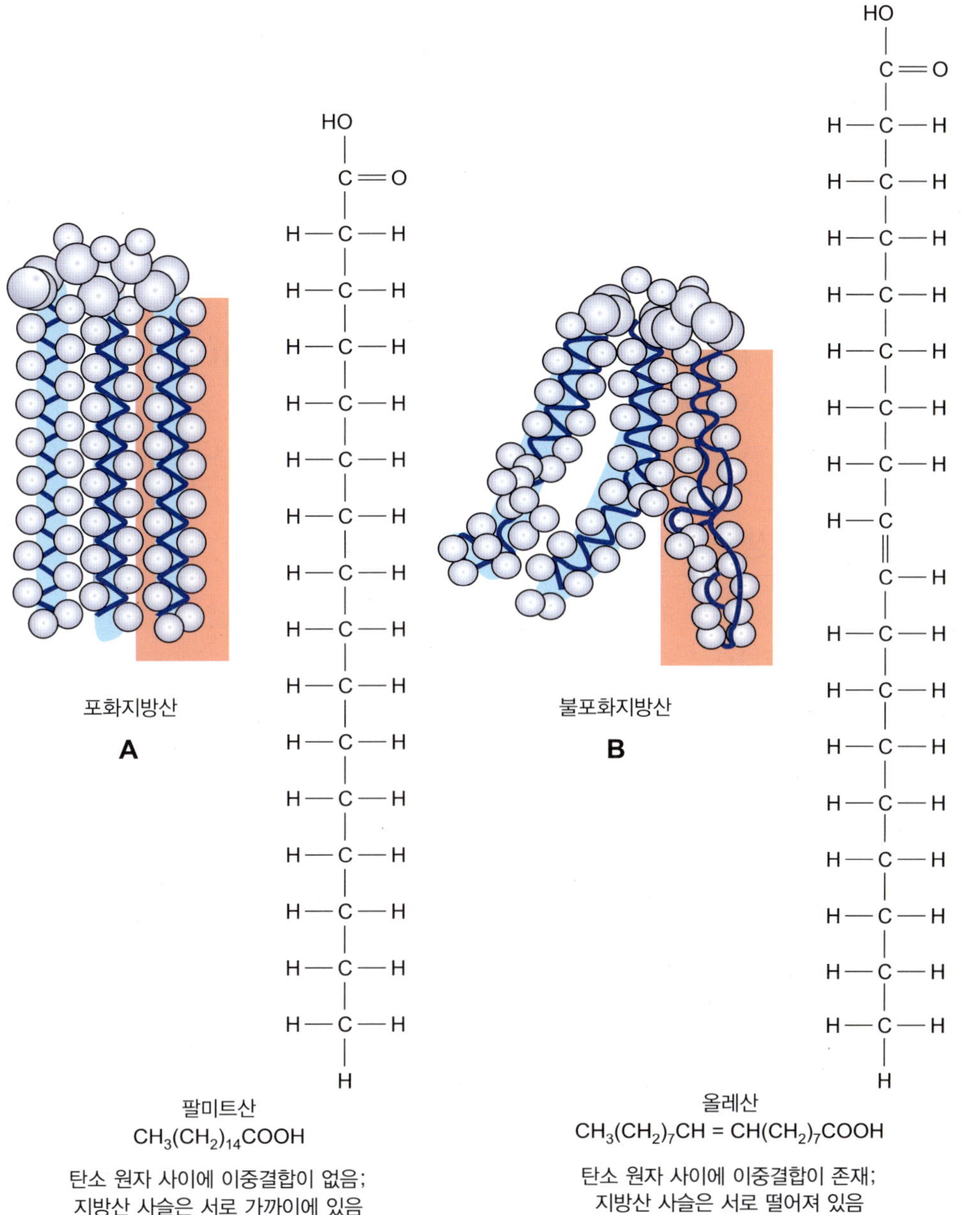

그림 3.15
포화지방산(A)과 불포화지방산(B)의 구조

지방은 실온에서 고체 또는 반고체 상태다. 버터와 지방 같은 동물성 단백질은 포화지방산으로 이루어져 있다. 이들은 혈액 내 콜레스테롤 수치를 증가시킨다. 다음과 같은 중요한 포화지방산이 있다:

(a) **팔미트산** (C = 16) : $CH_3(CH_2)_{14}COOH$
(b) **스테르산** (C = 18) : $CH_3(CH_2)_{16}COOH$
(c) **아라키딘산** (C = 20) : $CH_3(CH_2)_{18}COOH$

(2) 불포화지방산: 탄화수소 사슬은 불포화 되어 있으며 한두 개 또는 그이상

의 이중결합을 가진다. 불포화지방산의 탄화수소 사슬은 이중결합이 있는 곳에서 꺾인다. 불포화지방산 분자는 이중결합의 수에 따라 한두 개 또는 그 이상의 수소 원자로 수소화한다. 불포화지방산을 가진 지방은 실온에서 기름 같은 용액 상태다. 이들은 식물에 있으며 예로는 다음이 있다:

(a) **올레산**(1 이중결합):
$CH_3(CH_2)_7CH{=}CH(CH_2)_7COOH$
(b) **리놀레산**(2 이중결합):
$CH_3(CH_2)_4CH{=}CH{-}CH_2{-}CH{=}(CH_2)_4COOH$
(c) **리놀렌산**(3 이중결합):
$CH_3{-}CH_2{-}CH{=}CH{-}CH_2{-}CH{=}CH{-}CH_2{-}CH{=}CH(CH_2)_7COOH$

7. 지질의 생물학적 중요성

(1) 에너지원: 지방은 높은 열량의 영양분이다(지방 1 g은 9.3 kcal의 열을 만든다).

(2) 영양분 저장: 지방은 불용성 성질 때문에 몸에 쉽게 저장되는 저장 영양물질이다. 트리글리세리드는 지방조직의 지방세포에 저장되는 주요 지방 저장물질이다.

(3) 열 절연체: 지방은 피하조직에서 체온을 보존하는 절연체로 작용한다.

(4) 용매: 지질은 비타민 A, D, E 같은 지방 용해성 비타민의 용매로 작용한다.

(5) 구조 구성물: 인지질, 당지질, 스테롤은 세포의 모든 막 계의 구조 구성물이다(세포막, 핵막, 소포체막 등).

(6) 지방 수송: 인지질은 지방산의 흡수와 수송에 중요한 역할을 한다.

(7) 호르몬 합성: 부신피질 호르몬, 성호르몬, 비타민 D, 담즙산 등은 콜레스테롤에서 합성된다.

(8) 충격 흡수: 내장 기관과 피하층에 저장된 지방은 기계적 충격을 흡수하고 완충제 역할을 한다.

(9) 전기 절연체: 유수신경섬유 주위의 미엘린은 전기 절연체를 만든다.

(10) 프로스타글란딘: 몸의 지엽적 활성을 조절한다.

(11) 보호층: 지질은 식물의 지상부를 덮는 왁스를 형성하여 물이 증발되어 소실되는 것을 확인한다.

(12) 트롬보키나아제: 혈액 응고를 돕는다.

(13) 류코트리엔(leukotriene)은 호흡을 돕는 에이코사노이드(eicosanoid) 군이다.

(14) 특정 이소프레노이드(isoprenoid)는 곤충 호르몬을 만든다.

(15) 특정 이소프레노이드는 휘발성 기름과 색소를 만든다. 천연 고무도 이소프레노이드다.

(16) 당지질은 세포 인식을 돕는다.

(17) 복합 지질은 원형질막의 인지질 이중층을 형성한다.

(18) 스테로이드는 포유동물에서 호르몬과 신경전달 물질로 작용한다.

1) 지질의 분류

지질은 4개 군으로 분류한다: 1. 단순 지질, 2. 복합 지질, 3. 유도 지질, 4. 미분류 지질.

(1) 단순 지질
(a) 지방과 기름
(b) 왁스

(2) 복합 지질
(a) **인지질**: 레시틴(lecithin), 세파린(cephlin), 스핑고미엘린(sphingomyelin), 플라스마로젠(plasmalogen).
(b) **당지질** 또는 글루코지질
(c) **색소지질**: 카로티노이드와 관련 색소
(d) **아미노지질**, **황지질**

(3) 유도 지질
(a) 포화, 불포화 고급 지방산
(b) 고급 일가 알코올
(c) 스테로이드, 스테롤

(4) 미분류 지질
토코페롤(비타민 E)과 비타민 K

8. 단순 지질 또는 저장 지질은 1개 카르복실기를 가진 지방산의 에스테르다

단순 지질은 1개 카르복실기를 가진 지방산과 양쪽성 알코올의 에스테르이다. 단순 지질에는 다음과 같은 종류가 있다:

(1) 천연 지방과 기름: 천연 지방은 글리세롤과 지방상으로 구성된 트리글리세

리드다. 글리세롤 한 분자가 지방산 세 분자와 에스테르를 형성한다. 에스테르에 지방산의 수에 따라 글리세리드는 **모노글리세리드**(monoglyceride), **디글리세리드**(diglyceride), **트리글리세리드**(triglyceride)가 된다.

트리글리세리드는 천연 지방이다. 이들은 비중이 0.86으로 물보다 가벼우며 고체나 액체 상태 둘 다 가능하다.

- 지방 또는 고체 지질: 지방은 실온에서 고체다. 이들 지방산은 포화지방산이다.
- 기름 또는 액체 지질: 실온에서 액체인 지질을 기름이라 한다. 이들은 불포화지방산을 많이 가지고 있다. 불포화지방산은 이중결합을 가지고 융점이 낮다.

(2) 왁스(wax): 왁스는 지방산 한 분자를 가지는 단순 지질이며 분자량이 큰 한 분자의 1가 알코올이다. 예로서 밀랍은 주로 헥사코사놀(hexacosanol)이나 트리아콘탄올(triacontanol)과 에스테르화한 팔미트산으로 이루어져 있다. 왁스는 화학적으로 비활성이며 대기 산화작용에 내성을 가진다. 이들은 동물과 식물 그리고 미생물의 많은 부분에서 보호 덮개를 만든다.

왁스는 물에 녹지 않으며 대기 산화에 내성을 가진다. 그래서 이들은 여러 부분에 사용된다. 예로서 포장지로 쓰이는 왁스로 코팅한 종이를 사용하여 가구와 자동차에 광택을 내는 데 사용한다.

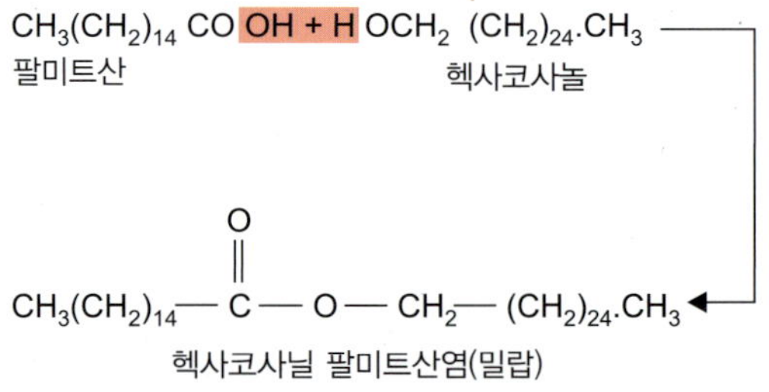

그림 3.16
왁스의 구조식

$CH_3(CH_2)_{14}$ CO OH + H OCH_2 $(CH_2)_{24}.CH_3$
팔미트산 헥사코사놀

$$CH_3(CH_2)_{14}-\overset{\overset{\displaystyle O}{\|}}{C}-O-CH_2-(CH_2)_{24}.CH_3$$
헥사코사닐 팔미트산염(밀랍)

9. 복합 지질은 지방산과 알코올의 에스테르이나 첨가기를 가진다

복합 지질은 지방산과 알코올의 에스테르이지만 인산이나 탄수화물 또는 단백질기도 함께 포함하고 있다. 다음의 종류들이 있다:

1) 인지질 또는 포스파티드(phosphatide) 또는 포스포글리세리드(phosphoglyceride)

인지질은 인을 포함한 지방산의 글리세리드다. 이 분자는 친수성과 소수성 말단을 가져서 극성이다. 생물학적 관점에서 보면 이들은 가장 중요한 지질이다. 이들은 원형질막과 세포의 내부 막을 구성하며 이들의 기능에 중요하다. 이들은 세포의 투과성과 수송, 그리고 합성된 소화 지방의 대사를 조절하고 혈액 응고에도 관여한다.

- 레시틴(lecithin): 레시틴은 단일 아미노 단일 인지질이다. 이들은 대개 신경조직과 난황에 콜레스테롤과 함께 있다. 레시틴에 있는 대부분의 지방산은 팔미트산, 스테르산, 올레산, 리놀산, 리놀렌산, 그리고 아라키돈산이다. 이 많은 산 중에 단지 두 개 만이 레시틴 한 분자 안에 동시에 존재한다. 불포화지방산이 있기 때문에 레시틴은 매우 불안정하고 산화나 수소화가 쉽게 일어난다. 이들은 물에서 콜로이드 분산을 한다.

  레시틴은 세포의 투과성과 삼투압, 표면 상태에 중요한 역할을 한다. 이들은 지방의 불포화 반응에 관여하고, 지방 대사에서 중재자로서도 역할한다. 레시틴의 구성성분인 **콜린**(choline)은 아세틸콜린과 밀접한 연관을 가진다.

- 세파린(cephalin): 세파린은 레시틴의 조성과 매우 유사하다. 그러나 레시틴의 콜린 라디칼 대신 아미노-에탄올 라디칼을 가진다. 세파린에 있는 지방산도 다르다. 세파린은 특정 지질단백질의 구성 물질을 만들고 혈액 응고에 중요한 인자를 형성한다.

- 플라스마로젠(plasmalogen): 이들의 포스포글리세리드는 레시틴과 세파린에 있는 지방산 한 개 대신 에테르 결합으로 연결된 에놀형(enol form)의 긴 알데히드 사슬을 가진다.

- 포스포스핑고시드(phosphosphingoside) 또는 스핑고미엘린(sphingomyelin): 스핑고미엘린에는 글리세롤이 없고 가수분해되면 두 분자의 염기와 지방산 한 분자를 만든다. 이는 보통 뇌, 신경, 미엘린 수초의 구성성분이다. 그러므로 식물과 미생물에는 존재하지 않는다.

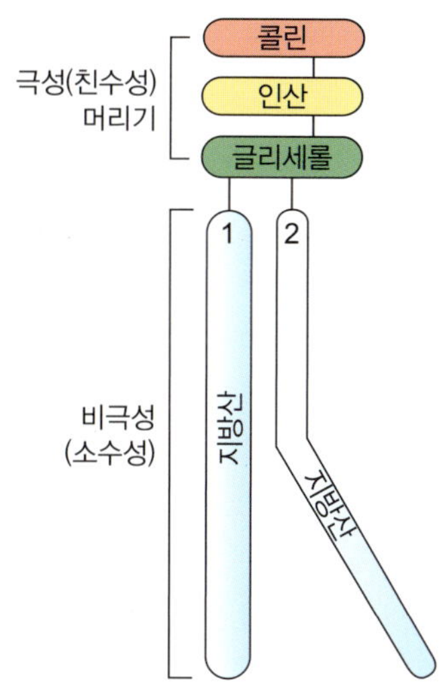

그림 3.17

인지질 분자의 구조

2) 당지질

당지질은 지방산을 따라 탄수화물 라디칼과 질소를 포함한다. 이들은 신경조직의 백질의 중요 구성성분이며 지라(spleen)와 난황에도 존재한다. **프레노신**(phrenosin), **케라신**(kerasin), **너본**(nervone), **옥시너본**(oxynervone) 등이 당지질이다.

3) 색소지질

이 지방은 카로티노이드(carotenoid)와 관련 색소를 포함한다. **케로틴**(kerotene, $C_{40}H_{56}$)은 동물의 저장 지방에 있는 프로비타민 A이다.

10. 유도지질은 지방 유사 물질이다

유도지질은 단순, 복합지질 그리고 스테리드(sterid), 지방족 알데히드류, 케톤, 알코올, 필수 오일, 탄화수소 등과 같은 물질이 가수분해되어 만들어진다. 이들은 두 가지 범주에 속한다: **테르펜**(terpene)과 **에이코사노이드**(eicosanoid).

1) 테르펜 또는 이소프레노이드

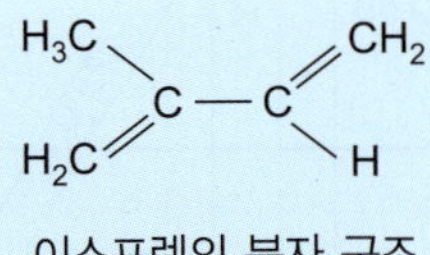

이소프렌의 분자 구조

아세틸 조효소-A가 농축되면 생기는 5-탄소 탄화수소 분자를 **이소프렌**(isoprene)이라 한다.

이소프렌은 여러 지질의 전구체이다. 이소프렌에서 유도된 지질을 **이소프레노이드**(isoprenoid) 또는 **테르펜**이라고 한다. 두 개 이상의 이소프렌 분자가 이소프레노이드 합성에 참여한다. 이소프레노이드의 예로는 **스테롤**(sterol), **스테로이드 호르몬**, **지방 용해성 비타민**, **담즙염**, β-카로틴 같은 색소, 식물의 향기 물질 등이 있다. 스테롤과 스테로이드를 통칭하여 **스테리드**(sterid)라 한다. 이들은 식물과 동물, 그리고 미생물에 널리 분포되어 있다. 이 왁스 같은 지질은 유리 상태이며 지방산 에스테르를 형성한다. 지질과 반대로 스테리드는 고리 구조를 가진다.

(1) 스테롤(sterol): 스테롤에는 효모의 **에르고스테롤**(ergosterol), **스티그마스테롤**(stigmasterol), **스피나스테롤**(spinasterol), 식물의 **시토스테롤**(sitosterol), 동물의 **콜레스테롤** 등이 있다. 이들은 왁스 같은 고체 알코올이며 대부분의 세포에 존재한다.

ⓐ 콜레스테롤(동물성 스테롤): 모든 세포에 존재하는 무색, 무취의 스테롤이다. 동물성 지방에만 있고 식물성 지방에는 없다. 구조식은 $C_{27}H_{45}OH$다. 콜레스테롤은 3개의 육원자 고리(A, B, C)와 하나의 오원자 고리(D)를 가진다. 네 번째 고리에 붙어 있는 곁사슬은 8개 탄소로 구성된다.

ⓑ 에르고스테롤(ergosterol, 식물성 스테롤): 이는 **피토스테롤**(phytosterol)이며 맥각과 효모에 있다. 이는 비타민 D의 전구체다. 자외선 하에 에르고스테롤은 비타민 D로 전환한다. 다른 주요 피토스테롤은 **스티그마스테롤**(stigmasterol), β-**시토스테롤**, 그리고 **컴페스테롤**(compesterol)

콜레스테롤의 생물학적 기능

콜레스테롤은 다음의 이유로 생물에게 중요하다:

- 콜레스테롤은 생물체 막의 중요한 구성성분이다.
- 모든 스테로이드 호르몬은 콜레스테롤에서 만들어진다.
- 담즙염도 콜레스테롤에서 만들어진다.

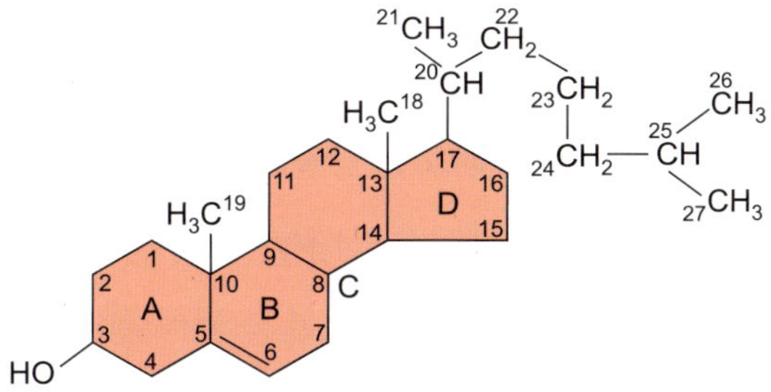

그림 3.18
콜레스테롤

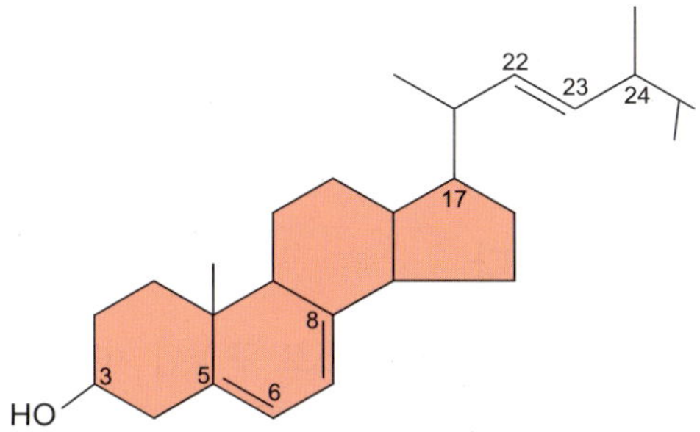

그림 3.19
에르고스테롤

이 있다. 이들은 옥수수 기름과 쌀겨, 밀배아, 그리고 다른 채소 등에 풍부하다. 이들은 혈액의 LDL 콜레스테롤의 수치를 낮춘다.

(2) 스테로이드: 스테로이드는 부신피질과 남성과 여성 생식소에서 분비되는 호르몬이다. 부신피질에서 분비되는 호르몬은 **코르티코스테론**(corticosterone), **디옥시코르티코스테론**(deoxycorticosterone), **아드레노스테론**(adrenosterone) 등이 있다. 남성 성호르몬에는 **테스토스테론**(testosterone), **안드로스테론**(androsterone), **디히드로안드로스테론**(dehydroandrosterone)이 있고 여성 스테로이드 호르몬에는 **에스테로겐**(esterogene), **프로게스트론**(progesterone)이 있다. **비타민 A**와 **D**, 담즙염, **타우로콜레이트**(taurocholate)와 **글리코콜레이트**(glycocholate)도 스테로이드다.

2) 에이코사노이드

에이코사노이드(eicosanoid)는 인접한 세포에 영향을 주는 단명의 주변 분비 호르몬이다. 이들은 멀리 떨어진 몸의 부분으로 순환하는 데에 혈액을 통하지 않는다. 이들은 모든 포유동물의 조직과 기관에서 만들어지며 20개 탄소로 된 다중 불포화 아라키돈산에서 유도된다. 다음의 세 종류가 있다:

(1) 프로스타글란딘(prostaglandin): 아라키돈 지방산의 유도체다 이들은 남자의 정액과 여성의 월경액, 그리고 많은 조직액에 들어있으며 많은 생리학적 그리고 약리학적 활성을 수행한다. 이들은 출산과 월경 기에 자궁근육을 수축하게 하며 통증을 만들고 체온을 올린다.

(2) 루코트리엔(leukotriene): 적혈구에서 분비된다. 이들은 3개의 복합 이중 결합을 가진다. 루코트리엔은 점액 분비를 자극하고 기관지 근육의 혈관 수축을 일으킨다. 과도한 방출은 천식을 야기한다.

(3) 트롬복산(thromboxane): 혈소판에서 방출된다. 이들은 혈관을 수축시키고 혈압을 올린다. 혈액 응고를 위해 세로토닌(serotonin)과 칼슘이온(Ca^{++})을 방출시킨다.

3.4 단백질

1. 단백질은 거대분자다

단백질은 탄소, 수소, 산소, 질소로 구성된 가장 복잡한 유기화합물이다. 어떤 것은 황도 가진다. 이들은 아미노산의 중합체이며 분자량이 크다. 단백질은 모든 생물체의 몸에서 가장 중요하고 다양하며 가장 많이 들어 있다. 하나의 세포에 수백 개의 다른 단백질이 들어 있다. 이들은 생물에 있는 유기화합물의 50% 이상을 차지한다. 1838년 네덜란드 화학자인 **제라더스 멀더**(Gerardus Mulder)가 이 화합물이 가장 다양한 기능을 하는 것을 알고 단백질이란 용어를 사용하였다(그리스어로 *proteios*이며 '최초의' 또는 일등을 의미한다). 단백질을 크게 묶어 **단백질체**(proteome)라 하며 세포의 모든 단백질에 대해 폭넓게 연구하는 학문을 **단백질체학**(poteomics)이라 한다.

2. 단백질의 생물학적 중요성

단백질은 다음과 같은 생리학적 역할 때문에 생물에서 가장 중요한 화합물이다:

(1) 효소 역할: 단백질은 효소나 생물 촉매제 역할을 하며 거의 모든 생물 과정을 조절한다. 거의 2,000종류의 효소가 알려졌고 각 효소는 서로 다른 화학반응을 촉매한다. 이들은 음식을 소화하고 ATP를 가수분해하고 세포 구성물(DNA, RNA 등)을 생합성한다.

(2) 호르몬 역할: 몇몇 단백질은 호르몬 기능을 한다. 예로서 뇌하수체 전엽의 **소마토트로핀**(somatotropic) 또는 **성장 호르몬**(growth hormone), 췌장에서 분비하는 포도당 대사를 조절하는 **인슐린**(insulin) 호르몬이 있다.

(3) 유전형질에 관련된 단백질: 핵단백질은 염색질을 이룬다. 세포분열 동안 염색질은 응축하여 유전 형질이 들어 있는 염색체를 만든다.

(4) 단백질과 인터페론: 인터페론은 분자량이 작은 조절성 당단백질이다. 이는 바이러스 감염이나 내독소(endotoxin), 항원 자극, 리케차, 원생동물

기생충 등에 반응하여 만들어진다. 인터페론은 간염과 뇌염, 암, 감기 같은 바이러스성 질병에 대한 중요한 치료제다.

(5) 단백질과 방어: 방어 단백질은 **항체**(antibody) 또는 **면역글로불린**(immunoglobulin)이다. 이들은 외래 단백질(항원)과 결합하여 불활성화 시킨다. **트롬빈**(thrombin)이나 **피브리노겐**(fibrinogen) 같은 혈액 단백질은 혈액 응고를 일으켜 상처 시 출혈을 막는다.

(6) 단백질과 생화학적 개성: 단백질은 생물과 종에 특정의 개성을 부여한다. 단백질 개성은 **항원-항체 반응**에 잘 나타난다. 한 생물체나 한 종의 개체의 혈액은 다른 동물에게 수혈할 수 없다. 비슷한 경우로 한 동물의 세포나 기관을 다른 동물의 몸에 성공적으로 이식할 수 없다. 모든 생물의 세포 표면에 있는 항원이란 개별적 특수 단백질이 세포를 인식하게 한다.

(7) 운반: 어떤 단백질은 특정 종류의 단백질과 결합하여 혈액을 통해 운반한다. 예로서:

- **혈청 알부민**(serum albumin)은 유리 지방산 분자에 결합하여 지방조직과 몸의 다른 세포 사이로 운반한다.
- 혈장의 **지질단백질**(lipoprotein)은 지질을 장과 간 그리고 지방으로 운반한다.
- 척추동물의 **헤모글로빈**(haemoglobin)과 **무척추동물**(vertebrates)의 **헤모시아닌**(haemocyanin)은 폐에서 조직 세포로 산소를 운반한다.
- **미오글로빈**(myoglobin)은 근육에 산소를 저장한다.
- **투과효소**(permease)는 단백질을 운반하며 세포막을 통해 분자도 운반한다.
- 단백질은 식물의 체관부를 통해 유기 영양분의 운반을 돕는다.

(8) 독소: **뱀독**, **고시핀**(gossypin; 목화씨의 독성 단백질), **리신**(ricin; 피마자 단백질), 병원성 박테리아(디프테리아 독소) 등과 같은 단백질은 척추동물에 강한 독성이 있다.

(9) 수축: **액틴**(actin)과 **미오신**(myosin) 단백질은 모든 생물 조직의 수축성과 골격근의 수축 계에 관여한다.

(10) 이동: 섬모와 편모 같은 세포의 운동 기관은 **튜불린**(tubulin) 단백질로 된 미세섬유(microfilament)로 이루어져 있다.

(11) 수용체 단백질: 세포막에 주변의 감각 자극을 수용하는 단백질이 있다.

(12) 구조 단백질:

- 모든 막과 세포의 막을 가진 소기관(원형질막, ER, 핵막, 리소좀, 미

토콘드리아)의 중요한 부분을 차지한다.

- 섬유상 단백질은 결합조직과 뼈에 있는 **콜라겐 섬유**(collagen fibre)와 **엘라스틴 섬유**(elastin fibre)를 구성한다.
- **콘드린**(chondrin) 단백질은 연골의 망을 **오세인**(ossein) 단백질은 뼈의 망을 형성한다.
- 비늘, 깃털, 머리카락, 털, 양털, 손톱, 뿔 등은 단백질 유도체인 케라틴 황산염(keratin sulphate)으로 이루어져 있다.

(13) 점액 같은 세포 분비물은 **당단백질**(glycoprotein)이다. 이는 미끄러운 감촉을 주고 방어 작용을 한다.

(14) 특수 분비: 거미와 누에는 **피브로인**(fibroin)이란 두꺼운 단백질 용액을 분비하여 인장력이 뛰어난 실을 만들어서 거미줄이나 누에고치를 만드는 데 사용한다.

(15) 저장 단백질: 단백질은 알(알부민)이나 씨[벼에서는 **글루테린**(glutellin), 옥수수는 **제인**(zein), 콩의 경우 **파서린**(phaseolin)]처럼 저장 영양분으로 저장된다.

(16) 특이 단백질: 특수한 목적으로 동물이나 식물에서 분비하는 단백질이다. 예로는:

- 어떤 해양 동물은 바위나 기층에 붙기 위해 점액성의 단백질 물질을 분비한다.
- 북극이나 남극의 빙해에 사는 고기는 자신의 혈액이 어는 것을 막기 위해 **항동결 단백질**(anti-freeze protein)을 합성한다.
- 아프리카의 식물 중에는 대단히 달고 당뇨병 환자를 위한 인공 감미료로 사용하는 **모넬린**(monellin)이란 단백질을 만든다.

(17) 조절 단백질: 단백질은 세포의 생리적 활성을 조절한다. 효소와 호르몬에 더하여 단백질은 DNA 복제, 단백질 합성, 사슬 개시와 종결 등과 같은 기작을 조절한다. **G-단백질**은 세포 내의 호르몬 신호를 핵으로 전달한다.

3. 단백질은 아미노산의 중합체다

단백질은 아미노산이 직선으로 연결된 중합체이며 20개의 아미노산이 사슬을 형성한다. 현재 세포와 조직에서 170개가 넘는 아미노산이 알려져 있지만 단백질에는 26개만이 있고 그중 20개만이 가장 보편적이다. 그러므로 아미노산은 단백질의 단량체다.

3.5 아미노산

1. 아미노산은 카르복실기와 아미노기를 가진다

아미노산은 단백질 단량체다. 이들은 4면체 구조를 가진 유기산이다. 각 아미노산은 α-탄소라 부르는 중심 탄소 원자를 가진다. 다음의 기들이 α-탄소에 공유적으로 붙어 있다.

(a) **수소 원자**(H)
(b) 양전하의 염기성 **아미노기**($-NH_2$)
(c) 음전하의 산성 **카르복실기**($-COOH$)
(d) 탄소화합물의 **곁사슬**(R기)

아미노산은 R기의 성질, 즉 R기가 수소 원자, 지방족, 방향족 또는 이종 원자 고리의 탄화수소기 등을 가지는 것에 따라 다르다. 모든 아미노산은 그림 3.20과 같은 실험식으로 나타낸다.

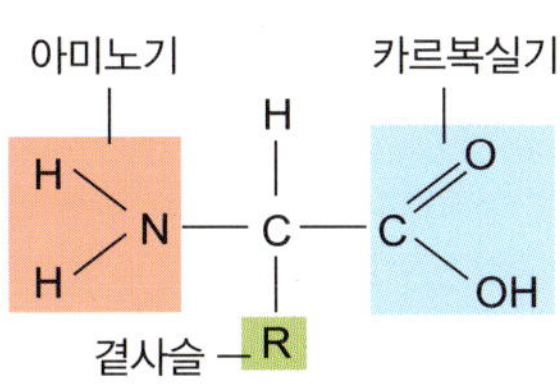

그림 3.20
아미노산의 실험식

가장 단순한 아미노산은 R기에 수소 원자를 가진 **글리신**(NH_2CH_2COOH)이다. 첫 번째 탄소 또는 α-탄소 원자에 $-COOH$와 $-NH_2$기가 붙어 있는 아미노산을 α-**아미노산**이라 한다. 모든 단백질은 α-아미노산으로만 이루어져 있다. 자연계에서는 β-, γ-, δ- 아미노산 종류도 존재한다. 이들은 NH_2기의 위치에 따라 명명한다. 카르복실기를 가진 아미노산의 첫 번째 탄소 원자를 α-**탄소**라 하고, 두 번째 탄소 원자는 β-**탄소**, 세 번째는 γ-**탄소**, 그리고 네 번째 탄소를 δ-**탄소**라 한다.

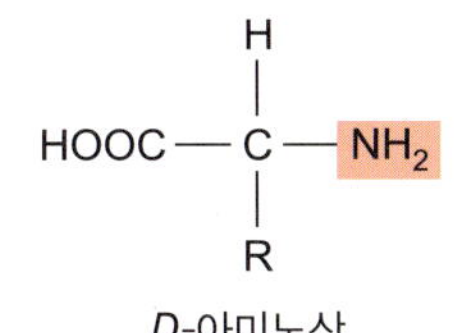

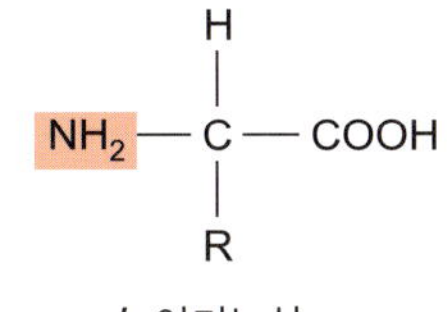

그림 3.21
아미노산의 두 가지 입체이성질체형

2. 아미노산의 특징

1) 입체이성질화(stereoisomerism)

글리신을 제외한 모든 아미노산은 적어도 하나의 **비대칭성 탄소 원자**를 가진다. 그래서 이들은 두 가지 이성질체를 갖는다: **D-형**, **L-형**. 이들은 거울상이다. **D-형**에서 아미노기는 오른쪽에 있고 **L-형**에서는 왼쪽에 있다. 이들은 편광면을 따라 회전한다. D-아미노산은 편광면을 따라 오른쪽으로 회전(**우회전성**)하고 L-아미노산은 왼쪽으로 회전(**좌회전성**)한다. 그래서 각각 +와 −로 표시한다. 동물과 식물의 아미노산은 모두 L-이성질체인 반면, D-아미노산은 박테리아의 세포벽 정도에만 가끔 존재한다.

2) 양쪽성 성질

산과 염기 둘 다와 반응할 수 있는 화합물을 **양쪽성**(amphoteric)이라고 한다.

아미노산의 아미노기와 카르복실기는 이온화되어서 산이나 염기와 함께 쉽게 염이 된다. 매체의 H^+ 이온 농도에 따라 아미노산은 음전하나 양전하를 띠며 작용한다.

(1) 산성 매체에서 아미노산은 양전하를 가지며 염기로 작용하여 양이온을 만든다. 전기장에서 이들은 양극으로 이동한다.
(2) 알칼리 매체에서 아미노산은 음전하를 갖고 산으로 작용하여 음이온을 만든다. 전기장에서는 음극으로 이동한다.

그러므로 아미노산은 **양쪽성**(amphoteric 또는 ampholytic)이다.

3) 등전점(isoelectric pH 또는 isoelectric point)

아미노산의 등전점은 순전하를 가지지 않고 전기장에서 어떤 극으로도 아동하지 않을 때의 pH다. 아미노산들은 자신만의 등전점을 가진다. 이러한 항수는 아미노산을 분리하고 분석하는 기초가 된다. 예를 들어 아스파르트산의 등전점은 2.9이며 알라닌은 6, 히스티딘은 7.59, 리신은 9.74, 아르기닌은 10.8의 등전점을 가진다.

등전점은 다음과 같이 표시한다:

$$\boxed{p' = \frac{pK_1 + pK_2}{2}} \qquad [\because\ pK_1 = RCOO^-,\ pK_2 = RNH_3]$$

4) 양쪽성 이온

등전점에서 아미노산은 + 전하와 − 전하를 동수로 둘 다 가지는 쌍극자 이온이다. 그러나 이들의 전하는 내부적으로 중성이므로 순전하는 없다. 이런 쌍극자 이온을 양쪽성 이온이라 한다. 아미노산은 양쪽성 이온과 같은 다음의 특징들을 가진다.

- 등전점에서 아미노산은 동수의 + 전하와 − 전하를 가진다.
- 산성 용액에서 아미노산은 염기로 작용하여 용액의 H^+ 이온과 결합한다.
- 알칼리 용액에서 아미노산은 산으로 작용하여 용액의 OH^- 이온과 결합한다.
- 양쪽성 이온은 양성자 공여자와 양성자 수여자 둘 다로 작용하기 때문에 양쪽성이다.
- 순수한 용액에서 양쪽성 이온은 산성과 염기의 세기가 다르기 때문에 중성이 아니다.

3. 아미노산의 기능

(1) 단백질 형성: 아미노산은 펩티드 결합을 통하여 긴 사슬로 연결되어 폴리

부가 설명: 필수 아미노산과 비필수 아미노산

다양한 조직 단백질, 효소, 호르몬, 그리고 혈장 단백질의 생합성에는 여러 가지 아미노산들이 필요하다. 그중 어떤 것은 몸에서 합성할 수가 없어 음식물 상태로 획득한다. 이들을 **필수 아미노산**이라고 한다. 여기에는 **리신**, **트레오닌**, **트립토판**, **루신**, **이소루신**, **메티오닌**, **페닐알라닌** 등의 7개 아미노산이 포함된다. 초식동물은 필수 아미노산을 식물로부터 얻으며 육식동물은 초식동물을 통해 간접적으로 얻는다. 다른 아미노산은 몸에서 일상적으로 합성된다. 이런 아미노산은 **비필수 아미노산**이라 한다. 식물과 미생물은 모든 아미노산을 합성할 수 있다.

펩티드와 단백질을 형성한다. 단백질은 세포 안에서 구조적, 기능적 구성물이다.

(2) 다른 화합물 형성: 아미노산은 다른 종류의 화합물도 만든다:

- **티로신**은 티록신(thyroxin)과 아드레날린과 같은 호르몬의 구성물이다.
- **글리신**은 헴 합성에 참여한다.
- **트립토판**은 비타민인 니코틴아미드와 식물호르몬인 인돌-3-아세트산(IAA)을 만든다.
- 아미노산 β-알라닌은 조효소-A와 비타민 판토테닉산의 합성에 필요하다.

(3) 항생제 형성: 항생제의 구성성분은 비단백질성 아미노산이다.

(4) 엔케팔린(encephalin) 형성: 작은 펩티드(5펩티드)이며 뇌의 특정 부분에서 만들어진다. 이들은 통증과 기쁨을 지각하는 것과 연관이 있다.

(5) 생물학적 완충액: 아미노산은 양쪽성 성질을 가지기 때문에 체액에서 완충액으로 작용한다. 이들은 pH가 증가하면 H^+ 이온을 내놓고, pH가 떨어지면 H^+ 이온을 받아들임으로써 pH를 조절한다.

(6) 포도당 합성: 혈당이 떨어지면 간세포는 아미노산으로 포도당을 합성한다. 이를 **포도당신생합성**(gluconeogenesis)이라 한다.

(7) 히스타민 형성: 특정 아미노산에서 카르복실기를 떼어내면 아민(amine)이 만들어진다. 예로서 히스타민은 히스티딘에서 만들어진다. 히스타민은 중요한 혈관확장제이며 세기관지의 평활근을 수축시키고 위액 분비를 자극하기도 한다.

(8) 원핵생물의 세포벽: 특정 펩티드는 박테리아의 세포벽을 구성하는 **펩티도글리칸**(peptidoglycan)의 구성 물질이다.

4. 아미노산의 분류

α-아미노산은 아미노산마다 다른 R기 또는 곁사슬의 조성에 따라 화학적으로

분류한다. 아미노산을 다음의 기준에 따라 분류한다:

1) 아미노산은 용액에서의 반응에 따라 세 종류로 나눈다

(1) 산성 아미노산: 이들은 분자당 아미노기 한 개와 카르복실기 두 개를 가진

그림 3.22

20개 아미노산의 구조식과 R기의 특징

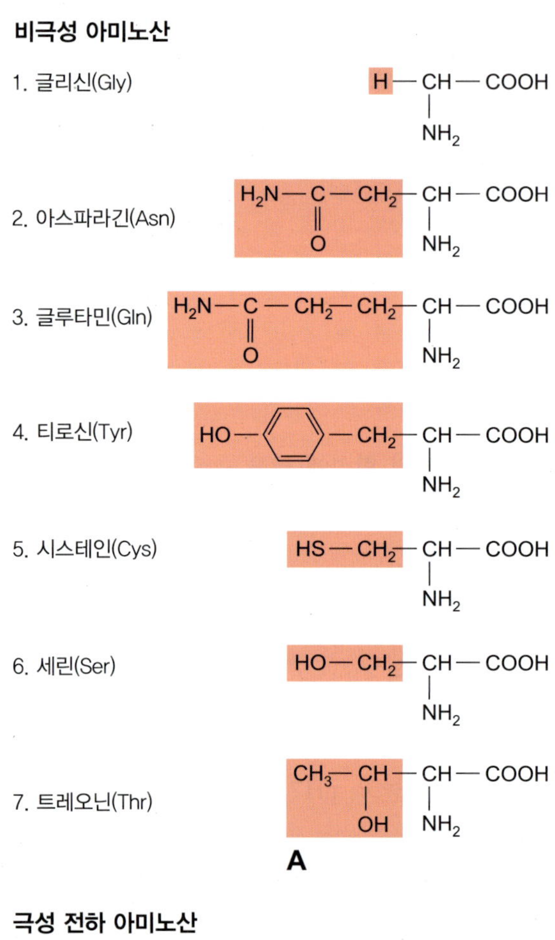

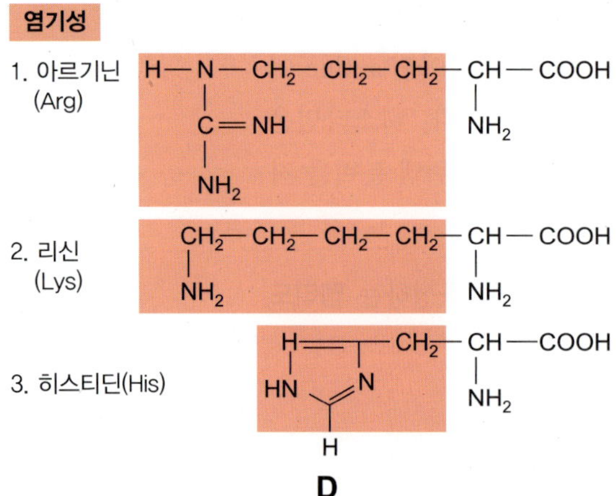

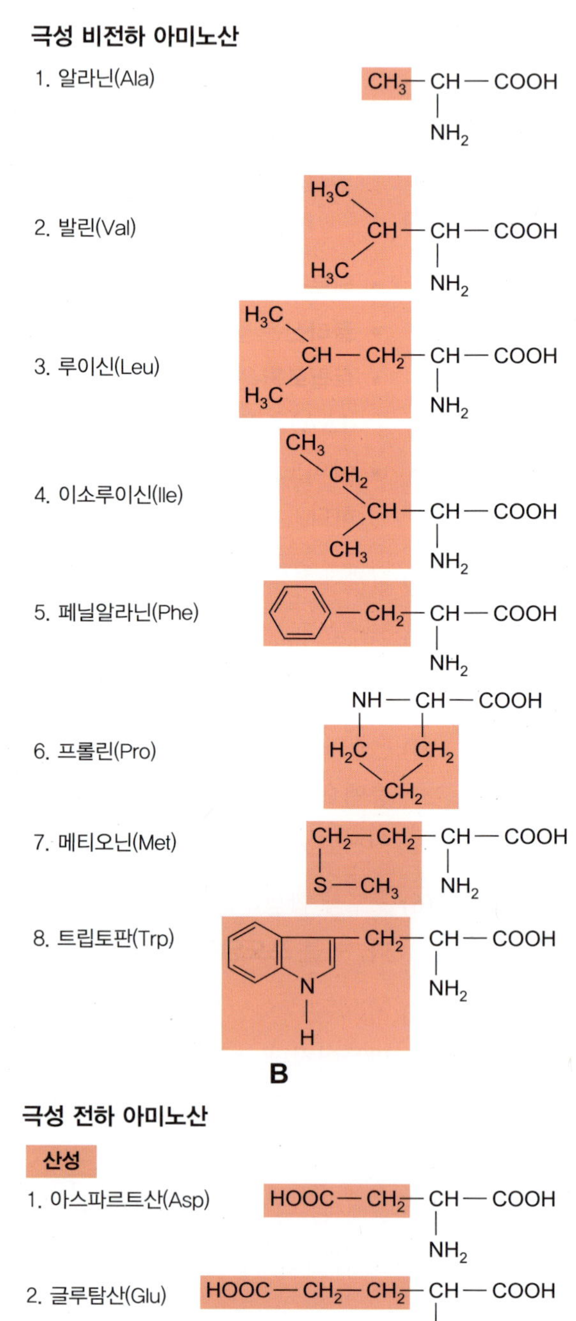

다. 부가 카르복실기는 곁사슬에 있다.

예: **아스파르트산**(Asp), **글루탐산**(Glu).

(2) 염기성 아미노산: 이 아미노산은 분자당 아미노기 두 개와 카르복실기 한 개를 가진다. 부가 아미노기는 곁사슬에 있다(R기).

예: **아르기닌**(Arg), **리신**(Lys).

(3) 중성 아미노산: 이 아미노산은 분자당 아미노기와 카르복실기를 한 개씩만 가진다. 곁사슬에는 작용기가 없다.

예: **알라닌**(Ala), **글리신**(Gly), **세린**(Ser), **트레오닌**(Thr), **발린**(Val), **루신**(Leu), **이소루신**(Ile).

2) 곁사슬의 전하에 따라 세 종류로 나눈다

(1) 비극성 아미노산: 이들은 어떤 전하도 가지지 않으며 물에 불용성이다.

예: **글리신**(Gly), **세린**(Ser), **트레오닌**(Thr), **시스테인**(Cys), **티로신**(Tyr), **아스파라긴**(Asn), **글루타민**(Gln).

(2) 극성 비전하 아미노산: 이들은 극성 아미노산으로 양전하와 음전하가 평형을 이루며 전체적으로는 전하를 띠지 않는다.

예: **발린**(Val), **알라닌**(Ala), **루신**(Leu), **이소루신**(Ile), **페닐알라닌**(Phe), **메티오닌**(Met), **프롤린**(Pro).

(3) 극성 전하 아미노산: 이들은 극성 아미노산이며 양전하나 음전하 중 하나만 가진다. 이들은 산성 아미노산이거나 염기성 아미노산으로 역할하며 용해성이다.

예: (a) 음하전의 극성 아미노산(산성)은 **아스파르트산**(Asp)과 **글루탐산**(Glu)이다.

(b) 양전하의 아미노산(염기성)은 **리신**(Lys), **아르기닌**(Arg), **히스티딘**(His)이 있다.

3) 기의 특징에 따라 여섯 종류로 나눈다

(1) 방향족 아미노산: 곁사슬에 방향족 고리가 있다. **티로신**(Tyr), **페닐알라닌**(Phe), **트립토판**(Trp).

(2) 지방족 아미노산: 곁사슬에 방향족 고리 대신 탄화수소가 있다. 대다수 아미노산은 지방족 곁사슬을 가진다.

(3) 이종원자고리 아미노산: 곁사슬의 고리에 질소 원자가 있다. **히스티딘**(His), **프롤린**(Pro).

(4) 황을 포함한 아미노산: 곁사슬에 황이 있다. **시스테인**(Cys), **메티오닌**(Met).

(5) 알코올성 아미노산: 곁사슬에 알코올성기 또는 수산기가 있다. **세린**(Ser), **트레오닌**(Tre).

(6) 아미노산 아미드: 이들은 카르복실기 한 개가 아미드로 바뀐 아미노산 유도체다. **아스파라긴**(Asn).

5. 펩티드 사슬의 구조

펩티드 사슬에 있는 아미노산 서열을 **1차구조**(primary structure)라 한다. 펩티드 사슬의 양 끝은 왼쪽을 **N-말단**, 오른쪽을 **C-말단**으로 표시한다. N-말단은 왼쪽 끝 아미노산의 아미노기가 있고 염기성이다(그림 3.23). C-말단은 마지막 아미노산의 카르복실기를 가지며 산성이다. 이 두 말단 기는 이온화한다.

6. 단백질은 1차, 2차, 3차, 4차구조를 가진다

단백질의 구조는 엄청나게 다양하다. 이들은 3차원적 모양을 가진다. 세포가 단백질을 만들 때의 형태는 폴리펩티드 사슬 모양이다. 이는 비기능적이며 초기구조라 한다. 초기의 폴리펩티드 사슬은 꼬이고 접혀 기능적인 3차원적 구조가 된다. 접힘(folding)의 목적은 다음과 같다:

- 비극성 아미노산은 안쪽에 극성 아미노산은 바깥쪽에 두기 위함.
- 접힘의 결과 멀리 떨어진 아미노산 사슬이 가까워져 단백질의 활성 자리가 만들어지고 기능적인 단백질이 만들어진다.
- 단백질의 표면에 기질 결합 자리가 만들어진다.

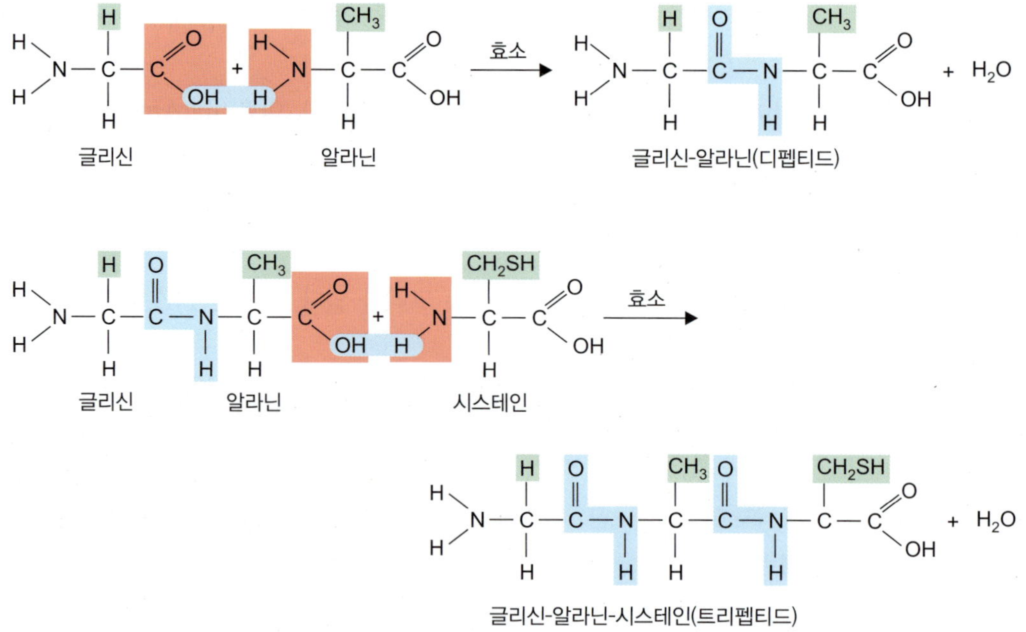

그림 3.23
폴리펩티드 사슬의 형성

글리신 + 알라닌 —효소→ 글리신-알라닌(디펩티드) + H_2O

글리신-알라닌 + 시스테인 —효소→ 글리신-알라닌-시스테인(트리펩티드) + H_2O

부가 설명: 펩티드 결합

펩티드 결합은 한 아미노산의 카르복실기(–COOH)의 탄소 원자와 다음 아미노산의 아미노기(–NH_2)의 질소 원자 사이에서 물 분자 하나가 빠지면서 형성되는 아미드 결합의 형태이며 농축이라 한다.

카르복실기는 –OH^-기를 제공하고 다른 아미노산의 아미노기는 H^+기를 제공한다.

그림 3.24
아미노산 두 분자를 연결하는 펩티드 결합의 형성

$$H_2N-CH(R')-C(=O)-OH + H-N(H)-CH(R'')-C(=O)-OH \xrightarrow{-H_2O} H_2N-CH(R')-C(=O)-NH-CH(R'')-C(=O)-OH$$

펩티드 결합(아미드 연결)
아미노산 잔기
아미노산 잔기

한 펩티드 사슬에는 수백만 개의 아미노산이 들어 있을 수 있다. 사슬에 있는 아미노산 각각을 잔기라고 한다. 아미노산 잔기의 수에 따라 펩티드를 다음과 같이 부른다:

- 아미노산 2개로 된 사슬 –디펩티드
- 아미노산 3개로 된 사슬 –트리펩티드
- 아미노산 10개까지로 된 사슬 –올리고펩티드
- 아미노산 10개 이상의 사슬 –폴리펩티드
- 100개 이상의 아미노산을 가진 폴리펩티드 –단백질

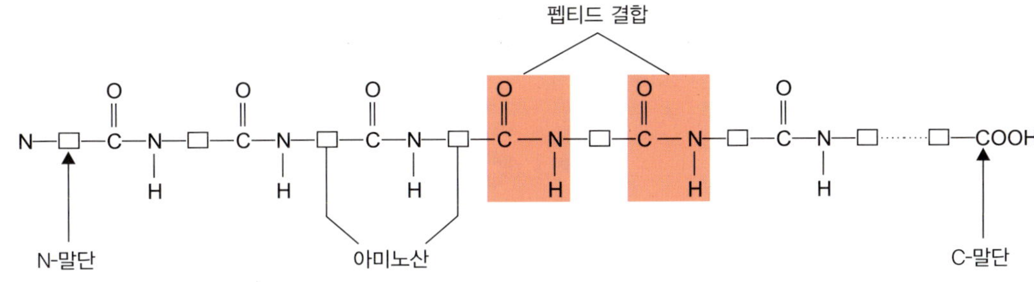

그림 3.25
아미노산 잔기 사이의 펩티드 결합을 나타내는 펩티드 사슬

접힘과 2차 결합으로 단백질은 다음 4가지 수준의 구조화가 일어난다:

(1) 폴리펩티드 사슬의 아미노산 직선 서열은 1차구조를 나타낸다.

(2) 선형의 폴리펩티드 사슬이 α-나선 또는 β-병풍 구조로 접히거나 꼬인 것을 2차구조라 한다.

(3) α-나선이나 β-병풍구조가 서로 꺾기고 꼬여서 나타내는 3차원적 형태를 3차구조라 한다.

(4) 꼬인 단위가 여러 개로 구성된 단백질은 4차구조를 가진다.

그림 3.26

단백질 구조:

A. 1차구조

B. 2차구조

C. 3차구조

D. 4차구조

A 1차구조

B 2차구조

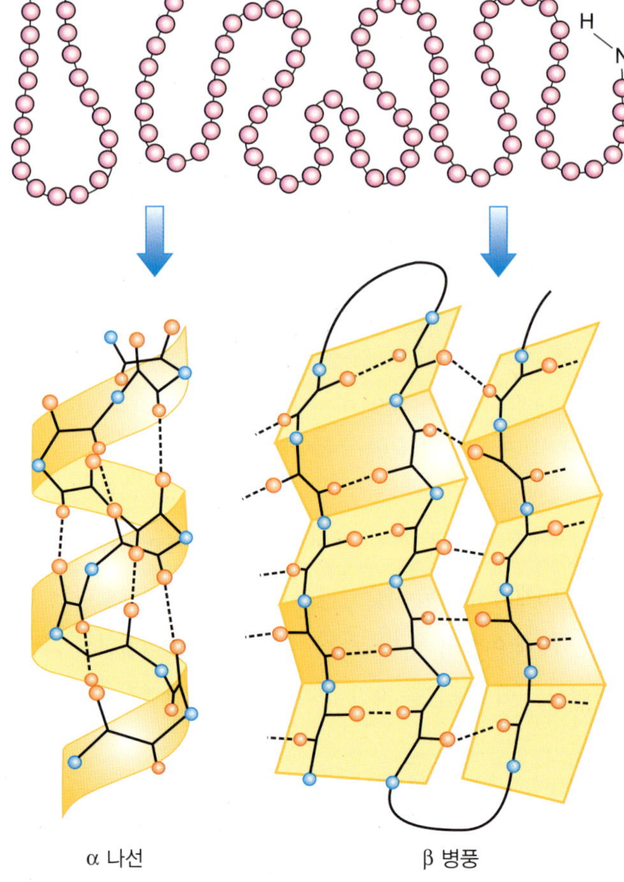

C 3차구조

D 4차구조

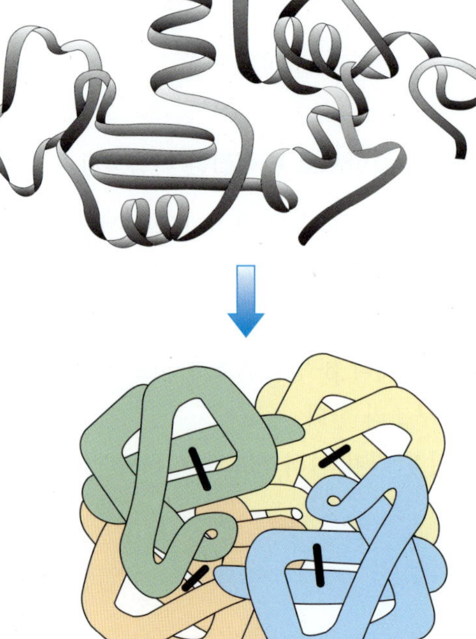

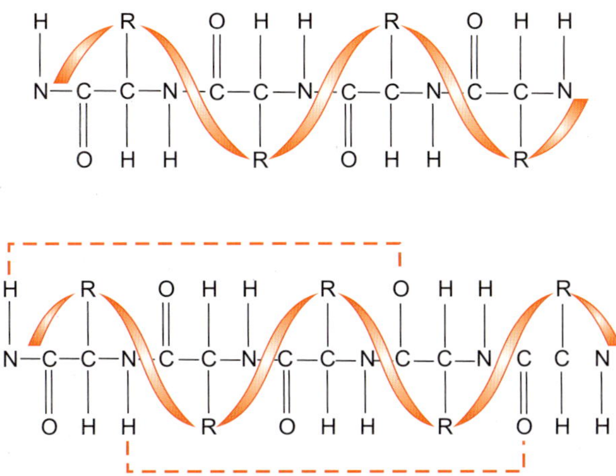

그림 3.27
폴리펩티드 사슬의 일부분에 있는 1차구조

그림 3.28
단백질의 2차구조: α-나선 구조에는 한 아미노산의 −NH기의 H와 다른 아미노산의 −C=O의 O 사이에 형성된 수소결합이 있다.

1) 1차구조

단백질의 1차구조는 폴리펩티드에 있는 선형의 아미노산 서열이며 폴리펩티드 사슬의 아미노산 분자의 수와 성질, 그리고 서열을 나타낸다. 각 폴리펩티드 분자는 펩티드 결합으로 연결된 아미노산 분자를 수개에서 수백 개를 포함한다. 이 서열은 유전적으로 결정된다.

2) 2차구조

선형의 폴리펩티드가 특정한 코일 형태로 접힘이 일어나면 2차구조가 만들어진다. 2차구조는 펩티드 사슬의 구성물질인 아미노산의 카르보닐기의 산소와 아미드기의 수소 원자 사이에 수소결합이 생겨 만들어진다. 이 결합은 단백질의 다른 폴리펩티드 사슬 사이에서 생겨 병풍 모양을 만들 수도 있고 한 폴리펩티드 사슬 내에서 생겨 α-나선(α-helix)을 만들 수도 있다. 접힘을 통해 1차 서열상 멀리 떨어져 있는 아미노산 잔기들이 아주 가까워질 수 있게 된다. 이는 규칙적인 나선구조를 만든다.

(a) α-나선: α-나선에서 폴리펩티드 사슬은 회전당 3½개의 아미노산이 포함된 나선형 계단 형태를 보인다. 나선의 코일은 사슬의 축에 평행으로 놓인 수소결합으로 서로 붙잡고 있다. α-나선은 미오신, 근단백질, 그리고 머리카락과 손톱에 있는 α-케라틴 같은 단백질에서 볼 수 있다.

(b) β-병풍구조: 병풍구조에서 수소결합은 두 개 또는 그 이상의 펩티드 사슬 사이에서 주 사슬에 직각으로 형성된다. 이런 종류의 구조를 가진 섬유는 폴리펩티드 사슬이 이미 신장된 형태를 가지기 때문에 탄력적이지 않다. 결합은 매우 강하고 유연하다. 비단 섬유가 β-병풍구조의 가장 좋은 예이며 또 다른 예로 깃털과 발톱에 있는 β-케라틴도 있다(그림 3.29).

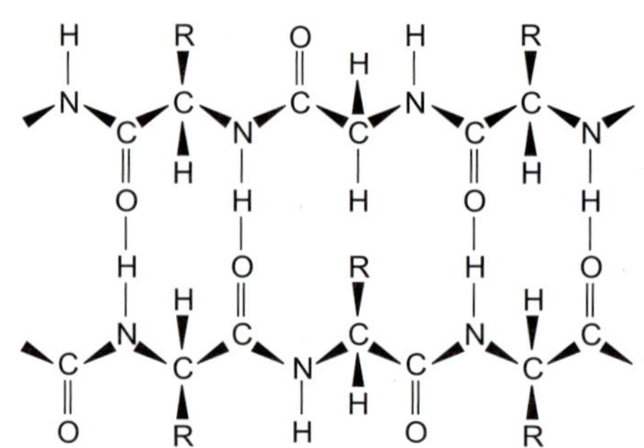

그림 3.29

단백질 분자 내의 β-병풍구조

(c) 콜라겐 나선: 콜라겐 형태는 세 개의 폴리펩티드 나선이 꼬여서 세 가닥의 섬유를 형성해 만들어진다. 세 개의 나선은 서로 감겨서 오른손 방향의 나선을 만든다. 이는 매우 강하고 단단한 구조를 만들기 때문에 구부리거나 늘일 수 없다. 1,000개의 아미노산으로 이루어진 각 폴리펩티드 사슬은 매 4번째 아미노산이 글리신이며 그 다음 아미노산은 수산화 프롤린 또는 프롤린이다.

3) 3차구조

3차구조는 정상적인 조건에서 나선 지역을 가지거나 또는 가지지 않는 긴 폴리펩티드 사슬이 꼬여서 만드는 단백질의 최종적인 3차원 구조다. **수소결합**, **이온결합**, 그리고 **소수성 상호작용** 등이 3차구조를 만든다(그림 3.30). 이황화결합은 3차구조를 더 안정화시킨다.

3차원 구조의 단백질은 섬유상이거나 구형이다. 케라틴, 피브리노겐, 미오신 같은 단백질은 섬유상 단백질이고 알부민과 혈장 글로불린은 구형 단백질이다.

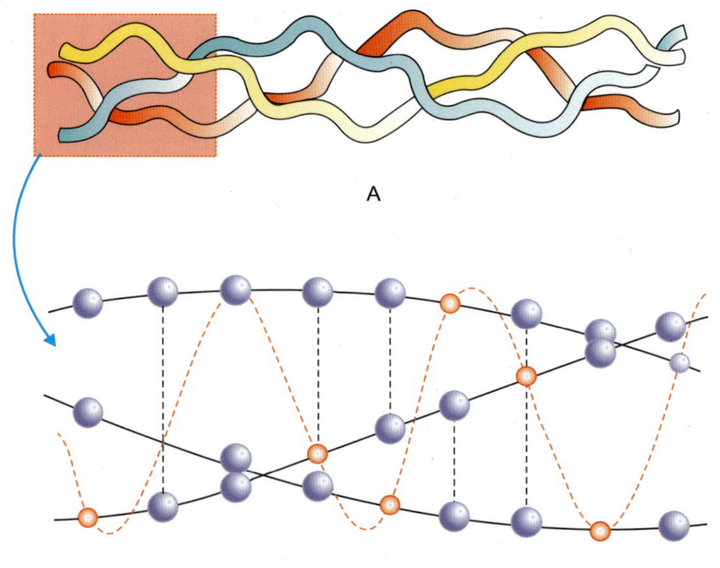

그림 3.30

서로 꼬여 있는 나선으로 구성된 트로포콜라겐 분자

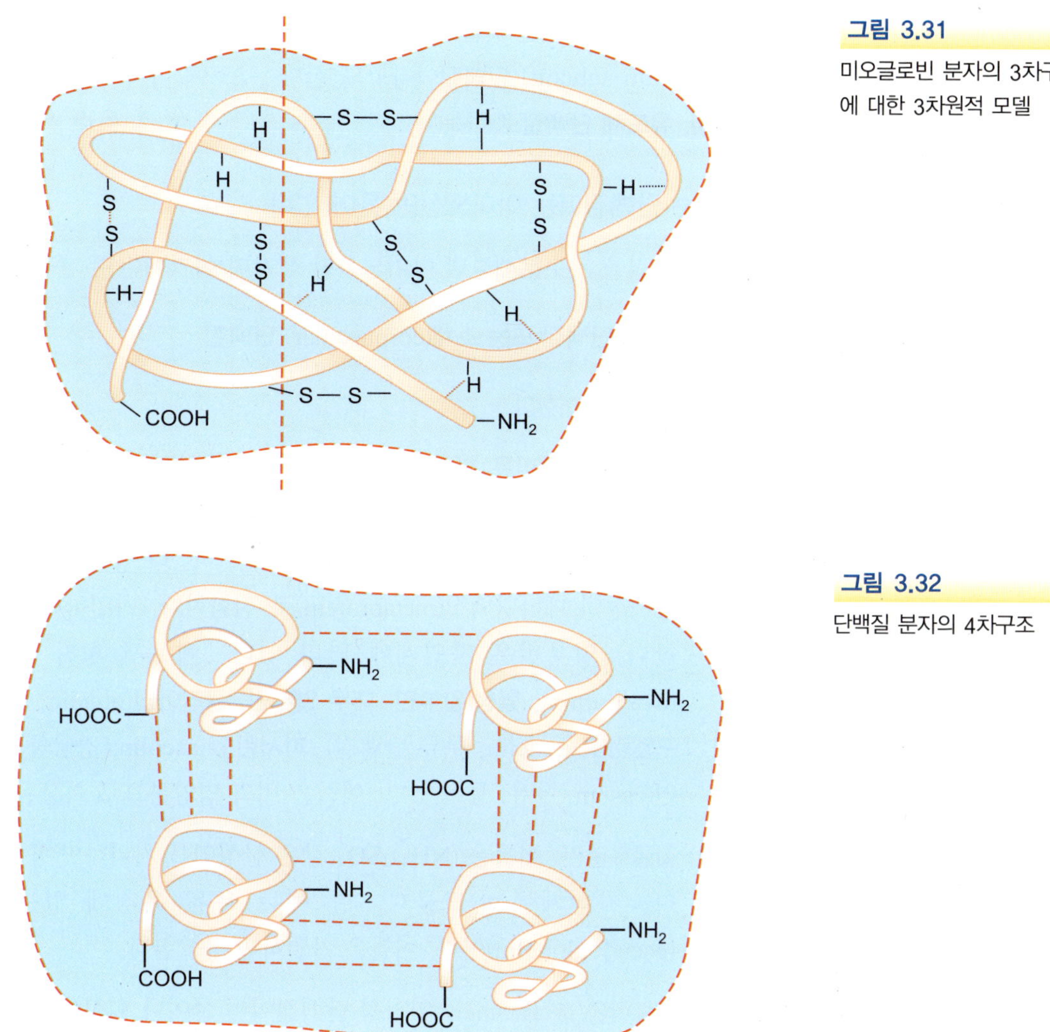

그림 3.31
미오글로빈 분자의 3차구조에 대한 3차원적 모델

그림 3.32
단백질 분자의 4차구조

4) 4차구조

4차구조는 두 개 이상의 펩티드 사슬이 비공유적으로 연결되어 있는 구조를 말한다. 예로서 헤모글로빈 분자는 두 개의 α-사슬과 두 개의 β-사슬로 이루어져 있다. 4차구조에는 두 종류가 있다:

(a) 몇 개의 유사하지 않은 펩티드 사슬을 가지나 활성자리는 한 개만 있는 단백질.

(b) 유사하거나 동일한 단위체로 구성된 단백질.

7. 단백질의 분류

단백질은 폴리펩티드 사슬의 수와 구조, 용해성, 응집성 등에 따라 넓게 분류한다.

단일 폴리펩티드 사슬로 된 단백질을 **단량체**(monomer)라 하고 두 개 이상의 폴리펩티드 사슬로 된 것을 **올리고체**(oligomer)라고 한다. 올리고체 단백질은 **다단위체**(multi-subunit) **단백질**이라고도 한다. 구조에 따라서는 **단순 단백질**, **복합 단백질**, **유도체 단백질**로 나눈다.

1) 단순 단백질에는 아미노산만 들어 있다

단순 단백질을 가수분해하면 아미노산만 생기며 여기에는 두 종류가 있다:

A. 단순 구형 단백질 또는 소체(corpuscular) 단백질

1. 증류수에서 용해한다

(1) 알부민: 알부민은 희석한 산이나 알칼리로 처리하면 물에서 침전한다. 이들은 또한 약한 산성 용액에서 Na_2SO_4 같은 중성염이나 $(NH_4)_2SO_4$ 같은 산성염으로 용액을 포화시켜도 침전한다. 더 강한 산과 알칼리에서는 용해성인 메타단백질(metaprotein)로 전환한다. 가열하면 알부민은 응고한다. 알부민은 자연계에 널리 있다. 예로서 흰자 또는 **오발부민**(ovalbumin), **혈청 알부민**, **대두 알부민**, **글리아딘**(gliadin, 밀 단백질), **레구멜린**(legumelin, 두류 단백질), **파서린**(phaseolin, 강남콩 단백질), **카제인**(casein, 우유) 등이 있다, 이들은 비축 영양분으로 저장된다.

(2) 헛글로불린: 이들은 $(NH_4)_2SO_4$ 같은 산성염을 처리하면 용액에서 침전한다. 자연계에는 드물다. 한 예는 우유 유청에 있는 **헛글로불린**(pseudoglobulin)이다. 이들은 가열하면 응고한다.

(3) 프로타민(protamine): 염기성 단백질이며 물이나 희석한 산과 수산화암모늄에 잘 녹는다. 이들은 무기산과 결정 염을 형성하고, 더 산성인 단백질과는 불용성 염을 형성한다. 이들은 열에 의해 응고하지 않는다. 이들은 자연 상태의 모든 단백질 중 가장 단순하며 가장 작은 분자량을 가진다. 프로타민은 성숙한 정자에서 추출하는데, 정자의 핵 안에 있는 것으로 추정한다.

(4) 히스톤(histone): 분자량이 큰 염기성 단백질이다. 물과 희석된 무기산에서는 녹으나 수산화암모늄에서는 녹지 않는다. 이들은 핵단백질의 하나다.

2. 증류수에서 불용성이다

(1) 글루테린(glutelin): 희석한 물이나 알코올, 중성염 용액에서는 녹지 않으나 희석한 알칼리와 산에서는 녹는다. 이들은 곡물의 씨에만 들어 있다.

(2) 프로라민(prolamine): 물에는 불용성이나 희석한 알칼리와 60~80%의 알

코올에서는 용해한다. 식물에만 있으며 **글리아딘**(gliadin, 밀), **제인**(zein, 옥수수), **호데인**(hordein, 보리) 등이 있다.

(3) 글로불린(globulin): 물에 불용성이나 NaCl 같은 희석한 중성염 용액에서는 용해한다. 이들은 가열하면 응고하며 희석한 산을 첨가하면 응고 정도가 더 높아진다. 이들은 동물과 식물 조직에 존재한다. 동물성 글로불린에는 **오보글로불린**(난자), **락토글로불린**(우유), **피브리노겐**, α, β **글로불린**(혈청), **미오신**과 **트로포미오신**(근육)이 있고 식물성 글로불린에는 **레구민**(legumin, 배), **튜베린**(tuberin, 토마토), **에데스틴**(edestin, 밀과 대마 씨) 등이 있다.

B. 단순 섬유상 단백질

섬유 모양의 분자 구조 때문에 섬유상 단백질은 차가운 물과 시약에서는 불용성이다. 이들은 셀레로 단백질(seleroprotein)이라고도 한다. 이 단백질은 동물에게만 있다. 단순 섬유상 단백질로는:

(1) 케라틴(keratin): 피부 바깥층, 머리카락, 깃털, 뿔, 발굽과 손톱 등에 있으며 소화되지 않는다.

(2) 콜라겐(collagen): 힘줄, 아포뉴런, 경질막, 근막 등을 구성하는 백색 섬유상 결합조직에 있다. 이들은 뼈와 연골의 기저물질을 형성하기도 한다. 이들은 매우 천천히 소화된다.

(3) 엘라스틴(elastin): 인대와 혈관 같은 황색 엘라스틴 조직에 있다. 엘라스틴은 신축성 연골의 기저물질에도 존재한다. 이는 불용성으로 소화하기 어렵다.

(4) 피브로인(fibroin): 비단 섬유에 있는 단백질이다.

2) 복합 단백질은 이질 단백질이며 비단백질성 첨가기를 가진다

이 단백질은 비단백질성 물질을 포함한 단순 구형 단백질이다. 이 비단백질성기를 **첨가기**(prosthetic group)라 한다. 예로서 헤모글로빈에 있는 글로빈 단백질은 철을 포함한 포르피린 화합물인 헴(heme)과 결합하고 있다. 첨가기의 성질에 따라 복합 단백질은 여러 종류로 나눈다:

(1) 색소 단백질: 색소 단백질에서 단순 단백질은 색소와 결합하고 있다. **헤모글로빈**, **미오글로빈**, **시토크롬**, **플라보 단백질** 등이 있다.

(2) 당단백질: 당단백질에서 단순 단백질은 탄수화물과 결합한다. 예로서는 침의 **뮤신**(mucin), 담즙의 **헤파린**(heparin), 혈장의 **면역글로불린**, 연골과 **힘줄**의 **점액성 다당류** 등이 당단백질이다. 그 안에 탄수화물 헥소사민

(hexosamine)은 4%보다 적게 들어 있다.

(3) 점액성 단백질: 당단백질과 유사하나 그 안에 탄수화물 헥소사민은 4%보다 더 많이 들어 있다. 혈청의 **합토글로빈**(α_2-글로불린), 흰자의 **오보뮤코이드**(ovomucoid) 등이 점액성 단백질이다.

(4) 핵단백질: 단백질 분자는 핵산과 결합한다. 프로타민(protamine) 또는 히스톤이 여기에 해당한다. 핵의 염색질 물질은 핵단백질로 이루어져 있다.

(5) 지질 단백질: 지질 단백질은 단순 단백질에 지질이 결합하여 만들어지며 주로 뇌와 혈장, 알, 우유 등에 들어있다.

(6) 인산화 단백질: 인산화 단백질은 인산이나 피로인산과 결합한 단백질이다. 이는 희석 알칼리에 용해하며 산을 첨가하면 침전한다. 예로는 알의 **오보비텔린**(ovovitelline), 우유의 **카제인노겐**(caseinogen)과 **카제인**(casein) 등이 있다.

(7) 플라보 단백질: 이들은 효소다. 이 단백질의 일부분은 **플라빈 화합물**(FMN 또는 FAD)에 영구적으로 붙어 있다. 플라빈은 첨가기다. 플라보단백질은 크렙스 회로의 효소이며 호흡에서 전자전달계에 참여한다.

(8) 금속성 단백질: 이 단백질은 철이나 구리, 아연과 같은 금속이온과 결합한다.

3) 유도체 단백질은 기존 단백질에서 생긴다

유도체 단백질은 기존의 단백질을 가수분해하거나 응고를 하면 만들어진다.

(1) 메타단백질(metaprotein): 이것은 소화효소나 산 또는 알칼리 등으로 복잡한 단백질을 가수분해하여 만들어진다. 이들은 물에는 불용성이나 희석 산과 알칼리에서는 용해한다. **산성 메타단백질**, **염기성 메타단백질**, **프로테오스**(proteose), **알부미노스**(albuminose), **펩톤**(peptone), **펩티드** 등이 있다.

(2) 응고 단백질: 응고 또는 변성 단백질은 정상적인 단백질을 가열하면 만들어진다. 예로는 응고된 흰자가 있다.

문 제

1. 탄수화물의 분자 구조에 대해 기술하고 단당류 사용에 대해 짧게 쓰시오.

2. 단당류의 구조적 특성을 기술하시오.

3. 다당류는 무엇인가? 기능에 따라 다당류를 분류하시오.

4. 유기화합물의 중합체로 된 탄수화물은 무엇인가? 이들의 일반식을 쓰고 예와 사용에 대해 쓰시오.

5. 지방산은 무엇인가? 지방산의 종류에 대해 쓰시오.

6. 지질의 생물학적 중요성을 쓰시오.

7. 융합 지질의 두 가지 예를 쓰고 생물막에서의 역할을 쓰시오.

8. 아미노산을 양쪽성 분자라고 하는 이유는?

9. 단백질의 생물학적 중요성을 쓰시오.

10. 펩티드 결합의 구조를 쓰시오. 폴리펩티드 사슬의 구조는 무엇이며 폴리펩티드 사슬의 접힘이 필요한 이유는?

11. 아미노산은 무엇인가? 펩티드 결합의 형성에 참여하는 아미노산의 기는 무엇인가?

12. 다음 용어를 설명하시오:
    (a) 동질 다당류
    (b) 입체이성질화
    (c) 광학이성질화
    (d) 에스테르화
    (e) 융합 지질
    (f) 플라보 단백질
    (g) 프로타민

13. 다음을 구분하시오:
    (a) 단백질의 1차구조와 2차구조
    (b) 필수 아미노산과 비필수 아미노산
    (c) 비극성 아미노산과 극성 아미노산
    (d) 포화지방과 불포화지방
    (e) 뉴클레오시드와 뉴클레오티드
    (f) 헥소사민과 아미노산
    (g) 퓨라노스와 피라노스 고리 구조

14. 짧게 쓰시오:
    (a) 양쪽성 이온
    (b) 펩티드 결합
    (c) 글루코시드 결합
    (d) α-탄소
    (e) 스테롤
    (f) 인지질
    (g) 비누화
    (h) β-병풍구조

4 거대분자 연구에 사용하는 방법

학습 목표

- **세포 분획법**
  - 조직 균질화
  - 균질액에서 세포소기관의 분리
  - 분별 원심분리
  - 밀도 구배 원심분리
  - 유동 세포분석기
- **분자 분리**
  - 초원심분리
  - 전기영동
  - 크로마토그래피
  - 분광광도계
  - 분광광도계 구성
  - 분광광도계 적용
- 생물 분자의 빛 흡수에 대한 람버트-비어 법칙
- 광도계
- **방사성동위원소 기술**
  - 방사성동위원소란?
  - 상용 방사성동위원소
  - 방사성
  - 방사성동위원소 역할
  - 방사성 측정 기술
    - 가이거 뮐러 계측기
    - 섬광 계측기
- **자기방사법**
  - 자기방사법 과정
  - 절편 준비
  - 사진 유제 적용
  - 필름 적용

세포 분리법, 세포 분획법, 거대분자 추출법 등의 다양한 기술이 개발되면서 거대분자에 대한 연구가 가능해졌다. 분자생물학에 종종 사용하는 다음과 같은 방법들이 있다:

- 세포 분획법
- 분자 분리
- 방사성동위원소 기술

4.1 세포 분획법

세포 분획은 세포를 깨서 핵, 미토콘드리아, 색소체, 엽록체, 리보솜, 리소좀, 골지체 등과 같은 세포소기관이나 세포 내 구조물들을 분리하는 것이다.

세포를 깨기 위해 몇 가지 방법을 사용한다. 동물세포 연구에는 간이 가장 적합하며 세포 분획에 널리 쓰인다. 세포 분획에는 다음의 두 단계가 있다:

(1) 조직 균질화
(2) 균질액에서 세포소기관 분리

분별 원심분리와 밀도 구배 원심분리는 **예비 원심분리** 기술이다. 이들은 세포소기관과 거대분자를 추출하는 데 사용한다.

1. 조직 균질화

균질화는 세포막을 파괴하거나 깨서 세포소기관의 동질한 혼합물을 용액 배지에 현탁하는 과정이다. 균질화한 세포의 용액을 **균질액**(homogenate)이라 한다. 여기에는 핵, 미토콘드리아, 색소체, 리소좀, 마이크로솜, 골지체, 그리고 소포체와 원형질막의 절편들이 포함되어 있다.

균질화를 위해 동물의 간을 등장성의 생리식염수로 담그고 얼음에서 냉각시켜 피를 제거한다. 그 다음 0.25 M 수크로오스 용액으로 옮긴다. 조직은 0.25 M 수크로오스 용액에서 기계적이거나 화학적으로 균질화시킨다. **기계적 균질화**(그림 4.1)에서 조직은 모터와 막자로 갈던지 워링 믹서기(Waring blendor), 플런즈 또는 포터-엘베젬(Potter-Elvehjem) 균질기로 균질화한다. 조직 현탁액에 음파 진동을 가하여 균질화를 만들 수도 있다. **화학적 균질화**에는 단백질 분해효소나 지질 분해효소를 사용하여 세포의 원형질막을 용해한다.

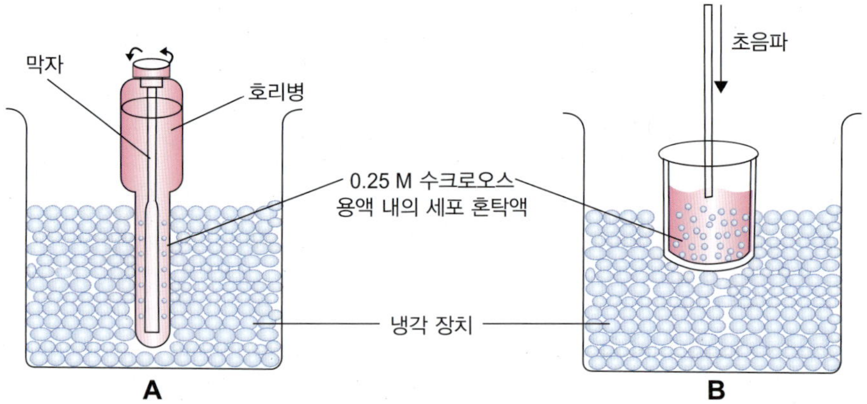

그림 4.1
기계적인 조직 균질화를 통한 세포 분획화
A. 분쇄기와 막자를 사용
B. 워링 믹서기

분별 원심분리는 세포소기관과 거대분자를 입자의 크기에 따라서 분리할 때 사용한다. 침강은 거대분자의 질량, 모양, 부피와 용매의 밀도에 따른다.

2. 균질액에서 세포소기관의 분리

조직 균질액에는 다른 크기와 밀도의 세포소기관들이 들어 있으며 이들은 크기에 따라서 또는 밀도에 따라서 분리할 수 있다. 이들을 추출하는데 세 가지 방법을 사용한다:

(1) 원심분리 또는 분별 원심분리
(2) 밀도 구배 원심분리
(3) 유동 세포분석기

1) 원심분리 또는 분별 원심분리

원심분리는 세포 구성 입자들을 그들의 크기와 밀도에 따라 분리하거나 추출하는 방법이다. 원심분리 튜브의 균질액을 일정한 속도로 초원심 분리기에서 회전시킨다(그림 4.2). 이는 균질액에 있는 세포소기관들에 원심력이나 중력을 가해 그들의 크기에 따라 튜브의 바닥으로 가라앉아 침전물이 되도록 한다. 각기 다른 밀도를 가지는 세포소기관들은 균질액을 속도를 증가시키면서 원심분리하면 서로를 분리할 수 있다. 그래서 다른 속도로 원심분리기에서 회전시키면 균질액에 다른 원심력을 가할 수 있다.

결과적으로 더 큰 입자는 낮은 속도에서 맨 처음 침강할 것이고 더 작은 입자는 더 높은 속도에서 침강한다. 고전적인 원심분리에서(그림 4.3) 구성성분들은 다음의 순서로 4개의 분획(fraction)으로 침강한다:

(1) 부서지지 않은 세포와 핵이 포함된 **핵 분획**은 600 g에서 원심분리하면 분리된다.
(2) 미토콘드리아를 포함하는 **미토콘드리아 분획**은 15,000 g에서 원심분리하면 가라앉는다.

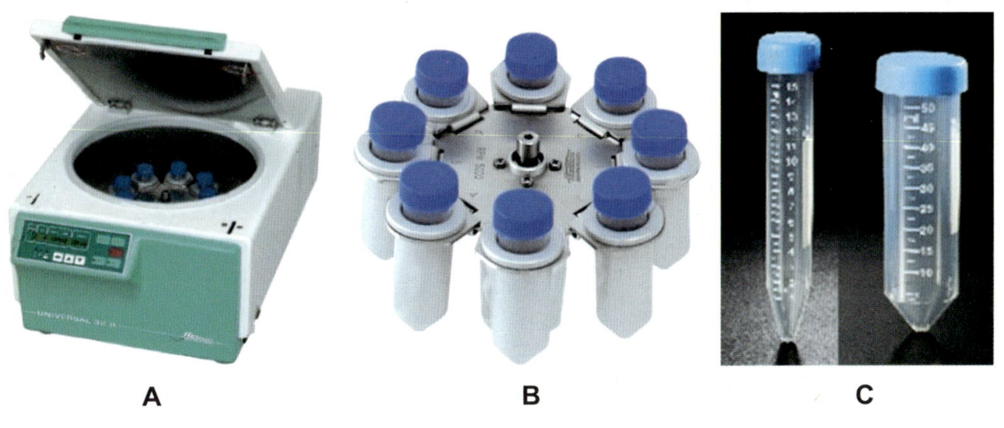

그림 4.2
A. 원심분리기
B. 원심분리기 내의 시험관
C. 눈금을 가진 원심분리관

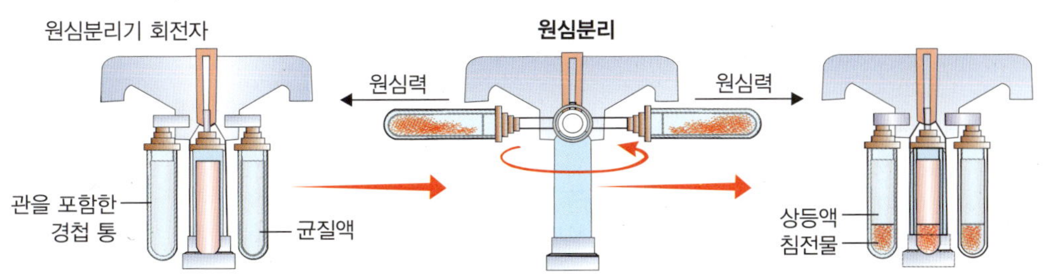

그림 4.3
원심분리에 의한 세포 분획 기술

그림 4.4
원심분리 또는 분별 원심분리 과정의 단계

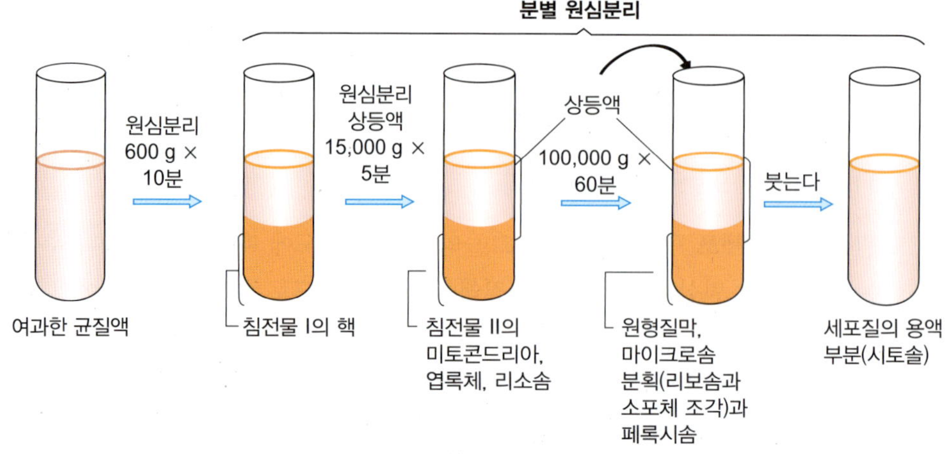

부가 설명: 원심분리

원심분리는 원심력과 중력으로 세포 구성물과 거대분자를 물리적으로 분리하는데 사용하는 장치다. 세포소기관이나 유기 거대분자는 콜로이드 현탁액에서 떨어져 나와 그들의 크기와 분자량에 따라 침강한다.

원심분리의 원리

원심분리 기계는 원심력으로 발생하는 *중력의 원리*로 작동한다. 적당한 질량을 가진 물질이 원심분리기에서 회전하면 원심력이 더 무거운 물질을 원의 가장자리로 당기는 중력을 만든다. 시료에 적용되는 원심력은 중력과 같다. 중력으로 이를 측정한다(G):

$$G = \omega^2 r$$

ω는 각속도를 나타내며 r은 회전 반경이다. 원심분리의 속도는 분당 회전수(rpm)로 측정한다.

원심분리기의 구성

원심분리기는 **헤드**(head)와 **회전자**(rotor) 두 부분을 가진다. 헤드는 시험관을 넣을 수 있는 4개의 공간이나 4개 이상의 금속 컵을 가지는 회전할 수 있는 원반이다. 원심분리시킬 시료를 이들 관에 채운다. 회전자는 원심력을 만들기 위해 헤드를 회전시키는 고속 전동기다. 회전 속도는 스위치로 조절한다(그림 4.5).

원심분리기 작동

특정 물질의 균질액을 준비하여 원심분리관에 넣는다. 관을 헤드의 금속 컵에 놓고 회전자의 속도를 정한 다음 일정 시간 동안 회전시킨다. 특정 물질이나 구성성분들은 관의 바닥에 침전된다.

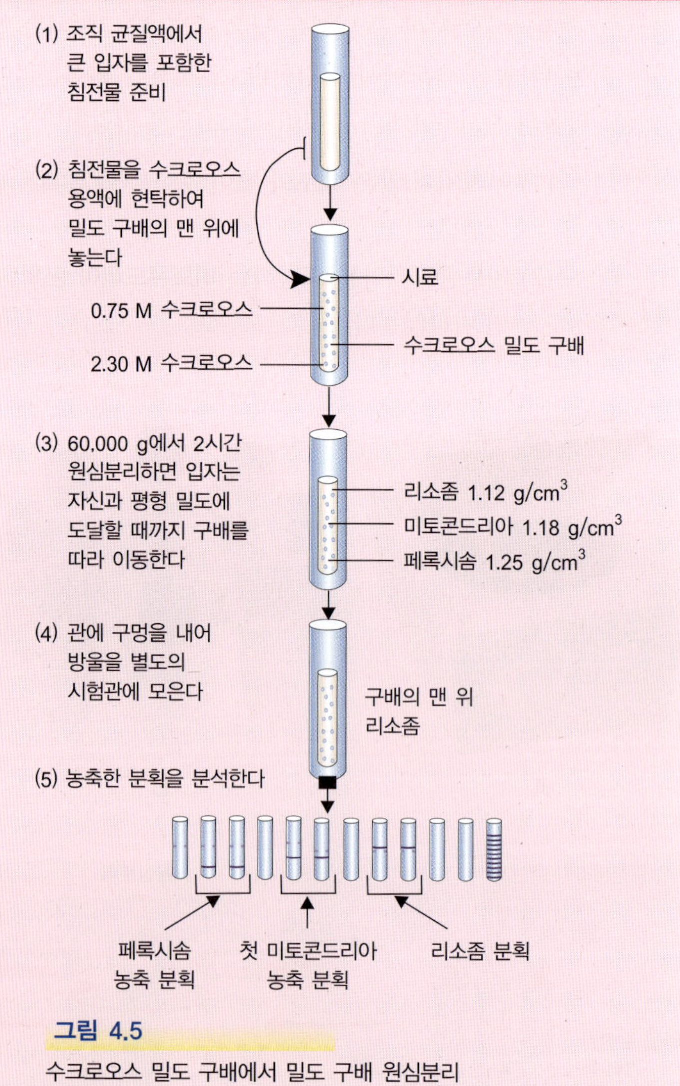

그림 4.5
수크로오스 밀도 구배에서 밀도 구배 원심분리

(3) ER과 골지체 막, 그리고 리보솜을 포함한 **마이크로솜 분획**은 100,000 g에서 원심분리하면 가라앉는다.

(4) 핵산과 단백질, 용해성 탄수화물, 그리고 지질 방울 등을 포함한 **용액 분획**.

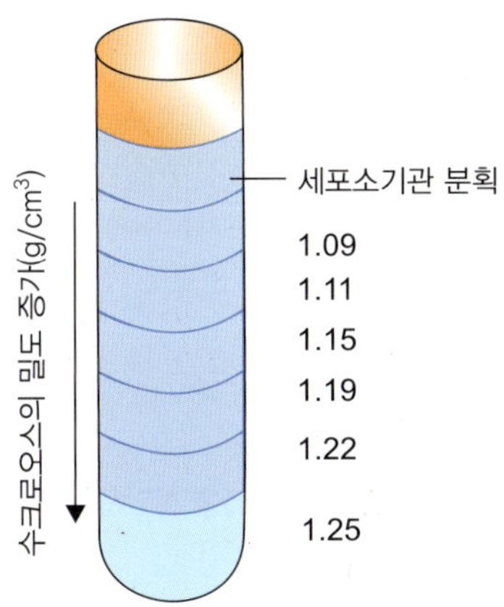

그림 4.6
시험관의 밀도 구배 용액

2) 밀도 구배 원심분리

밀도 구배 원심분리는 세포소기관을 크기가 아닌 밀도에 따라 분리하는 데 사용한다. 원심분리관에 수크로오스나 글리세롤 같은 밀도 높은 물질을 밀도 구배층이 되도록 채운다. 구배 용액은 원심분리관의 바닥이 가장 밀도가 높게 농축된다. 그 농도는 위로 갈수록 점차 낮아지고 맨 위의 표면이 밀도가 가장 낮다. 원심분리관은 고속(40,000 r/min)에서 몇 시간 원심분리한다. 각 입자들은 자신의 밀도와 같은 밀도를 가지는 용액의 밀도 층까지 이동한다. 이 때문에 이런 종류의 분리법을 **등밀도 원심분리**(isopycnic centrifugation)라고 한다. 여러 세포소기관들은 용액에서 서로 분리된 층을 형성한다. 동물세포를 준비물로 사용하면 다음과 같은 특징이 나타난다:

- 페록시솜은 1.23 g/cm³의 밀도를 가진다.
- 조면소포체는 1.20 g/cm³의 밀도를 가진다.
- 미토콘드리아의 밀도는 1.18 g/cm³이다.
- 골지 소포의 밀도는 1.14 g/cm³이다.
- 원형질막, ER 막, 리소좀 분획의 밀도는 1.12 g/cm³이다.

밀도 구배 원심분리

- 세포소기관과 거대분자를 정제하는 데 사용
- 밀도 구배는 구배 중간 값의 층으로 만듦

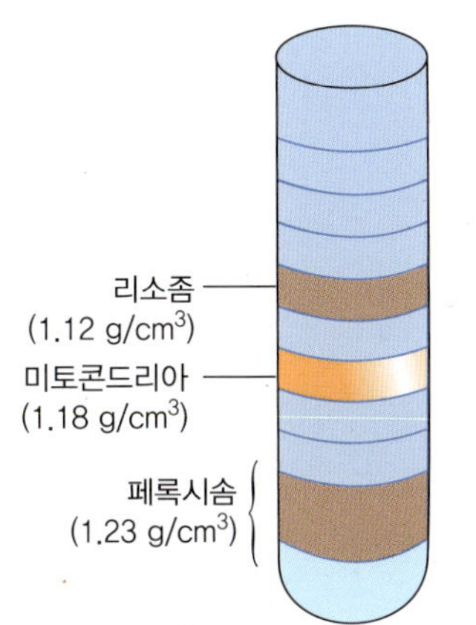

그림 4.7
시험관 내의 다른 세포소기관의 띠를 포함한 밀도 구배 용액

3) 유동 세포분석기

유동 세포분석기는 단세포를 정량적으로 분석하는 기술로서 세포 종류와 세포소기관, 중기 염색체나 세포 거대분자들을 확인하고 모으는 광학 시스템이다. 세포 분류에 사용하는 기구를 **형광 활성 세포 분류기**(fluorescence-activated cell sorter, FACS)라 하며 **미세형광광도계**다.

이 기술에서 형광 염료를 항체에 붙여 고도로 특이성을 가진 염색물질로 만든다. 사용하는 형광 염료로는 **플루오레세인**(fluorescein)과 **라브도민**(rhabdomine)이 있다. 플루오레세인은 청색 빛으로 감광하였을 때 녹색 빛을 내며 라브도민은 녹황색 빛으로 감광하면 적색 빛을 낸다.

특정 세포를 분리하려면 세포 표면의 항원에 특이적인 항체에 형광 염료를 화학적으로 붙여준다. 이 특정 항원을 가진 세포는 항체와 결합한다. 세포 분리기 안에서 항체와 형광 염료 복합체를 가진 세포는 레이저선 앞에서 한 줄로 지나간다. 정확한 파장의 빛이 조사되면 이들은 형광을 발하며 세포 현탁액에서 나오는 작은 용액 방울의 흐름이 생긴다. 각 방울에는 적어도 하나의 형광 세포가 들어있다. 각 방울의 형광을 분석기로 측정한다.

유동 세포분석기의 원리

- 현탁액 내의 세포를 신속하게 분석할 수 있다.
- 분석이 쉽도록 여러 가지 꼬리표나 염료를 첨가할 수 있다.
- 정확한 계수와 계량이 가능하다.
- 세포 아형들을 확인하고 유지시킬 수 있다.

형광 세포를 포함하는 방울은 음전하를 가진다. 흐름이 두 전기 전하 판 사이를 통과하면 음전하를 가진 방울은 분리된다. FACS는 형광 항체의 형태의 특정 표면 표식을 가진 전하를 띤 세포를 선별한다.

유동 세포분석기의 또 다른 사용

이 기술은 세포를 분리하는 것 외에 다음과 같은 목적에 사용한다:

- 산란광의 양으로부터 방울에 있는 세포의 크기를 측정함
- DNA 결합 형광 염료의 형광 양으로부터 세포에 있는 DNA와 RNA의 양을 측정함
- 다른 세포주기에 있는 세포를 분리함
- DNA 결합 형광 염색약으로 염색하여 염색체를 분리함
- 산모의 혈액에서 태아의 적혈구를 확인하고 정량화함
- 백혈병과 림프 종양 질환의 진단과 관찰

4.2 분자 분리

거대분자는 다음과 같은 방법으로 분리하거나 추출할 수 있다:

1. 초원심분리
2. 전기영동
3. 크로마토그래피
4. 분광광도기

1. 초원심분리

현대 원심분리기는 원심력을 700,000 g만큼 만들 수 있어서 **초원심분리기**(ultracentrifuge)라 한다. 초원심분리기는 거대분자를 분리하고 그들의 분자량을 확인하는 데에만 사용한다. 이들은 **침강 속도**(sedimentation velocity, SV)와

테오도르 스베드베리(Theodore Svedberg 1884~1971)

테오도르 스베드베리는 스웨덴의 물리화학자로서 콜로이드와 거대분자 화합물에 대한 연구로 **1926년**에 **노벨상**을 받았다. 그는 큰 분자를 추출하고 분자량을 분석하기 위해 원심분리의 이론적 실질적인 개발자였으며 분석용 초원심분리기를 처음으로 개발하였다. 그는 핵화학, 방사성 생물학, 사진 처리 등을 연구하였으며 제2차 세계대전 중에는 합성 고무의 제작 방법을 개발하였다.

스베드베리 단위

침강계수 값은 초원심분리기를 고안한 **스베드베리**의 이름을 딴 **스베드베리 단위**로 나타낸다. 1 스베드베리 단위(S)는 1×10^{-13}이다. 대부분 분자의 S 값은 1×10^{-13}에서 100×10^{-13} 사이에 있다. 대개 거대분자는 그들의 침강계수 또는 S 값으로 표시한다. 예로서 원핵생물의 리보솜은 70S의 침강계수를 가지며 70S 리보솜이라고 부른다.

침강평형(sedimentation equilibrium, SE)의 원리로 작동한다.

침강 속도: 균질액의 분자들이 이동하고 서로 분리되며 가라앉는 속도를 **침강 속도**(velocity sedimentation)라고 한다. 분자의 침강 속도는 분자의 두 가지 성질에 따라 결정된다.

(1) 분자량(M): 분자의 속도는 그들의 분자량에 직접적으로 비례한다. M이 증가하면 분자의 속도 또한 증가한다.

(2) 모양: 분자의 모양도 매질에서의 속도에 영향을 준다. 같은 분자량을 가지지만 모양이 다른 분자들은 입자의 운동이 마찰에 의해 방해되기 때문에 다른 속도를 가진다.

침강계수: 원심력에 대한 분자 속도의 비를 **침강계수**(sedimentation coefficient)라 한다. 이는 액체 매질을 통한 이동(속도)의 비를 정량화하며 다음과 같이 나타낸다:

$$\text{침강계수} = \frac{\text{분자 속도}}{\text{원심력}}$$

특정 분자의 's' 값은 's'를 구하기 위해 사용한 매질과 상관없이 같다. 그래서 분자에 대한 's' 값의 변화는 모양에서의 변화를 나타낸다.

초원심분리기는 **띠원심분리**(zonal centrifugation)와 **평형원심분리**(equilibrium centrifugation), 그리고 **분석용 초원심분리**(analytical ultracentrifugation, AUC) 등에 사용할 수 있다.

- 질량이 큰 입자일수록 더 빨리 침강한다.
- 동일 질량인 경우 더 압축된 입자가 신장된 입자보다 더 빨리 침강한다.
- 띠원심분리는 구배 원심분리라고도 한다.

1) 띠초원심분리 과정

띠원심분리에서 원심분리관을 수크로오스 용액이나 글리세롤 또는 농도 구배를 가지는 다른 용질로 채운다. 용질의 농도는 원심분리관의 바닥에서 맨 위로 갈수록 감소한다. 용질의 밀도는 용질의 농도가 증가함에 따라 증가한다. 그래서 원심분리관은 바닥에서 맨 위로 갈수록 농도가 감소하도록 용질을 채운다. 침강에 의해 분리되는 분자 용액은 수크로오스 용액의 가장 위층보다 더 가벼워서 원심분리관에서 수크로오스 용액의 표면에 층을 만든다. 수크로오스 용액의 맨 위에 시료를 담은 원심분리관을 특정 시간 동안 원심분리시킨다. 원심분리가 끝나면 분자들이 자리를 잡을 수 있을 적당한 시간 동안 흔들리지 않게 방치한다. 서로 다른 세포소기관과 거대분자들은 수크로오스 용액에서 분리된 띠를 형성한다(그림 4.8). 이 과정을 **띠원심분리** 또는 **농도 구배 원심분리**(density gradient centrifugation)라고 한다. 나중에 관의 바닥에 작은 구멍을 뚫고 다른 띠에 있는 용액 방울을 다른 관에 모은다. 이 방울들은 다른 분자를 가진 균질액의 연속적인 층을 나타내며 특정 거대분자에 대해 분석할 수 있다(그림 4.5).

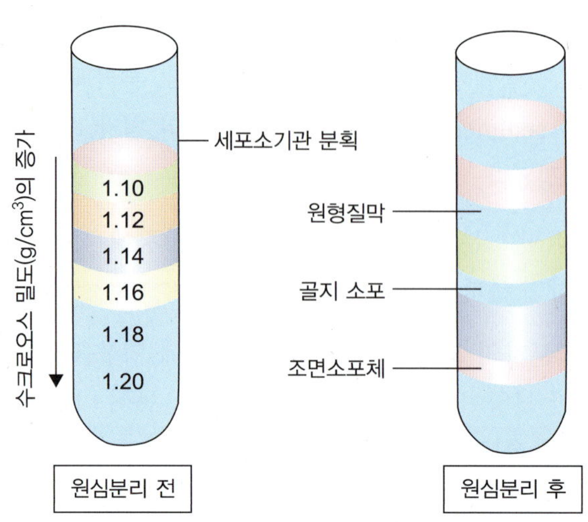

그림 4.8

수크로오스 용액의 밀도가 위에서 바닥으로 증가할 때의 띠 형성. 분자나 세포 구조는 그들의 크기와 모양 그리고 밀도에 따라 침강한다.

- 평형 초원심분리는 **등밀도 원심분리 또는 밀도 구배 원심분리**라고도 한다.
- '등밀도(*isopycnic*)'란 '같은 밀도'를 의미한다.
- 생물 분자는 혼합된 구배 물질에서 분리된다.
- 분자는 그들의 밀도가 구배 물질과 일치하는 위치(**등밀도 위치**)까지 이동한다.
- CsCl은 밀도의 범위를 제공한다.
- DNA를 분리하는 데 사용한다.

2) 평형초원심분리 과정

이는 **농도 구배 초원심분리**(density gradient ultracentrifugation)의 변형된 방법이며 핵산과 바이러스의 분리에 더 보편적으로 사용한다. 거대분자를 염화세슘(CsCl)이나 수크로오스의 구배 용액에 섞는다. CsCl 용액의 밀도는 분리할 거대분자의 밀도와 거의 같게 한다. CsCl 용액과 거대분자 시료의 밀도가 거의 같으므로 거대분자는 초기에 침강하지 않는다.

위의 혼합물을 고속에서 몇 시간 동안 원심분리시키면 Cs^+와 Cl^- 이온은 평형 농도의 분포를 이루면서 거의 연속적인 밀도 구배가 나타난다. 그래서 원심분리관에서는 거의 연속적인 밀도 구배가 형성된다. 그러므로 이온의 밀도는 바닥에서 최고치가 된다. 이제 거대분자는 밀도 구배에 따라 침강하기 시작한다. 거대분자는 관에서 좁은 띠를 형성한다. 다른 밀도의 거대분자들이 포함된 용액의 경우 거대분자 각각은 자신의 밀도와 일치하는 CsCl 매질의 특정 구배 위치에서 띠를 형성한다.

1.708 g/cc의 밀도를 가진 DNA 분자(^{14}N 포함)를 1.722 g/cc의 밀도를 가진 DNA 분자(^{15}N 포함)와 분리시킬 수 있다.

3) 분석용 초원심분리(AUC)

AUC는 단백질이나 다른 거대분자의 분자량과 유체역학과 열역학적 성질을 분석하는 것과 같이 용액의 거대분자를 정량 분석하는 데 가장 정확하고 다재다능한 방법이다. 그래서 AUC가 사용되는 데에는 다음과 같다.

- 거대분자(단백질, 핵산, 바이러스 입자 등)의 분자량 분석
- 거대분자의 몰 질량과 연관성의 상태 분석
- 시료 순도 조사

- 거대분자 중합체의 크기와 모양과 그들 간의 상호작용 분석
- 침강 속도(SV)와 침강평형(SE) 분석

2. 전기영동

전기영동은 아미노산과 단백질 그리고 핵산과 같은 하전을 가진 분자를 전기장에 두었을 때 이동하는 것을 말한다. 이 과정은 다른 단백질을 혼합물로부터 분리하는 데 사용한다. 이는 1937년에 **티셀리우스**(Arne W. K. Tiselius)가 개발하였다.

1) 전기영동의 원리

전기영동은 용액에서 전기장 하의 전하를 띤 분자는 반대 전극 쪽으로 이동한다. 즉 양이온은 음극으로, 음이온은 양극으로 이동한다(그림 4.9)라는 원리에 근거한다.

다양한 생분자(아미노산, 단백질, 효소와 핵산)들은 쉽게 이온화하는 기를 가진다. 용액에서 이들 분자는 양이온이나 음이온처럼 전하를 띤 이온으로 나타난다. 전류가 양전하의 단백질 분자가 든 용액을 통해 흐르면 단백질 분자는 관의 양극 끝에서 음극 끝으로 이동하기 시작할 것이다. 이온의 전하의 크기는 pH와 용액의 조성 그리고 분자의 성질에 따른다. 전기장에서 이온의 이동 속도는 분자의 전하의 크기와 모양에 의존한다. 분자의 양은 이동률에 역할하지 않는다.

2) 거대분자의 이동에 영향을 주는 요소

단백질과 핵산 같은 생분자의 전기영동의 이동성은 다음과 같은 요소에 따른다:

(1) **전기장:** 이온의 분리는 전류, 전압 그리고 저항으로 결정되는 전기장에

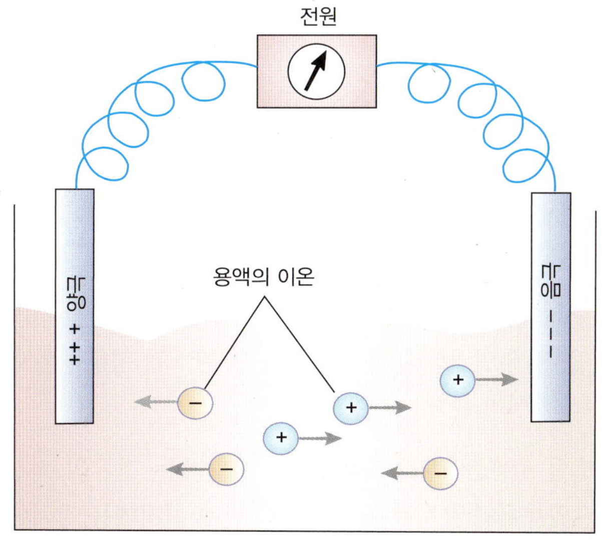

그림 4.9
전기영동의 원리: 전기장에서 전하를 띤 이온은 반대 극으로 이동한다. DNA는 인산 골격 때문에 음전하를 가지므로 전기영동 동안 양극 쪽으로 이동한다.

아르네 티셀리우스(Arne W.K. Tiselius 1902~1971)

스웨덴의 물리생화학자인 아르네 티셀리우스는 단백질을 분리하는 기술인 전기영동을 개발하였다. 그는 혈청에서 혈청 단백질을 분리하고 그들의 특성을 연구하여 **1948년**에 **노벨화학상**을 수상하였다. 그는 13개 대학에서 명예박사 학위를 받았으며 1949년에 와싱톤의 미국과학아카데미의 외국 회원이 되었다. 1957년에는 왕립협회의 회원이 되었으며 1947년에 노벨재단의 부회장에 1960년에는 회장이 되었다. 그의 명예를 기리기 위해 달 분화구에도 그의 이름을 붙였다.

의존한다:

(a) 전류: 전극 사이에서 전류는 완충용액과 시료의 이온을 통해 흐른다. 그래서 이동률은 전류에 직접적으로 비례한다. 이온이 이동하는 거리는 전류가 일정하게 유지되는 동안의 시간 간격에 의존한다.

(b) 전압: 이온의 이동률은 두 전극 사이의 전위차에 비례한다. 이를 전압구배(voltage gradient)라 한다. 고분자량을 가진 복합물을 분리하는 데에는 고전압을 사용한다.

(c) 저항: 이동률은 매질의 저항에 반비례한다. 저항은 매질의 길이가 증가하면 같이 증가한다. 그러나 매질의 넓이와 이온의 농도가 증가하면 저항은 감소한다.

(2) **완충용액:** 완충용액은 매질의 pH를 일정하게 해주는 물질로서 여러 방식으로 이온의 이동률에 영향을 준다.

(3) **시료:** 분자의 전하 상태 그리고 시료의 분자 크기와 모양 등이 이동률에 영향을 준다.

3) 전기영동 기술

전기영동에 사용하는 장치를 **전기영동 셀**(electrophoresis cell)이라 한다. 여기에는 두 개의 주요 구성장치가 있다—**전원함**(power pack)과 **전기영동 장치**. 전기영동 장치는 전극(1개의 양극과 1개의 음극), 두 개의 완충용액 저장 공간 그리고 투명 덮개로 이루어진다. 완충용액 저장 공간 각각은 두 구획으로 나눈다—**전극 구획**(electrode compartment)과 **심지 구획**(wick compartment).

분석할 시료를 적당한 완충용액에 녹이고 혼합물을 전기영동 셀에 올린다. 양극과 음극을 셀에 연결한다. 전류가 흐르면 단백질 성분들은 이동하기 시작한다.

전기영동의 여러 단계는 다음과 같다:

(1) **매질을 완충용액으로 포화시킴:** 이 단계는 전류의 적절한 전도에 필요하다. 완충용액은 시료를 주입하기 전에 전기영동 장치에 넣어준다.

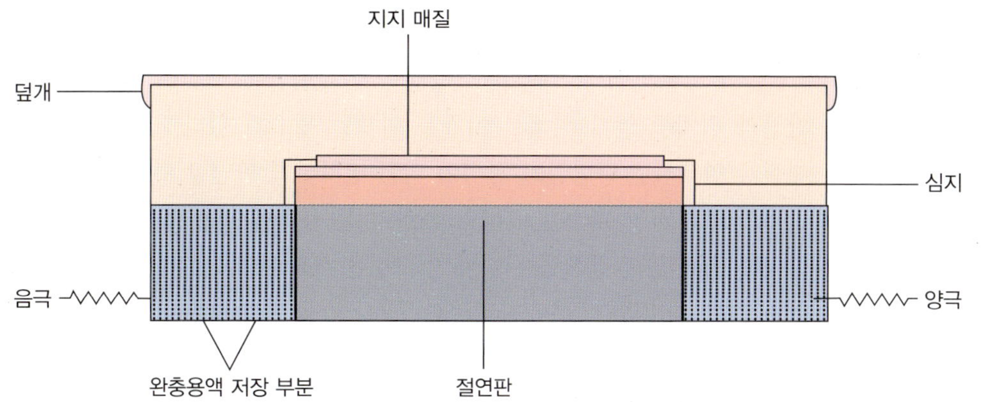

그림 4.10
수평 전기영동 장치의 구조

(2) **시료 적용:** 겔이 중합아크릴아미드 겔처럼 수직관일 때 분리시킬 시료는 실린더의 위쪽 끝에 넣어준다. 종이 전기영동의 경우 시료는 여과 종이 위에 작은 방울 형태로 올린다. 수평 겔 판을 사용할 때에는 겔 판의 한쪽 끝이나 표면에 홈(well)이라는 구멍에 시료를 넣는다.

정상적으로 시료의 추적 염료로서 브로모페놀 블루(bromophenol blue)를 사용한다. 추적 염료를 관찰하면 시료의 행동을 알 수 있다.

(3) **시료 이동:** 시료를 넣은 후 전기영동 동안 적당한 전압을 가한다. 낮은 전압에서의 분리는 1~2시간 안에 끝나지만 높은 전압에서 분리하면 1시간 안에 마친다. 종이 전기영동으로 단백질을 분리할 때는 더 긴 시간이 필

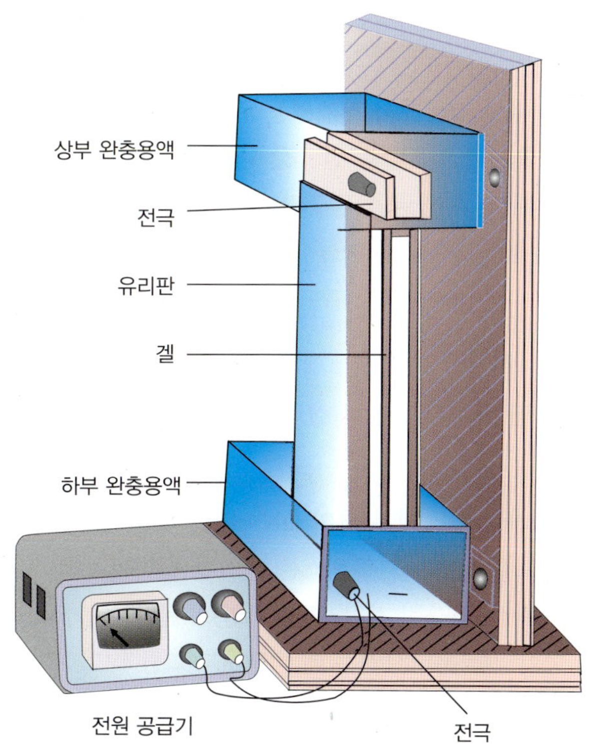

그림 4.11
수직 전기영동 장치

전기영동
- 종이 전기영동
- 겔 전기영동
  (i) 아가로오스 겔 전기영동
  (ii) 폴리아크릴아미드 겔 전기영동(PAGE)
  (iii) 펄스장 겔 전기영동(PFGE)
  (iv) 황산 도데실 나트륨-PAGE(SDS-PAGE)
  (v) 이차원적 PAGE(2D-PAGE)

- **아가로오스 겔**은 수평 겔 전기영동에 사용한다.
- 이는 제한효소 절단으로 생긴 DNA의 큰 조각들을 연구하는데 사용한다.

- **폴리아크릴아미드 겔**(PAG)은 수직형 전기영동에 사용한다.
- 단백질과 매우 작은 DNA와 RNA 같은 더 작은 거대분자를 분리하는 데 사용한다.

요하다.

(4) **화합물의 회수와 염색:** 대부분의 생물학적 화합물은 색깔이 없다. 적절한 관찰과 위치를 알기 위해서 이들을 염색할 필요가 있다. 적당한 염료로 매질을 염색하면 화합물도 염색이 되고 명확하게 확인할 수 있다.

겔에서 분리한 효소를 그들의 기질이 든 용액에 넣는다. 만약 효소 기질 반응의 산물이 색깔을 나타내면 그것은 색깔이 있는 부분에 효소가 있다는 것을 의미한다. 분리한 물질이 방사성 물질인 경우는 자기방사법을 사용하면 분리한 물질의 위치와 확인을 할 수 있다.

4) 전기영동 종류

전기영동 기술은 전하를 가진 분자가 전기장에 놓였을 때 이동하는 능력에 근거하여 다음과 같은 종류들이 있다:

I. 종이 전기영동(paper electrophoresis): 종이 전기영동은 가장 보편적으로 사용하는 전기영동 방법이며 좀 더 작은 분자의 해독과 분석에 사용한다. 이 방법은 DNA, RNA, 그리고 단백질과 같은 거대분자의 추출에는 사용하지 않는다. 그 이유는 이 분자들과 연관된 표면장력과 부착이 분자들을 변성시킬 수 있기 때문이다.

용질 시료를 물이나 휘발성 완충용액에 용해한 후 적은 양으로 사용하며 원점선에 집적한다. 표준 화합물을 원점선의 다른 곳에 집적한다. 용매가 증발할 때 종이는 양쪽 끝에 있는 전기영동 완충용액에 의해 분무되어 양면 앞의 완충용액이 원점선에서 만나게 된다.

종이를 양쪽 끝이 전극에서 전기영동 완충용액의 저장 공간과 접촉하게끔 전기영동 장치에 놓는다. 그 다음 전기장 V/Cm이나 A를 장치에 적용한다. 시료가 분리되었을 때 전류 공급을 멈추고 종이를 장치로부터 제거한다. 종이를 말린 후 여러 화합물의 종류와 위치를 조사 분석한다.

II. 겔 전기영동(gel electrophoresis): 이 방법에서 분자는 완충용액에 있는 중합된 겔 틀에서 분리된다. 사용하는 겔은 **전분 겔, 아가로오스 겔, 폴리아크릴아미드 겔** 또는 전하를 띤 **SDS**가 포함된 폴리아크릴아미드 겔 등이 있다.

(1) 아가로오스(agarose) 겔 전기영동: 아가로오스는 해초류에서 추출한 다당류다. 아가로오스 겔은 거의 DNA를 분리할 때 사용한다. 아가로오스와 물을 섞고 끓이면 아가로오스는 균질한 용액이 된다. 식히면 겔은 수많은 물로 채워진 구멍을 가진 그물 모양이 된다. 아가로오스의 구멍 크기는 핵산 중합체를 분리시키는 데 적합하다(그림 4.12).

(2) 폴리아크릴아미드(polyacrylamide) 겔 전기영동(PAGE): 주로 단백질과

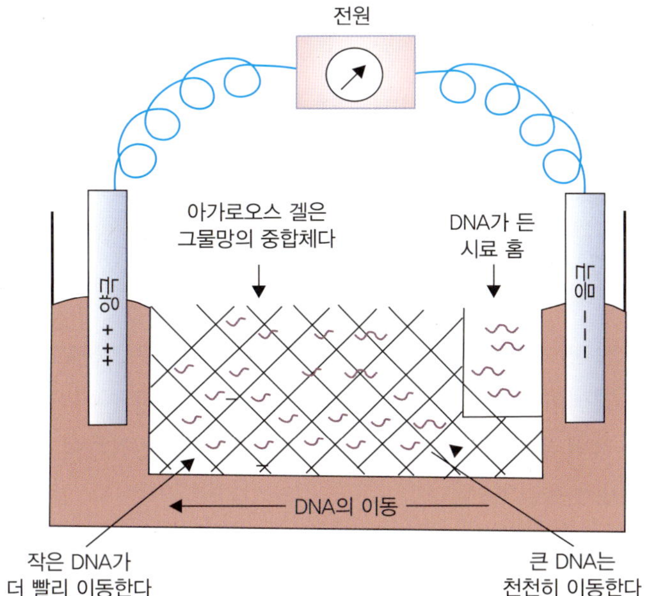

그림 4.12

DNA의 아가로오스 겔 전기영동: 음전하의 DNA 조각은 양극으로 끌려간다. 이동 중 DNA 절편의 이동은 교차결합한 아가로오스의 그물세공에 의해 저해되어서 더 작은 DNA가 더 빨리 이동하고 더 큰 DNA 조각은 천천히 움직이게 된다.

DNA나 RNA 절편과 같은 작은 분자의 추출에 사용한다. 겔은 **아크릴아미드**(acrylamide)란 작은 유기 분자로 구성된다. 이 분자는 **분자 여과체**(molecular sieve)를 만들기 위해 교차결합시킨다. 폴리아크릴아미드 겔은 두 개의 유리판 사이에 얇은 판 모양이나 유리관 안에 원통형 형태로 만들어 사용할 수 있다. 겔이 중합되면 완충용액으로 채워진 두 개의 구획 사이에 매단다. 반대 전하의 전극을 두 구획의 완충용액에 담근다. 단백질 시료를 겔의 맨 위에 있는 홈에 올린다(그림 4.13).

단백질 시료는 수크로오스나 글리세롤 용액에 준비한다. 수크로오스나 글리세롤의 밀도는 더 위에 있는 부분의 완충용액과 시료가 섞이는 것을

- 단백질 분자는 폴리펩티드 사슬로 음극에서 양극으로 이동한다.
- 단백질 분자의 속도는 그들의 분자량에 비례한다.
- 겔 안의 단백질은 무색이다.
- 코마시 블루나 실버 염색으로 단백질의 이동을 관찰할 수 있다.
- 코마시 블루는 파란색을 나타낸다.

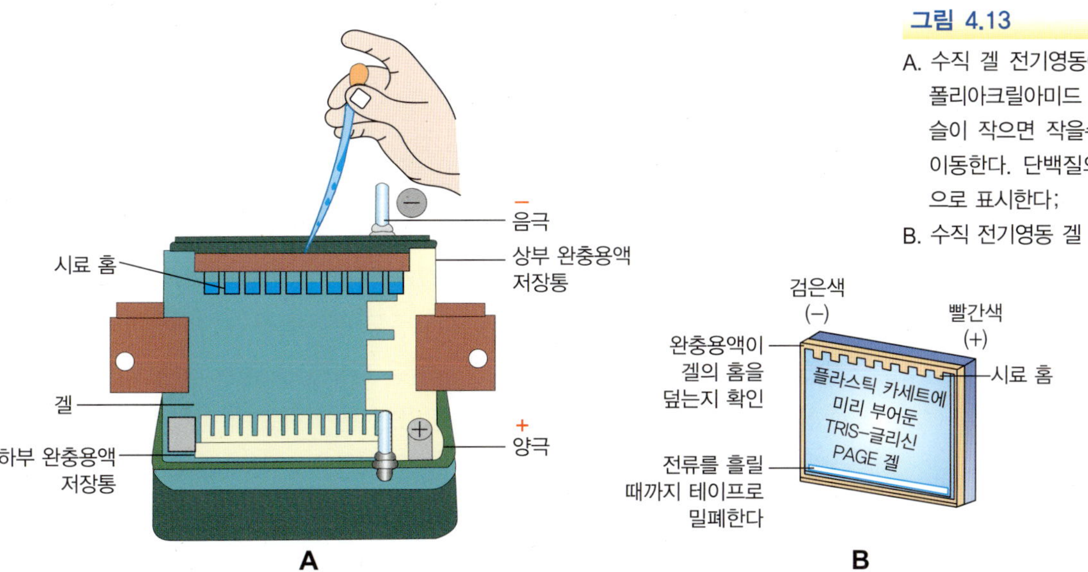

그림 4.13

A. 수직 겔 전기영동에서 폴리펩티드에 대한 폴리아크릴아미드 겔 전기영동: 펩티드 사슬이 작으면 작을수록 겔을 통해 더 빨리 이동한다. 단백질의 크기는 킬로달톤(kD)으로 표시한다;

B. 수직 전기영동 겔

막아준다. 전류가 완충용액 부분을 통과하면 겔 판을 거쳐 흐르게 되고 단백질을 홈에서 반대 전하의 전극 쪽으로 이동하게 한다. 단백질의 분리는 대개 단백질을 음전하를 갖게 하는 알칼리 완충용액에서 수행된다. 음전하를 가진 단백질은 수평 레인을 따라 겔의 반대쪽 끝에 있는 양극으로 이동한다.

겔을 통한 단백질의 이동은 단백질 분자의 크기, 모양, 분자량, 그리고 전하 밀도에 따른다.

분석: 전기영동 후의 겔은 분리할 단백질을 포함하고 있다. 이들의 위치는 염색이나 자기방사법(방사성 물질로 표지한 단백질)으로 밝힌다. 분리한 단백질은 웨스턴 블롯 방법으로 확인하기 위하여 니트로 셀룰로오스 종이에 옮길 수 있다.

(3) **펄스장 겔 전기영동(Pulsed Field Gel Electrophoresis, PFGE):** 이는 단순한 겔 전기영동의 변형 과정이다. PFGE의 원리는 표준 아가로오스 겔 전기영동과 동일하다. 이 방법에서는 한 개의 전기장 대신 서로에 대해 120°로 놓여 있는 두 개의 전기장을 사용한다. 전기장은 두 개의 전극 세트, A와 B 사이에서 교대로 작동한다. DNA는 처음에 양극 A쪽으로 이동하고 그다음 전기장이 바뀌면서 DNA는 양극 B쪽으로 이동하는 식이다. 일정하게 방향을 바꿈으로서 더 큰 DNA가 겔 망에 걸려 있지 않고 더 빨리 이동하게 된다. 대개 겔은 브롬화 에티듐으로 염색하여 자외선(UV) 하에서 띠를 관찰한다(그림 4.14).

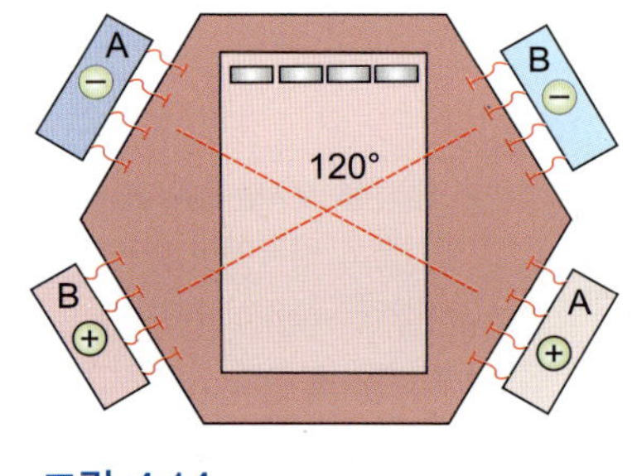

그림 4.14
펄스장 겔 전기영동

- 펄스장 겔 전기영동은 매우 큰 DNA 분자(15~20 kb 이상)를 분리하는 데 사용한다.
- 이 기법은 단순한 아가로오스 겔 전기영동을 변형한 것으로 1984년 **다비드 슈워츠**(David C. Schwartz)와 **찰스 칸토어**(Charles Cantor)가 개발하였다.

III. SDS-PAGE: 폴리아크릴아미드 겔 전기영동(PAGE)은 대개 음전하를 띤 계면활성제인 황산 도데실 나트륨(sodium dodecyl sulfate, SDS)를 포함시켜 수행한다. **SDS**는 단백질을 폴리펩티드로 변성시키거나 선형화시키는 사용하는 계면활성제이며 단백질을 질량에 따라 전기영동으로 분리시키기 위해 단백질을 둘러싸 음전하를 띠게 한다. 이 겔은 모든 종류의 단백질 분자에 결합한다.

결합한 SDS 분자들 사이의 전기적 반발은 단백질을 풀어 막대 모양의 구조가 되게 한다. 변성된 단백질 분자는 결합한 SDS 분자 때문에 전체적으로 음전하로 둘러싸인다. 이렇게 되면 단백질은 분자량을 기준으로 분리된다. 더 크거나 무거운 단백질은 위에 있고 가장 가벼운 단백질은 컬럼의 가장 낮은 끝에 있게 된다.

부가 설명: 전기영동으로 DNA 절편 분리

DNA 절편은 그들의 크기와 분자량에 따라 PAGE로 분리한다. 게놈 DNA는 조직 세포에서 분리하여 제한효소로 다양한 크기로 절단한다. 이 DNA 조각은 겔과 DNA 조각의 혼합물을 통해 고전압의 전류를 걸어주면 분리할 수 있다. 이러한 분리는 그들이 가지는 전하와 질량비에 따른다.

DNA 절편의 혼합물을 겔의 홈에 올린 후 전류를 흐르게 하면 전기 전하 때문에 큰 DNA 절편은 홈 근처에 머물고 작은 절편들은 홈과 먼 끝 쪽으로 이동한다. 그러므로 다른 크기의 DNA 절편들은 다른 띠를 형성하며 이는 자외선을 조사하여 관찰할 수 있다(그림 4.15).

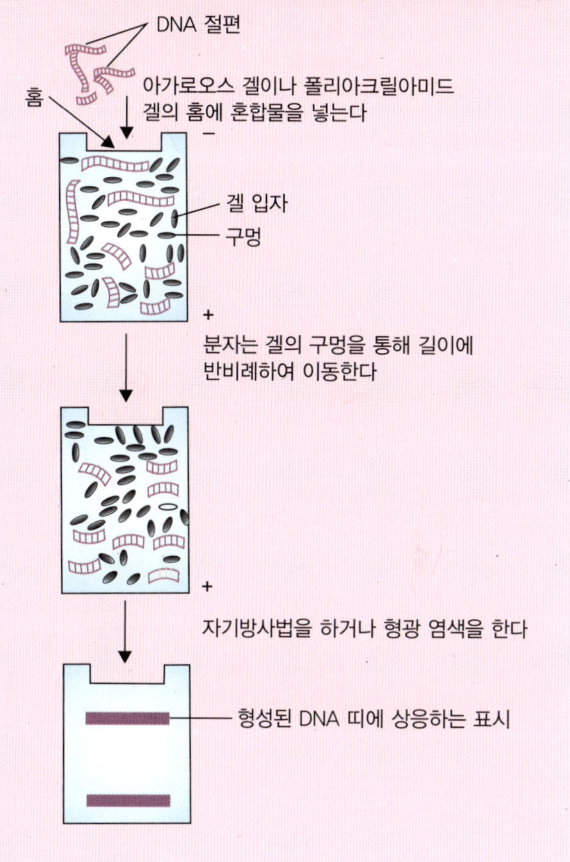

그림 4.15
전기영동으로 다른 길이의 DNA를 분리

적용: SDS-PAGE는 혼합물에서 단백질을 분리하는 데 사용한다. 또한 SDS-PAGE는 띠의 위치를 알려진 단백질의 띠와 비교하여 여러 단백질의 분자량을 분석하는 데에도 사용할 수 있다.

IV. 이차원적 PAGE(2D-PAGE): 이차원적 폴리아크릴아미드 겔 전기영동(2D-PAGE)는 많은 수의 단백질을 분리하는 데 쓰인다(그림 4.13). 여기에는 두 단계가 있다:

(1) 첫 단계로 단백질을 자신의 본래 전하에 따라 겔 칼럼에서 분리한다. 겔 칼럼을 관안에 수직으로 넣고 pH를 증가시키는 구배를 만든다. 단백질은 겔 칼럼에서 pH 구배에 따라 이동한다. 겔 안의 띠에는 등전점이 같거나 매우 유사한 단백질들이 포함되어 있다.

(2) 두 번째 단계로 단백질 띠들을 가진 관의 겔을 SDS로 처리하여 단백질을 변성시킨다. 변성된 단백질은 SDS-PAGE로 크기에 따라 분리한다(그림 4.16).

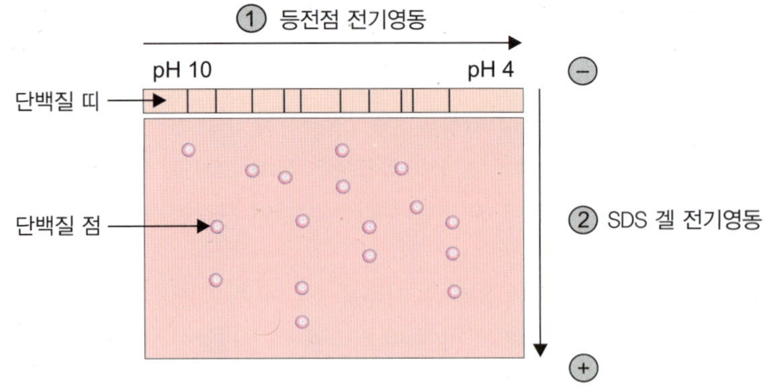

그림 4.16
이차원적 폴리아크릴아미드 겔 전기영동. 단백질 시료는 처음에 한 방향으로 등전점 전기영동을 하고 그다음 두 번째 방향으로 SDS-PAGE를 수행한다.

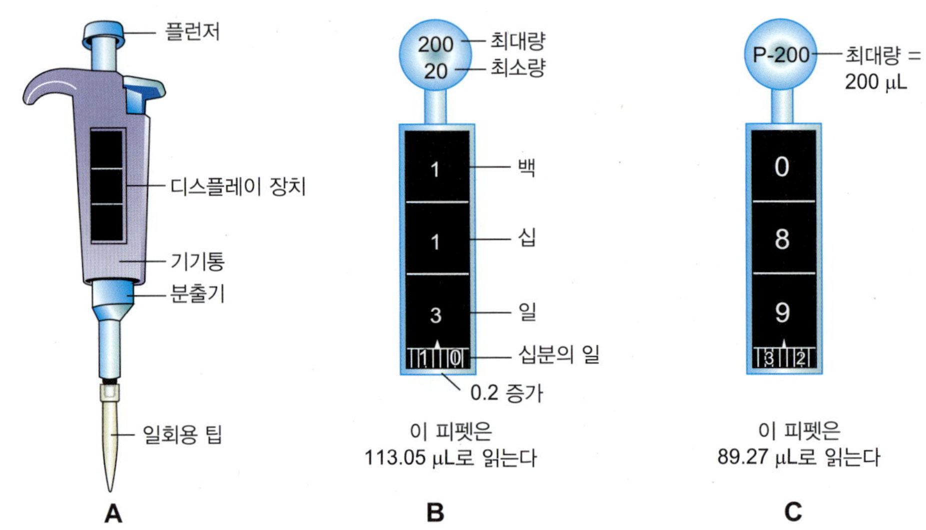

그림 4.17
A. 마이크로피펫
B. P-200을 113.05 μL로 맞춘다;
C. P-200을 89.27 μL로 맞춘다.

3. 크로마토그래피

크로마토그래피는 용액이나 세포질에 있는 다른 성분의 분자를 다공성 매트릭스를 통해 이동시켜 분리하는 기술이다. '크로마토그래피'(그리스어 *Chroma* = 색깔, *graphein* = 쓰여진)라는 용어는 1906년에 팔머(Palmer) 상을 받은 **츠베트**(Mikhail Tswett)가 발명했다.

크로마토그래피는 유기와 무기분자 그리고 거대분자를 분리하고 정제하는 데 사용하는 분석 과정이다. 또한 복잡한 혼합물을 분획시키고 매우 연관된 화합물과 이성질체 그리고 불안정한 화합물을 분리하는 데에도 중요하게 사용한다.

1) 크로마토그래피 원리

크로마토그래피는 혼합물이나 화합물의 성분들이 부착하는 현상과 차별적 이동에 기초한 기술이다. 여기에는 두 개의 상이 필요하다: 움직이는 **용매**로 구성된 **이동상**(mobile phase)과 매트릭스라는 **비이동성**(immobile) 또는 **정체상**(stationary phase)이다. 용매는 매트릭스를 따라 이동한다. 비이동성 상을 이루는 물질에는 이동상에 있는 분자가 결합할 수 있는 자리가 있다. 각각의 분자가 매트릭스의 물질과 상호작용하면 매트릭스를 통한 그들의 진행이 지연되며 이를 **지연**(impedence)이라 한다. 매트릭스에 대한 특정 분자의 친화력이 크면 클수록 칼럼을 통해 내려가는 이동은 더 느려진다. 혼합물의 다른 성분들은 매트릭스에 대한 친화성이 다르기 때문에 이들의 지연 정도도 달라진다. 매트릭스에 대한 친화성이 거의 없는 분자는 매트릭스에서 첫 번째 분획에서 나타난다. 그러므로 크로마토그래피는 칼럼을 통한 분자들의 추진과 매트릭스에 의한 선택적 지연으로 작동한다.

2) 크로마토그래피의 적용

크로마토그래피는 다음에 적용할 수 있다:

- 크로마토그래피는 색소, 단백질, 단백질 구성성분(아미노산), DNA, RNA와 뉴클레오티드 등을 분리하는 데 사용한다.
- 혼합물에서 유색 화합물이나 무색 화합물의 성분을 분리하는 데 사용한다.
- 기체와 액체 또는 용해된 고체를 분획하는 데에도 사용한다.

3) 크로마토그래피의 종류

많은 종류의 크로마토그래피 방법이 있다. 모든 방법에서 세 가지 성분의 상호작용이 있다: 분리할 혼합물, 고형상의 매트릭스, 그리고 용매.

4) 부착(adsorption) 크로마토그래피 또는 칼럼(column) 크로마토그래피

원리: 부착 크로마토그래피는 **칼럼 크로마토그래피**라고도 하며 1903년에 **츠베트**가 개발하였다. 부착 크로마토그래피에서 용액이나 세포 추출물을 유리관에 채운 고형 불활성 물질의 칼럼을 통해 통과시킨다.

칼럼은 **지연 매질**(impeding medium) 또는 **부착제**(adsorbent)로 역할 한다. 분획할 물질의 용액을 부착제 칼럼의 맨 위에 놓으면 점차적으로 칼럼을 통해 스며든다. 새 용매를 시간마다 첨가한다. 시료의 용질 분자는 칼럼을 따라 내려가다가 부착제의 표면에 결합한다(그림 4.18). 새 용매가 위에서 유입되어 용해된 물질이 특정 농도보다 더 낮게 희석되자마자 부착한 분자는 용액으로 방출된다. 그런 후 물질은 크로마토그래피 칼럼에서 하나의 대(zone)를 형성하여 밑으로 내려간다. 물질 구성성분의 화학적 구조에서의 약간의 차이가 이들의 부착율을 다르게 하고 다른 이동률로 칼럼에서 내려가게 한다.

부착제 매질: 매트릭스(부착제 칼럼)로는 백토, 숯, 이산화규소, 알루미나, 셀룰로오스, 합성수지, 수크로오스, 전분 등을 사용한다. 주로 사용하는 용매는 물, 알코올, 아세톤, 벤젠 같은 탄화수소, 에테르, 클로로포름, 그리고 산, 알칼리,

크로마토그래피
- 부착 또는 칼럼 크로마토그래피
- 이온교환 크로마토그래피
- 겔 여과 크로마토그래피 또는 겔 투과 크로마토그래피
- 종이 크로마토그래피
  - 하향 종이 크로마토그래피
  - 상향 종이 크로마토그래피
- 일차원과 이차원 크로마토그래피
- 친화 크로마토그래피
- 분할 크로마토그래피
- 박층 크로마토그래피(TLC)
- 소수성 상호작용 크로마토그래피(HLC)

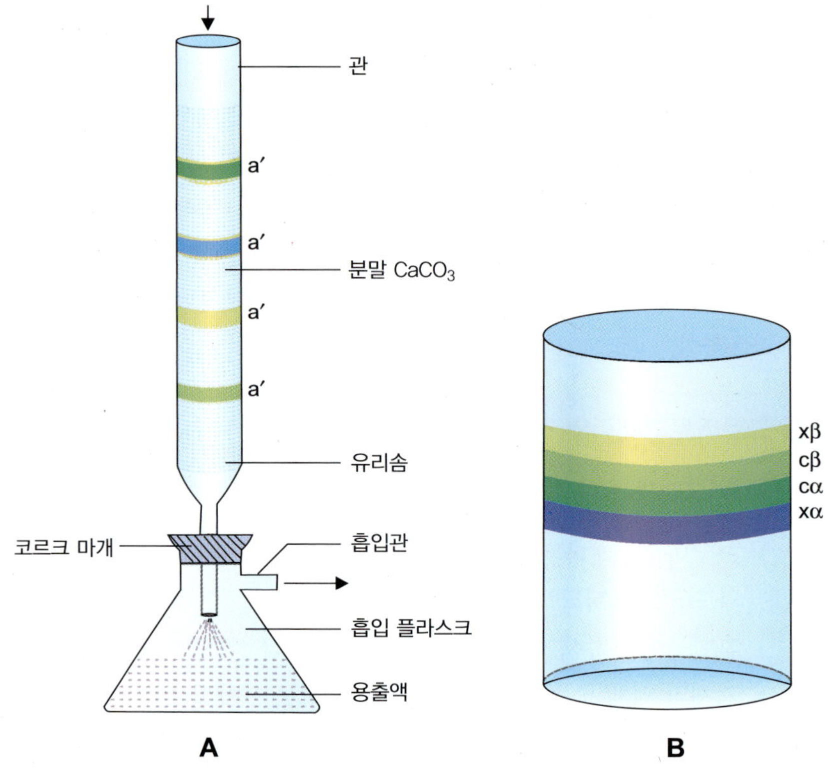

그림 4.18
A. 칼럼 크로마토그래피 장치;
B. 클로로필의 크로마토그래피.

염 수용액 등이다.

적용: 부착 크로마토그래피의 복합 지방, 카로티노이드(식물 색소), 스테로이드, 클로로필과 그 유도체 등을 분리할 때 주로 적용한다.

5) 이온교환 크로마토그래피

원리: 이온교환 크로마토그래피는 분자들을 그들의 순 정전 하의 차이에 따라 분리한다. 크로마토그래피 부착제로 사용하는 이오교환 수지는 이온화 기를 화학적으로 붙일 수 있는 다공성 폴리스틸렌 구슬(중합체)로 구성된다. 두 가지 가장 일반적인 교환 수지는 **디에틸아미노에틸**(diethylaminoethyl, DEAE) **셀룰로오스** 또는 **DEAE 세파덱스**와 **카르보메틸**(carbomethyl, CM) **셀룰로오스** 또는 **CM-세파덱스**이다.

DEAE 셀룰로오스는 양전하를 가지며 **음이온 교환자**(anion exchanger)라고 한다. 이는 음전하의 분자와 결합하도록 작동한다. CM 셀룰로오스는 음전하를 가지며 **양이온 교환자**(cation exchanger)로 역할한다(그림 4.19).

약산성 수지의 분리는 pH 값이 5보다 낮을 때 매우 높다. 이런 조건에서 양이온의 교환은 무시해도 된다. 유사하게 약염기성 수지의 분리는 pH 값이 9 이상일 때 매우 높다. 이 조건에서는 음이온의 교환은 무시된다.

표 4.1 크로마토그래피의 주요 종류

기법	용질 성질	고형상	용매
1. 부착 크로마토그래피	크기와 모양	수화 겔	수용성
2. 이온교환 크로마토그래피	이온화	이온기를 가진 매트릭스	수용성 완충용액
3. 겔 여과 크로마토그래피	부착	부착제, 무기물질	비극성
4. 종이 크로마토그래피	부착	와트만 종이-1	수용성
5. 친화 크로마토그래피	공유결합	다공성 아가로오스 겔	수용성
6. 분할 크로마토그래피	용해성	불활성 지지대	극성과 비극성 용매 혼합물
7. 박층 크로마토그래피(TLC)	부착	셀룰로오스, 알루미나 또는 이온교환 수지의 매트릭스	수용성
8. 가스 크로마토그래피	부착	용액 또는 고체	가스

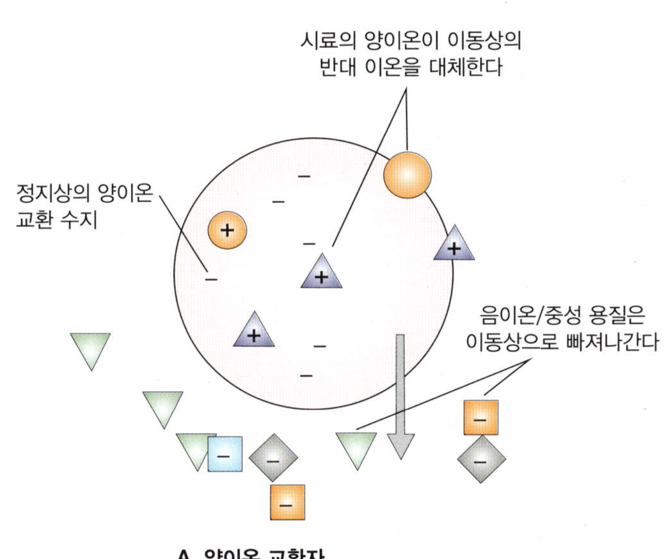

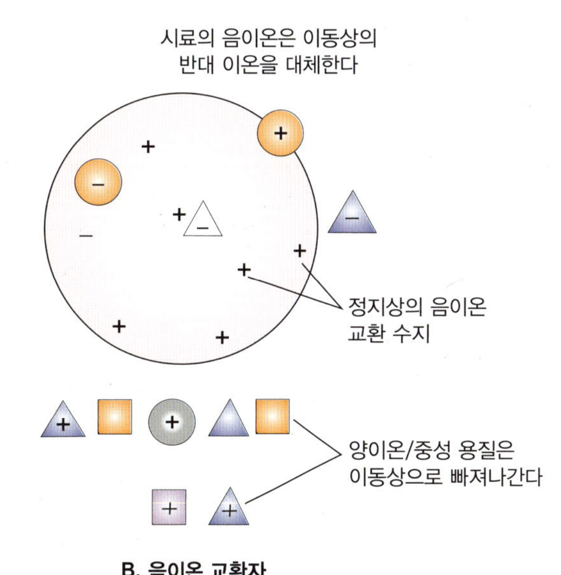

그림 4.19
이온교환 크로마토그래피:
A. 양이온 교환자
B. 음이온 교환자

양이온 교환의 기작은 다음의 평형 반응으로 나타낼 수 있다:

$$\underset{\text{고체}}{x\mathrm{RSO_3^-H^+}} + \underset{\text{용액}}{\mathrm{M^{X+}}} \rightleftharpoons \underset{\text{고체}}{\mathrm{(RSO_3)^xM^{x+}}} + \underset{\text{용액}}{x\mathrm{H^+}}$$

M^{x+}는 양이온이며 R은 수지 분자의 부분을 나타낸다. 유사하게 음이온 교환의 기작은 다음의 평형 반응으로 나타낼 수 있다:

$$\underset{\text{고체}}{\mathrm{xRN(CH_3)_3^+OH^-}} + \underset{\text{용액}}{\mathrm{Ax^-}} \rightleftharpoons \underset{\text{고체}}{\mathrm{[RN(CH_3)_3^+]_xAX^-}} + \underset{\text{용액}}{\mathrm{XOH^-}}$$

이온교환 수지와 연관된 이동성 이온의 확인은 수지와 접촉하여 있는 용액의 전해액으로 수행된다. 술폰산 수지를 NaCl 용액과 섞으면 다음과 같은 교환이 일어난다.

$$RSO_3^-H^+ + Na^+Cl^- \rightleftharpoons RSO_3^-Na^+ + H^+Cl^-$$

유사하게 음이온 교환 수지를 NaCl 용액과 섞으면 다음의 교환이 일어난다:

$$RN(CH_3)_3^+OH^- + Na^+Cl^- \rightleftharpoons RN(CH_3)_3^+Cl^- + Na^+OH^-$$

술폰산 수지를 Ca^{2+}로 처리하면 평형식은 다음과 같다:

$$(RSO_3^-H^+)_2 + Ca^{2+} = (RSO_3^-)_2\ Ca^{2+} + 2H^+$$

다른 전하를 가진 분자 혼합물을 전하를 띤 칼럼에 통과시키면 반대 전하를 가진 분자는 칼럼에 붙게 되고 같은 전하나 전하가 없는 분자들은 칼럼을 통과하게 된다. 이 과정은 아미노산이나 단백질, 그리고 다른 거대분자를 분리하는 데 사용하며 분리는 긴 유리 칼럼에서 수행된다(그림 4.20).

과정: 이온교환 수지를 적당한 완충용액에 넣어 부풀린다. 수지를 부풀린 후 칼럼에 넣고 동량의 용매를 첨가한다. 시료나 단백질 용액은 완충용액에서 칼럼을 통해 스며든다. 수지에 결합한 단백질은 완충용액의 이온강도를 높이거나 pH를 변화시키거나 아니면 둘 다 사용하여 떼어낸다. 결합 단백질의 제거 과정은 일련의 다른 완충용액을 첨가한다든지 또는 이온강도나 pH를 연속적으로 바꾼 용액을 첨가한다든지 하는 단계적 방법으로 수행할 수 있다. 분리한 분획은 일련의 시험관에 모아서 분석한다.

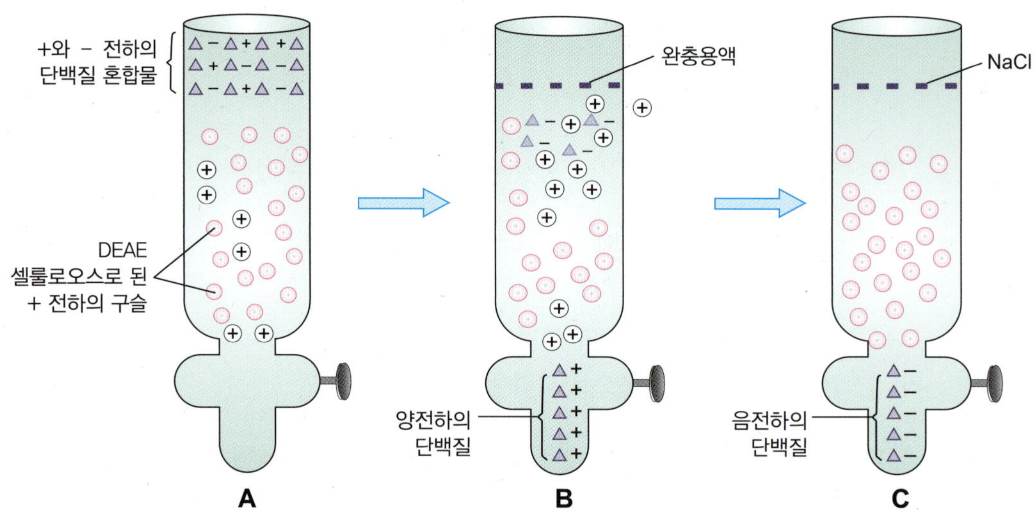

그림 4.20
이온교환 크로마토그래피로 단백질 분리

6) 겔 여과 크로마토그래피

원리: 겔 여과 크로마토그래피에서 단백질과 핵산은 크기와 모양 그리고 분자량에 따라 분리한다. 이는 기본적으로 분자가 겔 구슬안의 구멍에 들어갈 수 있느냐에 따른다. 부착제 물질은 작은 구슬로 이루어지고 유리관의 칼럼에 쌓여서 분자 여과기 역할을 한다. 이 구슬은 다른 다공성을 가진 덱스트란이나 아가로오스처럼 교차결합한 다당류로 이루어져 있으며 교차결합 사슬의 3차원적 망을 형성한다.

겔 크로마토그래피는 **겔 투과**(gel permeation) **크로마토그래피**, **배제**(exclusion) **크로마토그래피** 또는 **분자 여과기**(molecular sieve) **크로마토그래피**라고도 한다. 겔 투과 크로마토그래피와 배제 크로마토그래피에서는 용질 입자를 크기에 따라 분리한다. 분자 여과기 크로마토그래피에서는 천연 또는 합성 제올라이트나 금속성 규산알루미늄으로 이루어진 분자 여과기로 분리한다.

과정: 겔 여과 크로마토그래피는 전하를 띠지 않는 겔의 형태인 칼럼에서 입자를 통과시키는 것으로 다른 크로마토그래피 방법과는 다르다.

겔 물질을 적당한 용매에서 부풀리면 중합체 사슬 사이의 공간이 커진다. 겔 분자는 엄격한 분자 크기를 가지기 때문에 특정 크기의 분자만이 겔 분자 안으로 들어갈 수 있다. 더 큰 분자는 겔 안으로 들어가지 못하고 칼럼을 통해 쉽게 지나가는 반면, 더 작은 분자의 이동은 지연되게 된다. 이러한 지연은 입자의 크기와 겔의 부착 성질에 따른다.

이 방법에서 크고 작은 분자들의 혼합물을 부풀린 겔로 이루어진 칼럼 위에

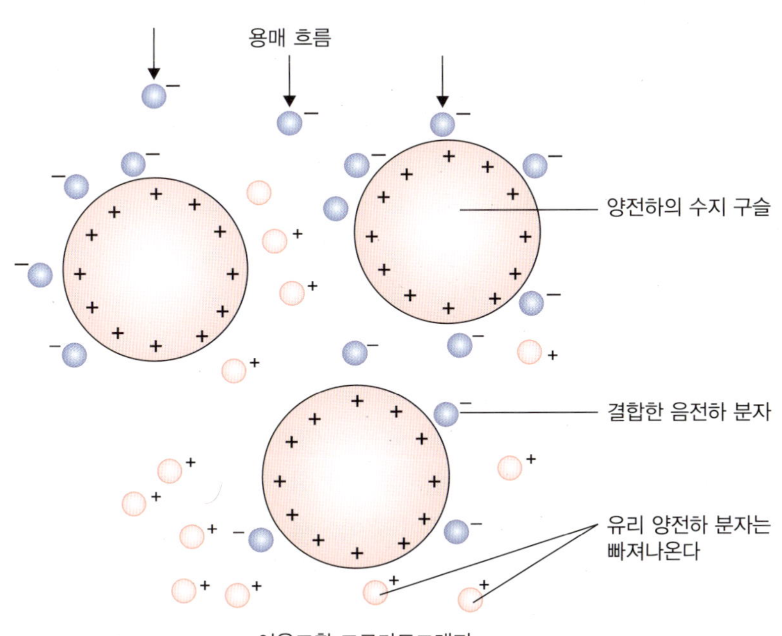

그림 4.21
부착 이온교환 크로마토그래피의 원리: 음전하 단백질 분자는 양전하의 수지 구슬의 표면에 부착한다

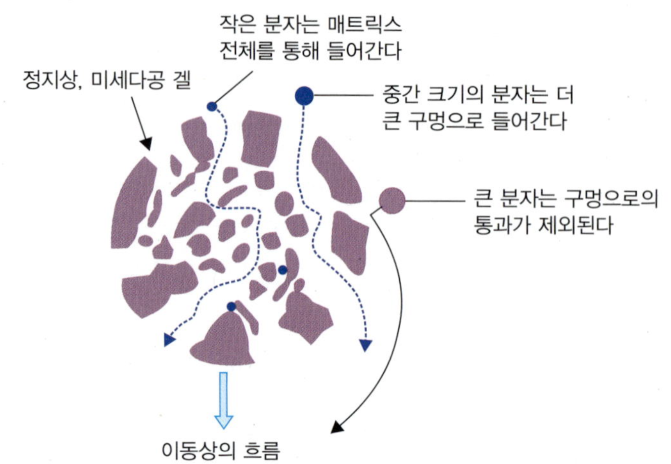

그림 4.22
겔 투과 크로마토그래피

놓는다. 더 작은 분자는 겔 물질로 들어가서 흐름이 지연된다. 더 큰 분자는 겔 물질로 들어갈 수 없기 때문에 빨리 내려오게 되며 더 작은 분자는 천천히 내려오게 된다. 그러므로 크기가 다른 분자들을 분리할 수가 있다.

적용: 겔 크로마토그래피는 주로 단백질, 효소, 호르몬과 핵산 등과 같은 거대분자를 정제하는 데 사용한다. 또한 단백질과 효소의 분자량을 분석하는 데에도 사용한다.

7) 종이 크로마토그래피

원리: 종이 크로마토그래피 기술은 화합물을 두 가지 액상 사이에서 분획시키는 원리에 기초한다. 수증기를 포함하는 대기에서 여과지는 습기를 흡수한다. 여기서 물은 용매이며 정지 상태를 나타낸다. 비수용성 용매(이동상)가 모세관 작용으로 이 종이를 지나가면 이는 두 상 사이에서 나누어진다. 이 분포는 용액의 특징적인 분포계수를 보이는 명확한 비율로 나타난다. 이동상에서 용질의 용해도는 종이에서 분포 또는 퍼지는 동안의 거리에 비례한다.

용질의 이동 거리는 Rf 값으로 나타내며 다음과 같다:

$$Rf = \frac{\text{용질의 이동거리}}{\text{용매의 이동거리}}$$

정상 조건에서 특정 용질에 대한 값은 일정하고 **성분의 분포계수**를 반영한다.

종이 크로마토그래피에서 특정 종류의 여과지(Whatman's No. 1 종이) 위에서 용액이 흐르면서 혼합물의 성분 분리가 이루어진다. 이는 분할 크로마토그래피의 확장판이다. 그 이유는 성분이 종이에서 이동의 차별을 이끄는 분할계수의 차이로 분리되기 때문이다.

종이 크로마토그래피는 1961년 **세혼 바인**(Sehon Bein)이 개발하였고 1964년

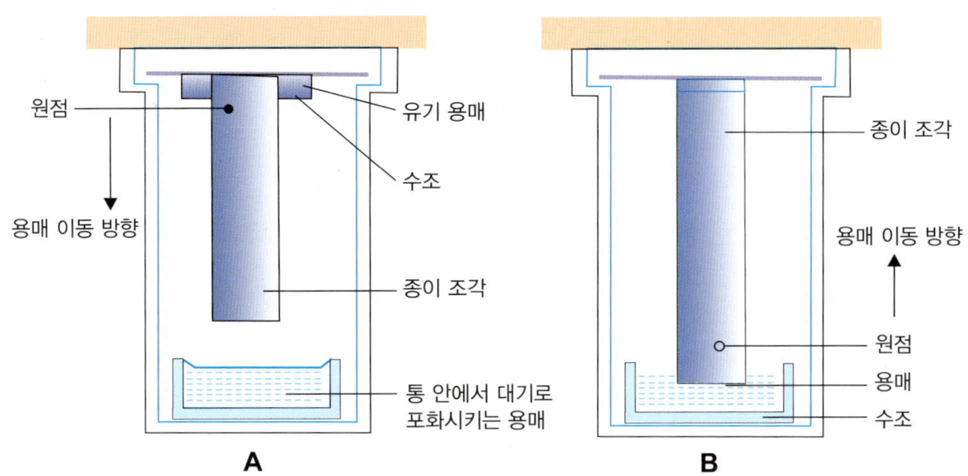

그림 4.23
종이 크로마토그래피 장치:
A. 하향 종이 크로마토그래피
B. 상향 종이 크로마토그래피

에 **고든**(Gorden)과 **마틴**(Martin) 그리고 **신지**(Synge)가 보편화시켰다.

종이 크로마토그래피 종류: 세 가지 방법을 사용한다:

(1) 하향 종이 크로마토그래피
(2) 상향 종이 크로마토그래피
(3) 일차원과 이차원 종이 크로마토그래피

이 방법들에서 용매를 유리병이나 밀폐 탱크의 바닥에 넣어 용기가 용매의 가스로 채워지게 한다.

(1) 하향 종이 크로마토그래피: 분획시킬 성분의 작은 방울을 종이의 끝에서 5 cm 떨어진 표시점에 집적한다. 종이는 수증기로 포화된 밀폐 상자에서 집적한 부분이 위에 있게끔 매단다. 종이의 위쪽 끝을 구부려서 물에 유기용매 혼합물이 든 수조에 담근다. 용매는 모세관 현상으로 종이를 따라 조금씩 내려간다. 용매가 종이의 길이만큼 이동하고 나면 방울의 성분들은 분리되고 종이의 가장자리를 따라 일련의 점 형태로 분포된다. 이를 하향 종이 크로마토그래피(descending paper chromatography)라 한다.

(2) 상향 종이 크로마토그래피: 이 방법에서는 성분의 점을 포함한 낮은 쪽 끝이 통의 바닥에 있는 수조에 담기도록 종이 조각을 통의 위에 매단다. **원점**(origin)이라 부르는 성분의 점은 용매 혼합물보다 위쪽에 둔다. 이 경우 용매는 흡수력과 모세관 힘에 의해 종이를 따라 위로 흐르면서 방울의 화합물을 분리하게 한다. 이를 **상향 종이 크로마토그래피**(ascending paper chromatography)라 한다.

(3) 일차원과 이차원 종이 크로마토그래피: 상향과 하향 종이 크로마토그래피 방법은 일차원 크로마토그래피의 예들이다. 이차원 종이 크로마토그래피에서는 사각형의 여과지를 사용한다. 용액의 한 방울을 1인치의 여백을

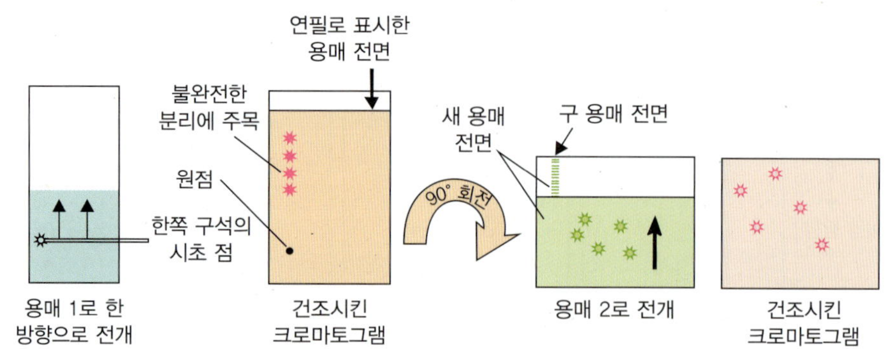

그림 4.24
이차원 크로마토그래피의 단계

두고 왼쪽 구석 위에 집적한다. 그런 다음 상향이나 하향 과정으로 몇 시간 동안 현상한 후 크로마토그램의 종이를 수거하여 용매를 제거하기 위해 건조시킨다. 종이를 90°로 회전시키고 두 번째 용매 혼합물에서 두 번째 크로마토그래피를 한다. 한 용매 혼합물에서 한 방향으로 현상된 물질은 두 번째 용매 혼합물에서는 다른 방향으로 현상된다. 이 방법으로 물질의 모든 성분들은 종이의 표면에서 분리된다. 색깔을 띤 물질의 위치는 그 자체로 알 수 있으며 무색의 물질은 자외선을 사용하거나 특수 염색약으로 염색하여 확인한다.

종이 크로마토그래피의 적용: 종이 크로마토그래피는 단순성, 신속성 그리고 높은 해상력 때문에 매우 보편적으로 사용된다. 이는 또한 혈액과 소변의 구성성분을 분리하고 항체의 분리, 박테리아에서 새로운 아미노산의 연구 그리고 광합성의 여러 단계를 연구하는 데에도 사용한다.

8) 친화 크로마토그래피

이 기술은 단백질을 정제하고 분획시키는 데 사용하며 용액에서 특이적으로 떨어질 수 있는 단백질의 특이 성질을 근거로 한다. 단백질은 특정 화합물과 상호작용한다. 즉 효소는 기질과, 수용체는 리간드와, 항체는 항원과 반응한다. 이런 종류의 단백질들은 고정된 리간드를 포함한 칼럼을 통해 이 단백질의 혼합물을 통과시키면 용액에서 제거할 수 있다. 관심의 단백질은 리간드에 결합하는 반면 다른 모든 단백질들은 그냥 지나가게 된다. 비특이적으로 결합한 단백질은 칼럼을 완충용액으로 세척하여 제거한다. 특정 단백질은 세척하고 용해성 리간드를 사용하거나 완충용액의 성질을 바꾸어서 회수할 수 있다. 예를 들어 인슐린이 붙어 있는 아가로오스 겔 구슬로 채워진 칼럼에 인슐린 수용체의 시료를 통과시키면 인슐린 수용체는 인슐린이 있는 구슬에 결합한다. 이 분자는 칼럼에 있는 용매의 이온 조성을 변화시켜 구슬로부터 떼어내게 된다.

친화 크로마토그래피(affinity chromatography)에서 사용하는 고정 리간드와 단백질의 일반적인 조합은 항원 정제를 위해서는 항체, 수용체에 대해서는 호르몬,

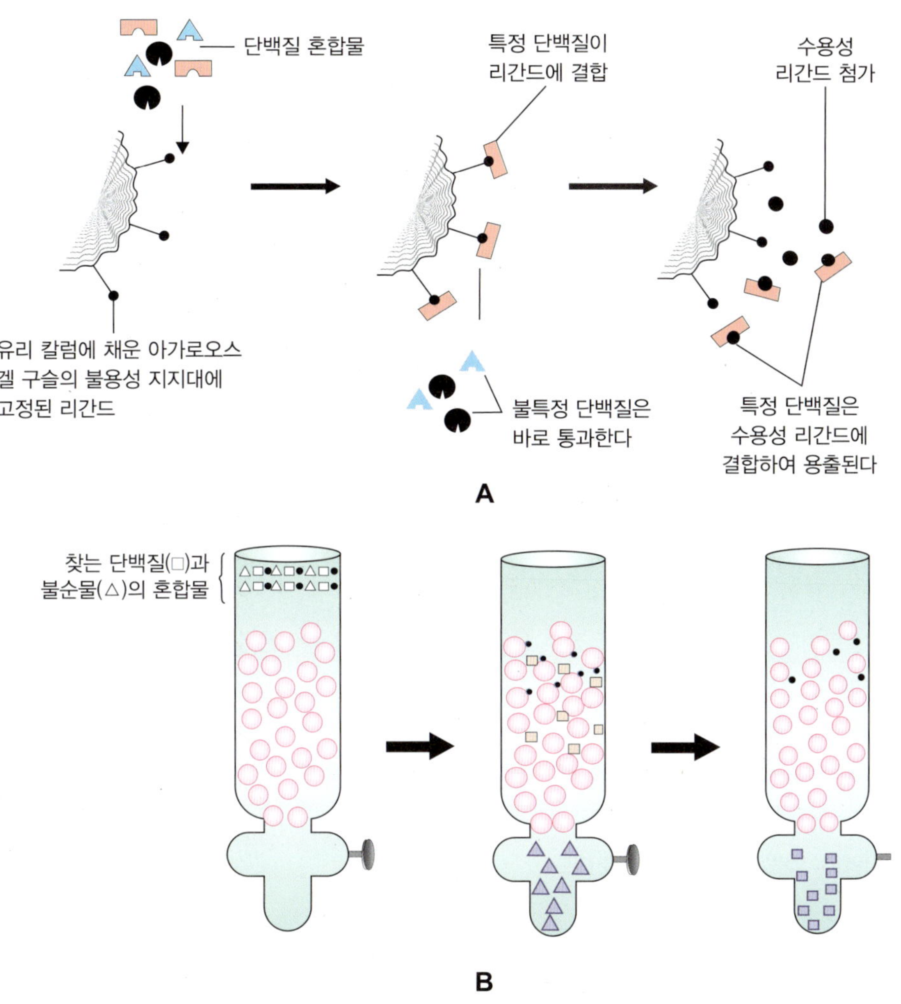

그림 4.25

친화 크로마토그래피:

A. 특정 단백질만 결합할 수 있는 리간드로 입힌 아가로오스 겔 구슬

B. 친화 크로마토그래피 단계.

효소에 대해서는 저해제, 그리고 당단백질을 정제하는 데에는 렉틴을 사용한다.

9) 분할 크로마토그래피

분할 크로마토그래피(partition chromatography)는 **정지상**(stationary phase)과 **이동상**(mobile phase)이라는 두 개의 액상 사이에서 물질을 분할하는 것에 기초한다. 이동상에서 좀 더 수용성인 물질이 더 빨리 통과하고 정지상을 선호하는 물질은 지연된다. 분할 크로마토그래피는 두 종류가 있을 수 있다: 정상 분할 크로마토그래피와 역상 분할 크로마토그래피.

정상(normal phase) **분할 크로마토그래피**에서 정지상은 대개 물로서 극성 용매이며 고형 매트릭스로 지지된다. 그리고 이동상은 불혼합성이며 비극성 유기용매이다. **역상**(reverse phase) **분할 크로마토그래피**에서 정지상은 다공성 지지매트릭스(실리카)에 화학적으로 결합된 비극성 용매다. 이동상은 다양한 범위의 극성 용매에서 선택할 수 있으며 대개는 물이나 유기용매를 포함한 완충용액을 사용한다. 용질은 비극성 상호작용을 통해 정지상과 상호작용한다. 가장 작은 용질이 칼럼에서 가장 마지막에 용출된다.

역상 고성능 액체 크로마토그래피는 펩티드, 단백질, 올리고당과 비타민과 같은 다양한 범위의 비극성, 극성, 그리고 이온성 생물 분자를 분리하는 데 사용한다.

10) 박층 크로마토그래피(TLC)

박층 크로마토그래피(thin layer chromatography)는 칼럼 크로마토그래피를 변형한 것이다. 칼럼 크로마토그래피에서는 부착제를 칼럼을 형성하는 유리관에 채우는 반면 박층 크로마토그래피의 부착제는 얇은 층을 형성하는 유리판 위에 뿌린다. TLC에서 사용하는 부착제는 셀룰로오스, 알루미나, 이산화규소(silica), 방해석(calcite), 전분-세파덱스 또는 셀룰로오스 이온 교환 수지를 쓴다(**표 4.2**).

표 4.2 부착제와 박층 크로마토그래피에서의 적용

부착제	분리 물질
이산화규소	아미노산, 알칼로이드, 당, 지방산, 지질, 필수 오일, 무기 양이온과 음이온, 스테로이드, 테르펜(terpenoid)
알루미나	알칼로이드, 식염료, 페놀, 스테로이드, 비타민, 카로틴, 아미노산
규조토	당, 올리고당, 2염기산, 지방산, 트리글리세리드, 아미노산, 스테로이드
방해석	스테로이드
셀룰로오스 분말	아미노산, 식염료, 알칼로이드, 뉴클레오티드
이온 교환 셀룰로오스	뉴클레오티드
전분	아미노산
세파덱스	아미노산, 단백질

11) 소수성 상호작용 크로마토그래피(HIC)

생물 분자들은 표면에 존재하는 소수성의 정도가 다르다. 소수성에서의 차이를 이용해 HIC로 생물 분자들을 분리시킬 수 있다. 이는 주로 표면의 소수성과 비극성 아미노산 잔기의 존재 등을 이용하여 단백질을 추출하도록 개발되었다. 이 소수성 잔기는 단백질마다 표면에 다른 형태로 산재되어 있으며 각 단백질에 특징적인 성질을 부여한다. 수용액에서 단백질 분자의 이들 소수성 지역은 물 분자의 정렬된 필름으로 덮여 있어 소수성기를 효과적으로 가린다. 이들은 단백질-단백질 상호작용을 용이하게 하는 고농도의 염이 있으면 노출시킬 수 있다. 적절한 매트릭스에 소수성 기를 붙이면 단백질-매트릭스 상호작용을 용이하게 해준다. 가장 흔히 사용하는 정지상은 아가로오스 매트릭스에 붙이는 알킬(헥실, 옥틸)기나 페닐기다.

분광광도계는 시료가 흡수하는 빛의 양을 측정하는 데 사용한다. 기구는 시료를 통해 광선을 조사하고 탐지기에 도달하는 광도를 측정하도록 작동한다.
빛을 측정하는 표준 단위는 **나노미터**(nm)다:
1 nm = 10^{-9} m

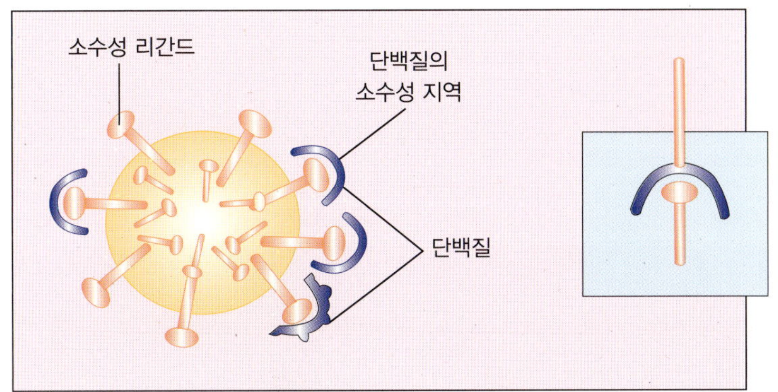

그림 4.26
리간드와 소수성 아미노산 잔기의 소수성 상호작용

4. 분광광도계

분광광도계(spectrophotometer)는 스펙트럼상 가시광선과 자외선 영역의 방사선의 흡수를 측정하는 장치다. 이는 비색계의 정교한 종류라 할 수 있다. 분광광도계는 두 단어의 조합이다: 스펙트럼(spectro)과 광도계(photometer). 스펙트럼은 광원에서 생성되는 연속적인 파장의 전체 범위를 의미하며 광도계는 빛을 측정하는 장치를 말한다. 분광광도계는 스펙트럼에서 UV를 넘어 가시광선 범위의 파장의 빛을 측정하는데 사용하며 흡수 스펙트럼을 얻을 수 있다.

1) 분광광도계의 구성 요소

분광광도계의 기본 구성 요소는 다음과 같다:

(1) 광원: 광원은 스펙트럼에서 UV와 가시광선의 전자기의 방사선을 만든다. 가시광선 범위의 빛을 얻기 위해 텅스텐 램프를 사용하며 UV 범위에는 수소 램프나 중수소 램프, 크세논 램프를 사용한다. 적외선은 네른스트(Nernst) 광원이나 **글로바**(globar) 광원을 쓴다. 네른스트 광원은 산화 이트륨(yttrium)과 산화 지르코늄(zirconium)으로 된 속이 빈 막대 모양이다. 1,450°C까지 가열되면 적외선이 만들어진다. 글로바 광원은 탄화규소로 된 막대이며 1,200°C로 가열하면 적외선이 방출된다. 가는 빛줄기가 작은 틈으로 통과하여 단색화장치에 도달한다.

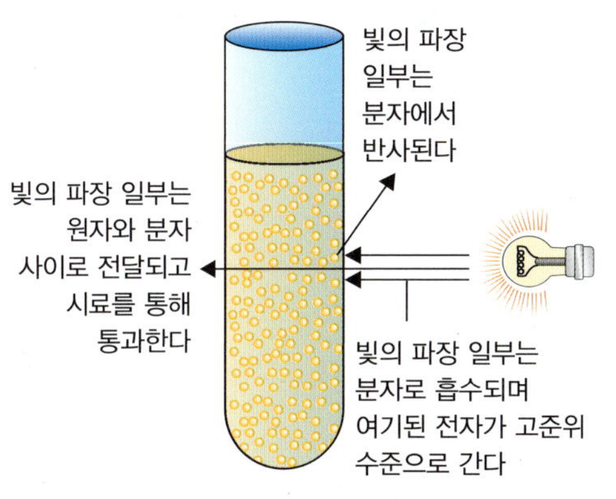

그림 4.27
흡수, 투과, 반사: 분광광도계는 빛이 시료에 있는 원자나 분자와 작용하는 것을 측정한다.

(2) 단색화장치: 단색화장치(monochromator)는 하나의 특정 파장이나 단색의 빛을 만든다. 이들은 광학 필터나 회절격자 또는 둘 다일 수 있다. 유리 프리즘은 가시광선에 쓰이고 석영 프리즘은 자외선에 사용된다(유리는 400 nm 이하의 방사선을 흡수한다). 장치에는 손잡이를 조절하여 필요한

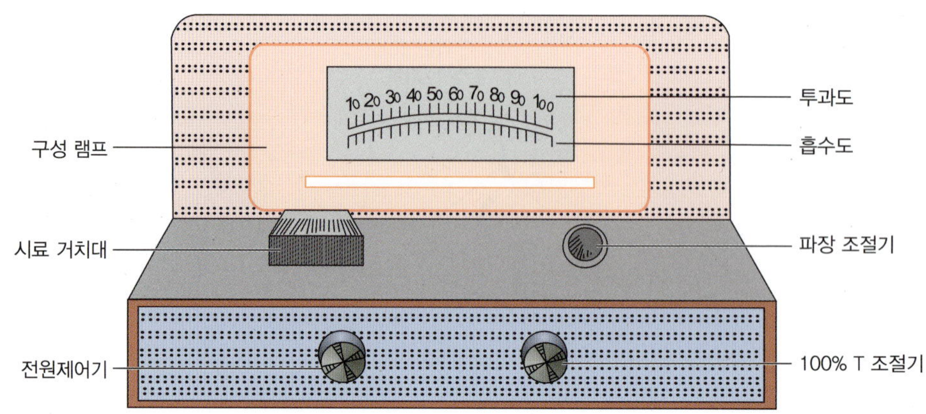

그림 4.28
분광광도계

파장을 선택할 수 있도록 되어 있다. 틈 S-II는 원하는 띠 너비의 가는 광선이 통과하여 시료에 도달하게 해준다.

(3) 흡수 셀(cell): 이는 시료를 큐벳에 넣는 지역을 가리킨다. 가시광선에 사용하는 큐벳은 유리 재질이고 투명하지만 자외선의 경우는 석영으로 만든다. 광선 경로 길이는 1 cm이며 2.5~3.0 ml의 시료 용액을 담을 수 있다.

(4) 탐지기(detector): 시료 용액에서 투과되는 광선이나 자외선의 흡수도를 측정한다. 이것은 **광전지**(photocell)로 이루어져 있는데 순수 용매(I)에서 나오는 빛의 강도를 시료 용액(I_0)에서 나오는 것과 비교한다. 가시광선과 자외선의 경우에는 광전자를 이용한 탐지기나 **광전지**를 사용한다. 적외선의 경우는 **복사계**(bolometer) 같은 열탐지기를 쓴다. 광전지에서 진공상태로 금속 표면에 찍히는 광자는 전자를 방출케 하며 방출된 전자는 양전극으로 끌려온다. 그래서 전위차를 만드는 전자 흐름은 장치에 있는 저항기를 거치게 된다.

(5) 전위차계(potentiometer): 전위차계는 전위차를 기록한다. 이는 흡수도와

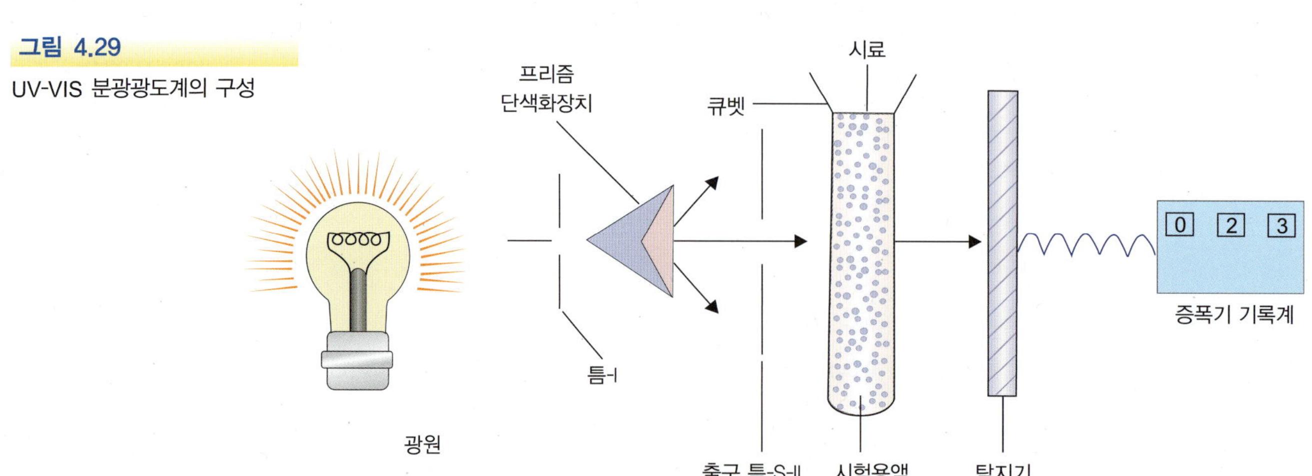

그림 4.29
UV-VIS 분광광도계의 구성

투과도를 읽도록 측정된다. 흡수도 A/I = log I_0/I이며 투과도 값은 t = I/I_0이다.

투과도는 %로 기록하고 0에서 100까지 다양할 수 있다. 흡수도의 범위는 0에서 2.0까지 기록된다.

(6) 증폭기(amplifier): 증폭기에서는 광전지 대신 광전자배증관을 사용한다. 그 이유는 광전자배증관에서는 방출된 전자가 고전위 때문에 가속하여 가스 분자와 충돌하고 이차 전자를 생산하기 때문이다. 이는 흐름을 증진시킨다. 그러므로 전자 농도의 매우 작은 변화라도 측정할 수 있게 된다.

2) 분광광도계의 적용

분광광도계는 다음에 사용한다:

- 단백질, 핵산, 시토크롬 그리고 색소 같은 생분자의 정성적 그리고 정량적으로 측정할 때.
- 성장 동력학을 측정.
- 단백질과 핵산의 구조적 연구.
- 효소 역학과 분석.
- pH, 이온 강도 등의 효과를 측정.
- 시료와 화합물의 순도와 동질성을 검사.
- 화합물 동정.

4.3 생물 분자의 빛 흡수에 대한 람버트-비어 법칙

생물 분자 상당수는 빛을 흡수한다. 생물 분자는 종류에 따라 서로 다른 파장의 빛을 흡수한다. 생물 분자에 따라 서로 다른 파장의 빛을 흡수한다. 예로서 아미노산인 티로신과 트립토판은 280 nm의 빛을 흡수한다. 흡수한 빛의 양은 분광광도계로 측정하며 용액에 있는 분자를 확인하고 농도를 측정하는 데 사용한다. 광도계 또는 분광광도계는 **람버트-비어**(Lambert-Beer) **법칙**에 기초한다.

람버트-비어 법칙에 따르면 투과광의 강도는 입사광의 강도보다 약하다. 그 이유는 약간의 빛이 용액에 있는 분자에 흡수되기 때문이다. 그러므로 **람버트-비어 식**은 다음과 같다:

$$\log \frac{I_0}{I} = \varepsilon C_x$$

(1) ε은 몰 흡광계수 또는 몰 흡수도이며 L/mol-cm의 단위로 표시한다.

(2) C는 흡수 시료 분자의 농도이며 mol/L로 표시한다.

(3) x 또는 l은 빛을 흡수하는 시료의 경로 길이다. 흡수하는 시료의 두께를 나타내며 cm로 표시한다.

log(I_0/I)를 흡수도라 하고 **A**로 적는다. 용액이나 시료의 흡수도 (A)는 다음의 특징에 따른다:

(1) 빛의 파장: 생물 분자들은 특징적인 파장의 빛을 흡수한다. 람버트-비어 법칙에 따르면 흡수되는 입사광은 평형하고 단색광이며 단일 파장의 광선에 의해 생긴다.

(2) 흡수 분자의 성질: 일정 파장에서 용액에 흡수되는 입사광의 양은 빛을 흡수하는 생물 분자의 성질에 따라 결정된다.

(3) 흡수 용질 분자의 농도: 일정 용액의 흡수도는 용액에서 고정된 경로 길이의 흡수층에 있는 용질 분자의 농도에 비례한다.

(4) 흡수층의 두께: 특정 파장에서 용액이 흡수하는 입사광의 양은 흡수층의 두께와 관련된다. 흡수층의 두께를 **경로 길이**(path length)라고도 한다.

부가 설명: 광도계

광도계(photometry)는 빛의 강도를 측정하기 위한 수단이다. 입사광과 투과광의 강도를 측정하며 생물 분자의 투과율을 나타낸다.

생물 분자가 든 용액에 들어오는 빛을 **입사광**이라 하고 나가는 빛을 **투과광**이라 한다. 입사광의 강도는 I_0로, 투과광은 I로 표시한다.

4.4 방사성동위원소 기술

방사성동위원소 기술은 기본적으로 여러 대사 과정에서 만들어지는 다양한 거대 분자를 확인하거나 세포의 물질대사 중에 분자나 거대분자가 겪는 경로를 추적하기 위한 분석 생화학에 사용된다. 이 목적을 위해 탄소나 황, 인 또는 질소 같은 원소의 **방사성동위원소**(radioactive isotope)들을 사용한다.

1. 방사성동위원소의 정의

방사성동위원소는 정상 원소의 방사성을 띠는 동위원소를 말한다. 이들은 정상 원소와 원자 번호는 같으나 원자량에는 더 많은 차이가 있다. 원자량의 차이는 핵 안의 중성자 수가 다르기 때문이다. 양성자와 전자의 수는 정상 원자와 같다. 방사성동위원소는 **방사성 핵종**(radionuclide)이라고도 하며 방사성 원소가 방사성 붕괴가 일어나는 동안 형성된다. 이들은 불안정하기 때문에 α-입자나 β-입자

중 하나를 발한다.

2. 상용 방사성동위원소

세포생물학의 연구에 일반적으로 사용하는 방사성동위원소는 방사성 수소(^{3}**H**), 방사성 탄소(^{14}**C**), 방사성 인(^{32}**P**), 방사성 황(^{35}**S**), 방사성 칼륨(^{42}**K**), 그리고 요오드(^{131}**I**) 등이 있다.

수소의 세 가지 형태 모두 같은 원자 번호를 가지며 주기율표에서 같은 위치에 있다. 이와 비슷하게 ^{14}C는 정상 탄소인 ^{12}C의 동위원소를 나타낸다.

수소의 3가지 동위원소

방사성동위원소	원자량
1. 정상 수소(H)	1.00814
2. 중수소(^{2}H)	2.01474
3. 트리튬(^{3}H)	3.01701

3. 방사성동위원소의 역할

방사성동위원소는 생물계에서 여러 가지 화합물의 위치와 확인, 그리고 측정을 하기 위한 분석적 생화학에서 사용한다. 방사성동위원소는 다음과 같은 경우에 사용한다:

(1) 물질대사 경로 연구: 방사성동위원소는 물질대사 경로를 추적하는 데 사용한다. 이 과정은 다음과 같다:

- 방사성동위원소를 포함한 방사성 물질을 첨가한다.
- 일정 간격의 시간별로 실험 물질의 시료를 취한다.
- 산물을 추출하고 크로마토그래피로 분리한다.

방사성동위원소를 사용하여 광합성과 포도당 대사 등의 대사 경로에 있는 단계들이 연구되었다. 방사성동위원소의 도움으로 TCA 회로를 통한 탄소 원자(^{14}C)의 운명을 예측하는 것이 가능하였다.

(2) 화합물의 흡수, 축적 그리고 운송에 대한 연구: 방사성동위원소는 세포와 개체 안의 유기화합물의 흡수와 운송 그리고 축적을 연구하는 데 사용한다. 이는 생물학적 관심 대상인 분자의 위치와 측적을 아는 데 도움을 준다.

(3) 효소와 리간드의 결합에 대한 연구: 세포 안에서 일어나는 효소 반응은 방사성 추적자 방법으로 분석할 수 있다. 방사성 추적자를 이용한 효소 분석은 매우 높은 정확도를 가진다. 또한 방사성동위원소는 효소 반응 기작과 리간드 결합 연구에도 사용한다.

(4) 방사성 면역분석: 방사성동위원소는 세포나 개체 안에 있는 호르몬과 스테로이드 그리고 다른 유기 화합물을 정량적으로 분석할 때 사용한다. 이를 **방사성 면역분석**(radioimmunoassay)이라 한다.

(5) 동위원소 희석 연구: 세포에 매우 적은 양으로 있고 종래의 방법으로 정확하게 분석하지 못하는 화합물이나 원소는 방사성동위원소 희석으로 분석

부가 설명: 방사성

방사성은 불안정한 동위원소의 원자핵이 α-입자, β-입자 또는 γ-선을 방출하면서 자발적으로 붕괴하는 현상이다.

특정 원자의 원자핵은 양성자(P)와 중성자(N)로 구성되며 양성자의 수는 원자 번호와 에너지 궤도에 있는 전자의 수를 결정한다. 정상적인 원자에서 N:P 비는 1:1이다. N:P의 비가 1:1을 넘는 핵에서는 β-입자를 방출하는 핵반응이 일어난다. β-입자는 중성자가 중성자:양성자의 비가 1:1이 될 때까지 양성자와 전자로 붕괴하면서 핵에서 방출되는 전자다.

만약 핵이 무겁고 원자 번호가 82가 넘으면 중성자와 양성자 둘 다를 방출하여 더 안정된 배열을 얻는다. α-입자가 발산되면 중성자와 양성자 둘 다 방출된다. 이 입자는 비교적 크고 이중 양전하를 가진다. 전자를 끌어들여 이온화 효과를 일으킨다.

이나 측정을 할 수 있다. 이 방법은 세포에 미량원소를 분석하는 데 매우 유용하다는 것이 증명되었다.

(6) 유기화합물의 합성 장소 확인: 방사성동위원소는 세포나 세포소기관 내에서 특정 화합물이 합성되는 위치를 추적하는 데 사용한다.

(7) 분자생물학에서 방사성동위원소: 방사성동위원소는 유전물질을 확인하고 유전물질의 분자 구조에 대한 연구, 복제와 기능 그리고 단백질 합성의 기작을 밝히는 데 사용한다.

유전자 조작의 발전을 이끈 분자생물학 분야의 최근 진보는 DNA와 RNA 염기서열분석, DNA 복제, 전사, 그리고 cDNA 합성과 재조합 DNA 기술 등에 방사성동위원소를 사용함으로써 발전하게 되었다.

4. 방사성 측정 기술

방사성을 측정하는 데 두 종류의 계측기가 있다.

1. 가이거 뮐러 계측기(Geiger Muller counter)
2. 섬광 계측기(scintillation counter)

1) 가이거 뮐러 계측기(GMC)

가이거 뮐러 계측기는 방사성 붕괴로 공기나 기체에 만들어지는 α나 β 입자 또는 γ선 등의 이온화된 방사선을 측정하고 전리에 의한 방사성을 확인하는 데 사용한다. 이는 음극으로 작동하는 속이 빈 금속 실린더로 구성되어 있으며 유리 실린더로 싸여 있다. 음극 실린더의 중앙 축을 따라 들어 있는 철사가 양극으로 작용한다. 실린더는 계측 기체로 채워져 있다. 이 기체는 낮은 압력 하에 있는 네온과 아르곤의 혼합물이거나 적은 양의 할로겐이나 유기 기체가 든 헬륨이다. 가이거 뮐러관은 납주로 싸여 있어 외부 방사선으로부터 관과 용기를 차폐시킴으로써 정확한 정량 분석을 할 수 있다.

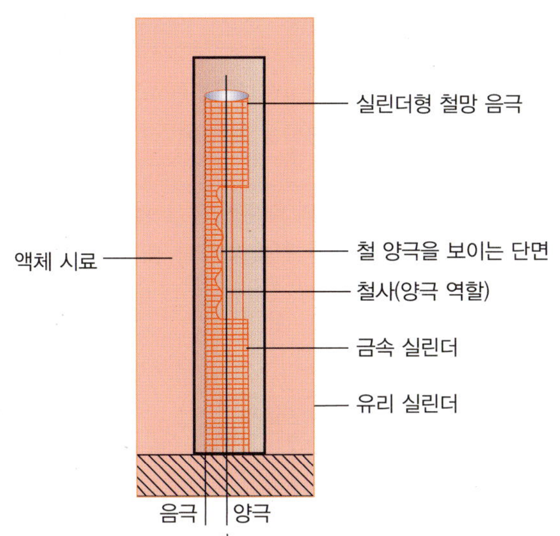

그림 4.30
액체 시료의 방사성을 측정하는 가이거 뮐러관

작동: 실린더 내에 있는 방사성 원소는 방사선을 만든다. 관에 들어가면 이들 방사선은 분석기 기체를 이온화시켜서 이온쌍(양이온과 전자)이 형성되도록 한다. 이는 전류 파동이 전극 사이에서 흐르면서 자외선 방사선도 함께 발산하게 한다. 만약 전극에 작동하는 전위차가 크면 이온들은 반대 전하의 전극 쪽으로 가속화한다. 가속된 이온은 관의 기체 원자와 반응하여 더 많은 이온을 만들 수 있다. 이 연쇄반응은 이온이 폭발적으로 많이 만들어지도록 계속된다. 이온의 증폭은 외부 회로에 전자가 흐르게 만들고 1~10 V 정도의 전압이 만들어진다.

관과 연관된 전기 회로는 평균 전류를 가리키게 하거나 전기 펄스의 총 수를 측정하도록 설계되었다. 가이거 계측기는 α와 β 입자를 검출한다. 신호의 크기는 입사 방사선에 의해 만들어지는 이온화의 양과 비례하기 때문에 이런 종류의 계측을 **비례 계측**(proportional counting)이라고도 한다. 기체의 이온화를 유도하는 능력은 다음의 순서대로 감소한다:

$$\alpha > \beta > \gamma = (10{,}000 > 100 > 1)$$

그러므로 α와 β 입자는 기체 이온화 방법으로 검출할 수 있지만 γ 방사선은 검출이 힘들다.

2) 섬광 계측기

섬광 계측은 발광을 통해 이온화하는 방사선을 확인하고 방사성을 측정하는 기술이다. 방사선 에너지를 이용하여 계측할 빛의 펄스를 만든다.

어떤 물질은 섬광을 발함으로서 α와 β 입자의 이온화 효과에 반응한다. 이런 물질을 **형광성**(fluor) 또는 **섬광성**(scintillant)이라 하며 이들은 형광을 만든다.

섬광 계측기 원리: 액체 섬광 계측기는 두 개의 차광 **광전자배증관**(photomultiplier

부가 설명: 방사성 붕괴

한 원소의 방사성동위원소는 불안정하다. 이들은 자신의 핵에서 중성자를 방출한다. 점차적으로 중성자나 중성자와 양성자를 잃음으로서 최종적으로 안정된 비방사성 원소로 바뀌게 된다. 중성자나 양성자를 잃는 과정을 **방사성 붕괴**(radioactive decay)라고 한다.

한 원소의 방사성동위원소의 붕괴율은 항상 일정하며 환경적 변화나 근처의 다른 방사성 원소에 의해서도 영향을 받지 않는다. 방사성 원소 각각은 특정 반감기를 가진다. 반감기는 특정 방사성 원소가 원래의 양이 붕괴하여 절반이 되는 데 걸리는 시간으로 규정한다. 예로서 ^{3}H의 반감기는 19일이며 ^{14}C는 5,579년 그리고 ^{238}U(우라늄)은 45억 년이다.

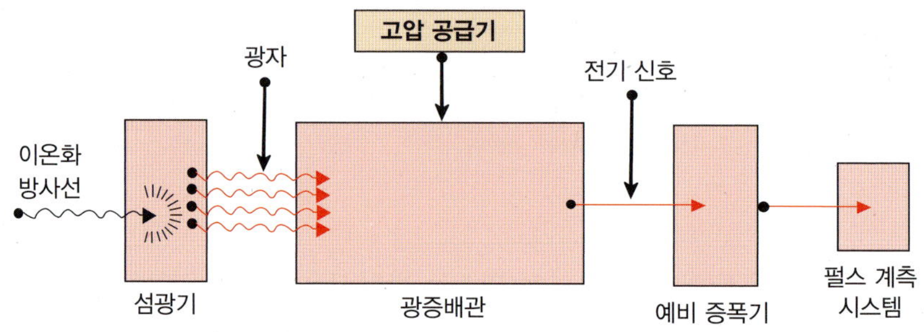

그림 4.31
섬광 계측의 단순 기작

tube)을 가진다. 둘 사이의 공간에 시료를 채운다. 유리병 안에 들어 있는 섬광 혼합물도 안에 놓는다. 섬광물질의 범위는 상업적으로 이용할 수 있으며 각각은 특정 발광 특징을 보인다. 섬광 혼합물에는 1-페닐-4-페닐옥사졸(PPO) 같은 일차 섬광물질이 들어 있고 어떤 경우는 1, 4, 이-2-5 페닐옥사졸 벤젠(POPOB)과 같은 이차 섬광물질이 들어 있을 수 있다. 이들은 유기 시료의 경우는 톨루엔이나 크실렌과 같은 용매에, 수용성 시료인 경우는 다이옥산 같은 용매에 녹인다.

작동: 광전자배증관은 방출하는 광자를 전기 신호로 바꾼다(그림 4.31). 이 신호의 크기는 백만 배보다 더 크게 증가한다. 전증폭기는 광전자배증 산물을 더 배가시킨다. 이는 섬광계측을 할 때 계측률이 높게 나올 수 있게 해준다.

파고 분석기(pulse height analyser)는 입사하는 에너지를 구별한다. 이는 펄스를 높이나 진폭에 따라 분류한다.

섬광 계측 시스템의 종류: 섬광물질이 고체냐 액체냐에 따라 두 가지 시스템이 있다:

(1) 고형 섬광 계측 시스템
(2) 액체 섬광 계측 시스템

섬광 계측의 장점: 섬광 계측은 기체 이온화 계측보다 더 나은 몇 가지 장점을 가져서 생물학 연구에 널리 사용된다. 그 장점은 다음과 같다:

- 매우 높은 계측률을 보인다.
- 액체 시료나 고체 시료 다 사용할 수 있다.

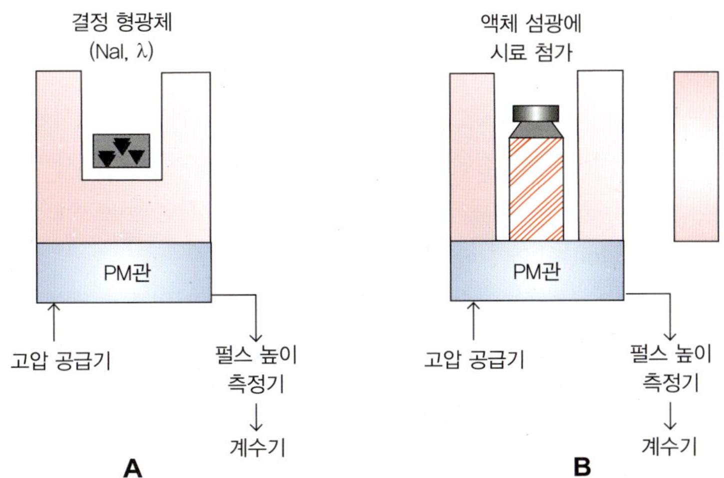

그림 4.32
고체(A)와 액체(B) 섬광 계측 방법의 모식도. PM관은 광증배관이다.

- 섬광 계측기는 고도로 자동화되어 있어 수백 개의 시료를 자동으로 계측할 수 있다. 컴퓨터 설비로 만들어져 효능, 교정, 그래프 작성 그리고 방사성 면역분석 계산 등과 같은 많은 형태의 자료 분석을 수행할 수 있다.

섬광 계측의 단점: 섬광 계측의 단점은 다음과 같다:

- ^{3}H와 ^{14}C처럼 낮은 준위의 β-방출자는 고형 섬광 계측으로 계측할 수가 없다.
- 광전자배증관에 고전압이 걸렸을 때 방사성과 무관한 전기적 현상이 일어나며 이로 인해 배경 계측이 높아진다.
- 에너지 전달 과정에 간섭이 생기는 것을 퀜칭(quenching)이라 한다. 퀜칭을 바로잡는 데 사용하는 용액은 비싸다.
- 화학발광 역시 문제가 된다. 이는 시료와 반응하여 여기(excitation)와 관련 없는 빛의 발산을 만든다.

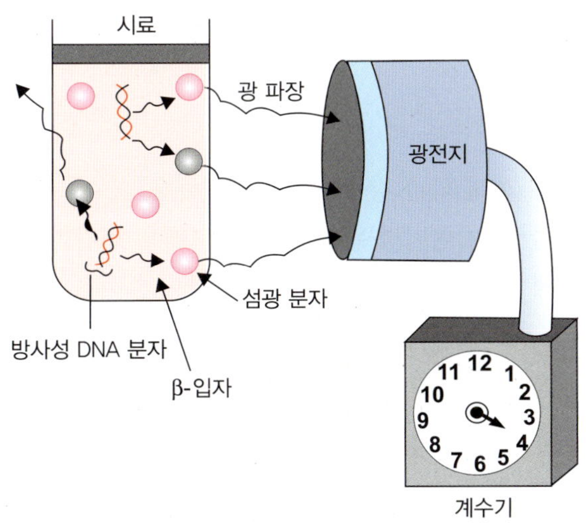

그림 4.33
방사성 측정에 사용하는 섬광 계수기

4.5 자기방사법

자기방사법은 사진판, 필름, 또는 감광유제의 은 도포를 환원시켜 조직 절편에 있는 방사성동위원소를 검출하고 표시하는 기술이다. 자기방사법은 다른 생화학적 반응에서 분자의 경로와 전환을 추적하는 데 사용한다. 이 기술은 1904년에 **로우돈**(Loudon)이 개발하였다.

^{14}C, ^{3}H, ^{32}P, 그리고 ^{35}S 같은 원소의 방사성동위원소를 배양배지에 넣으면 세포나 조직 안에 표지된 대사물질들이 포함되게 된다. 방사성동위원소로 표지된 세포나 조직을 사진 감광유제와 접촉시켜 얼마 동안 둔다. 동위원소가 방출하는 이온화된 방사선이 감광유제를 차단하고 상을 만들게 한다. 이런 상을 **자기방사법**(autoradiograph)이라 한다. 방사성동위원소의 위치는 방사성 물질의 위치가 된다.

1. 자기방사법 과정

자기방사법의 과정은 다음 세 단계로 이루어진다:

1) 절편 준비

(1) 방사성동위원소를 가진 조직의 작은 조각들을 순수 알코올에서 1~3시간 동안 고정시킨다.
(2) 벤젠으로 15분간 깨끗이 한 다음 따뜻한 벤젠(56°C)에 둔다.
(3) 이를 녹은 파라핀 왁스의 4가지 전환기로 옮겨 각각 56°C에서 30분간 둔다.
(4) 각 조각을 블록을 만들기 위해 파라핀에 심는다. 블록은 5 μ 두께의 절편으로 절단한 후 이를 온수에 띄운다.
(5) 절편을 이미 1%의 젤라틴과 0.1%의 크롬 알룸의 수용액에 담갔던 슬라이드 위에 놓은 후 건조시킨다.

2) 사진 유제 적용

염화은 결정을 갖게 하는 감광유제는 다양하다. X-선 필름이 육안적 관찰에 일반적으로 적합하다. 현미경 관찰의 시료는 매우 민감한 필름이 필요하다. 사진 유제의 적용에 다음과 같은 방법을 사용한다.

(1) 접촉 방법: 절편에서 왁스를 제거한다. 조직 절편을 사진판에 접촉되게 놓고 암실에서 보관한다. 적당한 시간 동안 절편과 필름 사이에 접촉이 유지되게 한다. 그후에 필름을 현상한다.

(2) 필름 박리 방법: 이 방법은 판이나 셀룰로이드 필름에서 벗겨내야 하는 젤라틴 염기 위에 있는 얇은 사진 유제를 사용하는 데에 기초한다. 특수한 박리 필름이 자기방사법에 사용된다. 이 필름은 두 층으로 되어 있으며 하나는 유리와 접해 있는 젤라틴 층이고 나머지는 그 위에 있는 4 μ 두께의 사진 유제층이다. 유제는 긁힘에 매우 민감하다. 필름을 작은 직사각형 조각으로 자른다. 한 조각을 벗겨내어 증류수로 채워진 홈통에 넣는다. 유제 부분이 아래쪽으로 향하게 증류수에 띄운다. 절편이 있는 탈파라핀 부분을 절편이 위쪽을 향하게 물에 놓는다. 필름으로 슬라이드 위의 절편을 덮는다. 슬라이드는 감광시키기 위해 암실에 보관한다. 절편을 현상하고 현미경으로 연구한다.

3) 필름 적용

(1) 필름을 사각형으로 잘라서 암실에서 5~10분간 방치한다.
(2) 한쪽 모서리로부터 천천히 한 조각을 벗긴 후 먼지가 없는 23~25°C의 증류수에 띄운다. 필름의 유제 부분을 아래쪽을 향하게 하여 2~3분간 방치한다.
(3) 탈파라핀화된 절편이 있는 슬라이드를 절편이 필름 밑에 있도록 물에 놓는다. 필름이 절편을 덮는 방식으로 슬라이드를 물에서 들어올린다.
(4) 슬라이드를 팬이나 머리건조기로 실온에서 말린다.
(5) 슬라이드를 실온의 암실에 보관한다.
(6) 사진 과정이 끝나면 증류수로 헹구고 흐르는 수돗물에 한 시간 동안 둔다.
(7) 절편을 헴-백반으로 염색하고 구별하여 고정시킨다.
(8) 위상차현미경을 사용할 때에는 절편을 염색하지 않고 글리세린 젤리나 글리세로겔에 고정한다.

문 제

1. 전기영동이란? 전기영동의 원리와 종류를 논하시오.
2. 전기영동은 어떤 원리에서 수행되는지와 적용에 대해 쓰시오.
3. 전기영동의 과정을 쓰시오. 거대분자의 이동 속도에 영향을 주는 요소는 무엇인가?
4. 침강계수와 침강 속도란? 침강계수는 어떻게 결정되고 나타내는 단위는 무엇인가?
5. 원심분리의 원리를 쓰시오. 원심분리와 초원심분리의 근본 차이점은 무엇인가? 거대분자를 분리할 때에는 둘 중 어떤 것을 사용하는가?

6. 띠원심분리와 평형원심분리의 차이점은?

7. 전기영동에 사용하는 다양한 기법을 쓰시오.

8. 겔 전기영동의 원리와 과정 그리고 적용에 대해 쓰시오.

9. 거대분자를 분리할 때 CsCl의 역할은 무엇인가?

10. 전기영동으로 DNA 절편을 분리하는 전체 과정을 쓰시오.

11. 크로마토그래피는 무엇이며 그 적용을 쓰고 크로마토그래피로 거대분자를 분리하는 원리에 대해 쓰시오.

12. 교환 크로마토그래피를 짧게 설명하고 이 기술의 원리는 무엇인가?

13. 방사성동위원소란? 분자생물학에서 방사성동위원소의 역할을 요약하시오.

14. 방사성을 측정하는 여러 방법에 대해 쓰시오.

15. 섬광계수기란? 섬광계수기 시스템의 원리와 작동, 그리고 장점에 대해 쓰시오.

16. 섬광계수기 시스템의 장점과 단점을 짧게 쓰시오.

17. 방사성동위원소와 방사성 그리고 방사성 분해란 용어를 설명하시오. 방사성 원소의 반감기는 무엇인가?

18. 광도측정은 무엇이며 생물 분자의 연구에 사용하는 것은 무엇인가?

19. 생분자가 빛을 흡수하는 람버트-비어 법칙을 기술하고 분광광도계의 다양한 사용에 대해 쓰시오.

20. 다음에 대해 한 문장으로 쓰시오:
   (a) 겔 전기영동
   (b) 분광광도계
   (c) 폴리아크릴아미드 겔
   (d) 정량 자기방사법
   (e) 친화 크로마토그래피
   (e) 이온 교환 수지

5 유전물질의 발견

학습 목표

- 유전물질:
  - 유전물질의 특징
- 유전물질의 본질
- 유전물질로서의 DNA 또는 핵산
- DNA가 유전물질이라는 증거:
  - 그리피스의 박테리아 형질전환 실험
  - DNA가 형질전환 물질이라고 밝힌 에이버리의 실험
  - 레더버그의 박테리아에서의 유전적 재조합 실험
- 허쉬와 체이스의 박테리오파지 감염 실험으로 DNA가 유전물질임을 증명
- 형질도입 실험은 DNA가 유전정보를 가지고 있음을 밝힘
- 자외선 효과에서 얻은 증거
- DNA가 유전물질이라는 생화학적 증거: DNA가 유전물질이란 것에 대한 간접적 증거
- RNA도 유전물질이 될 수 있다는 증거

5.1 유전물질

개체가 가지고 있는 유전물질은 생명체의 다양한 특징들의 구조와 기능 그리고 발생 등에 대한 정보를 저장하고 있는 물질을 말한다. 유전물질은 생명체의 모든 특징에 대한 유전정보를 부모에서 자손으로 전달하여야 한다.

멘델의 법칙이 재발견된 이후 유전학자들은 개체의 형질은 유전자에 의해 조절되고 그 유전자는 자신의 정보를 그대로 유지하면서 스스로 증식하거나 복제할 수 있어야 하며 또한 유전자는 염색체에 일자로 배열되어 있고 온전한 상태로 부모로부터 자손에게 세대를 거쳐 전달된다고 결론을 내렸다.

1. 유전물질의 특징

위의 결론을 기초로 유전학자들은 유전물질에 대해 다음과 같이 정의하였다:

(1) 유전정보의 저장: 유전물질은 생명체의 다양한 특징들의 구조와 기능 그리고 발생 등에 대한 유전정보를 저장하여야 한다.

(2) 정확한 복제: 부모 세포가 가진 동일한 유전정보를 딸세포에게 전달하기 위해서 복제를 정확하게 할 수 있어야 한다.

(3) 전사: 저장한 유전정보를 필요할 때 세포로 전달하기 위해서 전사가 정확하게 일어나야 한다.

(4) 화학적 안정성: 저장된 정보가 소실되지 않도록 물리적, 화학적 안정성을 가져야 한다.

(5) 변이: 돌연변이와 재조합을 통한 변형이 가능해야 한다. 그래야 변이와 적응이 생겨 생명체가 진화하게 된다.

5.2 유전물질의 본질

유전물질이 핵 안에 있고 유전자를 포함한 염색질 물질이 단백질과 핵산의 복합체라는 것을 알고 난 후 유전물질이 단백질인지 아니면 핵산인지에 대한 의문이 생기게 되었다.

1. 유전물질로서의 단백질

20세기 초까지 단백질이 유전정보를 저장하고 전달하기에 가장 적합한 물질이라 여겼다. 그 이유는:

(1) 단백질은 유전의 역할을 수행하고 유전정보를 저장하기에 필요한 **구조적 다양성**(structural diversity)을 가지고 있다.

(2) 단백질은 몸에 **가장 많이**(most abundant) 있으며 전체 체중의 약 16%를 차지한다.

(3) 단백질은 세포의 구조적 체계를 이루고 세포와 몸의 모든 종류의 활성이 나타나는 데 관여하며 조절 효과(**기능적 다양성**, functional diversity)를 가진다.

(4) 단백질에는 다양한 종류(**구조적 다양성**, structural diversity)가 있다. 단백질 안에서 20개의 아미노산이 조합을 이룰 수 있는 경우의 수는 20^n이며 n은 폴리펩티드 안의 아미노산 수이다.

2. 유전물질로서의 DNA 또는 핵산

오랫동안 DNA는 유전물질이 아닐 것이라고 여겼다. DNA는 4개의 뉴클레오티드 서열로 연결된 간단한 중합체이므로 DNA가 유전자를 형성하기에는 너무 단순하다고 생각하였다. 오히려 DNA는 유전정보를 가진 특정 단백질에 대한 분자적 골격이나 뼈대 역할을 할 것으로 여겼다.

스위스 생화학자인 **요한 프리드리히 미셰르**(Johann Friedrich Miescher, 1869)는 수술 붕대에 묻은 고름에서 백혈구를 얻었다. 백혈구 핵을 알칼리로 처리한 후 세포 추출물을 얻어 인산이 포함된 비단백질 화합물을 분리하였다. 이 화합물을 **핵소**(nuclein)라 하며 DNA를 구성한다. 염색체를 정량 분석하였을 때 염색체는 40% DNA와 60%의 염기성 단백질 또는 히스톤으로 이루어져 있음을 알게 되었다. 히스톤은 염기성 아미노산이 풍부한 작은 단백질 분자다. 이들을 '**프로타민**(protamine)'이라 부른다.

5.3 DNA가 유전물질이란 증거

1. 실험적 증거

분자생물학자들은 미생물과 바이러스 그리고 박테리오파지를 사용하여 **DNA**가 유전물질임을 직접적으로 증명하는 실험을 하였다:

1. 박테리아 형질전환
2. 박테리아 재조합
3. 박테리오파지 감염
4. 형질도입

1) 그리피스의 박테리아 형질전환 실험

영국의 세균학자인 **프레드릭 그리피스**(Frederick Griffith, 1928)는 **DNA**가 유전물질이라는 증거를 최초로 명확히 밝혔다(그림 5.1). 그는 초기에는 *Pseumococcus*로 알려진 폐렴균인 *Diplococcus pneumoniae*에 두 가지 균주가 있음을 알았다:

(1) 캡슐을 가진 독성 균주 또는 매끄러운 균주(S-III): 독성 균주의 세포는 두꺼운 다당류의 캡슐로 싸여 있다. 이들을 생쥐에 주입하면 치명적인 폐렴이 생긴다. 이 세포의 콜로니는 **매끄럽고**(smooth, S) 반짝이는 표면을 가진다. 반짝이는 모양은 유전자형의 조절로 만들어지는 캡슐이 있기 때문이다.

(2) 캡슐이 없는 비독성 균주(R-II): 이 균주의 세포는 폐렴 증상을 일으키지 않는다. 이들에는 다당류의 캡슐이 없다. 이 세포의 콜로니는 거친 형태를 보여 **거친**(rough, R) **콜로니**라고 한다.

- **R-II**(비독성) 박테리아를 생쥐에 주입하면 생쥐는 병이 생기지 않는다.
- **S-III**(독성) 박테리아를 생쥐에 주입하면 생쥐는 폐렴으로 죽는다.
- **S-III** 박테리아를 60°C로 가열하여 죽인 후 생쥐에 주입하면 폐렴은 안 생기고 생쥐는 건강하게 산다.
- **R-II**와 가열하여 죽인 **S-III**를 섞어서 생쥐에 주입하면 생쥐는 폐렴

그림 5.1

박테리아 *Diplococcus*에서 유전적 형질전환을 밝히는 그리피스의 실험

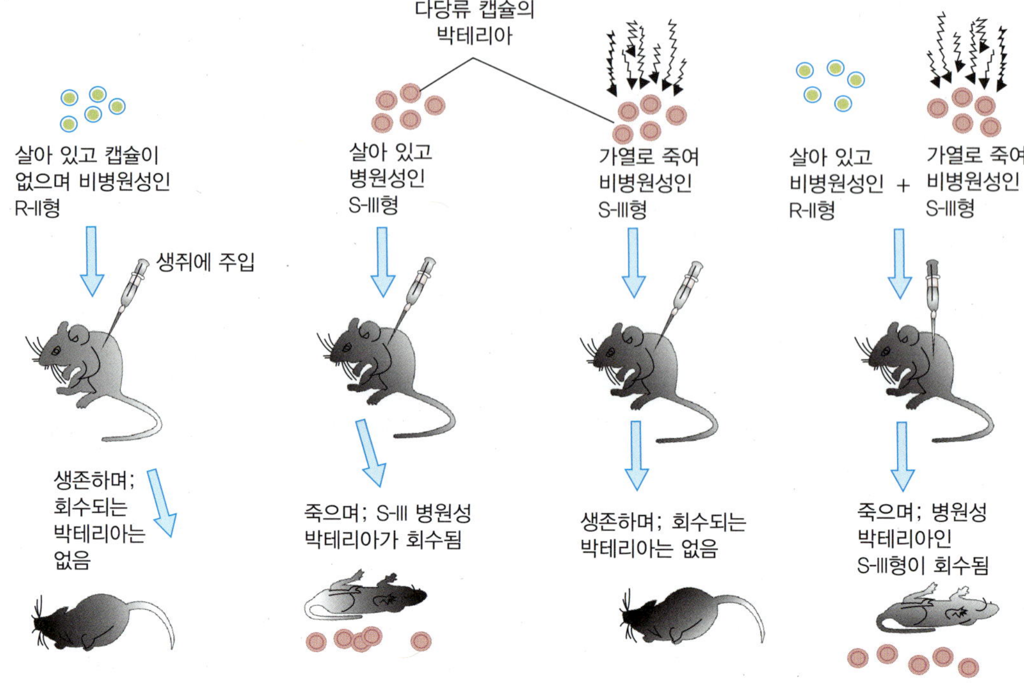

프레드릭 그리피스(Frederick Griffith, 1879~1941)

그리피스는 영국의 의료 담당자였다. 제1차 세계대전 이후에 폐렴 전염병을 예방하기 위한 *Diplococcus*에 대한 백신을 만드는 중에 가열하여 불활성인 S-III 균주에서 나중에 DNA라고 밝혀진 '형질전환 물질'을 찾게 되었다. 그리피스는 연구 중에 런던에 공습으로 사망하였다. 그는 이 연구의 돌파구를 여는데 기여는 하였지만 이것을 해석하지는 못했다.

에 걸려 죽는다.

- 이 죽은 생쥐에서 분리한 박테리아를 조사한 결과 캡슐을 가진 **S-III**와 캡슐이 없는 **R-II**들이 섞여 있었다. **그리피스**는 가열하여 죽인 **S-III** 박테리아가 **R-II** 박테리아를 독성과 캡슐을 가진 **S-III** 박테리아로 형질전환시킨 것으로 결론을 내렸다. 이것을 '**그리피스 효과**(Griffith effect)' 또는 '**박테리아 형질전환**(bacterial transformation)'이라 한다. 형질전환된 박테리아는 감염 성질과 캡슐을 다음 세대에서도 그대로 보유하고 있다.

2) 에버리의 DNA가 형질전환 물질임을 증명하는 실험

1944년 록펠러 재단의 세 명의 과학자 **오즈월드 에이버리**(Oswald T. Avery)와 **콜린 매클라우드**(Colin MacLeod) 그리고 **매클린 매카티**(Macliyin McCarty)는

오즈월드 시어도어 에이버리(Oswald Theodore Avery, 1877~1955)

에버리는 1877년 10월 21일에 캐나다에서 태어났으며 콜롬비아 대학에서 미생물학을 연구하였다. 1933년부터는 록펠러 재단에서 일했다. 에이버리는 헌신적인 세균학자였다. 그는 폐렴을 일으키는 박테리아를 연구하고 S-박테리아의 캡슐에 있는 다당류를 찾았다. 그는 가열하여 죽인 S-박테리아에서 추출한 물질이 R-박테리아를 S-박테리아로 형질전환시킨다는 것을 밝히고 이것이 DNA라는 것을 알게 되었다. 그는 실험에 다음과 같은 분석법을 사용했다: 1. 전기영동, 2. 초원심분리, 3. 자외선 흡수, 4. 분광분석법, 5. 화학적 분석.

DNA인 형질전환 물질을 분리하고 분석하는 실험을 하였다(그림 5.2). 먼저 미생물 한천배지의 페트리접시에서 비독성인 **R-II**를 키운다. 독성 균주인 **S-III**를 잘게 부수어서 세 개의 세트로 나눈다. 세트 **A**는 단백질 분해효소(*proteolytic enzymes*)로 처리하고 세트 **B**는 RNA 가수분해효소(*ribonuclease*)로 그리고 세트 **C**는 DNA 가수분해효소(*deoxyribonuclease*)로 처리한다.

세트 **A**에는 DNA와 RNA가 남아 있고 **B** 세트에는 단백질과 DNA 그리고 **C** 세트에는 단백질과 RNA가 남아 있게 된다. 이들을 세 개로 나눈 **R-II** 박테리아에 첨가한 후 배양한다. 세트 **A**와 **B** 추출물이 들어간 배양에서는 **독성인 S-III**와 **비독성인 R-II** 박테리아가 함께 생겼다. 이것은 **S-III**의 DNA가 **R-II**를 **S-III** 박테리아로 형질전환시켰다는 것을 나타낸다. 세트 C가 들어간 배양에서는 단

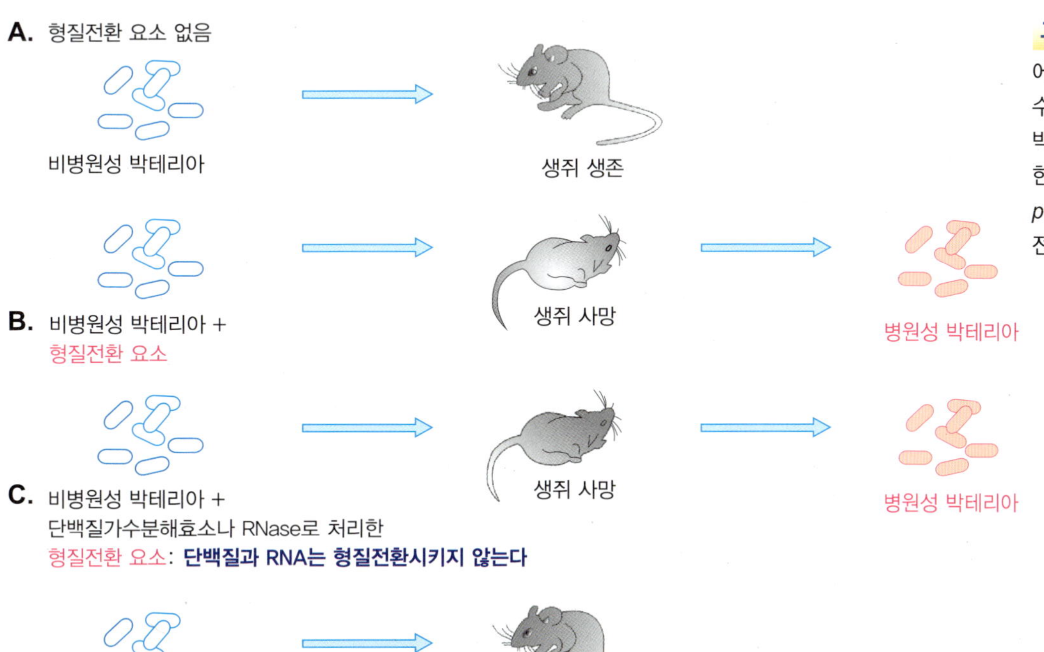

그림 5.2
에이버리, 매클라우드, 매카티가 수행한 가열하여 죽인 병원성 박테리아 S-III의 추출물을 이용한 **폐렴쌍구균**(*Streptococcus pneumoniae*)의 유전적 형질전환

지 **R-II** 박테리아만이 생겼다. 이는 DNA가 없으면 형질전환은 일어나지 않는다는 것을 보여주며 유전물질은 단백질이나 RNA가 아니라 DNA이라는 것을 의미한다. DNA를 통하여 한 균주에서 다른 균주로 형질을 전달하는 현상을 **형질전환**(transformation)이라 하며 DNA가 **형질전환 물질**인 것이다. 이 추출물을 DNase로 처리하면 형질전환 능력은 없어지고 단백질 가수분해효소(*protease*)로 처리하면 형질전환 능력은 그대로 남아 있다.

3) DNA가 유전물질임을 나타내는 박테리아에서의 유전적 재조합 또는 박테리아 접합에 관한 레더버그의 실험

1946년 **레더버그**(Lederberg)와 **테이텀**(Tatum)은 접합 과정을 통해 두 돌연변이체 균주에서 유전적 재조합이 일어난다는 것을 발견하였다(**그림 5.3**). 대장균은 무기물과 당만 포함한 최소배지에서 배양할 수 있다. 대장균은 이들 재료로부터 필요한 모든 비타민을 합성할 수 있다. **레더버그**는 성장에 필요한 비타민들 중 특정 비타민을 합성하지 못하는 두 종류의 돌연변이체를 찾았다. 이들은 배양배지에 특정 비타민이 들어 있지 않으면 최소배지에서 자랄 수 없다.

- **A 변이체 균주**(수컷 또는 공여 균주로 사용)의 유전적 조성은 **Met**$^-$, **Bio**$^-$, **Thr**$^+$, **Leu**$^+$, **Thi**$^+$, …이다. 이는 아미노산 메티오닌과 비타민인 비오틴(biotin)을 만들 수 없다. 그래서 이들 물질을 포함한 배지에서만 자랄 수

그림 5.3

A. 대장균에서 유전적 재조합을 보이는 레더버그와 테이텀의 실험

B. 두 균주 사이에서 물리적 접촉을 나타내는 데이비스의 U-관 실험.

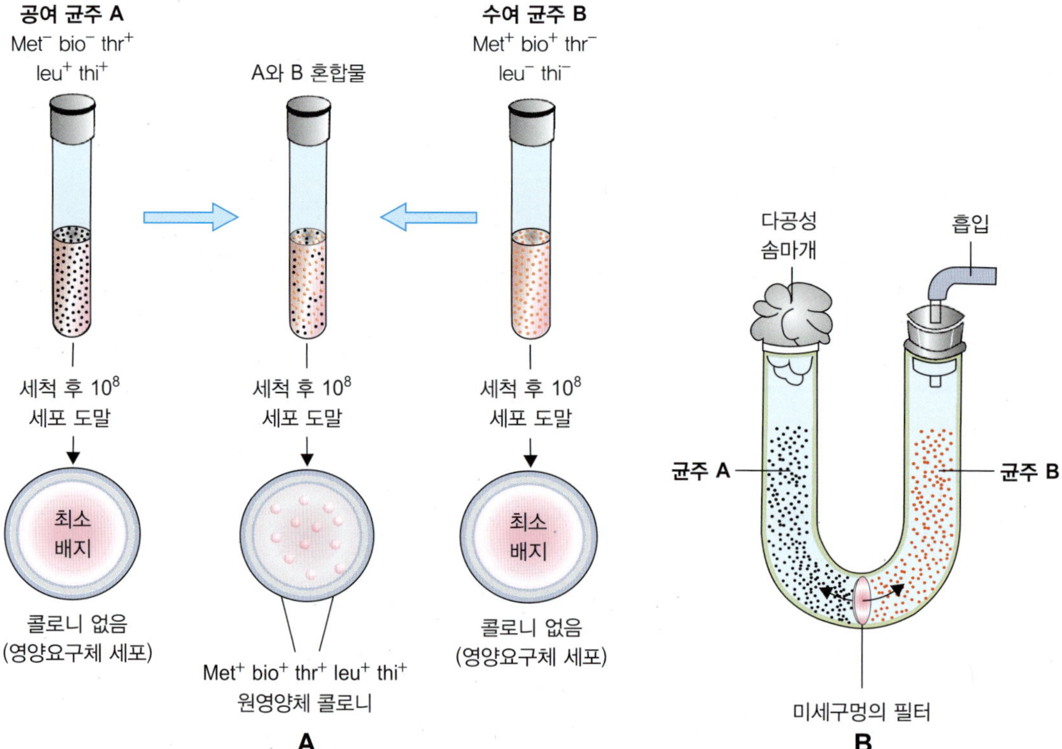

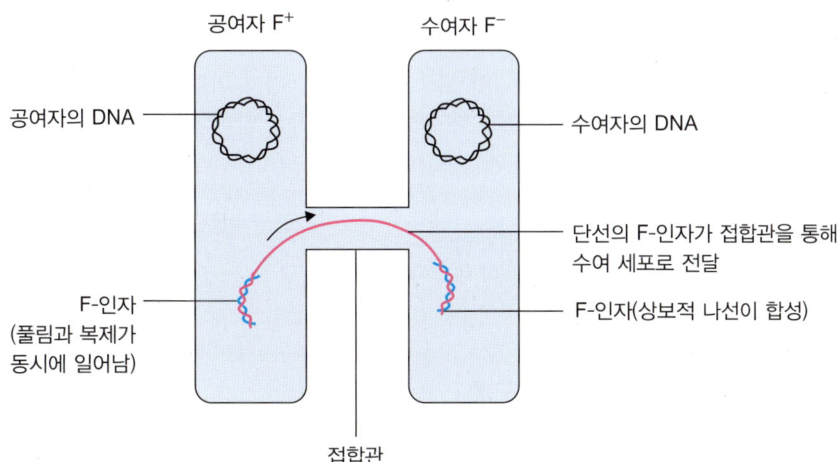

그림 5.4
박테리아 접합 모식도

있다.

- **B 변이체 균주**(암컷 또는 수여 균주로 사용)는 **Met**$^+$, **Bio**$^-$, **Thr**$^+$, **Leu**$^+$, **Thi**$^+$, … 유전적 조성을 가진다. 이는 아미노산 트레오닌, 루이신, 티오닌(thionine)을 합성하지 못하며 이들이 들어간 배지에서만 자랄 수 있다.

두 균주의 대장균을 따로 배양하면 이들은 최소배지에서 자랄 수 없다. 그러나 두 균주를 혼합하면 최소배지에서 자라며 콜로니를 형성한다. 이것은 트레오닌과 루이신, 티오닌에 대한 합성 정보를 가진 공여 DNA의 부분이 접합을 통해 수여 균주로 전달되어 수여 균주의 유전자형이 된다는 것을 나타낸다.

레더버그(Lederberg)와 **테이텀**(Tatum)의 실험(그림 5.3)은 접합으로 F$^+$ 박테리아의 유전물질(DNA)이 F$^-$ 박테리아로 전달된다는 것을 보여준다. 접합이 일어나는 동안 두 접합 세포 사이에는 세포질 다리가 만들어진다(그림 5.4). 세포질 다리가 형성된 후 접합 중인 박테리아를 일정한 간격으로 분쇄기에 넣어 분석해 보면 전달되는 DNA의 양은 접합 기간 동안 변한다는 것을 알 수 있었다. 그러므로 DNA의 길이와 전달된 유전정보의 양은 정비례하였다.

4) DNA가 유전물질임을 증명하는 허쉬와 체이스의 박테리오파지 감염 실험

박테리아에 감염하는 바이러스를 연구하여 DNA가 유전정보를 가진다는 것을 보여주었다. 이러한 바이러스를 **박테리오파지** 또는 **파지**라고 한다.

1952년 **허쉬**(A. D. Hershey)와 **체이스**(M. J. Chase)는 대장균에 감염하는 T_2 파지의 실험을 통해 T_2 파지의 유전정보는 DNA에 있다는 것을 밝혔다(그림 5.6). 황(^{35}S)과 인(^{32}P) 원자의 방사성동위원소로 표지한 파지 입자를 다음과 같이 준비한다:

(1) 파지를 **방사성 황 원자**를 포함하는 박테리아에서 키운다. 황 원자는 아미노산에 끼어들어 가서 파지의 단백질 껍질을 형성한다.

부가 설명: 박테리오파지의 생활사

파지는 꼬리로 박테리아 세포에 부착한다. 머리 안에 있는 DNA만 박테리아 세포 안으로 들어가고 머리와 꼬리의 단백질 껍질은 밖에 남아 있다. 박테리아 세포 안에서 파지 DNA는 복제를 하여 새로운 파지의 DNA 분자를 많이 생산한다. 이 DNA 분자 각각은 자신의 단백질 껍질과 조립하여 자손 파지를 만든 뒤 숙주세포를 파괴하고 방출한다.

그림 5.5

대장균에서 T_2 박테리오파지의 용균 생활사

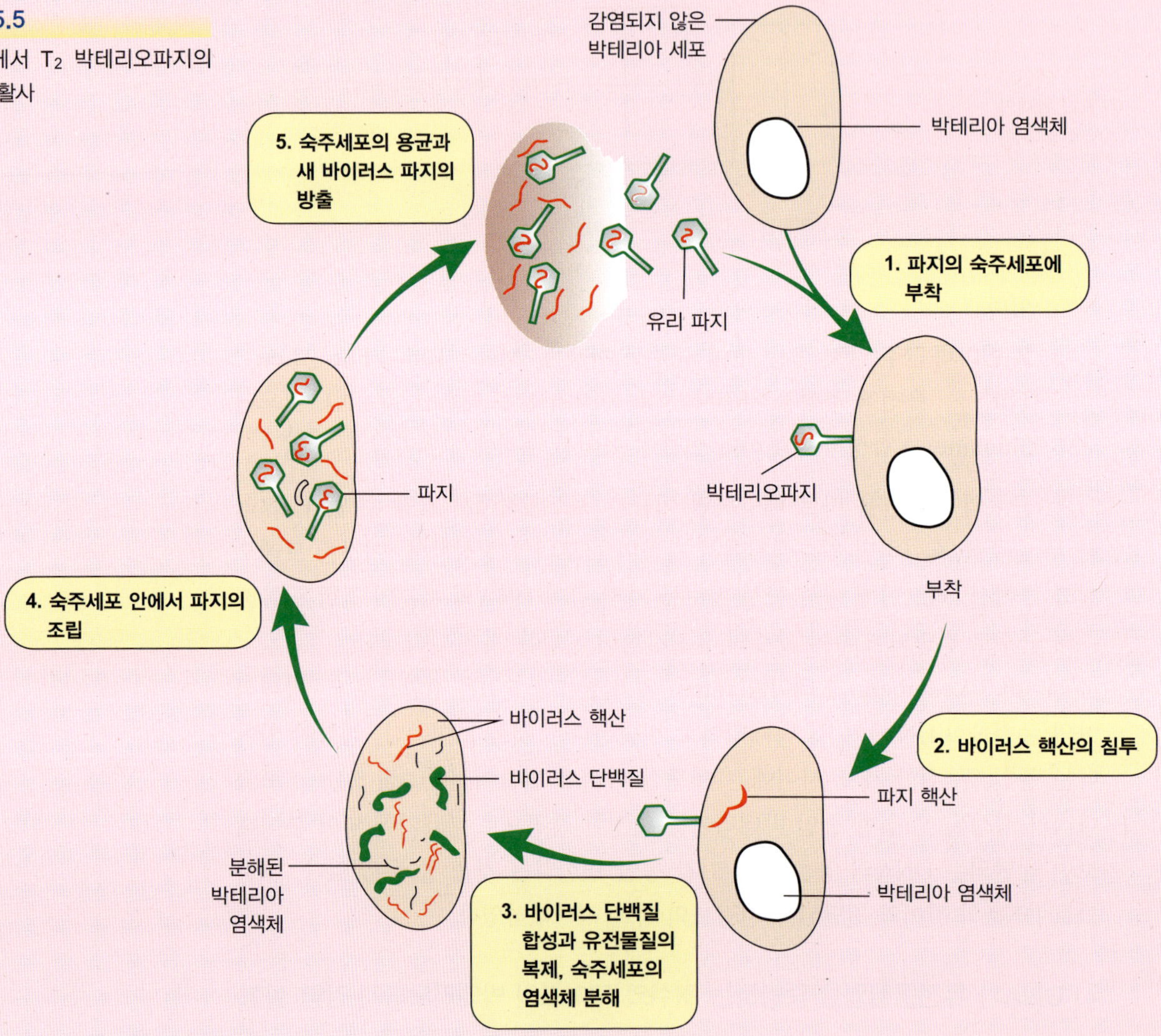

감염되지 않은 박테리아 세포

박테리아 염색체

1. 파지의 숙주세포에 부착

박테리오파지

부착

2. 바이러스 핵산의 침투

파지 핵산

박테리아 염색체

3. 바이러스 단백질 합성과 유전물질의 복제, 숙주세포의 염색체 분해

바이러스 핵산

바이러스 단백질

분해된 박테리아 염색체

4. 숙주세포 안에서 파지의 조립

파지

5. 숙주세포의 용균과 새 바이러스 파지의 방출

유리 파지

알프레드 허쉬(Alfred Hershey, 1908. 12. 4)

허쉬는 미생물학자이며 델브뤼크가 만든 '파지 그룹'의 설립 회원이다. 그는 미시간 주립대학에서 브루셀라(Brussella) 세균 연구로 1934년에 박사학위를 했다. 그는 파지의 생활사를 발견하고 파지의 DNA만이 숙주세포로 들어가서 유전물질로 작용하고 단백질은 밖에 남는다는 것을 밝혀 1969년에 **루리아**(Luria)와 **델브뤼크**(Delbruck)와 함께 노벨상을 받았다.

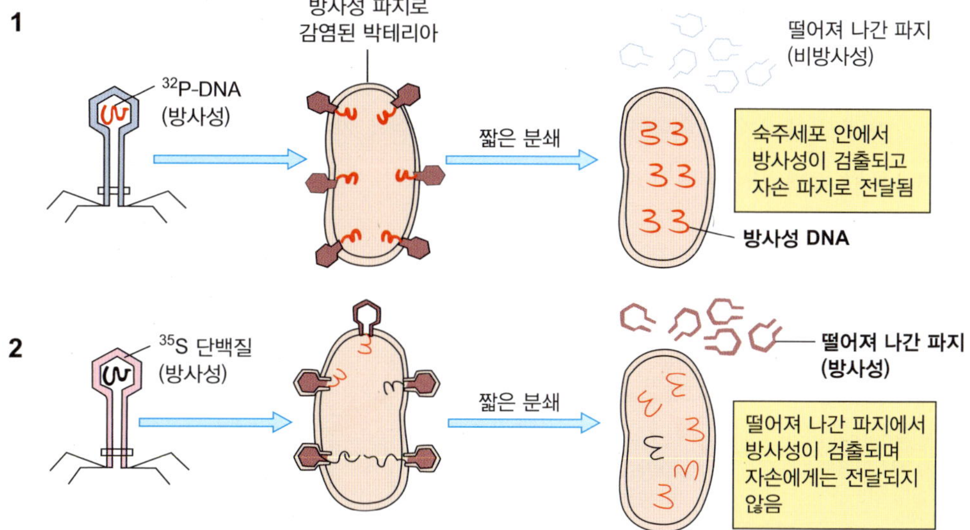

그림 5.6

T_2 박테리오파지의 유전물질이 DNA임을 밝히는 허쉬의 실험 모식도

A. 방사성 인이 든 배지에서 키운 박테리오파지는 방사성 물질을 박테리아 세포로 전달한다;

B. 방사성 황이 든 배지에서 키운 박테리오파지는 방사성 물질을 박테리아 세포로 전달하지 않는다.

(2) 파지를 **방사성 인 원자**가 들어 있는 박테리아에서 키운다. 인은 DNA의 주요 구성물이다. 그래서 이들 박테리오파지의 방사성은 DNA에만 들어 있게 된다.

방사성으로 표지한 두 종류의 파지를 따로 따로 박테리아에 감염시킨다. 감염 후 20분 정도 후에 박테리아 세포는 자손 파지를 방출한다. 이 자손 파지에서 방사성을 측정하면 다음과 같은 결론을 얻을 수 있다:

(1) 방사성동위원소 인에서 키운 파지는 그들의 방사성 성분을 자손 파지의 입자로 전달한다.

(2) **방사성 황 원자**를 가진 방사성 파지는 자손 파지로 방사성을 전달하지 않

는다. 그들의 **방사성 황 원자**는 박테리오파지에 그대로 남아 있다(단백질 껍질은 박테리아 세포 바깥에 남아 있다).

이 결과는 **DNA**가 유전물질을 구성한다는 것을 명확하게 나타낸다.

5) DNA가 유전정보를 가짐을 나타내는 형질도입 실험

형질도입은 하나의 박테리아 세포의 작은 DNA 조각이 파지를 통해 다른 세포로 전달되는 것이다. 파지는 박테리아 세포 안에서 증식하는 동안 가끔 박테리아 염색체의 DNA 조각을 자신에게 포함시킨 후 숙주세포 밖으로 나와 새 박테리아에 부착한다. 새 박테리아에 감염하는 동안 자신의 DNA와 저번 숙주의 박테리아 염색체 조각을 방출한다. 이 조각은 새 숙주의 염색체와 교차 과정을 거치면서 저번 숙주의 유전자를 삽입하게 한다(**그림 5.7**). DNA만이 전달되기 때문에 DNA가 유전자를 구성한다는 명백한 증거가 된다.

6) DNA에 대한 자외선의 영향에 대한 연구로부터의 증거

핵산은 자외선을 매우 강하게 흡수하며 260 nm의 파장에서 최대 흡수도를 보인다. 여러 생물에서 260 nm의 자외선으로 돌연변이를 최고로 많이 만들 수 있다. 가해진 에너지 단위당 만들어진 돌연변이 수와 가해진 에너지의 파장을 비교해 보면 돌연변이에 대한 작용 범위를 알 수 있다. 돌연변이 생산에 대한 작용 범위

그림 5.7
박테리아 도입의 모식도

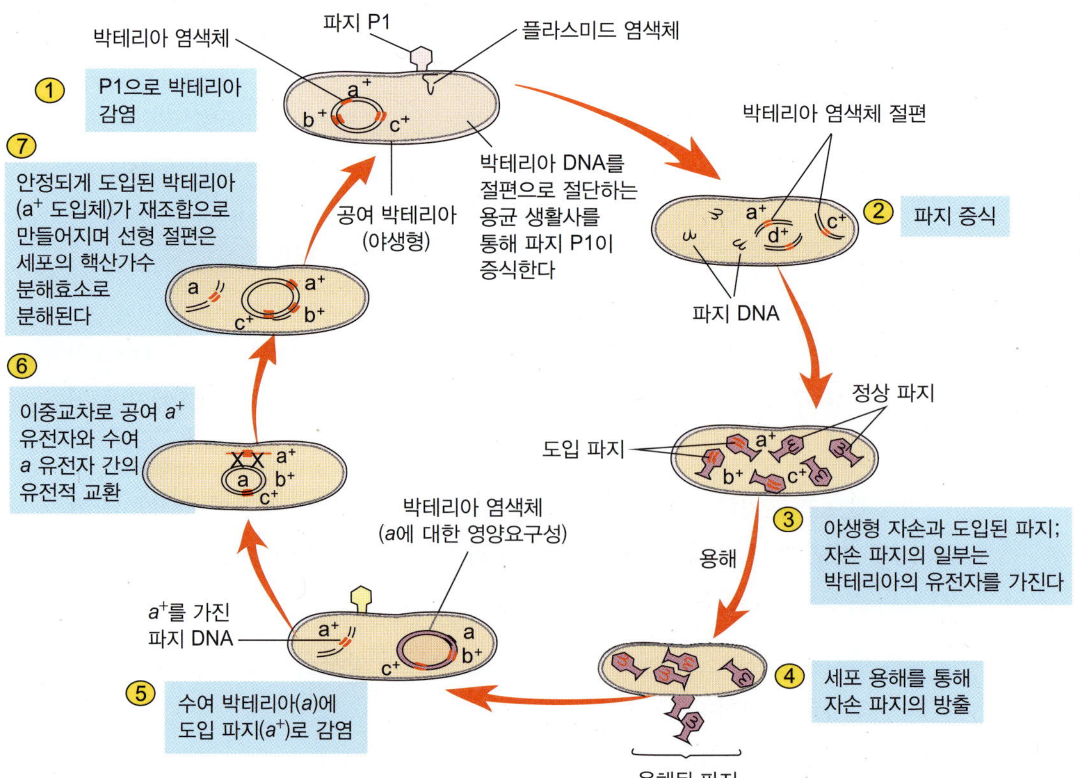

와 핵산의 흡수 범위 사이에는 매우 밀접한 연관성이 있다. 이 현상은 유전자가 핵산 분자로 구성되었다고 가정할 때 설명이 가능해진다. 이 분자들이 에너지를 흡수할 때 돌연변이가 만들어진다. 흡수된 에너지는 핵산 분자에 변화를 주고 유전자에 돌연변이를 일으키는 데 효과적이다.

7) DNA가 유전물질임에 대한 생화학적 증거

DNA에 대한 생화학적인 연구는 DNA가 유전물질이라는 증거를 강력하게 지지한다:

(1) 세포당 DNA 양: 한 종의 개체에 있는 세포 내 DNA 양은 환경적 조건이나 영양상의 변화가 있어도 바뀌지 않는다.

(2) 다른 생물체의 세포 내 DNA 양: 세포당 DNA 양은 세포의 복잡성과 그것이 가진 유전정보의 양에 비례적이다. **표 5.1**은 여러 생물체의 DNA 양을 나타낸다. 이는 DNA 양이 많으면 많을수록 생물은 더 많이 진화되었다는 것을 나타낸다. 예를 들면 박테리아는 세포당 약 0.02 pg(1 pg = 1×10^{-12} g)의 DNA를 가지는 반면, 고등동물의 조직은 세포당 약 6 pg의 DNA를 가진다. 박테리아와 바이러스는 비교적 적은 유전정보를 가지므로 유전자 수와 DNA 양도 비교적 적다. 예로서 박테리오파지 $\phi \times 174$는 단지 9개 유전자와 1.8달톤(dalton)의 DNA를 가진다.

(3) 유전자의 시험관 합성: **하르 고빈드 코라나**(Har Gobind Khorana)가 77개 뉴클레오티드로 구성된 효모의 유전자를 처음으로 합성하였다. 나중에 하버드 대학의 미국 생화학자들이 650개로 된 토끼의 더 복잡한 유전자의 합성과 합성 활성을 조절하는 데 성공하였다. 현재 과학자들은 실험실

표 5.1 바이러스를 포함한 생물에서 세포당 DNA의 대략적인 양

번호	종	DNA 양 pg/세포	뉴클레오티드쌍 수(백만)
1.	T4 박테리오파지	0.0024	0.7
2.	박테리아	0.002~0.06	2
3.	곰팡이	0.02~0.17	20
4.	해면	0.1	100
5.	연체동물	1.2	1000
6.	갑각류	3	2800
7.	어류	2	2000
8.	양서류	7	6500
9.	조류	2	2000
10.	파충류	5	4500
11.	포유동물	6	5500

에서 유전자를 성공적으로 합성할 수 있으며 유전자가 DNA 분자라는 것을 의심하지 않는다.

(4) DNA에서의 염기간 평형: **샤가프**(E. Chargaff, 1949~1953)는 여러 생물에서 얻은 DNA를 가수분해시켜 4가지 염기를 정량 분석하였다. 이 연구에서 다음과 같은 사실을 얻었다:

- DNA의 염기 조성은 종마다 다르다.
- 같은 종의 다른 조직에서 얻은 DNA는 같은 염기 조성을 가진다.
- 한 종의 DNA 염기 조성은 연령이나 영양 상태 또는 환경에 따라 변하지 않는다.
- 아데닌의 수는 티민의 수와 항상 같고(A = T) 구아닌 수는 시토신 수와 항상 같다(G = C). 결국 퓨린의 수는 피리미딘 수와 같다(A + G = T + C). 이를 **'샤가프 법칙**(Chargaff's rule)'이라 한다.
- 매우 가까운 종들의 DNA에서는 염기 조성이 거의 유사하며 상당히 다른 종의 DNA 염기 조성은 많이 다르다.

DNA가 유전물질이라는 간접 증거: 다음의 사실들은 DNA가 유전물질이라는 것을 추가로 확증하였다.

- 한 개체의 모든 이배체 세포에 있는 전체 DNA 양과 한 종의 모든 개체의 세포에 있는 DNA 양은 똑같다.
- 배우자는 부모 세포나 체세포에 있는 DNA 양의 절반을 가진다.
- 암컷과 수컷 배우자가 수정하여 접합체가 되면 DNA 양은 두 배가 되어 부모의 체세포 DNA 양과 같아진다.
- 다배체(polyploidy)의 세포에는 배수만큼의 DNA 양이 증가한다.

(5) DNA는 돌연변이가 생길 때를 제외하곤 세포 대사과정이나 전체 세포주기 동안 온전히 유지된다.

(6) DNA의 조성은 한 종의 모든 개체에서 동일하지만 다른 종의 개체에서는 다르다.

(7) 유전자에서 돌연변이를 일으키는 물리적, 화학적 물질은 DNA의 화학적 구조를 바꾼다.

5.4 RNA가 유전물질일 수 있는 증거

1. 프랜켈 콘랫과 스탠리의 담배모자이크 바이러스 실험

캘리포니아 대학의 **프랜켈 콘라트**(Fraenkel Conrat)와 **스탠리**(Stanley)는 담배모

그림 5.8
TMV에서 RNA가 유전물질임을 밝히는 프랜켈 콘라트와 스탠리의 실험

자이크 바이러스(TMV)로 실험을 하여 어떤 바이러스는 RNA가 유전물질로 역할 한다는 것을 밝혔다(**그림 5.8**). 식물 바이러스 대부분과 동물 바이러스 일부는 RNA와 단백질로 이루어져 있다.

감염된 담배 잎에서 TMV 입자를 얻은 후 단백질과 핵산(RNA)을 따로 추출하여 조사한 결과 다음의 사실을 알게 되었다:

- 바이러스의 단백질 껍질을 가진 세포 찌꺼기를 건강한 담배 잎에 넣어 주면 담배 잎은 건강한 채로 남는다.
- 핵산을 포함한 세포 여과물을 담배 잎에 넣으면 담배는 바이러스로 감염되어 죽는다.

이상의 결과는 감염을 일으키는 것이 단백질이 아니라 RNA임을 보여준다. 이 두 물질을 함께 섞으면 TMV 입자가 재구성된다. 재구성된 TMV 입자는 감염을 일으킬 수 있다.

혼성 바이러스로부터의 증거: 한 바이러스의 RNA와 다른 바이러스의 단백질로 키메라 바이러스 입자를 합성할 수 있다(**그림 5.9**). 이 혼성 바이러스는 담배모자이크 바이러스(TMV)와 HRV(Holmes ribgrass virus)로부터 만들었다. 이 두 바이러스는 다음의 특징이 다르다:

(1) 두 바이러스의 단백질은 아미노산의 빈도와 서열이 다르다.

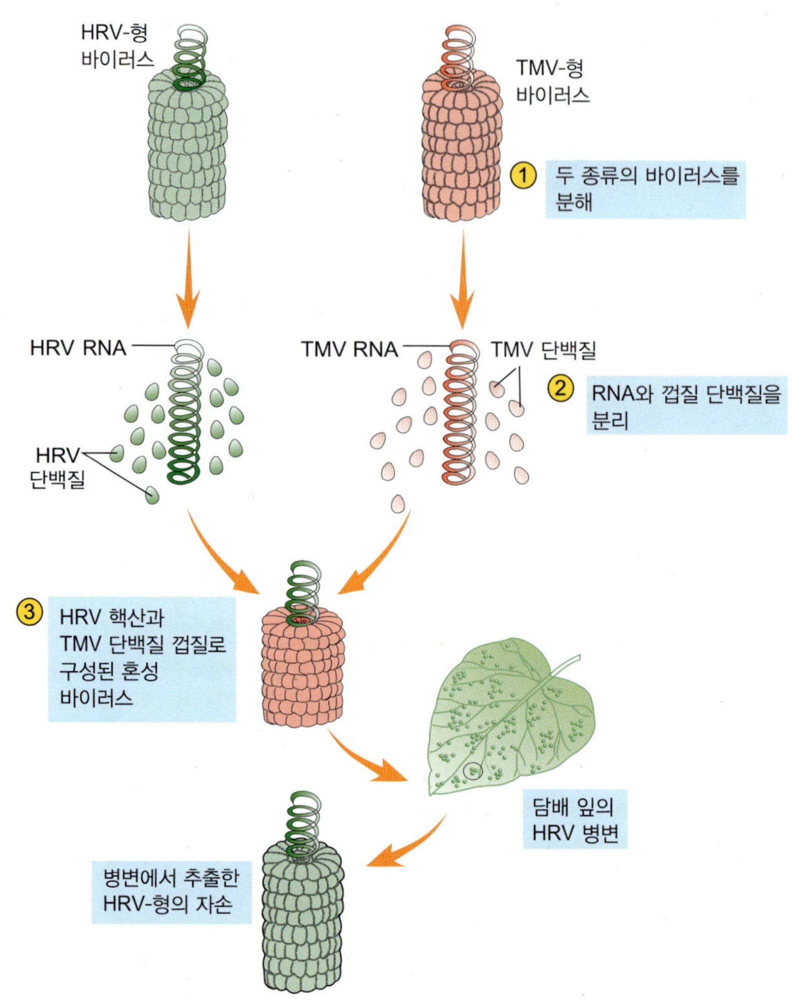

그림 5.9
TMV에서 RNA가 유전물질임을 밝히는 프랜켈 콘라트와 스탠리의 실험

(2) RNA의 염기서열도 다르다.

(3) TMV 입자는 담배 식물 잎에 반점을 만드는 반면 HRV 입자는 구별되는 고리 모양을 만든다.

상호간의 혼성 바이러스는 한 바이러스의 단백질과 다른 바이러스의 RNA를 사용하여 얻었다. 이 키메라 바이러스 입자는 RNA를 얻은 바이러스와 유사한 감염 특징을 보였다. 자손 바이러스 입자의 단백질 껍질은 RNA를 사용한 바이러스와 일치하였다.

이어지는 실험에서 프랜켈 콘라트는 분리한 핵산만이 바이러스의 활성을 갖는다는 것을 발견하였다. 이 실험은 식물 바이러스의 유전물질이 RNA임을 증명하는 것이다. 어떤 RNA 바이러스는 단일가닥 RNA(ssRNA)를 가지는 반면 이중가닥 RNA(dsRNA)를 가진 바이러스도 있다.

문 제

1. 유전물질의 주요 특징을 요약하시오.

2. DNA가 유전물질임을 보여주는 두 가지 실험을 기술하시오.

3. 그리피스와 에이버리가 폐렴쌍구균에서 DNA가 형질전환 물질이라는 것을 밝히는 형질전환 실험에 대해 설명하시오.

4. 식물 바이러스에서 어떤 핵산이 유전물질로 작용하는가? 어떤 생물에서 RNA가 유전물질로 작용하는 것을 증명하는 실험에 대해 설명하시오.

5. 다음에 짧게 답하시오:
   (a) 형질도입
   (b) 형질전환
   (c) TMV
   (d) 프랜켈 콘라트 실험
   (e) 그리피스 실험

6. DNA가 유전물질이란 개념을 지지하는 생물학적 증거들을 요약하시오.

7. RNA도 유전 기능을 가진다는 것을 증명하는 실험을 기술하시오.

8. 핵산을 누가, 어디에서 발견하였나?

9. 박테리아의 형질전환 실험을 고안한 과학자의 이름은?

10. 박테리아의 형질전환 실험에 사용한 박테리아는?

11. 단백질이 구조적 다양성을 더 많이 가지고 있는데도 유전물질이 아닌 이유는?

12. 초기에는 단백질이 유전물질로 간주되었던 이유는?

13. 그리피스 효과를 정의하면?

14. 비독성 *Diplococcus* 균주를 독성 균주로 바꾼 형질전환 물질이 DNA라는 것을 밝힌 과학자 이름은?

15. 대장균의 영양요구성 균주를 정의하시오.

16. 박테리아의 영양요구성 균주와 원영양체 균주의 차이점은 무엇인가?

17. 박테리아의 접합을 발견한 사람은?

18. 형질도입과 형질전환의 차이는 무엇인가?

19. RNA가 유전물질로 작용하는 생물 하나를 쓰시오.

20. 키메라 바이러스 입자는 무엇인가?

디옥시리보핵산(DNA) 6

학습 목표

- **핵산**(Nucleic Acid)
- **디옥시리보핵산**(Deoxyribonucleic acid)
  - 화학적 구성
  - DNA에서 질소 염기의 몰 비율
- DNA 분자 구조
- 왓슨과 크릭의 DNA 이중나선 모델: 왓슨과 크릭 모델의 중요한 특징
- 왓슨과 크릭의 DNA 이중나선 모델의 생물학적 중요성
- DNA 형태: B-DNA, A-DNA, C-DNA, D-DNA, Z-DNA
- 변성-재생
- 이형이중나선 DNA: 이형이중나선 DNA의 형성
- 이형이중나선 DNA의 운명
- 단일가닥 DNA
- DNA의 시험관내(*in vitro*) 합성
- 바이러스와 원핵생물에서 DNA의 초나선 꼬임
- 진핵세포 유전체의 반복 DNA 서열: 고도 반복 DNA 서열
- 보통 반복 DNA 서열
- 비반복 DNA 서열
- 이기적(selfish) DNA와 폐물(junk) DNA
- 회문구조(palindrome)와 역위 반복(inverted repeat)
- mtDNA, ctDNA, 촉매 DNA 또는 디옥시리보자임

6.1 핵산(Nucleic Acid)

모든 살아 있는 생명체의 세포에서 다음과 같은 두 종류의 핵산이 발견된다.

(1) 디옥시리보핵산(Deoxyribonucleic acid) - **DNA**
(2) 리보핵산(Ribonucleic acid) - **RNA**

디옥시리보핵산(deoxyribonucleic acid, DNA)은 생명체의 발생과 기능에 대한 유전정보를 가지고 있다. 모든 생명체는 DNA 유전체(genome)를 가진다. 예외적으로 몇 가지 바이러스 그룹은 RNA 유전체를 갖는다. 그러나 바이러스는 일반적으로 살아있는 생명체로 간주되지 않는다. 세포에서 DNA의 주된 역할은 정보를 장기간 저장하는 것이다. 유전체는 단백질 및 RNA 분자와 같은 세포의 다른 구성 요소를 만드는 지침을 포함하고 있기 때문에 종종

표 6.1 1953년까지 DNA 지식에 기여한 연구 결과

연도	과학자	연구
1869	미셔(Miescher)	고름 세포(백혈구, WBC)로부터 준비한 추출물에서 핵(nuclein, DNA) 발견
1894	코셀, 노이먼(Kossel과 Neumann)	DNA의 4개 염기 중 3개 발견
1900	해머스타인(Hammerstein)	DNA가 5탄당을 포함하고 있음을 규명
1910	레빈(Levene)	4 뉴클레오티드설(tetranucleotide hypothesis)을 제안
1929	레빈(Levene)	당이 2′ 디옥시리보오스임을 입증
1934	카스퍼슨(Caspersson)	DNA가 거대 분자라는 것을 증명하고 4 뉴클레오티드설을 폐기함
1944	에이버리, 맥클레오드, 맥카티(Avery, MacLeod, McCarty)	형질전환의 주체는 DNA다, 즉 DNA가 유전물질이라는 것을 처음으로 증명
1950	샤가프(Chargaff)	서로 다른 곳에서 유래한 DNA 염기 비율이 일정함을 보여주는 결과 발표
1950	모리스 윌킨스, 레이몬드 고슬링(Maurice Wilkins, Raymond Gosling)	X-선 회절을 이용한 첫 번째 DNA 이미지 준비
1952	허시, 체이스(Hershey, Chase)	파지의 유전물질이 DNA라는 것을 밝힘
1952	플랭클린, 윌킨스(Franklin, Wilkins)	DNA가 나선형임을 나타내는 X-선 회절 사진을 찍음
1953	왓슨, 크릭(Watson, Crick)	DNA가 이중나선 구조임을 추정
1956	프렌켈 콘라드, 싱어(Fraenkel Conrat, Singer)	일부 바이러스가 유전물질로서 RNA를 가지고 있음을 밝힘

청사진과 비교된다. 이러한 유전정보를 가지는 DNA 부분을 유전자라고 부른다. 그러나 단지 유전체의 구조를 만드는 데 사용되는 DNA 서열도 있고, 또는 디옥시리보자임(deoxyribozyme)으로 작용하여 유전정보 발현의 조절에 관여하는 DNA 서열도 존재한다.

리보핵산(ribonucleic acid)은 단백질 합성 중에 다른 기능을 수행한다. mRNA는 DNA로부터 정보를 복사한 후 단백질 합성 부위로 이동한다. tRNA 분자는 리보솜으로 아미노산을 가져오는 역할을 하고 rRNA는 리보솜을 구성하는 성분으로 이용된다.

6.2 디옥시리보핵산: DNA

1. DNA는 모든 생명체의 유전물질이다

DNA가 없고 RNA를 유전물질로 가지는 식물 바이러스를 제외한 모든 생물체의 세포에서 디옥시리보핵산(DNA)이 발견된다. 박테리오파지와 동물 바이러스의 내부에는 단일 분자의 DNA가 존재하며, 이 DNA는 나선 상태로 단백질 껍질(외피 단백질)에 싸여 있다. 박테리아와 진핵세포의 미토콘드리아 그리고 색소체(plastid)의 세포질에는 원형의 DNA가 히스톤이 결합하지 않고 노출된 상

부가 설명: 디옥시리보오스 5탄당(Deoxyribose Pentose Sugar)

2′-디옥시리보오스(5탄당, pentose sugar)라는 명칭은 2′ 탄소 원자의 수산기(−OH)가 수소기(−H)로 치환된 리보오스당 유도체임을 나타낸다. 리보오스와 디옥시리보오스의 탄소 번호는 프라임(′)을 찍어서 표시한다. 프라임은 당의 탄소 원자를 질소 염기 고리에 존재하는 탄소 및 질소 원자와 구별하는 데 사용된다.

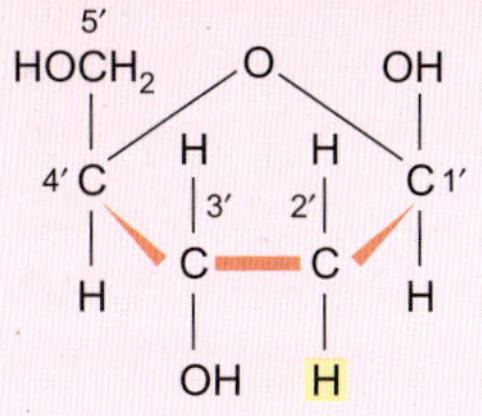

5′ HOCH$_2$ O OH 4′ C H H C 1′ 3′ 2′ H C C H OH H

디옥시리보오스

그림 6.1

디옥시리보오스 분자

태로(naked) 존재한다. 진핵세포의 핵에서 DNA는 긴 나선형 코일 형태의 가지가 없는 실 모양으로 존재한다. 세포당 DNA 분자 수는 염색체 수와 같다. 진핵세포에서 DNA는 염기성 단백질과 결합하여 **핵단백질 섬유**(nucleoprotein fibre) 또는 **염색질 물질**(chromatin material)을 형성하는데 이들은 핵으로 둘러싸여 있다.

2. 화학적 구성

화학 분석에 따르면 DNA는 세 가지 화합물로 구성되어 있다.

(1) 당 분자: 당은 5탄당인 **디옥시리보오스**(**2′-디옥시리보오스**)이다.

(2) 인산기

(3) 질소 염기(Nitrogenous Base): 질소를 함유하는 고리 모양의 유기 화합물이다.

염기에는 네 가지 종류가 있다:

(1) **A**로 표시되는 아데닌(Adenine)

(2) **T**로 표시되는 티민(Thymine)

(3) **C**로 표시되는 시토신(Cytosine)

(4) **G**로 표현되는 구아닌(Guanine)

위의 네 가지 질소 염기는 두 가지 범주로 분리된다: 하나의 고리 구조를 갖는 것을 피리미딘(pyrimidine)이라 하고 이중 고리 화합물을 퓨린(purine)이라 한다.

(1) 피리미딘(pyrimidine): 피리미딘 분자는 하나의 고리로만 이루어져 있다. 고리는 육각형이며 이종 고리(heterocyclic compound, 복소환, 複素環, 고리에 탄소 이외의 원소를 포함하는 구조)이다. 이것은 4개의 탄소 원자와 2개의 질소 원자로 이루어져 있다. 고리의 원자는 시계 방향으로 번호가 매겨진다. 질소 원자는 1번과 3번째 위치에 존재하고 나머지 위치에는 탄소 원자가 존재한다.

그림 6.2

DNA와 RNA의 질소 염기의 일반적인 구조: 기본 구조 화합물은 퓨린(상단)과 피리미딘(하단)이다. 염기 간의 차이점이 강조 표시되어 있다. (원자는 국제 시스템에 따라 번호가 매겨졌다.)

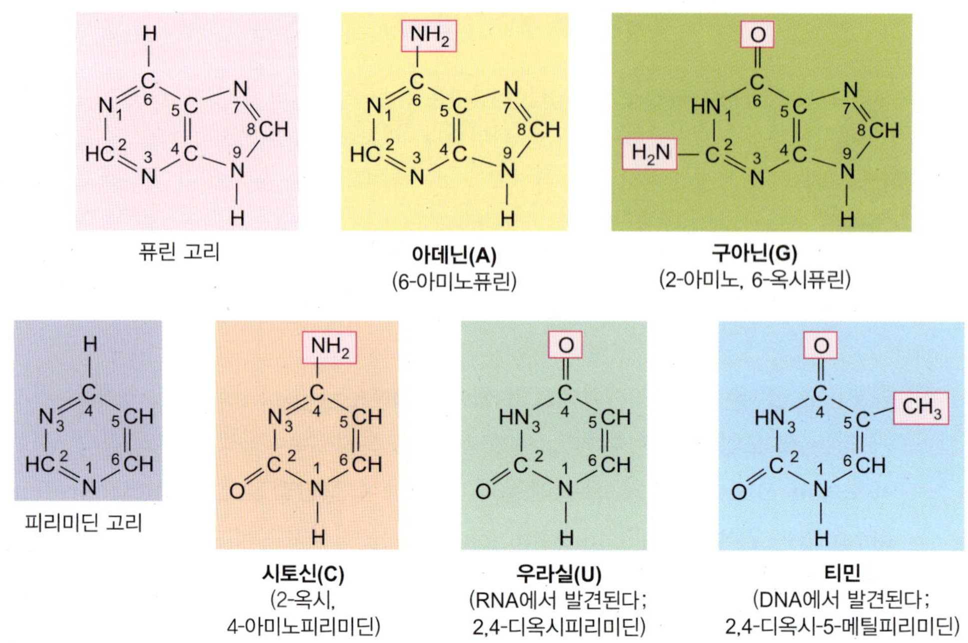

DNA에서 발견되는 피리미딘 질소 염기는 **시토신**과 **티민**이다(그림 6.2). 그러나 RNA에서는 **시토신**(cytosine)과 **우라실**(uracil)이 존재한다. 3개의 모든 질소 염기에서, 2번 위치에 존재하는 탄소 원자(C-2)는 산소 원자와 이중결합을 이룬다. 3개의 피리미딘 염기는 C-5 탄소 원자에 작용기가 존재하거나 C-4 탄소에 C=O 또는 C-NH_2기가 결합하는 차이가 있다. **시토신**은 2-옥시,4-아미노(2-oxy,4-amino) 피리미딘이고, **우라실**은 2,4-디옥시(2,4-dioxy) 피리미딘이며, **티민**은 5-메틸(5-methyl) 우라실이다.

(2) 퓨린(purine): 퓨린은 2개의 고리로 이루어진 질소 화합물이다 각각의 퓨린 분자는 9개 원자로 구성된 **이중 고리**(dicyclic)로 이루어졌다(그림 6.2). 6개 원자로 이루어진 하나의 **피리미딘 고리**(pyrimidine ring)와 5개의 원자로 구성된 **이미다졸 고리**(imidazole ring)가 결합되어 있다. 원자들은 피리미딘 고리에서는 반시계 방향으로, 이미다졸 고리에서는 시계 방향으로 번호를 매긴다. 2개의 고리는 4번과 5번 탄소 원자를 공유한다. 퓨린 고리에서 질소 원자는 1, 3, 7 그리고 9번째 위치에 4개 존재한다.

3. DNA에서 질소 염기의 몰 비율(샤가프의 등몰량 염기 비율)

화학적 분석을 통하여 DNA의 또 다른 근본적인 특징을 알게 되었다. 이것은 1950년에 샤가프에 의해 밝혀져서 이 법칙을 **샤가프의 등몰량 염기 비율**(Chargaff's equimolar base ratio, 샤가프의 염기 등가성)이라고 부른다.

이 비율에 따르면:

(1) 추출한 생명체의 종류와 상관없이 하나의 DNA 분자에는 퓨린과 피리미딘 성분이 동일한 양으로 존재한다.
(2) 아데닌(**A**)의 양은 티민(**T**)의 양과 같고 시토신(**C**)의 양은 구아닌(**G**)의 양과 같다.
(3) **A = T 쌍**과 **G ≡ C 쌍** 사이의 염기 비율은 서로 다른 그룹의 동물의 DNA끼리는 다를 수 있지만 특정 종에서는 항상 일정하다. 따라서 이 염기 비율은 특정 생물에서 유래한 DNA를 확인하는 데 사용되었다.

샤가프의 등몰량 규칙은 바이러스와 박테리아에서부터 모든 식물과 동물에 거의 보편적으로 적용된다. 그러나 아데닌과 티민에 대한 구아닌과 시토신의 총 농도, 즉 (G) + (C) / (A) + (T)의 비율을 결정하는 규칙은 없다. 실제로 박테리아의 종류에 따라 이 비율은 0.37에서 3.16까지 큰 차이가 있다. 일반적으로 고등 식물과 동물의 DNA는 아데닌과 티민(A: T)이 풍부하고 구아닌과 시토신(G: C)은 상대적으로 적은 것으로 밝혀졌다. 미생물, 하등 식물, 동물의 DNA는 구아닌과 시토신이 풍부하고 아데닌과 티민은 적은 편이다. 미생물과 고등 생물체의 A = T / G ≡ C 비율의 차이는 DNA 분자에 저장된 유전정보가 차이가 있다는 것을 나타낸다.

6.3 DNA 분자 구조

DNA 구성물은 꽤 이른 시기에 분리되었지만, 이들이 어떻게 세포학적 그리고 유전학적 기능을 수행할 수 있도록 배열되어 있는지는 오랫동안 알려지지 않았다. DNA가 긴 사슬형의 중합체라는 것은 1930년대 후반에 알려졌다. 그러나 1953년에 이르러서야 **왓슨**과 **크릭**이 DNA의 작동 모델을 제시하였다. 이 모델은 DNA의 화학적 구조뿐만 아니라 DNA 자신을 복제하는 기작을 묘사하였다.

1. 뉴클레오시드

(인산염 그룹이 없이) 디옥시리보오스 분자와 결합된 질소 염기를 **디옥시리보뉴클레오시드**(deoxyribonucleoside) 또는 **뉴클레오시드**(nucleoside)라 부른다. 질

부가 설명: 뉴클레오시드와 뉴클레오티드

핵산에서 질소 염기는 항상 5탄당의 C-1′ 탄소에 공유결합인 β-N-글리코시드 연결에 의해 결합되어 있다. 피리미딘 염기는 1번 질소가 결합하고, 퓨린 염기는 9번 질소가 결합한다. 5탄당 분자와 질소 염기가 결합하여 **뉴클레오시드**를 만든다.

인산기는 5탄당의 C-5′ 탄소 원자에 붙어 있다. 당 + 질소 염기 + 인산염은 함께 뉴클레오티드를 형성한다. DNA에서는 뉴클레오시드와 뉴클레오티드가 **디옥시리보뉴클레오시드**(deoxyribonucleosides)와 **디옥시리보뉴클레오티드**(deoxyribonucleotides)라고 불린다. RNA에서는 각각 **리보뉴클레오시드**(ribonucleoside)와 **리보뉴클레오티드**(ribonucleotides)라 불린다.

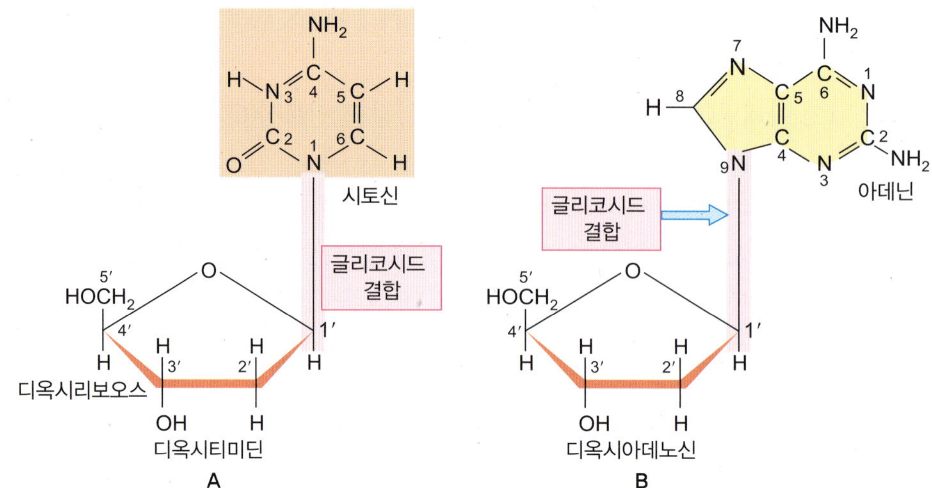

그림 6.3

A. 피리미딘 질소 염기인 시토신과 디옥시리보오스 당의 C-1′의 연결

B. 뉴클레오시드에서 N-글리코시드 결합을 통한 디옥시리보오스의 C-1′과 아데닌(퓨린 질소 염기)의 연결

소 염기는 디옥시리보오스의 첫 번째 탄소 원자 C-1′에 피리미딘(C와 T)의 1번 질소와 퓨린(A와 G)의 9번 질소가 **N-글리코시드 결합**(N-glycosidic bond, 그림 6.3)으로 붙어 있다. 전체적으로 DNA 분자에는 4개의 뉴클레오시드가 존재한다.

이것들은 다음과 같다.

(1) **디옥시아데노신**(deoxyadenosine) = 아데닌 + 디옥시리보오스

(2) **디옥시구아노신**(deoxyguanosine) = 구아닌 + 디옥시리보오스

(3) **디옥시시티딘**(deoxycytidine) = 시토신 + 디옥시리보오스

(4) **디옥시티미딘**(deoxythymidine) = 티민 + 디옥시리보오스

2. 뉴클레오티드는 DNA 단량체이다

뉴클레오티드는 디옥시리보오스 1분자, 인산 1분자 그리고 질소 염기 4개 중 하나의 분자로 구성된다. 인산염 그룹은 디옥시리보오스 당의 5번 탄소에 붙어 있다. 따라서 뉴클레오티드는 **뉴클레오시드 일인산염**(nucleoside monophosphate, dNMP)이다(그림 6.4). 4종류의 질소 염기가 있기 때문에, 네 가지 유형의 뉴클레오티드가 존재한다:

(1) **디옥시아데닐산**(deoxyadenylic acid) 또는 **dAMP** = 아데닌 + 디옥시리보오스 + 인산

(2) **디옥시구아닐산**(deoxyguanylic acid) 또는 **dGMP** = 구아닌 + 디옥시리보오스 + 인산

(3) **디옥시시티딜산**(deoxycytidylic acid) 또는 **dCMP** = 시토신 + 디옥시리보오스 + 인산

(4) **디옥시티미딜산**(deoxythymidylic acid) 또는 **dTMP** = 티민 + 디옥시리보오스 + 인산

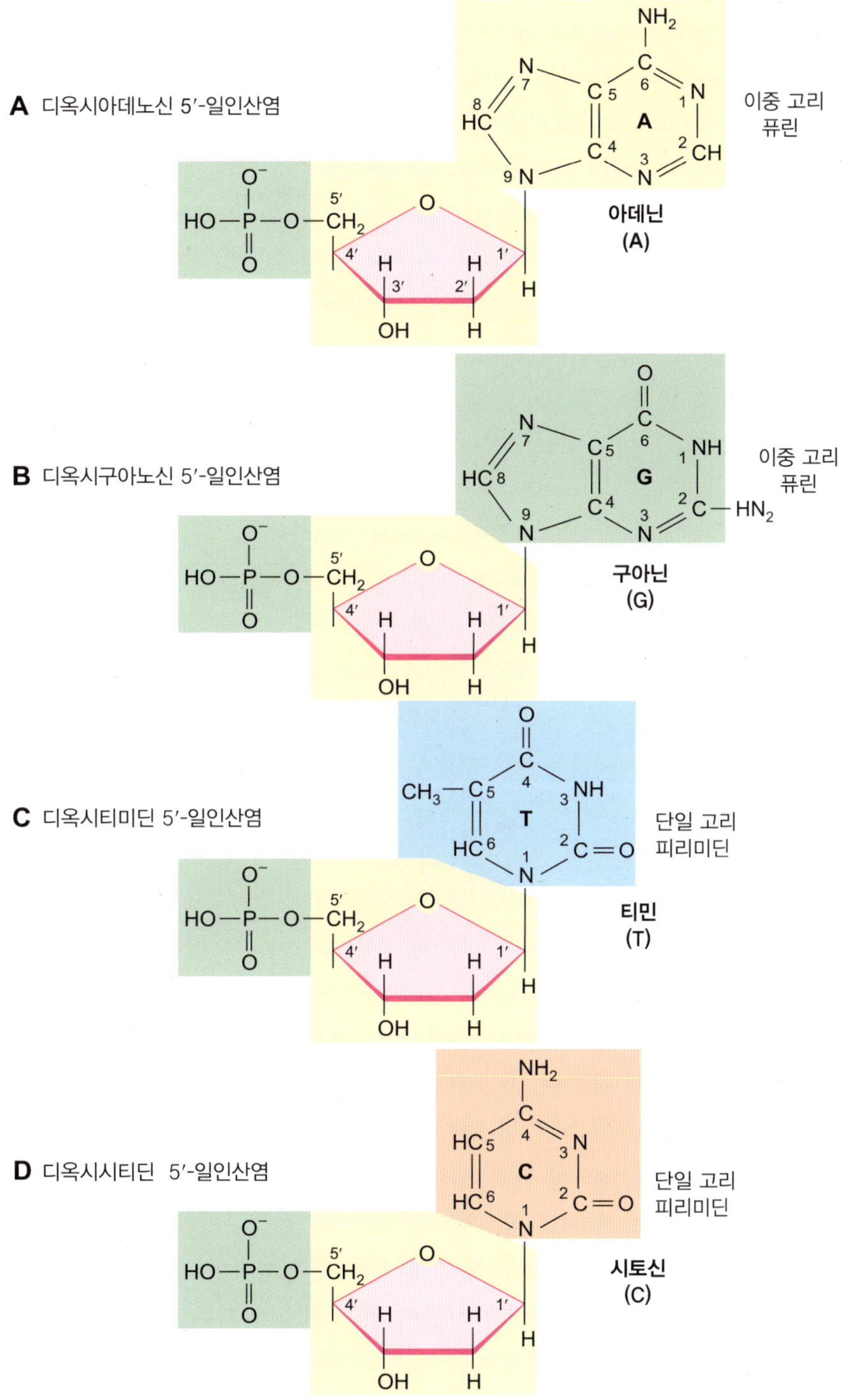

그림 6.4

DNA 분자에서 발견되는 4개의 모든 뉴클레오티드의 구조식:

A. 디옥시아데노신 일인산 또는 아데닐산;

B. 디옥시구아노신 일인산 또는 구아닐산;

C. 디옥시티미딘 일인산 또는 티미딜산;

D. 디옥시시티딘 일인산 또는 시티딜산.

3. 뉴클레오티드는 공유결합으로 연결되어 폴리뉴클레오티드 사슬을 형성한다

DNA는 수천 개의 뉴클레오티드가 연결되어 형성된 거대 분자이다. 뉴클레오티드를 DNA의 **단량체**(monomer) 또는 **구성요소**(**빌딩 블록**, building block)라

그림 6.5

DNA의 폴리뉴클레오티드 사슬

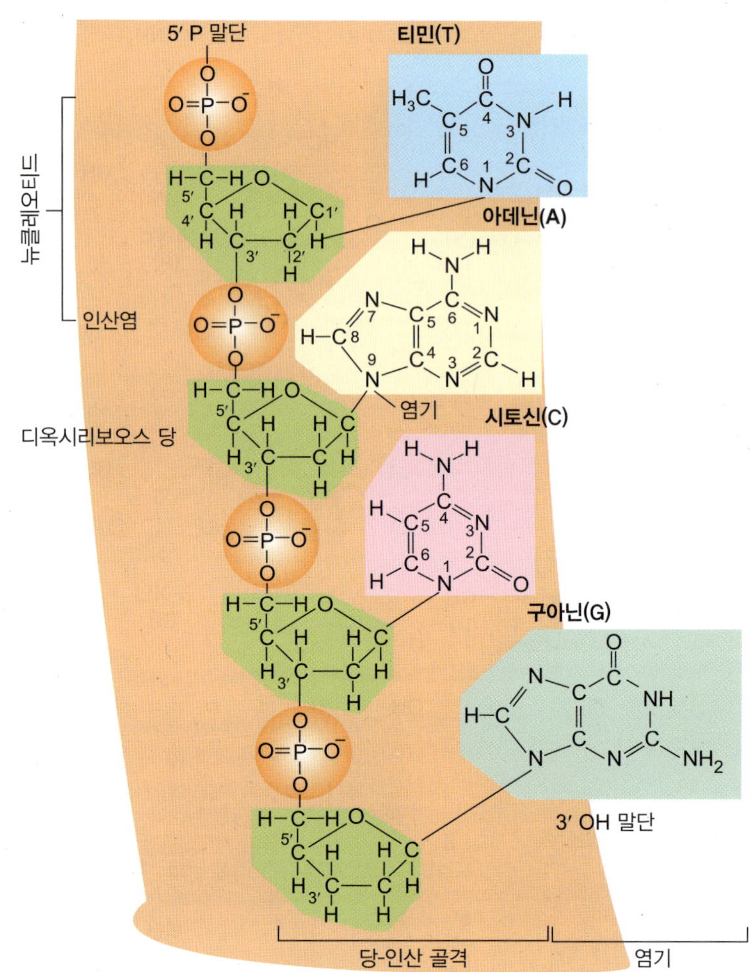

고 부른다. 뉴클레오티드에서 인산 분자는 디옥시리보오스 분자의 다섯 번째 탄소 원자(C-5′)에 붙는다. 하나의 뉴클레오티드의 인산 분자는 다음 뉴클레오티드의 디옥시리보오스의 세 번째 탄소 원자에 **공유결합**(covalent bond)으로 연결된다. 이러한 인접한 뉴클레오티드 사이의 5′- 3′ 결합을 **인산이에스테르 결합**(phosphodiester bond)이라 한다. 따라서 인접한 뉴클레오티드는 당과 인산 분자가 교대로 배열된 당-인산-당-인산 사슬을 형성하며 서로 연결되어 있다. 디옥시리보오스의 1번 탄소 원자에 붙어 있는 질소 염기는 사다리의 계단처럼 하나씩 위쪽으로 쌓여 있다(그림 6.6).

4. 각 폴리뉴클레오티드 사슬은 독특한 3′과 5′ 말단을 가진다

각 폴리뉴클레오티드 사슬은 독특한 말단을 가지고 있다. 한쪽 꼭대기 끝에는 다른 뉴클레오티드가 연결되지 않은 자유로운 5′ 탄소 원자를 가진 당 잔기가 있다. 이 5′ 탄소에는 삼인산기가 부착되어 있다. 그래서 이 끝을 머리말단(head end) 또는 **5′ 말단**(5′ end) 또는 **5′-P 말단**(5′-P terminus)이라 한다. 사슬의 다른 말단은

부가 설명: 인산이에스테르 결합

두 개의 뉴클레오티드 사이의 결합은 **인산이에스테르 결합**이라 불린다. 하나의 인산 분자가 두 뉴클레오티드의 두 개의 당 분자의 수산기와 연결되어 **에스테르 결합**을 형성하기 때문이다.

두 개의 뉴클레오티드가 결합하면 **디뉴클레오티드**(dinucleotide), 세 개의 뉴클레오티드가 결합하면 **트리뉴클레오티드**(trinucleotide)가 형성된다. 20개 이하의 뉴클레오티드로 형성된 짧은 사슬은 **올리고뉴클레오티드**(oligonucleotide)라 부르고 20개 이상의 뉴클레오티드는 **폴리뉴클레오티드**(polynucleotide)라고 부른다.

인산염이 필요한 이유

DNA에서 뉴클레오티드는 인산염 분자의 다음과 같은 특성 때문에 인산염을 중심으로 연결된다.

- 인산염 그룹이 결합을 형성할 수 있음.
- 인산염으로 형성된 결합은 안정한 에스테르이다. 그러나 효소에 의해 쉽게 가수분해될 수 있다. 이는 뉴클레오티드가 쉽게 분리될 수 있음을 의미한다.
- 골격을 따라 존재하는 인산염 그룹에 의해 각 가닥의 바깥쪽 표면이 음전하를 띤다.
- 인산디에스테르 결합의 음전하는 뉴클레오티드와 DNA를 핵막 안에 유지하게 한다. 음전하를 띤 화합물은 지질에 불용성이기 때문이다.

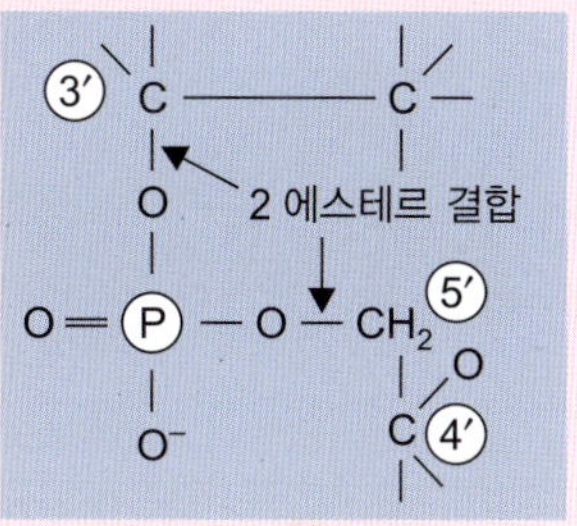

2 에스테르 결합의 자세한 구조

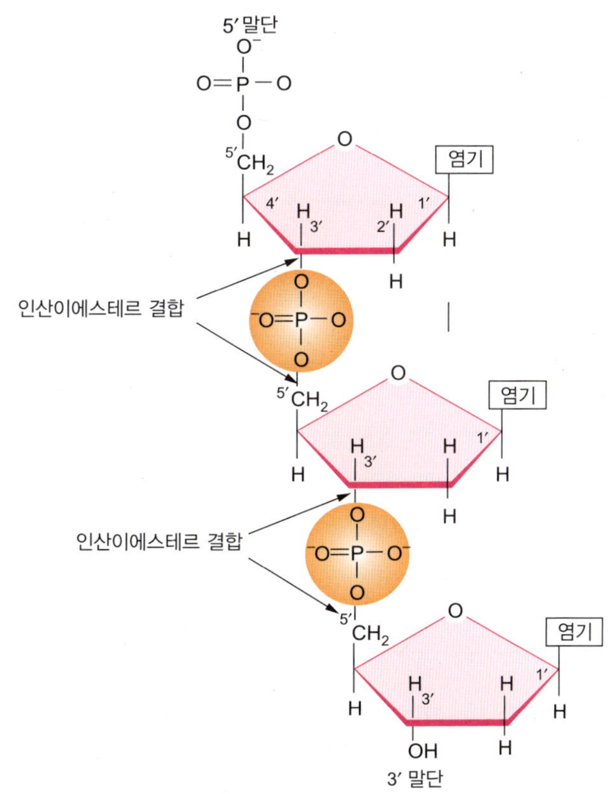

그림 6.6
폴리뉴클레오티드 사슬에서 인산이에스테르 결합을 통한 2개의 뉴클레오티드의 연결: 뉴클레오티드의 디옥시리보오스 당은 한 당의 3′ 탄소와 다음 당의 5′ 탄소 사이의 인산이에스테르 결합에 의해 연결되는 것을 주목하라.

결합하지 않은 **C-3′** 탄소 원자가 있는 당 잔기로 끝난다. 이 부분은 **3′-OH** 그룹을 가지고 있다. 그래서 폴리뉴클레오티드 사슬의 이 말단을 꼬리 말단(tail end) 또는 **3′ 말단**(3′ end) 또는 **3′-OH 말단**(3′-OH terminus)이라 부른다. 이것은 폴리뉴클레오티드 사슬이 방향을 가지고 있고 **3′-5′**처럼 표시된다는 것을 의미한다.

6.4 왓슨과 크릭의 DNA 이중나선 모델

1. DNA는 2개의 나선형으로 꼬인 역평행(antiparallel) 폴리뉴클레오티드 가닥으로 구성되어 있다

X선 결정학 연구에 근거하여, 왓슨과 크릭은 DNA 분자의 나선형은 **역평행** 또는 반대 방향으로 배열된 2개의 폴리뉴클레오티드 사슬로 형성된다고 제안했다. 즉 하나의 폴리뉴클레오티드 사슬은 5′ → 3′ 방향으로 진행하고 다른 하나는 3′ → 5′ 방향으로 진행한다. 이것은 한 가닥의 3′ 말단이 다른 가닥의 5′ 말단 옆에 놓여 있음을 의미한다. 이러한 구조에서, 각 폴리뉴클레오티드 가닥의 뉴클레오티드의 인산기 그룹은 디옥시리보오스의 외부에 놓이고, 질소 염기는 안쪽을 향하게 된다. 두 가닥의 질소 염기는 산소와 수소 또는 수소와 질소 원자 사이에 형성된 수소결합을 통해 연결된다(그림 6.7). 염기 간의 짝짓기(pairing)는 다음과 같은 고유한 특징을 갖는다.

(1) **퓨린**(아데닌과 구아닌)은 **피리미딘**(시토신과 티민)과 쌍을 이룬다.
(2) **아데닌**은 **티민**과 쌍을 이룬다.
(3) **시토신**은 **구아닌**과 쌍을 이룬다.

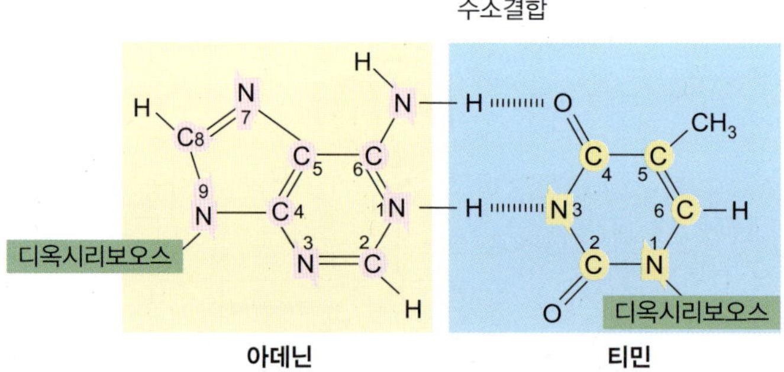

그림 6.7
DNA의 두 폴리뉴클레오티드 사슬이 서로 반대편 뉴클레오티드와 수소결합을 통해 염기쌍을 이룸

수소결합
디옥시리보오스
디옥시리보오스
구아닌
시토신

부가 설명: DNA 이중나선 구조 발견

DNA가 유전물질이라는 것이 밝혀지면서, 분자 생물학자들은 DNA가 유전에서 하는 역할과 DNA 구조의 불일치성을 해결하기 위해 연구를 시작했다. 캘리포니아주의 **리누스 폴링**(Linus Pauling), 런던의 **모리스 윌킨스**(Maurice Wilkins), **로잘린드 프랭클린**(Rosalind Franklin), 미국 과학자인 **제임스 왓슨**(James D. Watson)과 영국 과학자 **프란시스 크릭**(Francis Crick)이 DNA의 입체 구조 발견에 기여했다.

왓슨은 런던 킹스 칼리지(King's College)의 **모리스 윌킨스** 실험실에서 준비한 DNA의 X선 회절 사진을 연구했다. 이 사진들은 윌킨스의 동료인 **로잘린드 프랭크린**에 의해 만들어졌다. 이것을 바탕으로 **왓슨**과 **크릭**은 DNA가 나선형 구조를 가지고 있으며 이 나선은 2 nm의 균일한 폭을 가지고, 퓨린과 피리미딘 염기가 0.34 nm 간격으로 쌓여 있다고 결론 지었다.

왓슨과 **크릭**은 X선 측정을 바탕으로 이중나선의 모델을 만들려고 시도했다. 처음에는 당-인산염 사슬을 분자 내부에 놓고 질소 염기가 외부로 향하도록 배열하였다. 후에 **왓슨**은 DNA 분자 외부에 당-인산 사슬을, 내부에 질소 염기를 배치시키려 하였다. 프랭클린의 X선 데이터는 나선의 한 바퀴가 3.4 nm 길이이고 한 바퀴당 10개의 뉴클레오티드 쌍이 존재한다는 것을 보여주었다.

먼저, **왓슨**은 동일한 염기가 쌍을 형성한다고 추정했다. 즉 아데닌은 아데닌과 시토신은 시토신과 또는 구아닌은 구아닌과 쌍을 이룬다고 생각했다. 그러나 이러한 짝짓기 쌍은 X선 데이터와 맞지 않았다. 그러므로 폭 2 nm의 분자에서, 한 가닥의 퓨린은 반대 가닥의 피리미딘과 쌍을 이룬다고 결론지었다. 또한 **왓슨**과 **크릭**은 염기쌍이 질소 염기 구조에 의해 결정되어 아데닌은 티민과 수소결합을 형성할 수 있고 구아닌은 시토신과만 수소결합을 형성할 수 있음을 깨달았다.

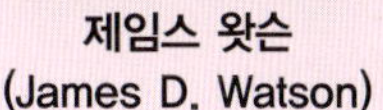
제임스 왓슨 (James D. Watson)

프란시스 크릭 (Francis Crick)

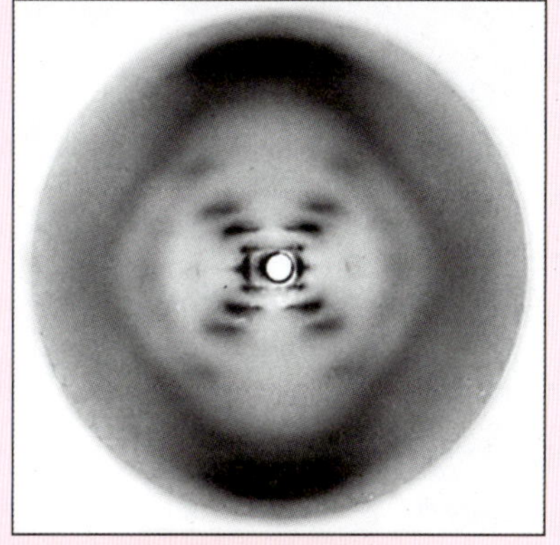

그림 6.8

로잘린드 프랭클린의 DNA의 X선 회절 사진. 나선형 물체의 X선 회절로 인해 X로 교차된 모양(말타 십자형)이 형성된다.

이러한 유형의 염기쌍에 두 가닥은 서로 **상보적**(complementary)이다. 그러므로 DNA 사슬에 **티민-시토신-아데닌-시토신-구아닌**(TCACG)의 질소 염기서열을 갖는 영역이 있다면, 상보적 사슬의 상응하는 영역은 **아데닌-구아닌-티민-구아닌-시토신**(AGTGC) 염기서열을 갖는다는 것을 의미한다.

DNA는 두 개의 상보적 사슬이 서로에 대해 꼬여지며 **우회전 나선**을 형성한다. 나선의 한 회전은 약 34 Å이다. 한 회전에는 3.4 Å의 규칙적인 간격으로 10쌍의 뉴클레오티드가 놓인다. 나선의 지름은 대략 20 Å이다. 좁고 **작은 나선 홈**(minor helical groove)과 넓고 **큰 나선 홈**(major helical groove)이 DNA 나선의 길이에 따라 배열되어 있다. 작은 홈은 염기쌍을 이루는 분자 사이의 거리인 반면, **큰 홈**은 염기쌍이 나선형으로 감길 때 연속되는 회전 사이의 거리이다.

1) 왓슨과 크릭의 DNA 이중나선 모델의 중요한 특징

DNA 이중나선에는 다음과 같은 몇 가지 중요한 특징이 있다:

부가 설명: DNA에서 퓨린-피리미딘 짝이 생기는 이유

DNA 폴리뉴클레오티드 사슬에서 질소 염기의 특이적 짝짓기(퓨린-피리미딘 쌍)는 분명한 이유가 있다:

- 이러한 결합은 두 분자의 수소 공여체와 수소 수용체 사이의 완벽한 조화를 이룬다. 아데닌과 티민은 두 개의 수소결합을 공유하는 반면, 시토신과 구아닌은 세 개의 수소결합으로 연결된다.
- 이러한 쌍에 의해 DNA가 일정한 직경을 가지게 된다. 한정된 공간에서 2개의 고리를 갖는 퓨린 분자는 단일 고리 형태의 피리미딘 분자와 결합하여 일정하고 거의 동일한 거리를 유지할 수 있다. 두 결합 사이의 거리는 그림 6.9에 나타냈다. 그들은 거리가 0.29 nm에서 0.30 nm까지 다양한데, DNA 나선의 폭을 일정하게 유지시켜준다. A와 G 쌍은 나선 내부에 들어가기에는 너무 크고 C와 T는 너무 멀리 떨어져 있다.
- 특정 염기쌍 형성 개념은 샤가프의 법칙을 설명한다. 구아닌의 양은 시토신의 양과 같으며 아데닌과 티민의 양, 또는 퓨린과 피리미딘의 양이 동일하다.

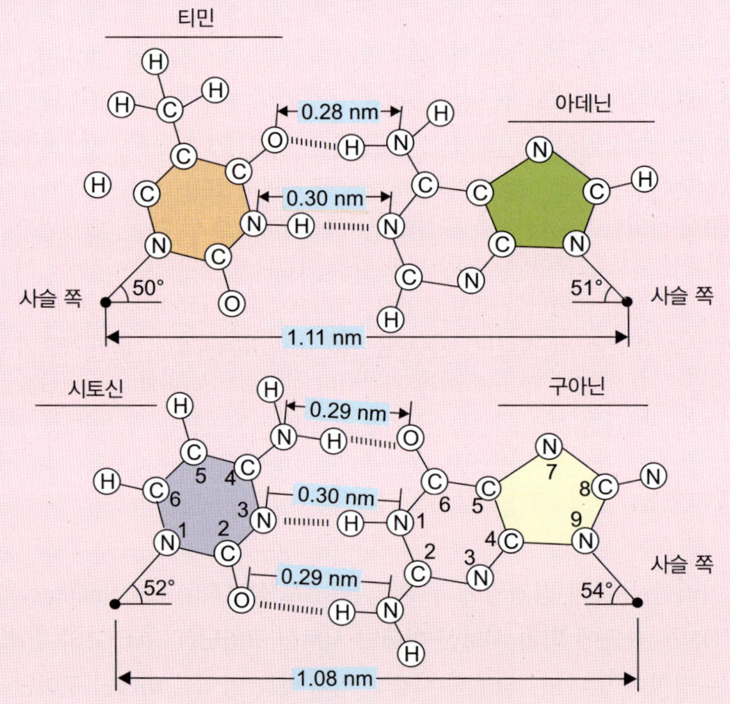

그림 6.9
DNA 분자의 상보적인 염기쌍 사이의 거리를 나타내는 그림. 아데닌-티민 쌍의 폭은 1.11 nm이고 G-C 쌍의 폭은 1.08 nm이며, 두 질소 원자 사이의 결합 거리는 0.29 nm에서 0.30 nm까지 다양하다.

- 이중나선은 두 개의 상보적인 폴리뉴클레오티드 사슬로 구성되어 있다.
- 두 개의 폴리뉴클레오티드 사슬은 중심축을 중심으로 시계 방향으로 감겨서 원형 계단형 구조를 형성한다.
- 이중나선의 두 가닥(폴리뉴클레오티드 사슬)은 역평행이다. 즉 반대 방향으로 진행한다. 하나의 사슬은 $5' \rightarrow 3'$ 방향으로 정렬되고 그 반대 방향 사슬은 $3' \rightarrow 5'$ 방향으로 정렬된다.
- 각 폴리뉴클레오티드 사슬은 나선 내부, 즉 중심축 방향으로 향하는 질소 염기를 가진 당-인산염 '골격(backbone)'을 갖는다. 당-인산염 골격은 극성을 가지고 전하를 띠며 공유결합으로 연결된 디옥시리보오스와 인산기로 이루

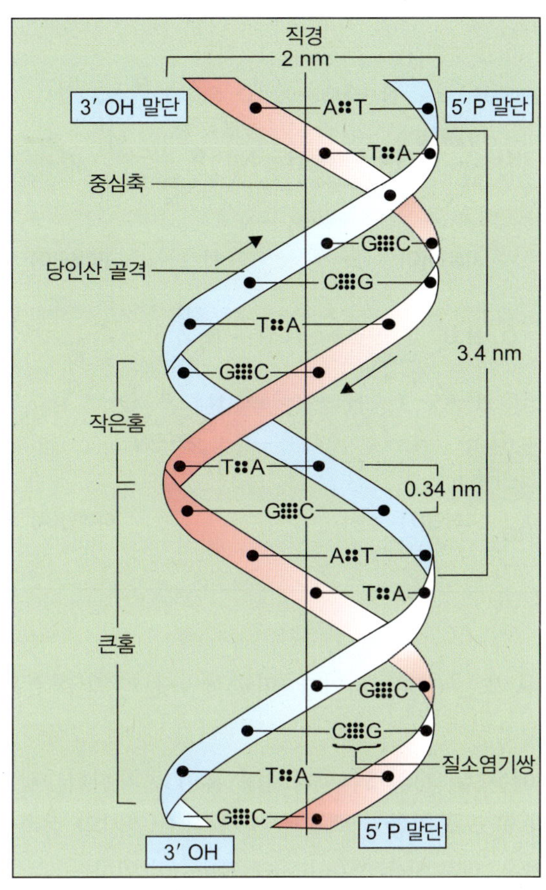

그림 6.10

DNA 분자 일부분의 이중나선 구조: DNA의 두 폴리뉴클레오티드 사슬이 나선형으로 꼬여있다.

어지며, 나선의 바깥쪽에 위치한다. 소수성인 퓨린 및 피리미딘 질소 염기는 물을 피해서 나선의 안쪽을 향한다.

- 인산염 그룹에 의해 분자의 표면이 음전하를 띤다.
- 질소 염기는 DNA 분자의 긴 축에 거의 수직으로 놓여 있다. 그러므로 접시를 쌓은 것처럼 다른 질소 염기의 위에 겹쳐 쌓여 있다. 층층이 쌓인 염기 사이의 소수성 상호 작용에 의해 DNA가 안정화된다.
- 골격의 인 원자에서 축 중심까지의 거리는 10 Å이다. 따라서 이중나선의 폭 또는 직경은 20 Å 또는 2 nm이다.
- 이중나선의 두 폴리뉴클레오티드는 상보적이다. 한 가닥의 질소 염기의 순서는 다른 가닥의 질소 염기의 서열을 결정한다.
- 2개의 역평행 폴리뉴클레오티드 가닥의 질소 염기는 **수소결합**(hydrogen bond)을 통해 연결된다. A와 T 사이에는 2개의 수소결합이 있고, G와 C 사이에는 3개의 수소결합이 있다. 이것을 **상보적 염기쌍**(complementary base pair)이라고 한다. 수소결합은 이중나선의 두 폴리뉴클레오티드 사이에 존재하는 유일한 인력이다. 이 힘이 두 가닥을 묶는 역할을 한다.
- 나선 한 바퀴당 10개의 염기쌍(10 bp)이 존재한다. 인접한 염기쌍 사이의 간

DNA의 두 폴리뉴클레오티드 가닥 사이의 상보적 염기결합은 분자 유전학에서 근본적인 중요성을 갖는다.

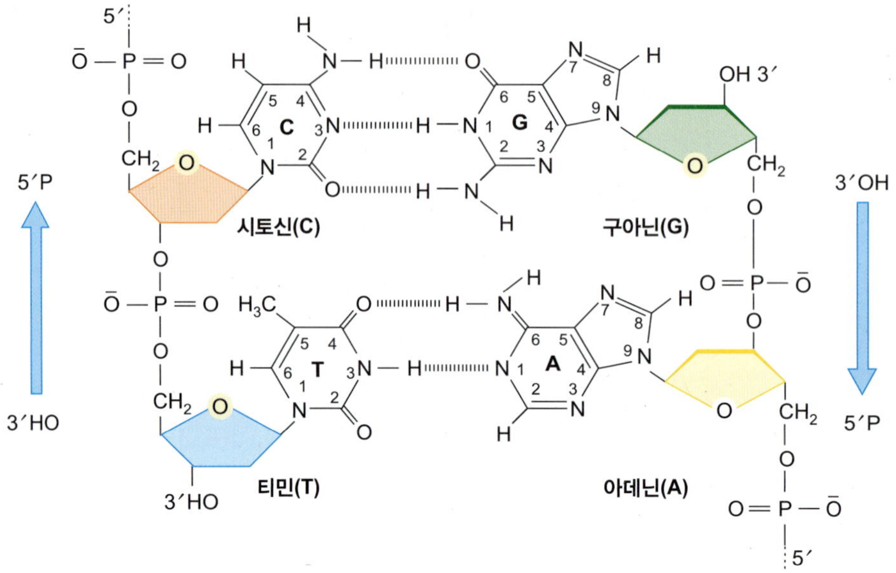

그림 6.11
한 가닥에 위치한 뉴클레오티드는 디옥시리보오스와 인산 분자가 연결되어 폴리뉴클레오티드 사슬을 만든다. 폴리뉴클레오티드 사슬은 역평행 폴리뉴클레오티드의 뉴클레오티드와 수소결합으로 연결되어 있다.

격은 3.4 Å 또는 0.34 nm이다. 따라서 나선의 각 회전은 34 Å 또는 3.4 nm이다.

- 이중나선에는 두 개의 외부 나선형 홈이 존재한다. 깊고 넓은 큰 홈(major groove)과 얕고 좁지만 단백질 분자가 질소 염기와 접촉할 수 있을 만큼 충분히 큰 공간을 가진 작은 홈(minor groove)이 있다.

2. 왓슨과 크릭의 DNA 이중나선 모델의 생물학적 중요성

왓슨과 크릭의 DNA 이중나선 모델의 생물학적 중요성은 다음과 같다.

(1) 정보 저장: 유전물질은 정보 저장소로서의 역할을 하여야 한다. 그 구조는 유전자 산물, 즉 단백질의 특징과 관련이 있어야 한다. 그것은 단백질의 일차구조, 즉 폴리펩티드 사슬의 조성을 특정할 수 있어야 한다. 이는 DNA 분자의 염기서열이 폴리펩티드 사슬의 특정 아미노산 서열을 결정할 수 있어야 함을 의미한다. 서로 다른 아미노산에 대한 삼중코돈(triplet codon)과 유전 암호의 발견으로 DNA의 코돈과 폴리펩티드 사슬의 아미노산 서열의 상관관계가 성공적으로 확립되었다. 그러므로 DNA는 아미노산 서열에 대한 정보를 특정 염기서열의 형태로 암호화한 테이프와 유사하다.

(2) 정보 전달: DNA에 암호화된 메시지가 전달되는 과정과 폴리펩티드 사슬이 최종적으로 합성되는 과정은 크게 두 단계로 나눌 수 있다:

- **전사**(transcription): 고정된 DNA 분자에서 이동 가능한 중간 분자로

정보를 충실하게 전달한다. 이 중간 분자는 아미노산을 조합하여 단백질을 합성하기 위해 핵 내의 DNA와 세포질의 리보솜 사이를 연계할 수 있다. 이 과정은 mRNA에 의해 수행된다. DNA에서 mRNA가 형성되는 것을 **mRNA의 전사**(transcription of mRNA)라고 한다.

- **번역**(translation): 이동 전달자(즉, mRNA)에서 폴리펩티드 사슬의 아미노산 서열로 메시지가 해독되는 과정을 **번역**(translation)이라 한다.

왓슨과 크릭이 제안한 DNA 이중나선 구조는 정보의 전달을 잘 설명한다. 정보가 질소 염기의 서열로 암호화되어 있기 때문에 동일한 서열이 mRNA(messenger RNA)로 복사된다. 따라서 DNA의 두 가닥 중 하나를 따라 상보적인 mRNA 가닥이 합성된다. 이동이 가능한 유전자 정보의 사본은 핵에서 세포질 내 단백질 합성 부위(리보솜)로 이동한다.

운반 RNA(tRNA) 분자는 특정 아미노산을 선택하고 안티코돈(anticodon) 부위를 이용하여 mRNA의 3중 질소염기(코돈) 서열을 인식하고 그곳에 정렬시킨다.

(3) 자기 복제: DNA 구조는 특정 염기쌍 서열을 가진 특정 분자가 쉽게 복제될 수 있도록 가장 편리하면서도 유일한 방법으로 고안되었다. DNA 이중나선의 각 가닥은 주형으로 작용하여 상보적 가닥을 만들 수 있는데, 한 가닥의 질소 염기서열이 두 번째 가닥 또는 상보적 가닥에 놓이게 되는 염기를 쉽게 결정할 수 있기 때문이다.

(4) 변이: 유전물질은 성분 변화가 가능해야 한다. DNA 구조는 단백질을 만드는 정보를 다양하게 하기 위해 변이가 생길 수 있어야 한다. 왓슨과 크릭의 모델은 질소 염기쌍의 치환 또는 폴리뉴클레오티드 사슬에 첨가 또는 결실 등에 의해 DNA에서 돌연변이가 발생하는 기작을 쉽게 설명한다.

(5) DNA 수선: DNA 분자는 비교적 약하기 때문에 굽힘 또는 절단력이나 pH의 국소적 변화만으로 쉽게 손상된다. DNA의 염기서열은 환경에서 유래된 화학 물질 및 X선 그리고 자외선에 의해 변형된다. 그러나 실제로 수백만 번의 복제 후에도 온전한 상태를 유지한다. 사실 DNA 이중나선 구조는 가장 안정한 구조를 나타낸다. 그러므로 DNA는 암호화된 정보의 장기 보존에 가장 적합하다. 2개의 폴리뉴클레오티드 사슬의 염기서열이 상보적이기 때문에, DNA 분자 내에 암호화된 정보는 중복하여 보존된다. 만약 한 사슬의 염기서열이 어떠한 이유에서 손상되면 반대쪽 사슬의 올바른 서열이 상보적 가닥에서 일어난 오류를 교정하는 데 도움을 줄 수 있어서 올바른 메시지가 전달되도록 한다.

6.5 DNA 이중나선 구조는 여러 형태로 존재한다

A, B, C, D, E 및 Z형의 서로 다른 6가지 형태의 DNA 이중나선이 밝혀졌다. B 및 Z형 구조만이 세포 DNA에 존재하고, 다른 형태는 제어된 실험 조건에서만 발견된다. 천연이든 인공이든 모든 출처의 DNA 분자는 A 또는 B 형태를 취할 수 있다. 일부 DNA 형태는 또한 상호 변환이 가능하다. 이 DNA 형태의 차이점은 아래의 사항과 관련이 있다.

- DNA 나선의 각 회전에 존재하는 염기쌍의 수.
- 각 염기쌍 사이의 위치 또는 각도.
- DNA 분자 나선의 지름.
- 이중나선의 꼬임의 오른손 또는 왼손 방향

1. B형 DNA(오른손 방향 DNA)

이 형태의 DNA는 정상 상태의 모든 생명체에서 생성된다(즉, 자연적으로 발생하는 형태이다). 이것은 완전히 수화된 형태이며 그래서 **'젖은' DNA**('wet' DNA)라 부른다. 이것은 염농도가 낮고 높은 수준의 수화(상대 습도 약 92%) 상태에서 생성된다. B 나선형은 넓은 큰 홈과 좁은 작은 홈을 가지고 더 가늘고 길다. 각 꼬임 또는 회전당 길이는 34 Å 또는 3.4 nm이다. 각 회전당 10개의 염기쌍(10 bp)을 가지며 각 염기쌍은 3.4 Å를 차지한다. 두 가닥의 폴리뉴클레오티드 사슬은 오른손 방향으로 꼬여 있고 각 가닥은 시계 방향 경로로 진행한다. **로잘린드 프랭클린**이 DNA 형태를 묘사하였다. **왓슨**과 **크릭**이 기술한 이중나선 구조 또한 B형 DNA이다.

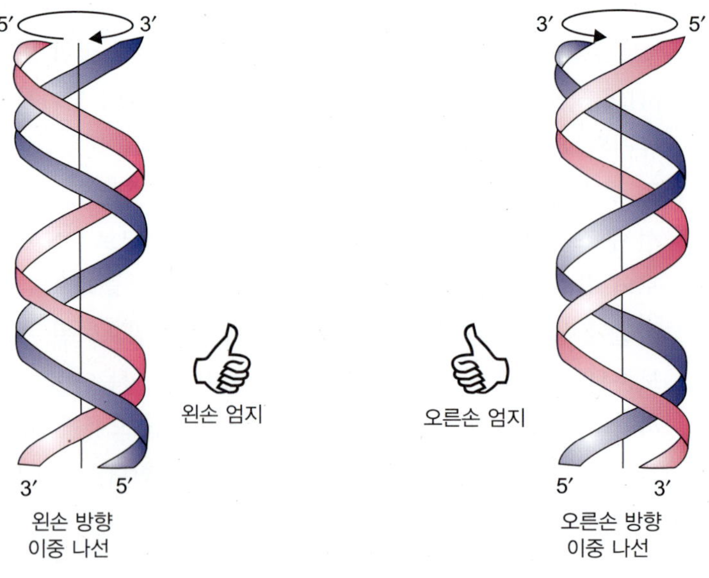

그림 6.12
DNA의 오른손 방향과 왼손 방향 나선형 형태: 이들은 서로가 거울상 이미지이고 오른손 방향 또는 왼손 방향으로 다른 가닥을 서로 감싸고 있음을 주목하라.

2. A형 DNA(오른손 방향 DNA)

탈수 상태의 좀 더 조밀한 형태의 DNA이다. 이 형태는 수분이 감소하고 Na^+ 이온 농도가 증가하는 조건에서 생성된다. 폴리뉴클레오티드 사슬은 시계 방향으로 감겨져 있고 오른손 방향 구조를 가지고 있다. A형의 DNA는 더 조밀해지고 부피가 커진다. 이 나선형은 짧고 넓은데, 좁고 깊은 큰 홈과 넓고 얕은 작은 홈을 가진다. 이 형태 나선은 회전당 11개의 염기쌍이 존재하고 직경은 23 Å이다. 염기쌍 사이의 거리는 3.4 Å 대신 2.7 Å이고 염기의 방향성도 다르다. 염기들은 나선의 축에서 기울어지고 옆으로 틀어진다. 이 나선 형태는 RNA-DNA 또는 RNA-RNA 나선에서 이용된다.

건조한 조건에서 소수성 분자가 되면서 B-DNA로부터 A-DNA가 생기는 것으로 추정된다.

3. C형 DNA(오른손 방향 DNA)

C형 DNA도 역시 오른손 방향 DNA이다. 정상적인 조건의 세포에서는 일반적으로 발견되지 않는 훨씬 더 탈수가 일어난 조건에서 생성된다. 이 형태의 DNA는 나선 회전당 10개 대신 9.3개의 염기쌍만을 갖는다. 염기쌍은 A형 DNA에서와 같이 나선축에 대해 기울어져 있다. 나선의 지름은 19 Å에 불과하다. 이러한 사실은 C-DNA가 A-DNA와 B-DNA보다 좁고 덜 조밀하다 것을 의미한다. 습도가 66%이고 용매에 리튬 이온이 포함되어 있을 때 생성된다.

4. D형 및 E형 DNA(오른손 방향 DNA)

이 두 가지 형태의 DNA는 약간 다른 구조를 가진 또 다른 오른손 방향 DNA이다. 이들은 구아닌이 없는, 즉 A-T 염기쌍이 교대로 존재하는 나선형에서 생성

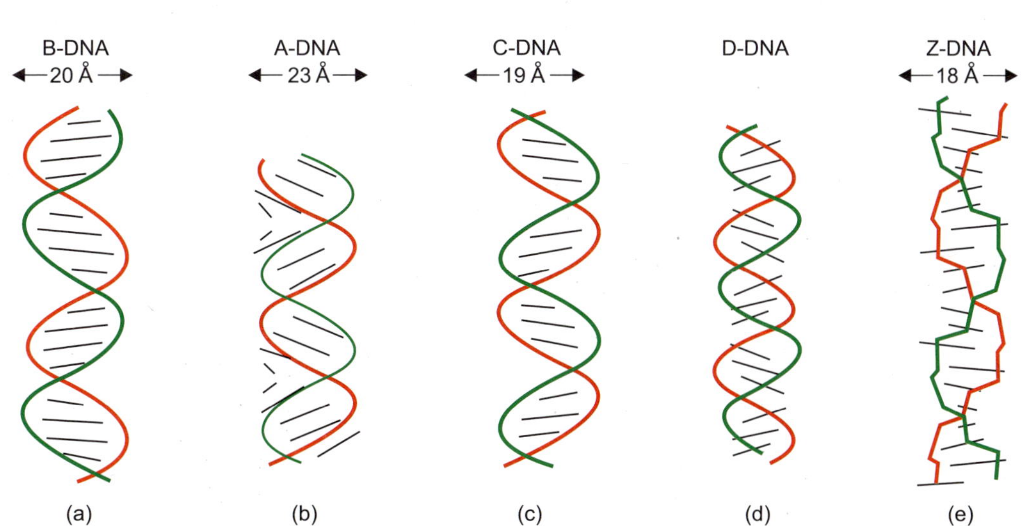

그림 6.13
다른 형태의 DNA를 보여주는 그림: (a) B-DNA, (b) A-DNA (c) C-DNA (d) D-DNA (e) Z-DNA

B와 Z-DNA에서 구아닌의 **anti**와 **syn** 위치

- 오른손 방향 B DNA에서 구아닌 염기와 디옥시리보오스 그룹을 연결하는 글리코시드 결합(glycosyl bond)은 항상 **anti**(반대) 위치에 있다.
- 왼손 방향 Z-DNA에서 구아닌 염기와 디옥시리보오스 그룹을 연결하는 글리코시드 결합이 회전하여 **syn**(동일방향) 구조를 형성한다.
- 피리미딘 잔기(시토신 또는 티민)와의 글리코시드 결합은 오른손 방향이든 왼손 방향이든 항상 anti형이다.
- 퓨린(G 또는 A)과의 글리코시드 결합은 DNA가 오른손방향인지 왼손 방향인지에 따라 다르다.

된다. 이들은 한번 회전마다 각각 8개 그리고 7개의 뉴클레오티드를 가진다. 특별한 환경에서 발견되며 생체 내에서는 생성되지 않는다. D-DNA는 자연계에서는 T_2 박테리오파지에서만 발견되었다.

5. Z형 DNA(왼손 방향 DNA)

이것은 유일한 왼손 방향 DNA이다. 이 형태는 세포 DNA에서 낮은 비율로 발생한다. 인산염 그룹을 통과하는 폴리뉴클레오티드 가닥의 인산이에스테르 골격이 지그재그 코스로 놓여 있기 때문에 Z-DNA라 불린다.

Z-DNA는 **알렉산더 리치**(Alexander Rich, 1979)에 의해 발견되었다. 한 바퀴에 12개의 염기쌍을 갖는 가장 날씬한 DNA이다. B-DNA의 한번의 완전한 나선이 34 Å인 것에 비해 Z형 DNA는 45 Å이다. 지름은 B-DNA가 20 Å이지만 Z-DNA는 18 Å이다. 큰 홈이 없어서 홈은 한 종류뿐이다. Z-DNA는 B-DNA보다 덜 안정하다. 왜냐하면 음으로 하전된 인산염 그룹이 더 가까이 위치하여 반발력을 일으켜 Z-DNA가 B-DNA로 전환되기 때문이다. 퓨린과 피리미딘이 사슬에 번갈아 존재하는 경우(GC 또는 AT)에만 형성된다. 그래서 반복 단위가 B-DNA는 일뉴클레오티드(mononucleotide)인 데 비해 Z형 DNA는 이뉴클레오티드(dinucleotide)이다. Z-DNA는 좀 더 밀착된 구조이다. Z-DNA의 당 잔기는 두 개 방향성이 교대로 나타난다. Z형은 염의 농도가 높은 경우 또는 특정 양이온에 의해 안정화된다. B-DNA가 브롬화되거나 메틸화되면

표 6.2 A-DNA, B-DNA 및 Z-DNA의 차이

특징	A-DNA	B-DNA	Z-DNA
1. 나선의 회전 방향	오른손 방향	오른손 방향	왼손 방향
2. 모습	짧고 넓다	길고 가늘다	길고 가늘다
3. 나선의 폭 또는 직경	23 Å	20 Å	18 Å
4. 한바퀴당 염기쌍	10.9 또는 11	10	12
5. 나선 한 바퀴당 길이	34 Å	34 Å	45 Å
6. 인접한 뉴클레오티드 간의 거리	2.7 Å	3.4 Å	3.75 Å
7. 큰 홈	매우 좁고 매우 깊다	넓고 중간 깊이	나선형 표면에서 편평해짐
8. 작은 홈	매우 넓고 얕음	좁고 중간 깊이	매우 좁고 매우 깊음
9. 나선축의 위치	큰 홈을 통과	염기쌍을 통과	작은 홈을 통과
10. 축에 대한 염기의 경사도	13.0	2.0	8.8
11. 생성	탈수 상태에서 생성	수화 상태에서 생성	탈수된 높은 염 조건에서 생성
12. 글리코시드 결합의 형태	*anti*	*anti*	C에서는 *anti*, G에서는 *syn*
13. 염기쌍당 회전	33.6°	35.9°	2 bp마다 −60°

Z-DNA로 바뀐다.

리치(Alexander Rich)에 따르면, 유전자의 특정 조절 부위가 메틸화에 의해 Z 배열로 안정화되고 여기에 조절 단백질의 결합 부위가 생긴다. 이 기작으로 결국 기능 유전자를 꺼 놓는다. 탈메틸화를 통해 이 자리는 B-형태로 전환되고 조절 단백질 분자가 방출되어 결과적으로 유전자가 켜지게 된다. 따라서 Z-DNA는 조절 기능을 가지고 있다.

Z-DNA를 인식하고 특이적으로 결합하는 항체를 이용하여 *Drosophila*에 Z-DNA가 존재한다는 것이 증명되었다. 인간 DNA에서도 유전체 전체에 Z-DNA이 형성된 영역이 분산되어 있다.

6.6 C 값과 C 값의 역설

서로 다른 유기체들 간에는 DNA 분자의 길이가 상당히 다르다. DNA 분자의 길이는 뉴클레오티드의 수로 나타낸다. 바이러스의 DNA는 수천 개의 염기쌍 정도로 작을 수도 있다. *E. coli*의 DNA는 약 4백만 쌍의 염기쌍을 가지고 있다. 인간 유전체는 약 30억 개의 염기쌍을 가지고 길이가 약 1~2미터로 추정된다. 염색체 반수체 세트에 존재하는 DNA의 총량을 **C 값**(C value)이라 한다. 진핵세포의 C 값은 박테리아 세포의 C 값의 5~10000배이다.

놀랍게도 대장균의 유전자 수는 4,000개인 반면, 인간의 수는 10,000개에서 50,000개 정도이다. 인간의 유전자는 대장균의 유전자 수의 10배에 해당하지만 인간 세포의 DNA 또는 염기쌍의 양은 박테리아 세포의 DNA의 약 1,000배이다. 이것은 진핵세포가 유전자 암호화에 필요한 것보다 더 많은 DNA를 가지고 있다는 것을 의미한다. 이것을 **C 값의 역설**(C value paradox)이라고 한다. 이 역설의 주된 원인 중 하나는 **인트론**(intron)이라는 비암호 DNA 부분이 존재하는 것이다. 진핵생물 유전자는 인트론이라 불리는 비암호(noncoding) 부분과 이에 의해 갈라진 암호화 부분인 **엑손**(exon)으로 나누어진다.

표 6.3 DNA 분자의 다양한 형태에 따른 차이

형태	한 바퀴당 염기쌍 수	염기쌍당 수직 변화 거리	염기쌍당 각도 변화	염기쌍의 경사도	작음 홈 넓이	큰 홈 넓이	작은 홈 깊이	큰 홈 깊이	평균 직경
A	11	2.56	32.7°	+20°	3.7	10.9	13.5	10.9	23
B	10.1~10.6	3.38	36.0°	−6	11.7	5.7	8.5	5.7	20
C	9.3	3.52	36.6°	−8°	10.5	4.8	7.5	4.8	19
D	8	3.04	45.0°	−16°	8.9	1.3	5.8	1.3	−
E	7.5	3.25	48.0°	−	−	−	−	−	−
Z	12	3.70	30.0°	−7°	2.0	8.8	13.8	8.8	18

6.7 변성-재생

- DNA 변성은 G:C 함량과 염 농도에 달려 있다.
- G:C 염기쌍은 DNA 나선의 안정화에 기여한다.
- DNA 염기의 수소결합 수가 많을수록 두 가닥의 친화력이 커지고 안정성이 강해진다.

온도를 높이거나 염 농도를 낮추거나 특정 변성 시약을 이용하면 용액 내의 DNA의 이중가닥 구조는 서로 분리될 수 있다. 가열에 의해 DNA 분자의 두 가닥이 분리되는 현상을 **변성**(denaturation) 또는 **용융**(melting)이라 한다.

두 가닥의 DNA 분자는 약한 수소결합으로 연결되어 있기 때문에 쉽게 분리된다. 순수 DNA 분자(즉, 자연적으로 이루어진 이중가닥 DNA 분자)를 100°C 가까이로 가열하면 두 개의 역평행 폴리뉴클레오티드 가닥의 질소 염기 사이의 수소결합이 끊어지고, 두 개의 폴리뉴클레오티드 사슬은 분리된다. 이것을 **변성**이라 하고 DNA가 **변성되었다**라고 한다. 변성된 DNA는 단일가닥이다.

DNA 분자가닥은 온도 범위에 따라 분리되는 정도가 다르다. DNA의 반이 분리되는 중간점을 **녹는(용융) 온도**(melting temperature)라고 하며 T_m으로 표시한다. 이것은 염기의 구성에 따라 영향을 받는다. G-C 염기쌍이 풍부한 DNA는 높은 온도에서 녹는다.

수소결합을 파괴하거나 소수성 상호 작용을 약화시키는 화학 물질에 의해서도 DNA 변성이 야기될 수 있다. 이러한 물질을 **변성제**(denaturant)라고 한다.

가열된 DNA 용액을 서서히 냉각하면 두 가닥 쌍이 다시 이중나선을 형성한다. 이를 **재생**(renaturation) 또는 **복원**(reannealing)이라 한다. 이러한 DNA의 특성은 1960년에 하버드 대학의 쥴리어스 마머(Julius Marmur)와 동료들에 의해 발견되었다. 이것은 혼성화(hybrid) DNA 합성에 도움이 되었다. 혼성화

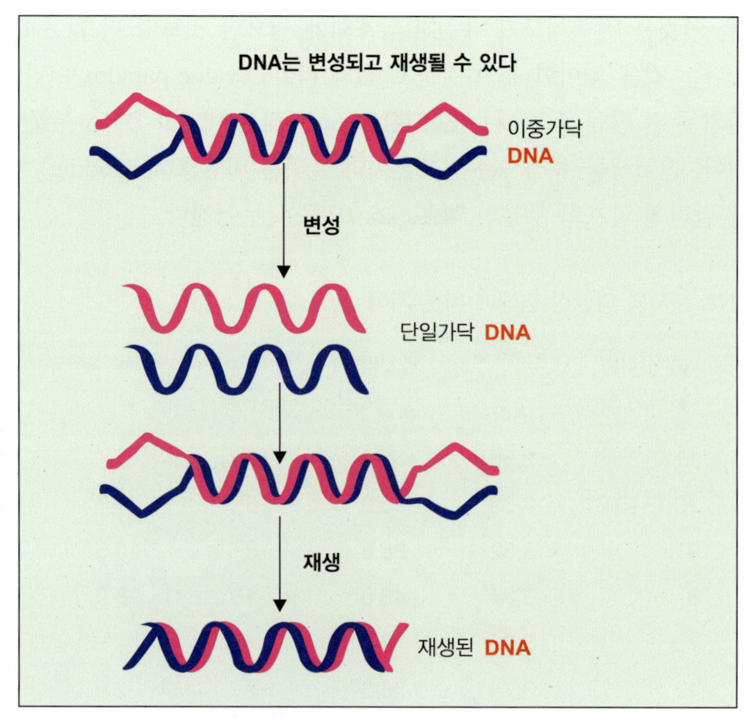

그림 6.14
변성된 단일가닥 DNA는 재생되거나 재결합하여 두 가닥 형태로 복원될 수 있다.

DNA 합성 기술은 다양한 분류군 사이의 유전적 유사성을 확립하는 데 사용된다. 혼성화된 DNA의 길이가 더 길다는 것은 분류학적으로 더 가깝다는 것을 나타낸다.

6.8 이형이중나선(Heteroduplex) DNA

재조합의 결과로 형성된 혼성 DNA를 **이형이중나선**(heteroduplex) **DNA**라 부른다. 이것은 잘못짝지은(mismatched) 염기쌍 또는 이종 염기서열을 포함한다. 이형이중나선 DNA는 **이형접합 DNA**(heterozygous DNA)라고도 한다.

예: 유전적 혼성체인 m_1 + / + m_2가 있고 m_1과 m_2는 각각의 +와 염기 하나가 다르다고 가정하자.

(a) m_1 센스가닥이

5′ − − − A C A A T − − − 3′이고

(b) +의 센스가닥은

5′ −−−A C A G T−−−3′이라고 한다면

(c) +의 안티센스 가닥은 3′ − − − T G T C A−−−5′일 것이다.

(d) m_1 / + 혼성화 영역은 다음과 같은 염기서열을 가질 것이다

5′ − − − A C A A T − − − 3′
3′ − − − T G T C A − − − 5′

m_1/+ 혼성화 DNA에는 **A-C**가 잘못짝지워진 염기쌍을 가진다.

1. 이형이중나선 DNA의 형성

이형이중나선 DNA는 교차다리 부위의 이동에 의한 상호재조합(reciprocal recombination) 또는 가닥 삽입에 의한 비상호재조합(non-reciprocal recombination)에 의해 형성된다(그림 6.15).

2. 이형이중나선 DNA의 운명

(1) DNA 복제에 의한 이형이중나선의 분리: 경우에 따라 이형이중나선 영역이 복제되어 2개의 딸 **동형이중나선**(homoduplexe)이 생성될 수 있다(그림 6.16A).

(2) 잘못짝지움 수선(Mismatch Repair): 다른 경우에는 한 가닥의 이형이중나선이 제거되고 새로운 짝이 맞는 조각으로 대체되어 **상동 DNA**(homologous

그림 6.15
상호 재조합에 의한 이형이중나선 DNA의 형성

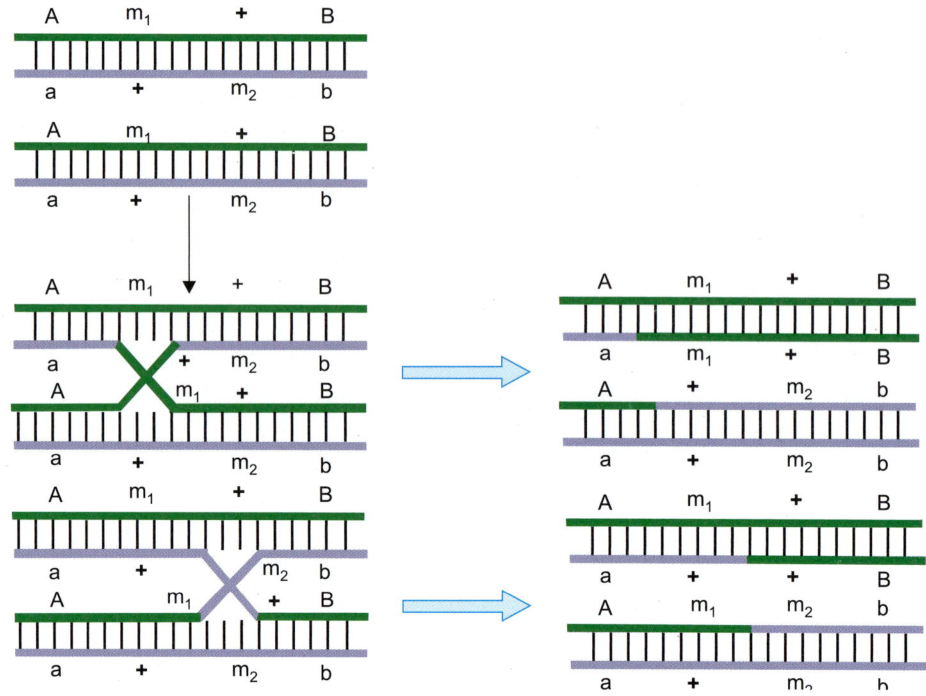

그림 6.16
이형이중나선 DNA의 운명:
A. DNA의 복제에 의해;
B. 잘못짝지움 수선에 의해

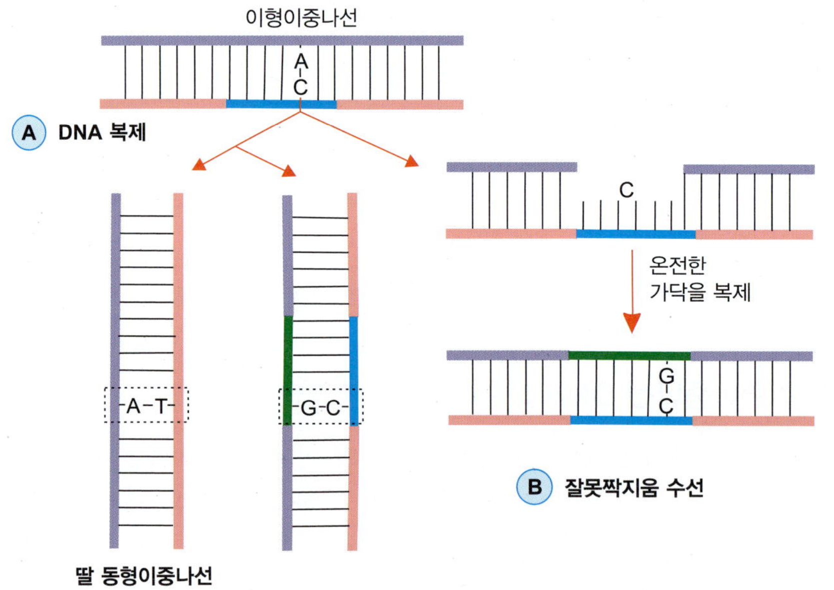

DNA)가 생성된다(**그림 6.16B**).

6.9 단일가닥 DNA(Single-Stranded DNA)

신셰이머(Sinsheimer, 1959)는 대장균(*E. coli*)을 공격하는 작은 박테리오파지 $\phi \times 174$로부터 특이한 형태의 DNA를 분리했다. 이 DNA는 5,500개의 뉴클레오티드를 포함하며 단일가닥으로 이루어져 있다. 이것은 나선형 구조를 가지지 않는다. **A**와 **T** 또는 **G**와 **C** 염기의 몰비가 등가성을 나타내지 않았다. 이후의 증거로 박테리오파지 ϕ × 174의 DNA가 원형이며 단일가닥임이 밝혀졌다.

단일가닥 DNA의 복제 과정은 또한 매우 흥미롭다. 대장균에 들어가면 파지의 *DNA 중합효소*(*DNA polymerase*)가 '마이너스 가닥(음성 가닥, minus strand)'을 합성한다. 이것은 원래 존재하던 플러스 가닥(양성 가닥, plus strand)에 상보적 가닥으로, 두 가닥이 함께 **'플러스-마이너스**(양성-음성)**' DNA 나선**을 형성한다. 이것을 **DNA의 복제형**(replicative form, RF)이라 한다.

6.10 DNA의 시험관내(*In Vitro*) 합성

1967년 **아서 콘버그**(A. Kornberg)와 동료들은 세포 밖의 시험관에서 DNA 분자를 합성하는데 성공했다. 그들은 대장균 *Escherichia coli*에서 *DNA 중합효소*를 분리했는데 이 효소는 *in vitro*에서 DNA를 합성하는 활성을 가지고 있었다. 시험관 내의 반응 혼합물은 *DNA 중합효소*, 삼인산 형태의 4가지 상이한 유형의 **디옥시리보뉴클레오티드**(즉, 디옥시아데노신 삼인산, 디옥시티미딘 삼인산, 디옥시시티딘 삼인산, 디옥시구아노신 삼인산), 마그네슘 이온과 이미 만들어져 있는 DNA를 포함하였다. 합성된 DNA의 양은 초기 첨가한 DNA의 양보다 약 20배 이상의 많은 양이었다. 효소는 자유로운 뉴클레오티드 단위체를 DNA 가닥으로 연결한다. 사슬의 한쪽 말단에 존재하는 디옥시리보오스 당의 3번 탄소의 수산기에 디옥시리보뉴클레오티드 삼인산이 첨가된다.

새롭게 첨가된 디옥시리보뉴클레오티드 삼인산의 질소 염기는 상보적인 가닥의 염기에 수소결합을 통해 자발적으로 결합한다. 이어서, 새로 첨가된 뉴클레오티드의 3′-OH 그룹과 다음에 삽입되는 뉴클레오티드의 5′-PO_4 그룹 사이에 인산이에스테르 결합이 형성된다. 새로운 상보적인 뉴클레오티드가 새로운 5′ → 3′ 가닥의 5′ 말단부터 첨가되며 3′ 말단으로 이동한다는 것을 보여준다.

1. 바이러스와 원핵생물에서 DNA의 초나선 꼬임(supercoiling)

DNA의 초나선 꼬임은 **비노그래드**(Vinograd)와 동료들에 의해 1963년에 발견되었다. 바이러스와 박테리아의 DNA 분자는 스스로 꼬여 있다. 초나선 꼬임 DNA 분자는 보다 빠르게 침강되고 더 밀집되어 있다. DNA의 꼬임은 다음과 같은 두 가지 유형이 있다:

(1) 음성 초나선 꼬임(Negative Supercoiling): DNA 분자가 이중나선의 꼬임 방향과 반대 방향으로 감기거나 꼬이면 두 폴리뉴클레오티드 가닥이 풀리는 경향이 있다. 결과적으로 DNA의 꼬임의 풀림을 초래하는 이러한

부가 설명: 위상이성화효소(Topoisomerase)의 역할

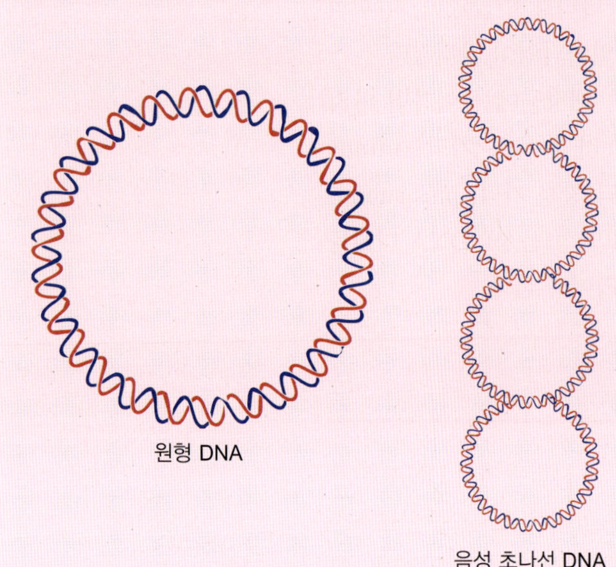

- 위상이성화효소는 DNA 고리를 분리(decatenate)하고 DNA의 꼬임을 풀고(distangle, relax or uncoil), 매듭을 푼다(unknot).
- Ⅱ형 위상이성화효소는 공유결합폐환형 DNA(covalently closed circular DNA, cccDNA) 고리를 연결시키거나 풀 수 있다. 이를 위하여 하나의 DNA의 이중가닥을 절단하고 그 사이로 다른 DNA를 통과시킨다. 이로서 초나선 꼬임이 생성된다.
- Ⅰ형 위상이성화효소는 한 번에 하나의 DNA 가닥만을 절단할 수 있기 때문에 하나의 가닥에 틈(nick)이나 갭(gap)이 있는 DNA 분자만을 연결하거나 자를 수 있다.

유형의 초나선 꼬임을 **음성 초나선 꼬임**(negative supercoiling)이라 한다. 음성 초나선 꼬임은 미토콘드리아, 바이러스성 그리고 박테리아 염색체의 원형 DNA에서 발견된다.

(2) 양성 초나선 꼬임(Positive Supercoiling): DNA 분자가 과도하게 감기게 되었을 때 양성 초나선 꼬임을 나타낸다. 이것은 진핵세포 염색체에서 발견된다. 이를 통하여 핵내의 제한된 공간에 진핵 DNA를 압축한다.

위상이성화효소(topoisomerase)는 원핵생물과 진핵생물 모두에서 초나선 DNA의 꼬임을 풀어준다. 초나선 꼬임은 제한된 공간에 맞게 DNA를 압축하는 데 중요한 역할을 한다.

6.11 반복된 DNA 서열은 진핵생물 DNA의 한 특징이다

로이 브리튼(Roy Britten)과 **데이비 콘**(David Kohne)은 포유류 유전체가 수많은 반복 염기서열을 가지고 있음을 발견했다. 이들은 세 가지로 분류된다:

(1) 고도 반복 부분
(2) 보통 반복 부분
(3) 비반복 부분

부가 설명: 반복서열

대부분의 기능 유전자 또는 암호화 유전자는 단일 사본으로 존재한다. 이들에서 염기서열은 한 번만 나타난다. 이를 **고유서열**(unique sequence)이라고 한다. 박테리아 DNA와 바이러스 DNA는 고유서열만을 가지고 있다. 그러나 고등 생물에서는 고유서열이 전체 DNA의 20% 정도에 불과할 수도 있다. 예를 들어, 인간 유전체에서 고유서열은 65%이고 개구리는 22%에 불과하다. 나머지 DNA는 **반복된 서열** 또는 **반복적인 서열**(repeated sequences or repetitive sequence)이다. 이것들은 유전체에서 여러 번 반복된 염기서열이다. 반복서열당 뉴클레오티드의 수는 5~1,000개로 다양할 수 있다. 이러한 서열이 서로 가깝게 나란히 있을 때 **직렬 반복**(tandem repeat)이라 한다. **산재서열**(interspersed sequence)은 별도로 퍼져서 유전체에 흩어져 있다.

1. 고도 반복 DNA 서열

척추동물 유전체 전체 DNA의 약 10%는 고도로 **반복된 부분**이다. 각 반복 부분은 특정 뉴클레오티드 서열이 중단없이 계속적으로 반복되는 수백 개의 뉴클레오티드로 형성된다. 이들은 직렬 반복 배열(tandem arrangement)로 되어 있다. 고도 반복서열은 **부수체**(附隨體) **DNA**(satellite DNA), **소부수체 DNA (minisatellite DNA)**, 그리고 **미소부수체**(微小附隨體) **DNA(microsatellite DNA)**의 3가지 범주로 분류된다.

(1) 부수체 DNA: 이것은 5~1,000개의 염기쌍을 갖는 짧은 염기서열이다. 이 서열은 직렬 반복서열이 무리를 지어 있는 부분이다. 그것들은 계속적으로 반복되어 1억 개 이상의 염기쌍을 가진 불활성 DNA 단편을 형성한다. 이러한 서열을 가진 DNA 단편은 밀도 구배 원심 분리 과정에서 별개의 띠로 분리될 수 있기 때문에 이것을 **부수체**라고 한다. 세 가지 다른 부수체 서열이 *Drosophila virilis*의 유전체에서 확인되었다. ACAAACT 공통서열의 7개 염기쌍이 반복된 부분을 형성한다. 다른 반복은 5, 10 그리고 12 bp로 구성된다. 포유류에서 부수체 서열은 보다 복잡하고 다양하다.

부수체 DNA는 불활성이며 영구적으로 감겨 이질염색체(heterochromatin)를 형성한다. 염색체의 동원체 주변의 부수체 DNA는 세포분열 동안 방추사 섬유가 부착할 수 있는 구조적인 역할을 하는 것으로 추정된다.

(2) 소부수체 DNA 또는 VNTR: 소부수체는 짧은 직렬 반복서열이 적은 수로 복사된 DNA 부분이다. 또한 부수체의 반복 횟수가 개인마다 크게 다르기 때문에 **가변수 직렬 반복**(variable number of tandem repeats, VNTR)이라고도 한다.

일반적으로, 각각의 VNTR은 약 15 bp 또는 그 이상의 서열이 5~50번 계속적으로 반복된 부분이다. 예를 들어, 사람의 하나의 VNTR은 64

- 가장 단순한 살아 있는 세포는 약 200~300개의 유전자가 필요하다.
- 가장 작은 진정세균(eubacteria)인 *Mycoplasma genitalium*의 유전체는 580,000 bp이고 유전자가 약 500개(468~517)이다.
- 유전자 산물(즉, 단백질 또는 RNA)을 생성하는 DNA 부분을 **암호 부분**(coding segment)라 한다.
- **비암호 DNA 부분**(Non-coding DNA segment)은 유전정보나 기능을 갖는 RNA 분자를 암호화하지 않는 염기서열이다. 이것은 **반복적인 서열**(repetitive sequences) 또는 **반복된 서열**(repeated sequences)로 구성된다.
- 반복서열은 고등 생물의 DNA에서 자주 발견된다.
- 원핵생물에서 비암호 DNA는 유전자들 사이에서 발견되는데, **유전자간 DNA** (intergenic DNA)가 유전자 간의 인트론(intron)이기 때문이다.

부가 설명: 미소부수체의 중요성

DNA 구조 또는 기능에서 미소부수체(microsatellite)나 소부수체(minisatellite)의 역할은 알려져 있지 않다. 그러나 유전자 지도의 구축, 인간 질병의 원인이 되는 유전자의 분리 및 DNA 지문감식법(DNA finger-printing) 기술 개발에 도움을 주었다. 이것은 짧은 직렬 반복의 길이가 사람마다 다르기 때문이다.

bp이다. 일부 초변이 VNTR(hyper-variable VNTR)은 1,000회 이상 반복되어 있다. 소부수체 서열은 부수체 서열에 비해 상당히 짧다.

소부수체는 유전체 위에 흩어져 있는 것으로 밝혀졌지만 말단소체(telomere) 가까이에 집중되어 있다. 그들은 비암호 DNA 부분이다. 그러나 매우 변이가 큰 특성으로 인해 VNTR은 DNA 지문 감식법으로 개인을 식별하는 데 사용된다.

(3) 미소부수체 DNA: 2~5 염기쌍으로 이루어진 가장 짧은 염기서열로 약 100회 또는 그 이하로 반복된다. 이들은 DNA 전체에 흩어져 있다. 인간 유전체에서 최소한 3만 개의 서로 다른 미소부수체가 알려져 있다. 이것들의 위치와 사본의 수는 사람마다 매우 다양하며 동일 가족 구성원 사이에도 매우 다르다. 미소부수체 서열의 많은 사본 수가 몇몇의 비정상성 또는 유전적 장애와 관련이 있는 것으로 밝혀졌다. 예를 들어, 정상적인 조건의 인간 FMRI 유전자는 세 개의 염기로 된 CCG를 5~60카피 정도 갖는다. 만약 반복 횟수가 200 이상으로 증가하면 정신 지체가 된다. 이러한 경우를 **취약 X 증후군**(fragile X syndrome)이라고 한다. 미소부수체가 X 염색체의 깨지기 쉬운 부위에 존재하기 때문이다.

2. 보통 반복 DNA 서열

이 DNA 부분은 유전체에서 수십에서 수십만 번 반복되는 서열을 포함한다. 전체 DNA의 20~80%를 이루고 있다. 이 보통 반복서열은 암호화 유형과 비암호화 유형이 있다.

(1) 보통 반복 비암호 DNA 서열: 이것은 보통 반복 DNA 서열의 대부분을 형성한다. 이 서열은 어떠한 산물에 대한 정보도 암호화하지 않는다. 이들은 유전체의 사방에 흩어져 있으며, 고도 반복서열의 경우처럼 무리지어 있지 않다. 이들은 두 가지 범주로 구분된다. 주로 500개 이하의 염기쌍으로 이루어진 **짧은 산재 요소**(short interspersed elements, SINEs)와 1,000개 이상의 염기쌍을 가지는 **긴 산재 요소**(long interspersed repetitive elements, LINEs)이다.

(2) 보통 반복 암호 DNA 서열: 이 DNA 단편은 tRNA, 리보솜 RNA 그리고

부가 설명: 비암호 DNA

진핵세포에서 보통 반복 비암호 DNA(moderately repetitive noncoding DNA)는 보통 반복 암호 DNA(moderately repetitive coding DNA)보다 많다. 이것을 **'폐물 DNA**(junk DNA)'라고도 한다. 이것은 두 가지 형태로 표현된다:

- **짧은 산재 요소**(short interspersed elements, **SINEs**)는 고도로 반복된 DNA 조각으로 수천에서 수백만의 비암호 서열의 사본으로 구성된다. 이것은 인간 유전체의 약 10 %를 차지한다. SINE의 가장 잘 알려진 예는 300 bp 길이의 **Alu 요소**(Alu element)이다.
- **긴 산재 요소**(long interspersed repetitive element, **LINE**)은 SINE보다 크고 수가 더 많다. 포유류 유전체는 약 20,000~50,000 카피의 LINE-1 계열을 가지고 있다. 이것은 레트로바이러스 유사 조상으로부터 유래된 것으로 생각된다. LINE은 서열 재배열을 할 수 있어서 암호서열을 망가트려 유전자가 기능을 못하도록 만들기도 한다.

염색체 단백질인 히스톤(histone)을 암호화하는 유전자의 여러 사본을 포함하고 있다. 이 DNA는 인간 DNA의 약 25%를 구성한다. 각 유형의 반복 암호서열은 직렬 반복 배열로 존재한다. tRNA와 rRNA가 대량으로 필요하기 때문에 이들 유전자의 많은 복사본이 유전체에서 발견된다. 예를 들어, 원핵세포는 rRNA와 tRNA 유전자를 약 6개 정도 가지는 반면, 진핵세포에는 수백 또는 수천 개의 유전자가 존재한다.

(3) 미세 반복 DNA 서열: 이 DNA 서열은 몇 개의 사본밖에 가지지 않는다. 어떤 경우에는 이것들이 완벽하게 반복되지 않는다. 이들의 생성물은 아미노산 서열에 약간의 차이가 있다. 예를 들어, 사람 글로빈 사슬을 암호화하는 5개의 다른 유전자(α, β, γ, δ, ε)가 있다. 이 단백질 사슬과 유전자는 모두 거의 같은 길이이다. 이들 모두는 2개의 인트론으로 분리된 3개의 엑손으로 이루어진 동일한 구조를 갖는다. 이 단백질의 3차원 구조도 동일하다. 그러나 β와 γ 사슬의 유전자는 11번 염색체의 가까운 위치에 존재한다. 따라서 이 둘은 반복 유전자 또는 반복적인 DNA 서열이다.

진핵생물에서 반복서열은 다음과 같이 나타난다.

- **인트론**(Intron): 암호화 DNA를 엑손으로 분리시키는 비암호화 부분.
- **보통 반복서열**(Moderately repetitive sequence): 긴 산재 요소(long interspersed repetitive Element, LINE)
- **고도 반복서열**(Highly repetitive sequence): 짧은 산재 요소(short interspersed elements, SINEs)
- **소부수체**(小附隨體) **DNA**(minisatellite DNA): 가변수 직렬 반복(variable number of tandem repeats, VNTR)
- **미소부수체 DNA**(microsatellite DNA)

3. 비반복 또는 비반복적인 DNA 서열

이들은 기능을 하는 또는 암호 서열을 가지는 단일 카피 DNA 서열이다. 이것은 이 서열들이 유전과 연관된 거의 모든 효소 단백질을 암호화하는 유전자를 나타낸다는 것을 의미한다. 이들은 항상 특정 염색체상의 특정 부위에 위치하고 있다. 이것들은 **고유서열**(unique sequence)이라고 한다. 이것들은 전체 DNA의 단지 몇 퍼센트만을 차지한다.

6.12 이기적 DNA와 폐물 DNA

자신의 생존과 복제에만 관심이 있고 숙주세포에는 어떤 식으로든 전혀 쓸모가 없으며 전위가 가능한 DNA 조각을 '**이기적인 DNA**(selfish DNA)'라고 한다. 이것은 천천히 성장하는 다세포 생물의 유전체에 축적된다. 반면에 **폐물 DNA**(junk DNA)는 자신의 위치에서 더 이상 움직일 수 없고 자신이나 자신의 유전자를 발현할 수 없는, 결함이 있는 이기적 DNA이다. 그것은 일부 인트론을 포함하는 반복적 비암호 서열로 구성되어 있다.

1. 이기적 DNA와 폐물 DNA의 기원

진핵세포에는 두 가지 다른 출처에서 외래 DNA가 들어올 수 있다:

(1) 진핵 숙주세포의 염색체에 삽입되는 바이러스의 DNA.
(2) 이동 가능한 DNA인 전위인자.

이기적인 DNA의 축적은 이기적 DNA의 복제와 재삽입에 달려 있다. 급속히 분열하는 단세포 생물에서는 이기적인 DNA가 제거되는 경향이 있는 반면, 서서히 분열하는 다세포 생물에서는 축적된다. 비록 원래는 쓸모 없지만 일부 기능이 없어진 이기적인 DNA 서열이 염색체 구조를 유지하는 역할을 갖게 된 듯하다.

그림 6.17
이기적 DNA와 폐물 DNA의 유래

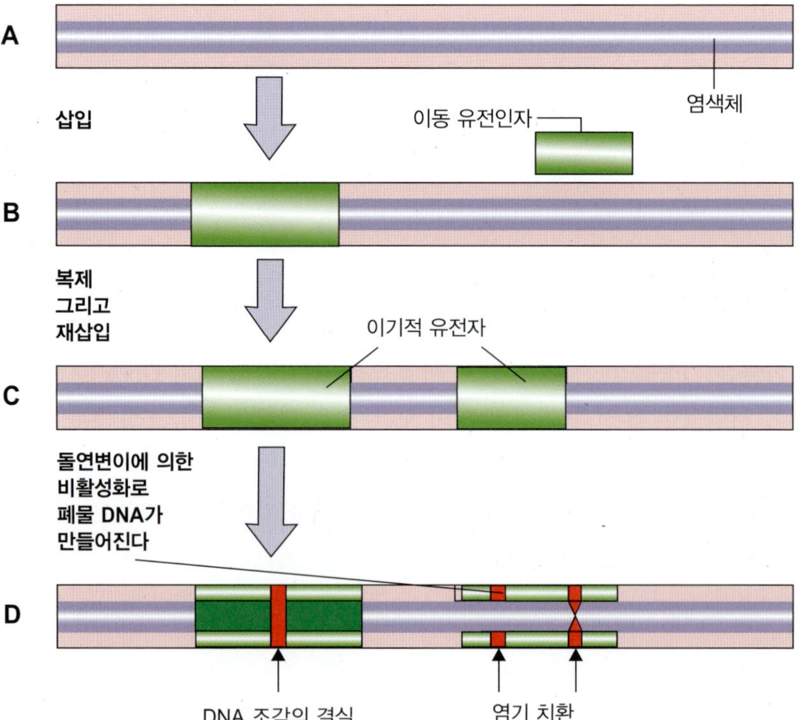

반복 DNA 또는 폐물 DNA의 기원은 다음과 같은 과정으로 이루어졌다:

- 바이러스 DNA 또는 전이인자의 원래 서열이 진핵세포의 염색체에 삽입된다.
- DNA가 복제되고, 복제된 사본이 감염된 세포의 염색체의 더 많은 위치에 삽입된다.
- 이 서열의 많은 부분이 변이를 일으켜 동족의 서열들이 생성되는데, 이들의 대부분이 변이로 인해 기능을 상실한다.

2. 회문구조와 역위 반복

회문구조(palindrome) 또는 회문서열(palindromic sequence)은 앞이나 뒤로 읽어도 동일한 질소 염기 서열이다(참고: 원래 회문구조(palindrome)란 용어는 앞뒤 읽을 때 동일한 단어 또는 문구를 뜻한다). DNA는 이중가닥이므로 이론적으로 두 종류의 회문구조가 가능하다.

(1) 거울상 회문구조(mirror-like palindromes)는 회문 단어와 비슷하여 하나의 가닥에서 앞이나 뒤로 읽어도 동일한 구조이다.

(2) 역위 반복 형태의 회문구조는 DNA의 두 가닥 모두에서 5′→3′ 방향으로 읽을 때 동일한 DNA 서열이다. 즉, 이 서열은 한 가닥에서 앞으로, 상보적 가닥에서 뒤쪽으로 읽을 때 동일한 구조이다.

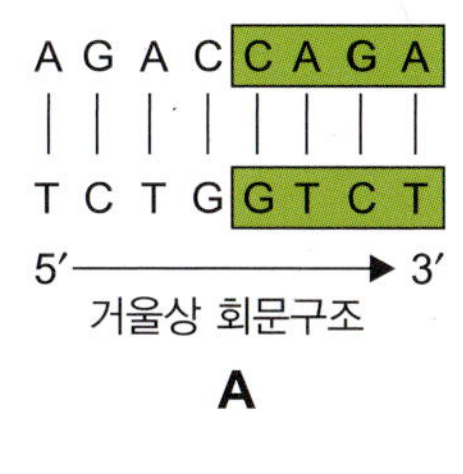

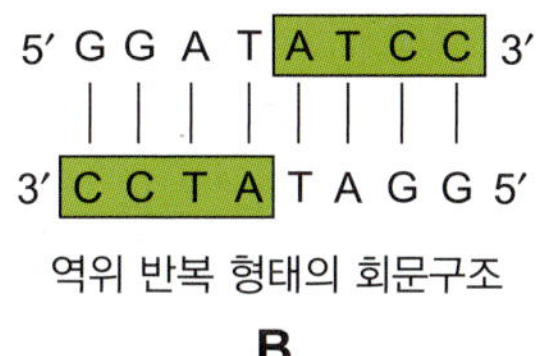

그림 6.18
회문구조: 거울상 회문구조 (A) 및 (B) 역위 반복서열

역위 반복이 일반적이고 생물학적 중요성을 지닌다. 그들은 다양한 단백질이 결합하는 DNA의 인식 자리 역할을 한다. 조절 단백질, 제한효소 및 변형효소가 역위 반복을 인식한다.

3. 미토콘드리아 DNA(mtDNA)

미토콘드리아 DNA(mtDNA)는 이중가닥 원형 DNA이다. 미토콘드리아 당 2~6개의 사본이 존재하며 내부 미토콘드리아 막에 부착되어 미토콘드리아 기질에 위치한다. mtDNA의 총량은 진핵 체세포의 총 세포 DNA의 1%보다 훨씬 적다. 크기 면에서 mtDNA는 작은 박테리오파지의 DNA와 유사하다. 분자량은 약 1천만에 불과하다.

mtDNA는 동일한 세포의 핵 DNA와 기본 구성이 다르다. mtDNA는 미토콘드리아 단백질의 합성을 담당한다. 따라서 mRNA, tRNA 및 rRNA를 합성한다. 그러나 mtDNA의 전사 및 번역 활동은 핵 DNA가 조절한다. 미토콘드리아 DNA는 자유롭게 살던 세균류 조상에서 유래한 것으로 추정된다. mtDNA의 크기는 하등 생물체에서 고등 생물체로 가면서 점차적으로 감소한다. 예를 들어, 효모 mtDNA는 인간 mtDNA보다 5배 더 길다. DNA의 일부 부분은 두 개의

- 미토콘드리아는 호기성 호흡에 특화된 원시 박테리아에서 유래된 것이다.
- 미토콘드리아의 유전체는 mRNA, 원핵생물 리보솜 RNA와 tRNA 유전자를 갖는 원형의 염색체 형태를 갖는다.
- 엽록체는 원시 광합성 박테리아에서 유래된 내부공생 박테리아다.

원형 DNA가 서로 얽힌 연쇄체 이량체(catenated dimer)로 이루어져 있다. 이것은 mtDNA의 복제 중에 형성된다고 생각된다.

4. 엽록체 DNA(ctDNA)

미토콘드리아와 마찬가지로 엽록체도 이중가닥 원형 DNA를 가지고 있다. 기질에 여러 사본이 존재한다. ctDNA의 기능은 핵 DNA에 의해 제어된다.

5. 촉매 DNA(Deoxyribozymes)

- 디옥시리보자임은 *DNA* **효소** 또는 *DNAzyme* 또는 촉매 DNA라고도 한다..
- 박사후 연구원으로 일했던 **로날드 브레이커**(Ronald R. Breaker)에 의해 1994년 최초로 deoxyribozyme이 발견되었다.
- 어떤 디옥시리보자임은 빛을 이용하여 티민 이량체를 수선한다.

바이러스를 제외한 모든 생물체에서 DNA는 유전자 정보를 저장하는 목적으로만 이용되고 효소로 사용된다고는 생각되어 않았다. 효소는 주로 단백질이지만 일부 RNA가 절단 기능이 있고 효소로 작용한다. 그러나 단일가닥 DNA 분자가 촉매 기능을 가지고 있어서 기질의 전환, 그리고 DNA 또는 RNA의 절단 및 연결, DNA의 5′-인산화, 5′-아데닐화, 티민 이량체의 수리 그리고 DNA 복제 반응 등의 세포에서 일어나는 다양한 화학 반응을 촉진하는 것이 밝혀졌다. DNA가 히스티딘과 같은 보조 인자를 이용하여 RNA 분자의 절단을 촉매하는 것이 밝혀졌다.

디옥시리보자임으로 작용하는 단일가닥 DNA 분자는 작은 분자가 결합하는 포켓을 만들어 복잡한 구조를 형성한다. 이것으로 인해 촉매 활성이 향상된다.

6. 촉매 DNA의 중요성

촉매 DNA의 연구를 통하여 효소 촉매 및 일반적인 생체 고분자 기능에 대해 잘 이해할 수 있게 되고 유용한 생명 공학 도구를 개발할 수 있다. 디옥시리보자임은 핵산가닥의 절단을 알아내기 위한 목적으로 사용되어왔다.

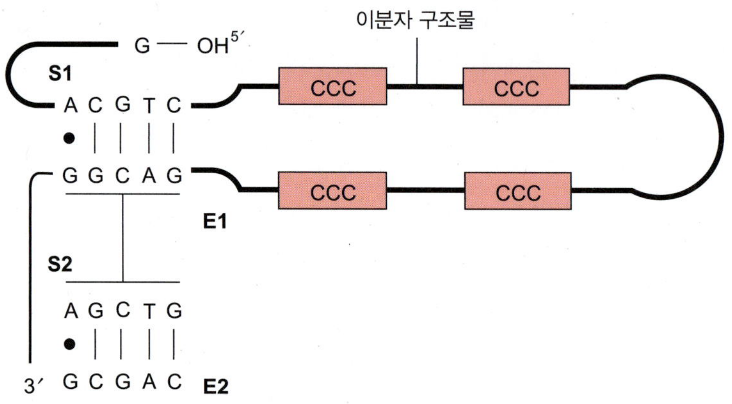

그림 6.19
아미노산을 이용하여 RNA를 절단하는 디옥시리보자임

문 제

1. DNA의 구조와 기능에 대해 쓰시오.
2. DNA의 화학적 빌딩 블록 또는 단량체는 무엇인가? 각각의 구조식을 그려라. 폴리뉴클레오티드 사슬에서 인접한 단량체를 연결하는 결합의 이름을 쓰시오.
3. 왜 DNA가 기능을 수행하기 위해 이중나선 구조를 가져야 하는가?
4. 왓슨과 크릭의 DNA 구조 모델은 무엇인가? 어떻게 이 구조가 DNA의 생물학적 특성을 설명할 수 있는가?
5. DNA의 이중나선 구조를 지지하는 증거를 제시하시오.
6. 왓슨과 크릭의 DNA 모델에 대한 중요한 가정을 열거하시오.
7. B-DNA와 Z-DNA를 구별해 보시오.
8. 재생과 변성을 통하여 무엇을 알 수 있는가?
9. 샤가프의 DNA 염기 등몰량 규칙을 설명하시오.
10. 폴리뉴클레오티드 사슬의 두 말단이 어떠한 특이성을 갖는지 설명하시오.
11. DNA의 이중나선 구조를 지지하는 증거는 무엇인가?
12. 왓슨과 크릭이 DNA 구조를 추측하기 위해 기반이 된 두 가지 주요 실험 결과를 개략적으로 설명하시오.
13. 왓슨과 크릭의 DNA 모델의 생물학적 중요성을 설명하시오.
14. DNA 분자의 이중나선 구조의 중요한 특징을 열거하시오.
15. 다음을 설명하시오.
    (a) 상보적 염기쌍
    (b) 폴리뉴클레오티드 사슬은 방향성이 있다.
    (c) 오른손 방향, 왼손 방향 DNA
    (d) DNA의 이중나선 구조
    (e) 인산이에스테르 결합
    (f) 샤가프의 염기 비율
16. 짧게 설명하여라:
    (a) 뉴클레오시드
    (b) 뉴클레오티드
    (c) 피리미딘
    (d) 퓨린
    (e) 왓슨과 크릭의 모델
    (f) 디옥시리보자임
17. 다음을 구별하시오.
    (a) 뉴클레오시드, 뉴클레오티드
    (b) 중합효소, 연결효소(ligase)

(c) 퓨린 고리, 피리미딘 고리
(d) 리보오스, 디옥시리보오스
(e) 큰 홈, 작은 홈
(f) 3′ 말단, 5′ 말단

7 유전체의 구조

학습 목표

- 유전체
  - 바이러스 유전체
  - 원핵생물 유전체: 박테리아 DNA
  - 미토콘드리아 유전체
  - 진핵세포 유전체
- 염색질의 조직화
- 진핵세포 염색체의 슈퍼솔레노이드 구조
- 간기 염색질의 구조
- 후기 염색체의 구조
- 후기 염색체의 여러 다른 영역과 기능
- 특별한 유형의 염색체: 솔염색체
- 다사염색체
- 염색체의 생리학

7.1 유전체

유전체(게놈, genome)란 한 유기체의 염색체 반수체 세트에 존재하는 유전자 또는 유전물질 그리고 모든 기능적 및 비기능적 DNA 서열 전체의 모음이다. 이것은 구조 유전자와 기능 유전자, 조절 유전자 그리고 비기능성 핵산서열을 포함한다. 따라서 유전체는 다음과 같이 구성된다.

- **구조 유전자 및 기능 유전자**: 특정 RNA나 단백질을 암호화하는 DNA 부분이다. 이들은 mRNA, tRNA, snRNA(작은-핵 RNA, small nuclear RNA) 및 scRNA(작은 세포질 RNA, small cytoplasmic RNA)를 암호화한다.
- **조절서열 또는 조절 유전자**(regulatory sequences or regulatory gene): 조절 요소 또는 개시 부위, 프로모터 부위, 작동자 부위 및 인핸서 부위 등이다.
- **비기능 서열**(nonfunctional sequence): 여기에는 인트론과 반복서열이 포함된다. 이것들은 DNA의 암호화, 조절 및 복제에 필요하다. 기능적 서열

보다 훨씬 더 수가 많다는 것이 밝혀졌다.

모든 생명체의 유전체는 유전물질에 해당되며 DNA로 구성된다. 단순한 원핵 세포의 유전체 DNA는 하나의 원형 염색체 형태이다. 이것은 염기성 단백질과 결합하지 않고 세포질의 핵양체(nucleoid) 지역에 존재한다. 진핵 세포에서 DNA는 염기성 단백질(**히스톤**, histone)과 결합되어 있다. 이것은 긴 **염색질 섬유**(chromatin fibre)를 형성한다. 염색질 섬유는 네트워크를 형성하며 이중층 핵막으로 둘러싸여 있다. 이 구조를 **핵**(nucleus)이라고 한다. 염색질은 세포분열 중에 염색체로 응축된다.

1. 바이러스 유전체

바이러스 및 박테리오파지에서 DNA 또는 RNA 단일 분자가 **바이러스 염색체**(viral chromosome)를 구성한다. 이것들은 단일가닥 또는 이중가닥일 수 있다.

1) DNA 함유 바이러스 염색체

이들은 DNA 분자의 폭에 해당하는 20 Å 넓이의 염색체이다.

이것은 두 가지 형태를 가질 수 있다:

1. 선형 DNA: 대부분의 경우 선형 이중가닥 DNA(dsDNA)를 가지지만 파르보 바이러스(Parvoviruse)는 선형 단일가닥 DNA(ssDNA)이고, $\phi \times 174$박테리오파지와 같은 일부 바이러스는 원형이며 단일가닥 DNA를 가진다. 이것은 점착성 말단(cohesive end)을 가진다. λ 파지에 존재하는 선형 바이러스 DNA는 분자량이 3,200만이고 길이가 약 17.2 μm인 선형 이중나선 DNA이다. M13 파지는 ssDNA를 가진다. λ 파지 DNA는 특징적인 구조적 특성을 낸다. λ 파지 DNA는 원래 원형을 형성하거나 복제 직전에 원형으로 바뀐다.

- 점착성 말단(cohesive end): 이중나선 DNA의 5′ 말단이 상보가닥인 역평행 가닥의 3′ 말단을 넘어서 단일가닥으로 돌출되어 있다. 이 단일가닥은 약 12개의 뉴클레오티드로 구성되어 있다. 이 서열은 3′ 말단의 뉴클레오티드와 상보적이어서 염기쌍을 이루어 원형을 형성할 수 있다.
- 말단 반복(terminal repetition): DNA의 3′ 말단은 가닥의 5′ 말단에서 반복되는 염기서열을 가지고 있다. 이러한 서열에 핵산분해효소가 작용하면 상보적 점착성 말단이 형성되고 공유결합으로 원형의 생성이 유도된다.
- 순환 순열(circular permutations): 바이러스 DNA들은 서로 순환 순열인 서열 부분을 가지고 있다(**그림 7.1**). 이러한 순환 순열 형태의 선형 DNA는 *핵산말단가수분해효소*(*exonuclease*)에 의해 잘려져 상보적 점착 말단이 노출될 때 동일한 원형 분자를 형성한다.

표 7.1 일부 바이러스 유전체의 크기와 구조

바이러스	유전체의 형태	분자량 (× 10^{-6} 달톤)	추정 유전자 수
DNA 바이러스			
1. φ × 174 대장균 파지	원형 단일가닥 DNA	1.7	6(8)
2. 폴리오마 바이러스	원형 이중가닥 DNA	3.0	5
3. SV40 바이러스	원형 이중가닥 DNA	3.2	6
4. 아데노 바이러스 12형	선형 이중가닥 DNA	21~12	38
5. 헤르페스 심플렉스(단순포진 바이러스)	선형 이중가닥 DNA	96	16
RNA 바이러스			
1. 감자 갈쭉병 바이러스	선형 단일가닥 RNA	25~0.11	< 1
2. 폴리오 바이러스 } 피코나 바이러스	선형 단일가닥 RNA	2.6	4(3)
3. 인플루엔자 바이러스 } 피코나 바이러스	선형 단일가닥 RNA	3.6	12
4. 생쥐 백혈병 바이러스	선형 단일가닥 RNA (조각으로 존재할 수 있음)	11.2	37
5. 레오 바이러스	선형 이중가닥 RNA	15	25

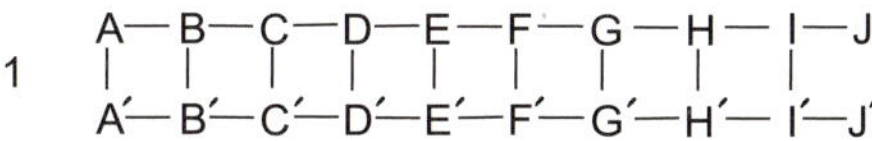

그림 7.1
바이러스 선형 염색체에서 순환 순열을 설명하기 위한 그림

- 변형된 질소 염기: 바이러스 DNA의 일부 질소 염기가 변형된다. 예를 들어 T-짝수 파지에서 시토신 대신에 수산화-메틸시토신(hydroxy-methylcytosine)이 발견된다. 더군다나 수산화-메틸시토신의 수산기는 종종 글루코실화(glucosylated)된다. 이러한 변형은 바이러스 DNA가 숙주의 핵산내부가수분해효소(endonuclease)에 의해 분해되지 않도록 보호한다.

2. 원형 DNA: 일부 바이러스 및 박테리오파지 φ × 174의 DNA는 단일가닥이며 원형이다. 이것은 가장 작은 바이러스 DNA 중 하나로 분자량이 1.7메가달톤(MDa)이고 총 길이가 1.77 μm이다. 5,375개의 뉴클레오티드가 9개의 유전자를 이룬다. 이 유전자의 일부 뉴클레오티드는 중첩되어 있다. ssDNA를 갖는 파지의 다른 예는 G4와 S13 파지이다.

2) RNA 함유 바이러스 염색체

RNA 함유 바이러스 염색체는 선형이며 종종 단일가닥 RNA(ssRNA) 분자로

- 바이러스 DNA 유전체는 숙주 핵 내부에서만 *DNA 중합효소*를 이용하여 DNA를 주형으로 DNA를 복사하여 복제된다.
- 폭스(Pox) 바이러스는 숙주 세포질에서 복제된다.

구성되지만 일부 바이러스는 dsRNA 유전체를 갖는다. 이것은 식물 바이러스와 일부 동물 바이러스에서 나타난다. 단일가닥 RNA(ssRNA)는 피코나바이러스(picornavirus)나 코로나바이러스(coronavirus)처럼 양성 가닥(+ 가닥)이거나, 오르소믹소바이러스(orthomyxovirus)나 파라믹소바이러스(paramyxovirus)처럼 음성 가닥(− 가닥)일 수 있다. RNA의 + 가닥은 mRNA와 유사하지만 −RNA 가닥은 mRNA와 상보적이다. 레오바이러스(Reovirus)는 이중가닥 RNA 유전체를 가진다.

ssRNA와 dsRNA는 모두 RNA를 통해 RNA로 복제된다. 그러나 레트로바이러스(retrovirus)는 ***역전사효소***(*reverse transcriptase*)를 가지고 있어서 유전체를 RNA → DNA → RNA로 증폭시킨다.

바이러스 염색체의 초나선 꼬임: 바이러스로부터 원래 형태로 원형 이중나선 DNA를 분리하면 종종 초나선 꼬임 형태(supercoiled) 또는 초꼬임(supertwisted) 상태이다. 이것은 단위 길이당 염기쌍의 수가 정상보다 많을 때 발생한다. 이로 인해 비틀리는 힘이 발생하고 결과적으로 DNA 원은 꼬이게 된다.

2. 원핵생물 유전체: 박테리아 DNA

박테리아와 청녹조류에서 유전물질은 이중가닥 DNA의 원형 분자로 구성된 단일 원형 염색체로 구성된다. 이것은 **박테리아 염색체**(bacterial chromosome) 또는 **핵양체**(nucleoid)로 알려져 있다. 세포질에 자유롭게 존재하며, DNA 분자 주위에 진핵생물의 염색체에서 발견되는 것과 같은 단백질은 없다. 그러나 일부 RNA가 DNA에 결합한 것이 발견되며 골격 또는 중심을 형성한다. 박테리아 DNA는 초나선 꼬임 고리 형태로 배열되어 있다. 이들은 중앙의 핵양체 단백질 기질에 고정되어 있고 RNA는 DNA의 초나선 꼬임 상태를 안정시킨다.

E. coli(대장균)의 DNA는 평균 길이가 10~20 kbp인 400개의 고리(loop)를

그림 7.2

바이러스의 이중가닥 원형 DNA와 양성 및 음성 초나선 꼬임

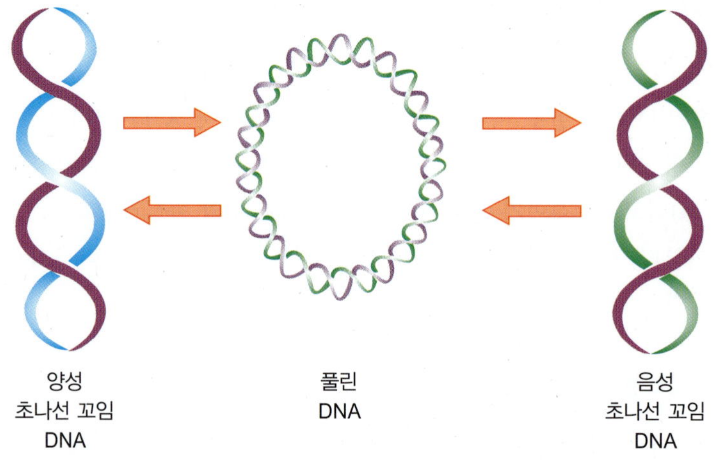

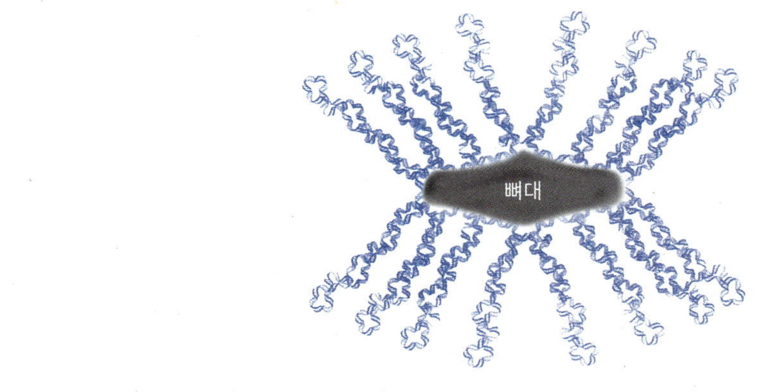

그림 7.3
다중 고리를 보여주는 *Escherichia coli* 박테리아 염색체의 전자현미경 사진

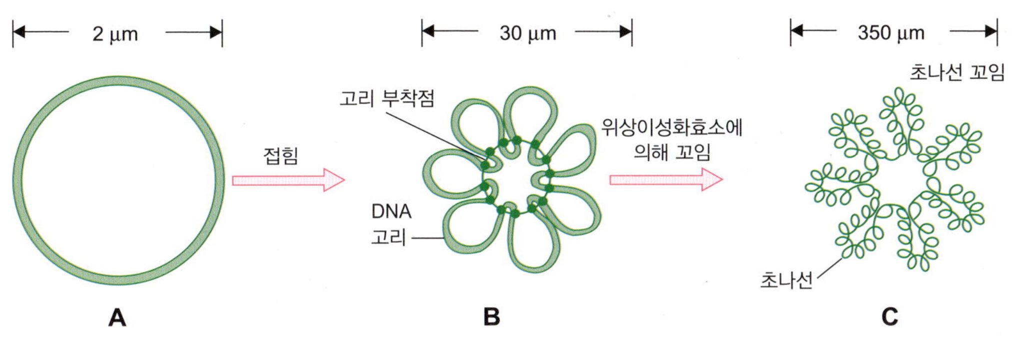

그림 7.4
박테리아 염색체의 꼬임 단계

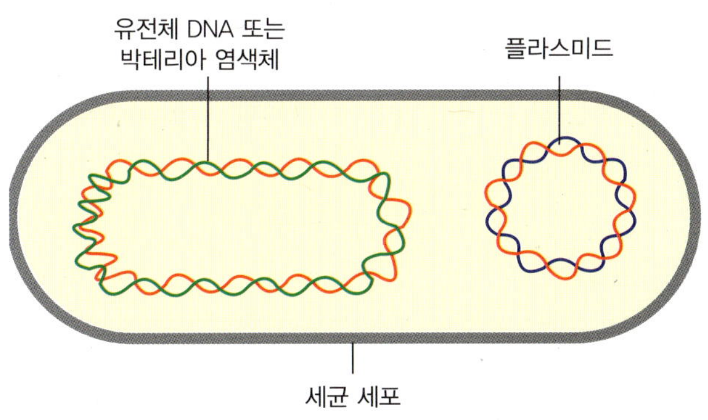

그림 7.5
박테리아 염색체와 함께 플라스미드를 가지는 세균 세포

가지고 있다고 추정된다. 이러한 초나선 꼬임 고리는 동적인 구조이며 세포 성장과 세포분열 동안 계속적으로 변화한다. 일부 코일이 풀리는 동안에 다른 일부의 코일은 초나선으로 꼬이게 된다.

DNA의 초나선 꼬임과 DNA-결합 핵양체 단백질(DNA-binding nucleoid protein)이 DNA 압축에 기여한다. 이러한 단백질을 염색체 구조 유지(structural maintenance of chromosomes, SMC) 단백질이라 한다. 세균 세포에서 RNA는 대장균 염색질의 필수 부분이 아니다. *Escherichia coli*의 원형 염색체는 약 1,360 μm(1.36 mm)의 총 길이를 가지며 약 20 Å의 폭을 갖는다. 분자량은 약 2.8×10^9이다. 약 50개 또는 그 이상의 초꼬임, 초나선 꼬임 고리가 있다. 약 4,400개의 유전자로 구성된 약 460만 개의 염기쌍으로 구성되어 있다.

1달톤은 원자량이 12인 탄소의 질량의 1/12에 해당하는 질량 단위이다. 1메가달톤(megadalton)의 크기는 1백만 달톤과 같고 1달톤은 1개의 양성자의 질량과 같다.

세균 세포는 하나의 커다란 원형 염색체 외에 작고 꼬임이 없는 원형 이중나선 DNA 분자를 1~20개 정도 가지고 있는데 이를 **플라스미드**(plasmid)라 한다. 플라스미드는 크기면에서 5에서 100메가달톤 정도인 바이러스 DNA와 비슷하다. 이들은 세균 염색체와 함께 일정한 숫자로 복제된다.

그들의 기능은 명확하게 알려지지 않았다. 그들 중 일부는 숙주 염색체에 삽입되어 **에피솜**(episome)이라고 불린다. 이들은 때때로 접합(conjugation) 동안 한 세균 세포에서 다른 세균 세포로 옮겨져 세균이 새로운 특성을 가지게 만든다.

- 세균 세포는 일반적인 바이러스보다 100배 많은 DNA를 가지고 있다.
- 박테리아 염색체의 DNA는 인간 체세포에 존재하는 DNA 총량의 약 1/1000에 불과하다.

3. 미토콘드리아 유전체

진핵세포의 미토콘드리아(mitochondria)는 약 1,000만의 분자량을 갖는 이중가닥 원형 DNA를 가지고 있다. 총 DNA의 1% 미만이다. 몇몇 DNA가 **연쇄체 이량체**(catenated dimers)라고 불리는 서로 맞물린 고리 형태를 나타낸다. 이것들은 아마도 미토콘드리아 DNA의 복제 중에 형성되는 것 같다.

4. 진핵세포 유전체

분열하지 않는 휴지기의 진핵세포에서 유전체는 **염색질**(chromatin)이라 불리는 핵단백질 복합체의 형태로 존재한다. 이것은 특정 형태가 없으며 가느다란 염색사로 짜여진 네트워크 형태로 핵기질에 무작위로 분산되어 있다. 세포가 분열을 준비할 때 염색질은 종 특이적 숫자의 **염색체**(chromosome)로 응축된다. 응축은 다단계 기작에 의해 일어난다.

- 한 종의 반수체 유전체의 총 DNA 양을 C-값(C는 상수를 의미함)이라 부른다.
- C-값 데이터는 유기체 간에 관찰되는 DNA의 양이 다양하다는 것을 보여준다.
- C-값과 유기체의 구조적 또는 조직적 복잡성 사이에는 직접적인 연관이 없다. 이것을 **C-값의 역설**(C-value paradox)이라 한다. 예를 들어 아메바(*Amoeba*)는 인간 세포보다 거의 100배 많은 DNA를 가지고 있다.
- 유전체 크기는 유전자의 수 또는 어떤 유기체의 크기가 아닌 반복된 DNA 함량에 달려 있다.

7.2 염색질의 조직화

염색질은 세포핵내의 염색이 잘되는 물질이다. 이것은 약 60%의 **단백질**, 35%의 **DNA** 그리고 5%의 **RNA**로 구성되어 있다. *Drosophila*의 가장 큰 염색체의 DNA는 약 4.0 cm 길이이고 분자량은 80×10^9이다. 사람의 염색체 하나의 DNA 분자를 풀면 길이가 1.7~8.5 cm이다. 이것은 50×10^6~250×10^6 염기쌍을 포함한다. DNA에 저장된 정보는 다양한 **DNA 결합 단백질**(DNA-binding protein)의 도움을 받아 조직화, 복제 그리고 판독된다. DNA-결합 단백질은 두 가지 범주로 분류된다.

- 구조 단백질 – **히스톤**(histone)
- 기능성 단백질 또는 조절 단백질 – **비히스톤**(nonhistone)

구조 단백질 또는 **포장 단백질**(packaging protein)은 비특이적으로 결합하는 단백질이다. 이것들은 음전하를 띤 DNA의 대부분에 길이를 따라 결합하고 다른

DNA 결합 단백질의 접근을 막지는 않으면서 DNA의 포장을 돕는다. 이것들은 염기성 단백질이며 **히스톤**이라 부른다. **비히스톤** 또는 **기능성 단백질**은 유전자 조절 및 염색질의 다른 기능과 관련되어 있다.

1. 히스톤

히스톤은 진핵세포에서 발견되는 주요 구조 단백질이다. 이들은 10~50킬로달톤(kDa) 정도의 크기를 갖는 저분자량 소형 단백질이다. 그들은 높은 비율의 양전하 염기성 아미노산을 가지고 있으며 그 중 적어도 20%는 **아르기닌**(arginine)과 **리신**(lysine)이다. 양전하는 히스톤이 음으로 하전된 DNA와 결합하는 것을 돕고 긴 DNA 분자의 포장에 중요한 역할을 한다.

1) 히스톤의 종류

다섯 가지 유형의 히스톤이 두 가지 범주로 나뉜다.

(1) 뉴클레오솜 히스톤(nucleosomal histone) 또는 중심 히스톤(core histone): 뉴클레오솜 단백질은 네 종류의 작은 단백질 8개 분자로 이루어져 있다. 세포 내에서 이들은 동등한 양으로 존재하며 DNA를 감싸 뉴클레오솜을 만드는 역할을 한다. 이것은 H2A, H2B, H3 및 H4 단백질 각 두 분자로 구성되어 있다. 이들 각각은 약 102~135개의 아미노산으로 이루어져 있다. 이들은 뉴클레오솜의 내부 중심을 형성한다. 뉴클레오솜 히스톤은 진화 과정에서 변하지 않았기 때문에 서로 다른 생명체에서도 큰 유사성을 나타낸다. 이들은 등몰량(equimolar, 같은 몰량)으로 존재하며, 각 종류 2개씩이 200 염기쌍마다 존재하며, 따라서 **히스톤 팔량체**(histone octamer) 또는 **중심 입자**(core particle)를 형성한다.

뉴클레오솜의 중심 입자의 각 히스톤 단백질은 11~37개의 아미노산을 가지는 유연한 **꼬리**(tail)를 가지고 있다. 꼬리의 양전하를 띤 아미노산

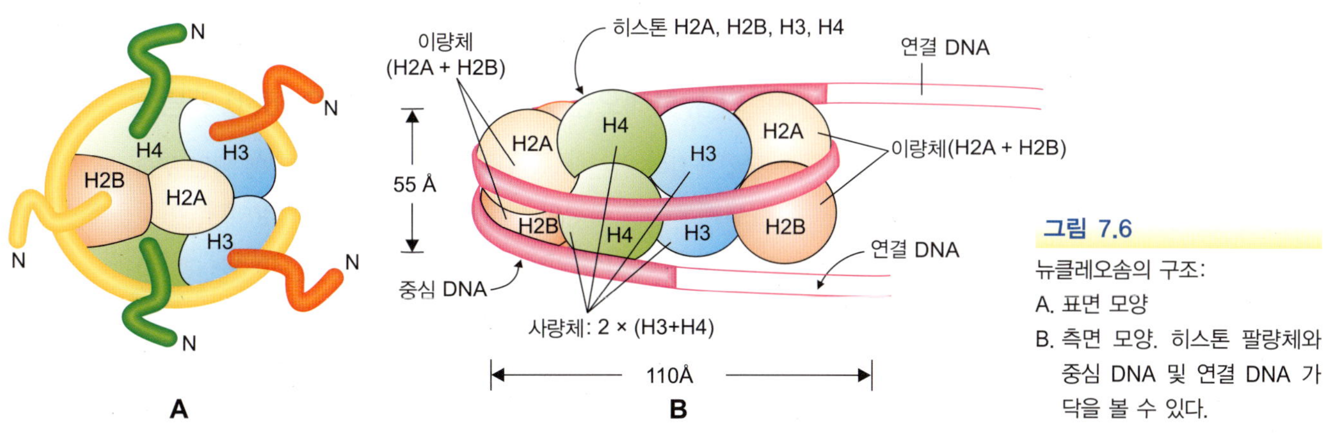

그림 7.6

뉴클레오솜의 구조:
A. 표면 모양
B. 측면 모양. 히스톤 팔량체와 중심 DNA 및 연결 DNA 가닥을 볼 수 있다.

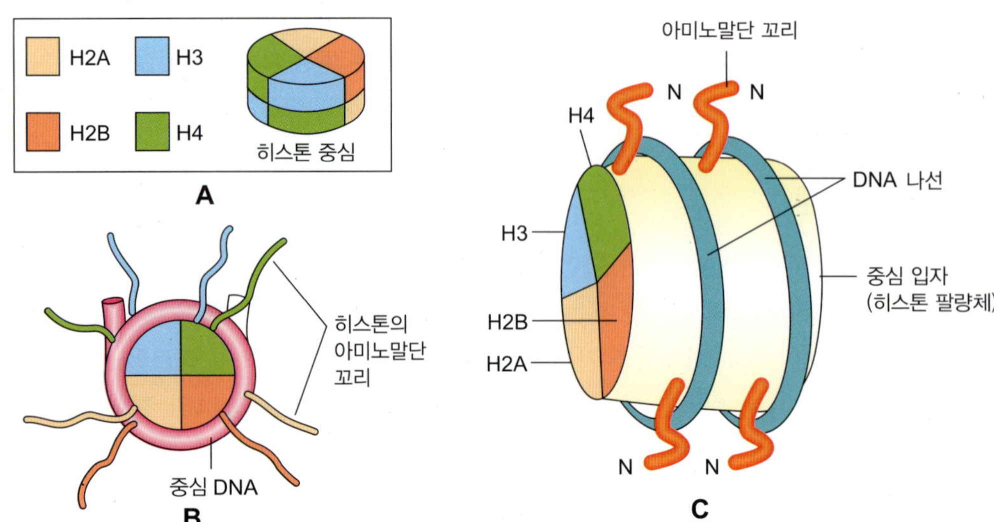

그림 7.7

중심 입자와 뉴클레오솜의 개략도. DNA 이중나선을 갖는 히스톤의 구조를 보여준다:

A. 히스톤 중심을 형성하는 서로 다른 염기성 단백질들;

B. 변형될 수 있는 자리인 히스톤 아미노말단 꼬리를 가진 히스톤 단백질. 이것들은 DNA 나선 사이를 통과하여 뉴클레오솜 바깥쪽으로 길게 뻗어 나올 수 있다.

C. DNA와 히스톤 팔량체 사이의 결합을 보여주는 뉴클레오솜의 측면도. 팔량체는 중심 입자를 형성하고 아미노말단 꼬리를 지니고 있다.

은 DNA 인산염의 음전하와 상호 작용하여 DNA와 히스톤이 밀접하게 결합되도록 하며 인접한 뉴클레오솜의 압축을 촉진한다.

(2) H1-히스톤: 이것은 약 200개의 아미노산으로 이루어진 상대적으로 큰 단백질이며 조직 특이적이다. 이들은 200 염기쌍당 한 분자가 존재하며 DNA와 느슨하게 결합되어 있다. 각각의 뉴클레오솜에 하나의 H1 분자만 존재한다. H1 히스톤은 다른 히스톤의 절반만 존재한다. 각각은 20~22 bp의 DNA와 결합한다. 따라서 H1 히스톤은 뉴클레오솜을 30 nm 핵단백질 섬유로 포장하는 역할을 한다.

2) 히스톤의 기능

진핵세포 염색체의 히스톤은 두 가지 기능을 한다:

- 구조적 요소로 작용하여 긴 DNA 분자의 꼬임과 포장을 돕는다.
- DNA의 특정 부분을 가리거나 억제하여 이 부분이 전사될 수 없게 한다. 이 부분의 전사는 특정 분자 신호에 반응하여 히스톤이 제거될 때만 가능하다.

2. 염색질 구조의 뉴클레오솜 개념 또는 우데트(Oudet) 개념

뉴클레오솜은 염색질의 기본 포장 단위이며, 염색질을 '**끈에 꿰인 구슬**' 모양으로 만든다. 각 뉴클레오솜은 직경이 약 11 nm인 디스크 모양이다. 이것은 **중심 입자**(core particle)와 작은 **간격**(spacer) 또는 **연결**(linker) DNA로 구성된다.

(1) 중심 입자: 중심 입자는 **H2A**, **H2B**, **H3** 및 **H4** 각각 2개가 합쳐진 히스톤 팔량체로 이루어져 있다. 이것은 직경이 약 11 nm이고 높이가 6 nm

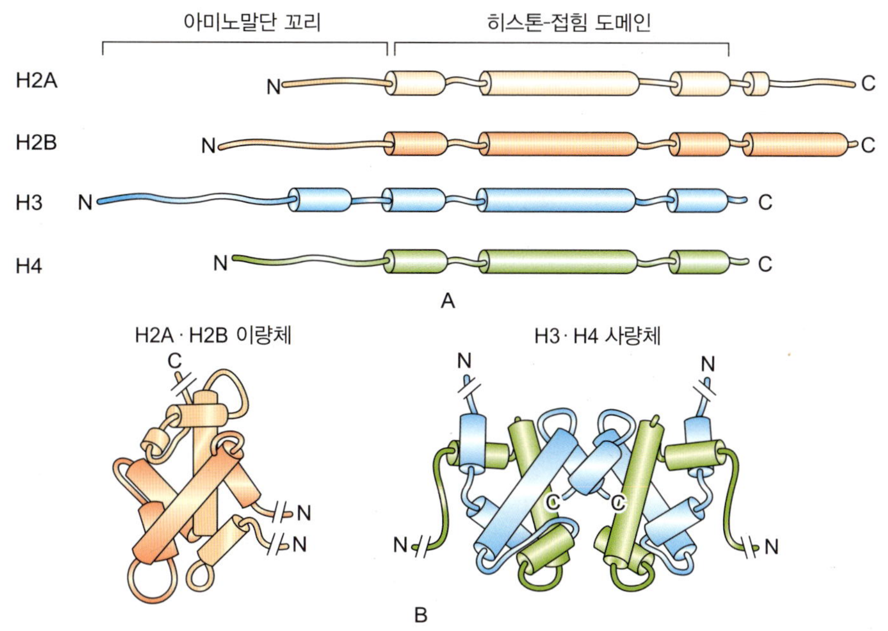

그림 7.8

A. 선형 분자로 묘사된 중심 입자의 4가지 히스톤. α-나선을 형성하는 접힌 모티프를 원통형으로 표시하였다.

B. H2A와 H2B가 함께 형성한 이량체 그리고 H3 2개와 H4 2개가 모여 형성된 사량체.

표 7.2 히스톤 단백질의 유형, 분자량 및 리신 또는 아르기닌 아미노산의 백분율

히스톤 유형	히스톤	질량(M_r)	리신, 아르기닌(%)
중심 히스톤	H2A	14,000	20
	H2B	13,900	22
	H3	15,400	23
	H4	11,400	24
연결 히스톤	H1	20,800	32

이다. 146 염기쌍을 갖는 DNA 가닥이 중심입자 주위를 단단히 감싸서 두 개의 원(한 바퀴에 73개의 뉴클레오티드)을 형성한다.

(2) 간격 DNA 또는 연결 DNA: 약 40 염기쌍을 갖는 작은 DNA 부분이다. 히스톤 H1 하나가 이 부분과 결합한다. 서로 다른 종에서는 간격 영역의 길이에 상당한 차이가 있는데 1개의 염기쌍을 갖는 것과 바다 성게의 정자에서처럼 약 80 염기쌍을 갖는 경우도 있다.

평균적으로 뉴클레오솜은 약 200염기쌍의 간격으로 반복된다. 따라서 6×10^9개의 DNA 뉴클레오티드 쌍을 가진 인간의 세포는 3×10^7개의 뉴클레오솜을 가진다.

히스톤 H1 분자는 구형 중앙 영역과 두 개의 팔을 가지는데, 하나는 아미노말단에서 끝나고 하나는 카르복시말단에서 끝난다. H1 분자는 구형 부분을 이용하여 뉴클레오솜의 특정 부위에 결합한다. 팔은 길게 뻗어서 옆의 뉴클레오솜의 히스톤 중심의 다른 부위와 접촉한다. 따라서 뉴클레오솜은 서로 당겨져서 밀접하게 응집된 규칙적인 반복 배열을 이루게 된다.

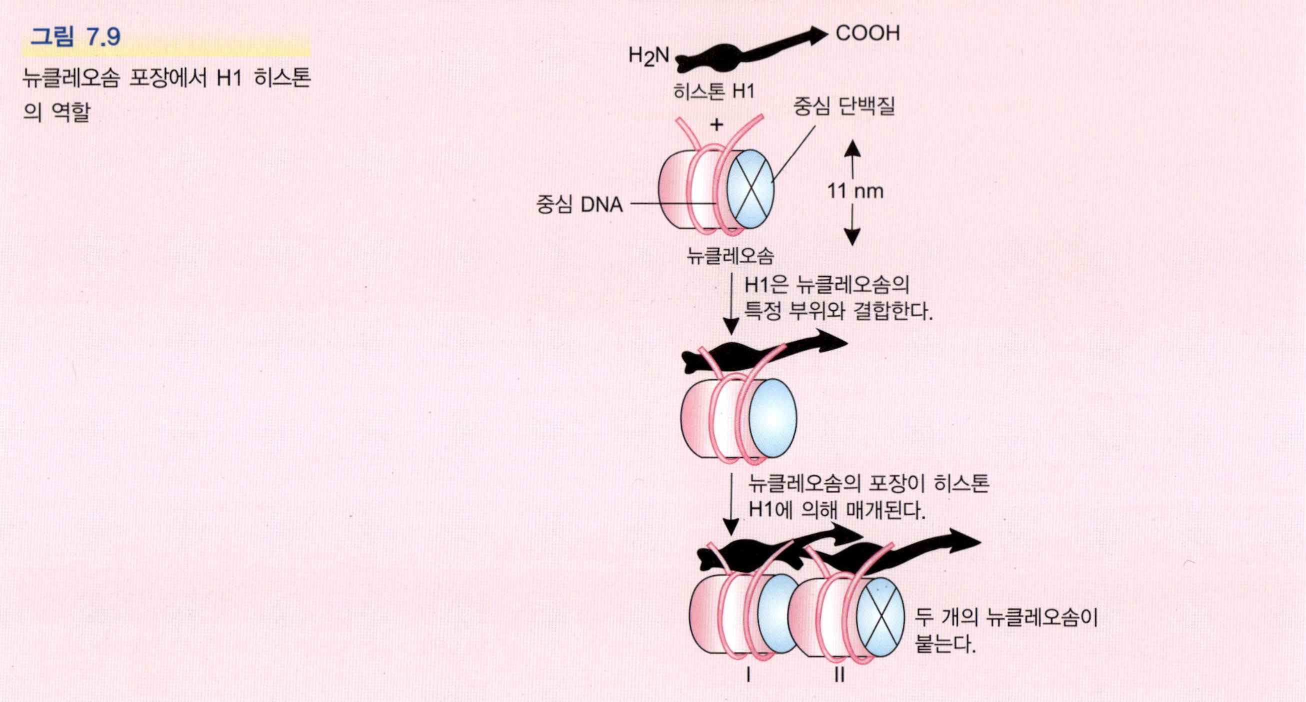

그림 7.9
뉴클레오솜 포장에서 H1 히스톤의 역할

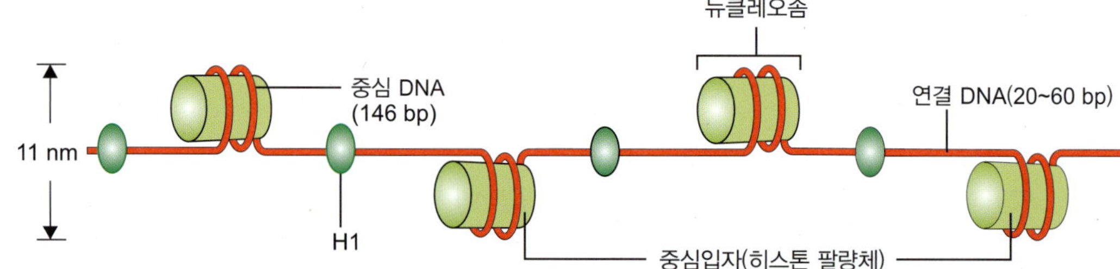

그림 7.10
끈 위의 구슬 모양을 나타내는 핵단백질 섬유(nucleoprotein fibre)

3. 염색체 포장 또는 염색질 섬유의 형성

뉴클레오솜은 서로 뭉쳐져서 직경이 약 30 nm인 **염색질 섬유**(chromatin fibre) 또는 **핵단백질 섬유**(nucleoprotein fibre)를 형성한다. 이것은 구슬 모양으로 보이는데 이 구슬이 **뉴클레오솜**이다. 구슬들은 연결 DNA에 의해 이어져 있다.

11 nm 핵단백질 섬유는 첫 번째 수준의 염색질 조직화이며 간기 핵에서 관찰된다. 세포분열의 초기 단계에서 얇은 11 nm 염색질 섬유가 나선형으로 꼬이면서 30 nm의 두꺼운 염색질 섬유가 생성된다. 30nm 섬유는 솔레노이드(solenoid) 형태의 고차원 구조를 가지며 한 바퀴당 6~7개의 뉴클레오솜을 가지고 있다.

부가 설명: 뉴클레오솜 모델

R. D. 콘버그(R. D. Kornberg)와 **J. O. 토마스**(J. O. Thomas)는 1974년 염색질 구조의 모델을 제안했다. 이것이 1975년 **오데트**(Oudet), **그로스-베라드**(Gross-Bellard) 그리고 **샘본**(Chambon)에 의해 **뉴클레오솜 모델**이라 불려지게 된다. 뉴클레오솜은 8개의 단백질 디스크로 형성된 구슬 모양의 핵단백질 입자가 140 bp DNA 부분으로 리본처럼 감싸져 있는 모습이다.

DNA와 히스톤의 결합은 견고하다. 히스톤의 아미노산 중 약 80%가 α-나선 부위이다. 히스톤의 뻗어나온 α-나선 부위는 DNA 나선의 큰 홈에 놓인다. 이 복합체는 히스톤의 양전하를 띠는 리신과 아르기닌 그리고 음전하를 띤 DNA의 인산염 사이의 정전기적 상호 작용에 의해 안정화된다.

뉴클레오솜을 핵산분해효소로 장기간 처리하면 부가되어 있는 DNA가 점차적으로 제거된다. 히스톤에 결합한 염기쌍 수가 160 이하가 될 때까지 감소하고 H1이 소실된다. 히스톤과 결합한 질소 염기의 수는 결코 140 염기쌍 이하로 떨어지지는 않는다.

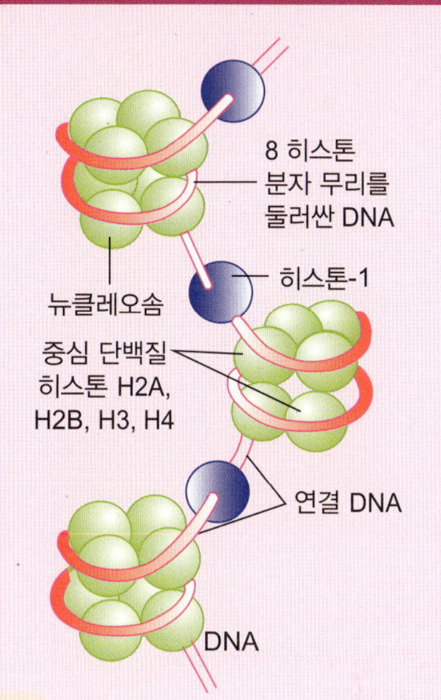

그림 7.11

DNA가 응축되어 뉴클레오솜이 되는데 이를 통하여 핵단백질 섬유는 '끈위의 구슬' 모양을 갖는다.

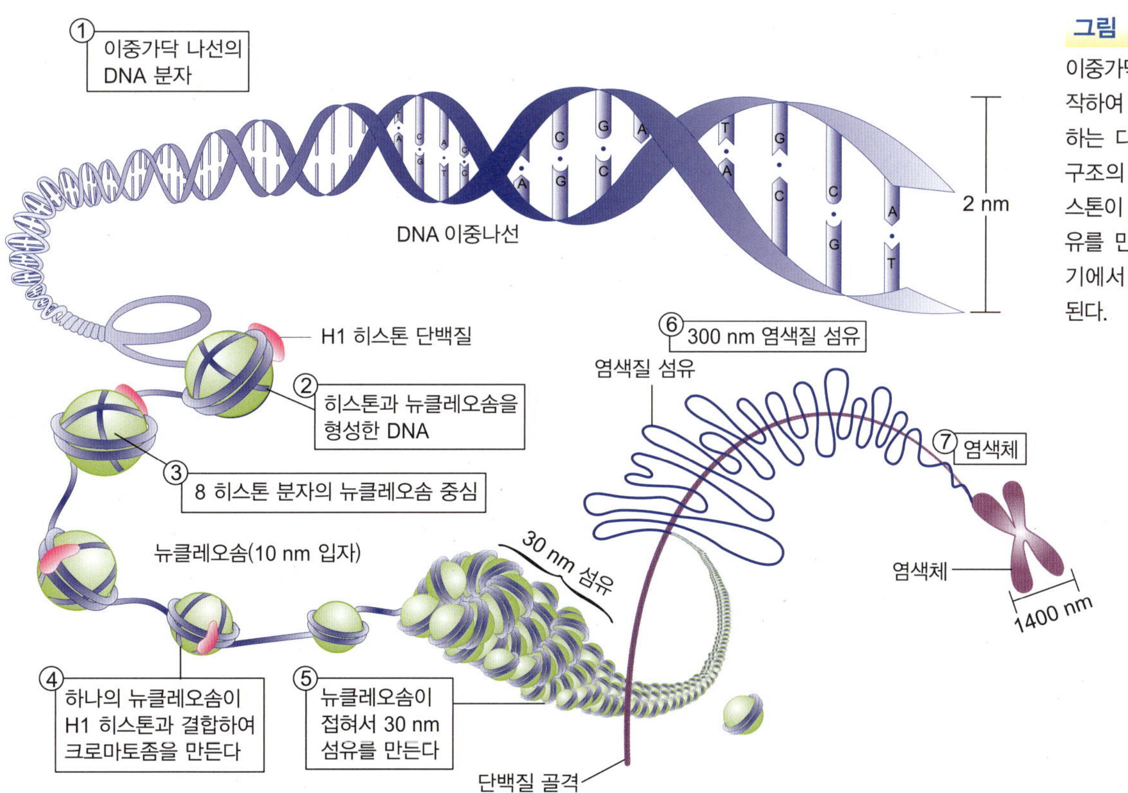

그림 7.12

이중가닥 DNA 분자에서 시작하여 진핵 염색체를 형성하는 다양한 단계의 염색질 구조의 개략도. DNA와 히스톤이 결합하여 염색질 섬유를 만들고 세포분열의 중기에서 응축하여 염색체가 된다.

부가 설명: 인간 염색체의 뉴클레오솜

인간 세포 핵은 일반적으로 직경이 약 5 μm(5×10^{-4} cm)이다. 전형적인 인간 염색체의 30 nm 염색질 섬유의 길이는 약 0.1 cm이며 핵보다 100배 이상 크다. 따라서 30 nm 섬유는 추가적인 접힘이 일어나며 일련의 **고리화 도메인**(looped domain)을 형성한다. 약 0.5 nm 길이의 30 nm 섬유의 인간 염색체에서 고리화 도메인은 2,000개 정도이고 각각의 고리는 약 20,000 내지 10,000,000 개의 뉴클레오티드를 포함한다.

이러한 유형의 응축에는 뉴클레오솜당 1분자의 히스톤 H1이 필요하다. H1은 염색질 섬유에 극성을 부여한다. 30 nm 섬유를 **솔레노이드**(solenoid)라고 한다. 솔레노이드가 더 접히고 응축되어 300 nm 직경의 **슈퍼솔레노이드**(supersolenoid)가 된다. 유사분열 염색체에서 슈퍼솔레노이드는 더 응축되어

그림 7.13
뉴클레오솜 섬유가 꼬여 솔레노이드 구조가 된다.

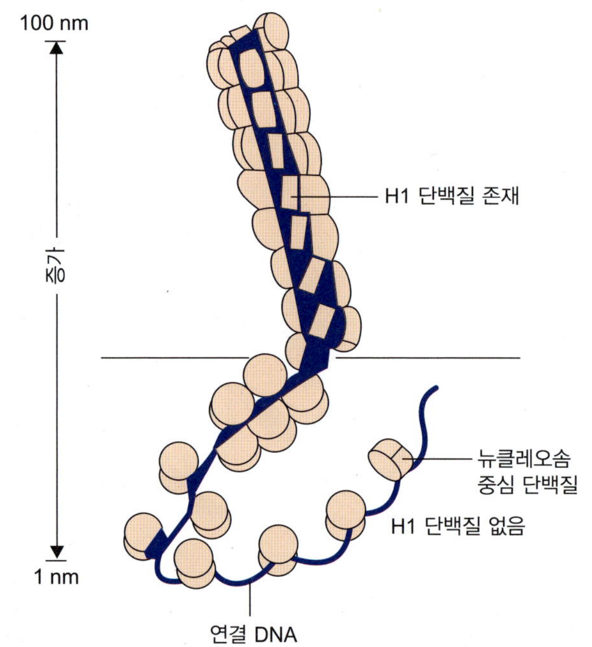

그림 7.14
30 nm 핵단백질 섬유에서 뉴클레오솜의 응축을 보여주는 모델

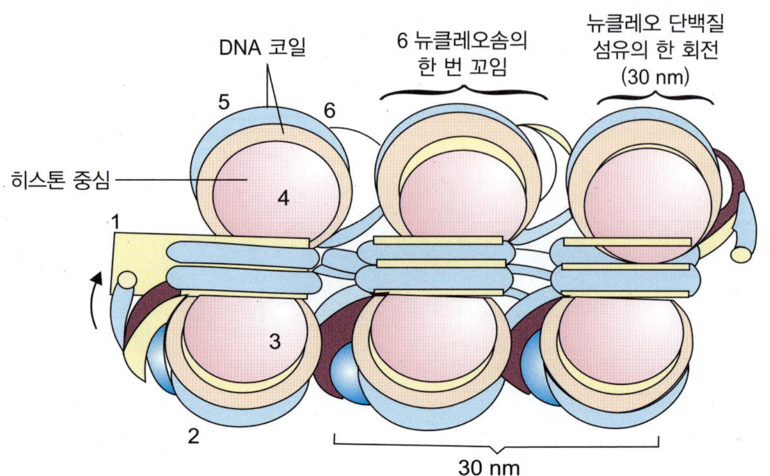

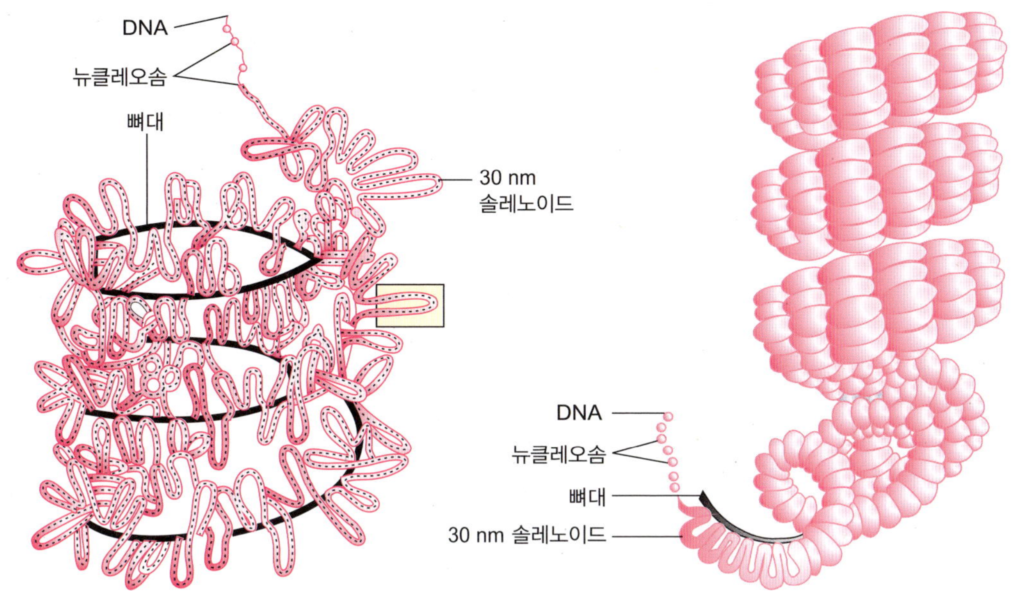

그림 7.15

30 nm 섬유가 초나선 꼬임을 통해 중앙중심(central core) 또는 뼈대 주위의 슈퍼솔레노이드로 바뀐다.

최종 형태의 중기 또는 후기 염색체가 만들어진다. 중기 염색체에서 두 개의 딸 DNA 분자는 따로 응축되어 두 개의 자매염색분체가 된다. 자매염색분체는 하나의 동원체(centromere)에 의해 연결되어 있다. 각 염색분체의 두께는 약 700 nm이다.

7.3 후기 염색체의 구조

1. 모양

후기 염색체는 **막대 모양**, **꼬인** 또는 **나선형 모양**, **곡선** 또는 **섬유 모양**으로 보일 수 있다. 염색체는 전체적으로 동일한 두께일 수도 있고, 특정 장소에서 협착이 일어날 수 있다. 염색체의 형태는 주로 동원체의 유형과 위치에 따라 결정된다. 동원체의 위치에 따라, 후기의 염색체는 **막대 모양**, **J** 또는 **V 모양**을 가질 수 있다.

2. 염색체에서 관찰되는 다른 영역

1) 1차 협착(primary constriction)과 동원체

염색체의 특정 부위에는 협착이 나타난다. 이 곳은 염색체의 나머지 부위에 비해 상대적으로 좁은 부위인데 **1차 협착**(primary constriction)이라 부른다. 그 위치는 특정 염색체에 대해 항상 일정하여 염색체를 식별할 수 있는 특징을 가진다. 1차 협착은 염색체를 두 개의 **팔**(arm)로 나눈다. 포일겐(Feulgen) 반응이 희미하게 양성으로 나타나는 것으로 반복적 유형의 DNA가 있다는 것을 알 수 있

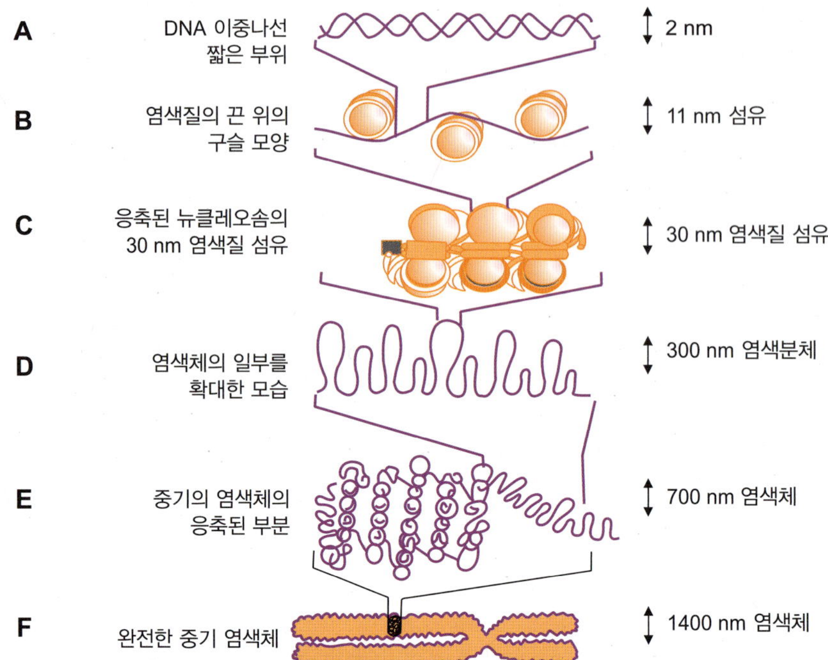

그림 7.16

염색체의 염색질 응축과 꼬임의 정도:

A. DNA 분자의 일부분 20 Å 또는 2 nm;
B. 끈 위의 구슬 모양의 11 nm 염색질 섬유;
C. 응축된 뉴클레오솜을 갖는 30 nm 염색질 섬유;
D. 염색체의 일부를 확대한 모습(핵단백질 섬유) 300 nm;
E. 중기 염색체의 응축된 부분 700 nm;
F. 중기 염색체(전체).

다. 이런 DNA를 **동원체 이질염색질**(centromeric heterochromatin)이라고 한다.

동원체(centromere)는 자매염색분체를 연결하는 염색체 부분이다. 방추사 섬유의 미세소관이 결합하는 매우 복잡한 복합 단백질인 **방추사부착점**(kinetochore)이 조립되는 장소이다. 이것은 1차협착 부위에 존재한다. 중기와 후기 동안 염색체 방추사 섬유의 미세소관은 방추사부착점에 붙게 된다. 따라서 동원체는 세포분열 동안 염색체의 이동과 관련이 있다.

A. 동원체의 수에 따른 염색체의 유형

일반적으로 각 염색분체에 하나씩 2개의 동원체가 있지만 더 많거나 전혀 없을 수도 있다. 동원체의 수에 따라 염색체는 다음과 같다:

- 단 하나의 동원체를 갖는 **일동원체성**(monocentric)
- 두 개의 동원체를 갖는 **이동원체성**(dicentric)
- 동원체가 2개 이상인 **다동원체성**(polycentric)
- 동원체가 없는 **무동원체성**(acentric). 이러한 염색체는 새롭게 부서진 단편을 나타내는데, 오랫동안 유지되지 못하고 구성성분인 뉴클레오티드로 분해된다.
- **분산성**(diffused) 또는 위치가 정해지지 않은(**비위치성**, nonlocated) 경우는 염색체의 길이에 걸쳐 확실하지 않은 동원체가 퍼져 있다. 방추사 섬유의 미세소관은 염색체 팔의 여러 지점에 부착된다. 분산성 동원체는 곤충, 일부 조류(algae), 일부 식물군(예: *Luzula*)에서 발견된다.

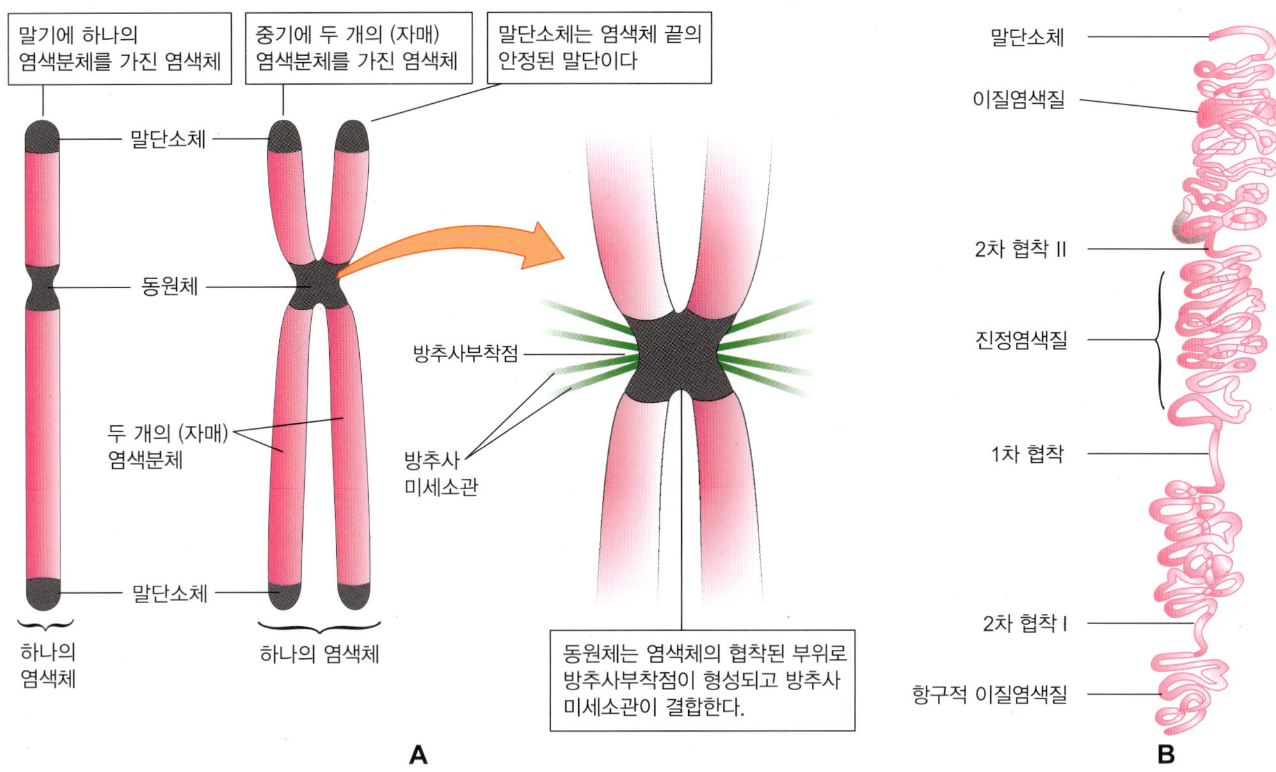

그림 7.17

염색체의 구조

A. 중기

B. 후기.

B. 동원체의 위치에 따른 염색체의 유형

동원체의 위치에 따라 염색체는 다음과 같이 분류된다:

- 단부동원체형(端部動原體, telocentric): 동원체가 맨 마지막 위치에 있는 막대 모양의 염색체이다. 팔이 하나 뿐이고 한쪽 팔은 없다.
- 차단부동원체형(次端動原體, acrocentric): 이것은 동원체가 염색체의 맨 끝의 약간 안쪽에 위치한 막대 모양의 염색체이다. 한 팔은 매우 길고 다른 팔은 매우 짧다.
- 차중부동원체형(次中部動原體, submetacentric): 동원체가 중앙에서 약간 벗어나 있어 L자형을 갖는 염색체이다. 두 개의 팔 길이가 동일하지 않다.

동원체
짧은 팔
긴 팔
긴 팔
동원체
두 개의 팔
A B C D

그림 7.18

동원체의 위치에 따른 염색체의 종류

A. 단부동원체형 Telocentric;

B. 차단부동원체형 Acrocentric;

C. 차중부동원체형 Submetacentric;

D. 중부동원체형 Metacentric.

- 중부동원체형(中部動原體型, metacentric): 동원체가 염색체의 중간에 놓여 두 개의 팔이 거의 같아지는 V 자형 염색체이다.

동원체의 초미세구조(ultrastructure)

전자현미경으로 관찰해 보면 동원체는 접시 또는 컵 모양의 디스크판으로 보이

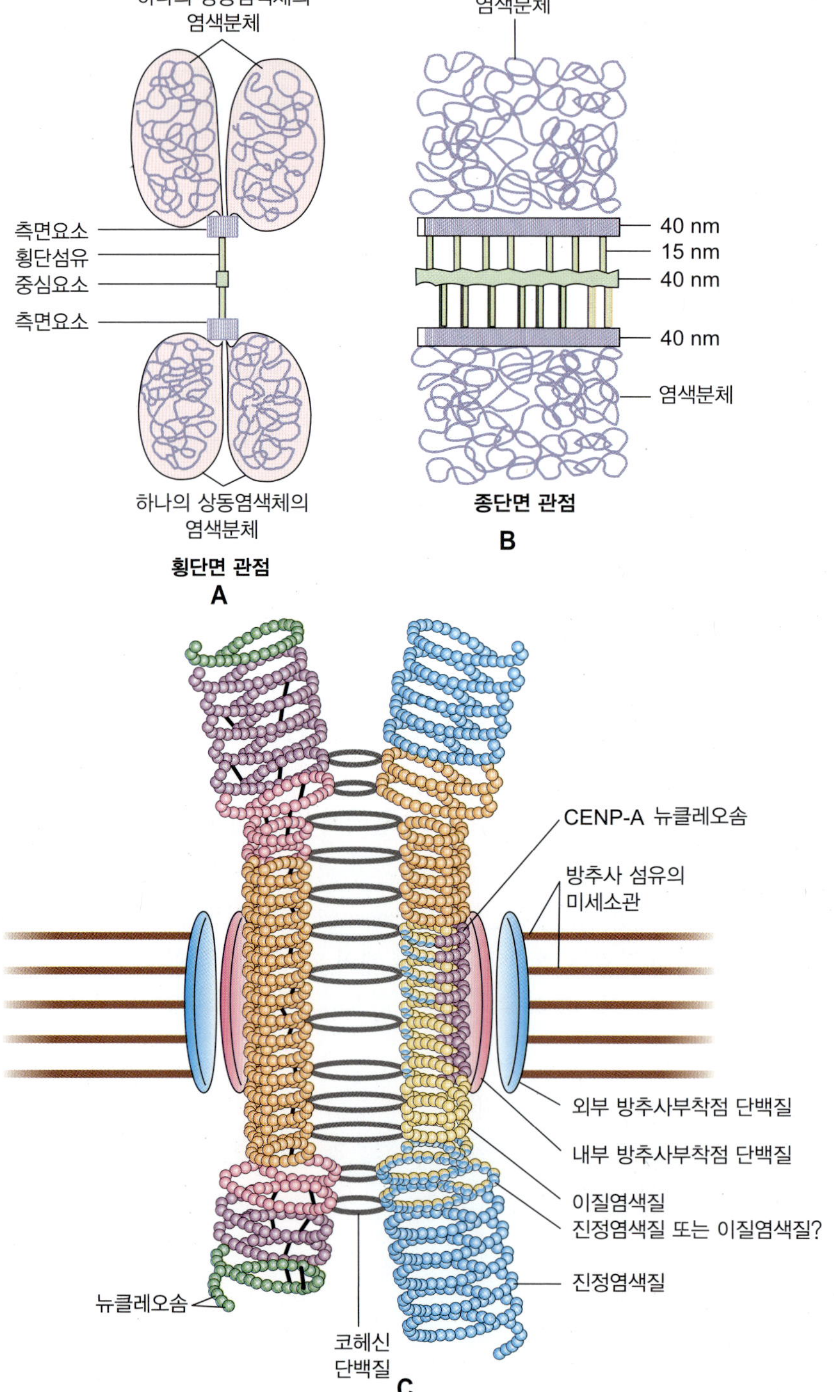

그림 7.19

중기 염색체에서 동원체의 위치와 초미세구조:
A. 동원체의 위치;
B. 종단면에서의 동원체의 구조;
C. 동원체의 3 차원 구조.

며, 납작하게 붙어서 1차 협착을 만든다. 직경은 약 0.20~0.25 μ이고 동원체 DNA로 이루어졌는데 이 DNA는 비염색질 핵산분해효소-저항성 물질(nonchromatic nuclease-resistant material)에 의해 보호된다. 횡단면은 보통 다음과 같은 구성을 가지는 듯하다.

- 전자 밀집층: 두께가 30~40 nm이며 표면이 볼록하다. 방추사 섬유의 미세소관이 이 부분에 부착되고 관통하여 염색질 섬유에 도달한다.
- 내부 저밀도층: 전자 밀집층과 염색질 섬유 사이에 놓여 있으며 두께가 15~30 nm이다. 이 영역의 염색질 섬유는 약 120~180 bp의 반복 단위를 갖는 200 내지 600 kbase의 DNA로 구성된다. 동원체의 뉴클레오솜은 H3 히스톤의 다른 변종인 CenH3를 가지고 있다. 이것은 뉴클레오솜과 염색질의 구조를 변형시켜 **방추사부착점** 형성 그리고 동원체에 방추사 섬유의 부착을 촉진한다.
- 외부 섬유 물질: 동원체의 볼록면에 있으며 일종의 고전자 밀도 코로나 형태를 형성한다.

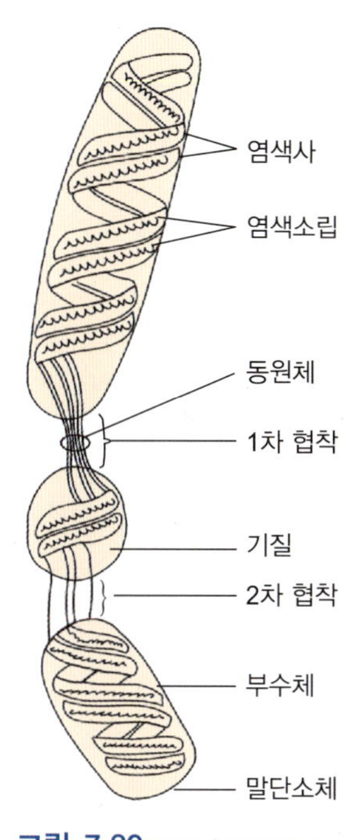

그림 7.20
진핵생물의 염색체 구조

동원체의 기능

동원체는 두 가지 기능을 수행하는 것으로 생각된다.

- 염색체에 방추사 섬유의 미세소관이 부착하고 세포분열 동안 염색체가 움직일 수 있게 도와준다.
- 동원체는 미세소관 형성에 사용되는 단백질인 튜불린이 중합하기 위한 핵형성 중심(nucleation centre) 역할을 한다. 따라서 전중기나 중기에서 방추사 섬유 형성에 도움이 되고 세포주기를 제어한다.

2) 2차 협착(secondary constriction) 또는 인형성 부위(nucleolar organizer region, NOR)

때로는 염색체의 한쪽 또는 양쪽 팔에 1차 협착 이외의 협착이 나타난다. 간기 동안 이 영역은 핵인과 결합되어 있으며 핵인의 형성에 관여하는 것으로 밝혀졌다. 따라서 이 부분을 **인형성 부위**(nucleolar organiser region) 또는 **2차 협착**(secondary constriction)이라 부른다. 염색체상에서 이것의 위치는 약하게 염색되는 협착된 영역으로 알 수 있다.

인형성 부위(NOR)에 존재하는 rDNA 무리의 전사 단위들은 **비전사 스페이서**(nontranscribed spacer)에 의해 분리되어 있다.

특정 염색체에서 2차 협착은 간기 동안 핵인과 밀접하게 결합하고 있다. 이 부분은 18S와 28S 리보솜 RNA를 암호화하고 핵인의 형성을 담당하는, 임의로 반복되는 rRNA 유전자를 포함한다. 따라서, 이 부분은 **인형성 부위**(NOR)로 알려져 있다. 염색체에서 약하게 염색되는 협착된 영역이며 각 염색체에서 항상 일정하다. 인간에서 인형성 부위는 염색체 13, 14, 15, 20 그리고 22의 2차 협착 위치에 존재한다.

3) 3차 협착(tertiary constriction)

3차 협착은 거의 모든 염색체에 존재한다. 그들의 중요성은 알려져 있지 않다. 그러나 이들은 하나의 염색체와 다른 염색체를 구별하는 데 도움이 된다.

2009년 엘리자베스 블랙번(Elizabeth Black-burn), 캐롤 그라이더(Carol Greider) 그리고 잭 조스탁(Jack Szostak)은 말단소체의 구조와 복제 기작을 밝힌 공로로 노벨상을 수상했다.

4) 말단소체(telomere)

염색체의 끝은 둥글고 막혀 있으며 말단소체라 부른다. 말단소체는 염색체에 안정성을 부여하고 각 염색체의 특성을 보호한다. 절단된 DNA 말단끼리는 서로 결합할 수도 있지만, 말단소체의 끝부분은 상동 또는 비상동 염색체의 다른 부분과 어떠한 영구적인 결합도 하지 않기 때문이다.

말단소체는 일련의 아데닌 또는 티민 뉴클레오티드 반복 단위와 그 뒤를 따르는 수 개의 구아닌으로 이루어진다. 이들은 **말단소체 서열**(telomeric sequence)을 형성한다. 예를 들어, 5′-(A 또는 T)$_m$G$_n$ ... 3′인데 여기서 **m**은 1에서 4까지이고 **n**은 2 이상이다. 이 단위는 수백에서 수천 번 반복된다.

포유류 염색체에서 다중 단백질 복합체인 **쉘테린**(shelterin)이 말단소체에 결합하여 DNA 말단을 보호한다.

2차 협착을 넘어선 염색체의 말단 부분을 **부수체**(satellite)라고 한다. 이 부분은 섬세한 염색질 필라멘트에 의해 염색체의 본체에 부착된다. 부수체는 둥글거나 길쭉한 혹처럼 보일 수 있다. 각각 염색체의 부수체는 일정한 모양과 크기를 가지고 있다. 부수체를 가지는 염색체를 **sat-염색체**(sat-chromosome)라 한다.

5) 염색분체

중기 단계에서 염색체는 공통 동원체에 결합된 2개의 염색분체로 구성된다. 후기 시작 때 동원체가 분열하면서 2개의 염색분체는 독립적인 동원체를 가지고 각각이 염색체로 변하게 된다.

7.4 특별한 유형의 염색체

1. 솔염색체(램프브러시 염색체, Lampbrush Chromosome)

난황이 큰 알을 가진 동물의 난모세포 핵에서는 제1감수분열 전기가 매우 길다. 이 단계에서 난모세포가 자라면서 미래 배아를 위한 영양분을 합성한다. 이때 염색체가 크게 확대되고 비정상적인 구조를 가지게 된다. 많은 수의 고리가 염색분체 축에서 돌출되어 솔 모양을 갖는다. 따라서 이러한 염색체를 **솔염색체**라고 한다.

솔염색체는 각각 2개의 염색분체로 구성된 2가(bivalents)이다. 이것은 제1감수분열의 긴 복사기(diplotene) 단계 동안 계속 유지가 된다.

1) 역사

솔염색체는 **플레밍**(Flemming)에 의해 양서류 난모세포에서 처음 관찰되었다(1882). **뤼케르트**(J. Ruckert, 1892)가 상어의 난모세포를 이용하여 상세하게 연구하였다.

2) 생성되는 곳

솔염색체는 곤충, 상어, 양서류, 파충류 및 새 등 크고 난황이 있는 알을 낳는 동물의 난모세포에서 발견된다. 식물과 화살벌레(*Sagitta*), 갑오징어(*Sepia*), 불가사리(*Echinaster*)와 같은 무척추동물에서도 발견되었다.

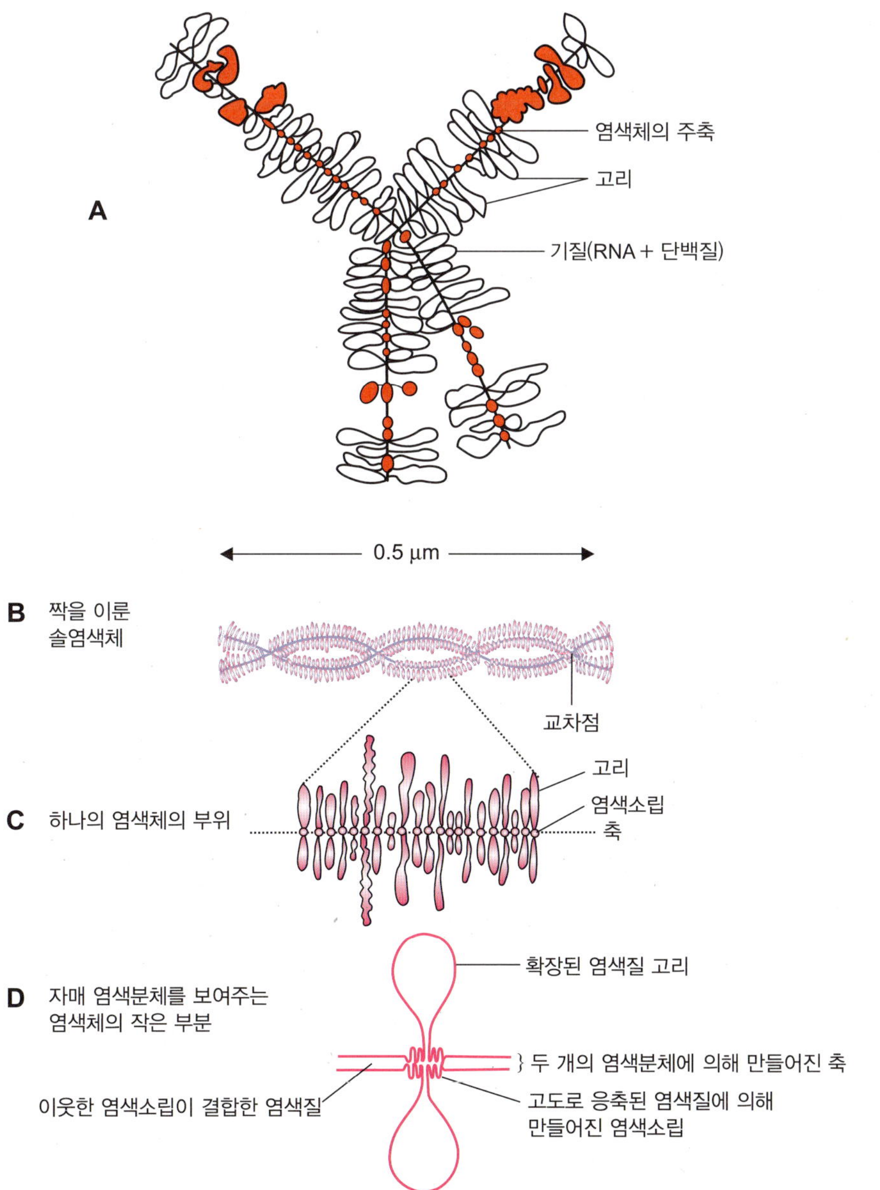

그림 7.21
A. 솔염색체의 구조;
B. 복사기(diplotene) 단계에서 2개의 상동염색체를 나타내는 전체 구조;
C. B의 일부 확대도;
D. 솔염색체의 하나의 고리.

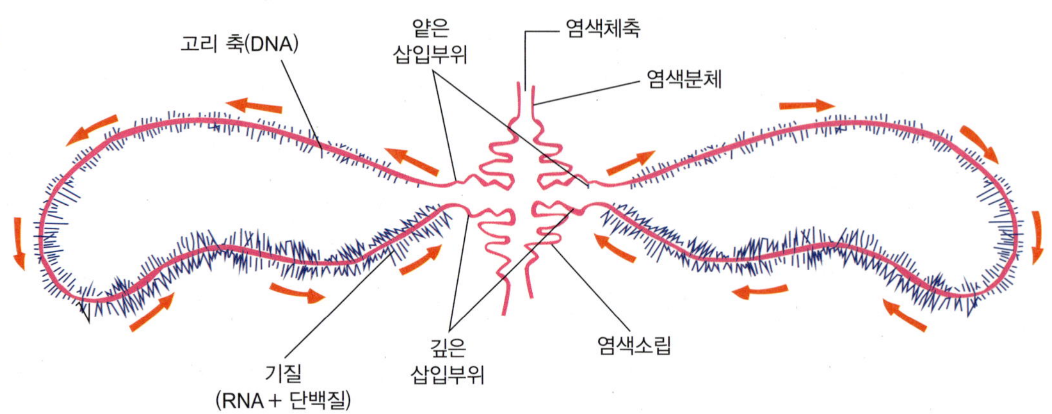

그림 7.22
솔염색체에서 한 쌍의 측면 고리가 있는 주축의 일부분. RNA 합성을 보여준다.

3) 크기

솔염색체는 광학현미경으로 볼 수 있을 정도로 충분히 크다. 이것은 길이가 1,000 μ 이상 그리고 폭이 약 20 μ이다. 도롱뇽 난모세포에서는 약 5,900 μ의 길이를 갖는다.

4) 구조

복사기(diplotene)에서 솔염색체는 **교차점**(chiasmata)라고 불리는 특정 지점에서만 접촉하는 두 개의 상동 염색체로 구성된다. 각 쌍의 염색체는 두 개의 **염색분체**(chromatid)로 구성되어 있는데, 염색분체는 서로 평행하고 **염색체 축**(chromosomal axis) 또는 **주축**(main axis)을 형성한다. 옅은 색깔을 띠며 염색체 축의 양측에 위치하는 고밀도 고리가 번갈아 나타나는 것으로 축이 구분된다. 염색체 축, 염색소립(chromomere) 그리고 고리 축은 모두 DNA로 구성된다.

염색소립은 쌍으로 발견되며 각 염색분체에 하나씩의 염색소립이 있다. 이들은 직경이 약 0.25~2.0 μm이고 염색체 축을 따라 두 중심 사이에 약 2 μm의 사이 간격을 갖는다. 이것은 아마 축 필라멘트가 단단히 감겨 있는 이질염색질 부분(heterochromatic region)일 것이다.

옆으로 뻗은 고리는 2개 또는 2의 배수의 염색소립으로부터 생성된다. 이것들은 염색체 축의 양쪽 옆으로 약 550 μm 뻗어나가고 직경이 약 30~50 Å(3~5 nm)이다. 각 고리는 DNA로 이루어진 축섬유(axial fibre)로 구성된다. 이것은 RNA와 단백질로 구성된 기질로 둘러싸여 있다. 이것으로 인해 측면 고리는 솔털처럼 보인다.

5) 솔염색체의 전자현미경 구조

밀러(Miller)와 **비티**(Beaty)는 전자현미경으로 도롱뇽 난모세포의 솔염색체를 관찰하고 DNA 고리 축에 밀도가 높은 과립이 존재함을 보여주었다(1969). 이러한 조밀한 과립은 커다란 분자의 *RNA 중합효소*(*RNA polymerase*)를 나타낸다. ***RNA 중합효소***가 DNA에 부착되면 RNA 합성이 시작된다. 합성이 시작되면 ***RNA 중합효소***로부터 생성되면서 길이가 점점 증가하는 RNA의 미세한 섬유가 보인다.

각 고리는 하나의 긴 오페론으로 간주된다. 이 오페론은 **스페이서 DNA**(spacer DNA)에 의해 분리된 동일한 구조 유전자(**시스트론**, cistrons)의 똑같은 복제본이 나란히 늘어서 이루어져 있다. 각 유전자좌는 아마도 매우 긴 RNA 분자를 생성한다. 이것은 단백질과 결합하여 리보솜을 만들기 위한 리보핵 단백질(ribonucleoprotein)을 형성한다. 솔염색체의 형성에 관한 두 가지 견해가 있다:

(1) **칼렌**(Callen)과 **리오드**(Lyod, 1960)에 따르면, 염색소립(chromomere)은 여러 개의 동일한 복사본을 생성하는 솔로노이드 초나선 꼬임을 가진 **마스터 유전자**(master gene)이다. 각각은 바깥쪽으로 확장되어 선형의 **뉴클레오솜**으로 이루어진 측면 고리가 된다. 이것은 전사가 활성화된 부분을 나타낸다. 이 부분을 **종속 유전자 복사본**(slave gene copy)이라 한다.

(2) **확장-철회 가설**(spinning out and retraction hypothesis)에 따르면, 염색소립은 일시적으로 고리로 확장되면서 끝에서 끝까지 완전히 전사가 이루어지는 유전자이다. 새로운 고리가 염색소립의 한쪽 면 고리의 얇은 끝부분으로부터 튀어나온다. 다른 쪽에서는 RNA 합성이 완료되면서 응축된 단계로 되돌아간다. 이것은 성숙한 난자에서 난황과 단백질의 빠른 합성과 관련이 있다. 이것들은 염색체가 더 두껍게 응축되는 제1 감수분열 전기의 끝부분에 사라진다.

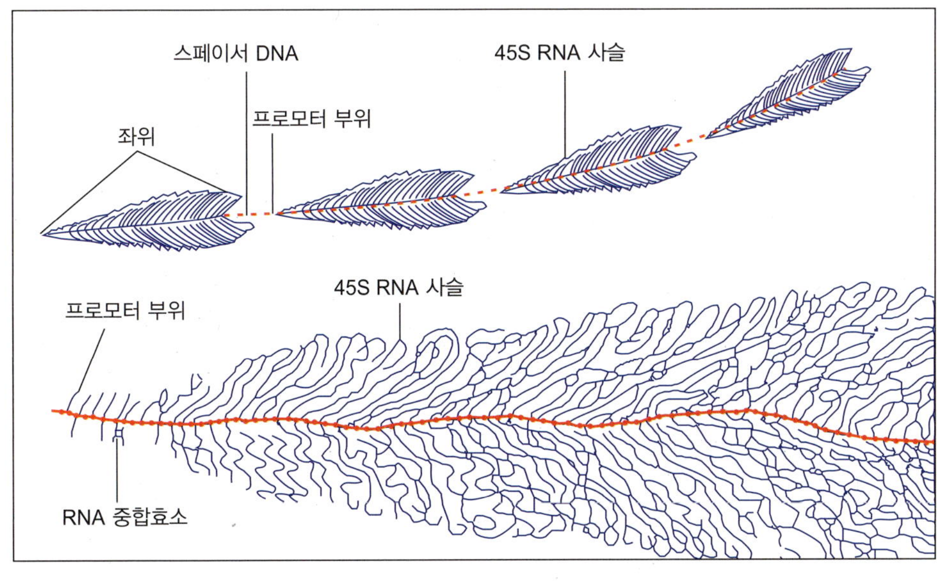

그림 7.23
RNA와 **RNA 중합효소**가 결합한 DNA 분자가 보이는 고리의 일부

2. 다사염색체(多絲染色體, Polytene Chromosomes)

1) 생성 장소

다사염색체는 거대하고, 육안으로 관찰이 가능한 특별한 형태의 간기 염색체이다. 이 거대 염색체는 초파리(*Drosophila*)와 깔따구(*Chironomus*) 유충의 침샘 세포와 다른 기관에서 그리고 특정 파리목의 유충 단계의 지방체에서 발견된다. 깔따구의 침샘에서 처음 관찰되었으므로 **침샘 염색체**(salivary gland chromosome)라 불린다.

2) 특징

다사염색체는 많은 수의 염색사(chromonemata)로 구성된 **다중가닥**(multistrand)으로 이루어졌다. 그 숫자는 **페인터**(Painter)에 의하면 1024 가닥, **베어맨**(Bearmann)에 의하면 16,000 가닥으로 추정되었다.

다사염색체는 초기 유생 발달 과정에서 유사분열은 종결되지만 DNA 복제가 계속되는 조직에서 생성된다. DNA는 약 10회의 연속 복제를 거쳐 2^{10}개 사본의 DNA 섬유를 생성한다. 이것들이 함께 다중 가닥 염색체를 형성한다.

코다니(Kodani, 1942)는 완전히 다른 해석을 제시했다. 그는 짝을 이루는 상동염색체가 4개의 염색사(chromonemata, 체세포 염색체와 유사)로 구성되어 있는데, 염색사 물질이 측면으로 확대되면서 부풀어 올라, 옅은색의 **중간띠**(interband)로 분리되는 짙은 색의 **띠**(band)로 발달한다고 생각했다.

1. 띠, 중간띠(interband) 그리고 유전자: 다사염색체에는 뚜렷한 패턴의 횡단 띠가 나타난다. 어둡게 염색되는 띠와 밝게 염색되는 중간띠(interband)가 교대로 나타난다.

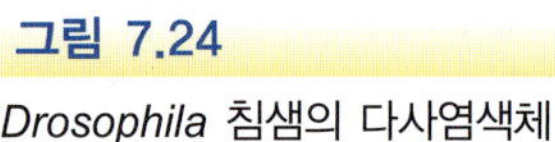
그림 7.24
Drosophila 침샘의 다사염색체

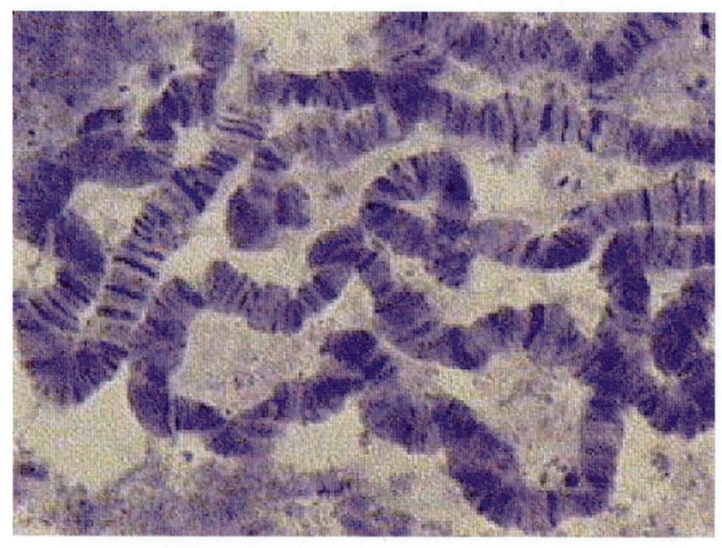

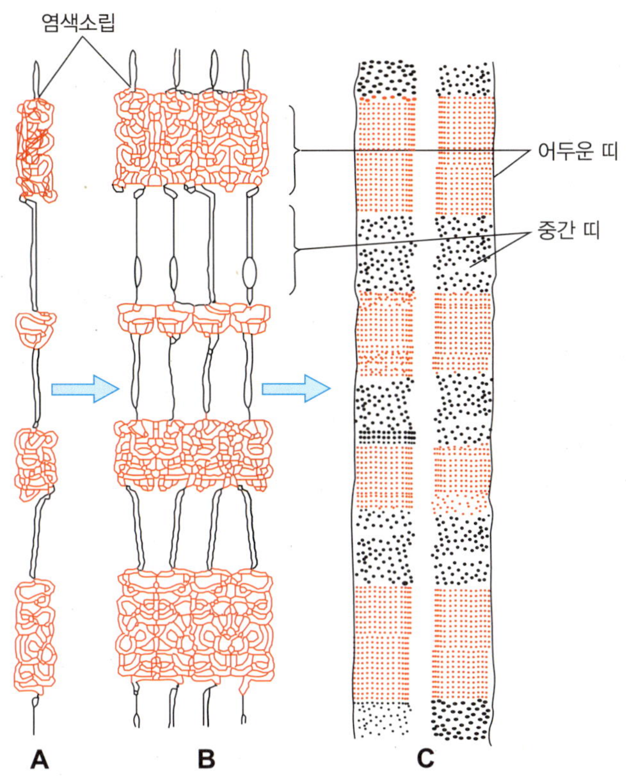

그림 7.25

다사염색체의 띠 패턴을 설명해 주는 염색체의 접힘 기작;
A. 단일 염색체.
B. 염색분체가 옆으로 정렬;
C. 어두운 띠와 중간띠가 형성된다.

띠는 포일겐(Feulgen) 반응에 양성이며 DNA가 풍부하여 어둡게 염색된다. 이것은 DNA 섬유가 초나선 상태인 염색소립(chromomere)으로 생각된다. 인접한 염색분체 섬유는 그들 염색소립에 나란히 정렬하여 어두운 띠를 형성한다. 띠는 특정 염색체에서 특이적이고 띠의 패턴은 상동염색체 쌍에서는 거의 유사하다. 따라서 감수분열시 상동염색체 간에는 띠와 띠간의 결합이 일어난다.

처음에는 각 띠가 하나의 유전자를 나타내는 것으로 여겨졌었다. 현재에는 평균적인 하나의 띠에 약 30,000개의 염기쌍이 존재하거나 또는 일반적인 하나의 단백질을 암호화하는 데 필요한 DNA 양의 20배가 포함되어 있다고 추정된다. 그것은 각 띠가 **다유전자성**(polygenic)이라는 것을 의미한다.

2. 염색체 퍼프(chromosome puff)**와 유전자 발현**(발비아니 고리, Balbiani rings): 유전자와 염색체의 관계를 연구는 과정에서, 띠가 측면의 고리로 확대, 확장됨에 의해 거대 염색체의 구조가 특정 영역에서 변형된다는 것이 1881년에 관찰되었다. 이러한 확대 또는 퍼프를 **발비아니 고리** 또는 **염색체 퍼프**라 부른다. 이 부분은 mRNA가 활발히 전사되도록 느슨해진 염색질 영역이다.

퍼프는 염색체 주위에 큰 고리를 형성하는데, 염색사(chromonemata)의 꼬임풀림(unwinding) 또는 회전풀림(uncoiling)에 의해 형성되는 것으로 추정된다. 이 부분은 풀리지 않을 경우 조밀하게 접혀 있거나 꼬여서 띠를 이루고 있는 부분이다. 이후 여러 개의 고리로 뻗어나오게 된다. 이러한 고리는 염색체의 두께

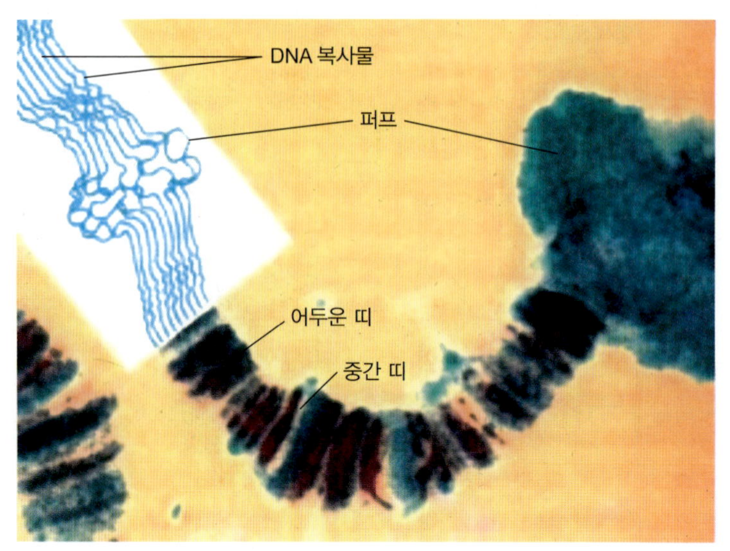

그림 7.26
*Drosophila*의 거대 다사염색체의 일부분의 사진. 띠, 중간띠 그리고 퍼프 형성을 보여준다.

또는 직경을 증가시키고 퍼져 있는 모양이 나타나도록 한다.

퍼프의 형성은 특정 유전자에 의해 조절되며 특정 시간 및 특정 지역에서 일어난다. 이것은 RNA의 합성과 관련이 있다. 왜냐하면 퍼프에는 DNA와 단백질 외에 다량의 RNA가 포함되어 있기 때문이다. 퍼프에는 RNA 농도가 높기 때문에 염색체의 대사 활동과 밀접한 관련이 있다.

퍼프는 *Drosophila*의 침샘의 거대염색체뿐 아니라 파리목의 다른 조직에 존

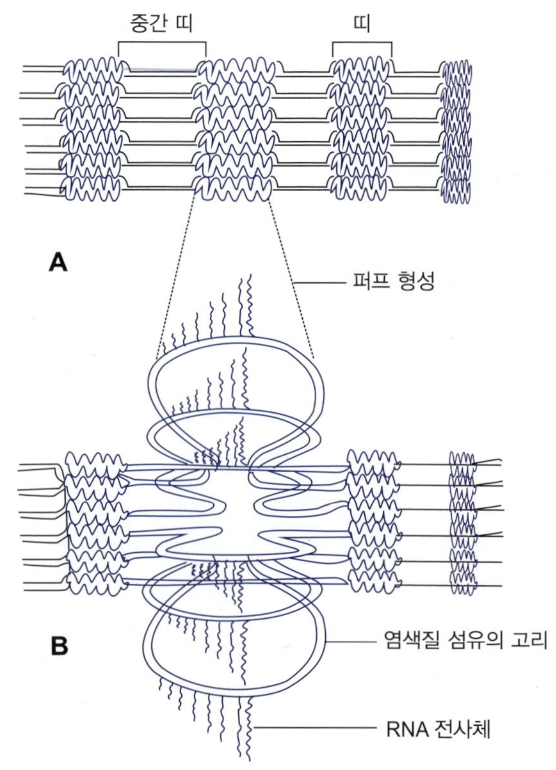

그림 7.27
*Drosophila*의 거대 다사염색체의 한 부분:
A. 띠와 중간띠;
B. 퍼프 형성.

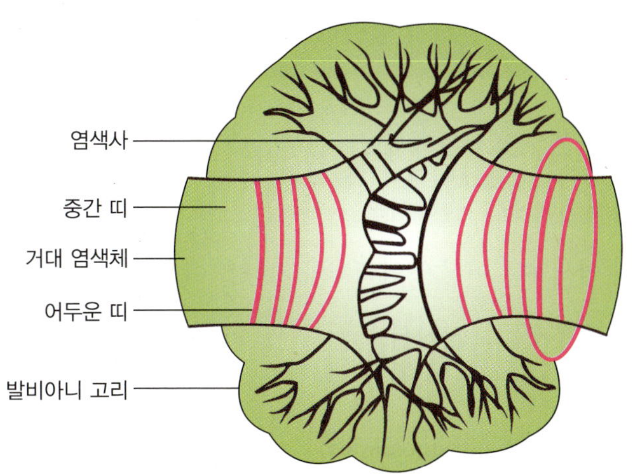

그림 7.28
*Drosophila*의 거대염색체의 일부로 발비아니 고리 또는 염색체 퍼프를 보여준다.

재하는 다른 염색체에서도 관찰되었다.

3. 과잉염색체(Supernumerary Chromosomes)

특정 식물과 동물에서 정상적인 수 외에 하나 또는 그 이상의 추가 염색체가 관찰되었다. 이러한 부가 염색체는 매우 작고 일반적으로 불활성이며 이질염색질로 구성된다. 일반적으로 핵에 존재하는 이것들은 표현형에 영향을 주지 않지만 너무 많으면 번식력과 활력을 감소시킨다.

7.5 염색체의 생리학

염색체는 유전 전달자로 알려져 있다. 이것은 세포의 다양한 특성의 발달 그리고 다양한 대사활동 수행을 위한 정보를 가지고 있는 DNA 분자 가닥으로 이루어져 있다. 다양한 기능의 조정은 복잡한 단백질 분자인 효소의 생성을 통해 이루어진다. 이들 단백질 분자의 합성에 대한 정보가 DNA 분자의 질소 염기서열에 포함되어 있다.

특정 아미노산의 한 분자를 암호화하는 세 개의 질소 염기의 순서는 **삼염기코돈**(triplet codon)을 구성한다. 특정 시스트론의 DNA는 **mRNA**로 전사된다. mRNA는 DNA와 비슷한 유전 암호를 가지고 있다. 핵 밖으로 이동하여 리보솜와 결합한다. tRNA 분자는 활성화된 아미노산을 특이적으로 선택하고 특정 안티코돈을 이용하여 mRNA의 코돈을 인식한다. 그래서 아미노산이 함께 결합되어 폴리펩티드 사슬을 형성하며, 최종적으로 혼자서 또는 여러 폴리펩티드 사슬과 결합하여 기능을 갖는 단백질로 변하게 된다.

문 제

1. 염색체의 구조와 기능을 설명하시오.
2. 염색체의 화학적 성질을 기술하시오.
3. 특수한 유형의 염색체는 어떻게 염색체의 기능을 이해하는 데 도움이 되는가?
4. 염색체의 구조와 복제를 묘사하시오.
5. 간단하게 설명하시오:
   (a) 솔염색체(lampbrush chromosomes)
   (b) 다사염색체(polytene chromosome)
   (c) 2차 협착
   (d) 뉴클레오솜
   (e) 히스톤
6. 바이러스 염색체의 구조에 대한 간단히 적으시오.
7. 세균과 진핵생물 염색체 사이의 차이점은 무엇인가?
8. 염색체 구조의 뉴클레오솜 개념을 설명하시오.

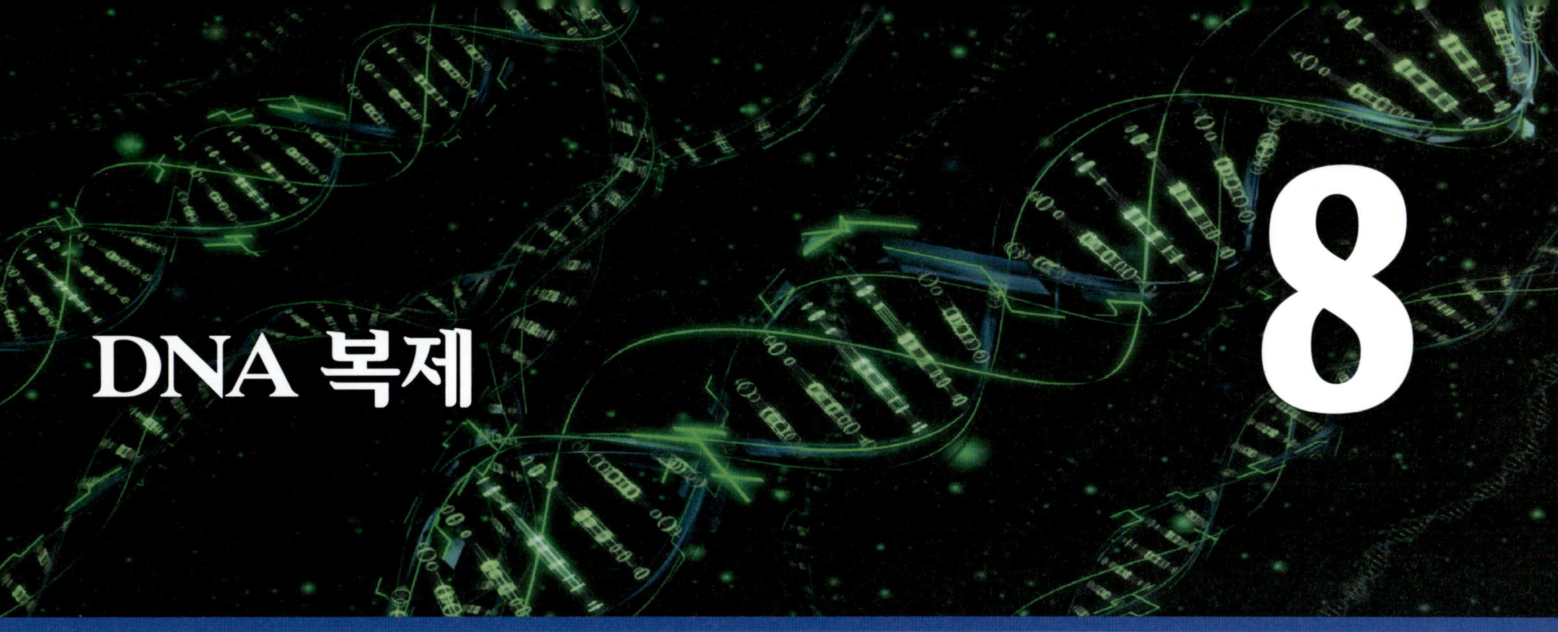

DNA 복제

8

학습 목표

- DNA 복제 개요: DNA 복제의 기본 규칙
- DNA 복제에 기본적으로 필요한 물질
- DNA 복제는 반보존적이다: 메셀슨(Meselson)과 스탈(Stahl)의 실험
- 캐언스(Cairns)의 자기방사법 실험
- 잠두(Vicia Faba)를 이용한 테일러(Taylor)의 실험
- DNA 가닥은 5′ → 3′ 방향으로 합성된다
- DNA의 반불연속적 복제
- 복제 개시점
- DNA의 한 방향 그리고 양방향 복제
- DNA 복제의 정확성
- 복제 중 편집 또는 교정
- 원핵생물의 DNA 복제 기작:
  - 디옥시리보뉴클레오티드의 활성화
  - 개시
  - 새로운 가닥의 합성
  - 종결
  - 나선 형성
- 진핵생물의 DNA 복제 기작: 원핵생물과 진핵생물의 DNA 복제의 차이
- DNA 복제의 효소학: DNA 복제의 단백질들
- 개시 단백질
- 헬리카아제
- 고리회전효소 또는 위상이성화효소
- 프리마아제
- 복제 모델: 세타(θ) 복제
- 회전환 모델
- D-고리 모델
- 복제 억제제

복제는 유전물질의 필수적인 특징이다. DNA 복제는 DNA가 그 자신과 정확히 일치하는 복사물을 만드는 과정이다. 복제 과정에는 약 20개 이상의 효소와 단백질이 필요하다. 포유동물에서는 초당 50개의 뉴클레오티드, 박테리아에서는 초당 500개의 뉴클레오티드를 삽입하는 정도의 속도로 복제가 일어난다. 부모 DNA 분자 이중가닥의 상보적 염기 사이의 수소결합이 끊어지고 가닥이 풀리면서 각 가닥은 새로운 가닥을 합성하기 위한 주형으로 작용한다. DNA 중합효소는 두 개의 단일가닥에서 이동하면서 자유 뉴클레오티드를 주형가닥의 상보적인 염기에 연결한다. 이 과정은 주형의 모든 염기가 짝이 맞는 뉴클레오티드와 결합하여 두 개의 동일한 DNA 분자가 형성될 때까지 계

속된다. 세포가 분열할 때마다 모든 유전자의 복사본이 만들어져야 한다. 이것은 각 분열 시기에 세포는 부모 세포에서 딸 세포로 유전정보를 전달하기 위해 전체 DNA를 복제해야 한다는 것을 의미한다.

8.1 DNA 복제 개요

왓슨(Watson)과 **크릭**(Crick)은 이중나선 구조를 기반으로 아주 간단한 DNA 복제 기작을 제안했다. 복제 과정 중 상보적인 뉴클레오티드의 질소 염기 사이의 약한 수소결합이 깨져 DNA의 두 폴리뉴클레오티드 가닥이 분리되고 풀린다. 이렇게 분리된 두 가닥은 서로가 상보적이다. 분리된 각 가닥은 다른 가닥의 합성 또는 중합을 위한 주형으로 작용하고 결과적으로 두 개의 동일한 딸 DNA 분자가 형성된다. 염기쌍 짝짓기의 특이성 때문에, 분리된 가닥의 각 뉴클레오티드는 세포질로부터 상보적인 뉴클레오티드를 끌어당긴다. 일단 뉴클레오티드가 수소결합에 의해 부착되면, 그들의 당의 라디칼과 인산염 성분이 결합하여 새로운 폴리뉴클레오티드 사슬이 형성된다.

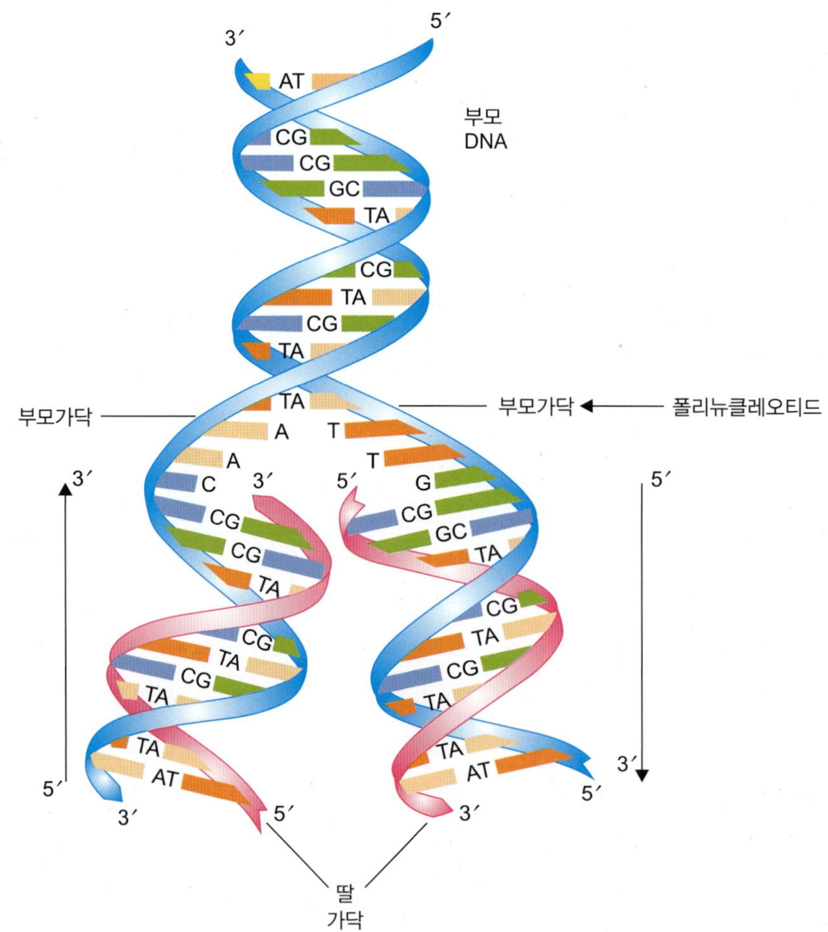

그림 8.1
왓슨과 크릭이 최초로 추정한 DNA의 반보존적 복제의 일반적인 모델

따라서 이중나선 DNA의 각 가닥은 상보적 가닥이 합성되는 주형 또는 모델로 작용한다. 이렇게 DNA 복제가 일어나는 방법을 **반보존적**(semiconservative)이라 한다. 왜냐하면 각 딸 DNA 분자는 하나의 부모 폴리뉴클레오티드 가닥이 보존되고 새로 합성된 가닥이 결합한 혼성체이기 때문이다.

1. DNA 복제의 기본 규칙

DNA 복제 중에 엄격하게 지켜지는 기본 규칙은 아래와 같이 요약될 수 있다:

(1) DNA 복제 동안 염기는 특이적으로 쌍을 이룬다. 즉 아데닌은 티민과 구아닌은 시토신과 짝을 이룬다.

(2) 뉴클레오티드 단량체는 ***DNA 중합효소***(*DNA polymerase*)에 의해 길어지는 가닥의 3′ 말단에 하나씩 첨가된다.

(3) 형성되는 각각의 딸 사슬의 질소 염기서열은 주형가닥의 염기서열에 상보적이다.

(4) DNA의 새로운 폴리뉴클레오티드 사슬의 3′ 말단에 위치한 디옥시리보오스의 C-3′ 탄소는 수산기(−OH기)를 가지고 있으며 다른 뉴클레오티드와 결합할 수 있도록 자유롭다. 폴리뉴클레오티드 사슬의 5′ 말단에 존재하는 디옥시리보오스의 C-5′ 탄소는 인산염을 가지고 있다. 그러므로 새로운 폴리뉴클레오티드 사슬은 항상 5′ → 3′ 방향으로 합성된다.

부가 설명: 중합을 위한 에너지

5′-일인산염이나 5′-이인산염 형태의 질소 염기는 중합에 사용될 수 없다. 오직 5′-삼인산염만이 *중합효소*에 의해 중합되어 폴리뉴클레오티드 사슬이 될 수 있다. 이러한 삼인산염은 중합 과정에서 필요한 에너지를 제공한다.

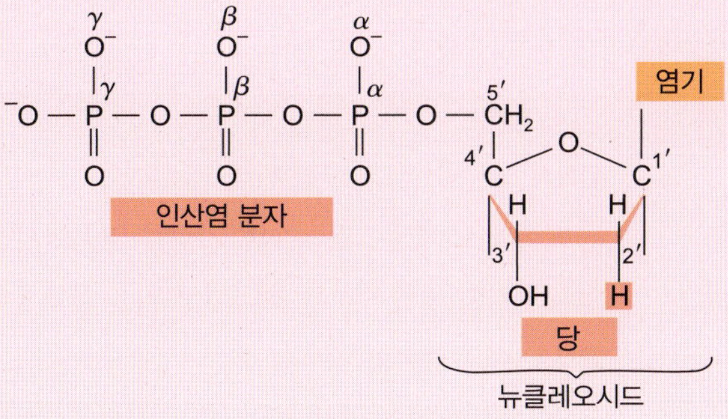

그림 8.2
디옥시리보뉴클레오티드 삼인산염 분자

2. DNA 복제에 기본적으로 필요한 물질

DNA를 복제하려는 세포는 다음과 같은 전구체, 시발체, 효소 및 단백질을 가지고 있어야 한다.

(1) 뉴클레오티드 전구체 분자: 세포는 4개 5′-삼인산디옥시리보뉴클레오티드(dNTPs, 즉 dATP, dGTP, dCTP 및 dTTP)가 모두 필요하다.

- 2′-디옥시아데노신 5′-삼인산(**dATP**)
- 2′-디옥시구아노신 5′-삼인산(**dGTP**)
- 2′-디옥시시티딘 5′-삼인산(**dCTP**)
- 2′-디옥시티미딘 5′-삼인산(**dTTP**)

뉴클레오시드 삼인산 분자의 3개의 인산기는 각각 α, β 그리고 γ로 표시되며, α-인산염이 디옥시리보오스에 직접 부착된 것이다.

(2) 주형 DNA 가닥: 중합 동안 새로운 가닥의 뉴클레오티드 서열을 결정해주는 DNA 단일가닥이 필요하다.

(3) RNA 시발체(primer): 새로운 폴리뉴클레오티드 가닥의 중합 개시에 필요하다.

(4) 효소: DNA 복제에 필요한 효소는 ***DNA 중합효소***, ***폴리뉴클레오티드 연결효소***(*polynucleotide ligase*) 그리고 ***헬리카아제***(*helicase*) 등이다. 이들은 표 8.1에 나타나 있지만 'DNA 복제의 효소학'이라는 제목하에 별도로 이야기할 것이다.

(5) 단백질: 많은 단백질이 DNA 복제와 관련되어 있다. 그들은 복제 개시점(origin of replication)을 찾고, 개시 지점을 인식하고, 뉴클레오티드 가닥을 풀고, 벌어진 단일 DNA 가닥을 안정화시키고, 딸 DNA 분자를 다시 꼬아주는 데 도움을 준다. 이 효소의 이름과 기능도 효소학에서 논의될 것이다.

표 8.1 DNA 복제 중에 필요한 주요 단백질, 효소 및 인자

효소 또는 인자	기능/활성
1. 헬리카아제 단백질	DNA 나선을 푼다.
2. 결합 또는 가닥 안정화 단백질	단백질에 의해 분리된 DNA 가닥을 안정화시킨다.
3. DNA 위상이성화효소 또는 DNA 지라아제 (효소들)	복제분기점의 앞쪽에서 초나선 꼬임을 풀어준다.
4. 프리마아제	RNA 시발체를 합성한다.
5. DNA 중합효소	RNA 시발체에 뉴클레오티드를 조립하여 DNA의 상보적인 가닥을 중합한다; RNA 시발체가 제거된 후 남은 갭을 채운다.
6. DNA 연결효소	DNA 프리마아제 뒤쪽에 남겨진 틈(nick)을 연결시키고 RNA 시발체가 제거되어 남은 갭을 채운다.

부가 설명: 시발체의 필요

DNA 복제 동안 새로운 폴리뉴클레오티드 가닥의 신장을 수행하는 ***DNA 중합효소 III***(*polymerase III*)는 중합을 개시할 수 없다. 즉, 최초의 뉴클레오티드를 첨가하여 딸 DNA 가닥의 합성을 시작할 수 없다. 이 효소는 이미 주형 DNA와 쌍을 이루고 있는 뉴클레오티드 사슬에만 뉴클레오티드를 추가할 수 있다. 따라서 **프리마아제**(primase)라는 ***RNA 중합효소***(*RNA polymerase*)가 필요하다. 이 효소는 부모 주형가닥 DNA에 상보적인 약 10개의 RNA 뉴클레오티드의 서열로 형성된 짧은 RNA 올리고뉴클레오티드 조각을 합성한다. 이 조각을 시발체 RNA라고 한다. ***DNA 중합효소 III***는 RNA 시발체를 인식하고 3′ 말단에 DNA 뉴클레오티드를 첨가하여 새로운 DNA 가닥을 만든다. 이어서 RNA 시발체가 절단되고 DNA 뉴클레오티드로 대체된다. 따라서 ***DNA 중합효소 III***는 복제를 개시할 수 없음에도 불구하고 사슬 말단에서 성장하는 사슬의 길이를 연장시킬 수 있다.

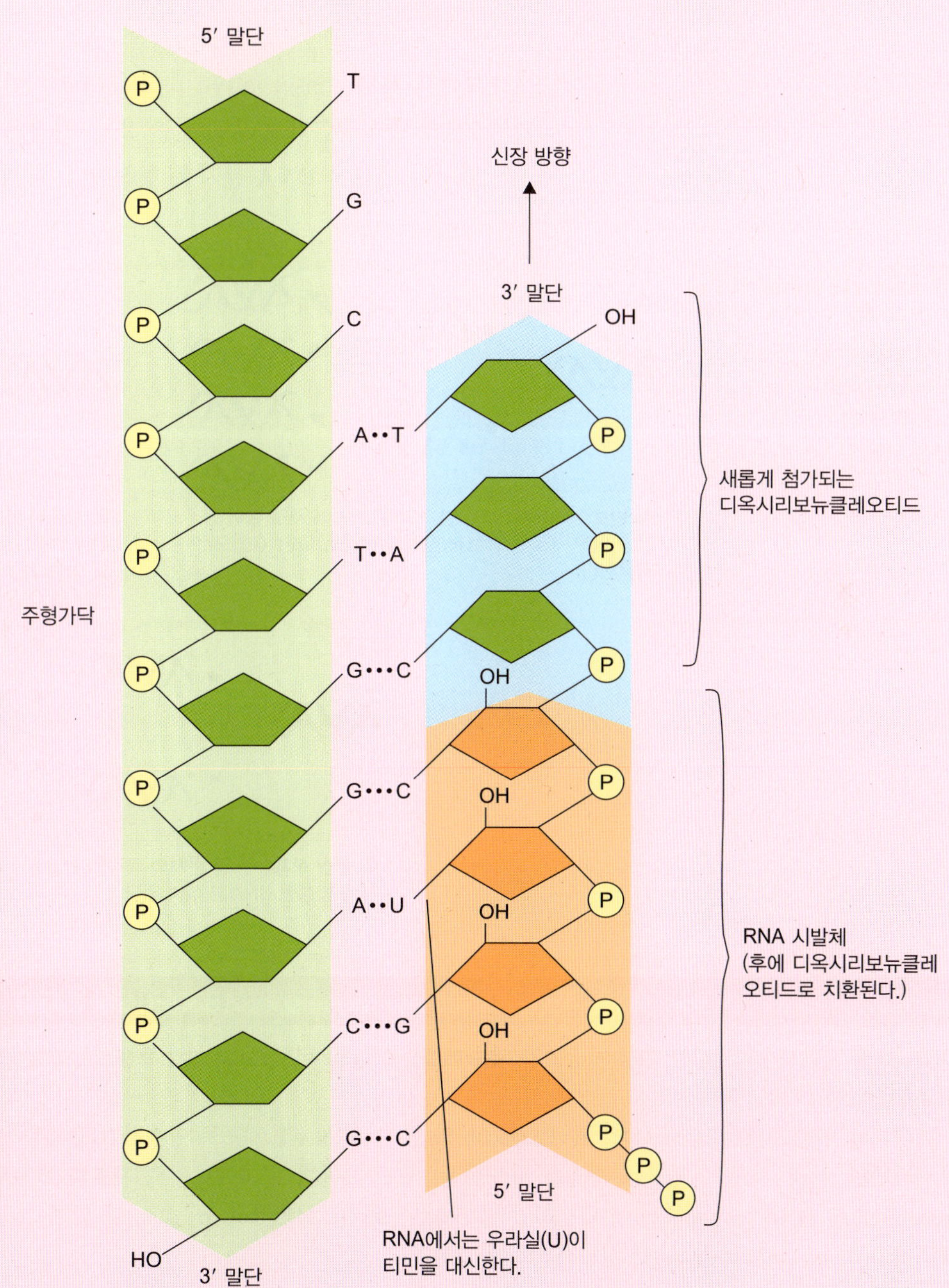

그림 8.3

DNA 복제 중 DNA와 RNA 조각의 짝지음. DNA 주형가닥은 녹색으로 나타내었고 새로 합성된 DNA는 하늘색이다. 시발체 RNA 부분은 주황색으로 표시하였다. DNA 중합효소는 시발체의 3′ 말단에 디옥시리보뉴클레오티드를 첨가한다. 성장하는 사슬의 3′ 말단에 잇달아 디옥시리보뉴클레오티드가 첨가된다.

3. DNA 복제는 반보존적이다

DNA 복제에는 세 가지 가능한 방법이 있을 수 있다:

(1) 반보존적 복제(semiconservative replication): 반보존적 복제 방법에 따르면 복제된 각각의 DNA 분자는 하나의 원래 가닥과 하나의 새로운 가닥으로 구성된다. 복제 과정 중 DNA 이중나선 구조가 풀리고 두 개의 폴리뉴클레오티드 가닥이 분리되고 새로운 상보적 가닥이 두 개의 부모 주형가닥 각각에 합성된다. 각 세포분열에서 유전정보의 충실한 복사가 보장되는 기작이다.

(2) 보존적 복제(conservative replication): 이 복제 방법에서 새로 합성된 2개의 폴리뉴클레오티드 사슬 또는 가닥은 하나로 결합한다. 이들은 결합하여 새로운 DNA 분자를 형성한다. 이때 부모 DNA 가닥끼리 재결합

그림 8.4

DNA가 복제될 수 있는 가능한 세 가지 경쟁 모델:
A. 반보존적 모델;
B. 보존적 모델;
C. 분산 모델.

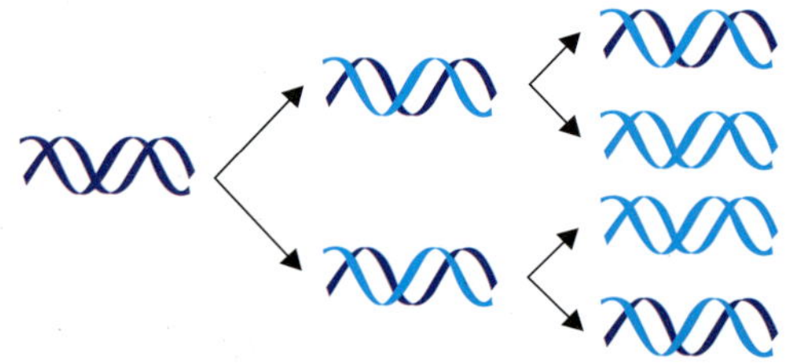

A. 반보존적 복제: 부모 분자의 두 가닥이 서로 떨어진다. 각 가닥은 새로운 상보적 가닥의 합성을 위한 주형으로 작용한다.

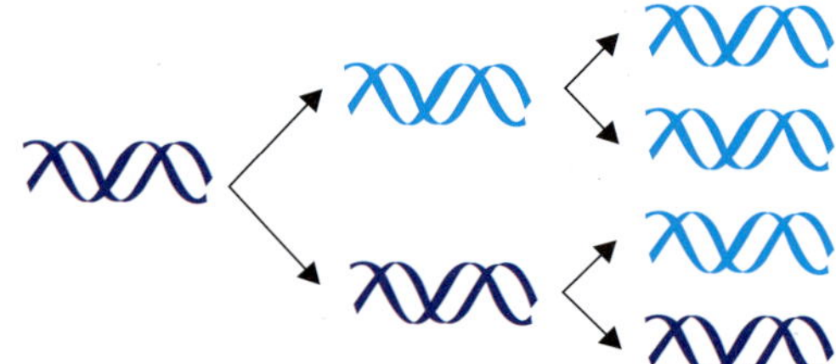

B. 보존적 복제: 두 개의 부모가가닥은 새로운 가닥을 위한 주형으로 작용한 후 다시 합쳐진다. 그러므로 부모 이중나선이 다시 생기고 새롭게 생긴 가닥이 합쳐져서 딸 DNA 나선이 생긴다.

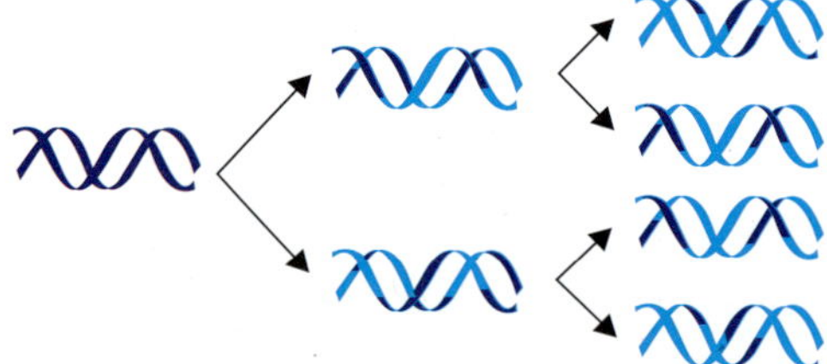

C. 분산 복제: 두 딸 분자의 각각의 사슬에 원래 DNA와 새로 합성된 DNA가 섞여 있다.

매슈 메셀슨(Matthew Meselson, 1930년 5월 24일)

DNA 복제가 반보존적이라는 실험적 증거는 **매슈 메셀슨**(Matthew Meselson)과 **프랭클린 스탈**(Fanklin Stahl)에 의해 1958년 제시되었다.

메셀슨은 또한 브레너(Brenner)와 자코브(Jacob)와 함께 mRNA를 최초로 발견하기도 하였다. 그는 또한 DNA 분자 사이의 재조합 과정을 규명하는 데도 기여했다. 이로 인해 **재조합 DNA 기술**(recombinant DNA technology)이 확립되었다. 1968년 **로버트 유안**(Robert Yuan)과 함께 그는 ***제한효소***(*restriction endonuclease*)를 성공적으로 분리했다.

하여 다시 부모 DNA 분자를 만든다. 원래의 DNA 나선은 그대로 남아 있게 되고 새로운 DNA 나선의 사본이 만들어진다.

(3) 분산 복제(dispersive replication): 이 경우 부모가닥이 두 딸 DNA 나선에 분산되어 각 가닥이 부모 DNA 일부와 새로운 DNA 일부로 형성된다. 이 방법은 복제 도중에 부모가닥이 절단되어야 한다.

1) DNA의 반보존적 복제를 지지하는 메셀슨과 스탈의 실험

(1) 무거운 분자량의 질소 동위원소 사용: 1958년 **매슈 메셀슨**(Matthew Meselson)과 **프랭클린 스탈**(Fanklin Stahl)이 DNA의 반보존적 복제 가설을 증명하는 실험을 했다. 그들은 무거운 동위원소 질소(^{15}N)가 들어 있는 배지에서 박테리아(*Escherichia coli*) 종을 배양했다. 배지에서 박테리아가 수 세대 동안 복제된 후, DNA의 모든 가닥에 방사성 ^{15}N이 끼어 들어가게 된다. 이 DNA는 정상적인 ^{14}N 배지에서 자란 박테리아에 존재하는 DNA보다 밀도가 높고 무거웠다. ^{15}N를 가지는 세균을 ^{14}N 동위원소가 함유된 배양 배지로 옮겼을 때, 새로운 세대의 박테리아로부터 분리된 DNA는 한 가닥이 다른 가닥보다 무거웠다. 더 무거운 가닥은 부모가닥을 나타내고, 더 가벼운 가닥은 배양액에서 새로 합성된 것이었다. 결과적으로 이 실험은 DNA 복제가 반보존적 방식이라는 것을 가리킨다.

(2) 밀도 측정에 따른 DNA 가닥 분리: **메셀슨**과 **스탈**은 또한 밀도 측정 실험을 수행했다. ^{15}N으로 표지된 부모 세대의 DNA를 고농도의 염화 세슘염(CsCl) 용액에 용해시키고 용액을 초원심분리기에서 고속으로 회전시켰다. 이때 관찰되는 DNA는 가장 무거운 것이었다. ^{14}N 배지에서 성장한 첫 번째 세대의 박테리아로부터 분리된 DNA는 ^{15}N을 갖는 부모 DNA보다 가벼운 것으로 밝혀졌다. 2세대에서는 2개의 띠가 관찰되는 것으로 보아 서로 다른 밀도를 갖는 2개의 DNA가 존재함을 알 수 있었다. 이것은 DNA 복제의 반보존적 방법에 따라 예상되었던 것과 같은 결과였다. 2세대에서 이 2개의 띠는 동일한 강도를 가지고 있었다. 후속 세대에서 낮은 밀도의 띠의 강도는 점차 증가하고 혼성체의 띠의 강도는 점차 감소했다.

(3) 결과 해석: **메셀슨**과 **스탈**은 결과를 다음과 같이 해석했다.

- 첫 번째 복제 후, 1세대의 각 딸 DNA는 부모 DNA 분자로부터 받은 무거운 가닥 하나와 새롭게 합성된 가벼운 가닥 하나를 갖는 혼성체였다.
- 이 혼성체 DNA 분자가 복제되었을 때, 하나의 딸 DNA 분자에 무거운 가닥(^{15}N를 포함)이, 다른 딸 DNA에는 가벼운 가닥이 들어갔

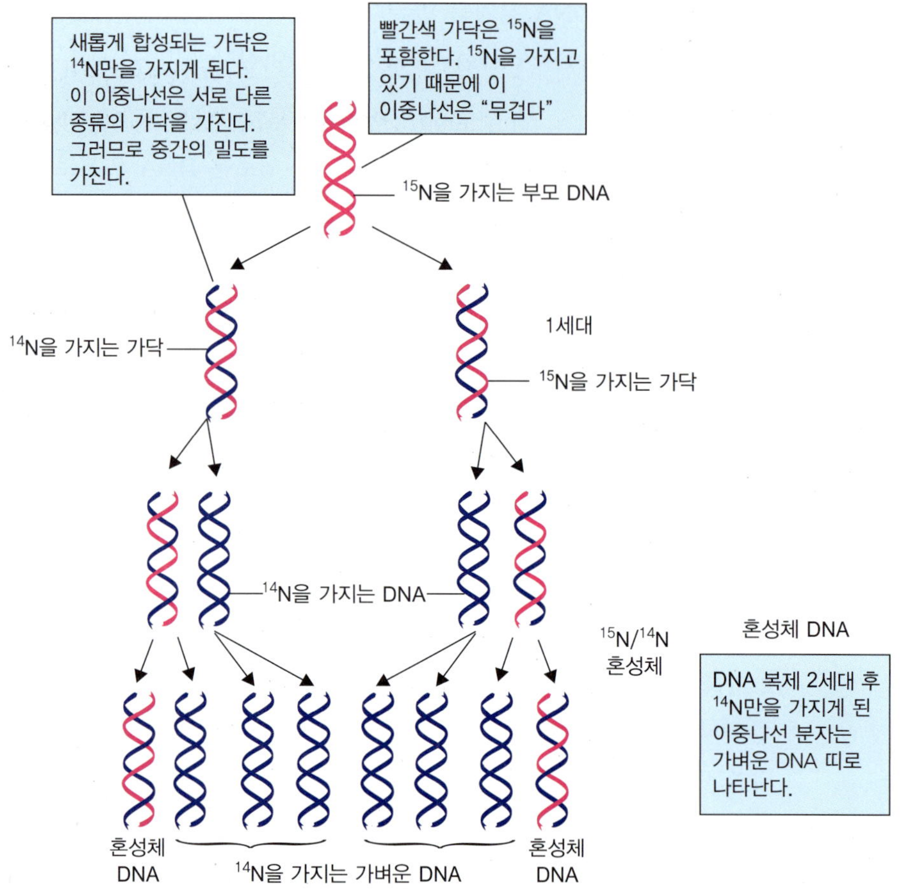

그림 8.5

*E. coli*를 배양 배지에서 키우고 밀도 측정에 의해 DNA를 분리하는 메셀슨과 스탈의 반보존적 복제 실험; 첫 번째 복제에서 딸 DNA 분자는 부모 분자보다 가볍고, 두 번째와 세 번째 복제에서는 두 개의 띠가 형성된다. 한 개는 가벼운 DNA를 나타내고 다른 한 개는 혼성체 DNA를 나타낸다.

다. 그러므로 2세대 DNA 분자는 $^{15}N/^{14}N$ 질소를 가진 혼성체 DNA가 50%였고 다른 50%는 $^{14}N/^{14}N$ 질소를 가진 가벼운 DNA 분자였다.

- 3세대의 DNA 분자는 1/4(또는 25%)의 혼성체 DNA를 갖고 나머지 75%는 $^{14}N/^{14}N$의 질소를 가진 정상적인 DNA 분자였다.

2) DNA의 반보존적 복제를 지지하는 캐언스(Cairns)의 자기방사법(Autoradiography) 실험

캐언스(J. Cairns)는 **방사성 티민**(radioactive thymine)을 사용하여 자기방사법(autoradiography)으로 세균인 대장균(*Escherichia coli*) 염색체 DNA의 반보존적 복제 방법을 증명했다. 방사성 티민 또는 삼중수소화(tritiated) 티미딘은 삼중수소 동위원소(^3H)를 이용하여 얻는다. 삼중수소화 티미딘을 포함하는 배양 배지에서 대장균을 배양하여 방사능 물질이 딸 DNA 분자에 삽입되도록 하였다. 이렇게 방사성 물질이 들어간 DNA 분자를 표지된 DNA 분자라고 한다. 자기방사용 사진 유제(photographic emulsion, 寫眞乳劑) 위에 올려 놓으면 표지된 DNA에 노출되어 DNA 분자가 퍼져 있는 윤곽이 나타난다. 복제 중인 DNA 분

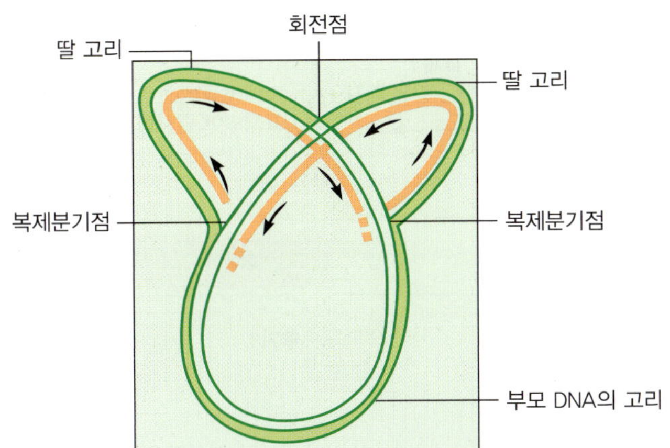

그림 8.6
삼중수소화된 티미딘으로 표지된 *E. coli*의 단일 원형 염색체의 자기방사선 사진. 케언스 실험

자는 DNA의 두 사슬이 4개가 되는 지점인 복제분기점(replicating fork)이 나타난다. 첫 번째 복제 후, DNA 두 가닥 중 오직 하나에만 방사성 물질이 함유되는 것으로 나타났다. 따라서 첫 번째 복제 때 두 딸 DNA 분자가 모두 표지되는 것을 관찰했다. 이러한 결과는 DNA의 반보존적 복제 방법을 지지한다.

3) 잠두(蠶豆, Vicia faba) 뿌리 끝을 이용한 테일러(Taylor)의 실험이 진핵세포에서 반보존적 DNA 복제를 지지

테일러(J. H.Taylor)와 그의 동료들은 1957년 자기방사법으로 잠두의 뿌리 끝 세포에서 DNA의 반보존적 복제를 증명했다. 뿌리를 방사성 티미딘을 함유하는 배지에서 성장시켜 방사성 활성이 세포 속의 DNA에 포함되도록 하였다. 표지된 염색체의 윤곽선은 사진 필름 위에 흩어져 있는 은입자의 검은 점들 형태로 나타난다. 표지된 염색체가 있는 뿌리 끝을 콜히친(colchicine)이 포함된 비표지 배지로 옮기고 방사능을 검사한 결과, 다음과 같은 관찰이 이루어졌다.

- 첫 번째 세대의 염색체에서 방사성 활성은 두 염색분체에서 균일하게 분포되어 있는 것이 관찰되었다. 왜냐하면 여기서 DNA 이중나선의 원가닥 또는 주형가닥은 방사능으로 표지되고 새로운 것은 표지되지 않았기 때문이다.
- 두 번째 세대의 염색체에서 각 염색체의 두 염색분체 중 하나만이 방사성을 나타냈다.

테일러의 실험은 염색체 복제가 반보존적 방법임을 보여준다. 그러나 각 염색분체는 오직 이중나선형 분자의 DNA로 구성된 것이 알려져 있으므로 이 실험은 DNA 복제가 반보존적임을 나타낸다.

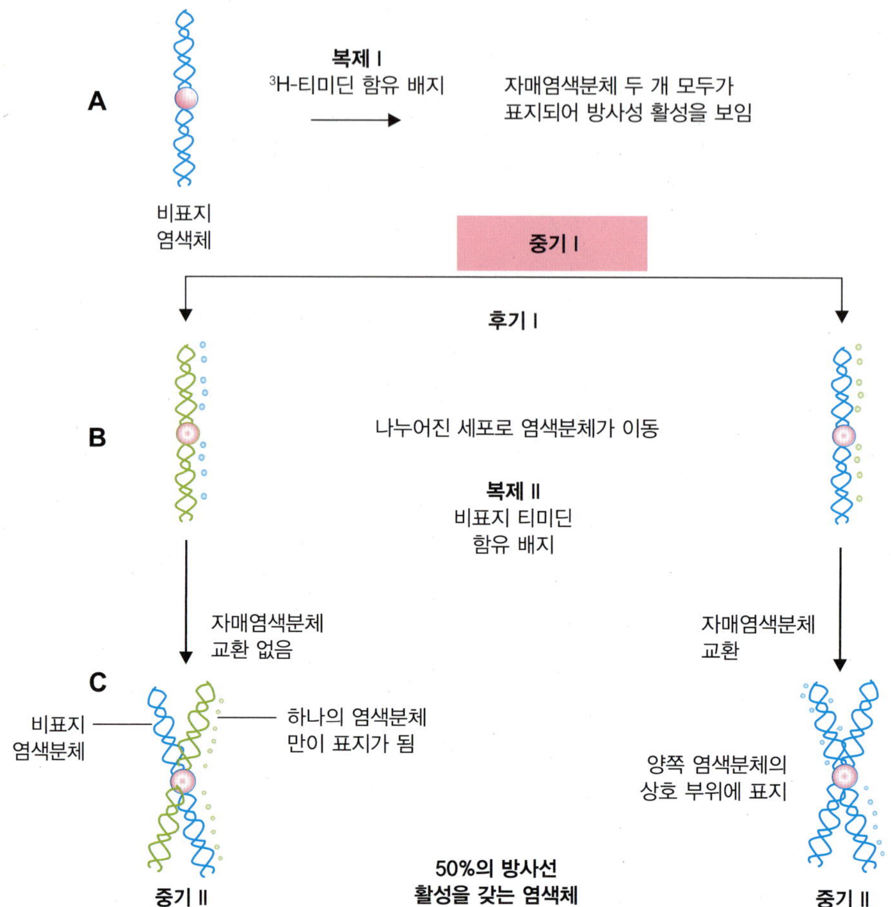

그림 8.7

잠두의 뿌리 끝 부분에서 DNA의 반보존적 복제 모드를 보여주는 테일러의 실험:

A. 부모 세대의 염색체는 균일하게 분포된 방사성 활성을 갖는다;

B. 첫 번째 자식 세대의 염색체는 두 개의 딸 염색체 모두에서 균일한 방사성 활성을 나타냈다.;

C. 두 번째 세대의 염색체는 50%의 딸 염색체에서 방사성 활성이 보이고 나머지 50%는 비방사성이다.

4. 새로운 DNA 가닥의 합성은 항상 5′ → 3′ 방향으로 진행된다

DNA 복제 중 새로운 가닥의 중합은 부모 DNA 주형 양가닥 모두(3′ → 5′ 가닥과 5′ → 3′ 가닥)에서 5′ → 3′ 방향으로만 진행된다. 이것은 다음 두 가지 이유 때문이다.

(1) ***DNA 중합효소***는 5′ → 3′ 방향으로만 중합을 수행할 수 있다.

(2) DNA가 5′ → 3′ 방향으로 합성될 때 중합에 필요한 에너지는 신장하는 폴리뉴클레오티드 사슬의 3′ 수산기(3′OH)에 dNTP가 첨가될 때 dNTP의 삼인산기의 가수분해로부터 나온다. 만약 뉴클레오티드가 3′ → 5′ 방향으로 첨가되면 중합 에너지는 신장하는 DNA의 가닥에 이미 첨가되어 있는 말단 뉴클레오티드의 5′-삼인산기의 가수분해로부터 유래될 것이다. 이것은 교정의 가능성을 없애는 결과를 유발한다. 왜냐하면 잘못 짝지워진 말단 뉴클레오티드를 제거하면 중합과 추가적인 사슬 신장에 필요한 5′-삼인산 그룹 또한 제거되기 때문이다.

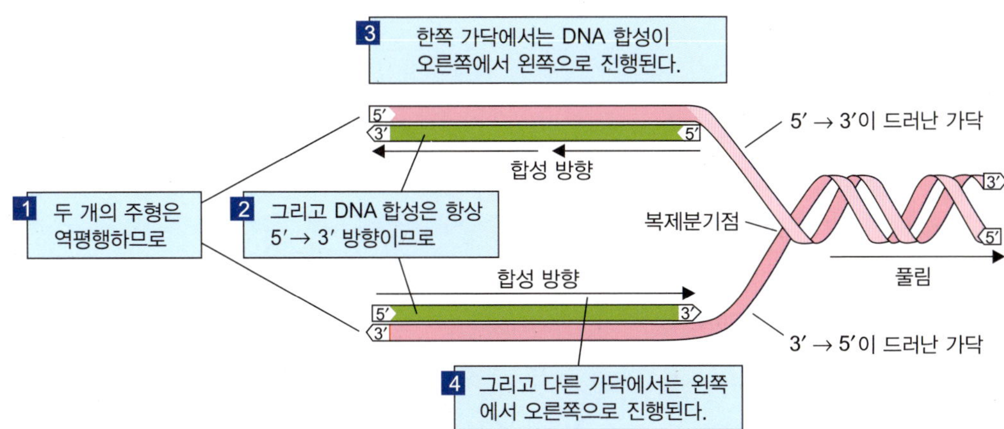

그림 8.8

DNA 합성은 두 개의 DNA 주형가닥에서 반대 방향으로 일어난다. DNA 복제는 하나의 복제분기점에서 두 가닥의 DNA 분자가 풀려서 반대 방향의 두 개의 단일가닥 주형가닥(5′ → 3′ 가닥과 3′ → 5′ 가닥)이 생성되며 시작된다.

5. DNA의 두 가닥은 서로 다른 방식으로 조립된다(DNA의 반불연속 복제, Semi-discontinuous Replication)

DNA의 역평행 가닥(antiparallel strand)은 각각 연속적 그리고 불연속적으로 DNA를 합성한다. 이것을 **반불연속 복제**(semi-discontinuous replication)라고 한다. DNA 가닥의 중합은 항상 5′ → 3′ 방향으로 진행된다. DNA 분자의 두 부모가닥이 서로 역평행하기 때문에 복제분기점에서 새로운 가닥은 역평행 부모 주형을 따라 반대 방향을 향하게 된다. 이것은 3′ → 5′ 가닥과 5′ → 3′ 가닥에 대해 복제가 다르게 그리고 반대 방향으로 일어남을 의미한다. 여기에는 다음 두 가지 과정이 포함된다.

1) 선도가닥(leading strand) 합성 또는 연속가닥(continuous strand) 합성

연속 복제는 부모 DNA의 3′ → 5′ 가닥을 주형으로 이용하여 5′ → 3′ 방향으로 일어난다. 5′ → 3′ 방향으로 합성된 DNA 가닥을 **선도가닥**(leading strand)이라고 한다. 선도가닥은 3′ 말단에 뉴클레오티드를 첨가하면서 하나의 조각으로 합성된다. 초당 약 1,000개의 뉴클레오티드가 새로운 가닥에 추가되며 빠르게 합성이 일어난다.

2) 지체가닥(lagging strand) 합성

지체가닥은 주형 DNA의 5′ → 3′ 가닥 위에서 5′ → 3′번째 방향으로 1,000~2,000개 뉴클레오티드의 짧은 조각으로 합성된다. 이러한 조각을 **오카자키 절편**(Okazaki fragment)이라고 한다. 이것은 일본 과학자 **레이지 오카자키**(Reiji Okazaki)와 동료들에 의해 밝혀졌다. 각 오카자키 절편의 합성은 ***프라마아제***(*primase*)에 의해 합성된 RNA 시발체에서부터 시작되며, 선도가닥과 마찬가지로 ***중합효소 III***(*polymerase III*)에 의해 복제가 수행된다. 따라서 DNA의 지체가닥의

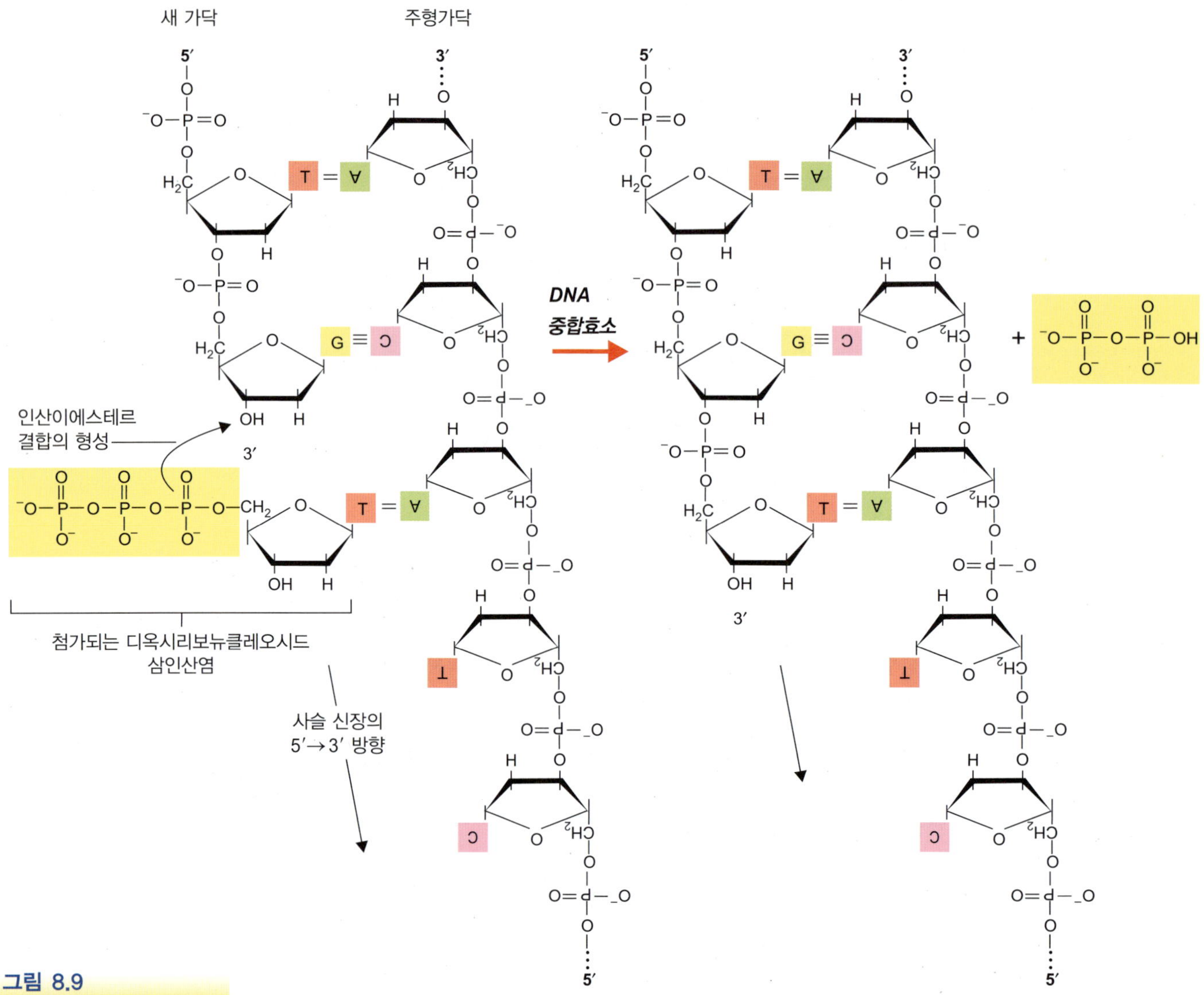

새 가닥

주형가닥

DNA 중합효소

인산이에스테르 결합의 형성

첨가되는 디옥시리보뉴클레오시드 삼인산염

사슬 신장의 5′→3′ 방향

(A) DNA 신장 기작

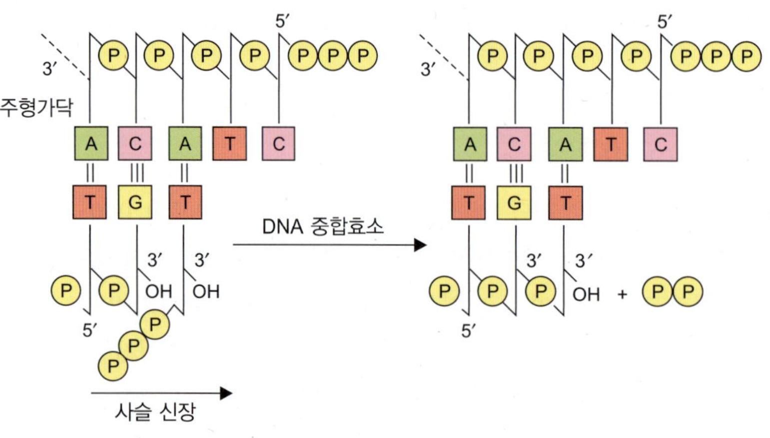

(B) DNA를 간략히 표기하여 DNA 신장을 묘사

그림 8.9

A. 부모 DNA 주형가닥의 뉴클레오티드에 디옥시리보뉴클레오티드 삼인산(dNTP)의 결합

B. 디옥시리보스의 C3′ 탄소와 다음 뉴클레오티드의 C5′ 탄소에 붙어 있는 인산염 사이의 인산이에스테르 결합(phosphodiester bond)을 통해 새로운 뉴클레오티드가 상보가닥에 연결.

새로운 뉴클레오티드는 C5′ 탄소가 결합하여 자유로운 C3′-OH기가 남게 되며, 합성 방향이 5′ → 3′이다.

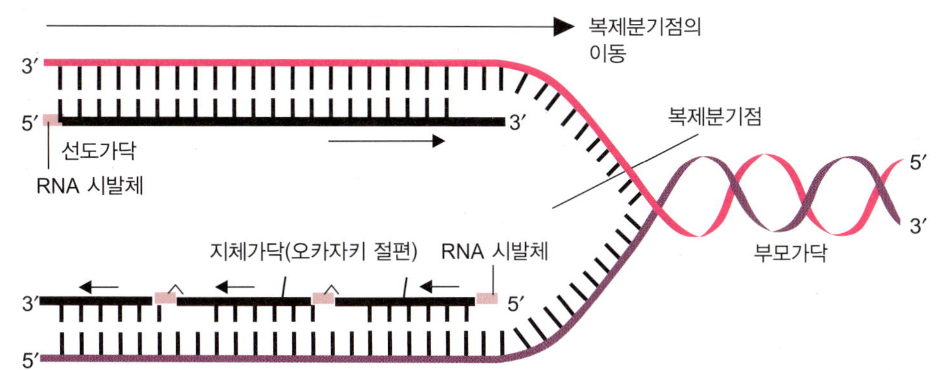

그림 8.10

DNA 복제 중 선도 및 지체 DNA 가닥의 합성. 선도가닥은 복제분기점 쪽으로 합성되며, 반면에 지체가닥 조각은 복제분기점에서 멀어지는 쪽으로 합성된다.

표 8.2 복제되는 DNA의 선도가닥과 지체가닥 사이의 차이점

선도가닥	지체가닥
1. 하나의 조각으로 연속적으로 합성된다.	1. 처음에는 오카자키 절편이라는 작은 조각이 형성된다.
2. 합성을 위해서는 단지 하나의 RNA 시발체가 필요하다.	2. 새로운 오카자키 절편을 시작하기 위해 각각의 조각이 각각의 RNA 시발체가 필요하다.
3. DNA 연결효소가 필요하지 않다.	3. 오카자키 절편을 연결하기 위해 DNA 연결효소가 필요하다.
4. 합성되는 방향은 5′→3′ 방향이다.	4. 전체 가닥의 합성은 3′→5′ 쪽으로 보이지만 각각의 오카자키 절편의 합성은 5′→3′ 쪽으로 일어난다.
5. 3′→5′ 주형가닥에서 일어난다.	5. 지체가닥의 주형 DNA는 5′→3′ 가닥이다.

합성은 불연속적이고 각 오카자키 절편에 하나씩의 RNA 시발체가 필요하다.

3) 복제 개시점(origin of replication, ori)

원핵생물과 진핵생물 모두 DNA의 복제는 DNA 분자 내의 특정 또는 독특한 질소 염기서열에서 시작한다. 이를 **복제 개시점**(origin of replication)이라 한다. *E. coli*에서 복제 개시점은 245 염기쌍으로 이루어져 있으며, 9개 염기쌍이 4번 반복되고 13개의 염기쌍이 3번 반복되어 각각 **9mer** 및 **13mer**라고 부르는 서열을 갖는다. 이곳은 복제 과정을 시작하는 단백질의 결합 부위 역할을 한다. 개시 단백질인 **DnaA**는 DNA 이중나선을 풀어주는 개시 단계를 담당한다. 약 10~20개의 **DnaA** 단백질 단량체 단위체가 9mer 각각에 결합한다. 이후 DNA 나선을 더욱 풀어주는 **DnaB**와 **DnaC** 단백질이 결합한다. 이 단백질들은 **헬리카아제**(helicase)라고 부른다. 두 개의 DNA 가닥 사이의 수소결합을 파괴하는데 필요한 에너지는 ATP의 가수분해에 의해 공급된다.

박테리아 및 바이러스 유전체에서 DNA 복제를 총괄하기 위해서는 하나의 복제 개시점이면 충분하다. 그러나 진핵세포는 유전체가 크고 복제를 위해서는 여러 개시점이 필요하다. 진핵생물의 여러 복제 개시점의 존재는 배양된 포유 동물 세포를 방사성 티미딘에 노출시킴으로써 증명되었다. 포유류 세포에서 복제

- 복제 개시점(origin of replication, ori)은 DNA 복제가 시작되는 DNA의 질소 염기의 독특한 서열이다.
- 박테리아 염색체, 플라스미드 그리고 바이러스는 한 개의 복제 개시점을 가진다.
- 미토콘드리아 DNA는 보통 2개의 ori 서열을 가지고 있다.
- 각 진핵세포 염색체/DNA는 여러 개의 복제 개시점을 가지고 있으며 모든 ori는 동시에 복제를 시작한다.
- 복제 개시점에는 AT 함량이 높은데 이는 아데닌과 티민이 C≡G보다 쉽게 분리되기 때문이다.

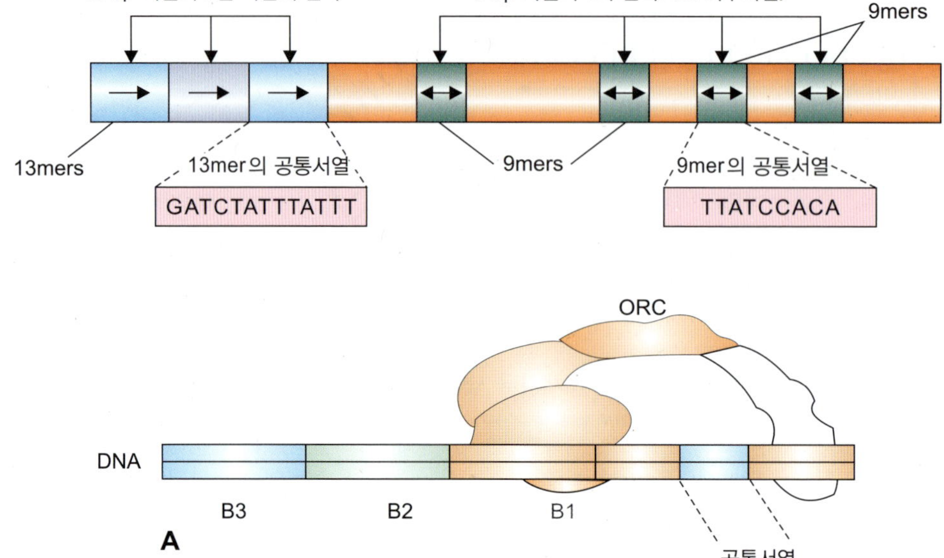

그림 8.11
박테리아, *E. coli*의 복제 개시점 구조

그림 8.12
A. 효모의 ARS 부위는 핵심서열 또는 공통서열 그리고 결합된 복제 개시점 복합체(ORC)를 갖는다.
B. ARS의 핵심서열 또는 공통서열의 뉴클레오티드.

개시점 사이 간격은 약 50~300 Kb이며, 효모 유전체에서는 약 40 Kb의 간격으로 놓여 있다. 인간 유전체는 약 3만 개의 복제 개시점을 가진다.

효모 세포에서 복제 개시점은 **자율적 복제가능 서열**(autonomously replicating sequences, ARS)이라고 불린다. 이것은 약 100개의 염기쌍으로 구성되어 있다. 이들 중 다수는 11 염기쌍의 **핵심서열**(core sequence) 또는 **공통서열**(consensus sequence)을 갖는다. 이 핵심 서열에는 **복제 개시점 복합체**(origin replication complex, ORC)이라는 단백질 복합체가 결합한다. 이 복합체는 염색체의 개시점에서 DNA를 풀어서 DNA 복제를 시작한다.

6. 복제단위(replicon)와 복제분기점(recplicaiton fork)

진핵세포의 염색체는 여러 곳에서 복제가 진행된다. 하나의 복제 개시점에 의해 복제가 개시되는 DNA의 길이를 **복제단위**(replicon)라 한다. 복제 개시점은 복제단위의 중심 부근에 위치한다. 복제 개시점이 활성화되면 반대 방향으로 이동하는 두 개의 복제분기점이 생성된다. 최종적으로 이 복제분기점들은 다른 복제단위의 복제분기점과 만난다.

복제단위의 길이는 다양하다. 약 13,000 염기쌍(약 4 μm 길이)만큼 짧을 수도 있고 9,000,000 염기쌍(즉, 약 280 μm)만큼의 길이로 이루어질 수도 있다.

표 8.3 생물의 복제단위 수와 길이 그리고 복제 속도

개체	복제단위 수	평균 길이	분기점 이동
1. 박테리아(*E.coli* 대장균)	1	4,200 kb	50,000 bp
2. 효모(*Saccharomyces cerevisiae*)	500	40 kb	3,600 bp
3. 초파리(*Drosophila melanogaster*)	3,500	40 kb	2,600 bp
4. 발톱개구리(*Xenopus laevis*)	15,000	2,000 kb	500 bp
5. 생쥐(*Mus musculus*)	25,000	150 kb	2,200 bp

고등 진핵생물에서, 복제단위의 수는 다양한데, 반수체 유전체당 20,000 내지 1,000,000 또는 그 이상이다. 진핵세포의 염색체는 DNA 복제 과정 중 많은 기포를 가지고 있는 것처럼 보이는데 그래서 이 부분을 **복제거품**(replication bubbles)이라 부른다.

원핵생물에는 하나의 복제 개시점, 하나의 복제분기점 그리고 단 하나의 복제단위가 존재한다. 진핵생물에서는 모든 복제 개시점 또는 모든 복제단위의 DNA 복제가 동시에 일어나지는 않는다. 복제는 특정 부위에서 시작된다. 일반적으로 염색체의 활성화된 부위의 유전자는 먼저 복제되고 비활성화된 또는 이질염색질(heterochromatin) 부위의 유전자는 S기 아단계(substage) 후기에 복제가 일어난다. 경우에 따라 전체 염색체가 일찍 또는 늦게 동시에 복제를 시작할 수 있다.

복제 개시점을 많이 가지는 것은 훨씬 더 큰 유전물질을 갖는 진핵생물에서 복제를 빠르게 하는 데 도움이 된다.

7. DNA의 한 방향 그리고 양방향 복제

캐언스(J. Cairns)는 그의 실험을 바탕으로 DNA 합성이 염색체상의 고정된 지점에서 시작되어 한 방향으로 진행된다고 결론을 내렸다. 이것을 **박테리아 DNA의 한 방향 복제**(uni-directional replication bacterial of DNA)라고 한다. 이 DNA에는 하나의 복제분기점만 있다. 그러나 최근의 실험은 DNA의 양방향 복제를 제안한다. **휴버먼**(Huberman)과 **리그스**(Riggs)는 1968년 DNA의 양방향 복제를 제안했다. 복제 개시점에서 수소결합이 끊어지고 2개의 폴리뉴클레오티드 가닥이 분리된다. 분리된 2개의 가닥 위에서 복제 개시점으로부터 복제분기점을 향하는 양쪽 방향 모두에서 폴리뉴클레오티드 가닥의 합성이 일어난다. 따라서 양방향 복제에는 두 개의 복제분기점이 존재한다.

레빈탈(Levinthal)과 **캐언스**는 복제 동안 두 가닥이 완전히 분리되지는 않는다고 제안했다. 대신, DNA 가닥이 한쪽 끝에서 풀리기 시작하면 동시에 풀린 부분이 각각의 뉴클레오티드 쌍을 끌어당긴다. 이 방법으로 원래의 DNA 가닥이 풀리는 것과 새로운 DNA 가닥이 합성되는 것이 나란히 진행된다. 이것은 복제되는 DNA에서 Y자형의 성장점이 보여야 한다는 것을 의미한다. **캐언스**는 바이

그림 8.13

DNA 한 방향 및 양방향 복제

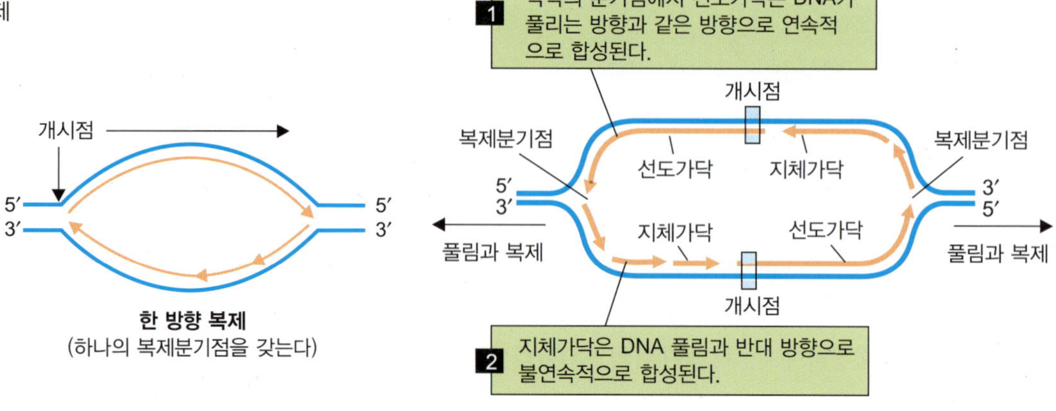

그림 8.14

진핵생물 선형 염색체에서 양방향 DNA 복제. DNA의 합성은 복제 개시점에서 시작되어 양쪽 가닥에서 5′ → 3′ 방향으로 진행된다. 두 복제분기점은 반대 방향으로 이동한다.

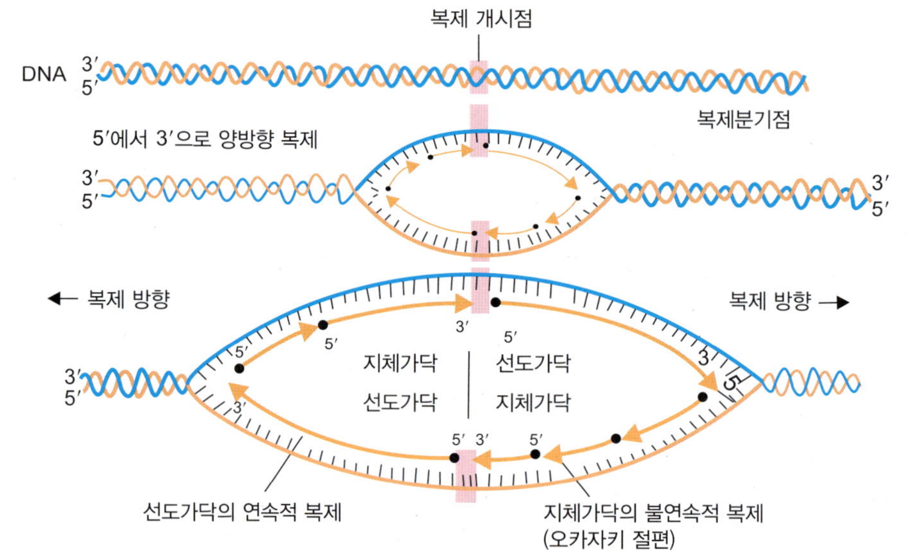

그림 8.15

원핵생물 원형 DNA의 양방향 복제는 두 개의 Y형 교차점 또는 두 개의 복제분기점 (Q-복제, Q-replication)을 보여준다.

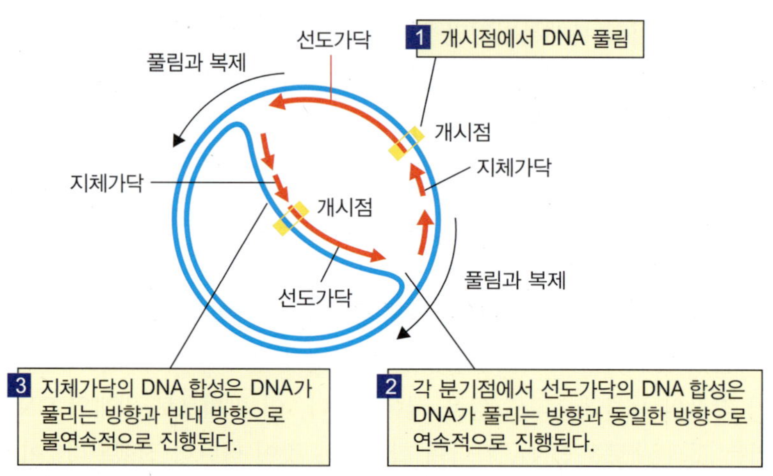

러스와 박테리아의 원형 복제 DNA에서 두 개의 Y자형 부위가 있다고 기술했다. 하나를 **성장점**(growing point) 그리고 다른 하나는 **시작점**(initiation point)이라 했다. 이것은 **한 방향 복제**(uni-directional replication)를 나타낸다. **양방향 복제**(bi-directional replication)의 경우 두 개의 복제분기점이 형성되고 각 부모 가닥 위의 새로운 DNA 가닥이 복제 개시점에서부터 양방향으로 커진다.

DNA 복제가 한 방향인 예외가 있지만, 양방향 복제는 파지, 세균 및 플라스미드 DNA에서 광범위하게 관찰된다. 진핵세포의 DNA는 양방향 복제이다.

8. DNA 복제의 정확성 또는 DNA 복제의 충실도

DNA 복제는 각 뉴클레오티드 위치에 주형가닥에 상보적인 새로운 가닥을 합성하는 것이다. 비록 ***DNA 중합효소***의 기능은 매우 정확하지만, 상보적 가닥의 합성은 완벽하지는 않으며, 비상보적 뉴클레오티드가 실수로 삽입되는 경우가 있다. DNA 복제 중 오류 빈도는 10^9~10^{10}개의 뉴클레오티드가 삽입될 때 약 1개의 부정확한 염기쌍이 생성된다고 추정된다. 이 오류 빈도는 상보적 염기쌍 결합에 기초하여 예측되는 것보다 훨씬 낮다. DNA 복제의 정확성 또는 충실도

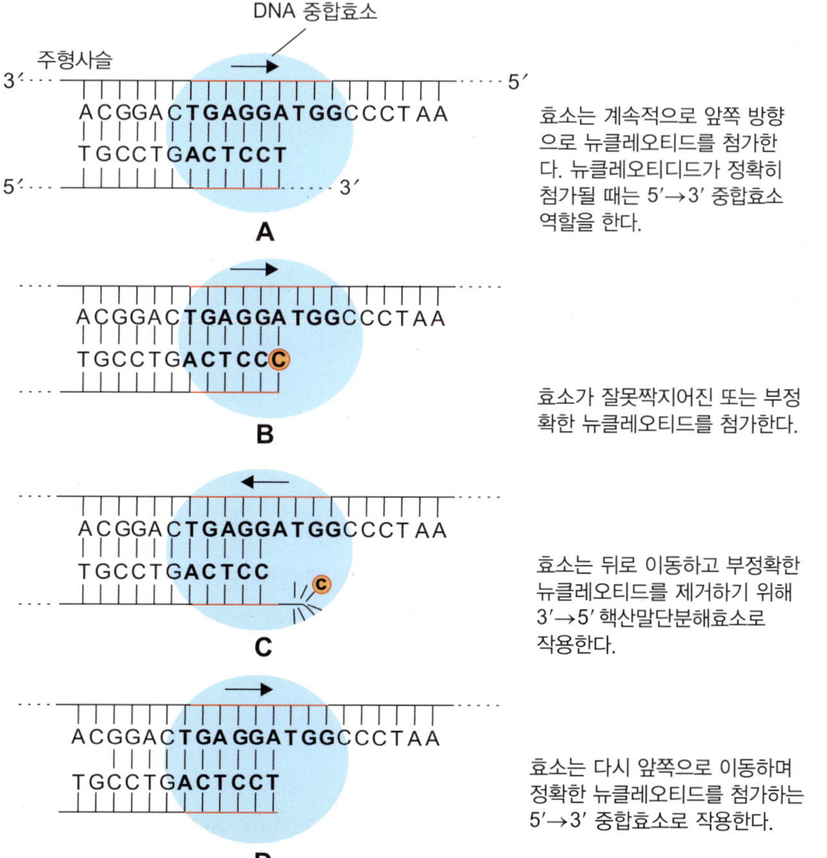

그림 8.16

*DNA 중합효소*의 3′ → 5′ 핵산말단분해효소 교정 활성

부가 설명: 가능한 교정 기작

*DNA 중합효소*는 DNA 가닥을 중합하기 위해 시발체 RNA를 필요로 한다. 이 효소는 폴리뉴클레오티드 가닥이 5′ → 3′ 방향으로만 성장하도록 촉매한다. 중합에 필요한 에너지는 길어지는 폴리뉴클레오티드의 3′ 말단에 들어오는 뉴클레오티드 삼인산(dNTP)으로부터 얻어진다. 뉴클레오티드 삼인산에는 세 개의 인산기가 디옥시리보오스의 5′ 탄소에 부착되어 있다.

DNA가 5′ → 3′ 방향으로 합성될 때, 중합에 필요한 에너지는 자유 dNTP의 5′-삼인산 그룹의 가수분해로부터 얻어진다. 중합이 3′ → 5′ 방향으로 일어날 경우, 중합 에너지는 이미 DNA에 삽입된 말단 뉴클레오티드의 5′ 삼인산기 그룹의 가수분해로부터 유래되어야 한다. 이것은 교정할 수 있는 가능성을 제거하게 되는데, 잘못짝지어진 말단 뉴클레오티드를 제거하면 이후의 사슬 연장을 위해 에너지를 제공하는 데 필요한 5′-삼인산 그룹이 제거되기 때문이다.

는 ***DNA 중합효소 I***의 아래와 같은 활성에 기인한다:

1) DNA 중합효소 I의 핵산말단분해효소(exonuclease) 교정 활성

DNA 중합효소는 두 가지 유형의 활성, 즉, 5′ → 3′, 3′ → 5′ 핵산말단분해효소 활성을 가지고 있다. 5′ → 3′ 핵산말단분해효소 활성은 오카자키 절편에서 RNA 시발체의 제거를 돕는다. **3′ → 5′ 핵산말단분해효소 활성**은 합성시 DNA 가닥의 교정과 잘못 삽입된 뉴클레오티드를 검출하고 제거하는 것과 관련이 있다. 3′ → 5′ 핵산말단분해효소의 교정 활성은 대장균의 ***DNA 중합효소*** I과 진핵생물의 ***DNA 중합효소*** δ와 ε에서 발견된다. 이들은 성장하는 폴리뉴클레오티드 사슬의 3′ 말단에 결합된 잘못짝지어진 염기를 제거한다. 이를 통하여 복제 정확도가 수백 배에서 수천 배까지 향상된다.

2) 올바른 염기의 선택

DNA 중합효소는 복제 중에 새로운 폴리뉴클레오티드 가닥에 삽입하기 위해 정확한 염기를 선택한다. 이것은 불일치한 염기가 삽입되지 않도록 구별하고 DNA 복제의 정확도를 약 100배 증가시키고 예상되는 오차 빈도를 10^{-4}에서 10^{-6}으로 줄인다.

8.2 원핵생물에서 DNA 복제의 분자 기작

*E. coli*에서 DNA 복제의 전 과정은 다음 네 단계를 포함한다. 각 단계는 특정 효소에 의해 조절을 받는다. 따라서 12개 이상의 효소와 단백질이 DNA 복제의 개시와 완료에 관여한다.

1. 디옥시리보뉴클레오티드의 활성화

디옥시리보뉴크레오시드 일인산염(dAMP, dGMP, dCMP, dTMP)은 핵질에서 생성된다. 이들은 ATP를 이용하여 삼인산염(dATP, dGTP, dCTP 및 dTTP)으로 활성화 된다. 이 과정을 **인산화**(phosphorylation)라 하며 ***인산화효소***(*phosphorylase*)에 의해 촉매된다.

2. 개시

DNA 복제는 **개시점**(initiation point) 또는 **복제 개시점**(origin of replication, oriC)이라 불리는 특정한 뉴클레오티드 서열에서 시작된다. 이것은 100개에서 200개 또는 그 이상의 염기쌍의 특정 서열로 구성되며, 몇 개의 필수적인 자리를 포함한다. 원핵생물의 염색체에서는 염색체당 단 하나의 복제 개시점이 존재한다. 각 복제 개시점과 그곳에서부터 복제되는 DNA 부위가 하나의 **복제단위**(replicon)를 형성한다.

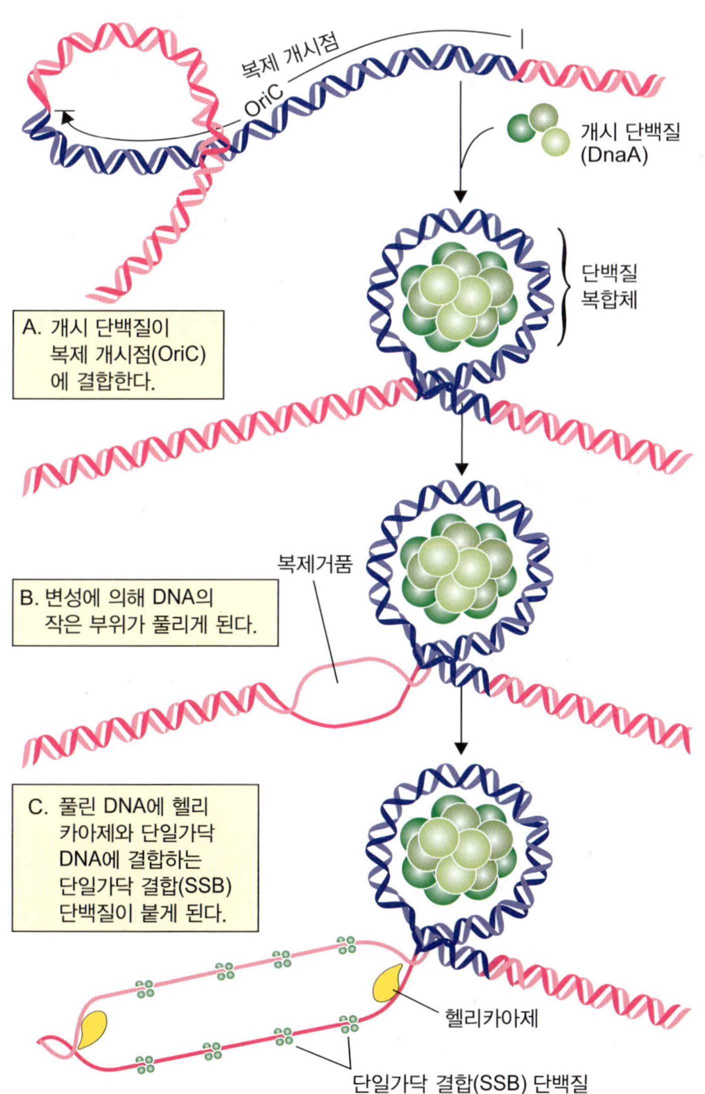

그림 8.17
*E. coli*의 복제 개시점에서 DNA 복제 개시 모델

부가 설명: 공통서열

공통서열(consensus sequence)에 A와 T가 풍부한 것은 복제 개시점의 기능과 일치한다. A = T 사이의 두 개의 수소결합의 분리가 G ≡ C 염기쌍 사이의 세 개의 수소결합의 분리보다 더 쉽고 더 적은 에너지가 필요하기 때문이다.

공통서열이란 DNA 또는 RNA의 특정 위치에서 가장 일반적으로 발견되는 뉴클레오티드 서열을 의미한다.

*E. coli*에서 복제 개시점은 245 염기쌍으로 이루어져 있으며, 13개의 염기쌍이 3번 반복 그리고 9개의 염기쌍이 4번 반복된 부위를 포함하고 있다. 이들은 각각 **13mer** 및 **9mer**라고 한다. 개시 과정은 9개의 서로 다른 복제 개시점 단백질이 결합하고 DNA의 짧은 부위가 풀리는 과정이 수반된다. 개시 과정은 다음 단계로 구분할 수 있다.

1) 개시점의 인식

특정 개시 단백질인 **DnaA**는 DNA의 개시 지점을 인식한다. 약 30 분자의 DnaA 단백질 단일 복합체는 이중가닥 중 하나의 가닥에서 9mer 염기쌍 서열이 4번 반복되는 부위에 결합하고, 13mer 염기쌍 3곳 모두에서 폴리뉴클레오티드 사슬을 갈라놓기 시작한다.

2) DNA 이중나선의 풀림 또는 열림

개시자 단백질인 **DnaA** 복합체가 복제 개시점의 9mer 반복 부분에 결합하면 13mer 염기쌍 서열이 3번 반복된 영역의 DNA를 변성시킨다. 이 과정에는 ATP와 박테리아 히스톤 유사 단백질(bacterial histone-like protein, HU)이 필요하다. 복제 개시점의 약 45 bp가 풀려서 두 가닥으로 열리게 된다. 이로 인해 5개의 단백질, 즉 DnaB, DnaC, SSB 및 지라아제(gyrase) 또는 위상이성화효소(topoisomerase)로 이루어진 **예비-프라이밍 복합체**(pre-priming complex)의 형성이 시작된다. 먼저, **DnaB**와 함께 두 개의 ***헬리카아제*** 육중합체(*helicase* hexamer)가 DnaA 근처의 풀린 DNA의 지체가닥 주형에 결합한다. 각 **DnaB**는 6개의 **DnaC** 단백질의 도움을 받아 DNA 가닥 위에 놓이게 된다. 두 분자의 DnaB 단백질은 DNA를 양방향으로 풀어 두 개의 복제분기점을 만든다. ***DNA 지라아제***(*DNA gyrase*)라 불리는 ***위상이성화효소***(*topoisomerase*)는 헬리카아제(helicase)의 앞쪽에서 음성초나선꼬임을 유도함으로써 DNA 가닥의 분리를 촉진한다.

분리된 가닥은 단일가닥 결합 단백질(single strand binding protein, **SSB**) 분자에 의해 유지된다. 이 단백질은 분리된 가닥의 재생을 막고 안정화시켜 이들이 주형으로 작용할 수 있게 한다.

3. 새로운 DNA 가닥의 합성

주형 DNA의 분리된 가닥에 새로운 가닥을 합성하는 과정은 다음 6단계로 진행된다.

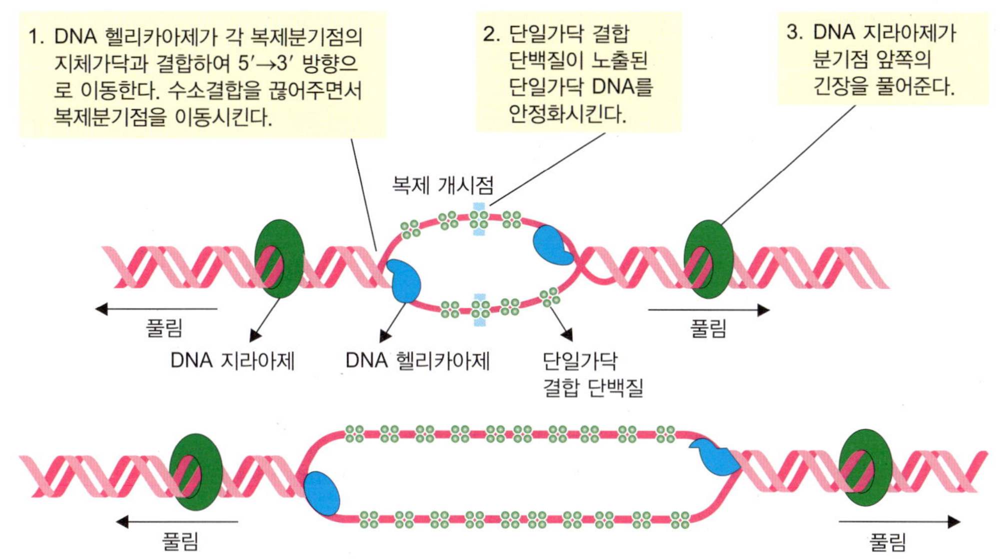

그림 8.18

단백질인 DNA 헬리카아제는 복제분기점에서 지체가닥 주형과 결합하여 DNA를 풀면서 5′ → 3′ 방향으로 이동한다.

1) RNA 프라이밍 또는 RNA 시발체의 형성

프리마아제(*primase*) 효소(**DNA 지시 RNA 중합효소**(DNA directed RNA polymerase)라고도 함)는 선도가닥의 첫 번째 프라이밍(시발체가 만들어지는) 서열에 결합하고, 복제 개시점의 분리된 DNA 가닥에 상보적인 10~60 뉴클레오티드로 구성된 짧은 **시발체 RNA** 조각을 합성한다.

DNA 중합효소는 새로운 DNA 가닥의 합성을 개시할 수 없기 때문에 RNA 시발체의 합성이 필수적이다. ***DNA 중합효소***는 오직 DNA 사슬을 성장시키는 중합반응만 수행할 수 있다.

2) 상보적 가닥의 조립

디옥시리보뉴클레오시드 삼인산염은 염기 짝짓기 결합 방식에 따라 주형 DNA 가닥의 적합한 질소 염기와 쌍을 이룬다.

3) 디옥시리보뉴클레오시드 삼인산염이 일인산염으로 전환

주형가닥의 질소 염기와 짝을 이룬 디옥시리보뉴클레오시드 삼인산염 분자는 피로인산(p~p) 분자가 떨어져 나가면서 디옥시리보뉴클레오티드로 변화한다. ***피로인산분해효소***(*pyrophosphatase*)는 피로인산을 무기인산기(Pi)로 가수분해하여 에너지를 방출한다.

4) RNA 시발체에 새로운 DNA 사슬의 형성(DNA의 중합)

이렇게 방출된 에너지는 인접한 뉴클레오티드를 결합시켜 폴리뉴클레오티드 사슬을 형성시키는 데 이용된다. 이 과정은 Mn^{++} 및 Mg^{++} 이온과 ***DNA 중합효***

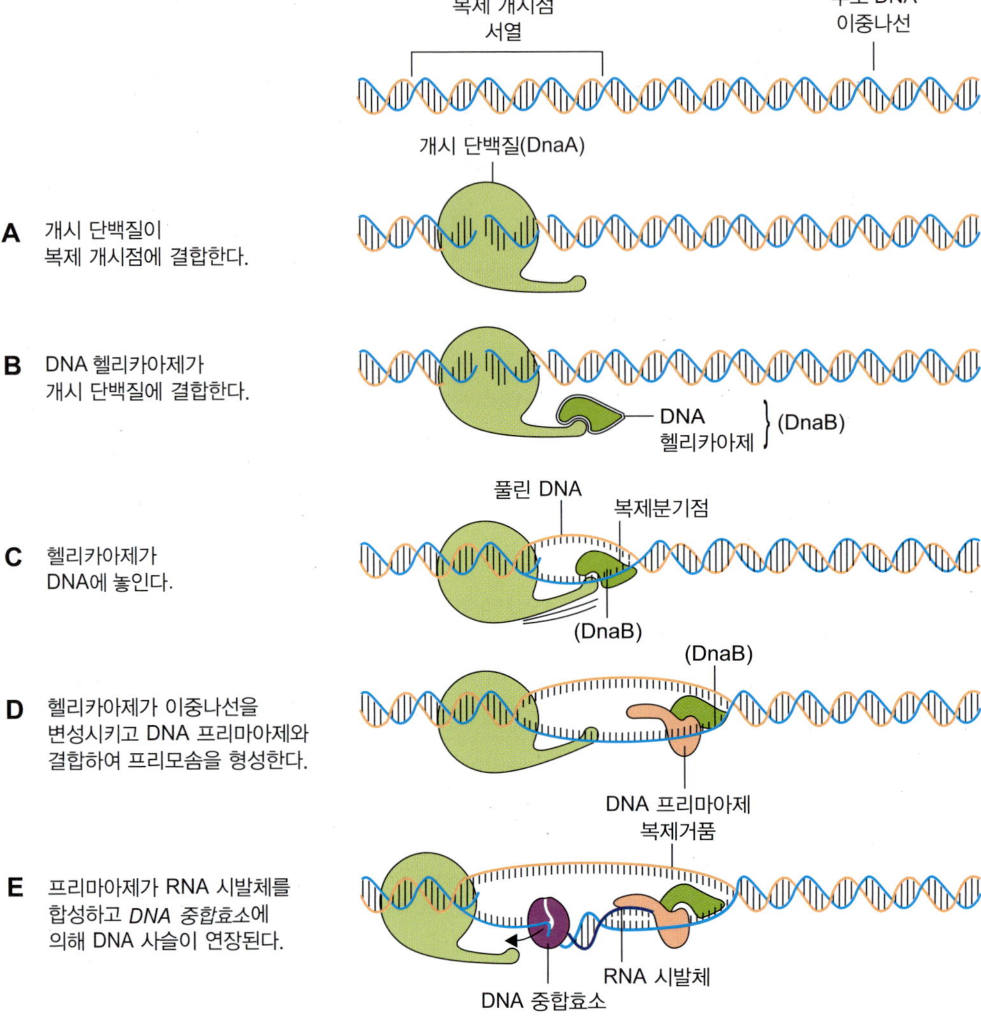

그림 8.19

*E. coli*의 복제 개시점에서 복제거품 형성, RNA 시발체의 합성 시작 그리고 새로운 DNA 가닥을 도식적으로 나타낸 그림

소(*DNA polymerase*)에 의해 촉매된다.

시발체 RNA의 3′ 말단에 디옥시리보뉴클레오티드가 첨가되면서 새로운 가닥의 DNA가 5′ → 3′ 방향으로 주형 DNA 위에 형성된다. 디옥시리보뉴클레오티드의 첨가는 ATP 존재하에서 ***DNA 중합효소 III***에 의해 수행된다. 일단 DNA 가닥의 합성이 시작되면 복제분기점에서 DNA가 풀리는 것과 보조를 맞추어 계속적으로 진행된다.

따라서 3′ → 5′ 주형 부모가닥 위에 합성되는 새로운 가닥은 성장하는 3′ 말단에 뉴클레오티드를 첨가하면서 5′ → 3′ 방향으로 복제분기점 쪽으로 진행된다. 이것은 5′ → 3′ 가닥은 하나의 조각으로 생성된다는 것을 의미하고, 이 가닥은 **선도가닥**(leading strand)이라 불린다. 이 합성을 **선도가닥 합성**이라 한다. 대조적으로, 5′ → 3′ 주형가닥 위의 새로운 가닥은 복제분기점에서 먼쪽으로 길어지게 된다. 이것은 **오카자키 절편**(Okazaki fragment)이라 불리는 일련의 짧은 염기 조각으로 불연속적으로 합성되며, ***DNA 연결효소***(*DNA ligase*)에 의해 결합된다. 각각의 오카자키 절편은 진핵생물에서는 100~200개의 뉴클레오티드로, 원핵생물에서는 1,000~2,000개의 뉴클레오티드로 이루어지며 중합을 위해 각각의 조각이 자체 RNA 시발체가 필요하다. 5′ → 3′ 부모 주형가닥 위에서 불연속적으로 합성되는 3′ → 5′ 방향의 새로운 가닥을 **지체가닥**(lagging strand)이라고 부른다.

선도가닥의 합성은 연속적이며 지체가닥의 합성은 불연속적이기 때문에, DNA의 전반적인 복제를 **반불연속적**(semi-discontinuous)이라고 한다.

5) RNA 시발체의 제거

일단 오카자키 절편의 작은 부분이 형성되면, RNA 시발체의 뉴클레오티드는 ***DNA 연결효소 I***의 5′ → 3′ 핵산말단가수분해효소 활성에 의해 5′ 말단부터 하나씩 제거되고, DNA 중합효소 I의 중합효소 활성을 이용하여 DNA 뉴클레오티드로 대체된다.

6) 오카자키 절편의 연결

RNA 시발체의 제거에 의해 형성된 오카자키 조각 사이의 갭(gap)은 ***DNA 중합효소 I***에 의해 상보적인 디옥시리보뉴클레오티드 잔기로 채워진다. 마지막으로, 오카자키 절편의 인접한 5′ 및 3′ 말단은 ***DNA 연결효소***에 의해 결합된다.

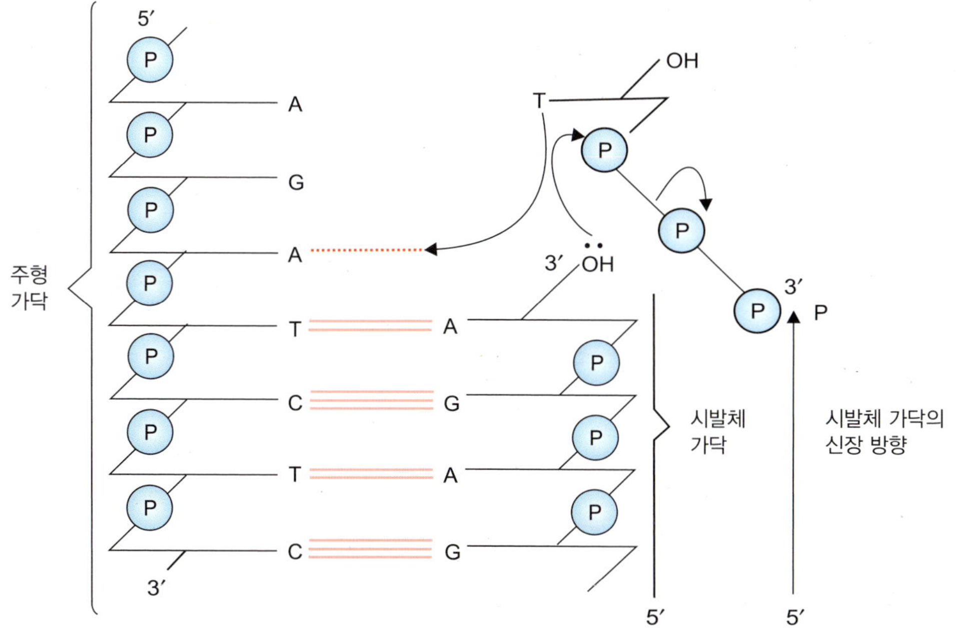

그림 8.20
DNA 폴리뉴클레오티드 사슬의 중합

A 개시 단백질(DnaA)이 복제 개시점에 결합한다.

B *헬리카아제(DnaB)*가 지체 주형 부모가닥에 결합하여 DNA를 푼다. *DNA 지라아제*에 의해 가닥이 분리되고 SSB 단백질에 의해 분리된 가닥이 안정화된다.

C *프리마아제*가 선도 주형가닥(3′→5′)에 결합하여 시발체 RNA를 합성한다.

D *DNA 중합효소 III*에 의해 디옥시리보뉴클레오티드가 첨가되며 DNA 합성이 개시된다.

E 지체가닥의 합성을 위해 RNA 시발체가 생성된다.

F 지체사슬에서 DNA가 5′ → 3′ 방향으로 비연속적으로 합성되며 오카자키 절편이 만들어진다. RNA 시발체는 *중합효소 I*의 핵산말단가수분해 활성에 의해 제거된다.

G 오카자키 절편이 ***DNA 연결효소***에 의해 이어진다. 그래서 지체사슬 DNA의 합성이 완료된다.

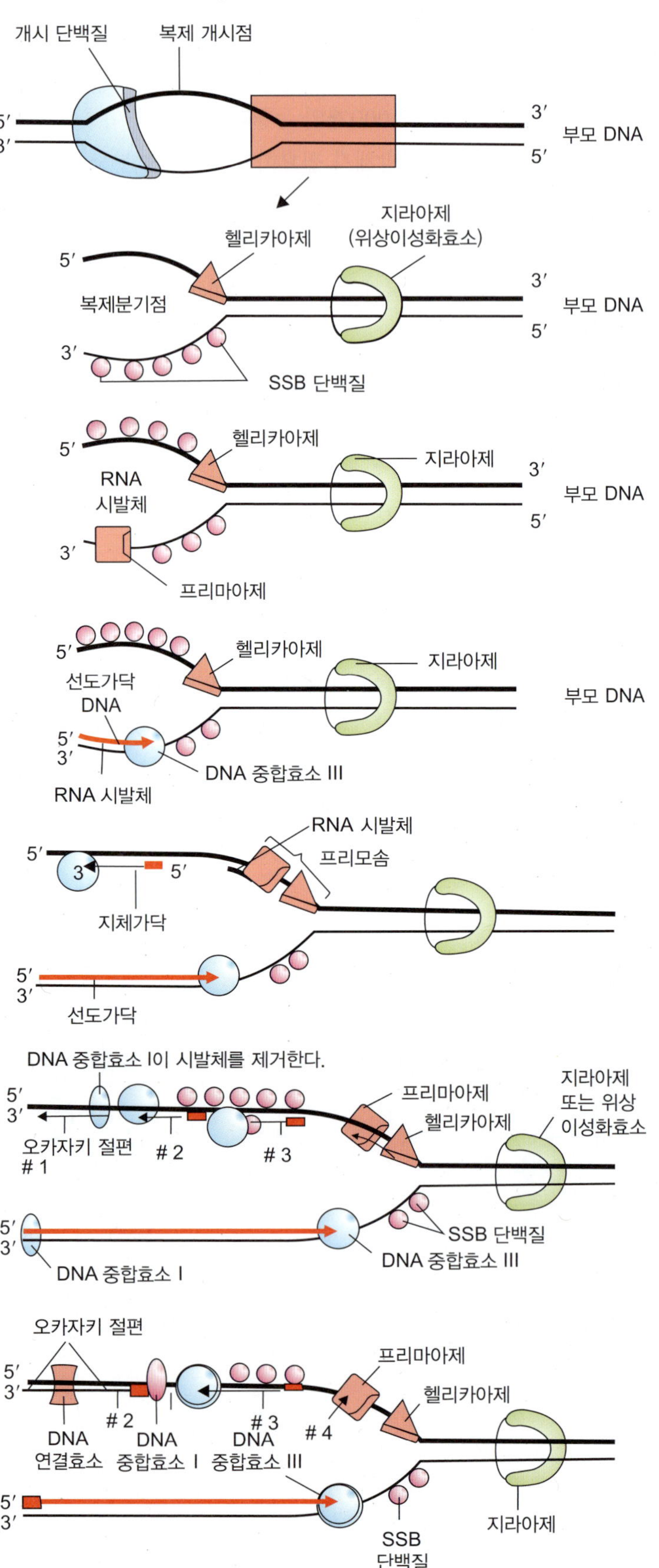

그림 8.21

복제분기점에서 DNA 복제의 주요 단계

표 8.4 복제단위의 수와 길이

개체	복제 개시점의 수	복제단위의 평균길이(bp)
1. *Escherichia coli*(박테리아)	1	4,600,000
2. *Saccharomyces cerevisiae*(효모)	500	40,000
3. *Drosophila melanogaster*(초파리)	3,500	40,000
4. *Xenopus laevis*(개구리)	15,000	200,000
5. *Mus musculus*(생쥐)	25,000	150,000

출처: B.L. Lewin, *Genes V* (*Oxford: Oxford University Press, (1994), p. 536*의 데이터

부가 설명: 종결 부위 (Ter-부위)

DNA 복제는 종결 지역에 위치한 Ter 부위에서 종결된다. **TerC**, **TerB** 그리고 **TerF**는 복제 개시점의 시계 방향 이동을 막으며 **TerA**, **TerD** 및 **TerE**은 시계 반대 방향으로의 이동을 막는다.

4. 종결

*E. coli*의 원형 염색체의 복제가 완료됨에 따라, 두 개의 복제 개시점은 ***Ter* 부위**(*Ter sites*, terminus 말단을 뜻함)라 불리는 20 염기쌍 서열이 여러 카피가 존재하는 말단 영역에서 만난다. ***Ter*** 서열은 **tus**(terminal utilisation substance) 단백질이 결합하는 23 bp의 공통서열을 갖는다. 이 서열은 염색체상에서 복제분기점에 대한 일종의 함정(트랩)을 만들도록 배열되어 있고, **Tus** 단백질에 대한 결합 자리로 작용한다. ***tus-ter*** 복합체는 한 방향에서만 복제분기점 진행을 저지한다. 최종적으로, tus-ter 복합체 사이에 수백 개의 염기쌍의 DNA가 복제되어 위상학적으로 상호 연결된 2개의 원형 염색체가 완성된다.

5. 나선 형성

DNA 복제의 결과로 형성된 딸 DNA 분자의 두 폴리뉴클레오티드 사슬은 나선형으로 꼬여 이중나선 구조를 갖게 된다.

8.3 진핵생물의 DNA 복제 기작

DNA 복제의 기본적인 양상은 다음과 같은 차이점을 제외하고는 진핵생물과 원핵생물에서 동일하다:

(1) 진핵세포 염색체 각각에는 많은 복제 개시점이 존재한다. 따라서 진핵생물 DNA의 복제는 여러 지점에서 동시에 일어난다. 그러므로 복제되는 하나의 DNA 분자의 길이를 따라 다수의 복제분기점을 관찰할 수 있다.

(2) 진핵생물 염색체에는 많은 수의 복제단위가 존재한다. 각각의 복제단위는 약 50,000 내지 300,000개의 뉴클레오티드 쌍을 갖는다. 모든 복제단위가 동시에 복제되지는 않는다. 약 20~80개의 복제단위 무리가 함께 활성화된다.

(3) 각 복제 개시점은 약 150개의 염기쌍으로 구성된다. 이러한 자율적 복제 가능 서열을 **복제자**(replicator)라고 한다.

(4) 모든 진핵생물에서 복제 개시에는 다중단위체 단백질인, **복제 개시점 인식 복합체**(origin recognition complex, **ORC**)가 필요하다.

(5) 복제 개시점에서 부모 DNA의 두 가닥이 분리되면서 **복제거품**(replication bubble)이 형성된다.

(6) 진핵세포에서 ***DNA 중합효소*** α는 모든 진핵세포에서 유사한 구조를 갖

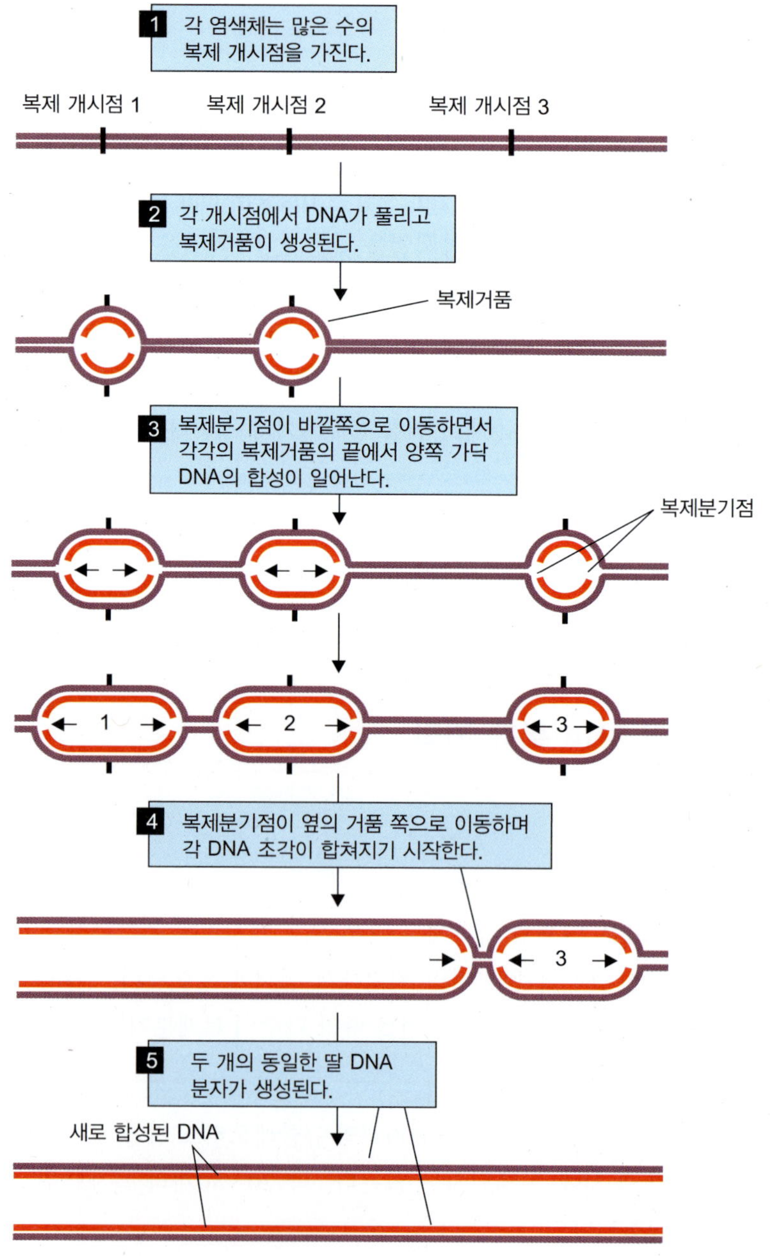

그림 8.22

진핵세포 염색체의 선형 DNA 복제; 다수의 복제거품이 DNA 길이를 따라 형성된다. DNA 복제는 각 거품의 양 말단에서 일어나고 바깥쪽으로 진행되고 최종적으로 인접한 복제 분기점이 만나서 두 개의 선형 DNA 분자를 형성한다.

는 다중단위체(multisubunit) 효소이다. 이것은 새로운 가닥의 개시에서만 기능을 한다. 이것과 결합된 두 개의 단백질이 RNA를 포함하는 짧은 시발체의 합성과 지체가닥의 오가자키 절편을 위한 짧은 DNA의 합성을 도와준다. 이 짧은 DNA 단편은 4개의 뉴클레오티드 길이로 **iDNA** 또는 **개시자 DNA**(initiator DNA)라고 한다. ***DNA 중합효소*** α는 교정을 위한 3′ → 5′ 핵산말단가수분해효소 기능이 없다. 이 시발체는 역시 다중단위체 효소인 ***DNA 중합효소*** δ에 의해 신장된다. 특정 단백질과 함께, *E. coli*의 ***중합효소 III***의 β-단위체와 유사한 기능을 한다. 따라서, ***DNA 중합효소*** δ는 3′ → 5′ 교정 핵산말단가수분해 활성을 가지고 있으며 지체사슬과 선도사슬의 합성을 수행한다.

DNA 중합효소 ε는 DNA 수선 중에 역할을 하며, 복제분기점에서 ***중합효소 I***과 유사하게 작용하며, 지체사슬에서 오가자키 절편의 시발체를

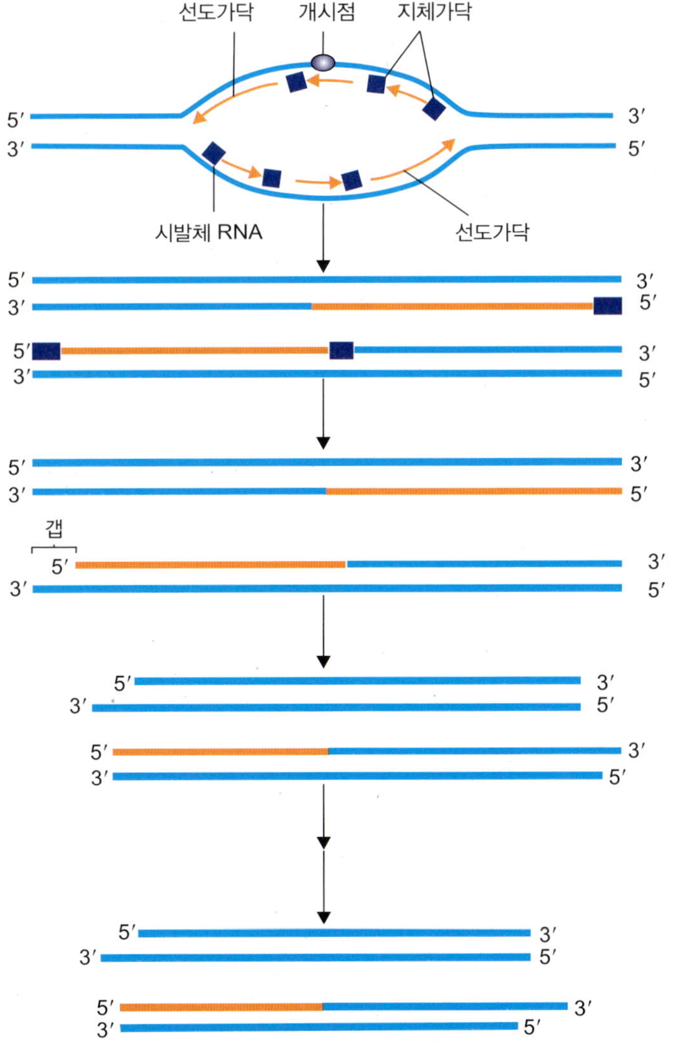

그림 8.23

선형 DNA 분자에서 DNA가 복제될 때 새로운 가닥의 각 5′ 말단에서 DNA 분자의 단축이 유발된다.

제거한다.

(7) 진핵생물의 선형 염색체의 복제의 종결은 ***말단소체 중합효소***(*telomerase*)의 도움으로 염색체의 끝에 **말단소체**(telomere)라고 불리는 특별한 구조의 합성을 수반한다.

1. 진핵세포 염색체의 말단 부위 복제(말단소체 중합효소에 의한 말단소체 DNA의 합성)

진핵세포의 염색체는 한쪽 끝에서 다른 쪽 끝까지 길게 연장된 선형 이중가닥 DNA 분자로 구성되어 있다. 이 끝을 **말단소체**(telomere) 또는 **말단소체 끝**(telomeric end)이라 한다. 복제 과정 중 말단소체 끝 부분은 특별한 문제에 직면한다. ***DNA 중합효소***는 RNA 시발체에 뉴클레오티드를 첨가함으로써 중합을 수행할 수 있다. 복제 후, 새로 합성된 가닥은 여전히 RNA 시발체를 가지고 있으며 부모가닥에 결합되어 있다. RNA 시발체가 제거되면 오카자키 조각 사이

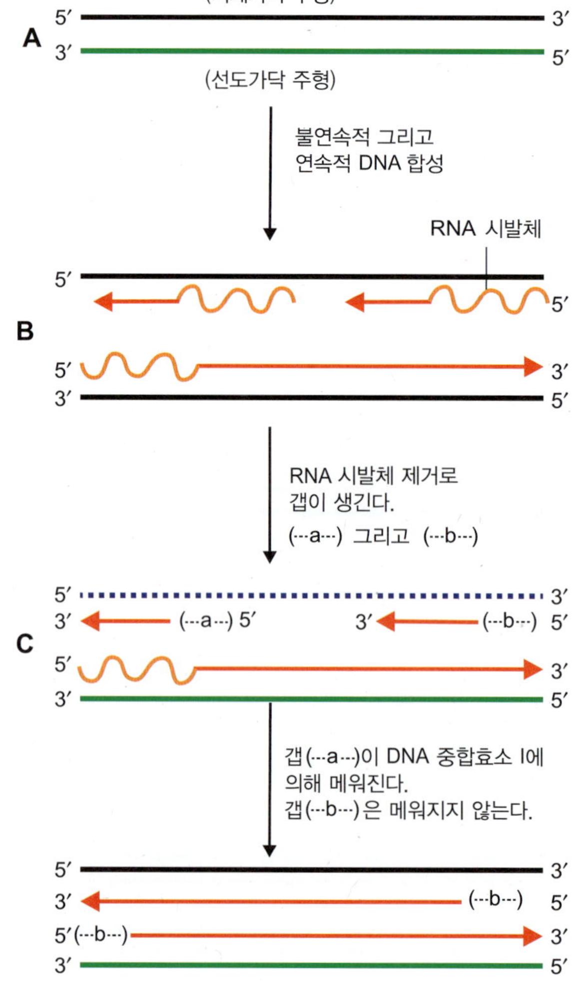

그림 8.24
진핵세포에서 선형 염색체 복제 시의 문제를 보여주는 그림. 3′ → 5′ 지체가닥의 새로 합성된 가닥에서 5′ 말단의 RNA 시발체를 제거한 후에 갭이 남는 문제가 생긴다.

에 갭이 생기게 된다. RNA 시발체의 제거에 의해 생성된 불연속 가닥의 갭은 DNA 중합효소에 의해 3′-OH 말단에 뉴클레오티드가 첨가되어 채워지고 그 말단은 DNA 연결효소에 의해 밀봉된다. 그러나 새로 합성된 각 가닥의 5′-말단에서 RNA 시발체가 제거되면서 생성된 갭은 남게 된다. ***DNA 중합효소***는 새롭게 DNA의 합성을 시작할 수 없으며, 상부에는 새롭게 첨가되는 뉴클레오티드를 받아줄 3′-OH 그룹을 제공하는 가닥이 없기 때문이다. 결과적으로 DNA 복제가 연속될 때마다 염색체의 끝이 계속해서 짧아진다.

엘리자베스 블랙번(Elizabeth Blackburn), **그라이더**(C. W. Greide) 그리고 **쇼스택**(J. W. Szostak)은 진핵세포 염색체의 말단소체 끝부분의 복제 기작을 원생동물인 *Tetrahymena*를 이용하여 연구하였다. 그들은 ***말단소체 중합효소***(*telomerase*)가 부모 DNA의 말단소체 끝 부위에 존재하는 몇 개의 반복서열을 추가한다는 것을 발견했다. *Tetrahymena*에서 염색체의 양끝에 있는 말단소체 부위는 5′-TTGGGG-3′의 서열이 반복된다. ***말단소체 중합효소***는 이 서열의 상보적 가닥의 3′ 말단에 5′ → 3′ 방향으로 이 서열을 반복적으로 합성하여 첨가한다. 이 반복서열은 이후 **머리핀 고리**(hairpin loop)를 형성한다. 머리핀 고리의 자유로운 말단의 3′-OH기는 ***중합효소 I***의 기질 역할을 한다. 이것은 딸가닥의 5′ 끝에서 갭을 채우는 데 도움이 된다.

지체가닥의 3′ 말단에서 형성된 머리핀 고리는 반대 구아닌 잔기 간의 수소결합(G-G)에 의해 안정화된다. 갭이 채워지면, 머리핀 고리가 말단 부위에서 절단된다.

부가 설명: 말단소체 중합효소의 역할

말단소체 중합효소(*telomerase*)라 불리는 특수한 효소가 진핵세포 염색체의 말단소체 끝부분을 복제하는 데 이용된다.

말단소체 중합효소는 단백질과 RNA의 복합체이다. RNA는 말단소체 반복 부위와 쌍을 이루어 상보적인 말단소체 반복 부위의 합성을 위한 주형으로 작용할 수 있다.

2. 말단소체 중합효소(telomerase)

이 효소는 단백질과 RNA로 이루어져 있다. ***말단소체 중합효소***의 RNA 성분은 말단소체의 6개의 염기쌍의 반복 단위에 상보적인 염기서열, 즉 3′… AACCCC… 5′을 갖는다. 이 때문에, ***말단소체 중합효소***는 부모 DNA 가닥 말단의 돌출된 말단소체 반복에 결합하고 새로운 염색체 말단소체 반복 부위의 합성을 위한 주형으로 사용될 수 있도록 염색체 너머로 튀어나와 있다. ***말단소체 중합효소***는 일단계로 RNA 주형 위에 새로운 DNA 3개의 뉴클레오티드, 즉 TTG가 첨가되는 것을 촉매한다. 이후 TTGGGG 말단소체 반복서열의 합성이 완료되고, 이어서 더 많은 말단소체 반복이 추가된다.

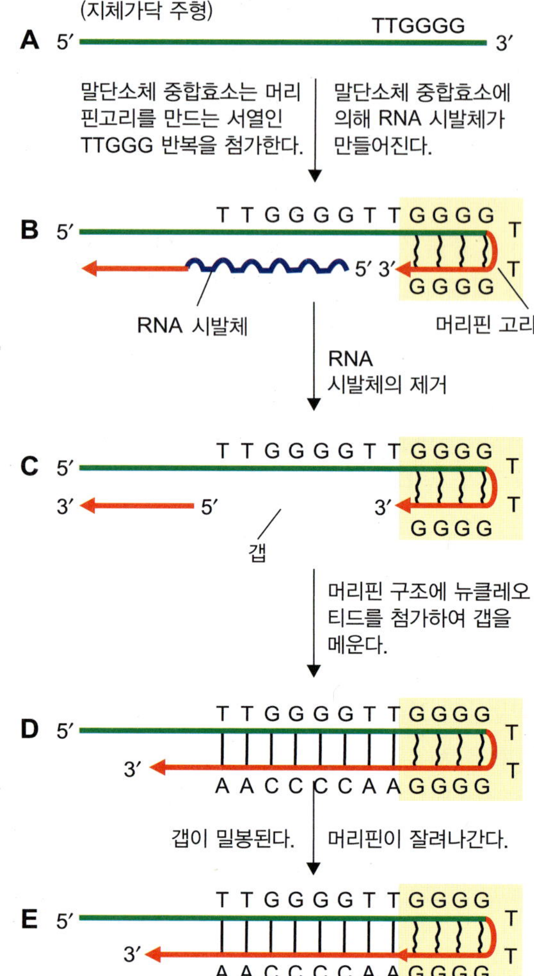

그림 8.25

원생동물(*Tetrahymena*)에서 말단소체 중합효소에 의한 말단소체 끝부위의 복제

표 8.5 원핵생물과 진핵생물의 DNA 복제의 차이

원핵생물의 복제	진핵생물의 복제
1. DNA 분자당 단 하나의 복제 개시점이 존재한다.	1. 각 진핵생물의 염색체에는 많은 수(100개 이상)의 복제 개시점이 존재한다.
2. 복제 개시점은 약 100~200개 또는 그 이상의 뉴클레오티드로 이루어져 있다.	2. 각 복제 개시점은 약 150개의 뉴클레오티드로 이루어져 있다.
3. DNA의 복제는 원핵세포 염색체의 한 곳에서 일어난다.	3. DNA 복제가 각 염색체의 여러 곳에서 동시에 일어난다.
4. 복제되는 원핵세포의 염색체에는 단지 하나의 복제분기점이 생성된다.	4. 복제되는 DNA에 여러 개의 복제분기점이 동시에 생성된다.
5. 원핵세포 염색체는 하나의 복제단위를 갖는다.	5. 진핵세포의 DNA는 많은 수(50,000 이상)의 복제단위를 갖는다. 그러나 복제가 모든 복제단위에서 동시에 일어나지는 않는다.
6. DNA 복제 중에 복제거품이 하나 생성된다.	6. 복제되는 DNA 분자 하나에 여러 개의 복제거품이 생성된다.
7. 원핵세포에서 DNA 복제의 개시는 DnaA와 DnaB라는 단백질에 의해 수행된다.	7. DNA 복제의 개시는 복제개시점인식복합체(ORC)라는 다중단위체 단백질에 의해 수행된다.

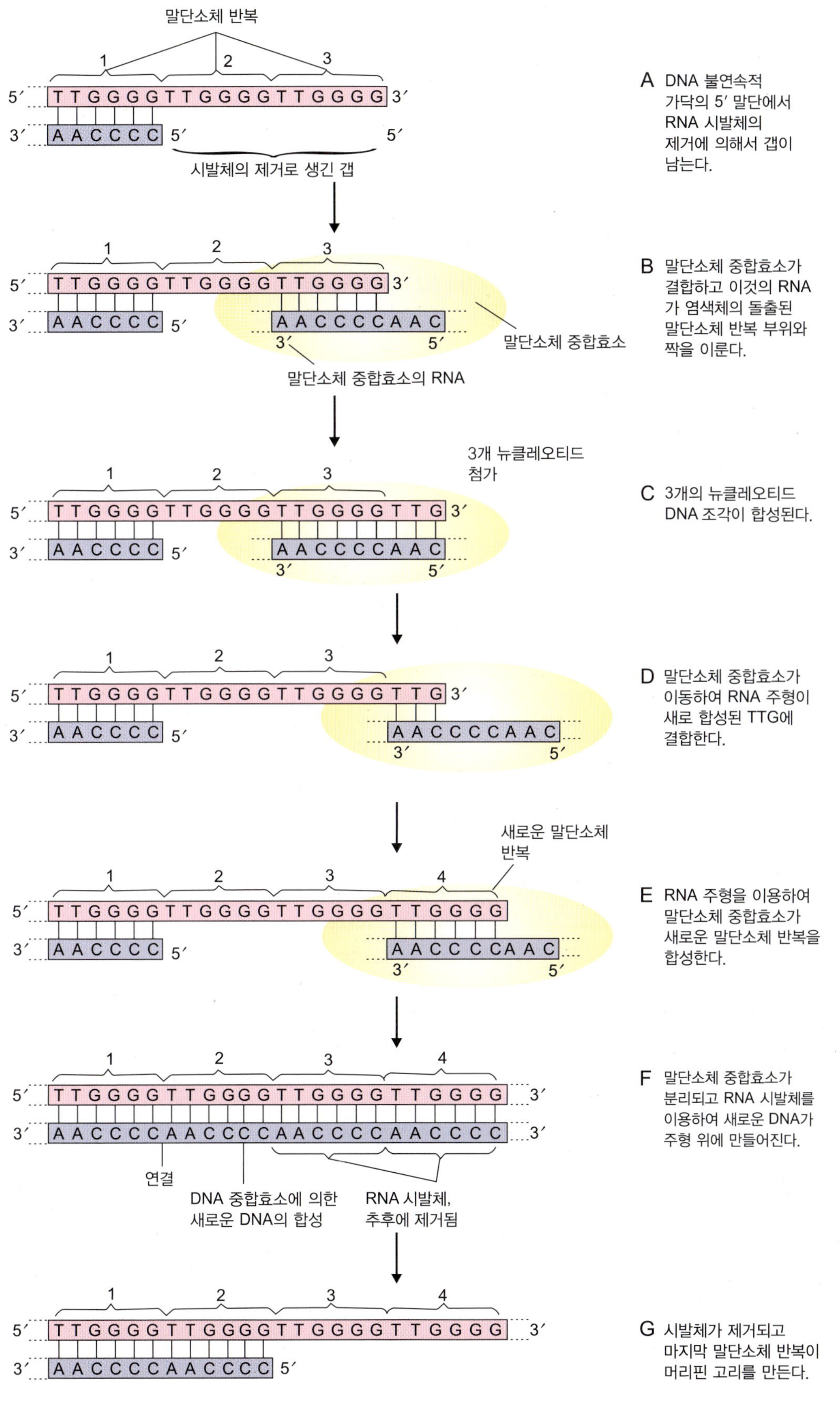

그림 8.26

Tetrahymena 말단소체 DNA 합성에서 말단소체 중합효소의 역할

표 8.6 원핵세포와 포유류 세포에서 선도 및 지체사슬 합성의 차이

대장균에서 DNA 복제	포유류 세포에서 DNA 복제
1. 선도사슬은 *중합효소 III*가 합성한다.	선도사슬은 *중합효소* δ가 합성한다.
2. 지체사슬의 합성은 *프리마아제*(*primase*)에 의해 시작된다.	지체사슬의 합성은 프리마아제와 *중합효소* α의 복합체에 의해 시작된다.
3. RNA 시발체에서 오카자키 절편의 합성과 신장은 *중합효소 III*에 의해 일어난다.	RNA 시발체가 오카자키 절편으로 신장되는 과정은 *중합효소* δ에 의해 일어난다.
4. RNA 시발체의 제거와 갭의 메꿈은 중합효소 I에 의해 이루어진다.	RNA 시발체의 제거와 Okazaki 조각 사이의 갭의 메꿈은 *중합효소* δ에 의해 일어난다.

8.4 DNA 복제의 효소학

DNA 복제의 효소학에 관한 연구는 1956년 **아서 콘버그**(Arthur Kornberg)와 동료들에 의해 처음 수행되었다. 그들은 시험관에서 DNA를 합성할 수 있는 효소를 *E. coli*의 용해물로부터 분리했다. 이 효소는 이제 **DNA 중합효소 I**이라 불린다.

약 20가지 이상의 서로 다른 단백질과 효소가 DNA 복제 과정에서 필요하다. 이들이 모여서 **DNA 복제효소 시스템**(DNA replicase system) 또는 **레플리솜**(replisome)을 형성한다.

1. DNA 복제와 관련된 효소학

DNA 복제와 관련된 효소는 다음과 같다:

- DNA 중합효소(DNA polymerase enzymes)
- 폴리뉴클레오티드 연결효소(polynucleotide ligase)
- 핵산말단가수분해효소(exonuclease)

2. 원핵생물의 DNA 중합효소

신장하는 DNA 가닥에 연속적으로 뉴클레오티드를 추가하는 효소를 ***DNA 중합효소***(*DNA polymerase*)라 한다. 이 효소는 뉴클레오티드를 첨가하기 위해 3개의 부위를 갖는다.

(1) 주형 DNA에 결합하기 위한 **주형 자리**
(2) 디옥시리보뉴클레오시드 5′-삼인산염이 부착되기 위한 **5′-삼인산염 자리**
(3) RNA 시발체의 3′-OH 말단에 부착하기 위한 **시발체 말단 부위**

아서 콘버그(Arthur Kornberg, 1918년 3월 3일)

콘버그는 ***DNA 중합효소 I***을 분리하여 1959년 세베로 오초아(Severo Ochoa)와 공동으로 노벨상을 수상하였다. 그는 DNA의 복제 및 유전자 발현의 기작과 개념 정립에 기여했다.

DNA 중합효소는 5′-PO_4 말단으로부터 3′-OH 말단 방향으로 시발체 RNA에 디옥시리보뉴클레오시드 삼인산염 뉴클레오티드를 첨가하는 것에 관여한다.

DNA 복제 과정에 참여하고 DNA의 복제와 수선에서 별개의 역할을 하는 세 가지 DNA 중합효소가 존재한다. 이 효소는 다음과 같다.

(1) DNA 중합효소 I(Pol I)
(2) DNA 중합효소 II(Pol II)
(3) DNA 중합효소 III(Pol III)

모든 DNA 중합효소는 다음과 같은 기본적인 특징을 보여준다:

(1) 모든 중합효소는 성장하는 사슬의 3′ 수산기(3′-OH)에 dNTP를 첨가하여 5′ → 3′ 방향으로 DNA를 합성한다.

(2) DNA 중합효소는 주형가닥과 수소결합을 한 이미 형성된 시발체 가닥에 새로운 dNTP를 추가한다.

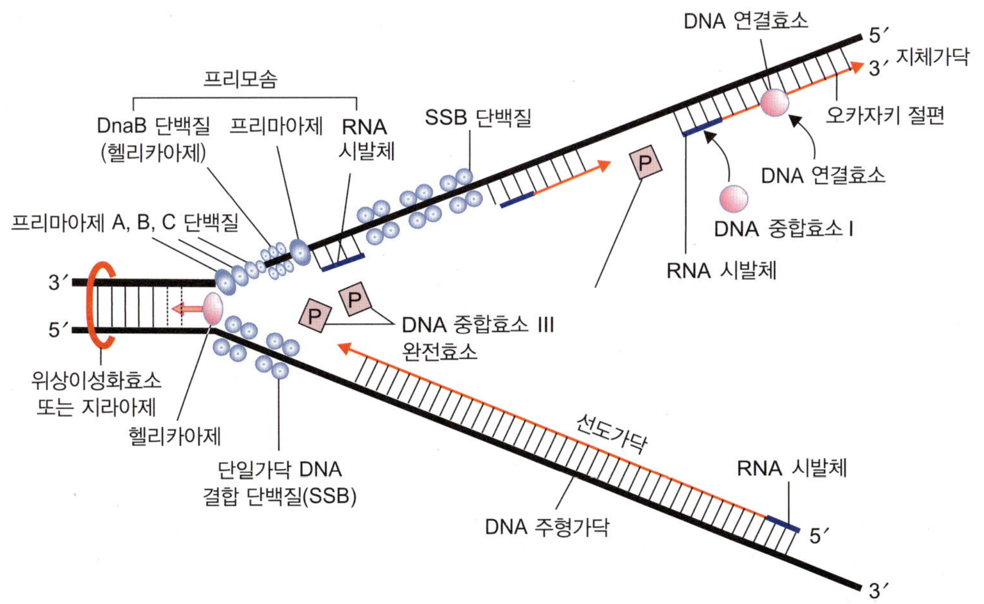

그림 8.27
DNA 합성과 프리모솜(primosome)의 형성에 필요한 여러 효소와 단백질을 보여주는 그림

(3) 이 효소들은 자유 dNTP의 중합을 촉매하여 처음부터(*de novo*) DNA 합성을 시작할 수는 없다.

1) DNA 중합효소 I

이 효소는 최초로 발견된 DNA 합성을 촉매할 수 있는 효소이다. 이 효소는 **아서 콘버그**와 그의 동료에 의해 *E. coli*로부터 1957년에 분리되었다. 이 효소는 직경이 약 6.5 nm이고 대략 둥근 모양이다. 1,90,000의 분자량을 가지고 약 1,000개의 아미노산 잔기의 단일 폴리펩티드 사슬로 구성되어 있다. 하나의 설폰산기(sulphydroxyl) 그리고 단일사슬 간의 하나의 이황화결합, 그리고 활성 부위에 하나의 아연 분자를 갖는다.

실제로 **DNA 중합효소 I** 분자는 다음과 같은 기능을 갖는 부위로 구성된 복잡한 구조이다:

(a) **DNA 중합효소**

(b) **5′ → 3′ 핵산말단가수분해효소**

(c) **3′ → 5′** 교정 **핵산말단가수분해효소**

결합 자리: 둥근 형태의 분자인 **DNA 중합효소 I**에는 5개의 특이적 결합 부위가 존재한다.:

- 주형 DNA에 결합하는 **주형 자리**(template site)
- RNA 시발체 가닥이 결합하는 **3′-시발체 자리**(3′-primer site)
- 시발체의 3′-수산기를 위한 **시발체 말단 자리**(primer terminus site)
- 디옥시리보뉴클레오시드 5′ 삼인산염 그룹이 들어오는 **5′-삼인산염 자리**(5′-triphosphate site)
- 신장하는 사슬의 경로를 따라 위치하여 5′ → 3′ **핵산말단가수분해효소** 활성을 나타내는 **5′ → 3′ 핵산말단가수분해효소 자리**(5′ → 3′ exonuclease site)

그림 8.28

주형 DNA의 위치와 뉴클레오시드 삼인산염 자리를 보여주는 DNA 중합효소 I의 모델

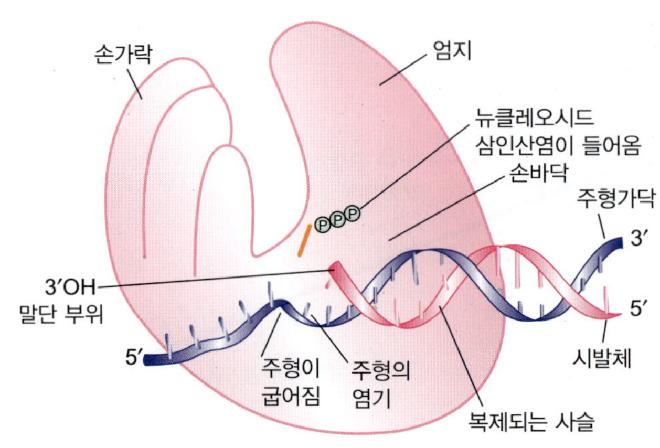

기능: 초기에는 ***DNA 중합효소 I***이 DNA 복제를 수행한다고 생각되었다. 그러나 현재는 ***DNA 중합효소 I***이 복제를 수행하는 주요 효소가 아니라는 것이 알려졌다. 대신 이 효소는 복제 중에 다양한 정리 기능을 수행한다. **DNA 중합효소 I**은 여러 기능을 갖는 효소이다. 이것은 다음 활성들과 관련이 있다:

- 5′ → 3′ 중합효소 활성(전방향): DNA의 폴리뉴클레오티드 사슬의 자유 3′-수산기 말단에 모노뉴클레오티드 단위(디옥시리보뉴클레오티드 삼염기산 잔기)의 첨가를 촉매한다. 이것은 폴리뉴클레오티드 사슬이 5′ → 3′ 방향으로 신장되도록 돕는다. 순수 ***DNA 중합효소 I***은 37°C에서 효소 한 분자 당 1분에 약 1,000개의 뉴클레오티드 잔기를 추가할 수 있다.
- 5′ → 3′ 핵산말단가수분해효소 활성(전방향): 5′ → 3′ ***핵산말단가수분해효소***는 DNA 합성 방향으로 작용한다. 이것은 손상된 염기쌍을 제거하고 대체함으로써 DNA 수선 활동을 촉매한다. 또한 각 오카자키 절편의 5′ 말단에서 DNA 복제에 사용된 RNA 시발체 조각을 제거하고 DNA 염기로 대체한다.
- 3′ → 5′ 교정 핵산말단가수분해효소 활성(역방향): 3′ → 5′ ***핵산말단가수분해효소***는 DNA 합성의 역방향으로 작용한다. 이것은 교정하는 기능을 수행한다. 신장되는 뉴클레오티드 사슬에서 불일치 염기를 감지하면 멈춰서 잘못된 뉴클레오티드를 제거하고 정확한 염기로 대체한다.

2) DNA 중합효소 II

이것은 783개의 아미노산으로 구성된 비교적 작은 효소이며 ***DNA 의존적 DNA 중합효소***(*DNA-dependent DNA polymerase*)이다. 899 kDa의 단백질이며 1970년 **토마스 콘버그**(Thomas Kornberg)에 의해 분리되었다. 이 효소의 생물학적 기능은 아직 완전히 확립되지 않았다. 이것은 100개 이하의 뉴클레오티드로 이루어진 폴리뉴클레오티드 사슬의 갭을 채움으로써 DNA를 수선하는 것으로 생각된다. 뉴클레오티드 잔기는 5′ → 3′ 방향으로 첨가된다. 따라서 중합효소 II는 긴 가닥을 복제할 수는 없지만 DNA 이중나선의 갭을 채울 수 있다. 이것은 또한 프라마제 활성과 함께 연관된 3′ → 5′ 핵산말단가수분해 활성을 갖는다. 이것은 Pol III에 의한 유발된 잘못 짝지어짐을 인식하고 교정할 수 있다.

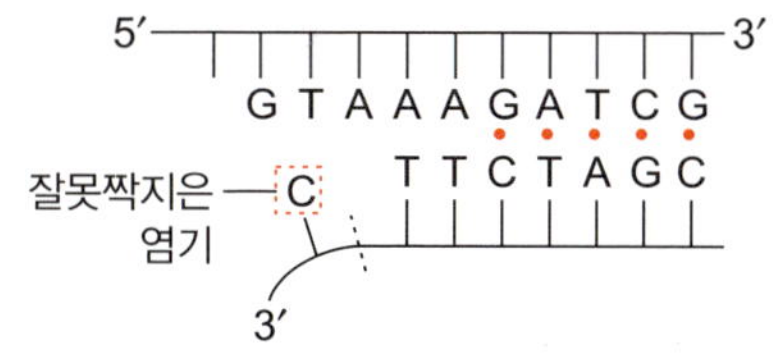

교정 또는 편집중 중합효소 I의 3′→ 5′ 핵산말단가수분해효소 활성을 나타내는 그림

3) DNA 중합효소 III

DNA 중합효소 III 효소는 **완전효소**(holoenzyme)이다. 이것은 **토마스 콘버그**와 **제프터**(M. L. Gefter)에 의해 1970년에 발견되었다. 3개의 중합효소 중에서 가장 크고, 가장 복잡하며 가장 높은 활성을 갖는 효소이다. 약 9,000,000달톤의 분자량을 가지며 10~20개의 단위체로 구성되어 있다. 복제에서 가장 중심적인 역할을 하기 때문에 ***중합효소 III***은 또한 ***복제효소***(*replicase*)로 불린다.

*중합효소 I*은 신장되는 DNA 가닥의 3′ 끝에서 일치하지 않는 마지막 뉴클레오티드를 제거한다. 따라서, **중합효소 I**의 이러한 효소 활성을 3′-**핵산말단가수분해효소** 활성이라 한다.

DNA 중합효소 III은 2개의 유사한 다중단위체 복합체로 이루어진 이량체(dimer)이다. 각 복합체는 하나의 DNA 가닥의 복제를 촉매한다. 각 효소 단위는 10개의 다른 단위체로 이루어져 있다.

단위체는 알파(α), 베타(β), 베타2(β2), 엡실론(ε), 세타(θ) 타우(τ), 감마(γ), 델타(δ), 델타프라임(δ′), 치(χ) 및 프사이(ψ, psi)이다. 모든 10개의 단위체가 DNA 복제에 필요하다. 단위체 α, β와 θ가 중심효소를 형성하고 나머지 7개 단위체가 중심효소의 진행성을 증가시킨다:

- ***중합효소 III***의 **단위체** α는 가장 큰 단위체이다. 이는 성장하는 폴리뉴클레오티드 사슬에 5′ → 3′ 방향으로 뉴클레오티드를 첨가하는(즉, **중합효소 활성을 갖는**) 촉매 작용을 한다.
- ***중합효소 III***의 β **단위체**는 부모 DNA 주형가닥을 인식하여 결합한다. 이것은 또한 ***보조중합효소 III***(*copolymerase III*)라고 한다. 각 단위체가 두 개의 폴리펩티드 사슬(β2)로 구성된 이량단위체이다. 두 단위체의 네 개의 폴리펩티드는 쌍으로 연결되어 고리 또는 도넛 형태의 구조를 형성하여 DNA 주형을 둘러싸고 클램프처럼 작동한다. 중심효소와 함께 각각의 이량체는 **활주 DNA 클램프**(sliding DNA clamp) 역할을 하여 완전효소(holoenzyme)인 **중**

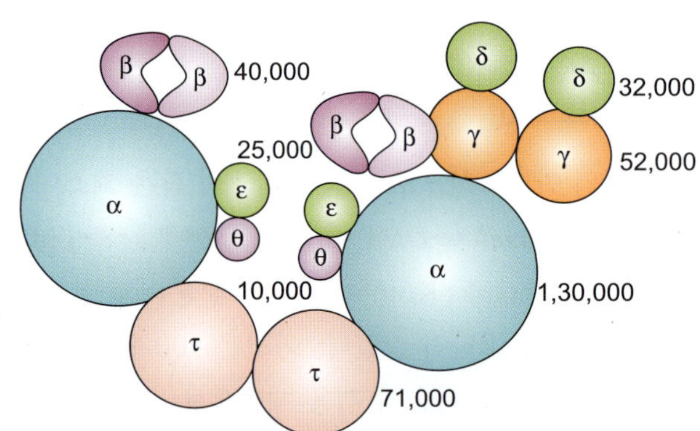

그림 8.29
단위체들로 이루어진 DNA 중합효소 III 완전효소(holoenzyme)(무게는 달톤으로 나타냄)

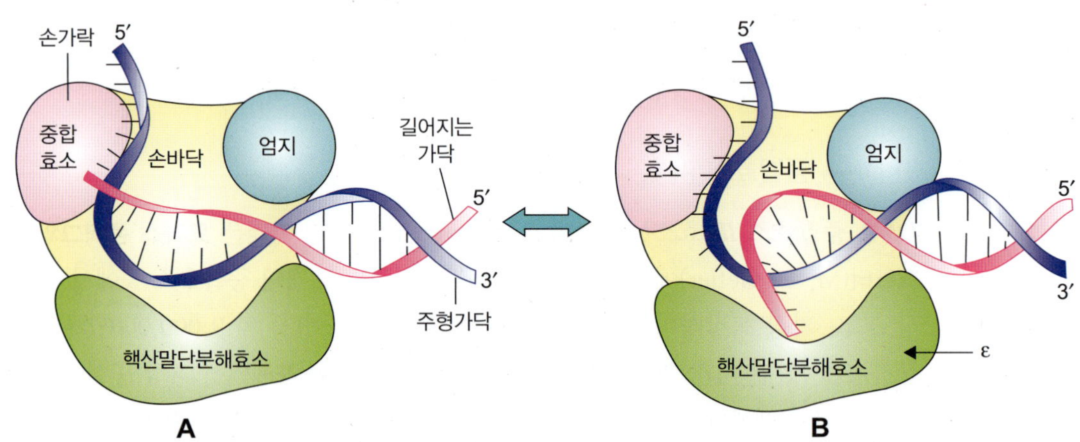

그림 8.30
DNA 중합효소 III에 의한 교정 기작:
A. 이전 뉴클레오티드 쌍의 상보성을 조사한다. 상보성이 맞다면 신장이 계속된다.
B. 상보성이 맞지 않으면 합성되던 가닥을 핵산말단분해효소 부위로 이동시켜 잘못짝지은 뉴클레오티드를 제거한다.

*합효소 III*가 DNA의 주형가닥의 끝에 다다를 때까지 하나의 뉴클레오티드에서 다음 뉴클레오티드로 미끄러져 이동할 수 있게 한다. 이동하는 속도는 초당 약 1,000개의 뉴클레오티드로 매우 빠르다. 이것이 ***중합효소 III***의 반응진행성(processivity)을 증가시킨다. 이것은 아마도 손상된 DNA를 수선하는 데도 도움이 될 것이다. β 단위체는 분열하는 세포와 분열하지 않는 세포 모두에서 활성화되어 있다.

- ε **단위체**는 3′ → 5′ 방향으로 잘못짝지워진 염기를 교정한다(3′ → 5′ 핵산말단가수분해효소 활성).
- 중합효소 III의 θ **단위체**는 α와 ε와 결합하여 중심중합효소를 형성하고 ε 단위체의 교정 능력을 향상시킨다.
- **중합효소 III**의 γ **단위체**는 미토콘드리아에서 발견된다. 그것은 지체사슬의

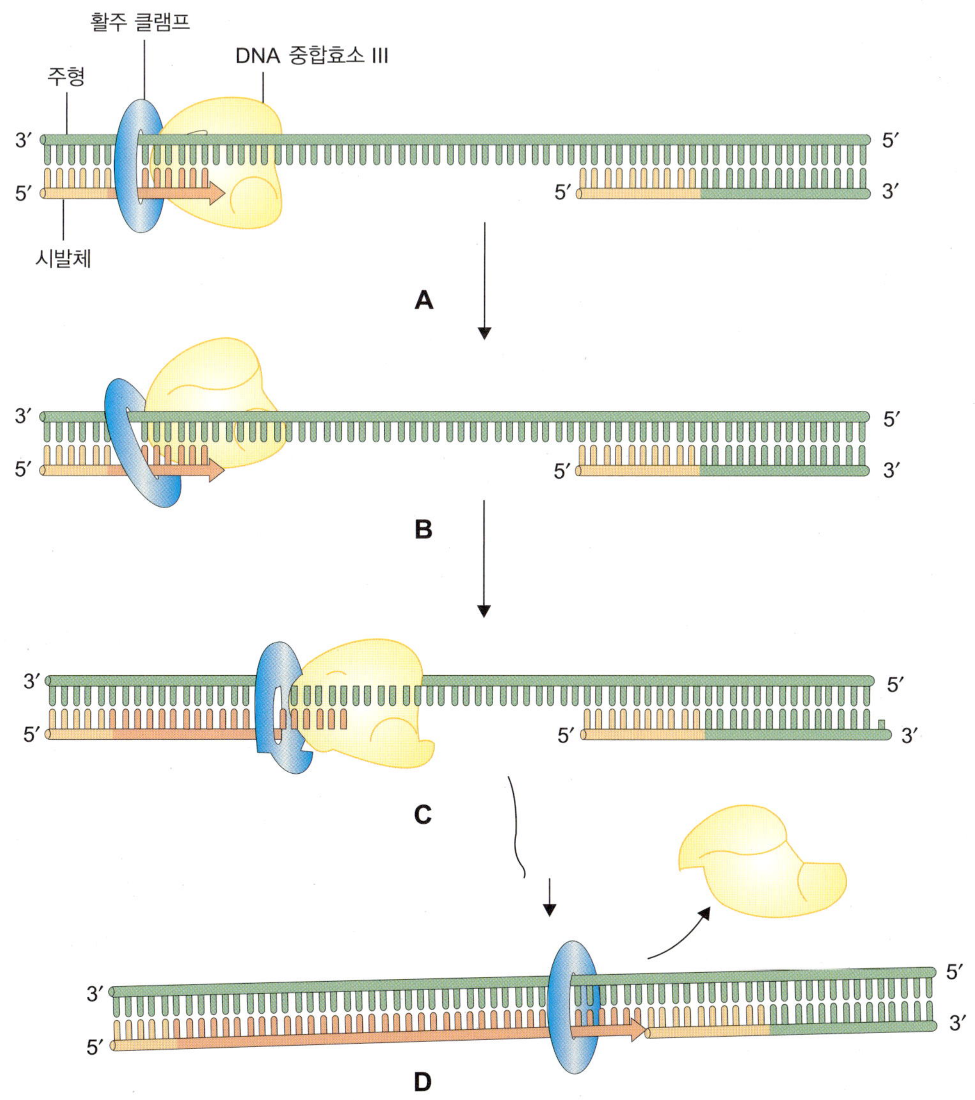

그림 8.31

활주 DNA 클램프는 DNA 중합효소의 반응진행성을 증가시킨다.

오카자키 절편의 클램프 장전자(clamp loader)로 작용한다. 이것은 β 단위체를 도와 한계를 형성하고 DNA에 결합하게 한다.

- 2개의 τ 단위체는 두 개의 중심효소(α, ε 및 θ 단위체)의 이량체를 만드는 역할을 한다.

효소 γ, δ, χ, ψ는 클램프-장전 복합체를 형성한다. 단일 클램프-장전 복합체는 5가지 종류의 단위체 6개(γ2, δ, δ′, χ, ψ)로 구성된다. 두 개의 중심중합효소가 τ(tau) 단위체 이량체에 의해 서로 연결된다. 이 이량체 중합효소는 하나의 클램프-장전 복합체와 결합하여 ***DNA 중합효소 III***가 완성된다. ***중합효소*** *α*, *β*, ε은 분열하는 세포에서 가장 활성이 높으므로 DNA 복제와 관련이 있다.

3. 진핵생물의 DNA 중합효소

진핵생물에서 DNA 중합효소는 효모, 쥐의 간세포 및 사람 종양 세포로부터 분리되었다. 5가지 유형의 DNA 중합효소가 있다:

(1) DNA 중합효소 α: ***알파 중합효소***는 커다란 고분자량의 단백질이다. 이것은 핵과 세포질 모두에서 발견되며 따라서 세포질 중합효소(cytoplasmic polymerase)로 알려져 있다. 이것은 미토콘드리아 DNA의 복제와 관련이 있다.

(2) DNA 중합효소 β: ***베타 중합효소***는 핵에서만 발견되며 핵중합효소

표 8.7 *E.coli*의 3가지의 유형의 DNA 중합효소 비교

특징	DNA 중합효소 I	DNA 중합효소 II	DNA 중합효소 III
1. 분자량(달톤)	1,90,000	1,20,000	9,00,000
2. 폴리펩티드 단위체	1	4	10
3. 세포당 분자수	400	알려지지 않음	10~20
4. 유전자	Pol. A	Pol. B	Pol. C (dnaE), dnaN, DnaQ, DnaT
5. 삼인산 전구체에 대한 친화도	낮음	낮음	높음
6. 중합 속도	16~20/초당	7/초당	250~1,000/초당
7. 시발체 사용(한 가닥)	+	−	−
8. 5′ → 3′ 중합 활성	+	+	+
9. 3′ → 5′ 핵산말단가수분해 활성	+	+	+
10. 5′ → 3′ 핵산말단가수분해 활성	+	−	−
11. 주기능	중합, 교정	이중나선 DNA의 갭 채우기	긴 DNA 가닥의 중합

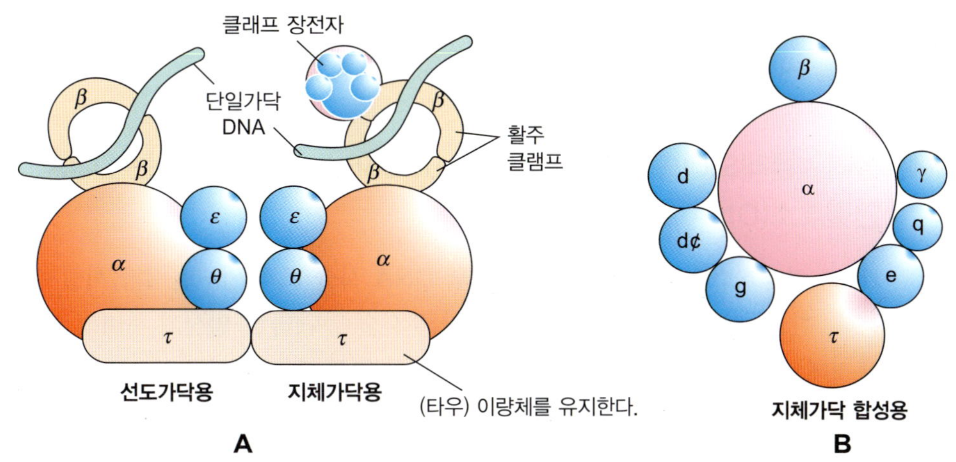

그림 8.32

DNA 중합효소 III 완전효소 분자. 이것은 10종류의 단백질 사슬로 이루어져 있고 각각은 쌍으로 존재한다.

(nuclear polymerase) 또는 작은 중합효소라 부른다. 척추동물 세포에서만 생성된다.

(3) DNA 중합효소 γ: ***감마 중합효소***는 포유동물 세포의 핵에서 발현된다.

(4) DNA 중합효소 δ: ***델타 중합효소***는 포유류 세포에서 발견된다. 이 효소의 작용은 증식세포 핵항원(proliferating cell nuclear antigen, PCNA)에 의해 도움을 받는다. 이 효소는 중합효소 α와 함께 DNA 복제에 관여한다.

(5) DNA 중합효소 ε: ***엡실론 중합효소***는 PCNA-단백질에 독립적인 효소이

표 8.8 *E.coli*의 DNA 중합효소 III의 단위체

단위체	완전효소당 단위체의 수	단위체의 분자량	단위체의 기능
α(알파)	2	1,32,000	중합 활성. 지체가닥에서 오카자키 절편을 위한 작은 RNA와 DNA 조각을 함유하는 시발체를 합성한다.
ε(입실론)	2	27,000	3′ → 5′ 핵산말단가수분해 활성, 교정과 수선을 한다.
θ	2	10,000	
τ	2	71,000	주형에 안정적으로 결합하고, 중심효소의 이량체화에 관여한다.
γ(감마)	2	52,000	각각의 오카자키 절편에서 지체사슬 위에 β 단위체를 장전하는 클램프-장전 복합체
δ(델타)	1	35,000	
δ′	1	33,000	
χ	1	15,000	
ψ	1	12,000	
β(베타)	4	37,000	DNA 위를 활주하는 DNA 클램프. 적절한 진행성을 위하여 필요하다.

다. 이것은 포유류 세포인 Hela 세포와 출아 효모 세포에서 발견된다. 이전에는 ***DNA 중합효소*** δ *II*로 알려졌었다.

4. 폴리뉴클레오티드 연결효소(Polynucleotide Ligase) 또는 DNA 연결효소(DNA Ligase)

DNA 연결효소(*DNA ligase*)는 두 개의 DNA 사슬 조각 말단을 결합시킬 수 있는데, 한 개 사슬 말단의 3′-수산기와 다른 사슬 말단의 5′-인산기 사이의 인산이에스테르 결합의 합성을 촉매한다. *E. coli*로부터 분리한 ***DNA 연결효소***는 74,000 내지 77,000의 분자량을 갖는 단일 폴리펩티드 사슬로 형성되어 있다. 하나의 *E. coli* 세포에 이 효소가 약 200 내지 400 카피가 존재한다.

DNA 연결효소는 다음과 같은 기능을 수행한다.:

- DNA 복제 과정에서 지체가닥의 오카자키 절편을 결합시킨다.
- 이중가닥 DNA에서 단일가닥의 틈(nick)을 수리한다.
- 선형 DNA 이중가닥의 말단을 연결하여 원형을 만든다.
- 감수분열, 형질도입(transduction) 또는 형질전환(transformation)에서 일어나는 재조합 과정에서 절단된 DNA 분절을 결합시킨다.

5. DNA 복제와 관련된 단백질

적어도 9개의 다른 단백질이 DNA 복제 개시에 참여한다. 그들은 복제 개시점(복제가 시작되는 곳)을 인식하고, 개시점에서 DNA 이중나선을 열거나 풀고, 분리된 단일가닥을 안정화시키고, 후속 반응을 위해 예비-프리이밍 복합체를 만든다. 이 단백질들은 다음과 같다.

1) 개시인자 단백질(initiator protein)

이 단백질은 DNA 두 가닥에서 복제 개시점을 인식한다. **DnaA** 헬리카아제(helicase)-단백질이 복제 개시 부위의 뉴클레오티드 서열(9개의 뉴클레오티드가 4번 반복됨)을 인식하여 특정 위치에서 이중가닥을 연다.

2) DNA 이중나선 해체 단백질(DNA unwinding protein) 또는 헬리카아제(helicase)

이중나선 해체 단백질 또는 **rep 단백질**은 **알버츠**(B. Alberts)와 그의 동료에 의해 파지 T_4 박테리오파지에서 발견되었다. 이것들은 원핵세포와 진핵세포에서 발견되었다. 분자량은 10,000에서 75,000까지 다양하다. 이것은 약 9개 뉴클레오티드의 짧은 단편에 특이적으로 결합할 수 있는 부위를 가지고 있다.

DnaA라 불리는 특정 단백질은 복제 개시점을 찾아내고 나선을 풀기 시작하고, DNA의 역평행 가닥 사이의 염기쌍의 수소결합을 끊음으로써 DNA 두 가닥을 분리시킨다. 많은 이중나선 해체 단백질 분자가 복제분기점 형성에 앞서 각 단위의 결합 부위에 결합한다. **DnaB**, **DnaC** 등과 같은 다른 이중나선 해체 단백질은 DNA 나선을 열고 불안정하게 만드는 데 도움을 준다. DNA 가닥을 열고 불안정하게 만들기 때문에 이러한 이중나선 해체 단백질을 **헬리카아제**라고 한다.

이 효소들은 복제분기점의 앞쪽에서 DNA를 풀기 위해 ATP 에너지를 이용한다. *E. coli*에서는 2개의 다른 헬리카아제가 발견되었다. 하나의 헬리카아제는 지체가닥 주형에 부착되어 5′ → 3′ 방향으로 이동하고, 다른 하나는 선도가닥 주형에 부착하여 3′ → 5′ 방향으로 이동한다.

3) 부가 단백질

두 종류의 단백질, 즉 **활주 클램프 단백질**(sliding clamp protein)과 **버팀대 단백질**(brace protein)이 **DNA 복제**에 필요하다. 이들은 클램프-장전-단백질(clamp-loading protein)이라고도 알려져 있다. 이들은 *E. coli*에서는 ***중합효소 III***을 진핵세포에서는 ***중합효소*** δ를 시발체 RNA 위에 장전하고 주형과의 안정한 결합을 유지하게 한다.

(1) **버팀대 단백질**(brace protein)은 원핵생물에서는 γ-**복합체**로, 진핵생물에서는 **복제인자 C**(replication factor C, **RFC**)로 불린다. 그들은 시발체와 주형의 접합부에서 결합 부위를 인식하고 결합한다.

(2) **활주 클램프 단백질**(sliding clamp protein)은 *E. coli*에서는 β **단백질** 그리고 진핵생물에서 증식세포핵항원(PCNA)이다. 이 단백질들은 버팀대 단백질에 인접하여 결합하여 주형 DNA 주위에 고리를 형성한다. 활주 클램프에 의해 형성된 고리는 복제가 진행될 때 주형과 중합효소의 결합을

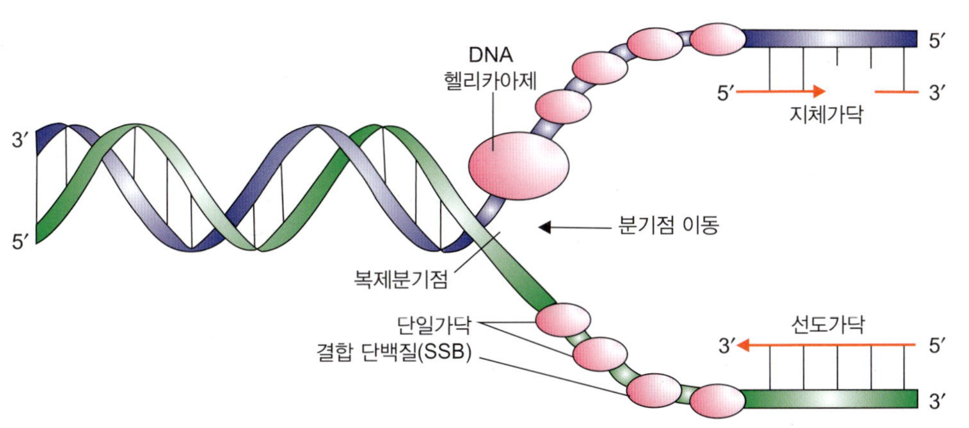

그림 8.33
복제분기점에서 DNA 이중나선 풀림과 관련된 단백질

유지한다.

4) 꼬임풀기 단백질(untwisting protein) 또는 고리회전효소(swivelase) 또는 위상이성화효소(topoisomerase)

DNA 가닥이 분리되면 이중나선 DNA에서 위상학적으로 긴장이 생성된다. 이 긴장은 ***고리회전효소***(*swivelase*) 또는 ***위상이성화효소***(*topoisomerase*)에 의해 해소된다. 이 효소들은 DNA 가닥을 가역적으로 절단하고 재결합시킨다. 위상이성화효소에는 두 가지 유형이 있다.

(1) **I형 위상이성화효소**는 DNA의 한 가닥만을 절단한다.

(2) **II형 위상이성화효소**는 두 가닥 모두를 동시에 절단한다. 초기에는 이 효소를 지라아제(gyrase)라고 불렀다.

이러한 두 가지 유형의 효소에 의해 만들어진 절단은 **회전고리**(swivel) 역할을 한다. 이것은 주형 DNA의 두 가닥이 자유롭게 서로의 주변을 회전하여 DNA가 과도하게 꼬이는 것(overwinding)을 방지한다. 이러한 효소는 순환 DNA의 복제에 필수적이다. 그래서 분기점 앞에서 DNA가 뒤틀리지 않고 복제가 진행될 수 있게 한다. 진핵생물에서도 역시 이 효소가 필요하다. 그렇지 않으면 염색체 전체가 DNA 복제 중에 회전해야 한다.

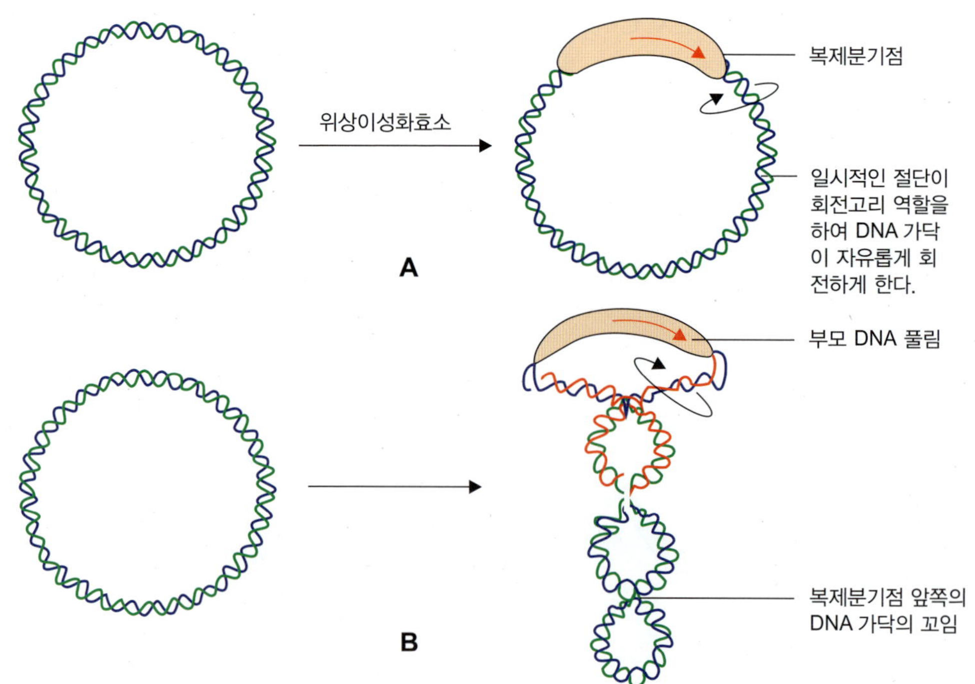

그림 8.34

DNA 복제 중 위상이성화효소 역할:

A. 효소는 DNA 이중나선의 두 가닥 중 하나의 사슬을 절단하여 연다.

B. 주형 DNA의 두 가닥이 풀리면 복제분기점 앞에 있는 DNA가 반대 방향으로 완전히 한 바퀴 돌면서 원형 분자가 꼬이게 된다. 이 문제는 가역적이고 일시적인 절단 및 재결합을 촉매하는 위상이성화효소에 의해 해결된다.

표 8.9 *E. coli*의 DNA 복제 단백질

단백질	역할	크기(kD)	세포당 분자수
1. 헬리카아제	이중나선구조를 푼다	300	20
2. DNA 지라아제 또는 위상이성화효소	토크를 완화시킨다	400	250
3. 단일가닥 결합 단백질	단일가닥 부위를 안정화시킨다	74	300
4. 프리마아제	RNA 시발체를 합성한다	60	50
5. DNA 중합효소 III	DNA를 합성한다(중합)	≈ 900	20
6. DNA 중합효소 I	교정 중합	4	400
7. DNA 중합효소 II	시발체를 제거하고 DNA 이중나선의 갭을 채운다	103	300
8. DNA 연결효소	DNA 조각의 끝을 연결한다	74	300

5) 단일가닥 DNA 결합 단백질(SSBP)

분리된 DNA 나선의 가닥은 **DNA 결합 단백질**에 의하여 안정화되고 인산이에스테르 결합이 가수분해되어 절단되지 않도록 보호된다. 이들을 또한 **단일가닥 결합 단백질**(single strand binding protein, SSBP)이라고도 부른다.

표 8.10 원핵세포에서 DNA 복제와 관련된 여러 종류의 단백질

단백질	분자량	단위체 수	단위체의 기능
1. DnaA(헬리카아제) (개시 단백질)	52,000	1	복제 개시점을 인식하고, 복제를 개시하기 위해 복제 개시점의 특이적인 위치의 이중가닥 DNA를 연다.
2. DnaB(헬리카아제)	300,000	6	DNA 복제분기점에서 DNA를 풀어준다.
3. DnaC(헬리카아제)	29,000	1	복제 개시점에 DnaB가 결합하는데 필요하다.
4. 단일가닥 DNA 결합 단백질(SSBP)	75,000	4	단일가닥 DNA에 결합하여 2차구조가 형성되는 것을 막는다.
5. DNA 지라아제 (DNA 위상이성화효소 II)	40,000	4	DNA가 풀리면서 생성되는 꼬임 변형을 완화하고, 복제분기점 앞쪽에서 나아간다.
6. RNA 중합효소	454,000	5	DnaA의 활성을 용이하게 한다.
7. 프리마아제(Dna G)	60,000	1	DNA 뉴클레오티드가 붙을 수 있는 3′-수산기를 제공하는 RNA 시발체를 합성한다.
8. DNA 중합효소 III	900,000	10~20	시발체에 의해 제공된 3′-수산기에서부터 새로운 뉴클레오티드 가닥을 신장시킨다.
9. DNA 중합효소 I	190,000	1	RNA 시발체를 제거하고 대체한다. 교정기능을 한다. (다기능성 효소)
10. DNA 연결효소	74,000	1	새롭게 합성된 오카자키 절편과 뉴클레오티드의 당-인산 골격의 틈을 붙여준다.

6) 프리마아제(primase)

프리마아제는 특수한 종류의 DNA 의존성 RNA 중합효소이다. 이 효소는 DNA 복제 중에만 기능을 한다. **RNA 시발체**라 불리는 작은 RNA 조각을 합성하는데, 이것은 디옥시리보뉴클레오티드가 첨가되면서 DNA의 주형가닥에 상보적인 새로운 폴리뉴클레오티드 가닥이 합성되는 곳에서 시발체로 작용한다. 이러한 사실은 프리마아제가 폴리뉴클레오티드 가닥의 형성을 시작할 수 있음을 의미하는데, DNA 중합효소는 이러한 합성 시작을 할 수가 없다.

*E. coli*에서 각 ***프리마아제*** 효소(DnaG)는 여섯 개의 다른 단백질이 연합할 경우에만 작용한다. 이 단백질들은 총체적으로 **프리모솜**(primosome)을 형성한다. 프리모솜의 다른 단백질은 부모 DNA를 푸는 것과 연관되어 있고, 표적서열 또는 복제 개시점 서열을 인식한다고 여겨진다. 진핵생물에서는 ***프리마아제***가 나선해체(unwinding) 단백질과 밀접하게 연결되지 않는다. 이 효소는 ***DNA 중합효소*** α와 밀접하게 결합되어 있다.

8.5 복제 모델

다음과 같은 DNA 복제 모델이 원핵생물과 진핵생물에서 발견되었다.

1. DNA의 세타(θ) 복제

이 DNA 복제 모델은 박테리아 *E. coli*의 원형 DNA에서 연구되었다. 복제는 **복제 개시점**이라고도 불리는 개시지점에서 DNA 이중나선이 풀리는 것으로부터 시작된다. 이 지점에 **개시 단백질**(initiator protein)이 결합한다. ATP 에너지를 사용하여 개시 단백질은 개시 지점에서 이중나선을 약간 풀어 두 가닥을 분리한다. 이로 인해 **복제분기점**(replication fork) 또는 **Y-접합점**(Y-junction)이라고 불리는 두 개의 분기점이 생성된다. DNA 복제는 두 가닥 모두에서 동시에 시작되고 시작 지점에서 양방향으로 반보존적 방법으로 진행된다. 복제분기점은 복제가 계속되면서 크기가 커지는 복제거품의 끝에 존재한다. DNA 풀림과 복제는 원을 따라 이동하여 두 개의 새로운 원이 형성된다. 각 원은 하나의 부모 또는 주형가닥과 새로 형성된 다른 가닥을 가지게 된다.

이 복제에서 원형 DNA 분자는 부서지지 않는다. 복제 과정 전체에서 원형을 유지한다. 원형 DNA의 복제에서는 그리스 문자 세타(θ)와 비슷한 형태의 중간 **세타 구조**(theta structure)가 형성된다. 따라서 원핵생물에서 원형 염색체의 DNA 복제를 **θ 복제**(θ replication)라고 한다. 이 복제 모양은 플라스미드, 미토콘드리아, 엽록체 및 일부 바이러스의 원형 DNA에서도 관찰된다. 각 복제 개시점과 이어서 복제되는 DNA 영역은 하나의 **복제단위**(replicon)를 형성한다.

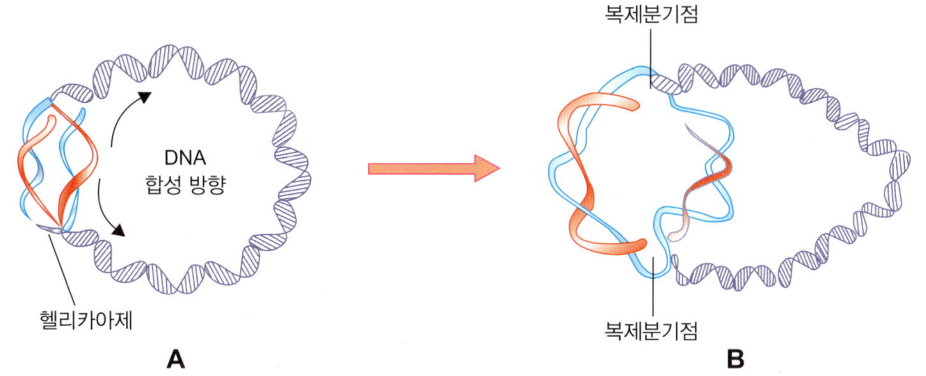

그림 8.35

E. coli. 박테리아 DNA의 θ 복제. 두 개의 복제분기점 또는 Y 접합점를 보여준다.

2. 회전 환모형(Rolling Circle Model)

회전 환모형 DNA 복제는 박테리아의 F^+ 또는 Hfr 세포, F-플라스미드 그리고 일부 박테리오파지에서 일어난다. 우선, 위치-특이적 ***핵산내부가수분해효소*** (site-specific *endonuclease*)에 의해 하나의 가닥에 틈(nick) 또는 절단이 일어난다. 이로 인해 DNA 나선의 두 가닥 중 하나가 열린다. 열린 가닥은 자유 3′-OH 말단과 자유 5′-PO_4 말단을 갖는다. 원형 DNA의 상보적인 닫힌 (잘려지지 않은) 가닥은 주형으로 작용하고 ***DNA 중합효소***가 열린 가닥의 자유 3′ 말단에 뉴클레오티드를 첨가한다. 원래 가닥의 잘린 부분이 시발체와 같은 구조(3-OH)를 생성하기 때문에 시발체가 필요하지 않다. 뉴클레오티드가 열린 가닥의

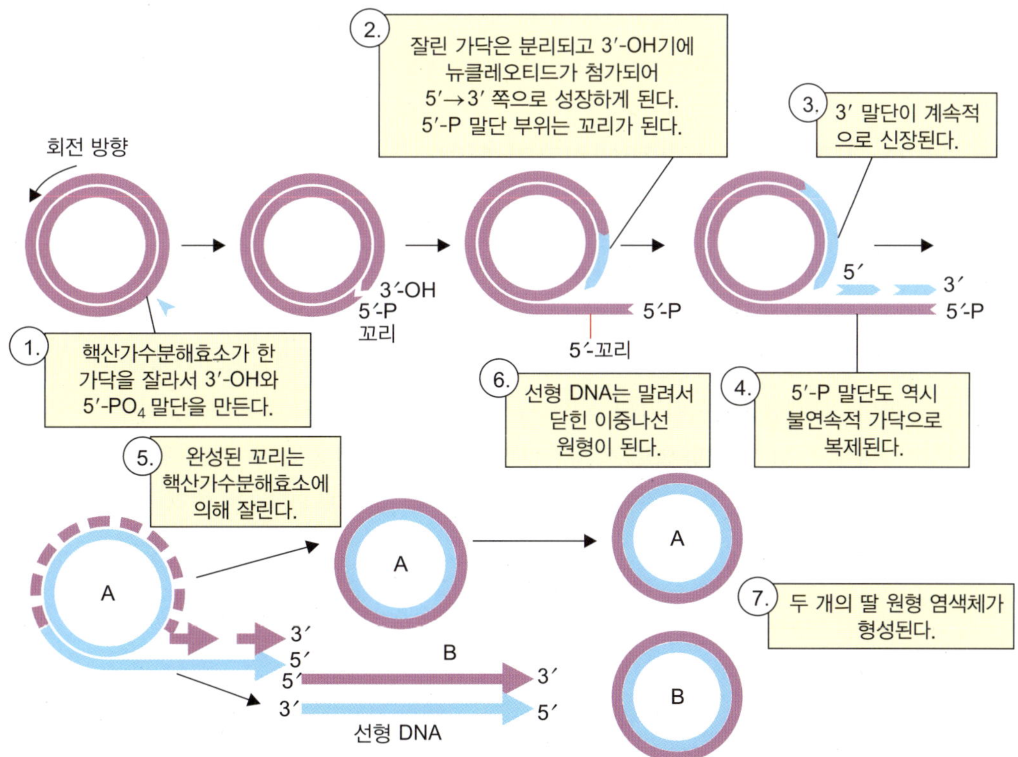

그림 8.36

박테리오파지에서 원형 DNA 복제의 회전 환모형 또는 σ-모드

표 8.11 세타, 회전환 그리고 선형 진핵생물 복제의 특성

복제모델	DNA 주형	뉴클레오티드 가닥의 절단	복제단위 수	한 방향성 또는 양방향성	생산물
세타	원형	없음	1	한 방향성 또는 양방향성	두 개의 원형 분자
회전환	원형	있음	1	한 방향성	하나의 원형 분자와 원형이 될 수 있는 하나의 선형 분자
선형 진핵	선형	없음	많음	양방향성	두 개의 선형 분자

3′ 말단에 첨가됨에 따라, 절단되지 않은 원형 주형가닥은 계속 돌게 되고 열린 가닥의 5-PO_4 말단은 **꼬리**처럼 늘어진다. 이 복제에서 생성된 분자 모양은 그리스 문자 시그마(σ)와 유사하므로 회전 환모형 복제는 **σ-모드 DNA 복제**라고 한다.

복제가 완료되면 생성된 이중나선은 ***핵산가수분해효소***(*nuclease*)에 의해 꼬리로부터 분리된다. 이후 ***DNA 연결효소***가 복제된 원형 가닥의 말단을 결합시켜 원형 이중나선형 DNA를 완성한다. 동시에, −PO_4 꼬리는 불연속적인 방식으로 복제되어 이중가닥 분자를 형성한다. 이러한 구조를 **연쇄동일순서**(concatemer)라고 한다. 복제된 꼬리의 두 말단도 또한 ***DNA 연결효소***에 의해 결합하여 원형이 형성되거나 파지의 머리부분에 선형 형태로 포장될 수 있다.

연쇄동일순서(concatemer)는 파지 생산에 필수적인 중간체이다. 세균의 교배 중에는 공여 세포(donor cell)의 복제 과정 중 선형 DNA 분자가 형성된다. 이 DNA가 수용 세포(recipient cell)로 전달되어 접합이 완료된다.

3. D-고리(D-loop) 모델(대치고리 모델)

이러한 유형의 DNA 복제는 엽록체와 미토콘드리아의 원형 DNA 분자에서 발견된다. 이들에서, 2개의 부모 주형가닥 각각의 다른 곳에 복제 개시점이 위치한다. 복제는 복제 개시점의 한 가닥에서 시작하고 다른 가닥은 밀려나게 된다. 밀려난 가닥은 **대치고리**(displacement loop) 또는 **D-고리**(D-loop)를 형성한다. 복제는 다른 가닥의 복제 개시점을 지날 때까지 계속된다. 이후 두 번째 가닥에서 반대 방향으로 복제가 시작된다. 결과적으로 두 개의 원형 DNA 분자가 형성된다. 일부 종에서 미토콘드리아와 엽록체 DNA는 여러 개의 D-고리를 갖는다.

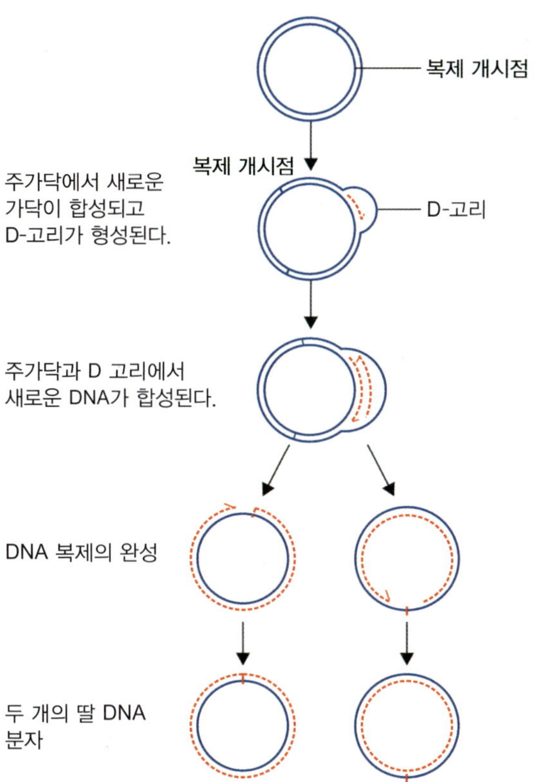

그림 8.37
미토콘드리아와 엽록체에서 DNA 복제의 대치고리(Displacement loop, D-loop) 모델

8.6 DNA 복제 억제제

다양한 물질이 DNA 복제를 억제한다. 이들은 DNA 복제 과정의 다양한 수준에서 작용한다.

일부 억제제는 뉴클레오티드 생합성을 방해한다. **메토트렉세이트**(methotrexate)나 **플루오로디옥시우리딜염**(fluorodeoxyuridylate)은 뉴클레오티드 생합성을 방해한다. **메토트렉세이트**는 암 치료에 사용된다. 그것은 디히드로엽산환원효소(dihydrofolate reductase)의 작용을 억제하여 세포에서 디히드로엽산(dihydrofolate)을 축적시킨다. 높은 수준의 디히드로엽산은 다음 두 가지 반응을 억제한다.

- dUMP (디옥시우리딘 일인산염) + N^5, N^{10}– 메틸렌 사히드로엽산 ⟶ dTMP + 디히드로엽산
- PRPP + L-글루타민 ⟶ PRA + L-글루타메이트 + PP_i

따라서 메토트렉세이트는 dTTP, dATP 및 dGTP의 수준을 감소시키며 암 치료에 사용된다.

또한 **5-플루오로우라실**(5-fluorouracil, 5FU)은 ***티미딜염 합성효소***(*thymi-*

부가 설명: DNA 억제제

- 일부 억제제는 뉴클레오티드 생합성을 방해한다.
- 일부 억제제는 DNA 주형과 상호 작용한다.
- 뉴클레오티드 유사체는 DNA 복제에서 억제제 역할을 한다.
- 일부 억제제는 복제 단백질에 결합한다.
- 일부 약물 및 항생제도 역시 DNA 복제를 방해한다.

dylate synthetase)의 활성을 억제하여 세포의 dTMP와 dTTP를 고갈시키고 결과적으로 DNA 복제를 막는다. 따라서 5FU도 강력한 항암제로 이용된다.

세포 내부에서 FU는 5FdUMP(5 플루우오디옥시UMP, 5 fluorodeocyUMP)로 대사된다. 이것은 티미딜염 합성효소와 N^5, N^{10}-메틸렌 사히드로엽산과 결합하여 단단한 3차 복합체를 형성한다. 이 피리미딘 고리의 5-플루로기 때문에 결합은 끊어질 수 없고 티미딜염 합성효소는 비활성화된다.

8.7 단일가닥 DNA와 RNA의 복제

단일가닥의 DNA 또는 RNA를 유전체로 갖는 바이러스도 역시 단일가닥을 주형으로 상보적 가닥을 합성한다. 다시 상보적 가닥이 상보적 가닥을 합성하는데 사용된다. 이 두 번째 상보적 가닥이 부모가닥과 동일하다.

단일가닥 DNA의 복제 동안 이중가닥 DNA 분자가 **중간체**(intermediate) 또는 **일시적**(transient) 분자로 형성된다.

레트로바이러스(retroviruse)에서 단일가닥 RNA는 ***역전사효소***(*reverse transcriptase*)의 도움으로 단일가닥 DNA를 합성한다. RNA로부터 상보적 염기쌍에 의해 단일가닥 DNA가 합성되는 과정을 역전사(*reverse transcription*)라고 한다.

단일가닥 DNA는 이중가닥 DNA로 변환된다. 이 이중가닥 DNA는 숙주 DNA에 삽입되어 숙주세포 유전체에 내장된 일부가 된다. 이 현상은 숙주에서 다양한 질병을 일으키는 기생 RNA 바이러스에서 볼 수 있다.

그림 8.38
이중가닥과 단일가닥 DNA 분자의 복제

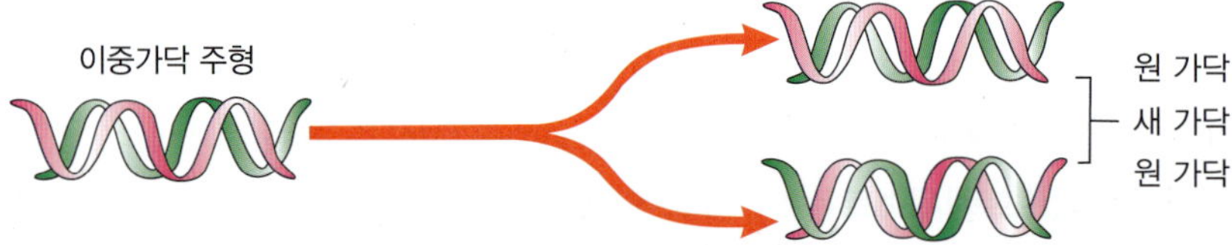

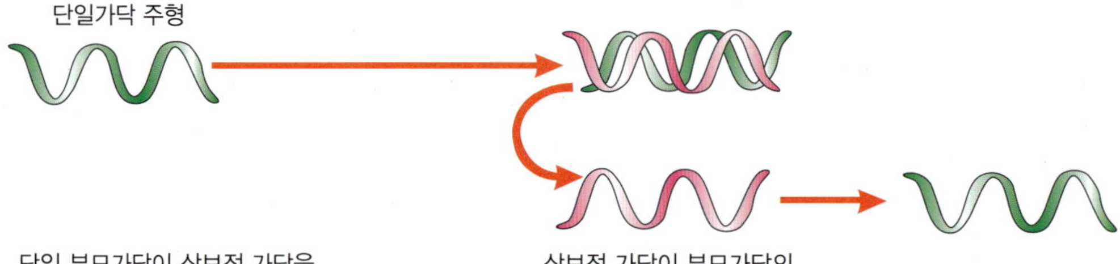

문 제

1. DNA 복제 기작을 설명하시오. 이 과정에서 필요한 효소는 무엇인가?
2. DNA 복제에서 서로 다른 형태의 DNA 중합효소의 역할을 설명하시오.
3. *E. coli* 에서 DNA 복제 개시점, 복제의 진행 및 종결을 효소학적으로 설명하시오.
4. DNA 복제에 참여하는 다양한 효소와 단백질의 역할에 대해 논하시오.
5. 이중나선이 복제될 수 있는 세 가지 가능한 방법을 구별하여 설명하시오.
6. *E. coli* 에서 반보존적 복제를 증명하는 실험을 기술하시오.
7. DNA 복제 중 ***DNA 중합효소 I***과 ***DNA 중합효소 III***의 역할을 구별하시오.
8. 지체가닥의 복제가 왜 불연속적인지 이유를 설명하시오.
9. DNA 복제가 보존적이거나 분산적이라면 메셀슨과 스탈이 실험한 밀도 구배 띠가 어떤 형태로 나타나는지 그려보시오.
10. DNA 이중나선의 선도가닥은 어떻게 복제되는가? 지체가닥은 어떻게 복제되는가? 두 가닥의 합성의 차이점을 설명하여라.
11. 선도가닥과 지체가닥이 다른 기작에 의해 합성되어야 하는 기본 이유를 설명하시오.
12. 다음을 설명하시오.
    (a) DNA의 반보존적 복제
    (b) 복제 개시점
    (c) 복제분기점
    (d) 오카자키 절편
    (e) 연쇄동일순서(concatamer)
    (f) 지체가닥
    (g) 선도가닥
    (h) 복제
    (i) DNA 중합효소
13. 테일러가 잠두(Vicia faba) 뿌리 끝을 이용하여 수행한 실험에 대해 설명하라. 이것은 무엇을 의미하는가?
14. 세포주기 동안 DNA 함량의 정량적 변화를 기술하시오.
15. DNA 이중나선 해체 단백질(DNA unwinding protein)과 꼬임풀기 단백질(untwisting protein)의 역할을 기술하시오.
16. 중합효소 분자의 특이적인 결합 부위를 명명하시오.
17. 연속 복제와 불연속 복제의 차이점은 무엇인가?
18. DNA의 불연속 복제의 이유를 설명하시오.

19. 프리모솜(primosome)과 레플리솜(replisome)은 무엇인가? 이들 사이의 관계는 무엇인가?

20. 오카자키 절편의 합성에 대해 기술하시오.

21. DNA 복제에서 지체가닥은 왜 작은 조각으로 생성되는가?

22. DNA 복제 과정에서 다음 효소와 단백질의 역할을 기술하시오.
    (a) 헬리카아제(helicase) (b) 프리마아제(primase)
    (c) SSB 단백질 (d) DNA 중합효소 I
    (e) DNA 중합효소 III (f) DNA 연결효소

23. DNA 연결효소 또는 폴리뉴클레오티드 연결효소의 기능은 무엇인가?

24. 보조중합효소 III(copolymerase III)란 무엇인가?

25. DNA 중합효소와 RNA 중합효소의 차이점은 무엇인가? 가장 큰 차이점 하나를 이야기하여라.

26. 레플리솜(replisome)이란 무엇인가?

27. 중합효소 δ의 역할을 설명하시오.

28. D-고리란 무엇인가?

29. 회전 환모형이란 무엇인가?

30. DNA 복제에서 위상이성화효소 I(topoisomerase I)의 역할은 무엇인가?

31. 프리모솜은 무엇인가?

32. 단일가닥 결합 단백질(ssb 단백질)의 역할은 무엇인가?

33. 얼마나 많은 단위체가 중합효소 III 완전효소를 구성하는가?

34. DNA 복제의 어느 효소가 중합효소 활성과 핵산말단가수분해효소 활성을 모두 가지고 있는가?

35. 핵산내부가수분해효소는 무엇인가?

36. 오카자키 절편이란 무엇인가?

37. 반보존적 복제 방법을 정의하시오.

38. 세타 구조는 무엇을 의미하는가?

39. 복제단위(replicon)를 정의하시오

40. 복제분기점이란 무엇인가?

41. DNA 복제에서 다음 효소와 단백질의 역할을 설명하시오:

(a) DNA 중합효소 I
(b) DNA 중합효소 II
(c) DNA 지라아제
(d) DNA 위상이성화효소(topoisomerase)
(e) 프리마아제
(f) SSBP
(g) 고리회전효소(swivelase)
(h) 헬리카아제
(i) DNA 연결효소

42. 교정 활성을 가지는 DNA 복제효소의 효소 이름은 무엇인가?

43. DNA 복제의 D-고리 모델은 무엇이며 어디에서 볼 수 있는가?

DNA 수선

9

학습 목표

- DNA 수선의 필요성
- DNA의 오류
- DNA에 오류와 손상을 일으키는 물질
- DNA 수선의 생화학적 기작
- 잘못짝지움 수선
- 티민 이량체 수선
- 광회복 수선
- 염기 절제수선
- 재조합 수선
- SOS 수선 또는 실수-유발 수선
- 상동 재조합에 의한 광범위 손상 수선

9.1 DNA 수선의 필요성

DNA 분자는 세포와 개별 생물체의 생존에 가장 중요하다. 그러나 DNA 분자는 매우 부서지기 쉬우며 방사능과 세포 내의 물리적, 화학적 스트레스를 지속적으로 받고 있다. 산소, 자외선, X선, 알킬화제 및 자유라디칼은 모두 뉴클레오티드 서열의 손상을 초래할 수 있고 변화를 유발할 수 있다. 이러한 변화는 폴리뉴클레오티드 가닥의 절단, 가닥의 질소 염기의 화학적 변형 그리고 복제 중 부적합 염기의 삽입으로 인해 발생할 수 있다. DNA에서 일반적으로 발생하는 변화는 피리미딘 이량체의 형성, 질소 염기의 알킬화 또는 탈아미노화로 인한 것이다. 자발적이거나 또는 유도된 DNA의 손상 모두에서 만약 이 손상이 수정되지 않은 채로 남게 되면 필수 효소 또는 구조 단백질의 기능에 지장을 주는 돌연변이가 발생하여 세포의 생존에 상당한 위험을 초래할 수 있다. DNA 구조에 이렇게 가끔 일어나는 실수를 바로 잡아 돌연변이의 잠재적 해로운 영향으로부터 유기체를 보호하기 위해 몇 가지 효율적인 수선 기작이 진화하였다.

9.2 DNA의 오류

1. 오류의 유형

DNA 분자의 뉴클레오티드 서열에 종종 생성되는 다양한 오류는 다음과 같은 범주로 분류할 수 있다:

- DNA 복제에서 잘못된 염기 삽입 또는 **복제 오류**(replictation error)
- 2개의 인접한 피리미딘에 의해 동일 가닥에 형성된 티민 이량체와 같은 염기의 변형(**자외선에 의한 티민 이량체**)
- DNA의 단일가닥의 절단
- DNA의 이중가닥의 절단
- 재조합 오류
- 염기의 손실

표 9.1 DNA 오류의 유형과 원인

오류	원인
1. 하나의 가닥에 잘못된 염기의 삽입 (즉, 피리미딘에 의한 퓨린의 치환 또는 그 반대의 경우)	복제 오류 피리미딘 C가 자발적 탈아미노화에 의해 U로 변화 퓨린 A가 자발적 탈아미노화에 의해 하이포크산틴으로 변화
2. 염기의 변화	이온화 방사선 또는 자외선에 의해 유발. 이것들은 티민 이량체 형성을 유도한다.
3. 염기의 손실	N-글리코시드 결합을 파괴함으로써 탈퓨린화를 일으키는 알킬화제에 의해 유발됨.
4. 단일가닥 절단	화학물질[과산화물, 메르캅토기(sulph-hydryl) 포함 화합물], 이온화 방사선, 또는 물의 자유라디칼에 의해 인산이에스테르 결합의 파괴에 의해 유발됨.
5. 이중가닥 절단	동일한 위치 또는 다른 위치에서 각각의 DNA의 가닥에 유발된 한 가닥씩의 절단
6. 이중나선 구조의 두 사슬 사이의 교차결합	한 가닥의 염기와 상보적 DNA 가닥의 반대 염기 사이의 공유결합

2. 오류 그리고 손상을 유발하는 물질

DNA에 손상을 입히거나 뉴클레오티드 서열에 오류를 일으키는 다양한 물질들은 다음과 범주로 나눌 수 있다.

1) 방사선

이온화 방사선, 예를 들어 X선, 자연적으로 발생하는 우주선, 전자선, γ선, 방사

부가 설명: 탈퓨린화

DNA 가닥에서 퓨린기가 손실되는 것을 **탈퓨린화**(depurination)이라고 한다. 탈퓨린화는 퓨린 뉴클레오티드의 N-글리코시드 결합이 끊어짐으로써 발생한다. 자발적인 탈퓨린화 정도는 pH 7 그리고 37°C에서 하루에 300 퓨린당 약 1개의 퓨린 정도이다. 즉 포유류 세포에서 하루에 10^4의 탈퓨린화가 일어난다.

탈퓨린화는 퓨린 고리의 N-7에 알킬기를 첨가시키는 알킬화제에 의해 유도될 수 있다. 알킬화는 N-글리코시드 결합을 약화시키고 가닥에서 퓨린의 손실을 야기한다.

선 치료에 사용되는 각종 방사성 광선이 DNA의 폴리뉴클레오티드 가닥의 절단과 관련이 있다.

DNA 가닥의 절단은 β-입자 또는 X-선 광자에 의해 생성된 2차 전자의 작용에 의해 또는 인산이에스테르 결합을 공격할 수 있는 물의 자유라디칼 생성에 의해 야기된다.

2) 화학물질

메틸 에탄설포네이트(methyl ethanesulphonate, **MES**), 에틸 에탄설포네이트(ethyl ethanesulphonate, **EES**) 및 니트로소구아니딘(nitrosoguanidine) 등과 같은 알킬화제 같은 강한 화학물질은 퓨린 고리의 N-7에 알킬기를 첨가하는 작용으로 주로 구아닌과 반응한다. 이것은 N-글리코시드 결합을 약화시키고 **탈퓨린화**(depurination)를 일으킨다.

아플라톡신(aflatoxin), 벤조피렌(benzopyrene), 니트로아민(nitroamine), 니트로소우레아(nitorosourea), 소랄렌(psoralen) 및 시스플라틴(cisplatin)은 DNA에 손상을 일으키고 유전자의 돌연변이를 유발하는 몇 가지 화학물질 또는 약물이다.

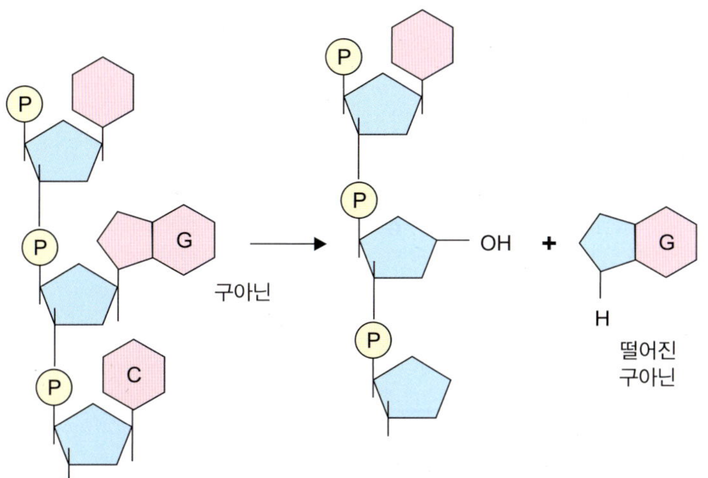

그림 9.1
탈퓨린화

9.3 DNA 수선의 생화학적 기작

세포는 다양한 돌연변이 유발 인자에 의해 유발된 DNA 구조의 손상을 수선하기 위한 다양한 기작을 가지고 있다. 이것들은 다음과 같다.

1. 부정확 염기 삽입으로 유발된 오류 수선(잘못짝지움 수선, Mismatch Repair)

DNA 복제 중에, ***중합효소 I***과 ***중합효소 III***는 때때로 합성 중인 딸가닥에 맞지 않거나 부정확한 염기를 삽입한다. 맞지 않는 염기는 부모 또는 주형가닥의 주형 염기와 수소결합을 형성하지 못한다. 이러한 오류는 대개 이 효소들의 편집 기능에 의해 수정된다.

이 효소의 편집 기능에서 누락된 오류는 **잘못짝지움 수선**(mismatch repair)이라 불리는 제 2 보정 시스템에 의해 교정된다. 잘못짝지움 수선에서는 비수소결합 염기쌍(non-hydrogen-bonded base)을 부정확한 것으로 인식하고 일치하지 않는 쌍을 갖는 폴리뉴클레오티드 절편이 절단된다. 따라서 잘못짝지어진 염기가 제거된다. 갭은 ***중합효소 I***(pol I)에 의해 채워진다. 잘못짝지움 수선 시스템은 또한 토토머성 염기(tautomeric base)의 돌연변이 유발 효과를 억제한다. 토토머 형태의 분자는 DNA에 잘못 삽입되기도 하는데 이것은 토토머형 A(tautomeric A)는 C와, 토토머형 G는 T와 짝을 이루기 때문이다. 이러한 쌍은 주형가닥과 정확하게 수소결합을 이루고 편집 효소에 의해 인식되지 않는다. 그러나 토토머형의 염기가 원래 형태로 되돌아오면 잘못짝지은 염기쌍이 형성되고 잘못짝지움 수선계에 의해 교정된다.

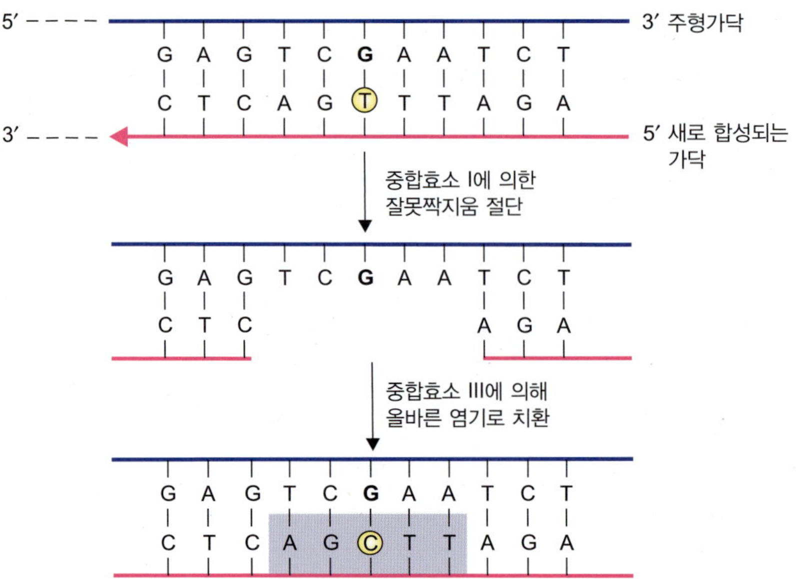

그림 9.2
새로 합성되는 가닥에서 짧은 부분의 절단

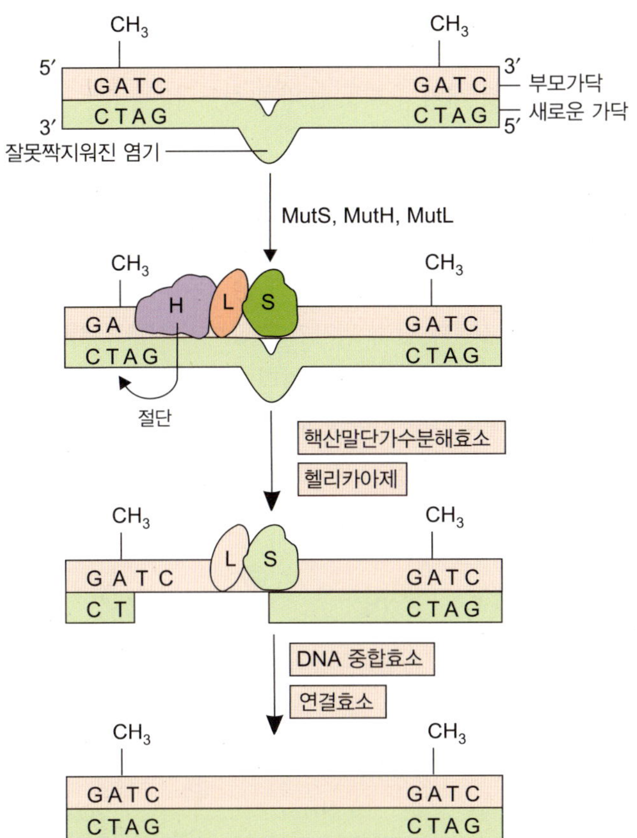

그림 9.3

*E. coli*의 잘못짝지움 수선 기작

잘못짝지움 수선계는 MutS, MutH 및 MutL의 세 가지 단백질 복합체가 필요하다. 단백질 **MutS**는 잘못짝지은 염기를 인식하고 결합한다. **MutH**는 DNA의 반(半)메틸화된(hemimethylated) GATC 부위에 결합하고 메틸화되지 않은(unmethylated) (즉 새로합성되는) 가닥을 잘라준다. **MutL**은 MutS와 MutH에 결합하여 최종 수선 단계에서 도움을 준다.

부가 설명: 잘못짝지움 수선 유전자

잘못짝지움 수선은 매우 잘 보존된 기작이다. 이것은 진핵생물뿐만 아니라 박테리아에서도 유사한 방식으로 작동한다. 박테리아 *mutS*, *mutH* 그리고 *mutL* 유전자의 몇몇 동족체(homolog)가 효모 및 포유류에서 확인되었다. 이러한 유형의 잘못짝지움 수선계는 모든 진핵세포에서 유사하다.

mutS, *mutH* 및 *mutL*에 상응하는 진핵생물 유전자족(family)은 동물, 식물 및 곰팡이 그룹이 진화적으로 갈라지기 이전에 발생했다고 생각된다.

2. 피리미딘 이량체의 수선

이 방법은 아래의 몇 개의 주제로 논의될 것이다:

1) 피리미딘 이량체의 형성

자외선의 방사에 의해 한 가닥의 인접한 두 개의 피리미딘 염기 사이에서 가닥 내 광이량체(intrastrand photodimer)가 생성된다. 이량체는 2개의 피리미딘 고리의 5번째 그리고 6번째 탄소 원자가 결합하여 **시클로부틸고리**(cyclobutyl ring)가 형성되어 생성된다. 시클로부틸 피리미딘 이량체는 가장 일반적인 광이량체이고 티미딘 이량체가 가장 일반적이다.

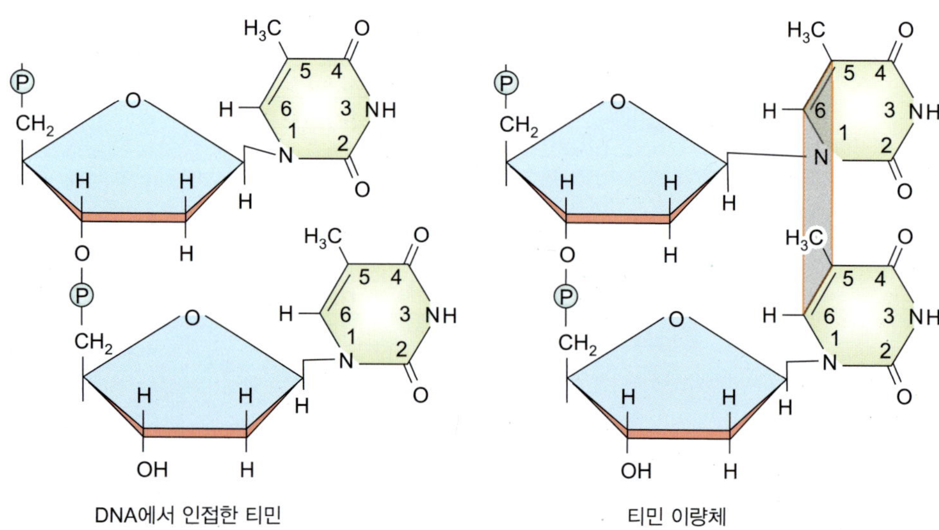

그림 9.4
시클로부틸 티미딘 이량체의 구조

2) 이량체의 영향

티민 이량체 또는 다른 피리미딘 이량체가 존재하면 두 개의 티민이 더 가까이 잡아당겨지기 때문에 DNA 이중나선의 변형을 일으킨다. 이로 인해 이량체가 형성된 폴리뉴클레오티드 가닥에 **'뒤틀림**(kink)'이 일어난다. 뒤틀림은 복제 분기점의 전진을 억제하여 DNA 복제를 방해한다.

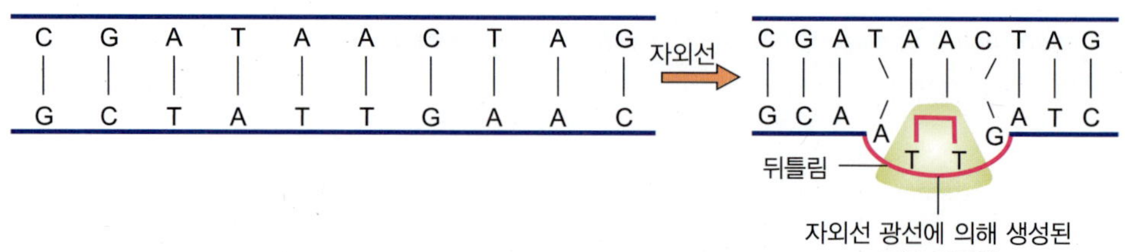

그림 9.5
티민 이량체에 의한 DNA 나선의 찌그러짐과 '뒤틀림(kink)' 형성

3) 이량체 수선 기작

티미딘 이량체에 의한 DNA 손상을 수선하는 4가지 주요 경로가 있다. 이들은 두 가지 범주로 구분된다:

(1) 광회복(photo-reactivation) 또는 광유도 수선(light induced repair)

(2) 광비의존적 수선(light independent repair)

- 절제수선(excision repair)
- 재조합 수선(recombinational repair)
- SOS 수선(SOS repair)

(i) 광회복 또는 광유도 수선: 광회복은 빛에 의해 유도되는 효소에 의해 피리미딘 이량체(티미딘 이량체)가 절단되는 것이다. 이 과정은 ***광분해효소***(포토리아제, *photolyase*) 또는 **PR 효소**에 의해 촉매된다. 이 효소는 300~600 nm 파장의 복사 에너지를 흡수하고 두 개의 피리미딘 분자의 이량체 사이의 시클로부틸 고리를 분해한다. 그 결과, 시클로부틸 티미딘 이량체는 다시 피리미딘 단량체로 전환된다. 이것을 **직접 수선**(direct repair)이라고 한다(그림 9.6).

직접 수선은 또한 O^6-메틸구아닌과 아데닌의 잘못짝지움 쌍을 교정한다. **O^6-메틸구아닌-DNA 메틸전이효소**(O^6-methylguanine-DNA methyltransferase)는 원래의 G.C 결합을 형성하는 정상적인 구아닌으로 복원하기 위해 메틸기를 제거한다.

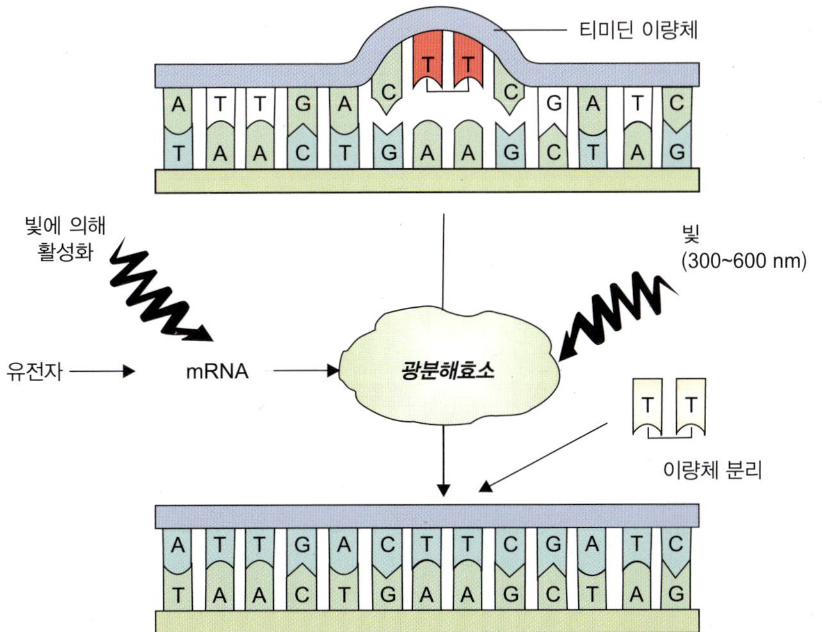

그림 9.6
광분해효소(photolyase)에 의한 티미딘 이량체의 광회복 수선 기작

(ii) 절제수선(excision repair) **또는 암수선**(dark repair): 절제수선 기작은 각각의 질소 염기(염기 절제수선)와 더 긴 뉴클레오티드 사슬(뉴클레오티드 수선)을 제거하고 대체하는 다단계 효소 반응 과정이다. 이 수선 기작은 햇빛이 필요하지 않다. 그래서 **암수선**(dark repair)이라고도 한다.

- **염기 절제수선**은 화학적으로 변형된 염기(예: 우라실, 5-메틸시토신 또는 3-메틸아데닌)를 효소를 이용하여 제거한 후 뉴클레오티드를 제거하는 방법을 포함한다. 이때 생성된 갭은 상보적인 염기쌍으로 채워진다. 여러 효소의 도움으로 다음과 같은 단계로 이루어진다:

  (1) ***DNA 글리코실화효소***(*glycosylase*)는 화학적으로 변형된 염기를 제거하여 탈퓨린화(apurination) 또는 탈피리미딘화(apyrimidation)를 일으킨다.

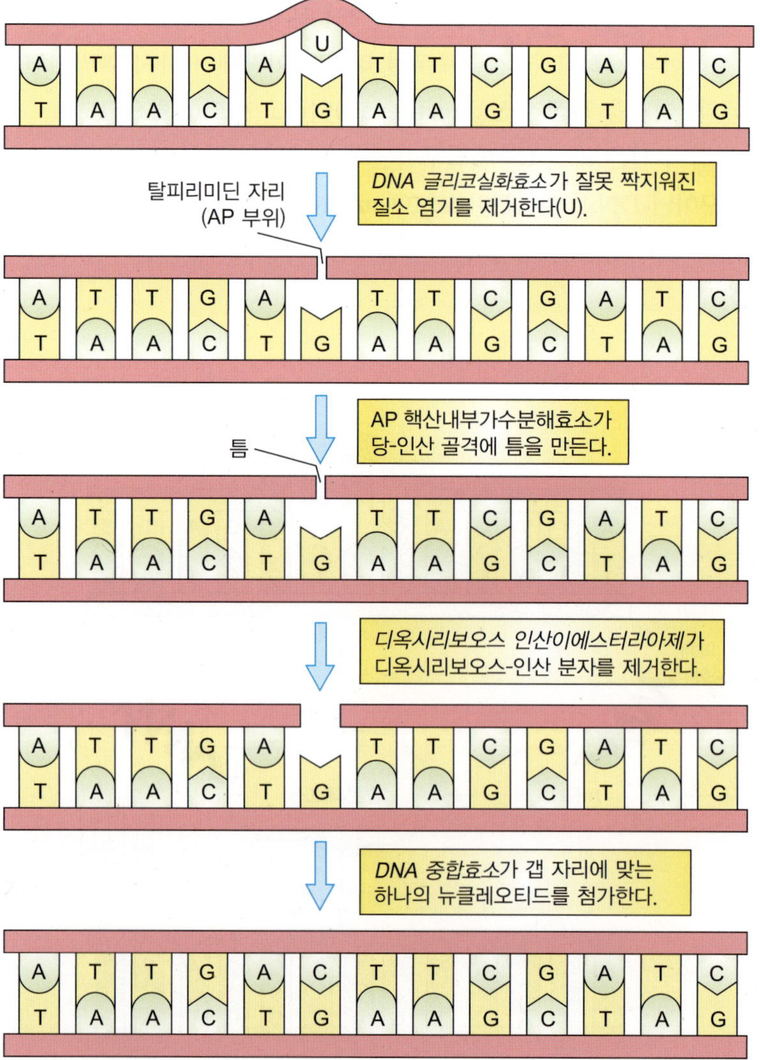

그림 9.7
메틸화시토신, 즉 우라실이 복제 중에 DNA 가닥에 들어갔을 때 염기 절제수선을 나타내는 그림

(2) ***핵산내부가수분해효소***(*endonuclease*)가 탈퓨린화 또는 탈피리미딘화 자리(AP 부위)의 당인산염 골격의 인산이에스테르 결합을 절단하여 틈새가 형성된다.

(3) ***디옥시리보오스 인산이에스터라아제***(*deoxyribose phosphodiesterase*)는 디옥시리보오스 인산 분자를 제거한다.

(4) 수선 중합효소(***DNA 중합효소 β***)는 갭에서 틈새가 있는 가닥의 3′ 말단에 하나의 뉴클레오티드를 추가한다.

(5) ***DNA 연결효소***가 폴리뉴클레오티드 가닥의 두 부분을 결합하여 틈새를 연결한다(그림 9.7).

- **뉴클레오티드 절제수선**(nucleotide excision repair)은 피리미딘 이량체(또는 티미딘 이량체)를 제거하고 상보적인 뉴클레오티드로 갭을 채운다. 이 과정은 DNA 복제계 전체가 필요하다. ***수선-핵산내부가수분해효소***(*repair-endonuclease*)는 티미딘 이량체에 의해 생성된 폴리뉴클레오티드 가닥의 변형을 인식한다. 뒤틀림이 일어난 DNA 가닥의 양쪽에서 당인산 골격을 절단

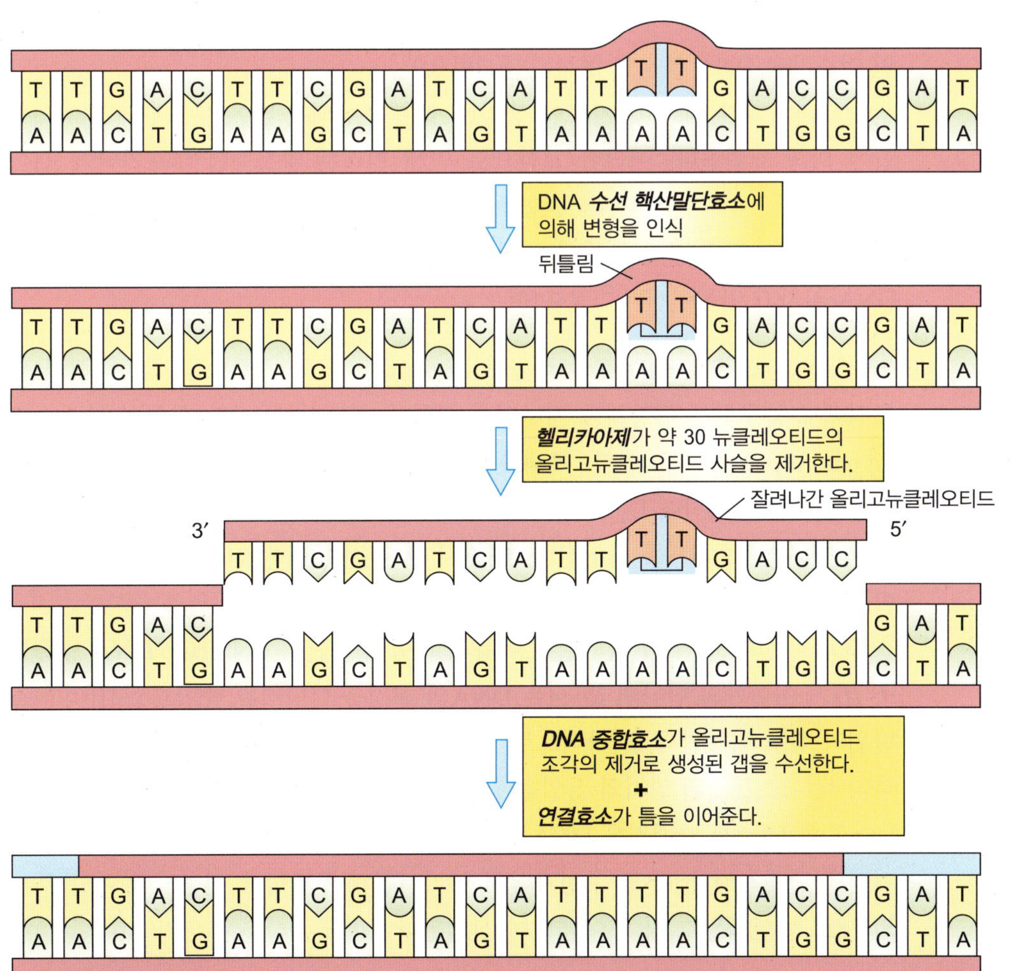

그림 9.8
DNA 복제계를 이용한 피리미딘 이량체의 뉴클레오티드 절제수선(nucleotide excision repair)

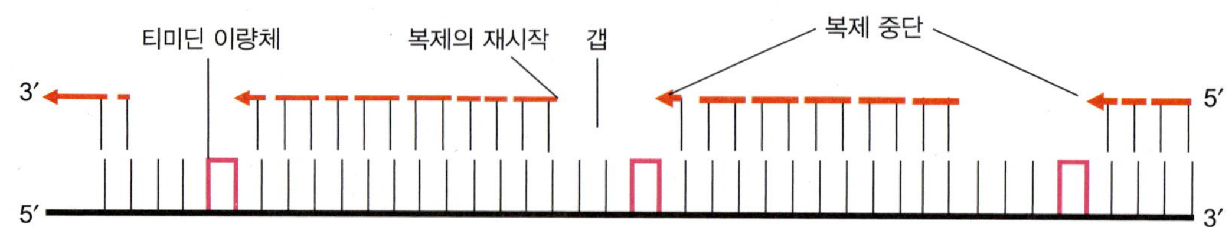

그림 9.9
티미딘 이량체에 의한 복제 중단

한다. 이로 인해 5′ 절단 부위에 3′-OH기가 노출된다. ***DNA 헬리카아제***에 의해 약 30개의 뉴클레오티드로 이루어진 올리고뉴클레오티드가 제거된다. 결과적으로 생성된 갭은 ***DNA 중합효소*** δ 또는 ε에 의해 수선되고 **DNA 연결효소**에 의해 이어진다(그림 9.8).

(iii) 재조합 수선: 재조합 수선에서 손상되지 않은 부모 DNA의 가닥은 복제 과정에 의해 사본이 만들어져 정상적인 딸 분자를 생산한다. DNA 복제 동안, ***중합효소 III***은 티민 이량체 부위에서 정지된다. 이 효소는 이량체 구역을 지나쳐 이 구역 다음부터 사슬의 신장을 재개한다. 따라서 딸가닥은 각각의 티미딘 이량체 당 하나씩의 큰 갭을 갖는다. 자매-가닥 교환 기작(sister-strand exchange mechanism)에 의해 이렇게 단편화되고 뒤틀린 DNA 분자로부터 완벽하게 정상인 이중가닥 DNA 분자가 형성된다(그림 9.9).

단일가닥 교환에서, 딸가닥에 생성된 갭은 손상되지 않은 부모가닥과의 재조합에 의해 채워진다. 이러한 교환으로 인해 원래는 완전했던 부모가닥에 갭이 만들어진다. 이 부분은 **DNA 중합효소**와 **연결효소**의 작용으로 채워진다. 피리미딘 이량체는 후에 절제 수선에 의해 제거되어 2개의 완전히 정상적인 이중가닥 DNA 분자가 만들어진다(그림 9.10).

(iv) SOS 수선 또는 실수-유발 수선(error prone repair)**:** SOS 수선은 나선의 뒤틀림에도 불구하고 이량체를 지나면서 중합이 진행되도록하는 **우회 수선 시스템**(bypass repair system)이다. 복제 동안 DNA 중합효소 복합체는 주형가닥의 손상된 부위를 우회하여 DNA 합성을 계속한다. 원래 DNA 서열과 관계없이 틈에 아데닌 뉴클레오티드를 삽입한다. 따라서 이 수선 기작은 잠재적인 돌연변이 유발 기작이다.

SOS 수선에서 *RecA* 단백질은 이량체 가닥에 단단히 결합한다. ***DNA 중합효소 III***가 이합체와 만나면 *RecA*는 DNA의 교정을 담당하는 중합효소 III의 ε 소단위와 상호 작용한다. 결과적으로, ε 소단위가 잘못짝지어진 염기 삽입을 교정하지 못하고 잘못된 염기의 삽입을 간과하여 복제가 진행될 수 있다. *E. coli*에서 UmuC와 UmuD 단백질은 DNA 중합효소에 결합하여 뉴클레오티드 결합의 엄격성을 변경시킨다. 부모 주형가닥의 염기서열과 무관하게 변형이 일어난 부위의 새로 합성되는 가닥에 아데닌이 삽입된다. 만약 손상된 부위가 티미딘 이량

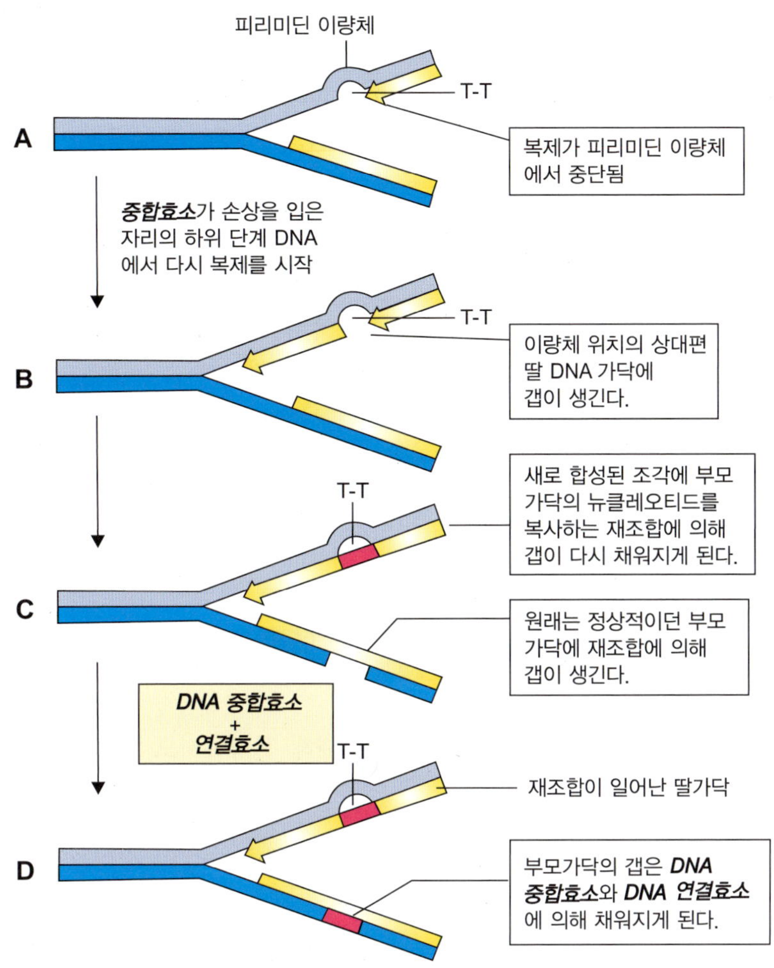

그림 9.10

재조합에 의한 복제후 수선 (post-replication repair)

A. 피리미딘 이량체를 갖는 DNA 분자의 복제;
B. DNA 중합효소가 이량체를 우회하여 이량체 뒤쪽에 새로운 가닥의 합성을 시작한다;
C. 새로 합성된 DNA 가닥에 결과적으로 생성된 갭은 손상되지 않은 부모가닥과의 재조합에 의해 수선된다;
D. DNA 중합효소와 DNA 연결효소가 원래 손상되지 않았던 부모가닥의 갭을 채운다.

부가 설명: SOS 수선에서 umuC와 umuD 유전자의 역할

*umuC*와 *umuD* 유전자에 의해 생산된 단백질은 이량체 우회에 필수적이다. 그들은 다음과 같은 기능을 수행한다:

- 이것들은 피린미딘 이량체로 인해 유발된 작은 뒤틀림 부위에서 *RecA* 단백질의 단단한 결합을 돕는다.
- 뒤틀린 영역에 DNA 중합효소 III가 결합하는 것을 돕는다.
- 중합효소 III가 주형 DNA의 손상된 부위를 우회하여 복제분기점의 앞쪽 방향으로 나아가게 한다.
- umuC와 umuD의 동종 유전자는 거의 모든 동물과 식물에서 발견된다.

체일 경우 새로 합성된 DNA에는 돌연변이가 생기지 않는다. 그러나 손상된 부위에 시토신 이량체가 있으면 새로 합성된 가닥은 돌연변이가 된다.

SOS 수선계는 강한 자외선이 조사되어 치명적일 수 있는 상황에서만 작동한다. 따라서 SOS 수선계는 전혀 생존하지 못하는 것보다 돌연변이로 생존하는 것이 낫다는 원칙에 따라 작동한다. 이 수선은 **실수-유발 수선**(error prone repair) 또는 **장애관통 복제**(translesion replication)라고도 한다.

3. 상동 재조합에 의한 광범위 손상 수선

상동 재조합 수선(homologous recombination repair) 기작은 복제후 수선 기작(postreplicative repair process)이다. DNA의 긴 부위의 뉴클레오티드에 손상이 생기면 대안적인 경로가 작동하는 것으로 밝혀졌다. 이러한 과정을 **상동 재조합**(homologous recombination)이라고 한다. ***DNA 중합효소***는 주형가닥의 손상된 부위에 도달할 때 복제를 중지한다. 주형가닥의 다음 프라이밍 부위에서 새로운 RNA 시발체가 붙은 오카자키 절편이 생성되면서 DNA 복제가 재개된다.

딸가닥 또는 새로 합성된 가닥에 남아 있는 갭은 수백 뉴클레오티드의 길이일 수 있다. 이러한 갭은 특정 재조합효소를 사용하여 상보적인 부모서열과의 상동 DNA 재조합에 의해 수선된다. 상보적 부모서열에 결과적으로 생성된 갭은 ***DNA 중합효소***와 ***DNA 연결효소***가 수선한다.

문 제

1. DNA에서 발생하는 다양한 유형의 손상에 대해 설명하시오. 이러한 DNA 손상의 원인 물질에 대해 논의하시오.
2. 광회복 수선 기작을 간단히 설명하시오. 어떤 유형의 손상이 광회복에 의해 수선되는가?
3. 암수선(dark repair) 기작 또는 절단 수선 기작을 설명하시오.
4. *E. coli*에서 잘못짝지움 수선 기작을 설명하시오. 잘못짝지움 수선 과정에서 필요한 세 가지 단백질의 역할에 대해 논하시오.
5. 피리미딘 이량체 또는 티미딘 이량체 수리에 사용되는 다양한 기작에 대해 논하시오.
6. 짧게 설명하시오:
   (a) 실수-유발 수선
   (b) DNA 수선에서 메틸화의 역할
   (c) 재조합 수선
   (d) 잘못짝지움 수선
   (e) 복제후 수선
7. 피리미딘 이량체 또는 티미딘 이량체가 어떻게 형성되는지 간단하게 적어라.
8. 뒤틀림(kink)이란 무엇인가? 이것은 어떻게 형성되는가?

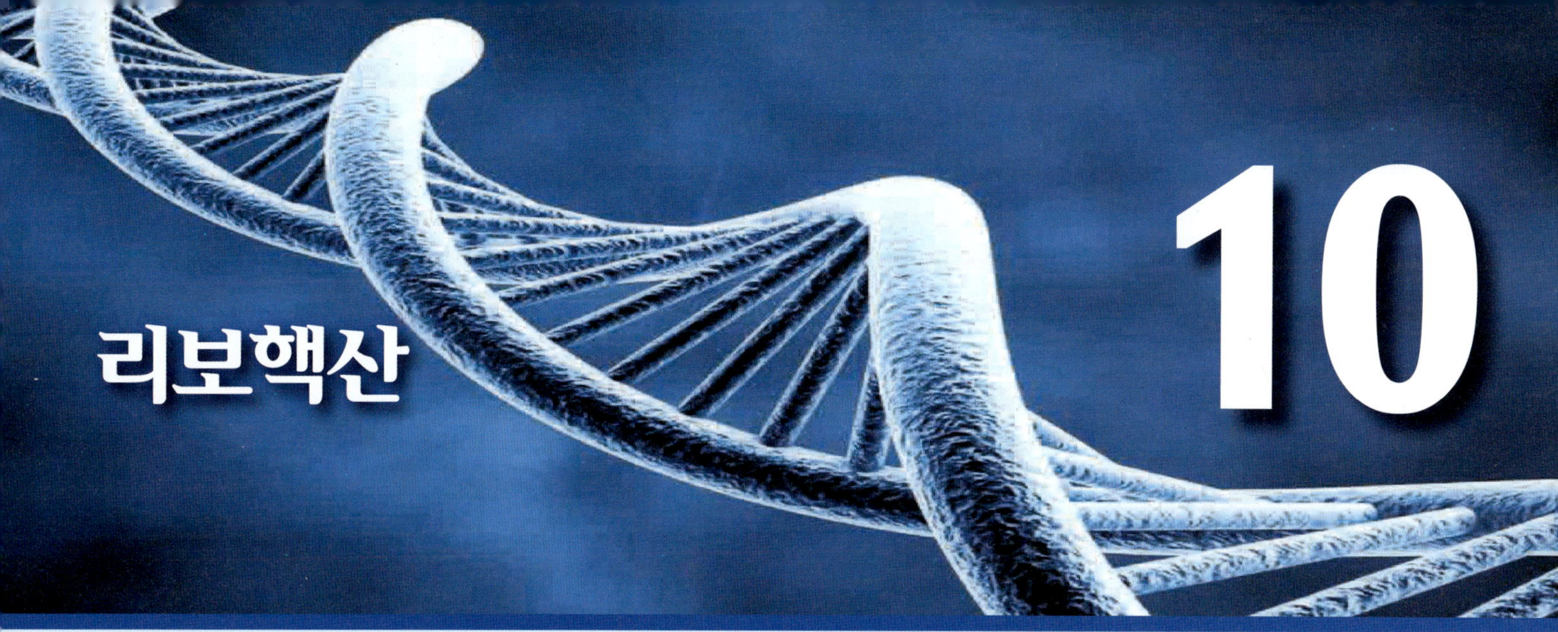

10 리보핵산

학습 목표

- 존재하는 곳
- 구조
- DNA와 RNA의 차이점
- 유전성 RNA
- 비유전성 RNA
- 전령 RNA 또는 핵 RNA(mRNA)
- 원핵생물과 진핵생물의 mRNA의 차이; 인포모솜
- 리보솜 RNA(rRNA)
- 운반 RNA(tRNA)
- 여러 종류의 RNA의 기능

리보핵산(ribonucleic acid, **RNA**)은 모든 살아 있는 세포에서 발견되는 단일 가닥의 핵산이다. 이것의 특이한 형태는 핵에서 세포질로 정보를 전달하고, 세포 활동을 조절하기 위해 단백질을 합성하는 것과 관련이 있다. RNA는 정보 저장 그리고 또한 촉매 역할도 하는 유일한 거대 분자이다. 촉매 RNA는

부가 설명: 초기 RNA 세계

아마도 지구상의 초기 생물은 다음과 같은 두 가지 역할을 하는 RNA 분자를 갖는 RNA 세계였을 것이다:

- 유전정보의 운반자
- 생명 활동을 주도하는 촉매

이러한 촉매 RNA는 단백질 기반 효소를 합성하는 능력을 획득했다. 단백질 기반 효소는 보다 효율적인 촉매제임이 입증되었고 촉매 작용을 완전히 물려받았다. RNA는 정보를 저장하고 전달하는 역할로 격하되었다. DNA의 진화에 따라 RNA는 유전정보를 저장하는 역할에서 벗어나게 되었고, 정보를 전달하고 단백질 합성을 지시하는 역할에만 충실하게 되었다.

그럼에도 불구하고 위에서 언급한 기능 외에도 현대 생명체의 RNA는 다음과 같은 기능을 수행한다;

- 몇몇 바이러스의 유전물질 역할
- DNA의 복제(RNA 시발체로서)
- RNA 가공
- 많은 생체 활동의 리보자임(생물학적 촉매제)

리보자임(ribozyme)이라 불린다. RNA는 또한 이 행성, 즉 지구에서 생명체의 진화에 필수적인 화학 중간체로서 중요한 역할을 했다고 추정된다.

10.1 존재하는 곳

RNA는 주로 세포질에서 발견되는데 또한 핵인에서도 발견된다. 세포질 내에서는 자유롭게 또는 리보솜에 존재한다. RNA는 또한 미토콘드리아, 엽록체에서 발견될 수 있으며 진핵세포 염색체와 결합되어 있기도 하다. 일부 식물 및 동물 바이러스에서 RNA는 유전물질로 작용한다.

10.2 구조

RNA의 구조는 DNA의 구조와 비교함으로써 쉽게 이해할 수 있다.

(1) 일반적으로 RNA는 가지가 없는 폴리뉴클레오티드 사슬로 구성된 단일 가닥 구조이다. 그러나 종종 자체적으로 다시 접혀서 나선을 형성한다. DNA는 이중가닥 구조이고 두 개의 폴리뉴클레오티드 사슬은 주축을 중심으로 나선형으로 감겨 있다.

(2) DNA처럼 RNA는 수십 또는 수천 개의 뉴클레오티드가 직선으로 배열되어 있으며 3′-5′ 인산이에스테르 결합으로 연결되어 있다.

그림 10.1
RNA 리보뉴클레오티드의 뉴클레오티드(우리딜산)

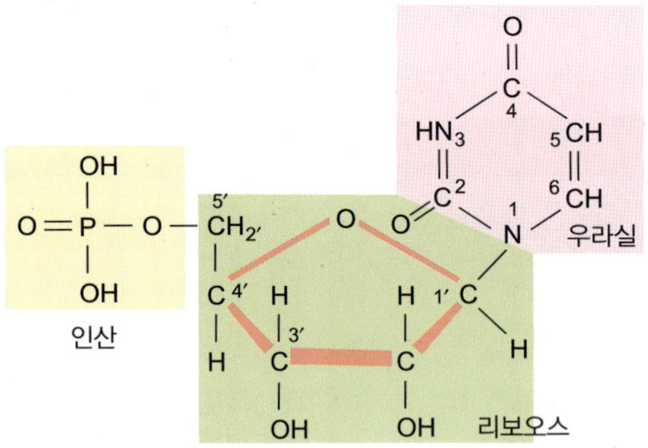

(3) RNA의 뉴클레오티드에서 발견되는 당은 **리보오스**(ribose)인 반면, DNA에서는 디옥시리보오스(deoxyribose)이다. RNA의 뉴클레오티드는 **리보뉴클레오티드**라고 불린다.

(4) RNA에서 발견되는 4개의 질소 염기는 아데닌, 시토신, 구아닌 및 우라실이며, DNA는 아데닌, 시토신, 구아닌 그리고 티민이다. 따라서 **DNA의 티민**은 RNA에서 **우라실로 대체된다**. 일부 특이한 질소 염기도 RNA에서 발견된다.

표 10.1 RNA와 DNA에서 발견되는 염기, 뉴클레오시드, 뉴클레오티드 성분의 이름

		염기: 퓨린 (Pu)		염기: 피리미딘(Py)		
		아데닌(A)	구아닌(G)	시토신(C)	티민(T) (디옥시리보오스만)	우라실(U) (리보오스만)
DNA	뉴클레오시드: 디옥시리보오스 + 염기	디옥시아데노신(dA)	디옥시구아노신(dG)	디옥시시티딘(dC)	디옥시티미딘(dT)	
	뉴클레오티드: 디옥시리보오스 + 염기 + 인산기	디옥시아데닐산 또는 디옥시아데노신일인산염 (dAMP)	디옥시구아닐산 또는 디옥시구아노신 일인산염(dGMP)	디옥시시티딜산 또는 디옥시시티딘 일인산염(dCMP)	디옥시티미딜산 또는 디옥시티미딘 일인산염(dTMP)	
RNA	뉴클레오시드: 리보오스 + 염기	아데노신(A)	구아노신(G)	시티딘(C)		우리딘(U)
	뉴클레오티드: 리보오스 + 염기 + 인산기	아데닐산 또는 아데노신 일인사염(AMP)	구아닐산 또는 구아노신 일인산염(GMP)	시티딜산 또는 시티딘 일인산염(CMP)		우리딜산 또는 우리딘 일인산염 (UMP)

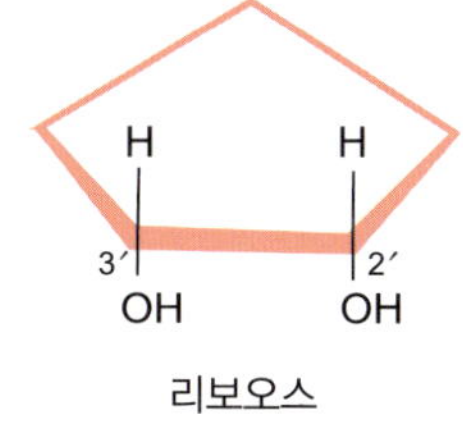

그림 10.2
리보오스당 분자

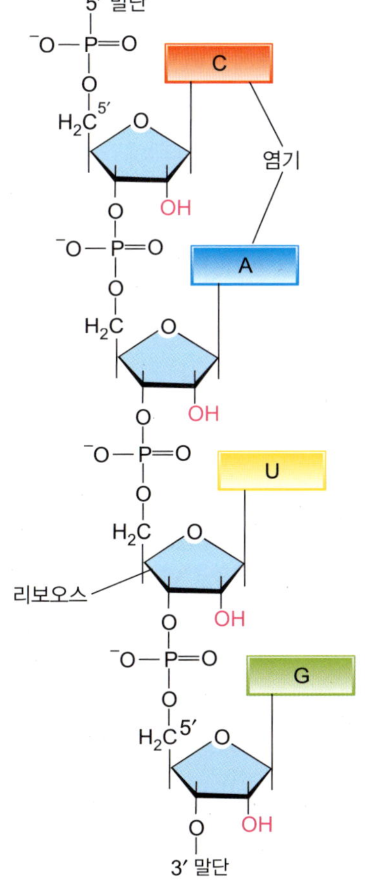

그림 10.3
리보뉴클레오티드와 인산이에스테르 결합을 보여주는 폴리리보뉴클레오티드 사슬

표 10.2 DNA와 RNA의 차이점

디옥시리보핵산	리보핵산
1. DNA는 핵의 염색체에서 발견되고 주로 핵 내에 농축되어 있다.	1. RNA는 주로 세포질에 농축되어 있다. 핵인이나 염색체와 결합한 상태로 핵질에 존재하기도 한다.
2. DNA는 나선구조를 갖는 이중가닥이다. 두 가닥은 서로 반대 방향으로 나선 모양으로 꼬여 있다.	2. RNA 분자는 단일가닥이다. 몇몇 경우에는 (tRNA에서처럼) 가닥이 자체적으로 접혀 있고 접힘 부위에서 뉴클레오티드들은 수소결합으로 연결되어 있다.
3. DNA의 당 분자는 디옥시리보오스이다.	3. RNA의 당 분자는 리보오스이다.
4. DNA에서 발견되는 4개의 질소 염기는 (a) 아데닌(퓨린염기) (b) 구아닌(퓨린염기) (c) 시토신(피리미딘 염기) (d) 티민(피리미딘 염기)	4. RNA에서 발견되는 4개의 질소염기는 (a) 아데닌(퓨린염기) (b) 구아닌(퓨린염기) (c) 시토신(피리미딘 염기) (d) 우라실(피리미딘 염기)
5. DNA에서 퓨린과 피리미딘은 같은 비율로 발견된다.	5. RNA에서 퓨린과 피리미딘은 같은 비율일 필요가 없다.
6. DNA는 유전물질이며, 다양한 세포 활동 및 생명 과정에서 필요한 단백질에 대한 정보는 DNA 분자에 암호화되어 있다.	6. RNA는 단백질 합성에 참여한다.
7. DNA의 염기 조성은 A/T = G/C = 1이다.	7. RNA에서는 그렇지 않다.

(5) RNA의 기본 구성은 **A :: U = G ⁝⁝⁝ C = 1**과 일치하지 않는다.

(6) RNA 단일가닥의 뉴클레오티드 사이의 분자 내 짝지음이 RNA의 안정성을 제공한다. DNA에서는 두 개의 폴리뉴클레오티드 가닥의 뉴클레오티드가 수소결합을 통해 쌍을 이룬다.

(7) DNA는 유전물질이지만, RNA들은 단백질 합성 과정에서 다양한 기능을 수행하는 다른 유형의 물질이다. 그러나 대부분의 식물 바이러스 및 일부 동물 바이러스에서 RNA는 세습 또는 유전물질로도 작용한다.

10.3 유전성 RNA

대부분의 식물 바이러스, 일부 동물 바이러스 그리고 많은 박테리오파지에서 DNA는 발견되지 않으며 RNA가 유전물질로 작용한다. 이 RNA는 단일가닥 또는 이중가닥일 수 있다. 이중가닥일 때 DNA의 경우와 같은 염기쌍 형성 규칙을 따른다. 표 10.3은 유전물질이 RNA인 바이러스 목록을 보여주고 있다.

1. 유전성 RNA의 복제

1) 레트로바이러스(retrovirus)의 RNA 복제(역전사를 따르는 바이러스)

유전물질로서 RNA를 갖는 바이러스는 ***역전사효소***(*reverse transcriptase*)라 불

표 10.3 다양한 바이러스의 유전성 RNA

바이러스 종류	바이러스 이름	RNA 종류
1. 식물 바이러스	1. TMV	1. 단일가닥
	2. 상처 종양 바이러스(Wound tumour virus)	2. 이중가닥
2. 동물 바이러스	3. 인플루엔자 바이러스	3. 단일가닥
	4. 회색질척수염 바이러스(poliomyelitis)	4. 단일가닥
	5. 레오 바이러스	5. 이중가닥
	6. 인간면역결핍 바이러스(human immunodeficiency virus, HIV)	6. 단일가닥
3. 박테리오파지	7. MS2	7. 단일가닥
	8. F2	8. 단일가닥
	9. r17	9. 단일가닥

리는 효소를 가지고 있다. 바이러스 입자가 숙주세포에 들어갈 때, RNA가 숙주세포질로 방출된다. 이곳에서 ***역전사효소***의 도움으로 RNA를 주형으로 사용하여 상보적인 DNA 가닥이 합성된다. 이 단일 DNA 가닥은 상보적인 역평행가닥을 합성하여 이중가닥 DNA의 생성을 완성한다.

이 바이러스성 DNA는 숙주세포의 DNA와 결합하여 내재된 부분이 된다. 숙주 DNA와 통합된 DNA 사본을 **프로바이러스 DNA**(provirus DNA)라 부르며 이러한 DNA 전사 과정을 역전사(reverse transcription)라고 한다. 숙주세포의 합성 장치를 이용하여, 이 DNA는 바이러스 단백질 외피 생성에 사용될 단백질 분자와 여러 카피의 RNA를 만든다

RNA → ssDNA → dsDNA → Provirus DNA → mRNA → 바이러스 단백질

2) RNA-RNA 바이러스에서 RNA 복제

이 바이러스는 ***복제효소***(레플리카아제, *replicase*)라는 효소의 도움을 받아 RNA 주형에서 새로운 게놈 RNA를 합성한다. 이 새로운 RNA 분자는 mRNA를 합성하는데, 이것은 숙주의 리보솜, tRNA, 아미노산 및 필요한 효소를 사용하여 바이러스 단백질의 합성을 유도한다.

RNA → RNA → mRNA → 폴리펩티드

10.4 비유전성 RNA(Non-Genetic RNA)

DNA가 유전물질인 모든 생명체에서는 모든 유형의 RNA가 비유전성이다. 비유전성 RNA는 DNA 주형으로부터 합성된다. 일반적으로, 세 종류의 RNA로 구별된다:

그림 10.4

숙주세포 내에서 역전사에 의한 레트로바이러스의 바이러스 입자 복제

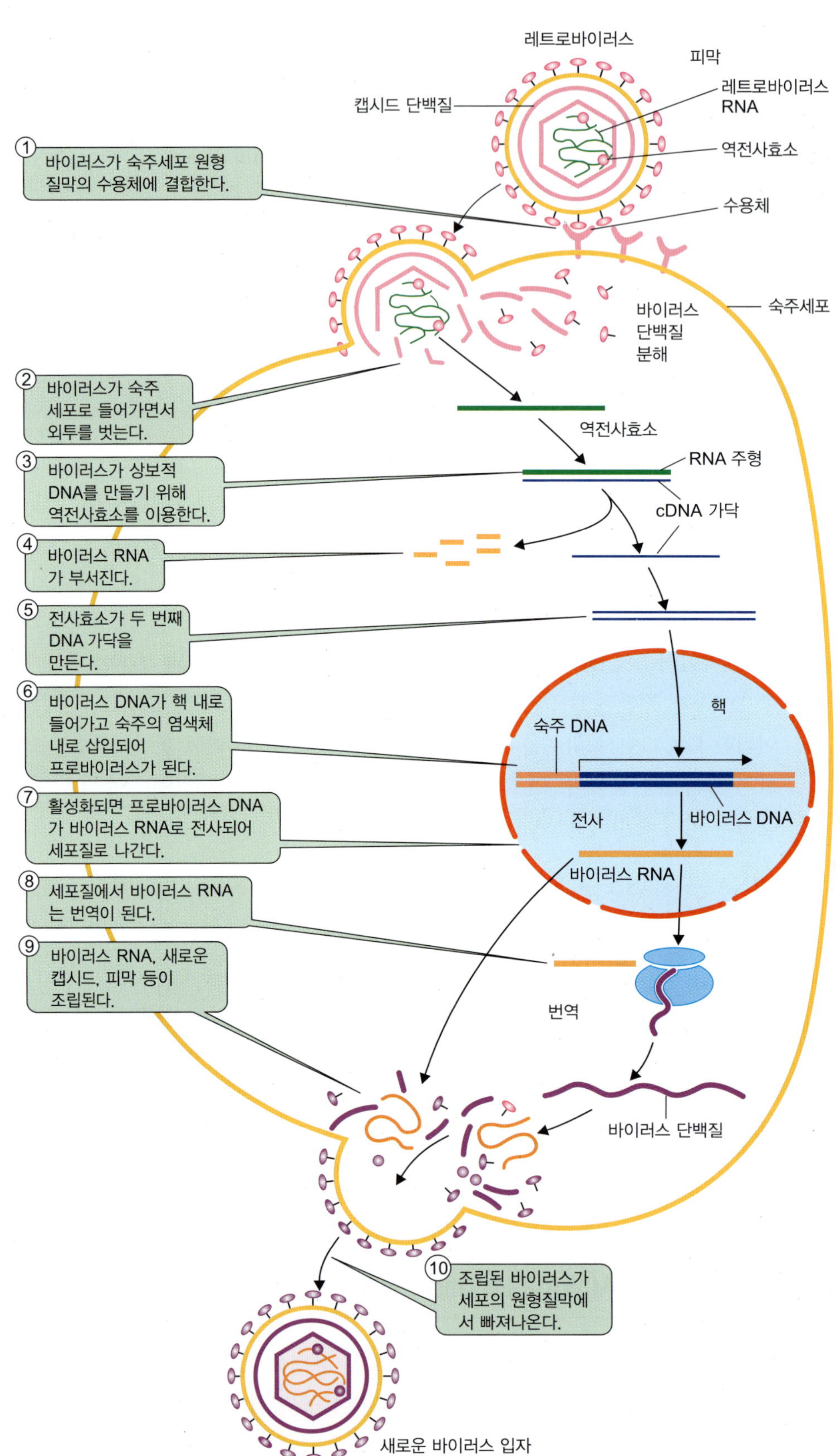

1. 전령 RNA(messenger RNA, mRNA) 또는 핵 RNA(nuclear RNA)
2. 리보솜 RNA(ribosomal RNA, rRNA)
3. 운반 RNA(transfer RNA, tRNA)

1. 전령 RNA 또는 핵 RNA

전령 RNA는 염색체 DNA에서 세포질로 유전정보를 전달하고, 세포질에서 단백질 합성을 위한 주형으로 작용한다. 이것은 DNA와 상보적이며, 복사된 DNA 부분에 존재하는 염기서열과 동일한 염기서열을 가지고 있다. 단, 티민은 우라실로 대체된다. 이것은 세포의 총 RNA의 약 5 %를 차지한다.

'유전자 청사진'(genetic blueprint)은 핵에 들어 있고 단백질 합성을 위한 **'작업대'** 또는 **'현장'**(즉, 리보솜)이 세포질에 존재하기 때문에 이 RNA 분자는 DNA에서 리보솜으로 유전 메시지를 전달하는 역할을 한다. **전령 RNA**(messenger RNA)라는 용어는 **프랑수아 자코브**(Francois Jacob)와 **자크 모노**(Jacques Monod, 1961)에 의해 사용되었다. 세포질에서 mRNA 분자는 리보솜에 부착되어 아미노산이 폴리펩티드 사슬로 중합하는 주형으로 작용한다. 각 폴리펩티드 사슬의 아미노산 서열은 mRNA 분자의 코돈 서열에 의해 결정된다.

1) mRNA의 특성

mRNA는 다음과 같은 특성을 가지고 있다:

(1) DNA의 이중가닥(주형 또는 3′ → 5′ 가닥) 중 하나에 상보적 가닥의 형태를 갖는다.

(2) 따라서 DNA의 티민이 mRNA의 우라실로 치환된다는 점을 제외하고는 복사된 DNA의 해당 부분에 존재하는 서열의 상보적인 염기서열을 가지고 있다. 따라서 mRNA의 분자에는 DNA의 해당 부분에 암호화된 것과 동일한 정보가 들어 있다.

부가 설명: 오페론 개념으로 노벨상을 수상한 자코브와 모노

프랑수아 자코브
(1920년 6월 17일생)

자코브와 모노는 파리의 파스퇴르 연구소(Pasteur Institute)에서 1950년부터 박테리아의 효소 합성 조절에 관해 함께 연구한 프랑스인이다. 그들은 유전자 조절에 대한 오페론 개념을 발전시켰고 앙드레 루오프(Andre Lwoff)와 노벨상(1965)을 공동 수상하였다. 그들은 또한 1961년에 전령 RNA의 존재를 제시했다.

자크 루신 모노
(1910년 6월 9일생)

(3) 합성 후 즉시 핵에서 세포질로 확산되어 리보솜과 결합한다.

(4) 리보솜에서 mRNA는 단백질 합성을 위한 주형으로 작용한다.

(5) mRNA는 수명이 짧고 몇 번의 번역과정 후에 사라진다.

(6) 이것은 매우 빠르게 생성되었다 사라진다.

(7) 다른 유기체에서 유래한 mRNA는 총 염기 함량이 비슷할 수 있지만, 보통 염기 배열은 다르다.

(8) mRNA의 분자는 선형이며 세 가지 유형의 RNA 중에서 가장 길다. 이들의 길이는 이들이 정보를 암호화한 폴리펩티드 사슬의 크기와 관련이 있다.

(9) 각 폴리펩티드 사슬당 하나의 mRNA가 존재한다.

(10) 분자의 크기에 큰 차이가 있기 때문에, mRNA는 **이형핵 RNA**(heterogeneous nuclear RNA) 또는 **hnRNA**라고도 한다.

2) mRNA의 구조

mRNA의 중요 부분은 폴리펩티드를 암호화하는 뉴클레오티드의 서열이다. 그러나 완전히 가공된 mRNA 분자는 양 끝에 번역되지 않는 일부의 서열을 갖는다. 이러한 서열로 인해 각 mRNA 분자의 두 말단은 두드러진 특징을 갖는다. 완전히 가공된 각각의 mRNA 분자는 다음과 같은 부분을 가지고 있다:

(1) 시작 지점 또는 5′ 말단에 메틸화된 구아닌(**G-cap, G-캡**)

(2) G-캡 다음의 **시작** 또는 **개시코돈**(**AUG** 또는 **GUG**)

(3) 긴 **코딩(암호화) 부위**

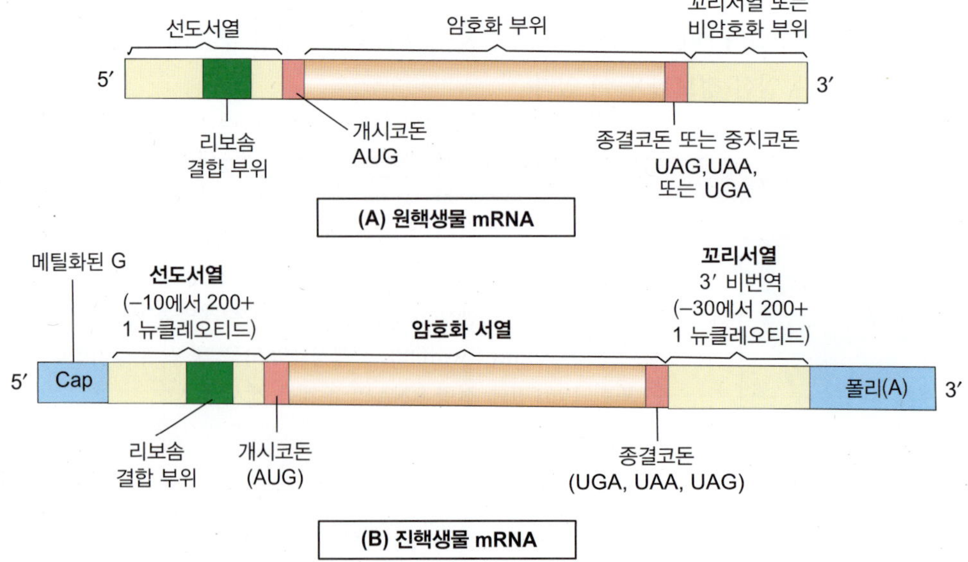

그림 10.5
특이한 말단을 갖는 완전히 가공된 mRNA:
A. 원핵생물 mRNA
B. 진핵생물 mRNA

(4) 먼쪽 끝(즉, 3′ 말단) 부근의 암호화 영역 말단의 **종결코돈**(termination codon) 또는 **중지코돈**(stop codon)(**UAA**, **UAG** 또는 **UGA**)

(5) 많은 아데닌 뉴클레오티드로 이루어진 **폴리-A 꼬리**(poly-A tail)

(6) G-캡 이후 그리고 암호화 서열 이전에 짧은 **비번역** 또는 **비암호화 부위 I**이 존재할 수 있다. mRNA의 5′ 끝의 번역되지 않은 서열은 개시코돈의 시작 앞에 있기 때문에 **선도서열**(leader)이라 부른다.

선도 부위에는 mRNA가 리보솜에 결합하는 리보솜 결합 부위가 있다. 3′ 말단부의 비번역 서열은 **꼬리서열**(tailer) 또는 **비암호화 부위 II**이다. 그것은 종결코돈 다음에 존재한다. 선도서열과 꼬리서열은 번역되지 않지만, 이것들의 존재는 암호화 영역에 암호화된 정보의 번역에 필수적이다.

3) mRNA의 이질성

mRNA의 분자는 다른 분자량을 갖는 다른 크기로 생성되기 때문에 서로 상이하다. 이러한 상이성(heterogeneity)은 두 가지 주요 요인에 의해 결정된다.

(1) 시스트론(cistron)의 크기와 수

(2) 코돈으로 표현되어 있는 단백질 분자의 크기

시스트론의 수에 기초하여, 2가지 유형의 mRNA가 밝혀졌다.

- **단일시스트론**(monocistronic) **mRNA** 분자는 하나의 완전한 단백질을 암호화하는 단일시스트론의 코돈을 포함한다. 진핵생물에서 mRNA는 단지 하나의 폴리펩티드 사슬에 대한 정보만을 가지고 있다. 이것은 하나의 시스트론(유전자)에서 전사되고 하나의 개시코돈과 하나의 종결코돈을 가지기 때문에 단일시스트론(monogenic, 단일 유전자)이다.
- **폴리시스트론**(polycistronic) **mRNA** 분자는 서로 가깝게 놓인 하나 이상의 시스트론에 대한 코돈을 포함한다. 이 유형의 mRNA는 하나 이상의 폴리펩티드 사슬을 합성한다. 따라서 폴리시스트론 mRNA 분자는 일련의 시작 및

표 10.4 원핵세포 및 진핵세포 mRNA의 차이

특징	원핵 mRNA	진핵 mRNA
1. 유형	폴리시스트론 또는 단일시스트론일 수 있음	오직 단일시스트론
2. 5′ 메틸화 G-캡	없음	존재하고 리보솜 결합 부위로 작용
3. 리보솜 결합 부위 또는 샤인 달가노(Shine Dalgarno) 서열	있음	없음
4. 3′ 말단의 폴리-A 꼬리	없음	있음

종결코돈을 가지고 있어야 한다. 만약 단일 mRNA 분자가 3개의 단백질을 암호화한다면, 최소 요구 조건은 다음의 서열일 것이다:

시작코돈, 단백질 1, 종결코돈–시작코돈, 단백질 2, 종결코돈–시작코돈, 단백질 3, 종결코돈

첫 번째 서열 두 번째 서열 세 번째 서열

이러한 mRNA 분자에서, 제1 시작 신호의 앞쪽에 존재하는 선도서열(leader sequence)은 수백 개 염기의 길이일 수 있으며, 일반적으로 하나의 종결코돈과 다음 시작코돈 사이에 5 내지 20 염기의 스페이서라 불리는 서열이 존재한다. 3시스트론(tricistronic) mRNA의 구조는 그림 10.6과 같다. 히스티딘의 대사를 위한 mRNA 분자는 10개의 특정 효소의 합성을 암호화한다.

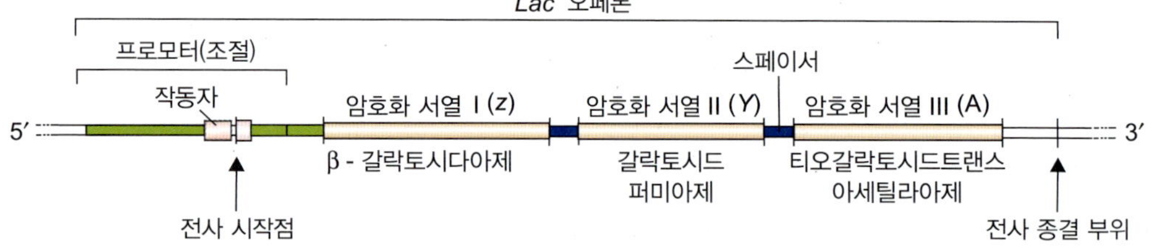

그림 10.6

*E. coli*의 전형적인 폴리시트론인 젖당오페론(lac operon) 유전자에서 조절 요소와 암호화 서열 또는 시스트론의 배열

4) mRNA의 생합성

Pre-mRNA의 가공은 **작은핵 RNA(snRNAs)**에 의해 수행된다.

mRNA의 합성은 2개의 DNA 가닥 중 하나를 사용하여 이루어진다. 이것은 3′ → 5′ 폴리뉴클레오티드 가닥 위에서 5′ 말단에서 3′ 말단 방향으로 수행된다. ***RNA 중합효소***는 DNA 시스트론의 구조 유전자의 **개시 부위**(initiation site) 또는 **프로모터 말단**(promoter end)에 붙어 RNA 합성을 촉매한다. DNA에서 mRNA를 합성하는 현상을 **전사**(transcription)라고 한다.

Pre-mRNA 가공: 진핵생물에서 mRNA는 핵 내부에서 이형핵 RNA(hnRNA)로 합성된다. 이 분자들은 기능을 갖는 mRNA 분자보다 크기가 훨씬 크다. 왜냐하면 이들은 인트론과 엑손 모두의 사본이기 때문이다. 이것을 **1차 전사체**(primary transcript)라 한다. pre-mRNA 분자의 5′ 말단에 7-메틸 구아닌을 갖는 뉴클레오티드 캡이 독특한 5′-5′ 결합에 의해 부착된다. 이어서 약 50 내지 250 뉴클레오티드의 폴리아데닐산(**폴리-A**) 서열이 각 1차 전사체의 3′ 말단에 첨가되고 인트론 부위가 잘려나간다. 그리고 전사체의 엑손이 연결된다. 이러한 폴리-A (+) mRNA 분자는 세포질로 확산되어(그림 10.7) mG 캡을 갖는 성숙한 mRNA가 생성된다.

5) mRNA의 수명

원핵생물에서 mRNA의 수명은 매우 짧다. 박테리아의 경우 약 2분 정도이다.

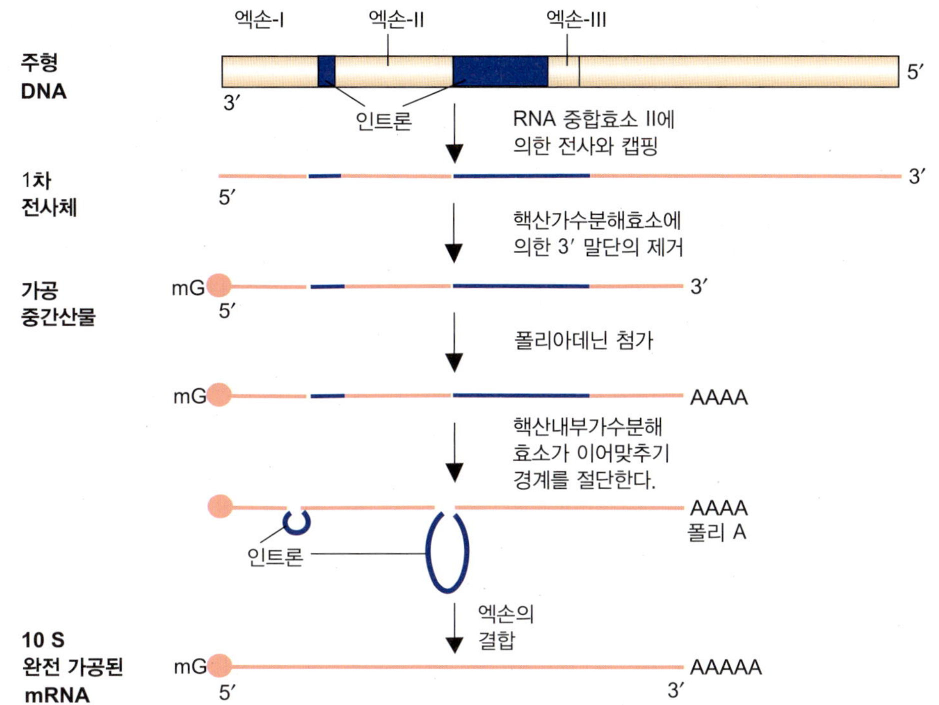

그림 10.7
진핵세포에서 1차 전사체로부터 mRNA의 생성

그러나 진핵생물에서 mRNA는 대사적으로 더 안정적이며 여러 시간 동안 심지어 며칠 동안 작용할 수 있다.

6) 인포모솜(informosome)

진핵생물에서 mRNA는 단백질과 결합하여 리보핵단백질(ribonucleoprotein) 복합체를 형성한다. 이 복합체 중 일부는 폴리리보솜에 부착되지 않고 세포질에 자유롭게 남아 있다. **스피린**(Spirin)은 이것들을 **인포모솜**(informosome)이라고 명명하였다. 이것들은 매우 안정적이며 세포질에 며칠 동안 남아 있을 수 있다. 이들의 안정성은 각 mRNA 분자 주위를 싸고 있는 단백질이 존재하기 때문이다. 인포모솜에서 단백질과 mRNA는 4∶1의 비율로 발견된다. 이들은 80S 또는 그 이하의 입자 형태로 존재한다.

7) 전령 RNA(mRNA)의 역할

단백질 합성에 대한 유전정보는 유전자의 DNA에 암호화되어 있다. 그것은 핵 속에 존재하는 DNA의 뉴클레오티드 서열에 저장되어 있다. 단백질 합성은 세포질에서 일어난다. DNA의 뉴클레오티드 서열은 폴리펩티드 사슬의 아미노산 서열을 결정한다. **전령 RNA**(mRNA)는 DNA에서 단백질로의 정보 흐름의 매개체 역할을 한다.

mRNA는 유전자의 **주형가닥**이라 불리는 3′ → 5′ DNA 가닥의 상보적 복제물로 이루어진다. mRNA는 5′ → 3′ 방향으로 합성된다. 전사되지 않는 DNA의 5′ → 3′ 가닥을 **암호가닥**(coding strand) 또는 **역주형가닥**(antitemplate strand)이라고 한다. 이것은 RNA 전사체에서 T가 U로 대체된다는 점을 제외하고는 RNA 전사체와 동일한 염기서열을 가진다. DNA의 **비암호화**(noncoding) 또는 **주형가닥**으로부터 RNA를 형성하는 과정을 **전사**(transcription)라고 한다. mRNA의 뉴클레오티드 서열은 전사되는 염기서열에 상보적이다. 이것은 mRNA가 유전자 자체와 동일한 정보를 보유하고, 유전정보는 거대하고 이동하지 않는 DNA 분자의 부분으로 핵 속에 남아 있다는 것을 의미한다. 정보는 비교적 작고 움직일 수 있는 mRNA에 전달된다. 이 mRNA는 핵에서 세포질로 이동하여 단백질 합성에 참여한다. **가모브**(Gamow)는 세 개의 염기서열이 폴리펩티드 사슬의 하나의 아미노산을 암호화하는 것을 발견했다. 그것은 DNA와 mRNA의 아미노산에 대한 암호서열이 뉴클레오티드 삼중염기이고 각 삼중염기가 하나의 코돈을 형성함을 의미한다.

한 분자의 DNA는 많은 mRNA 분자를 위한 주형으로 사용되며, 각 mRNA 분자는 많은 수의 폴리펩티드 사슬을 생성하기 위한 주형으로 사용된다.

2. 리보솜 RNA(Ribosomal RNA, rRNA)

1) 존재

리보솜 RNA(rRNA)는 세포 RNA의 대부분을 차지한다(세포의 총 RNA 중량의 80% 이상). 이것은 핵산단백질 분자인 리보솜에 존재한다.

2) rRNA의 구조

rRNA는 접힘과 상보적인 염기쌍에 의해 3차원 구조를 형성한다. 일부 리보솜 단백질은 rRNA에 강하게 결합한다. 각각의 단백질이 결합함에 따라 rRNA의 구조적 변화를 유도하고 그래서 다른 단백질이 그것에 결합할 수 있게 된다.

3) rRNA의 종류

진핵세포의 리보솜 내부에 존재하는 rRNA는 3가지 다른 크기를 갖는 입자 형태로 존재한다. 이들을 각각 28S, 18S 및 5.8S라 한다. 28S와 5.8S 분자는 리보솜의 큰 단위체(60S 단위체)에 존재하는 반면, 18S 분자는 리보솜의 작은 단위체(50S 단위체)에 존재한다. rRNA 28S 분자는 분자량이 $1.5 - 1.8 \times 10^6$ 달톤인 반면 18S 입자는 0.7×10^6 달톤에 불과하다. 원핵세포에는 분자량이 각각 1.2×10^6, 3.5×10^4, 0.6×10^6 달톤인 23S, 5S 및 16S rRNA만 존재한다. 리보솜 내부에서 rRNA는 그림 10.8과 같이 접혀 있다.

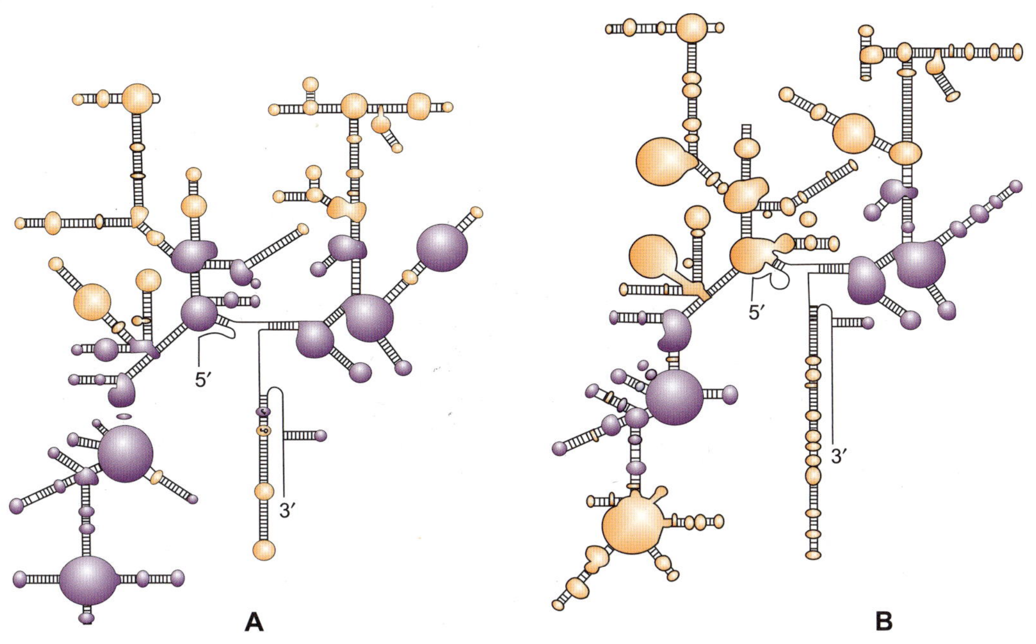

그림 10.8
rRNA 한 분자의 접힘을 보여주는 그림:
A. 원핵생물인 *E. coli*의 16S rRNA;
B. 진핵생물인 효모 세포의 18S rRNA

4) rRNA의 염기 조성

rRNA는 tRNA 및 mRNA와 염기 조성이 다르다. 이것은 구아닌과 시토신이 상대적으로 풍부하다. *E. coli*의 rRNA의 염기 성분은 아데닌 21: 우라실 19: 구아닌 37: 시토신 23의 몰비를 갖는다.

5) 리보솜 RNA의 생합성

세포는 수백만 개의 리보솜을 가지고 있으며 각 리보솜은 여러 분자의 rRNA를 포함하고 있다. rRNA를 암호화하는 DNA 서열은 일반적으로 **직렬 반복 배열**(tandem arrangement)로 수백 번 반복된다. 이 DNA를 **rDNA**라고 한다. 하나 이상의 **핵인**(nucleoli)에 모여 있다. 따라서 핵인은 리보솜-생산 소기관이다. rDNA를 포함하는 염색체의 부분을 **핵인 형성체**(nucleolar organizer)라고 한다. 박테리아에서 약 10~20개의 시스트론이 rRNA 합성과 관련이 있지만, 진핵생물에서는 210~2,100개의 밀집된 rDNA 시스트론이 rRNA 합성에 관여한다. rRNA 합성 과정은 다음 단계를 포함한다:

표 10.5 다양한 생명체에서 rRNA 유전자의 수

종	rRNA 유전자 사본 수
대장균	1
효모	100~200
개구리	450
인간	280

1. rRNA 전구체의 합성: rRNA 전구체는 ***RNA 중합효소***의 도움을 받아 rDNA 시스트론에서 짧은 원섬유(fibril) 형태로 합성된다. 전자현미경으로 관찰하면, 이 섬유들은 '크리스마스트리' 사슬처럼 보인다. 약 100개 정도의 원섬유가 '크리스마스트리 줄기'의 한쪽 끝에서 다른 쪽 끝으로 점차적으로 길이가 늘어나기 때문이다. 더 짧은 원섬유는 전사의 개시 지점에 더 가깝게 위치하고 더 긴 원섬유는 전사의 완료 지점에 더 가깝다. 완성된 RNA 원섬유는 **rRNA 전구체**(rRNA

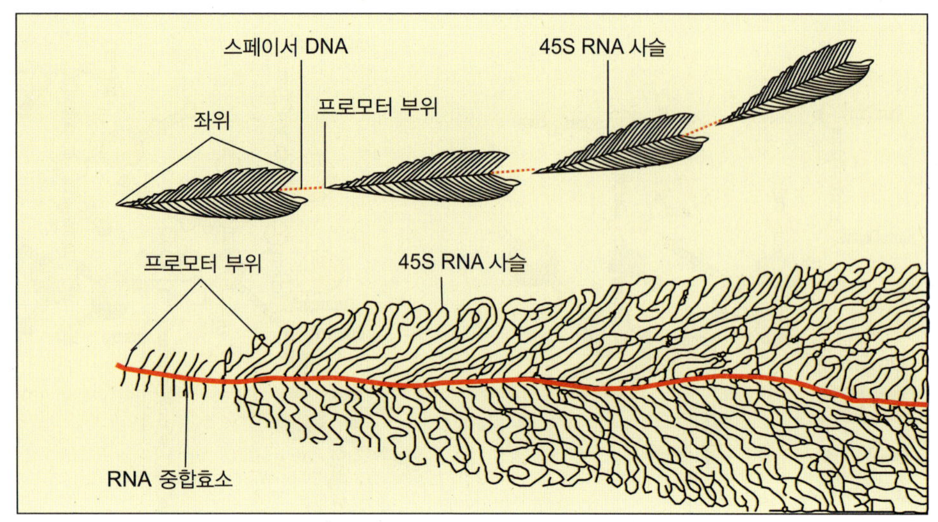

그림 10.9
rDNA 부위의 전자현미경 사진. 크리스마스트리 모양을 하는 원섬유 형태인 rRNA의 전사를 보여준다.

precursor) 또는 **1차 전사체**(primary transcript)라 불린다.

2. rRNA 전구체의 가공: 4개의 rRNA 분자 중 3개(28S, 18S 및 5.8S)는 **pre-rRNA**라고도 부르는 하나의 1차 전사체로 합성된다. 5S rRNA는 핵인 외부의 별도 RNA 전구체에서 합성된다. rRNA의 1차 전사체는 약 13킬로베이스(즉,

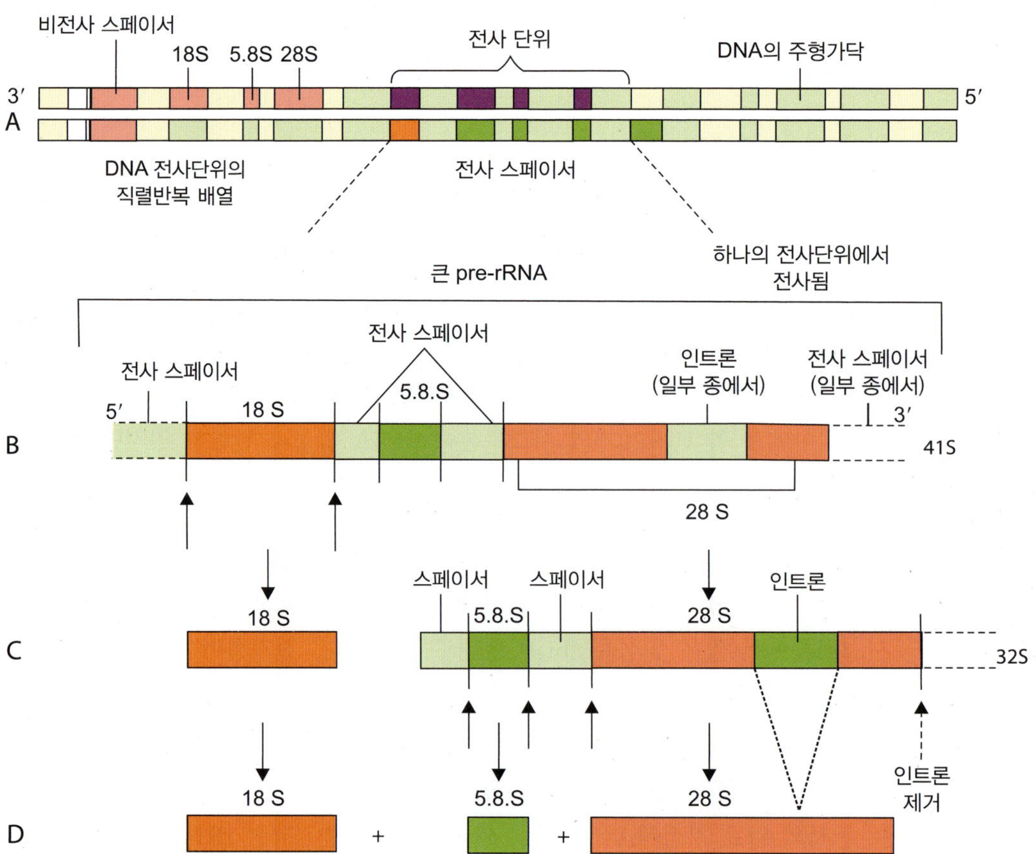

그림 10.10
리보솜 RNA의 가공:
A. 3개의 큰 rRNA에 대한 유전자의 여러 사본이 직렬 반복 배열로 존재하는 진핵생물의 전사 단위. 비전사 스페이서가 각 단위를 분리한다.
각 전사 단위는 3개의 rRNA에 대한 유전자와 4개의 비전사 스페이서를 포함한다.
B. 약 45S의 침강계수를 갖는 큰 pre-rRNA 하나의 긴 1차 전사체;
C와 D. RNA 가공으로 성숙한 18S, 5.8S 및 28S rRNA 분자가 생산된다. 실제로 RNA 절단이 일련의 부위에서 발생하는데 절단 위치를 작은 수직 화살표로 표시하였다.

13,000 뉴클레오티드로 이루어진)의 45S 분자이다. 45S rRNA의 가공은 핵인의 내부에서 일어난다. 이것은 단백질과 단단히 결합하여 **리보핵단백질 입자**(ribonucleoprotein particle, RNP)를 형성한다. 45S rRNA는 다음과 같은 4가지 주요 절단 과정을 거친다:

- 1차 전사체(45S RNA)의 **첫 번째 절단**이 부위 I에서 일어나고 5′ 말단의 선도 서열이 제거되고 **41S 중간체**가 생산된다.
- **두 번째 절단**은 41S 중간체의 부위 2와 부위 3에서 일어난다. 부위 2의 절단으로 **32S 중간 산물**이 생성된다.
- **최종 가공 단계**는 32 중간체를 rRNA의 28S 그리고 5.8S 절편으로 분리하는 과정이 포함된다. 28S와 5.8S rRNA는 단백질과 함께 큰 리보솜 단위체를 형성한다.

- 진핵세포 rRNA의 절단 및 변형은 작은핵RNA(SnoRNAs)에 의해 수행된다.
- SnoRNA는 핵인 내부의 단백질과 결합하여 리보핵단백질(ribonucleoprotein) 입자(SnoRNPs)를 형성한다.
- 일부 SnoRNA는 다른 단백질 암호화 유전자의 인트론에 존재하는 서열에 의해 암호화되어 있다.

3. 5S rRNA의 합성 및 가공: 5S rRNA는 약 120 뉴클레오티드 길이이다. 핵인의 외부에서 생성된다. 5S rRNA에 대한 rDNA는 핵인 형성체(nucleolar organizer) 외부에 존재한다. 이 뉴클레오티드 또는 유전자도 직렬 반복 배열을 하고 있다. 5S rRNA의 전사 과정에는 ***RNA 중합효소-III***와 TFIIIA, TFIIIB 및 TFIIIC의 세 가지 인자가 필요하다. TFIIIA 인자는 특별히 rRNA 전사의 개시에 필요하다.

기능: **rRNA**의 기능은 알려져 있지 않지만 최근의 증거에 따르면 rRNA의 단위체 중 하나가 DNA에서 mRNA를 방출하는 역할을 한다고 한다. 가장 큰 rRNA 분자(원핵세포에서 23S, 진핵세포에서 28S)는 아미노산 간의 펩티드 결합의 형

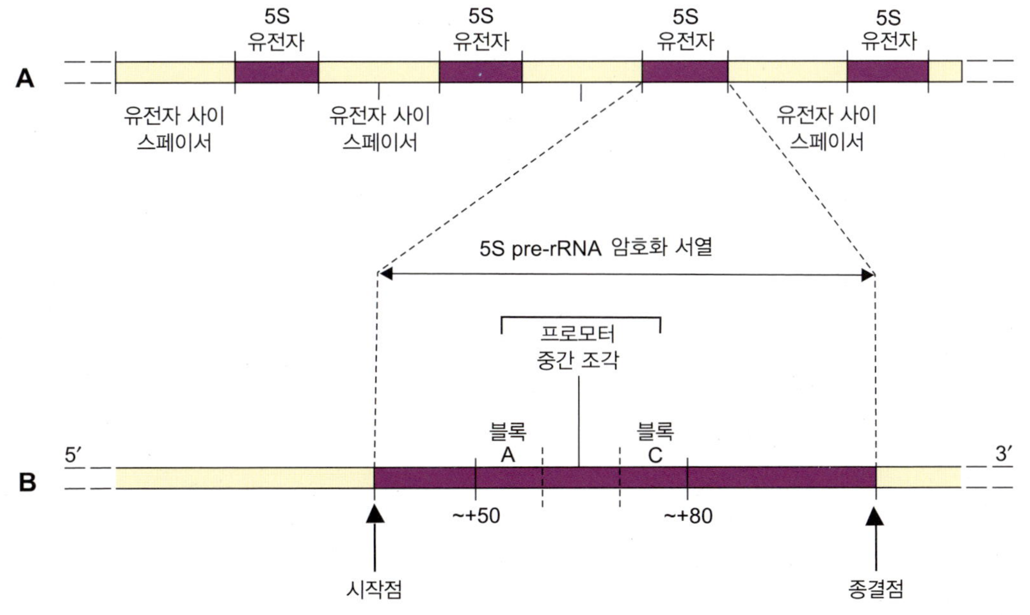

그림 10.11

5S pre-rRNA 유전자 클러스터:
A. DNA에서 5S 유전자와 유전자 간 스페이서의 직렬 반복 양식;
B. 초파리(*Drosophilia*)에서 두 5S 유전자 사이의 비전사 스페이서 부위의 서열 배열.

성을 촉매하는 ***리보자임***(*ribozyme*)이다. 이것은 ***펩티드기전달효소***(*peptidyl transferase*)로 작용한다.

3. 운반 RNA(tRNA)

운반 RNA는 약 60개(박테리아에서 30~40개)의 작은 크기의 리보핵산 집단이다. 그들은 mRNA상의 하나 또는 그 이상의 코돈을 인식할 수 있으며, 21개의 활성화된 아미노산에 대해 높은 친화성을 나타내어 이들과 결합하여 단백질 합성 부위로 운반한다. tRNA 분자는 **가용성 RNA**(soluble RNA) 또는 **상등액 RNA**(supernatant RNA) 또는 **어댑터 RNA**(adaptor RNA)로 다양하게 명명되었다. tRNA는 세포의 RNA 총 중량의 약 10~15%이다.

1) tRNA의 특성

tRNA 분자는 다음과 같은 특성을 갖는다:

- tRNA 분자는 75~95개의 뉴클레오티드를 포함하여 가장 작다.
- 이들의 침강 계수는 4S이며 분자량은 24,000에서 31,000달톤이다.
- tRNA 분자의 폴리뉴클레오티드 사슬은 **–OH 말단**을 갖는 3′ 말단과 **일인산 말단**인 **5′ 말단**을 갖는다(다른 RNA이 5′-삼인산기를 갖는 것과 다르다).
- 폴리뉴클레오티드 사슬은 내부의 상보적 염기쌍으로 인해 2차 그리고 3차 접힘 구조를 갖는다. 결과적으로, tRNA 분자는 뒤틀린 클로버 잎과 비슷한 정밀한 L자 모양의 **3차원 구조**를 갖는다. 1965년 **홀리**(R.W. Holley)는 tRNA 분자의 **클로버잎 모델**을 제안했다. 이로 인해 그는 1968년 **코라나**(Khorana)와 **니런버그**(Nirenberg)와 함께 노벨상을 수상하였다.
- 두 팔의 염기 중 일부가 서로 간에 꼬여 있다.
- tRNA 폴리뉴클레오티드 사슬의 3′ 말단을 **수용 말단**(acceptor end)이라 한다. **CCA** 염기서열로 끝난다. 이것은 활성화된 아미노산이 부착되는 부위이다. 사슬의 5′ 끝은 구아닌 염기로 끝난다.
- 각 tRNA 분자 사슬에서 굽은 부위는 정해진 3개의 질소 염기서열을 포함하는데 이것이 **안티코돈**(anticodon)을 구성한다. 이 부위가 mRNA의 코돈을 인식한다.
- tRNA의 클로버 잎은 3차원 공간을 채우는 L자 구조를 형성하기 위해 자체적으로 접힌다.

- 1956년 프란시스 크릭(Francis Crick)은 단백질 합성 과정에서 어떤 분자가 아미노산을 리보솜으로 운반하고 mRNA의 코돈과 상호 작용한다는 아이디어를 제안했다.
- 1963년에 이런 어댑터 분자의 존재가 확인되었다. 이것을 **운반 RNA**(tRNA)라고 불렀다.
- tRNA는 mRNA의 유전 암호와 폴리펩티드 사슬의 아미노산 사이의 연결 고리 역할을 한다.
- RNA의 일부 분자는 단백질 합성 과정에서 아미노산을 리보솜으로 운반하고 mRNA의 코돈과 상호 작용한다.

2) tRNA의 클로버잎 모델

tRNA의 2차구조는 왓슨-크릭의 염기쌍 짝짓기를 갖는 4개의 줄기를 가진 클로버잎과 닮았다. 4개의 줄기 중 3개가 단일가닥의 고리로 끝난다. 이러한 고리 구조를 가진 줄기를 tRNA의 **팔**(arm)이라 부른다. 따라서 tRNA 분자는 다음과 같은 4개의 팔을 가지고 있다:

(1) 수용체 팔(acceptor arm) 또는 아미노산 팔(amino acid arm): 7개의 염기쌍으로 이루어지며 tRNA 폴리뉴클레오티드의 5′과 3′ 말단 모두를 가지고 있다. 5′ 말단은 **일인산 구아노신 말단**(monophosphate guanosine terminus)을 가지며, 3′ 말단은 끝에 −OH를 갖는 짝이 없는 삼중염기 CCA를 갖는다. 아미노산의 −COOH 그룹이 ATP의 존재하에서 CCA의 아데노신 염기의 −OH 그룹과 결합하여 **아미노아실 tRNA**(amino acyl tRNA)를 형성한다. 이 형태는 모든 tRNA 분자에 공통적이다. 그러므로 수용체 팔의 3′ 말단을 **운반 말단**(carrier end)이라고 한다.

(2) 안티코돈 팔(anticodon arm): 7~11개의 쌍을 이루지 않는 염기로 구성된 고리 모양의 구조이다. 아미노산 팔의 반대편에 위치한다. 11개의 질소 염기 중 고리 중앙에 위치한 3개는 mRNA 분자의 삼중 코돈과 상보적이다. mRNA 사슬의 삼중 염기를 **코돈**(codon)이라 부르므로, tRNA 분자에 있는 상보적인 삼중 염기를 **안티코돈**(antiicodon)이라고 한다. 안티코돈은 mRNA의 적합한 코돈을 읽고 일시적으로 그곳에 결합한다. 따라서 이 팔의 끝부분을 **인식 말단**(recognition end)이라고 한다.

(3) DHU 팔(디히드로우리딘 팔, dihydrouridine arm): 5 bp로 구성된 줄기와 약 10개의 뉴클레오티드의 D-고리로 구성된다. 고리에 우리딘에서 유래한 변형된 리보핵산-디히드로우리딘(ribonucleotide-dihydrouridine)이 존재하기 때문에 이 이름을 얻게 되었다. D-고리는 특정 아미노산 활성화 효소가 결합하는 효소 인식 부위를 가지고 있는데 이 효소는 특정한 아미노산과 tRNA 분자와의 결합을 촉매한다.

(4) TψC 팔 또는 TψCG 팔: 변형된 리보뉴클레오티드인 리보티미딜염(ribothymidylate)과 슈도우리딜염(pseudouridinylate, ψ)이 존재하므로 이름지어졌다. 리보솜에 부착하기 위한 자리를 가진 tRNA의 고리-유사(loop-like) 또는 머리핀(hairpin) 팔이다. 이 부위는 모든 tRNA 분자에 공통적이다. 그 **줄기**는 5개의 염기쌍을 가지며 T(리보티미딘, ribothymidine), ψ(슈도우리딘, pseudouidine), 시토신, 구아닌의 특정 염기서열을 가진 7개의 질소 염기가 있는 **말단 고리**로 구성된다.

(5) 가변 팔(variable arm): 4~21개의 뉴클레오티드를 포함한다.

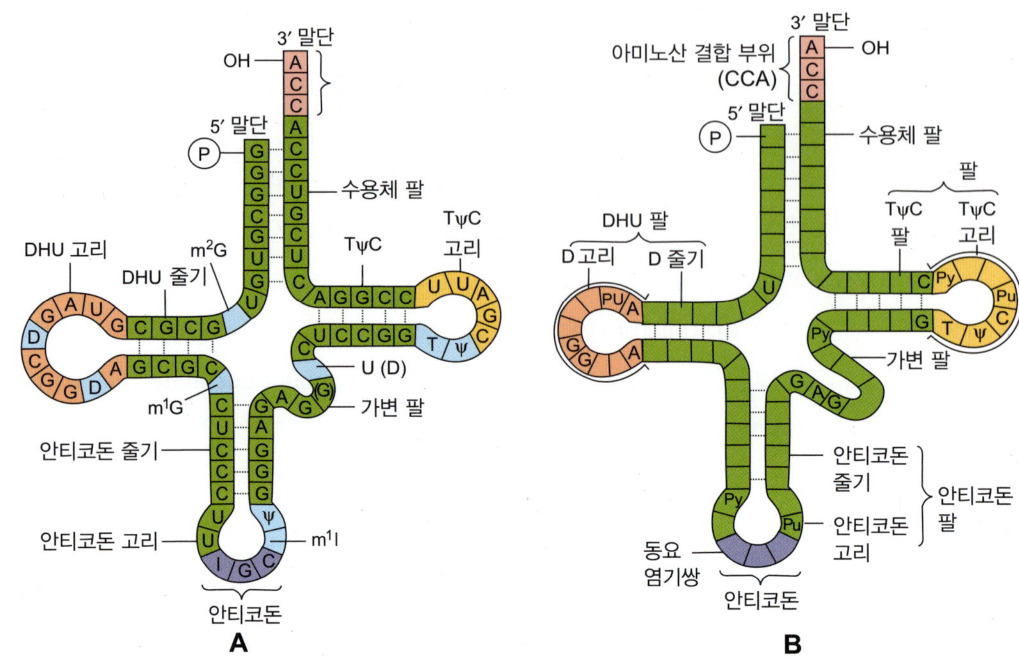

그림 10.12

A. 홀리(Holly)에 의해 결정된 효모 진핵생물 알라닌 tRNA 분자의 클로버잎 모델. tRNA에 존재하는 변형된 질소 염기는 9-이노신, ψ-슈도우리딘, T-리보티미딘, MeI-메틸이노신, MeG-1-메틸구아노신, DiMeG-N²-디메틸구아노신, DiHu-5, 6-디히드로우리딘이다. 일반적 염기는 아데닌(A), 우리딘(U), 시토신(C) 및 구아닌(G)이다:

B. tRNA 구조: 각 tRNA 분자는 그림에 표시된 4개의 특수 부위를 가지고 있다. (i) tRNA의 수용체 팔은 아미노산 결합 부위를 나타내고; (ii) DHU-고리는 아미노산을 인식하는 특수한 부위를 나타낸다; (iii) 안티코돈 고리는 코돈을 인식하는 부위(안티코돈)를 가지고 있다. 그리고 (iv) TψC는 리보솜 인식 부위를 가지고 있다.

(6) TψC 고리는 리보솜 RNA와 상호 작용하는 것으로 생각되고 L의 모서리에 있다.

(7) 염기의 절반은 이중가닥 나선 영역에 있지 않지만 5개(16, 17, 20, 47 및 76)를 제외한 모든 염기가 쌓여 있다. 단일가닥 3′ 말단 부분의 염기조차도(말단 아데닌 제외) 쌓여서 포개져 있다.

(8) 클로버잎 모델에서는 보이지 않는 9개의 염기쌍이 있다. 이들은 3차원 접힘을 담당하기 때문에 **3차 염기쌍**(tertiary base pair)이라고 한다. 이 중 하나, 즉 G · C쌍만이 표준 왓슨-크릭 짝짓기를 한다.

(9) 위에 기술된 3차 염기쌍 이외에, 3차구조는 염기와 다른 리보오스 단위 간의 그리고 서로 다른 뉴클레오티드의 리보오스 단위 사이의 수소결합에 의해 안정화된다.

부가 설명: tRNA 분자의 구조적 유사성

두 가지 관찰을 통해 모든 tRNA 분자가 구조적으로 유사할 것으로 추측된다.

1. 대부분의 3차 염기쌍은 모든 tRNA 분자에서 보존된 염기에서 형성된다.

2. 다른 tRNA 분자가 함께 결정화되어 균일한 결정을 형성할 수 있다.

이러한 혼성 결정을 저해상도 X-선 결정학으로 분석해 보면 두 종류의 분자가 존재한다는 것을 알 수 없다. 또한 한 종류의 분자를 이용한 결정과 동일한 분자 구조를 갖는다. 이것은 모든 tRNA 분자가 구조적으로 유사함을 시사한다.

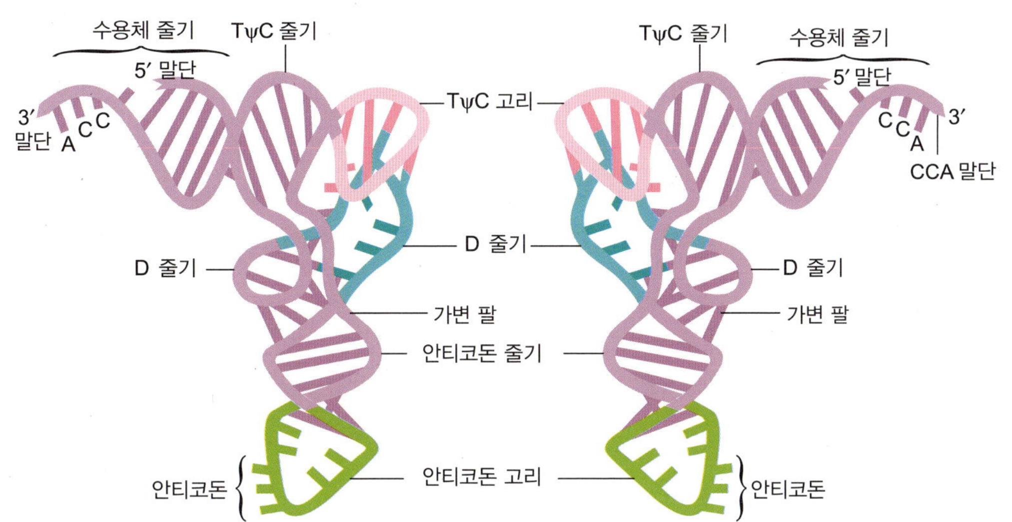

그림 10.13
X선 회절로부터 예측한 효모 tRNA의 3차원 구조를 서로 반대쪽 측면에서 본 이미지(거울 이미지)

표 10.6 RNA 종류의 차이점

특징	리보솜 RNA(rRNA)	전령 RNA(mRNA)	운반 RNA(tRNA)
1. 세포의 전체 RNA 중 %	약 80%	약 5%	약 15%
2. 분자의 길이	다양	제일 길다	제일 짧다
3. 분자 모양	매우 꼬임	직선	클로버잎과 유사, L자 모양으로 접힘
4. 종류	6종류	다양	약 60가지
5. 수명	길다. 번역 과정 중 계속 재사용된다.	매우 짧다. 2분에서 4시간. 번역 후 분해된다.	길다. 번역 과정 중 계속 재사용된다.
6. 기능	리보솜의 한 부분으로 단백질 합성 중 mRNA를 리보솜에 결합시키는 역할을 한다.	DNA로부터 암호화된 정보를 단백질 합성을 위해 세포질로 가져오는 역할을 한다.	아미노산 운반체로서 역할을 한다. 활성화된 아미노산을 리보솜 위의 mRNA로 이동시킨다.

3) tRNA의 비정상적인 염기쌍

RNA의 일반적인 염기(시토신, 구아닌, 아데닌 및 우라실) 이외에, 각 tRNA 분자는 몇 가지 특이한 염기를 가지고 있다. 그들 중 일부는 **디하이드로우리딘**(dihydrouridine, DHU), **리보티미딘**(ribothymidine, T), **슈도우리딘**(pseudouridine, 우라실의 N-1 대신에 C-5에 리보오스가 붙음), **이노신산**(inosinic acid, 아데닌의 N-1에 메틸기가 붙음), **메틸구아닌**(methylguanine, 구아닌의 N-1에 메틸기가 붙음), **디메틸구아닌**(dimethylguanine) 그리고 **메틸아미노퓨린**(methyl aminopurine) 등이다.

특이한 염기의 역할

(i) 이러한 희귀한(특이한) 뉴클레오티드의 존재는 tRNA와 mRNA의 짝짓기에 영향을 미치지 않는다.

(ii) 이들은 열려 있는 tRNA 고리에서 분자내 염기쌍 형성을 방지하거나 ***아미노아실 tRNA 합성효소***(*aminoacyl tRNA synthetase*)가 인식하는 것을 돕는다.

(iii) 안티코돈의 변형은 동요 염기쌍(wobble pairing)에 영향을 미친다. 예를 들어, 이노신(I)은 U, C 및 A, 3 가지 염기 중 어느 것과도 쌍을 이룰 수 있다.

그림 10.14

tRNA에서 변형된 염기의 구조.
(a) 메틸화된 퓨린뉴클레오시드
(b) 일반적인 우리딘 뉴클레오시드와 그 유도체

(a)

구아닌 리보오스

1-메틸이노신

구아닌 리보오스

1-메틸구아노신

구아닌 리보오스

N^2, N^2-디메틸구아노신

아데닌

N^6, N^6-디메틸아데닌

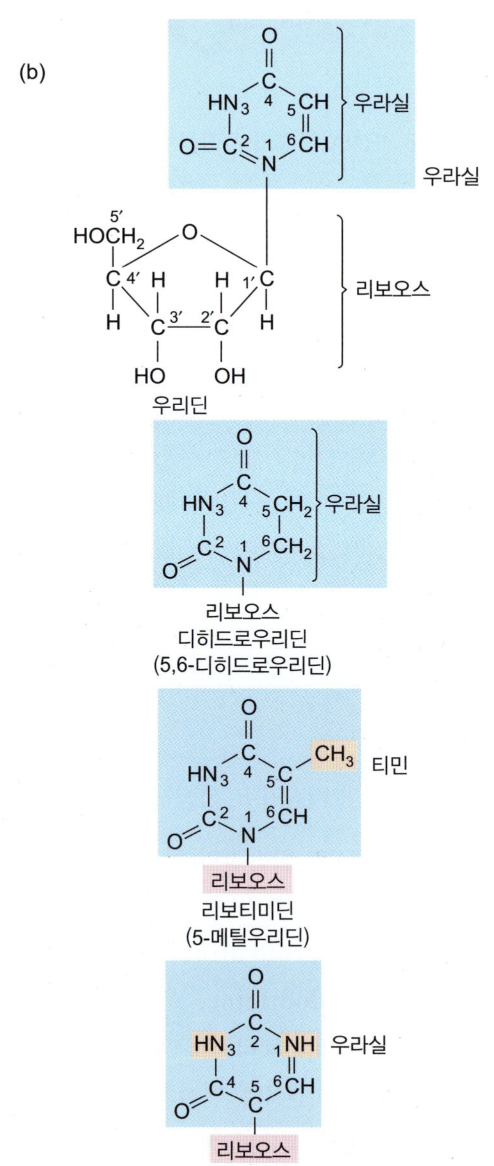

tRNA 분자는 활성 및 비활성 형태로 존재할 수 있다. 비활성 tRNA 분자는 사슬의 3′ 말단의 C−C−A 서열의 질소 염기가 전체 또는 부분적으로 결여되어 있다. 이 뉴클레오티드 서열을 첨가하면 비활성 tRNA 분자가 활성화된다. 이 과정은 시티딘삼인산염(cytidine triphosphate, **CTP**)과 아데닌삼인산염(adenine triphosphate, **ATP**)에 의해 조절된다.

4) tRNA의 전사 및 가공

약 40~80개의 유전자 또는 시스트론이 박테리아에서 tRNA 합성에 관여하고 초파리(*Drosophila*)에서는 55개가 관여한다. 이들은 *E. coli* 의 염색체에 흩어져 있다. *E. coli*에서 일부 tRNA의 유전자는 단일 사본으로 존재하지만, 다른 tRNA의 경우 세포당 여러 사본이 존재한다.

몇몇 tRNA 분자는 DNA의 특정 영역에서 하나의 큰 전구체 tRNA로 합성된다. 그 후 조각으로 절단되어 각각 하나의 tRNA로 나타난다. 처음에는 각 tRNA 분자의 염기 조성 및 서열이 이에 해당되는 DNA의 시스트론에 대해 상보적이다. 그러나 DNA로부터 tRNA가 완전히 전사된 후 특정 시점에서 질소 염기가 효소 작용에 의해 변형된다.

- 다른 tRNA는 다른 방식으로 가공된다.
- tRNA 가공은 절단, 이어맞추기, 염기 첨가 그리고 염기 변형을 포함한다.

기능: 운반 RNA는 단백질 합성에서 중요한 역할을 한다. 세포질에서 특정(활성화 된) 아미노산을 잡아서 단백질 합성 부위로 운반하고, mRNA에 의해 지정된 서열에 따라 리보솜에 붙는다. 최종적으로 합성 중인 폴리펩티드 사슬에 아미노산을 전달한다. 세포는 아미노산 코돈을 인식하기 위해 최소 32개의 tRNA가 필요하지만 일부 세포는 32개 이상의 tRNA 분자를 사용한다.

10.5 다른 유형의 RNA

위에서 설명한 세 가지 유형의 RNA 외에도 다음과 같은 유형의 RNA가 발견되었다.

(1) 작은핵 RNAs(snRNAs): 100~215개의 뉴클레오티드로 구성된 작은 RNA 분자이다. 이들은 진핵세포의 핵에서 발견된다. 이들은 DNA 복제와 새롭게 길게 전사되는 이형핵 RNA 분자의 가공에 중요하다.

(2) 유전성 RNA: 일부 바이러스에서는 RNA가 유전물질이다. 이것은 유전 청사진을 가지고 있다. 일부 바이러스에서는 유전성 RNA가 단일가닥이지만 어떤 경우에는 이중가닥이다.

(3) 효소 RNA(enzymatic RNA) 또는 리보자임(ribozyme): **토마스 체크**(Thomas Cech)와 **시드니 알트만**(Sidney Altman, 1983 및 1985)은 독립

부가 설명: 리보자임

미국의 생화학자인 **토마스 체크**(Thomas Cech)와 그의 동료들은 1981년 원생동물인 *Tetrahymena thermophila*에서 특정 RNA 조각이 바이러스 RNA의 가닥에서 선택된 조각을 잘라내는 효소 또는 생체 촉매 역할을 한다는 것을 발견했다. 이들은 **리보자임**(ribozymes)으로 명명되었다. 토마스 체크는 이 발견으로 1989년 노벨 화학상을 수상했다. 효소와 마찬가지로 리보자임은 반응 중에 소모되지 않는다. 따라서 그들은 배양 중인 모든 바이러스가 파괴될 때까지 하나의 바이러스를 끊고 다시 다음 바이러스를 자를 수 있다.

기능적으로, 2가지 유형의 리보자임이 있다:

1. **분자내 촉매 작용**(intra-molecular catalysis)과 자체의 촉매 작용을 수행하는 리보자임은 접힌 구조를 가지고 있으며 자체 서열의 일부를 절단할 수 있다.
2. **분자간 촉매 작용**(inter-molecular catalysis)을 수행하는 리보자임은 스스로는 변형되지 않고 다른 분자에 작용한다. 이들은 몇몇 RNA 분자들과 결합할 수 있다.

많은 중요한 세포 반응이 리보자임에 의해 촉매된다:

1. hnRNA(heterogeneous nuclear RNA, 이형핵 RNA)의 성숙.
2. 리보솜 RNA 합성 유전자의 1차 RNA 전사체에서 불필요한 조각을 잘라냄.
3. 리보솜의 23S 및 28S rRNA는 원핵 및 진핵세포에서 폴리펩티드 사슬을 합성하는 동안 펩티드 결합의 형성을 촉매한다. 리보솜 RNA의 촉매 역할은 1980년대 초반 **체크**가 *Tetrahymena* 리보솜을 연구하는 동안, 그리고 **시드니 알트만**(Sidney Altman)이 RNase P를 연구하면서 확립되었다. rRNA의 촉매 역할을 최종적인 뒷받침하는 결과는 1992년 **해리 놀러**(Harry Noller)와 그의 동료들에 의해 이루어졌다.
4. 일부 리보자임은 몇몇 RNA 분자를 복제한다.
5. 아미노산 간의 펩티드 결합 형성을 촉매할 수 있다.

과학자들은 리보자임을 치료 목적으로 사용하기 위해 노력하고 있다.

적으로 특정 RNA가 생물학적 촉매로 작용한다는 것을 발견했다. 이것을 **리보자임**이라 부른다. 이것들은 **hnRNA**(이형핵 RNA, heterogeneous nuclear RNA)의 성숙과 관련이 있다. 리보솜의 23S 및 28S 리보솜 RNA도 원핵 및 진핵세포에서 폴리펩티드 사슬 합성 동안 펩티드 결합의 형성을 촉매하는 것으로 밝혀졌다.

1. 여러 종류의 RNA의 기능

(1) RNA는 단백질 합성에 필수적이다.

› mRNA는 전사에 의해 DNA로부터 유전정보를 받고, 핵에서 세포질로 나와 암호화된 정보를 결정된 아미노산 서열을 갖는 단백질로 번역한다.

› tRNA는 세포의 세포질에서 아미노산을 골라서 중합을 위해 특정 위치

mRNA 주형의 특정 위치로 가져온다.

› rRNA는 단백질과 함께 리보솜의 구조적인 구성 요소를 형성하고 mRNA와 tRNA가 부착할 수 있는 장소를 제공한다

(2) TMV, HIV 및 인플루엔자 바이러스에서 RNA는 유전물질로 작용한다.

(3) **작은핵 RNA(snRNA)**는 DNA 복제 중에 형성되며 DNA 복제에 필수적이다.

(4) **리보자임**은 생물학적 촉매로 작용한다. 이것은 이형핵 RNA가 기능적인 mRNA 분자로 성숙하기 위해 필요하다. 일부 리보자임은 폴리펩티드 사슬의 합성 동안 펩티드 형성을 제어한다.

문 제

1. RNA란 무엇인가? 이것의 구조에 대해 토론하시오. DNA와 어떻게 다른가?
2. 세포에서 발견되는 여러 종류의 RNA에 대한 간단히 설명하시오. 이 RNA들은 단백질 합성 과정에서 어떤 역할을 하는가?
3. RNA가 유전물질인 생물체를 말해보시오. 이들 유기체에서 RNA가 유전정보를 전달한다는 것을 어떻게 증명할 수 있을까?
4. mRNA의 구조를 기술하시오. 그것의 생합성에 대하여 적어보시오.
5. 레트로바이러스에서 유전물질의 복제를 설명하시오.
6. tRNA의 클로버잎 모델을 기술하시오.
7. 왜 새로 형성된 RNA(1차 전사체)는 기능을 하기 전에 가공되어야 하는가? 1차 전사체의 성숙 과정을 토론해보시오.
8. mRNA의 역할에 대해 논하시오. 인포모솜에 대해 간략히 쓰시오.
9. 다양한 종류의 리보솜 RNA의 구조와 역할을 설명하시오.
10. 폴리시스트론과 단일시스트론 mRNA의 차이점은 무엇인가?
11. 다음 각각에 대해 한 가지 예를 들어라.
    (a) RNA는 유전물질이다. (b) DNA가 단일가닥이다.
    (c) DNA가 비유전성이다(nongenetic).

12. 짧게 쓰시오:

(a) RNP 입자
(b) 리보자임
(c) 인포모솜
(d) SnRNA
(e) RNA 가공
(f) 클로버잎 모델

13. 리보자임이 무엇인가? 누가 이것을 발견했는가? 세포에서의 역할을 설명하시오.

14. 세포에서 발견되는 여러 종류의 RNA의 차이를 설명하여라.

15. 왜 mRNA를 이형 RNA라고 부르는가?

16. 다음을 어디에서 찾을 수 있는가?

(a) 5′ 캡
(b) 안티코돈 고리
(c) 역전사효소
(d) 비정상 염기쌍
(e) 폴리시스트론 mRNA

17. 원핵생물의 mRNA와 진핵생물의 mRNA의 구조상의 차이점을 기술하여라.

18. 다음 각각의 중요한 기능을 하나씩 이야기하시오.

(a) 선도서열
(b) 안티코돈
(c) 아미노산 팔
(d) 45S RNA
(e) RNA 중합효소
(f) TψC 팔
(g) 중합효소 III
(h) 메틸화 G캡
(i) 복제효소(replicase)

19. DNA의 암호화 가닥과 비암호화 가닥의 차이점은 무엇인가? 어느 가닥이 RNA의 전사의 주형 역할을 하는가?

20. 누가 RNA의 촉매적 역할에 대해 설명했는가?

전사와 RNA 가공

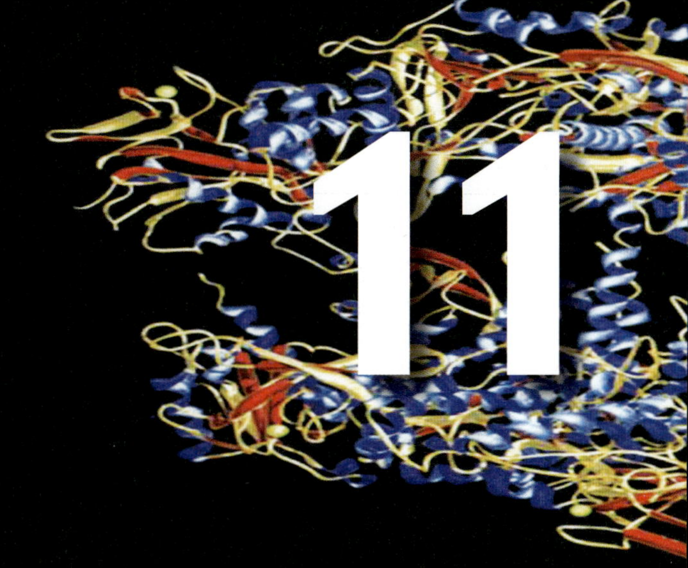

학습 목표

- 전사
- 전사가 일어나는 위치와 시간
- 센스와 안티센스 가닥
- RNA 전사 기작
- 필요한 재료
- 원핵생물의 RNA 중합효소
- 전사 단위
- 프로모터 자리
- 프로모터 부위의 기능서열 또는 공통서열
- 원핵세포 전사의 분자 기작
- 진핵세포 전사의 분자 기작
- 진핵생물의 중합효소
- 진핵생물에서 프로모터 부위의 기능서열
- RNA-지시 RNA 합성
- RNA의 전사후 변형 또는 RNA 가공
- tRNA 그리고 rRNA 가공
- mRNA의 가공
- 이어맞추기 복합체(spliceosome)
- 시험관내(*in vitro*)에서의 RNA 합성
- 복제와 전사의 비교

11.1 전사

DNA에는 세포의 특정 단백질 합성에 대한 정보가 들어 있다. DNA는 핵양체(nucleoid)(원핵세포에서) 또는 핵(진핵세포에서)에 위치하는 반면, 단백질 합성은 세포질에서 일어난다. DNA는 단백질 합성 과정을 직접적으로 지시하기 위해 단백질 합성 자리(리보솜)로 이동하지 못한다. 대신 단일가닥의 mRNA 분자로 정보를 전송하는데, 이것은 단백질 합성을 지시하기 위해 리보솜으로 이동한다. DNA 주형으로부터 모든 3가지 종류의 RNA, 즉 mRNA, tRNA 및 rRNA를 만드는 과정을 **전사**(transcription) (의미: 맞은편에 쓰여짐)라고 한다. 이것은 DNA에 암호화된 유전 메시지를 RNA 분자로 다시 쓰는 것이다. 전사된 mRNA는 핵에서 나가 세포질의 리보솜으로 이동하여 단백질 합성을 지시한다.

부가 설명: DNA의 센스가닥 그리고 안티센스 가닥

- 전사된 RNA는 극성이 5′ → 3′이고 센스 RNA라고 한다. RNA 합성을 위한 주형으로 작용하기 때문에 주형가닥이라 불리는 DNA 3′ → 5′ 가닥에서 5′ → 3′ 방향으로 전사된다.
- 3′ → 5′ 가닥 또는 주형가닥은 그 방향성이 RNA 가닥과 정반대이고 뉴클레오티드 서열이 센스 RNA와 상보적이기 때문에 안티센스 가닥이라고도 불린다.
- 주형 DNA에 상보적인 가닥인 5′ → 3′ 가닥은 센스가닥이라고 불린다. 왜냐하면 이 가닥의 질소 염기서열이 RNA의 염기서열과 유사하기 때문이다(T가 U로 치환된 것을 제외하고).
- RNA는 단백질을 위한 암호화 수단이기 때문에 비주형 가닥 또는 센스가닥은 암호화 가닥(coding strand)이라고 부르고, 주형가닥을 **비암호화 가닥** 또는 **반암호화 가닥**이라고 부른다.

1. 전사가 일어나는 위치와 시간

전사는 간기의 G_1 및 G_2 단계 동안 핵에서 일어난다. 세포가 분열할 때는 RNA 합성은 일어나지 않는다. DNA에는 프로모터와 종결자가 있다. 전사는 프로모터 자리에 가까운 개시 지점에서 시작하여 종결 지점에서 중단된다. ***RNA 중합효소***는 유전자의 프로모터 서열을 인식하고 결합하여 전사를 시작한다.

전사 과정에서 DNA 이중가닥 중 오직 하나만 전사된다. DNA에서와 같이, 중합효소는 폴리뉴클레오티드 사슬의 3′-OH 말단에 뉴클레오티드를 첨가할 수 있고, RNA 사슬 또한 5′ → 3′ 방향으로 합성된다. 이것은 3′ → 5′ DNA 가닥에서 전사된다. 따라서 (RNA가 전사되는) 3′ → 5′ DNA 가닥을 **주형가닥**(template strand) 또는 **안티센스 가닥**(antisense strand) 또는 **비암호화 가닥**(noncoding strand)이라고 한다. 그것의 상보적인 가닥 또는 5′ → 3′ 가닥을 **반주형가닥**(antitemplate strand) 또는 **센스가닥**(sense strand) 또는 **암호화 가닥**(coding strand)이라고 부른다. 왜냐하면 RNA 전사체와 동일한 질소 염기의 서열을 가지고 있고(암호화 가닥의 T가 U로 대체된 것을 제외하고), 동일한 방향성을 가지고 있기 때문이다

11.2 원핵생물에서 RNA 전사 기작

RNA 합성 기작은 1950년대 후반 미국의 연구원인 **제랄드 호로위츠**(Jerard Horowitz), **사무엘 와이스**(Samuel B. Weiss) 그리고 **오드리 스티븐스**(Audery Steven)에 의해 시험관내(*in vitro*) 실험으로 연구되었다. mRNA의 존재는 **스피겔먼**(Spiegelman)과 동료들에 의해 처음으로 밝혀졌으며 ***RNA 중합효소*** 활성은 **와이스**(Weiss)에 의해 1960년에 발견되었다.

1. 필요한 재료

RNA 전사에는 다음이 필요하다.

(1) ***RNA 중합효소***(*RNA polymerase*) 또는 ***DNA 의존 RNA 중합효소***(*DNA dependent RNA polymerase*)

(2) 전사 단위 DNA 주형가닥

(3) 네 종류의 리보뉴클레오시드 삼인산염(ATP, CTP, GTP 및 UTP)

(4) 보조인자로서 2가 금속 이온 Mg^{2+} 또는 Mn^{2+}

RNA 합성에는 시발체가 필요하지 않다.

2. 원핵생물의 RNA 중합효소

박테리아 ***RNA 중합효소***는 RNA의 전사를 촉매하는 복잡한 **완전효소**(holoenzyme)이다. 원핵생물에서는 하나의 ***RNA 중합효소***(*RNAP*)가 세 가지 모든 유형의 RNA의 합성을 수행한다. 그러나 진핵생물에서는 세 가지 RNA 중합효소, 즉 ***RNA 중합효소 I***, ***RNA 중합효소 II*** 그리고 ***RNA 중합효소 III***이 각각 rRNA, mRNA 및 tRNA의 합성을 촉매한다. *E. coli* 박테리아 세포는 약 1000~ 2000개의 RNA 중합효소 분자를 가지고 있다. 미토콘드리아와 엽록체는 자체의 RNA 중합효소를 가지고 있는데 이 효소는 세균의 중합효소와 유사하다.

원핵생물에서 단일 RNA 중합효소가 3가지 모든 유형의 RNA의 합성을 촉매한다. *E. coli*에서 완전효소 형태의 ***RNA 중합효소***는 분자량이 480,000인 큰 단백질이다. 이것은 완전효소(holoenzyme)이고 **핵심효소**(core enzyme)와 **시그마 단위체**(sigma subunit)로 구성되어 있다.

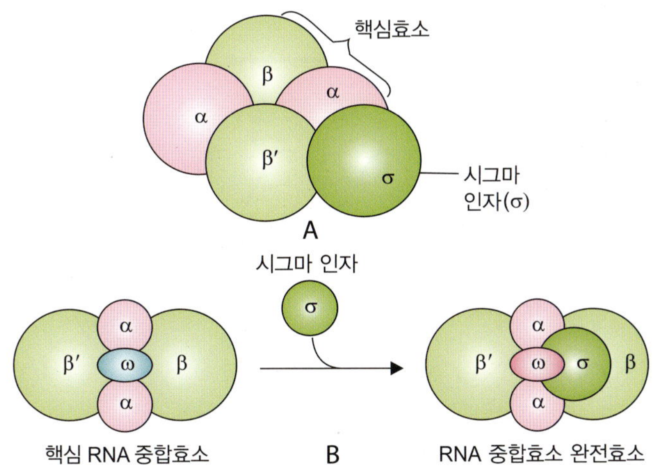

그림 11.1

5개의 폴리펩티드인 ααββ′와 σ가 결합된 모습의 박테리아 *E. coli*의 **RNA 중합효소**

표 11.1 RNA 중합효소의 단위체, 분자량 및 기능

단위체	단위체 수	분자량	기능
1. 알파(α)	2	36,511	효소 조립에 필요. 몇몇 조절 단백질과 결합
2. 베타(β)	1	150,616	집게발 모양을 이룸, 리파마이신의 작용 부위
3. 베타′(β′)	1	155,159	집게발 모양을 이룸, 촉매작용에 필수적인 보존된 모티프(-NADFDGD)를 제공
4. 오메가(ω)	1	10,105	효소의 조립을 도움
5. 시그마(σ)	1	70,263	효소를 프로모터로 인도함

1) 핵심효소

핵심효소($\alpha_2\beta\beta'$)는 4개의 밀접하게 연관된 단백질 사슬, 즉 분자량이 각각 160,000, 150,000, 90,000 및 4,000인 $\beta\beta'\alpha\alpha$로 구성되어 있다. 이것은 비특이적으로 DNA 주형과 결합하고 시그마 인자가 프로모터 영역을 인식할 때까지 하류 방향으로 이동한다.

(1) **α 단위체:** 핵심효소는 2개의 α 펩티드 분자를 가지고 있다. 이것은 유전자 *rpoA*에 암호화되어 있다. α 단위체는 핵심효소의 조립에 필요하다. 몇몇 조절 단백질과 상호 작용하고, 아마도 프로모터를 인식하는 데 도움을 준다.

(2) **β 단위체:** RNA 중합효소 핵심효소 한 분자에 오직 한 개의 β 단위체가 존재한다. 이것은 *rpoB* 유전자에 암호화되어 있다. β 단위체는 들어오는 뉴클레오티드와 결합하여 RNA 사슬에 첨가하고 첫 번째 인산이에스테르 결합을 형성하는 데 도움을 준다.

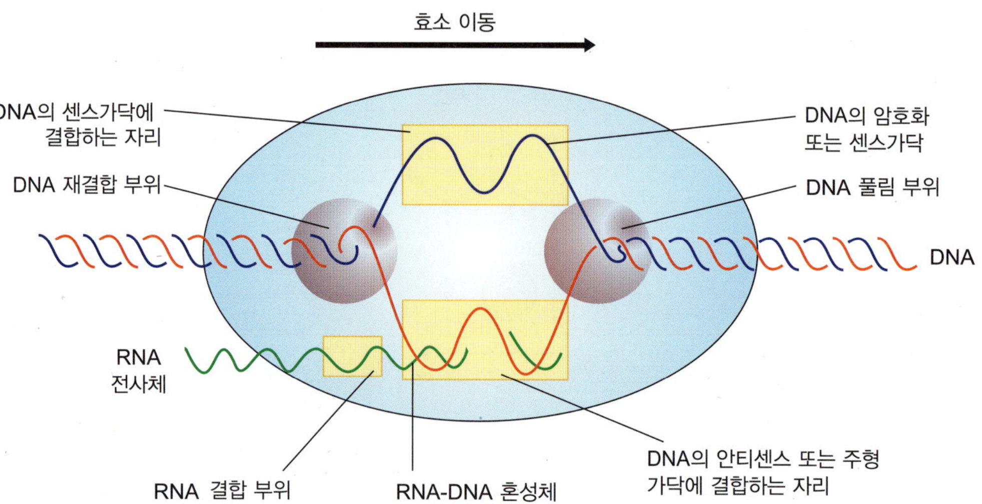

그림 11.2
박테리아 RNA 중합효소 핵심효소의 활성 부위

(3) β′ 단위체: 이것은 *rpoC* 유전자에 의해 암호화되며, DNA의 주형가닥 또는 안티센스 가닥과 결합한다. 따라서 β와 β′는 핵심효소의 촉매 단위체이다.

(4) 오메가(ω) 단위체: 유전자 *rpoZ*에 의해 암호화되며 분자량은 10,105이다. 효소의 조립에는 도움을 주지만 효소 활성에는 필요하지 않다.

2) 시그마 단위체(σ)

시그마 단위체는 단일 폴리펩티드 사슬로 구성되어 핵심효소에 느슨하게 붙어 있다. 이것은 *rpoD* 유전자에 의해 암호화된다. DNA 분자 위의 시작 신호를 인식하고 개시코돈의 상류 부위에 존재하는 프로모터 부위에 ***RNA 중합효소*** 핵심효소가 결합하도록 인도한다. σ 단위체는 DNA의 암호화 가닥(즉, 비주형 가닥)의 프로모터 영역에서 두 개의 특별한 염기서열을 인식한다. 이들은 **−10 서열**(−10 sequence)과 **−35 서열**(−35 sequence)이다.

그러므로 ***RNA 중합효소*** 완전효소가 프로모터 서열을 인식하는 능력은 σ 단위체에 기인하는데 이 단위체는 또한 DNA 나선을 열거나 푸는 능력을 가졌다. 약 10개의 뉴클레오티드가 결합하여 RNA 전사가 개시되면 σ 단위체는 핵심효소에서 분리된다.

시그마 인자가 없는 핵심효소는 DNA 주형의 특정 프로모터를 인식하지 못하기 때문에 DNA의 모든 영역에 비특이적으로 결합하여 DNA를 전사할 수 있다. 또한 DNA 이중나선의 두 가닥 중 어느 것을 주형으로 사용할지를 구별할 수 없다. **시그마 인자**는 RNA 합성이 시작될 수 있는 특정 전사 개시 부위를 인식한다. 이러한 부위를 **프로모터 부위**(promoter site)라고 한다. 따라서 각 프로모터 부위에 하나씩 다른 시그마 인자가 존재한다.

3) RNA 중합효소의 기능

(1) ***RNA 중합효소***는 개시 부위 주변의 약 15 염기의 DNA를 풀어서 열린

부가 설명: RNA 중합효소의 핵심효소의 작용 부위

핵심효소는 다음 네 가지 기능 부위를 가지고 있다:

- DNA 풀기(DNA unwinding) 부위는 DNA 이중나선을 풀어주고, 전사될 DNA 이중나선을 따라 효소가 움직일 때 두 개의 뉴클레오티드 가닥을 분리한다.
- DNA 분자의 안티센스 가닥 또는 주형가닥에 결합하는 부위.
- DNA 분자의 센스가닥 또는 암호화 가닥에 결합하는 부위.
- DNA 재결합 부위(rewinding site)는 DNA의 전사가 끝난 후 분리되었던 센스와 안티센스 가닥이 재결합(rewinding)을 시작하는 부위에 결합한다.

프로모터-DNA 복합체를 형성하고 DNA 단일가닥이 전사를 위한 주형으로 작용될 수 있도록 준비한다.

(2) ***RNA 중합효소***는 기본적으로 RNA의 합성 동안 폴리뉴클레오티드 사슬의 연속적인 뉴클레오티드 간의 인산이에스테르 결합 형성을 촉매한다. 시그마 인자가 필요한데, 시그마 인자는 프로모터 부위를 인식하기 때문에 RNA 합성에 기여한다.

(3) ***RNA 중합효소***는 뉴클레오시드 삼인산염(NTP)에서 뉴클레오시드 일인산염이 신장되는 폴리뉴클레오티드 사슬의 3′ 말단으로 이동하는 것을 촉매한다.

RNA 중합효소는 교정을 위한 3′ → 5′ 핵산말단가수분해효소 활성이 없다. 따라서 RNA 전사 과정 중에 10^4~10^5 리보뉴클레오티드의 삽입마다 하나 정도의 오류가 발생한다. 그러나 RNA 전사 중 오류는 mRNA의 빠른 회전율(합성과 분해가 빠름)과 번역 중의 동요 염기쌍(Wobble pairing) 때문에 심각한 영향을 주지 않는다.

3. 전사 단위

전사 단위는 기능을 갖는 하나의 RNA 분자로 전사되는 DNA의 긴 뉴클레오티드 구역이다. 원핵생물에서는 **오페론**(operon), 진핵생물에서는 **유전자**(gene)라고 한다. 전형적인 전사 단위는 다음과 같은 필수 부분을 가지고 있다:

- 프로모터(promoter) 부위
- 시작점 또는 개시서열(initiation sequence)
- 암호화(coding, 코딩) 부위
- 종결서열(terminator sequence).

RNA 중합효소는 프로모터에 결합한다. 전사는 시작점에서 시작하여 암호화 서열의 길이를 따라 진행하고 종결서열 또는 종결코돈에서 종결된다. mRNA의 전사는 DNA의 3′ → 5′ 가닥에서 5′ → 3′ 방향으로 시작된다.

4. 원핵생물의 프로모터 자리 또는 프로모터 부위 그리고 프로모터 부위의 기능서열 또는 공통서열

프로모터 부위는 암호화 DNA의 시스트론 또는 유전자의 개시코돈 앞에 위치하면서 5′ 말단을 넘어선 조절 DNA의 한 부분이다. ***RNA 중합효소***는 전사 시작을 위해 이 자리에 결합한다. 구조 유전자 앞에 존재하는 이 DNA 지역을 **상류 영역**(upstream region)이라고도 하며, 이 영역의 염기서열을 **상류 서열**(upstream sequence)이라고 한다. 이곳은 특정 서열의 20~200 염기쌍을 갖는

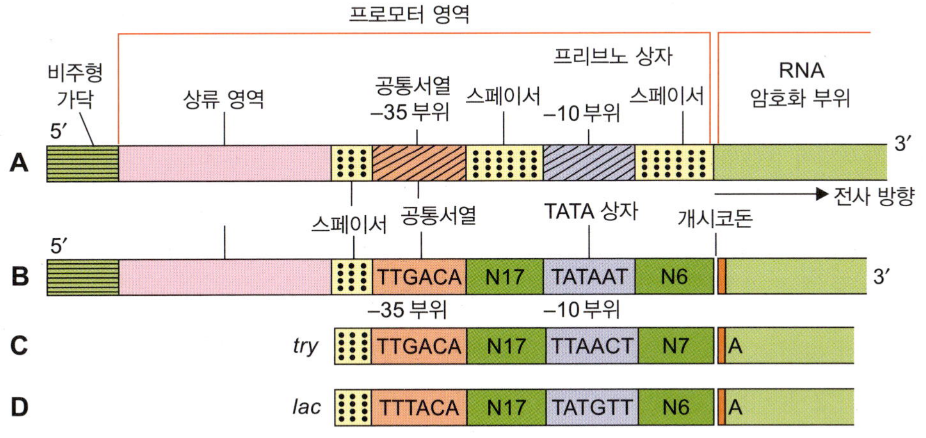

그림 11.3

*E. coli*의 암호화 또는 비주형 DNA의 프로모터 부위의 염기서열.

A. 프로모터 부위의 다양한 영역;

B. 프로모터 영역의 −35 부위 그리고 프리브노 상자(pribnow box 또는 TATA 박스), −10 부위의 공통서열;

C. 트립토판(tryptophan) 유전자의 프로모터 부위;

D. lac 유전자의 프로모터 부위.

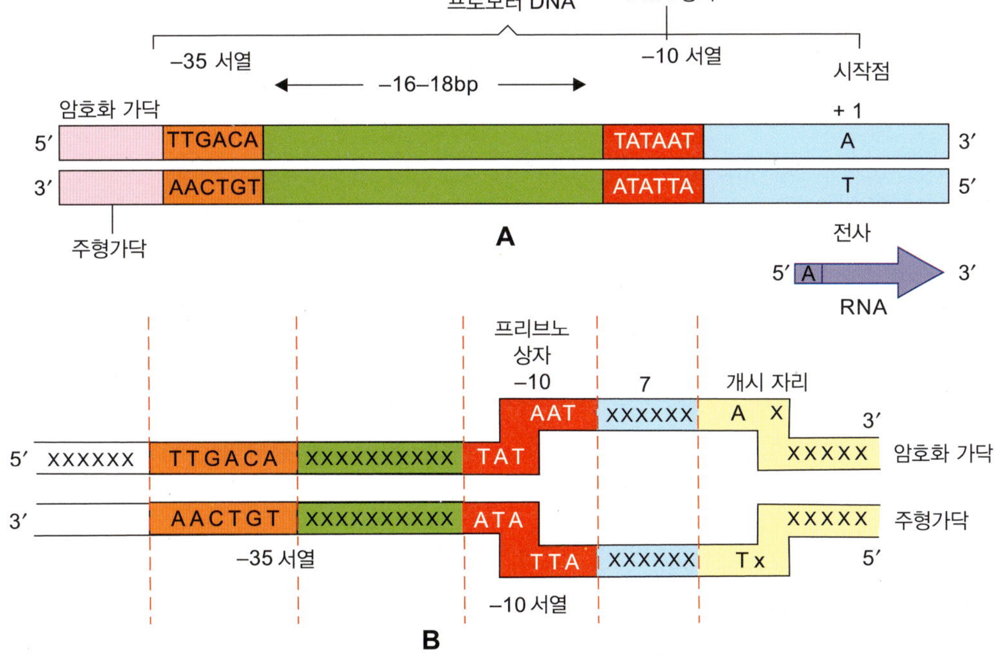

그림 11.4

A. 원핵생물, *E. coli*의 프로모터 부위;

B. *E. coli* DNA의 프로모터 부위의 염기서열. 전사 시작을 위한 주요 조절서열이 이 부위에서 발견된다. 이 서열은 개시 부위로부터 −35 및 −10 염기쌍 상류에 위치한다.

매우 가변적인 위치이다. *E. coli*에서는 전사 시작 자리 앞쪽의 약 70개의 염기쌍으로 이루어져 있다. 원핵생물에서 프로모터 영역은 2개 또는 3개의 중요한 **기능서열**(functional sequence)을 갖는다. 이들은 **공통서열**(consensus sequence)이라 부른다. 즉 서로 다른 시스템 또는 상이한 시스트론의 프로모터 사이에서 이 부분 서열은 단지 하나 또는 두 개의 염기만이 다르다. 기능서열은 다음과 같다.

1) −10 서열 또는 프리브노 상자(Pribnow box)

이것은 mRNA의 개시 부위에서 6~10 염기 정도 상류에 존재하는 공통서열이다. *E. coli*에서는 프로모터의 −10 부위에 위치해 있다. 서로 다른 유전자의 프

부가 설명: 공통서열과 보존서열

공통서열(consensus sequence)는 모든 프로모터 또는 DNA의 다른 영역에 존재하는 DNA 가닥의 염기서열로, 동일한 기능을 수행하지만 약간의 변이가 있는 부위이다. 이것은 서로 다른 출처에서 유래한 공통서열은 구조와 기능면에서 유사하지만 동일하지는 않다는 것을 의미한다. 그들은 유기체의 그룹별로 서로 다양하다. 대조적으로, **보존서열**(conserved sequence)은 같은 기능을 갖는 모든 DNA 서열에서 변하지 않고 동일한 서열을 의미한다.

리브노 상자의 서열은 모두 **5′ ....TATAAT.... 3′** 서열의 변이형이다. 이 구간의 6번 위치에 있는 **'T'**는 모든 프로모터에 존재하기 때문에 **'보존된 T**(conserved T)' 라고 불린다. 프로모터의 −10 염기서열은 발견자인 **데이비드 프리브노**(David Pribnow)의 이름을 따서 **프리브노 상자**(Pribnow box)라고 명명되었다.

프리브노 상자 서열은 ***RNA 중합효소***가 프로모터에 배치되고 중합효소가 전사가 시작되는 정확한 염기에 위치하도록 도움을 준다.

2) −35 부위의 공통서열

−35 지역의 공통서열은 **5′ ...TTGACA... 3′**의 변이형으로 존재한다. 이것은 개시 자리로부터 약 35 염기 상류에 위치한다. 위치 때문에, 이 공통서열은 −35 서열이라 불린다. 이 6개 뉴클레오티드(hexanucleotide) 서열은 ***RNA 중합효소***의 시그마 인자에 의해 인식된다. RNA 중합효소의 시그마 단위체는 −35 서열에 결합한다. 크기가 커다란 효소이기 때문에 중합효소의 특정 부위가 프리브노 상자(즉, −10 부위)와 접촉하여 위치하게 된 후 DNA를 풀기 시작한다. 따라서 서로 다른 형태의 헥사뉴클레오티드 서열을 인식하고 결합하는 서로 다른 시그마 인자가 있다.

3) 상류 프로모터 요소

프로모터 영역에는 또 다른 AT-풍부 인식 요소(AT-rich recognition element)가 존재한다. 이것은 높게 발현되는 특정 유전자의 프로모터에만 존재하며 −40과 −60 염기서열 사이에 위치한다. 이 상류 프로모터 서열은 RNA 중합효소의 α 단위체와 결합한다.

11.3 원핵세포 전사의 분자 기작

전사의 분자 기작은 다음 단계를 포함한다.

1. DNA 프로모터 영역을 인식

RNA 중합효소의 시그마 인자가 프로모터의 −35 부위와 −10 부위를 인식한다.

*RNA 중합효소*의 핵심효소는 프로모터 영역에 약하게 결합한다.

2. RNA 중합효소가 DNA 이중나선에 결합

*RNA 중합효소*의 핵심효소는 DNA 이중나선의 특정 **프로모터**에 결합한다. 이 부위는 전사될 유전자의 개시 자리의 5′ 말단 상류에 위치해 있다. DNA 가닥의 분리가 개시되며 RNA 합성이 시작될 위치가 결정된다. 프로모터는 또한 어느 DNA 가닥이 전사될지를 결정한다.

RNA의 전사 단계:

1. 프로모터 영역의 인식
2. RNA 중합효소의 결합
3. DNA 염기 노출과 폴리뉴클레오티드 사슬의 개시
4. 염기 짝짓기
5. N-P-P-P가 N-P로 전환
6. 폴리뉴클레오티드 사슬의 신장
7. 전사의 종결
8. DNA 나선의 재형성
9. preRNA의 가공

3. DNA 염기 노출과 폴리뉴클레오티드 사슬의 개시

*RNA 중합효소*는 DNA의 두 가닥을 부분적으로 풀고 분리시키기 시작한다. RNA 합성이 개시되는 지점 이전에 위치한 6~10 염기 길이의 DNA 부위인 **프리브노 상자**의 중간에서부터 분리가 시작된다. 대략 10~15 염기쌍이 분리되어 **전사 거품**(transcription bubble)이 형성된다.

DNA 가닥이 분리되면 mRNA의 폴리뉴클레오티드 사슬의 합성 개시를 위해 DNA 염기가 노출된다. 2개의 DNA 가닥 중에서 단지 3′ → 5′ 가닥만이 주형으로 작용한다. 이것을 **주가닥**(master strand), 또는 **주형가닥**(template strand) 또는 **넌센스 가닥**(nonsense strand) 또는 **비암호화 가닥**(noncoding strand)이라고 한다. 주가닥에 상보적인 가닥을 **암호화 가닥**(coding strand) 또는 **센스가닥**(sense strand) 또는 **비주형 가닥**(nontemplate strand)이라고 한다. 그것은 5′ → 3′ 가닥

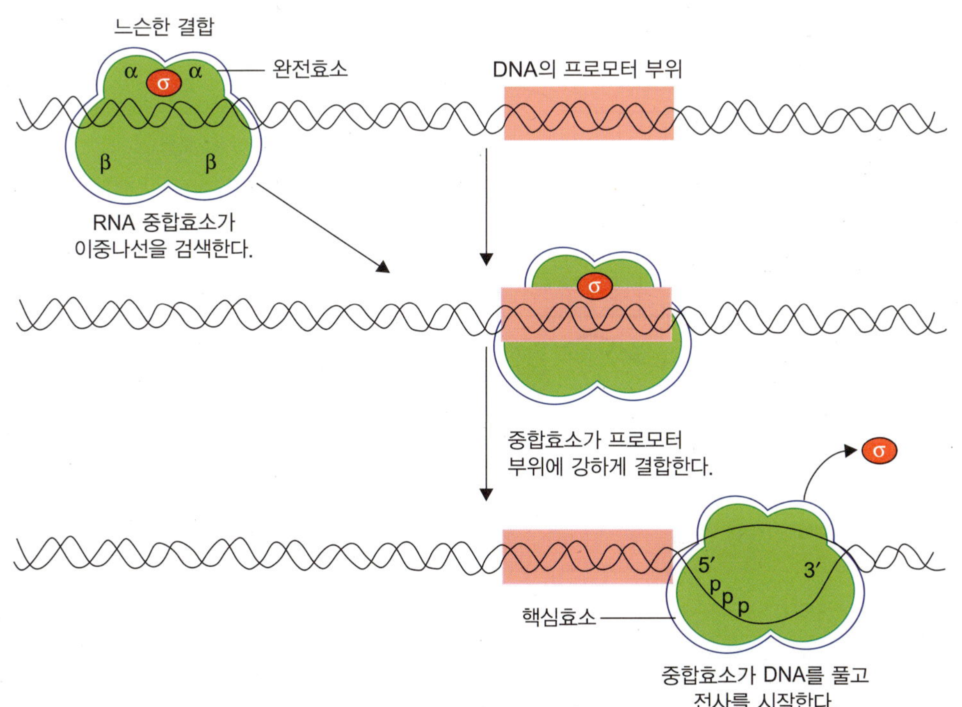

그림 11.5
RNA 중합효소에 의한 DNA의 프로모터 영역의 인식 그리고 DNA 이중나선 풀기

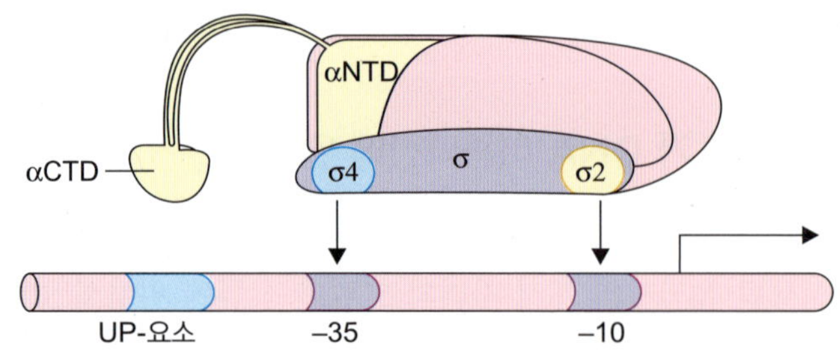

그림 11.6

RNA 중합효소 완전효소의 σ 및 α 단위체가 DNA의 프로모터 부위를 인식한다. σ 단위체의 σ_2 및 σ_4 영역이 –10 및 –35 부위를 인식하는 반면, αCTD 단위체는 프로모터 DNA의 상류 영역을 식별하고 RNA 중합효소가 비주형 DNA와 강하게 결합할 수 있도록 도와준다.

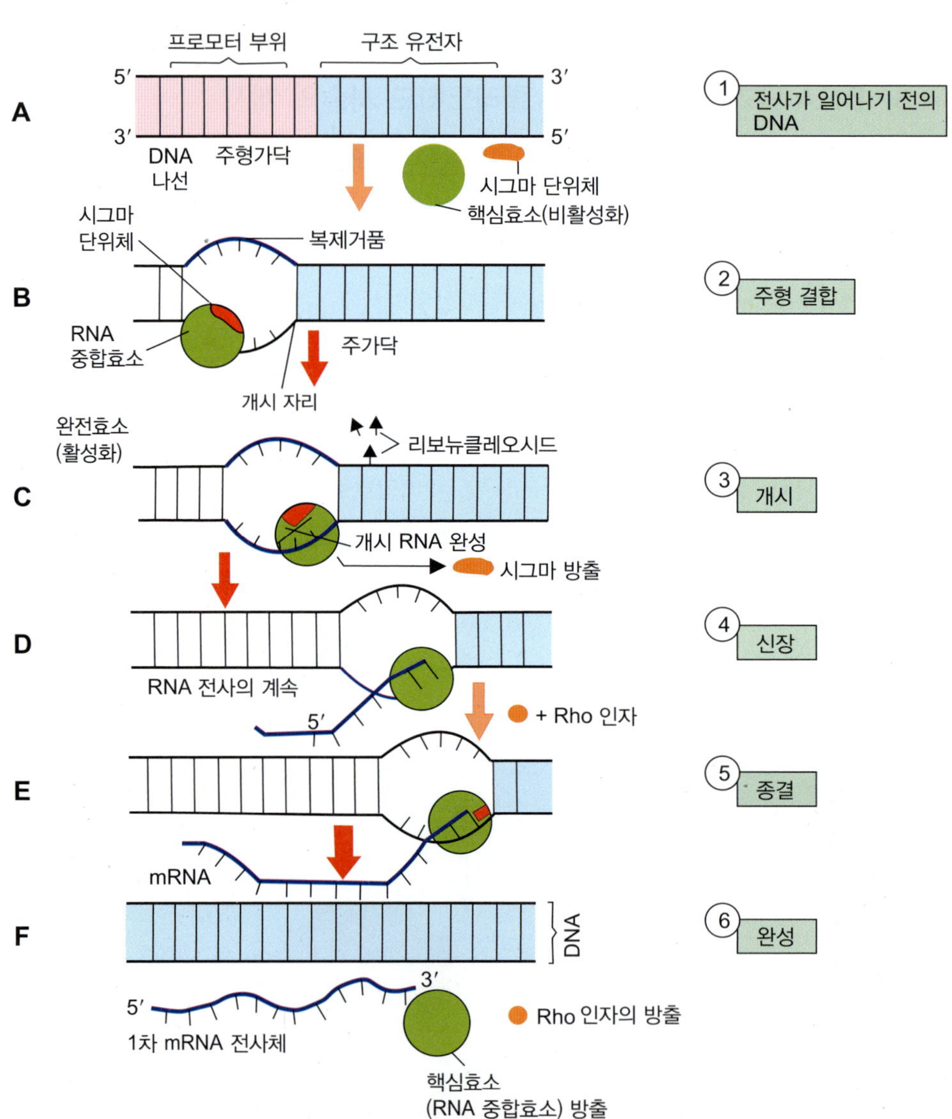

그림 11.7

전사의 여러 단계들

부가 설명:

- mRNA의 첫 번째 전사 염기는 일반적으로 A이지만 때로는 G일 수도 있다. 그러나 절대 피리미딘은 아니다.
- 초당 약 40개의 뉴클레오티드가 신장하는 RNA 사슬에 첨가된다. 이것은 초당 약 1,000개의 뉴클레오티드가 추가되는 DNA 복제보다 훨씬 느리다.

이며 RNA의 전사에 관여하지 않는다.

4. 염기 짝짓기

리보뉴클레오시드 삼인산염 분자, 즉 아데노신 삼인산염(ATP), 구아노신 삼인산염(GTP), 시티딘 삼인산염(CTP) 그리고 우리딘 삼인산염(UTP)은 개시점으로부터 DNA의 주형가닥의 뉴클레오티드에 결합하기 시작한다. 핵에 떠다니는 리보뉴클레오티드는 RNA 합성을 위한 원료로 사용된다. 이들은 리보뉴클레오시드 일인산염, 즉 아데노신 일인산염(AMP), 구아노신 일인산염(GMP), 시티딘 일인산염(CMP) 그리고 우리딘(UMP)이 ATP와의 결합을 통해 활성화(인산화)되어 생성된다. ***인산화효소***(*phosphorylase*)가 활성화 과정을 촉매한다. 리보뉴클레오시드 삼인산염은 염기쌍 짝짓기 방식(base pairing rule), 즉 A-U, U-A, C-G, G-C 방식에 따라 DNA 주형 사슬의 염기에 수소결합을 통하여 하나씩 결합된다. 이것은 ***RNA 중합효소***에 의해 이루어진다. 따라서 ***RNA 중합효소***는 중합 반응을 개시할 뿐만 아니라, 5′ → 3′ 방향으로 리보뉴클레오티드 사슬의 연장을 촉매한다.

5. 리보뉴클레오시드 삼인산염이 리보뉴클레오시드 일인산염으로 전환

다양한 리보뉴클레오시드 삼인산염이 DNA 주형 사슬과 연결되면서 고에너지 결합이 깨진다. 이로써 일반적인 RNA 성분인 리보뉴클레오시드 일인산염으로 바뀌고, 자유 피로인산염 그룹(P~P)이 생성된다. 피로인산염은 고에너지 결합(~)을 포함하고 있다. 그것은 ***피로인산가수분해효소***(*pyrophosphatase*)에 의해 가수분해된다. 이때 에너지가 방출되고 자유 무기인산염인 P_i가 생성된다. 첫 번째 리보뉴클레오티드 삼인산은 세 개의 모든 인산염을 보유하므로, 이후에 추가된 다른 뉴클레오티드와 화학적으로 구별된다.

$$P\sim P + H_2O \xrightarrow{\text{피로인산가수분해효소}} 2\ P_i + \text{에너지}$$

6. RNA 폴리뉴클레오티드 사슬의 신장

이렇게 방출된 에너지를 이용하여, DNA 주형 사슬에 결합한 각각의 리보뉴클레오시드 일인산염은 먼저 위치해 있던 리보뉴클레오티드와 결합하여 RNA 사슬을 길게 만든다. ***RNA 중합효소***는 연속적인 뉴클레오티드 사이의 **인산이에스테르 결합**의 형성을 촉매하는데, 2가 이온인 Mg^{++} 그리고 Mn^{++}가 필요하다.

몇 개의 뉴클레오티드(약 10개)가 첨가되면, 시그마 인자는 ***RNA 중합효소***로부터 방출된다. 신장되는 RNA 사슬의 약 10~12 뉴클레오티드가 항상 주형 DNA에 결합되어 있다. 폴리뉴클레오티드 사슬이 12개 뉴클레오티드를 넘어서게 되면 DNA 주형에서 떨어지기 시작한다.

DNA 주형 위에서 mRNA 합성은 5′ → 3′ 방향으로 일어나며 뉴클레오티드가 연속적으로 RNA 가닥의 3′ 말단에 부착된다. 핵심효소는 DNA를 따라 이동하고, 주형 DNA의 뉴클레오티드가 드러나도록 두 개의 가닥을 풀어 준다. 결과적으로 DNA의 3′ → 5 가닥에 상보적인 RNA 사본이 전사된다. 전사된 RNA 분자를 **RNA 전사체**(RNA transcript) 또는 **1차 RNA 전사체**(primary RNA transcript)라고 한다.

7. 전사 종결 및 RNA 사슬의 분리

전사가 진행됨에 따라, 혼성화된 DNA-RNA 분자는 해리되며, 합성 과정에서 RNA 분자가 부분적으로 떨어져 나간다. 중합효소의 핵심효소가 DNA의 종결서열에 도달하면 DNA로부터 떠난다. **종결서열**(terminator sequence)은 주형 가닥에 존재하며, 약 6 염기에 의해 분리된 2개의 역반복 서열(inverted repeat)과 그 뒤로 A 서열들이 뒤따르는 형태로 구성된다. 주형 내의 연속된 A는 mRNA의 3′ 말단에 일련의 U를 만든다. 이것이 mRNA의 종결서열이다.

mRNA의 역반복 서열은 상보적이며, 염기쌍을 이루어 '머리핀(hairpin)' 구조를 생성할 수 있다. 긴 RNA 분자는 많은 머리핀 구조를 가질 수 있다. 머리핀 구조는 전사를 종결시키는 기회를 제공하지만 실제로 종결은 U 서열 내의 어떤 위치에서도 일어날 수 있다. 완전히 생성된 RNA 사슬은 방출되고 중합효소는 새로운 RNA 전사체의 전사를 시작하기 위해 이동한다. 하나의 유전자는 여러 개의 RNA의 분자를 생성하며, DNA 주형으로부터 RNA 분자가 완성되면 하나

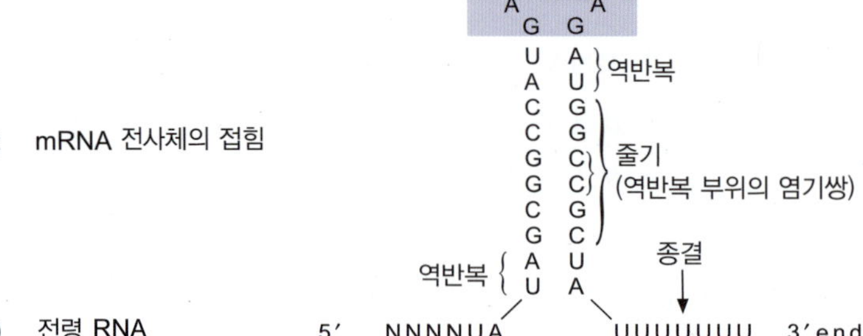

그림 11.8
원핵생물에서 rho 인자가 없는 경우 DNA 주형으로부터 RNA 전사의 종결; 종결 부위는 역반복 형태로 배열된 두 구간의 G-C 쌍을 포함한다.

부가 설명: Rho 단백질

Rho 단백질은 특수한 헬리카아제이다. 이것은 6개의 동일한 단위체가 결합한 6량체로 구성되어 있고, mRNA의 종결서열의 상류에 위치하는 50 내지 90 염기의 서열을 인식하고 결합한다. Rho가 결합하는 서열은 C가 풍부하고 G가 별로 없다. Rho는 신장하는 mRNA에만 결합한다.

씩 방출된다.

*E. coli*에서 두 가지 종결 방법이 발견되었다.

1. 종결 인자(rho)를 가진 경우
2. 종결 인자가 없는 경우

(1) **Rho-단백질 의존적 종결:** 사슬 종결 단백질 *rho*(ρ)는 보조 종결 인자(accessary termination factor)로 작용한다. 이것이 RNA 전사체를 주형으로부터 분리시키고 전사를 종결시킨다.

(2) **Rho-단백질 비의존적 종결:** 이 유형의 RNA 전사 종결은 안정한 머리핀 구조로 RNA 전사를 끝내는 특정 DNA 서열에 의존한다. 이 종결 부위는 주가닥에 역반복된 형태로 배열된 두 개 또는 그 이상의 G-C쌍 구간을 가지고 있으며, 그 뒤로 쭉 이어진 아데닌(폴리 A)이 뒤따른다. 방출된 mRNA를 **1차 전사체**(primary transcript)라 한다. 전사체 자체의 상보성 잔기는 머리핀 고리로 접히고, 3′ 말단은 폴리 U로 끝난다. 이것은 기능을 수행하기 위해 가공을 거친다. 이들은 핵막공을 통해 핵으로부터 세포질로 나온다.

8. DNA 나선의 재형성

RNA 사슬이 신장됨에 따라 DNA 분자의 이미 전사된 영역은 센스가닥과 수소결합하면서 두 가닥이 나선형으로 감겨 원래의 이중나선형이 된다. 마지막 리보뉴클레오티드가 첨가되면 RNA 중합효소와 RNA 사슬은 DNA로부터 완전히 방출되며, DNA가 이중나선으로 감기는 과정도 완료된다. 보호 단백질 피복이 다시 DNA 이중나선에 추가된다.

9. RNA의 가공

전사된 초기 RNA 분자를 **1차 전사체**(primary transcript)라 부른다. 원핵생물과 진핵생물 모두에서 1차 전사체는 기능을 갖기 위해 광범위한 변화를 겪게 된다. 이것을 **RNA의 가공**(processing of RNA) 또는 **RNA의 전사후 변형**(post-transcriptional modification of RNA)이라 한다.

11.4 진핵세포 전사의 분자 기작

진핵세포의 전사는 원핵생물의 전사보다 복잡하며 다음과 같은 특징이 다르다.

(1) 세 가지 다른 유형의 RNA 전사에 세 가지 다른 ***RNA 중합효소***가 필요하다.

(2) **진핵세포의 프로모터**는 원핵세포의 프로모터보다 더 다양하다. 3가지 중합효소에 따라 3가지 다른 유형의 프로모터가 있다. 일부 진핵세포의 프로모터는 전사 시작점으로부터 하류에 위치하고 일부는 상류에 존재한다.

(3) **전사인자**(transcription factor): 많은 전사인자가 진핵생물의 RNA 중합효소가 DNA에 결합하는 데 관여한다. 원핵세포의 시그마 인자와는 달리, 전사인자는 RNA 중합효소의 일부가 아니며, 중합효소가 전사를 개시하기 위해 결합하기 전에도 프로모터에 결합한다.

3개의 핵 RNA 중합효소는 다음과 같다.

1. 진핵생물 RNA 중합효소

1) RNA 중합효소 I

이것은 핵인에서 발견되며 리보솜 RNA의 합성을 담당한다. 핵인에서 합성된 RNA 분자는 세 개의 리보솜 RNA(28S, 18S, 5.8S rRNA)의 전구체이다.

2) RNA 중합효소 II

핵질(nucleoplasm)에서 발견되며 단백질을 암호화하는 유전자를 전사한다. 이것은 mRNA의 전구체를 합성한다. 또한 1차 RNA(primary RNA)의 전사후 변형 과정에 필요한 대부분의 작은핵 RNA(small nuclear RNA, snRNAs)를 합성한다.

3) RNA 중합효소 III

이 효소도 역시 핵질에서 발견된다. tRNA(그림 11.8C)와 5S rRNA(그림 11.8D)를

부가 설명: 복제와 전사의 차이점

복제와 전사의 차이점은 다음과 같다.

- 복제에서는 새로운 DNA 분자가 생성되는 반면, 전사에서는 RNA 분자가 합성된다.
- RNA에는 티민 염기 대신에 우라실 염기가 도입된다.
- RNA 전사체는 DNA 주형과 결합하여 남아 있지 않고 단일가닥으로 분리된 후 핵에서 빠져나와 세포질로 이동한 후 단백질 합성에 참여한다.
- 각 DNA 주형에서 여러 개의 복사본 RNA 전사체가 방출된다.

포함하는 다양한 작은 RNA의 합성을 담당한다.

3가지 진핵생물 중합효소는 크기가 크고, 많은 수의 폴리펩티드 단위체로 이루어져 있다. 그들의 분자량은 약 500,000이다. 예를 들어, 진핵생물 RNA 중합효소 II는 10개 이상의 단위체를 가지고 있으며 그 중 3개는 RNA 중합효소 I 및 III에도 존재한다. RNA 중합효소 II의 가장 큰 단위체는 원핵생물의 β 단위체와 관련이 있다.

2. 전사 개시를 위해 RNA 중합효소와 결합하는 단백질들

이들은 핵질에 존재하는 특정 단백질로서 RNA 전사의 개시 과정에서 RNA 중합효소의 정확한 기능을 위해 필요하다. 이것들은 DNA의 핵심 프로모터 영역의 다양한 부위에 결합하는데, 핵심 프로모터 영역은 전사가 시작되는 곳으로부터 위쪽 또는 아래쪽의 약 40~60개의 염기서열로 이루어져 있다. 단백질 인자 중 일부는 TATA 상자에 결합하며 이를 **TATA 결합 단백질**(TATA binding proteins, TBP)이라고도 한다.

이들은 두 가지 범주로 분류된다:

1. 보편 전사인자(general transcription factors, GTFs) **또는 기본 전사인자**(basal transcription factors): 진핵생물에서 효율적이고 프로모터 특이적인 전사가 개

표 11.2 원핵생물과 진핵생물 전사의 차이점

원핵생물 전사	진핵생물 전사
1. 세포질에서 일어난다.	1. 핵에서 일어난다.
2. 일어나는 특정 시기가 없다.	2. 세포주기의 G_1과 G_2기에서 일어난다.
3. 하나의 RNA 중합효소가 3가지 종류의 RNA(mRNA, tRNA, rRNA)를 모두 합성한다.	3. 세 가지 RNA 중합효소 I, II, III가 각각 rRNA , mRNA, tRNA를 합성한다.
4. 전사와 번역이 동시에 일어나는 것이 원칙이다.	4. 전사와 번역이 동시에 일어나는 것이 불가능하다.
5. 전사의 개시에는 어떠한 단백질이나 개시인자가 필요하지 않다.	5. 전사의 개시에는 **전사인자**(transcription factor)라 불리는 단백질들이 필요하다. TFIIA, TFIIB, TFIID, TFIIE, TFIIF, TFIIH 등이 있다. 이들은 TATA 상자를 인식한다.
6. Pre-RNA 분자가 세포질로 분리되고 가공된다.	6. Pre-RNA 분자가 핵 내에서 분리되고 가공된다.
7. RNA 중합효소는 5개의 폴리펩티드의 복합체이다.	7. RNA 중합효소들은 10개에서 15개의 폴리펩티드의 복합체이다.
8. 전사 단위는 한 개 이상의 유전자를 갖는다 (**폴리시스트론**).	8. 전사 단위는 한 개의 유전자를 갖는다(**단일시스트론**).
9. mRNA 1차 전사체에 첨가되는 뉴클레오티드가 거의 없다.	9. mRNA 1차 전사체에 많은 수의 뉴클레오티드가 첨가된다.
10. 하나의 1차 전사체에서 23S, 16S, 5S rRNA가 만들어진다.	10. 두 개의 1차 전사체에서 28S, 18S, 5.8S, 5S rRNA가 만들어진다.

표 11.3 다른 유형의 RNA 중합효소와 그것들에 의해 전사되는 RNA의 목록

중합효소의 종류	합성되는 RNA의 종류
I형 중합효소	28S rRNA, 18S rRNA, 5.8 rRNA
II형 중합효소	mRNA, SnRNA, ScRNA
III형 중합효소	tRNA, 5S rRNA 그리고 다른 작은 RNA들
미토콘드리아 RNA 중합효소	미토콘드리아 내부의 미토콘드리아 RNA
엽록체 RNA 중합효소	엽록체 내부의 엽록체 RNA

시되기 위해서는 몇 가지 개시인자가 필요하다. 이들을 **보편 전사인자**(general transcription factors, GTF)라 부르고 3개의 RNA 중합효소에 해당하는 TFI, TFII 그리고 TFIII로 지정하였다. 이들은 프로모터 서열에 결합하여 전사를 개시한다.

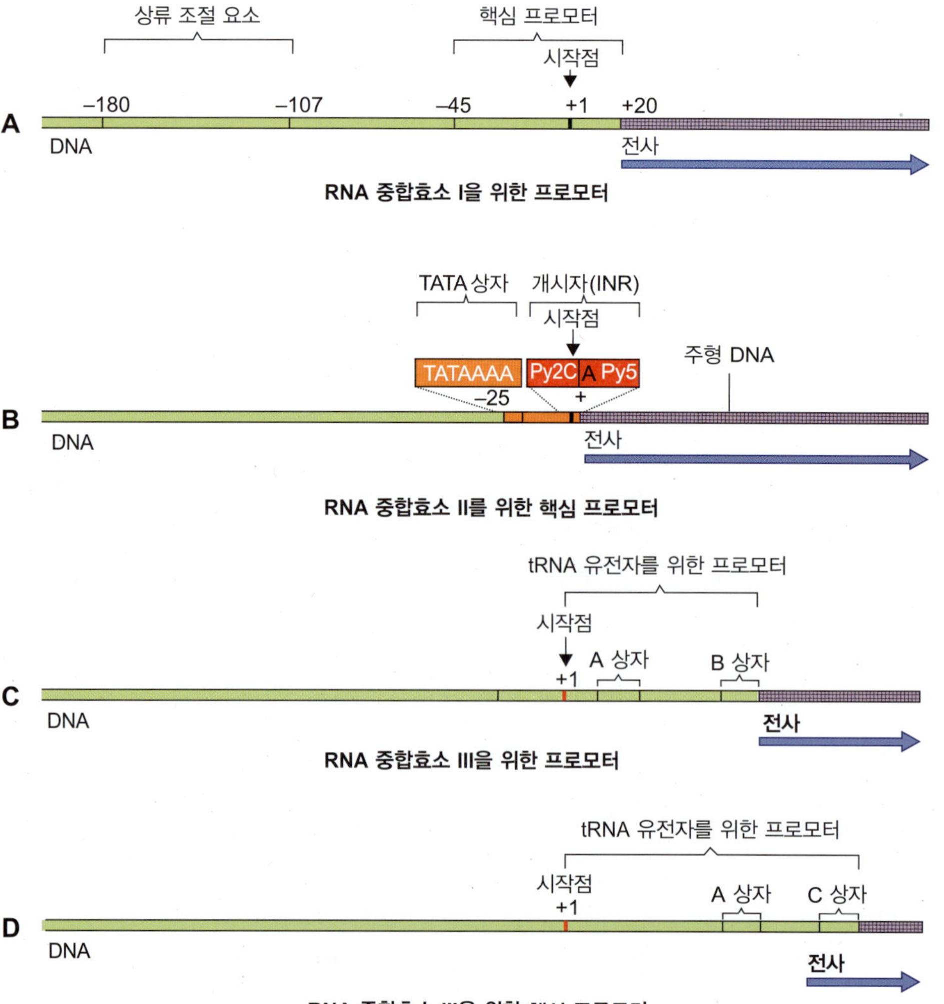

그림 11.9

진핵생물에서 3가지 다른 유형의 RNA 중합효소 I, II 및 III에 대한 서로 다른 프로모터. mRNA 프로모터는 상류에 있지만 tRNA와 rRNA의 프로모터는 시작점의 하류에 있다.

그림 11.10
진핵생물에서 전사 개시 동안 개시전복합체(preinitiation complex)의 형성: 전사 장치가 형성되고 결합 부위로부터 RNA 중합효소 II가 앞으로 이동하는 단계

A RNA 중합효소 II에 대한 DNA의 프로모터 부위

B TFIID가 RNA 중합효소 II에 대한 프로모터를 인식한다.

C TFIIA와 TFIIB가 또한 프로모터에 결합한다.

D RNA 중합효소와 TFIIF가 결합하여 개시전복합체 형성

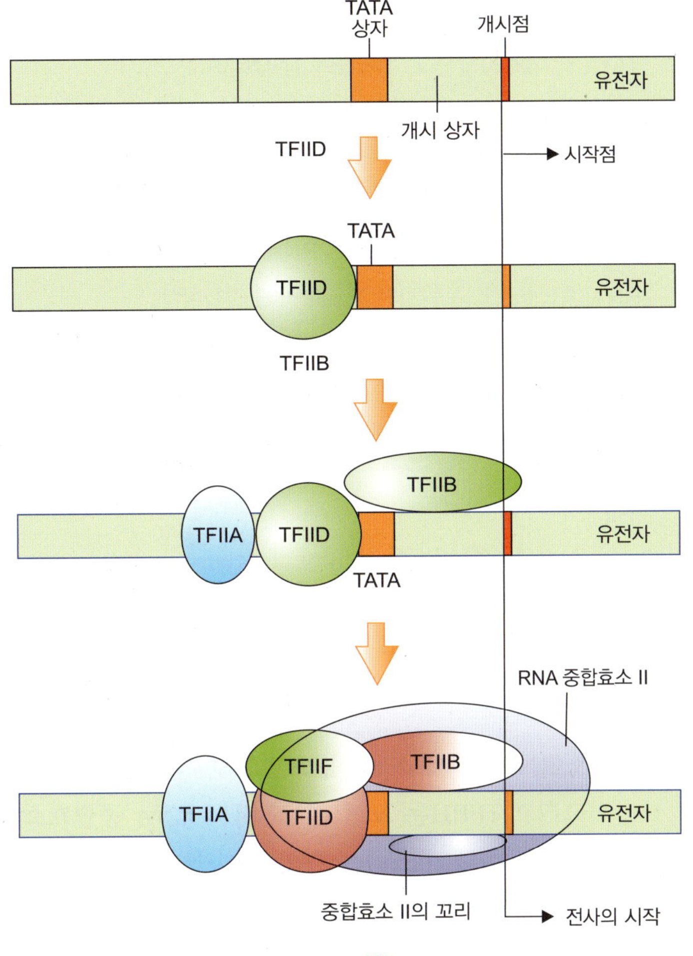

E TFIIE와 TFIIH, TFIIK가 개시전복합체에 결합

F TFIIH가 RNA 중합효소의 꼬리를 인산화한다. 다른 인자들은 방출되고 RNA 중합효소 II만 DNA를 따라 앞쪽으로 이동한다.

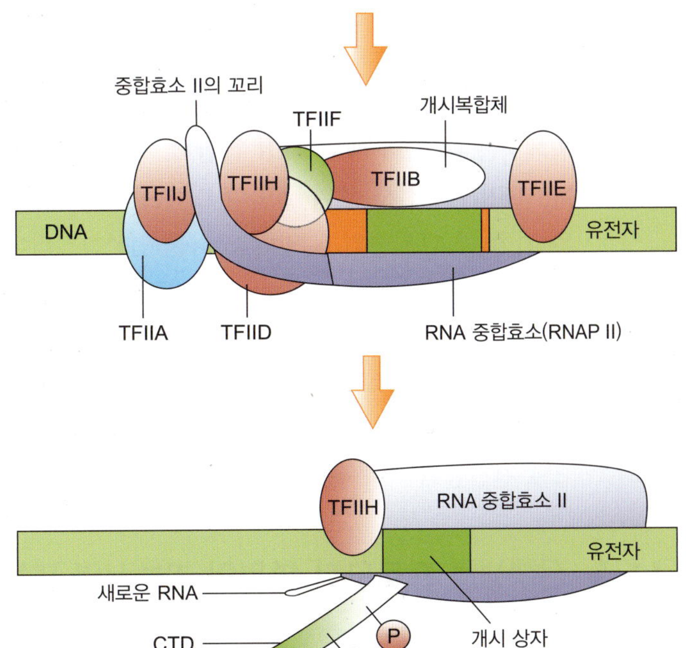

표 11.4 RNA 중합효소 II 핵심 프로모터에 결합하는 전사인자(TF)

• TBP(TATA 상자 결합 단백질);	TATA 상자에 결합한다. TFIID의 한 부분이다.
• 전사인자 II 복합체	TBP를 포함한다. 중합효소 II 특이적 프로모터를 인식한다.
• TFIID	TATA 상자에 맨처음 결합한다.
• TFIIA	TATA 상자의 상류에 결합한다; RNA 중합효소가 프로모터에 결합하는 데 필요하다.
• TFIIB	TATA 상자의 하류에 결합한다; RNA 중합효소가 프로모터에 결합하는 데 필요하다.
• TFIIF	RNA 중합효소와 동반하여 프로모터에 결합한다.
• TFIIE	프로모터에서 떨어지고 리보뉴클레오티드 사슬이 신장되는 데 필요하다.
• TFIIH	RNA 중합효소 II를 인산화시킨다; 신장 과정 중 중합효소 옆에 같이 존재한다.
• TFIIJ	프로모터에서 떨어지고 신장하는 데 필요하다.

2. 추가 전사인자(Additional Transcription Factor) 또는 특정 전사인자(Specific Transcription Factor): 이 인자들은 특정 상황에서 특정 유전자의 전사에 필요하다. 이것들은 유전자 발현 조절을 담당하며, 유전자 하나하나마다 발현을 조절한다.

3. RNA 중합효소 II에 필요한 전사인자: 전사인자 TFIIB, TFIID, TFIIE, TFIIF 그리고 TFIIH는 보편 전사인자로 ***RNA 중합효소 II***가 RNA 전사를 시작하는 데 필요하다. TFIID는 TATAA 공통서열에 특이적으로 결합하는 TATA 결합 단백질(TATA binding protein, TBP)을 갖는다. TFIID는 또한 TBFIIB와 결합하여 프로모터에서 TATAA–TFIID–TBIIB 복합체를 형성한다. TFIIF 인자의 도움으로 ***RNA 중합효소***가 이 복합체에 결합한다.

프로모터에서 ***RNA 중합효소 II***가 떨어져 나와 주형 DNA를 따라 이동하기 위해서는 다른 세 개의 TFII 복합체, 즉 TFIIE, TFIIH 그리고 TFIIJ가 필요하다. TFIIH는 전사 부위 주변의 DNA를 풀고(**헬리카아제 활성**), RNA 중합효소의 가장 큰 단위체의 C 말단 꼬리를 인산화시킨다. 이 끝을 또한 **카르복시말단 도메인**(carboxyterminal domain, CTD)이라고 한다. 그 부분은 대략 50번 반복되는 7개의 아미노산으로 이루어져 있다. 세린 또는 트레오닌 잔기가 인산화되면 ***중합효소***는 프로모터 영역으로부터 떨어져 나와 DNA의 주형가닥 위로 미끄러져 나아간다. TFIIH를 제외한 다른 모든 TFII 복합체는 RNA 중합효소가 앞으로 전진함에 따라 뒤에 남겨진다.

11.5 진핵생물 프로모터 부위의 기능서열 또는 공통서열

원핵생물에서 발견되는 것과 유사한 질소 염기서열이 진핵생물의 프로모터 영역에도 존재한다. 모든 RNA 중합효소에 대해 서로 다른 프로모터가 존재한다.

1. 중합효소 II를 위한 프로모터

RNA 중합효소 II를 위한 프로모터 영역은 **TATA 상자**(TATA box), **개시 상자**(initiation box) 그리고 다양한 **상류 요소**(upstream element)의 세 영역으로 구성된다.

2. TATA 상자 또는 골드버그 호그네스 상자(Goldburg Hogness Box)

TATA 상자의 공통서열은 6개 뉴클레오티드 서열이며 **5′ ...TATAAA ...3′**로 구성되어 있다. 일반적으로 **TATXAX**로 표시되며 여기서 X는 T 또는 A일 수 있다. 이것은 원핵생물 프로모터의 프리브노 서열에 상응하는 것이다. 이것은 전사전복합체가 조립되는 장소이며 전사의 개시 자리를 결정한다. 이것은 개시 상자로부터 약 25 bp 상류에 놓여 있고 AT 서열이 풍부하다.

보편 전사인자와 중합효소 II에 의한 **개시전 복합체**(pre-initiation complex)의 형성은 전사의 개시에 필수적이다. 개시전 복합체의 형성은 TATA 부위에서 시작된다(전사 시작 위치의 약 30 bp 상류). TATA 상자는 TFIID에 의해 인식된다.

또한 진핵세포 유전체는 −100 위치에 염기서열 GGGCGG를 갖는 **GC 상자**(GC box)와 **GCCCAATCT** 염기서열을 갖는 **CAAT 상자**(CAAT box)라는 근위 조절 요소(proximal control element)를 갖는다.

3. RNA 중합효소 I를 위한 프로모터

RNA 중합효소 I에 대한 프로모터는 **상류 조절 요소**(upstream control element) 그리고 **핵심 프로모터**(core promoter)를 갖는다. 핵심 프로모터 자리는 GC 서열이 풍부하다. 단백질 **UBFI(upstream binding factor for pol I)**가 상류 조절 요소와 핵심 프로모터를 인식하고 결합한다. 후에 **SLI**(selectivity factor for pol

그림 11.11
프로모터 영역을 갖는 진핵생물 유전자

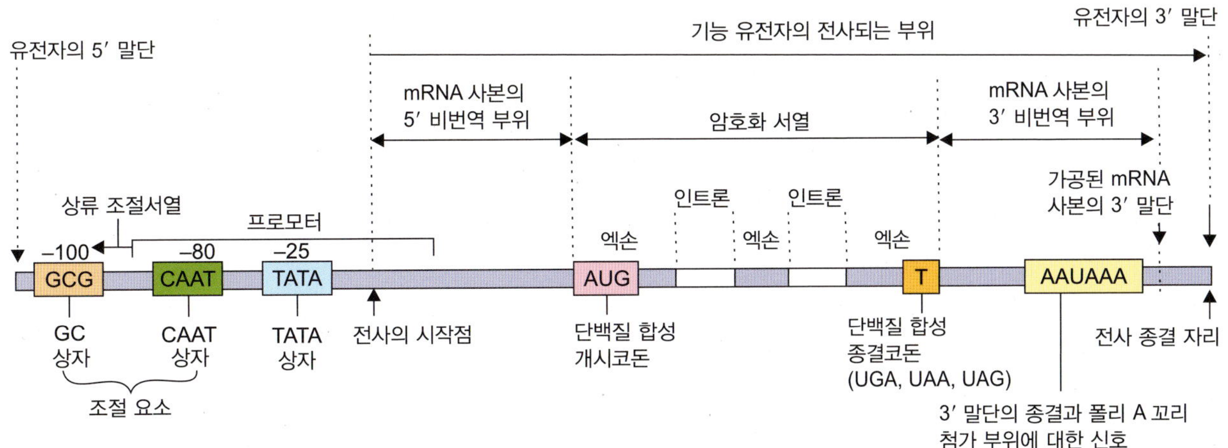

표 11.5 프리브노 상자와 TATA 상자 서열 간의 유사성

서열 종류	그룹	종	서열
프리브노 서열	바이러스	$\phi \times 174$	5′----- TACAGTA -----3′
		SV40	5′----- TATAATG -----3′
	원핵생물	*E. coli*	5′----- TATAATG -----3′
TATA 상자	진핵생물	생쥐	5′----- TATAAAG -----3′
		닭	5′----- TATATAT -----3′

I)이 UBFI와 결합하여 DNA에 결합한다. 최종적으로, RNA 중합효소 I이 rRNA 유전자에 결합하여 전사를 한다.

4. RNA 중합효소 III를 위한 프로모터

5S RNA와 tRNA를 위한 RNA 중합효소 III의 프로모터는 유전자 자체 내부에 위치한다. 이것의 인식 부위는 시작 자리의 하류에 위치한다. TFIIIC과 TFIIIB 두 가지 인자가 결합에 필요하다. 처음에 TFIIIC(또는 TFIIIA)가 두 위치에 결합하여 TFIIIB가 개시 자리 근처의 프로모터에 결합하도록 유도한다. 그리고 TFIIIB는 RNA 중합효소 III를 DNA의 프로모터에 결합시킨다.

11.6 RNA-지시 RNA 합성(RNA-Directed RNA Synthesis)

유전체가 RNA인 RNA 바이러스에서는 RNA에서 RNA가 전사된다. 이들 바이러스는 숙주세포에서 ***RNA-지시 RNA 중합효소***(*RNA-directed RNA polymerase*) 또는 ***RNA 복제효소***(*RNA replicase*)의 형성을 유도한다. ***RNA 복제효소***는 ***DNA-지시 RNA 중합효소***(*DNA-directed RNA polymerase*)처럼 작용하며 다음과 같은 특징을 나타낸다:

- ***RNA 복제효소***는 RNA에서 5′ → 3′ 방향으로 RNA 합성을 유도한다.
- DNA-지시 RNA 중합효소와 같은 방식으로 RNA 사슬에 리보뉴클레오티드를 첨가한다.
- 리보뉴클레오티드 삼인산염이 3′ 말단에서 사슬로 들어가고 피로인산염이 방출된다.
- RNA 전사체는 RNA 주형과 상보적이다.
- RNA 복제효소는 편집, 교정 또는 수선과는 관련이 없다.
- ***RNA 복제효소***는 단일가닥 RNA에서 작용한다.

11.7 RNA 편집

RNA 편집은 pre-mRNA에 하나 이상의 뉴클레오티드를 추가 또는 삭제하거나 동시에 추가와 삭제를 하여 1차 mRNA 전사체를 전사 후에 변형시키는 것이다. 이 현상은 1980년대 중반 일부 원생동물의 미토콘드리아에서 특정 mRNA를 생산하는 과정에서 관찰되었다.

예시: 보존된 단백질인 **시토크롬 산화효소**(cytochrome oxidase, CO III)의 단위체 III는 미토콘드리아 DNA(mt DNA)에 의해 암호화된다. 3종의 원생동물(protozoan), *Trypanosoma brucei*(*Tb*), *Crithidia fasiculata*(*Cf*) 그리고 *Leishmania tarrentolae*(*Lt*)의 CO III 유전자의 서열과 mRNA 전사체를 비교하였다. *Cf*와 *Lt*에서 이 유전자의 mtDNA 염기서열은 mRNA와 동일하였으나 *Tb*에서는 동일하지 않았다.

*Tb*의 mRNA는 DNA에 암호화되지 않은 몇 개의 U 뉴클레오티드가 삽입되어 있었고, *Tb*의 DNA는 전사체에는 나타나지 않은 여러 개의 T 뉴클레오티드를 가지고 있었다.

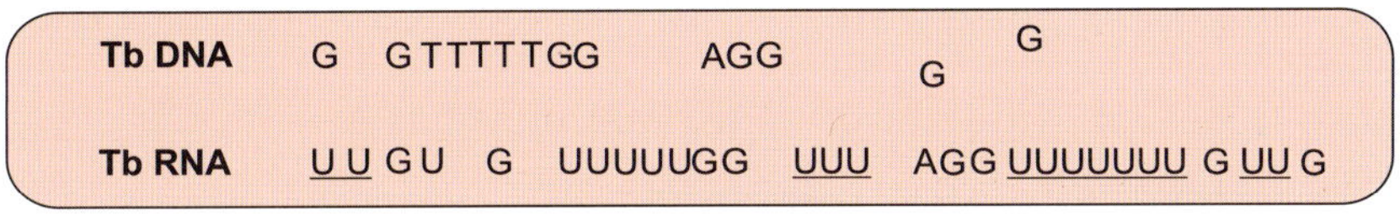

Tb DNA G GTTTTTGG AGG G G

Tb RNA UU GU G UUUUUGG UUU AGG UUUUUUU G UU G

그림 11.12
원생동물 *Trypanosoma brucei*의 시토크롬 산화효소 단위체 II(CO III)의 DNA 서열과 **변형된** mRNA

mRNA에는 U 뉴클레오티드가 많이 삽입되고 여러 T 뉴클레오티드가 결실되어 있다. 이 편집은 **가이드 RNA**(guide RNA, gRNA)라 불리는 특별한 RNA 분자에 의해 수행된다. 이것은 mRNA 전사체와 염기쌍을 이루며 전사체를 절단하고 동시에 누락된 U 뉴클레오티드의 주형이 되면서 전사체를 다시 결합시킨다.

편집은 많은 위치에서 단일 C 뉴클레오티드를 첨가하거나 C 를 U로 또는 U를 C로 치환하는 것을 포함한다. 특정 고등 식물의 엽록체 mRNA에서 C가 U로 편집되어 ACG 코돈이 AUG 개시코돈이 되는 결과를 보였다. RNA 편집 과정은 추가적인 조절 제어 과정이며 조직 특이적인 개시 또는 종결코돈의 생성을 초래한다고 추정된다. 포유류의 세포질 아포-리포단백질 B(cytoplasmic apolipoprotein B)를 암호화하는 핵 유전자로부터 전사된 mRNA에서 C가 U로 변하는 편집이 발견된다.

11.8 RNA의 전사후 변형 또는 Pre-RNA의 가공

전사의 직접적인 결과물을 **1차 전사체**(primary transcript)라고 한다. 이것은 생물학적으로 비활성화 상태이다. 최종적으로 기능을 갖는 RNA 생성물을 만들기 위해 1차 전사체에 화학적 변형이 일어나는 과정을 **RNA 가공**(RNA processing)

이라 한다. RNA 가공에서는:

- 커다란 RNA 전구체는 ***리보핵산가수분해효소-P***(*ribonuclease-P*)에 의해 더 작은 RNA로 잘라진다(**절단**).
- 필요가 없는 뉴클레오티드는 ***핵산가수분해효소***(*nucleases*)에 의해 제거된다(**이어맞추기**, splicing).
- 필요한 영역은 ***연결효소***(*ligase*)에 의해 재결합된다(**결합**, unioun).
- 특정 뉴클레오티드가 효소에 의해 말단에 첨가된다(**말단 첨가**, terminal addition).
- 분자는 적절한 모양을 갖기 위해 스스로 접힌다(**접힘**, folding).
- 일부 뉴클레오티드는 변형될 수 있다(**뉴클레오티드 변형**, nucleotide modification).

1. Pre-tRNA 전사체의 가공

진핵생물의 pre-tRNA 분자는 생화학적으로 변형된다. 이 과정은 효모를 이용하여 자세히 연구되었다. 기능을 갖는 tRNA 분자가 형성되기 위해서는 다음과 같은 4가지 과정이 필요하다.

- 인산-에스테르 결합의 절단에 의한 말단의 꾸밈
- 인트론을 제거하기 위한 이어맞추기
- 일부 말단서열의 첨가
- 주로 **메틸화**에 의한 이형고리형 염기(heterocyclic base)로 변형

원핵세포의 pre-tRNA 분자는 위의 변형 단계 중 몇 가지만을 거친다. 일부 원핵생물의 tRNA에서 일부 인트론이 제거되고, 일부 말단서열이 추가되고, 다른 것에서는 몇 개의 이형고리와 리보오스 고리가 변형된다. 핵산내부분해효소(endonuclease)인 ***핵산가수분해효소 P***(*ribonuclease P*)가 pre-tRNA의 5′ 말단에서 한 부분을 가수분해 절단으로 제거하는 것을 촉매한다.

2. rRNA 전사체의 가공

rRNA의 1차 전사체는 3개의 rRNA(23S, 16S 및 5S) 모두에 대한 전구체를 포함한다. 가공은 핵산가수분해효소의 도움으로 적절한 크기의 작은 조각으로 자르는 과정을 포함한다. 이 과정은 이미 rRNA의 생합성에서 논의하였다.

> Pre-mRNA 전사체의 가공 단계:
> - 5′ 말단에 RNA 캡핑(capping)
> - 3′ 말단에 폴리아데닐레이트 꼬리 첨가
> - RNA 이어맞추기 또는 인트론 제거
> - RNA 편집

3. Pre-mRNA 전사체의 가공

대부분의 원핵생물의 mRNA 전사체는 기능을 갖는 mRNA로 바뀌기 위해 전사 후 변형이 거의 또는 전혀 필요하지 않다. 원핵생물에서는 종종 전사가 일어나는

부가 설명: 1차 전사체 그리고 리보핵산가수분해효소 P

1차 전사체는 전사 바로 직후에 생성되는 RNA 분자이다. 가공하기 전의 세 가지 다른 유형의 RNA 1차 전사체를 전구체 또는 **pre-mRNA**, **pre-tRNA** 그리고 **pre-rRNA**라고 한다. 진핵생물에서 pre-mRNA는 또한 hnRNA 또는 이형핵 RNA(heterogeneous nuclear RNA)라고도 불린다.

리보핵산가수분해효소 P 효소

리보핵산가수분해 효소 P는 리보자임이다. 이것은 단백질과 작은 RNA 분자로 구성된다. 효소의 촉매 활성은 리보솜의 큰 단위체에 존재하는 RNA(원핵세포에서 23S rRNA 및 진핵생물에서 28S rRNA)에 기인한다. 단백질 성분은 단순히 RNA 성분의 활성을 조절한다.

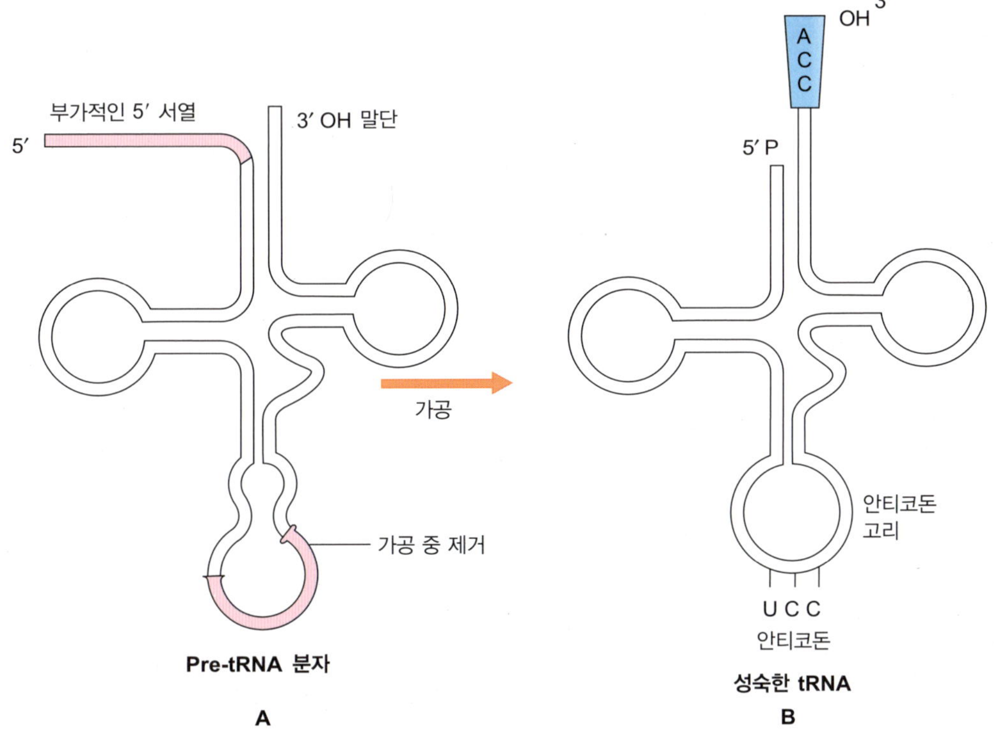

그림 11.13
*E. coli*에서 pre-RNA 분자의 전사후 변형 또는 가공

동안 mRNA의 번역이 시작된다. 이것은 **전사-번역 연계**(coupled transcription-translation)라고 한다. 그러나 진핵생물에서 1차-mRNA 전사체 분자는 엑손과 인트론의 사본을 가지고 있다. 따라서 번역을 위해 리보솜으로 옮기기 전에 핵에서 이어맞추기가 일어나고 화학적으로 변형된다. 진핵생물에서 mRNA를 가공하는 동안 다음과 같은 세 가지 생화학적 과정이 일어난다:

1) RNA 캡핑

1차 mRNA 전사체의 5′ 말단은 삼인산염 작용기에서 하나의 인산염을 제거함으로써 변형된다. 구아노신 일인산염(**GMP**)은 이 **5′** 말단의 이인산염에 부착되어 특이한 형태인 **5′-5′** 삼인산염 공유결합을 형성한다. 이 결합 말단의 구아닌 잔기

표 11.6 Pre-mRNA 가공 중 생화학적 변형

변형	목적
1. 5′ 말단에 5′ 캡의 첨가	• mRNA의 5′ 말단에 리보솜의 결합을 촉진한다. • mRNA 안정성을 높인다. • RNA 이어맞추기를 향상시킨다.
2. 3′ 말단에 폴리(A)의 첨가	• mRNA의 3′ 말단의 안정성을 증가시킨다. • mRNA에 리보솜의 결합을 촉진한다.
3. RNA 이어맞추기	• pre-mRNA에서 비암호화 인트론을 제거한다. • 선택적인 이어맞추기를 통해 동일한 pre-mRNA로부터 다른 코돈을 갖는 mRNA 사본이 생성되도록 하고 다른 단백질이 합성되도록 돕는다.
4. RNA 편집	• mRNA의 뉴클레오티드 서열을 바꾼다.

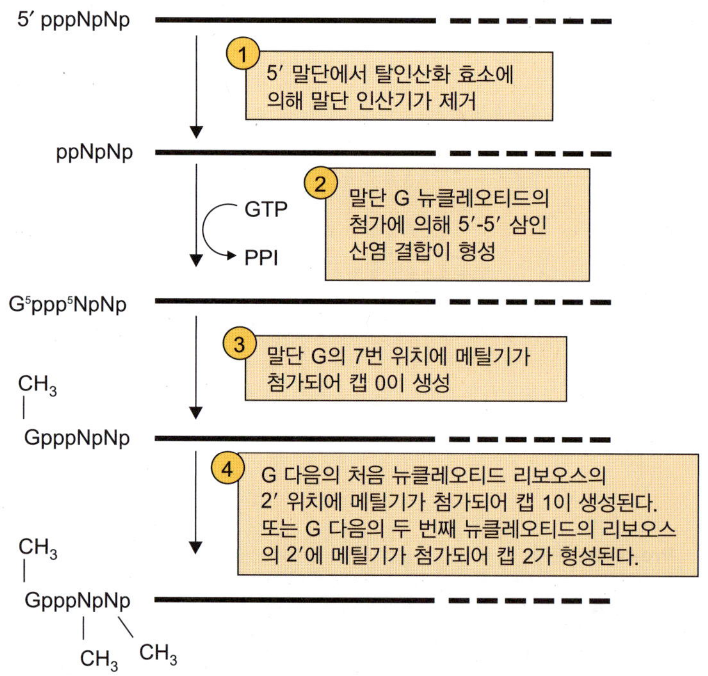

그림 11.14
5′G 캡 형성 단계

는 N_7가 메틸화된다. **메틸화된 구아노신**은 mRNA의 5′ 말단에서 캡을 형성한다(캡 0). 일부 고등 진핵생물에서 처음의 한 개 또는 두 개의 뉴클레오티드의 리보오스의 수산기에 또 다른 메틸화되어 추가 캡핑(캡 1 또는 캡 2)이 생길 수 있다. 하등 진핵세포에는 캡 0만이 형성된다.

RNA의 캡핑은 아마도 성숙한 mRNA를 표시하고, 핵산말단가수분해효소의 절단 활성으로부터 mRNA를 보호하고, mRNA의 5′ 말단에 리보솜이 결합하는 것을 촉진하기 위해 필요한 듯하다.

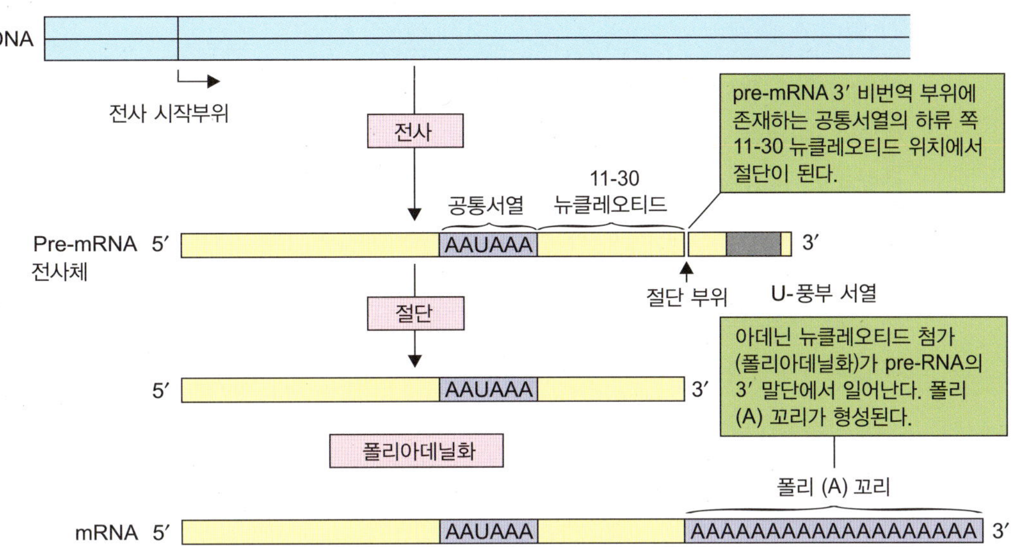

그림 11.15

대부분의 진핵세포 mRNA는 3′ 폴리(A) 꼬리를 가지고 있는데 이것은 pre-mRNA 처리 과정에서 절단 및 폴리아데닐화를 통해 첨가된다.

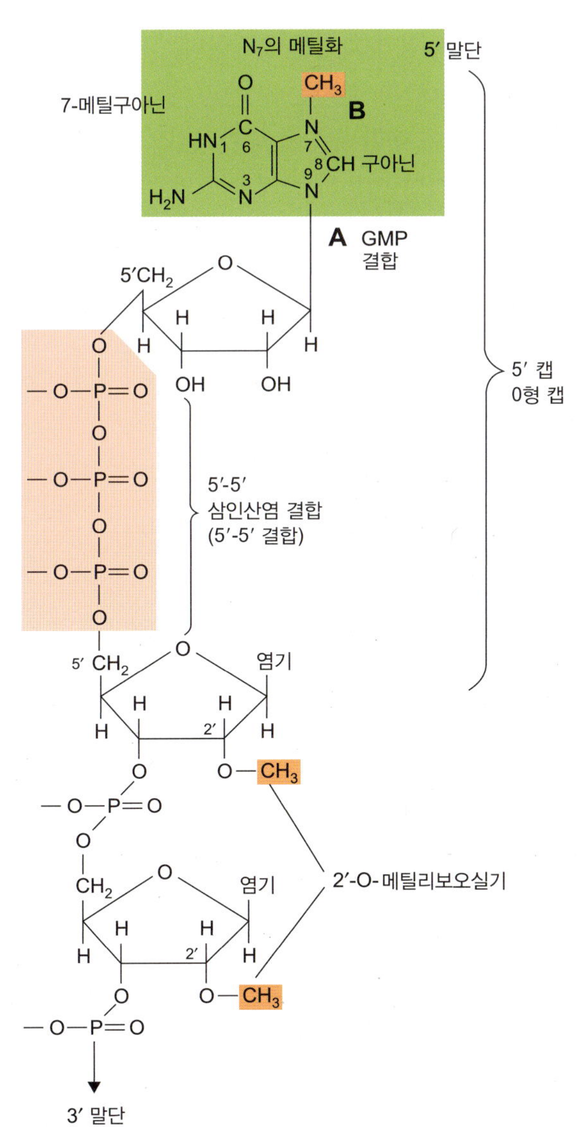

그림 11.16

진핵세포 mRNA의 캡 형성:

A. 5′-5′ 결합을 이용하여 5′ 말단에 GMP를 부착하여 0형 캡을 형성한다.

B. 2′-O 메틸리보오실기를 생성하는 2′ 탄소의 메틸화는 1형 그리고 2형 캡을 형성한다.

- 폴리아데닐화는 이제는 RNA 중합효소 II에 의한 전사 종결의 일부로 간주된다.
- CPSF는 폴리(A) 신호 서열에 결합하여 폴리아데닐화를 시작한다.
- 폴리(A) 서열의 전사 후에 전사가 곧 멈춘다.

2) 폴리 A 추가

1차 mRNA 전사체의 3′ 말단은 폴리아데닐레이트(**폴리 A**) 꼬리 첨가에 의해 변형된다. 이것은 ***폴리아데닐레이트 중합효소***(*polyadenylate polymerase*, ***폴리 A 중합효소***, *poly A polymerase*)에 의해 촉매된다. 폴리 A 꼬리는 20 내지 250개의 뉴클레오티드 잔기로 형성된다. 폴리 A 꼬리를 추가하기 전에 핵산내부가수분해효소는 전사체의 3′ 말단에서 몇 개의 뉴클레오티드를 제거한다. 절단 부위는 꼬리 인식서열인 −AAUAA−와 GU-풍부 부위(GU rich site)를 가지고 있으며 폴리아데닐화 복합체에 의해 인식된다.

폴리 A 아데닐레이트에 폴리 A 결합 단백질(poly A binding protein, PABP)과 절단-폴리아데닐화 특이성 인자(cleavage-polyadeylation specificity factor, CPSF) 그리고 절단 촉진 인자(cleavage stimulation factor, CStF)가 결합하여 폴리아데닐화 복합체(polyadenylation complex)가 형성된다. 이 복합체는 꼬리 인식서열인 −AAUAAA− 그리고 GU-풍부 부위에 결합하고 뉴클레오티드의 절단 및 폴리 (A) 꼬리의 첨가 과정을 촉진한다.

대부분의 진핵생물 mRNA 분자는 3′ 폴리 A 꼬리를 가지고 있다. 이것은 세포의 핵산가수분해효소에 대한 내성을 증가시킴으로써 mRNA 분자에 안정성을 제공하고, 핵막을 통과하여 이동하는 것을 도와주며 mRNA가 리보솜에 결합하는 것을 촉진한다.

3) RNA 이어맞추기

1차 mRNA 전사체를 기능을 갖는 mRNA로 만들기 위해 인트론을 절단하고 엑손을 다시 결합시키는 과정을 **RNA 이어맞추기**(RNA splicing)라 부른다. 이 과정은 세포질로 이동하기 전, 오직 진핵세포의 핵에서만 일어난다.

4. RNA 이어맞추기 기작

RNA 이어맞추기의 기작은 인트론과 엑손 사이 경계의 특정 염기서열(공통 서열)에 의존적이다. mRNA 인트론의 5′ 말단의 공통서열은 **5′ 이어맞추기 자리**(5′

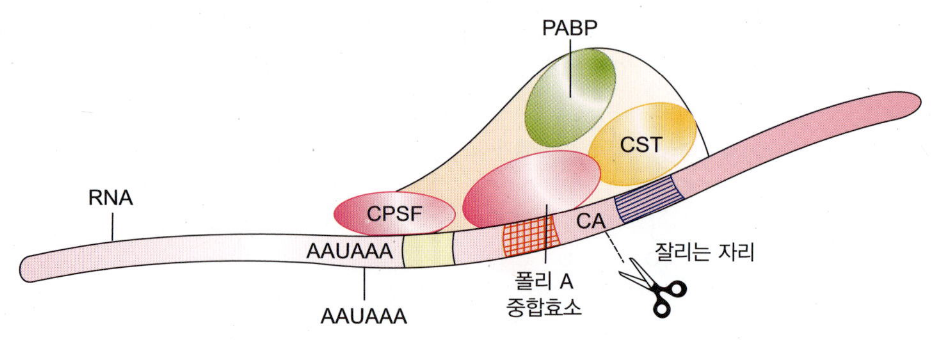

그림 11.17
다음과 같은 단백질을 갖는 폴리아데닐화 복합체의 구조:
PABP: 폴리(A) 결합 단백질
CPSF: 절단-폴리아데닐화 특이성 인자
CStF: 절단 촉진 인자

splice site)를 형성하고 공통서열인 5′-**GU**로 시작한다. 인트론의 3′ 말단의 3′ **이어맞추기 자리**(3′ splice site)는 공통서열 3′-**AG**로 끝난다.

인트론의 중간에는 특별한 아데닌 잔기가 존재한다. 3′ 이어맞추기 자리에서 18~40 뉴클레오티드 상류에 놓여 있다. 이것은 이어맞추기 과정 중에 **분기점**(branch point)으로 사용된다. 이들 부위의 공통 인식서열은 다음과 같이 나타낼 수 있다:

(1) 5′ 이어맞추기 자리: 5′.....AG ↓ **GU**AAGU.....3′

(2) 3′ 이어맞추기 자리: 5′.....YYYYYYNC**AG**↓.....3′

(3) 분기점 자리: 5′...UACU**A**AC.......3′

5. 이어맞추기 복합체 또는 이어맞추기 장치

5′ 그리고 3′ 이어맞추기 자리와 분기점 서열은 **이어맞추기 복합체**(spliceosome)라 불리는 매우 복잡한 구조에 의해 인식된다. 이것은 약 300개의 단백질과 5개의 작은핵 RNA 분자로 구성된 수 메가달톤의 리보핵산단백질 복합체이다. 이러한 RNA-단백질 복합체는 커다란 이어맞추기 장치(splicing apparatus)를 형성하여 인트론의 5′ 그리고 3′ 이어맞추기 자리가 가까이 함께 놓이게 만든다.

- 이어맞추기 자리 또는 분기점에 돌연변이가 생기면 큰 조각의 인트론 RNA가 남게되고 결과적으로 기능을 하지 못하는 단백질이 생성될 수 있다.

이어맞추기 복합체는 다음과 같이 이루어진 큰 덩어리이다.

(1) 5개의 snRNP.

(2) 덩어리에 첨가되는 41개의 연관 단백질.

(3) 이어맞추기 인자(splicing factor) 역할을 하고 이어맞추기 복합체가 RNA 기질에 결합하고 촉매 역할을 하는 데 도움을 주는 70개의 다른 단백질.

(4) 유전자 발현의 다른 단계에서 작용한다고 추정되는 또 다른 30개의 단백질.

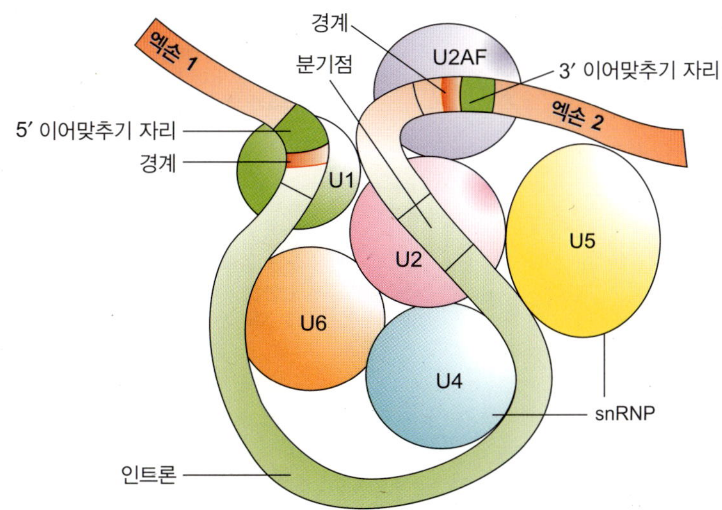

그림 11.18
이어맞추기 복합체의 구조. 인트론/엑손 경계의 이어맞추기 자리에 조립된 U1에서 U6까지의 6개의 작은 리보핵산단백질(snRNP)을 보여준다.

그림 11.19

이어맞추기 복합체의 형성, 엑손 1과 엑손 2의 이어맞추기, 그리고 올가미(lariat)의 분리를 유발하는 이어맞추기 반응의 여러 단계: SF1은 이어맞추기 인자 1이고 SF2는 이어맞추기 인자 2이다.

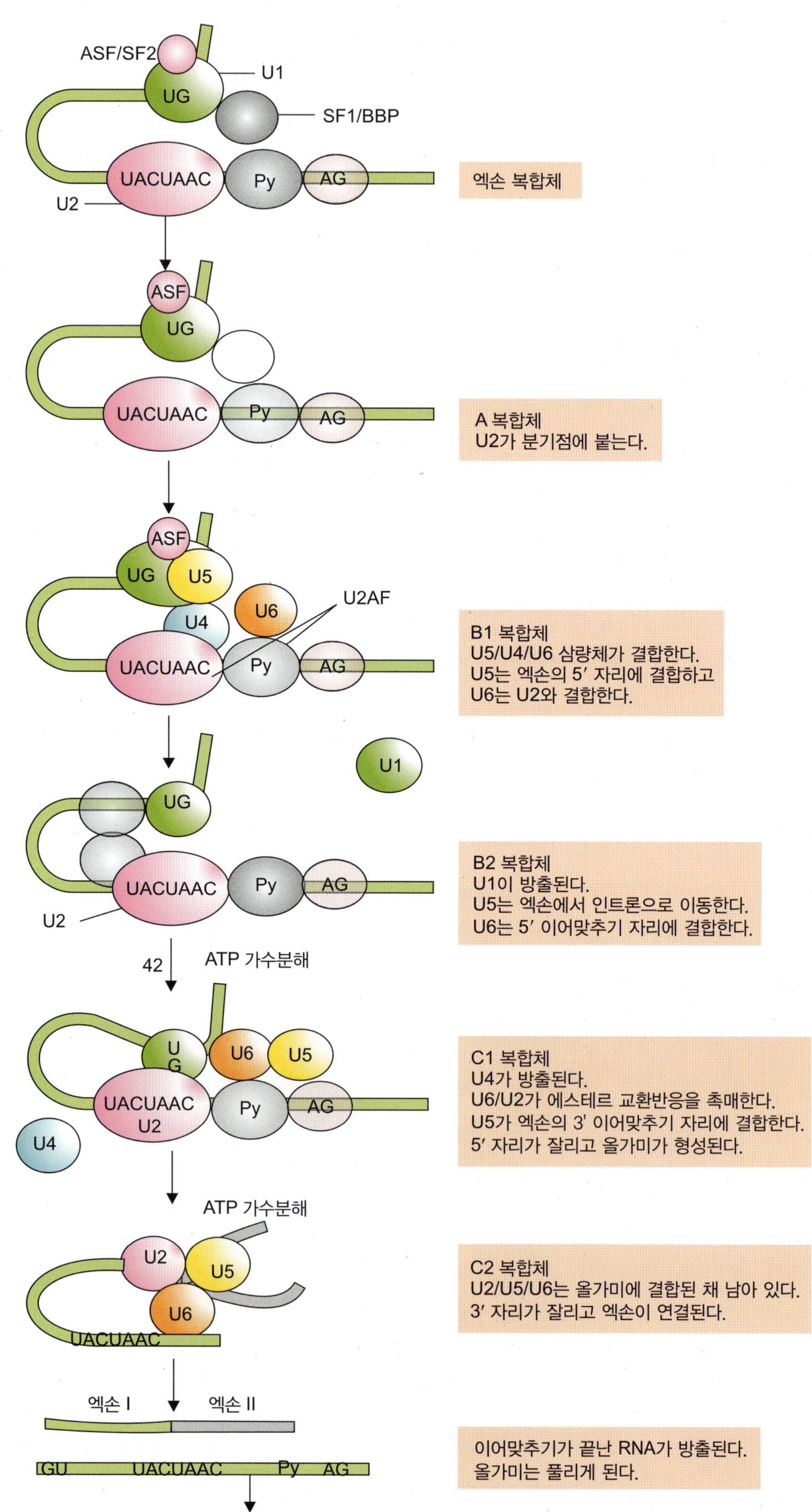

작은 RNA 분자는 핵의 세포질과 핵인에서 생성되며, 따라서 **SnRNA**(small nuclear RNA, 작은 핵 RNA), **SnoRNA**(small nucleolar RNA, 작은 핵인 RNA) 및 **ScRNA**(small cytoplasmic RNA, 작은 세포질 RNA)라고 불린다. 이들은 핵산단백질 입자(nucleoprotein particles, **snRNP** 그리고 **scRNP**)로 발견된다. 이것들은 또한 **snurps**와 **scyrps**로도 일컬어진다. snoRNA는 리보솜 RNA의 가공에 필요하다.

이어맞추기 복합체에 존재하고 이어맞추기에 관여하는 5개의 snRNP는 U1, U2, U5, U4 그리고 U6이다. 이들은 snRNA에 따라 명명되었다. 각 snRNP는 하나의 snRNA와 여러 단백질을 포함한다. U4와 U6 snRNP는 단일 입자(U4/U6)로 발견된다.

이어맞추기 과정: 이어맞추기 과정은 다음 단계로 진행된다.

- U1 snRNP가 인트론의 5′ 이어맞추기 자리에 결합하는 것이 이어맞추기의 첫 번째 단계이다.
- U2 + 보조 인자(U2+auxilliary factor, U2AF)는 분기점 자리와 3′ 이어맞추기 자리 사이의 영역에 결합한다. 이것은 큰 단위체와 작은 단위체 2개로 이루어져 있다. 이렇게 형성된 복합체를 **E 복합체**(E complex)라고 부른다.
- 이어맞추기 인자1(splice factor, SF1) 또는 BBP는 U2AF를 U1 snRNP에 연결하고 **복합체 A**(complex A)를 형성한다.
- 이 복합체에 U5 그리고 U4/U6 snRNP가 결합하면 **B1 복합체**(B1 complex)

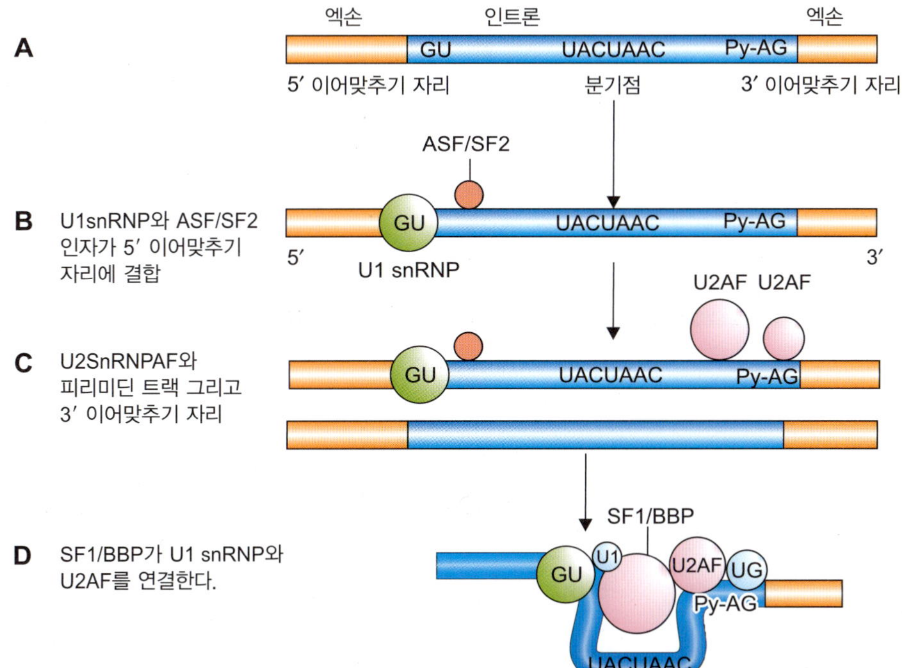

그림 11.20
5′ 이어맞추기 자리에 U1 snRNP의 첨가, 3′ 이어맞추기 자리에 U2AF의 첨가, 그리고 sF1/BBP에 의한 U1 snRNP와 U2AF 사이의 다리 형성에 의한 복합체의 형성

또는 **B1 이어맞추기 복합체**(B1 spliceosome)로 변환된다.

- U1 snRNP가 방출되면서 U6 snRNA가 5′ 이어맞추기 자리와 결합한다. 이로 인해 B1 이어맞추기 복합체가 **B2 이어맞추기 복합체**(B2 spliceosome)로 변환된다.
- U6 snRNP에서 U4가 해리되면 U6 snRNA가 촉매 활성 자리를 형성할 수 있게 U2 snRNA와 쌍을 이룰 수 있게 된다.
- U2-U6 상호 작용으로 인트론 조각이 제거된다.
- 이로 인해 하나의 엑손의 3′ 말단을 다른 엑손의 5′ 말단에 가깝게 가져온다. 그리고 둘이 이어지게 된다.

6. 이어맞추기(또는 인트론 제거) 단계

pre-mRNA의 이어맞추기 또는 인트론 제거는 일련의 잘 정의된 단계를 포함한다:

- pre-mRNA의 5′-이어맞추기 자리가 잘린다. 왼쪽의 엑손(즉 엑손 1)을 오른

그림 11.21
이어맞추기는 두 단계로 진행된다. 먼저 5′ 엑손을 절단한 다음 인트론의 5′ 말단이 인트론의 3′ 말단에 연결된다.

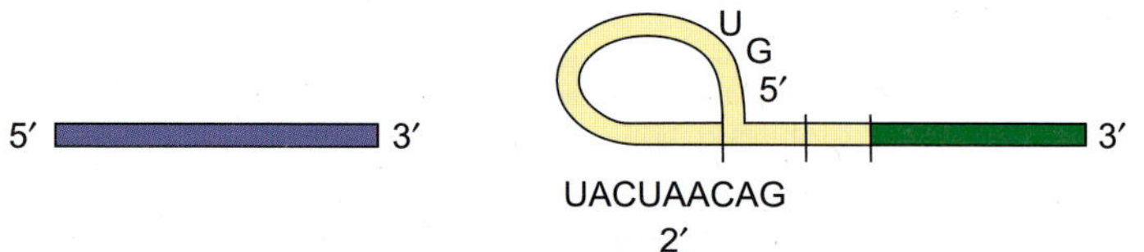

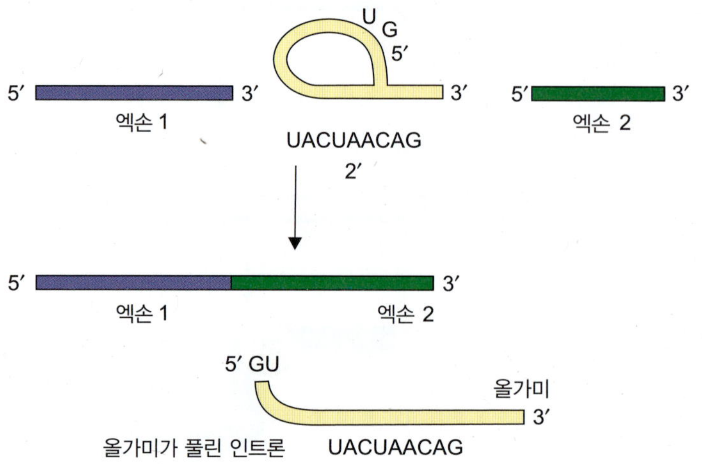

표 11.7 복제와 전사의 비교

복제	전사
1. 세포주기의 S기에서 일어난다.	1. 세포주기의 G_1과 G_2에서 일어난다.
2. DNA 중합효소에 의해 촉매된다.	2. RNA 중합효소에 의해 촉매된다.
3. 디옥시리보뉴클레오시드 삼인산염(dATP, dGTP, dCTP, dTTP)이 원재료로 사용된다.	3. 리보뉴클레오시드 삼인산염(ATP, GTP, CTP, UTP)이 원재료로 사용된다.
4. 복제는 DNA의 두 가닥 모두에서 일어난다.	4. DNA의 한 가닥(주형가닥)에서 일어난다.
5. DNA 분자(염색체) 전체의 풀림과 분리가 일어난다.	5. 전사되어야 하는 유전자만 풀림과 분리가 일어난다.
6. 모든 유전체의 복사가 일어난다.	6. 특정 유전자 몇 개만의 복사가 일어난다.
7. 복제된 DNA 가닥이 주형 DNA 가닥과 수소결합한 상태로 남아 있다.	7. 전사된 RNA 가닥이 주형 DNA 가닥과 분리된다.
8. 하나의 DNA 분자로부터 두 개의 이중나선 DNA 분자가 만들어진다.	8. 하나의 DNA 분자의 한 부위로부터 하나의 외가닥 RNA 분자가 만들어진다.
9. 생성물은 핵 내에 남아 있다.	9. 생성물의 대부분이 핵에서 세포질로 이동한다.
10. 생성물은 분해되지 않는다.	10. 생성물은 기능이 끝난 후 분해된다.
11. 다음 세대의 세포 또는 개체의 보존된 유전체로 작용한다.	11. 단백질 합성에 즉시 사용될 각 유전자의 RNA 사본을 만드는 기능을 한다.
12. 복제를 시작하기 위해서는 RNA 시발체가 필요하다.	12. 시작을 위해 시발체가 필요하지 않다.
13. 다른 가공이 필요하지 않은 정상적인 DNA를 생성한다.	13. 최종적인 형태나 크기를 갖기 위해 가공이 필요한 **1차 RNA 전사체** 분자를 생성한다.

쪽의 인트론-엑손 분자로부터 분리한다.

- 왼쪽 엑손(exon I)이 직선형 분자 형태를 갖는다.
- 오른쪽 인트론 분자의 5′ 말단이 자체적으로 접히고 이것의 5′과 3′ 이어맞추기 자리를 연결시켜 **올가미**(lariat)를 형성한다.
- 인트론의 5′ 말단에 있는 G′ 염기가 인트론 내부의 분기점 자리라 불리는 서열의 A 염기와 연결된다.
- 인트론의 3′ 이어맞추기 자리가 절단되어 전체 인트론이 올가미 형태로 방출된다.
- 오른쪽 엑손(2)의 5′ 말단이 공유결합에 의해 왼쪽 엑손(즉, 엑손 1)의 3′ 말단에 연결된다.
- 올가미의 분기점이 풀리면서 잘려져 나간 인트론이 선형이 된다. 이것은 빠르게 분해된다.
- 엑손 1의 5′ 말단은 다른 인트론-엑손 접합을 자유롭게 공격할 수 있다.

분기점 자리(branch site)는 3′ 이어맞추기 자리를 확인하는 데 도움을 준다. 이것은 3′ 이어맞추기 자리에서 18~40 뉴클레오티드 상류에 놓여 있다. 진핵생물에서는 추가적인 암호 자리가 존재한다. 돌연변이로 인해 분기점 자리가 없어지는 경우에는 이 암호 자리가 이어맞추기에 도움을 준다. 효모 세포에서 분기점 자리의 공통서열은 UACUAAC이며 매우 잘 보전되어 있다. 진핵생물 pre-mRNA로부터 인트론의 제거는 이어맞추기 복합체(spliceosome)라고 불리는 **리보핵산단백질**(ribonucleoprotein, RNP) 복합체에 의해 핵에서 일어난다.

7. 자기-이어맞추기 RNA 인트론

특정 유전자는 **자기-이어맞추기 RNA 인트론**(self-splicing RNA intron)을 가진다. 이러한 유전자의 1차 전사체는 snRNP가 없이도 RNA 이어맞추기를 수행한다. 인트론 RNA가 이어맞추기 과정을 촉매한다. 이러한 **촉매 RNA**(catalytic RNA) 분자를 **리보자임**(ribozyme)이라고도 한다. 이러한 이어맞추기 과정은 에스테르 교환반응(transesterification reaction)을 포함한다.

11.9 시험관 내(*In Vitro*)에서의 RNA 합성

콘버그가 ***DNA 중합효소***를 분리하기 2년 전에 **그룬버그-마나고**(Grunberg-manago)와 **오초아**(Ochoa)는 RNA 대사에 특이적으로 관여하는 효소를 분리했다. 이 효소를 ***RNA 중합효소***라고 명명했다. 이것은 다른 뉴클레오티드를 긴 RNA 사슬로 연결시키거나 사슬을 더 작은 조각으로 분해할 수 있다. 이 효소가 존재하면 심지어 시발체가 없는 상황에서도, 어떤 비율의 뉴클레오티드에서도, 심지어 단지 한 종류의 뉴클레오티드가 존재하는 조건에서도 RNA 합성이 일어날 수 있다. 이것은 단일 염기만 반복된(예를 들어 아데닌 리보뉴클레오티드에서 생성된 폴리아데닐산, polyadenylic acid, 'poly-A') 또는 폴리-U로만 구성된 RNA 사슬을 얻을 수 있음을 의미한다. **호로위츠**(Horowitz), **와이스**(Weiss) 그리고 **스티븐스**(Steven, 1950, 60)은 또 다른 ***RNA 중합효소***를 분리했는데 이 효소는 시험관에서 DNA가 주형으로 존재하여야만 RNA 합성을 할 수 있다.

합성에 필요한 물질은 뉴클레오시드 이인산염인 ADP(아데노신 이인산염, adenosine diphosphate), UDP(우리딘 이인산염, uridine diphosphate), GDP(구아닌 이인산염, guanine diphosphate) 그리고 CDP(시토신 이인산염, cytosine disphosphate)이지만 모두 동시에 존재할 필요는 없다.

문 제

1. 원핵생물의 RNA 전사의 다양한 단계를 설명하시오.

2. 원핵생물 및 진핵생물의 전사의 차이점을 설명하시오.

3. 중합효소 I의 구조와 이것의 다양한 단위체의 기능에 대해 논하시오.

4. mRNA의 전사후 가공 기작을 적당한 그림과 함께 논하라. 이 가공 기작이 필수적인 이유는 무엇인가?

5. 진핵생물에서 RNA 전사에 필요한 다양한 전사인자에 대해 자세히 설명하시오.

6. 종결이란 무엇인가? *E. coli*에서 유전자 전사의 다양한 종결 방법에 대해 논하시오.

7. Rho 인자의 특징을 논하시오. RNA 전사에서 어떤 역할을 하고 어떻게 작용하는가?

8. RNA 전사에서 시그마 인자의 역할을 설명하시오.

9. 원핵생물과 진핵생물의 프로모터 부위 구조의 차이를 설명하시오.

10. 인트론은 어떻게 이어맞추기에 의해 RNA로부터 제거되는가?

11. 폴리-A 꼬리는 진핵세포 mRNA에 어떻게 추가되는가?

12. 진핵생물과 원핵생물에서 mRNA의 *in vivo* 합성에 대해 논하시오. 두 가지 경우의 기본적인 차이점은 무엇인가?

13. 짧게 설명하시오:
    (a) RNP 입자 (b) snRNP
    (c) RNA 이어맞추기 (d) RNA 가공
    (e) 이형핵(heterogeneous nuclear) (f) mRNA(hnRNA)의 생합성
    (g) 이어맞추기 복합체 (h) 인포모솜(informosome)
    (i) mRNA의 이질성 (j) 전사인자
    (k) 폴리시스트론성 mRNA(polycistronic mRNA).

14. 암호화 DNA와 비암호화 DNA는 무엇을 의미하는가?

15. 전령 RNA가 메틸화된 G 캡과 폴리-A 꼬리가 필요한 이유는 무엇인가?

16. DNA-지시 RNA 합성과 RNA-지시 RNA 합성을 다음 특성에서 비교해 보라:
    (a) 주요 신장효소
    (b) 새로운 사슬의 신장 방향
    (c) 삽입되는 뉴클레오티드의 형태
    (d) 인산이에스테르 결합 형성 기작

(e) 교정
(f) 주형

17. RNA의 전사에서 다음 단백질의 역할을 간단히 기술하시오.
(a) σ 단위체
(b) RNA 중합효소
(c) Rho 인자

18. tRNA의 기능은 무엇인가?

19. 어느 그룹의 세포가 항상 단시스트론성 RNA를 갖는가?

20. 1차 전사체란 무엇인가?

21. rDNA란 무엇인가?

22. 이형핵 RNA를 정의하라.

23. 다음 용어를 정의하시오.
(a) 3′ 말단
(b) 고분자(polymer)
(c) 5′ 캡
(d) 상보성
(e) 1차 전사체
(f) 호그네스 상자(Hogness box)

24. 다음 약어의 원래 용어를 쓰시오.
(a) TF
(b) TBP
(c) 5′ UTR
(d) UBF
(e) SLI
(f) CTD

유전암호

12

학습 목표

- 유전암호: 유전암호는 삼염기 암호이다
- 유전암호는 보편적이다
- 유전암호의 해독
- 유전암호의 주요 특징
- 유전암호의 분석

DNA에 있는 질소 염기의 선형 배열은 단백질 분자의 아미노산 서열을 결정한다. DNA에는 단지 네 개의 염기가 있으며, 아데닌(A), 구아닌(G), 시토신(C) 및 티민(T)이다. DNA 가닥에 있는 이들 네 질소 염기의 정확한 서열은 mRNA의 중개를 통하여 적절한 위치에 적절한 아미노산을 넣도록 지시한다.

12.1 유전암호

DNA에 있는 질소 염기의 특별한 서열 또는 mRNA에 있는 전사된 상보적인 염기에 의해 단백질 분자에 있는 특별한 아미노산의 위치가 결정되는 기작을 설명하기 위하여 몇 가지 이론이 제시되었다. 현재까지 널리 받아들여지고 있는 이론은 **크릭**(F. H. C. Crick)에 의한 것으로 이 이론은 유전암호의 존재와 한 아미노산을 암호하는 가장 작은 단위인 **코돈**(codon)을 주장한다.

코돈(암호 단어)은 mRNA에 있는 특정 아미노산을 암호하는 뉴클레오티드나 또는 뉴클레오티드 서열이고, 반면에 유전암호는 단백질 분자의 합성에 대한 정보를 담고 있는 mRNA의 질소 염기서열이다.

그림 12.1
질소 염기의 단염기와 이염기 암호의 코돈

A
C
G
U

코돈

AA	AC	AG	AU
CC	CA	CG	CU
GG	GA	GC	GU
UU	UA	UG	UC

단염기 암호: 4 × 1 = 4 코돈 **이염기 암호:** 4 × 4 = 16 코돈

Ala	=	Alanine
Arg	=	Arginine
Asn	=	Asparagine
Asp	=	Aspartic acid
Cys	=	Cysteine
Gln	=	Glutamine
Glu	=	Glutamic acid
Gly	=	Glycine
His	=	Histidine
Ile	=	Isoleucine
Leu	=	Leucine
Lys	=	Lysine
Met	=	Methionine
Phe	=	Phenylalanine
Pro	=	Proline
Ser	=	Serine
Thr	=	Threonine
Trp	=	Tryptophan
Tyr	=	Tyrosine
Val	=	Valine

1. 유전암호는 삼염기 암호이다

유전암호의 주된 문제는 하나의 아미노산을 암호하는 코돈에 있는 뉴클레오티드의 정확한 수를 아는 것이다. mRNA에는 20개 아미노산을 위한 질소 염기가 단지 네 개가 있기 때문에, 단일 염기나 두 개의 염기 조합으로는 20개 아미노산에 대해 암호 단어를 충분히 제공하지 못한다. 단 하나의 뉴클레오티드로 구성된 **단염기 암호**(singlet code)는 바로 네 개의 코돈 A, C, G 및 U를 제공한다. 이들은 20개 아미노산의 위한 암호로는 불충분하다. 비슷하게, 두 염기의 조합(**이염기 암호**)는 4 × 4 = 16 코돈을 제공하여 아직도 20개 아미노산에 대하여 불충분하다.

가모우(Gamow, 1954)는 각각의 코돈은 세 개의 염기로 구성된 삼염기 암호의 가능성을 제시하였다.

이것은 20개 아미노산에 대하여 충분하며 4 × 4 = 64개의 암호 단어나 코돈을 제공한다. 표 12.1은 아미노산에 대한 삼염기 코돈의 목록을 나타낸다.

표 12.1 아미노산에 대한 mRNA의 삼염기 암호

	U	C	A	G	
U	UUU } Phe UUC UUA } Leu UUG	UCU UCC } Ser UCA UCG	UAU } Tyr UAC UAA Ochre (종결코돈) UAG Amber (종결코돈)	UGU } Cys UGC UGA } 종결코돈 UGG Trp	U C A G
C	CUU CUC } Leu CUA CUG	CCU CCC } Pro CCA CCG	CAU } His CAC CAA } Gln CAG	CGU CGC } Arg CGA CGG	U C A G
A	AUU AUC } Ile AUA AUG } Met - 개시코돈	ACU ACC } Thr ACA ACG	AAU } Asn AAC AAA } Lys AAG	AGU } Ser AGC AGA } Arg AGG	U C A G
G	GUU GUC } Val GUA GUG	GCU GCC } Ala GCA GCG	GAU } Asp GAC GAA } Glu GAG	GGU GGC } Gly GGA GGG	U C A G

표를 보면, 삼염기 암호 중 여러 개는 동일한 문자를 가지나 서열이 다르며, 이들은 서로 다른 아미노산에 대한 암호로 사용된다. 이것은 삼염기 암호의 문자 서열이 어떤 아미노산을 암호화할 것이냐를 결정하는 데에 있어서 가장 중요한 것임을 의미한다.

DNA로부터 정보는 mRNA에 의해 세포질로 전달되고, mRNA의 코돈이 폴리펩티드 사슬의 아미노산 서열로 번역되기 때문에, 정보가 DNA 분자에서 질소 염기서열의 형태로 암호화되어 있다 할지라도, mRNA의 암호 문자로 나타내는 것이 관례다.

2. 유전암호의 해독

과학자들은 모든 20개 아미노산의 코돈을 시험관 합성을 통해서 밝혔다. 이들 코돈을 표 12.2에 나타내었다.

표 12.2 아미노산에 대한 삼염기 암호

아미노산	약자	DNA 암호	mRNA 코돈
1. 알라닌	ala	CGA, CGG, CGT, CGC	GCU, GCC, GCA, GCG
2. 아르기닌	arg	GCA, GCT, GCC, TCT, GCG, TCC	CGU, CGA, CGG, CGC, AGA, AGG
3. 아스파라긴	asn	TTA, TTG	AAU, AAC
4. 아스파르트산	asp	CTA, CTG	GAU, GAC
5. 시스테인	cys	ACA, ACG	UGU, UGC
6. 글루타민	gln	GTT, GTC	CAA, CAG
7. 글루탐산	glu	CTT, CTC	GAA, GAG
8. 글리신	gly	CCA, CCG, CCT, CCC	GGU, GGC, GGA, GGG
9. 히스티딘	his	GTA, GTG	CAU, CAC
10. 이소루신	ile	TAT, TAA, TAG	AUA, AUU, AUC
11. 루신	leu	AAT, AAC, GAA, GAG, GAT, GAC	UUA, UUG, CUU, CUC, CUA, CUG
12. 리신	lys	TTT, TTC	AAA, AAG
13. 메티오닌	met	TAC	AUG
14. 페닐알라닌	phe	AAA, AAG	UUU, UUC
15. 플로린	pro	GGA, GGG, GGT, GGC	CCU, CCC, CCA, CCG
16. 세린	ser	AGA, AGG, AGT, AGC, TCA, TCG	UCU, UCC, UCA, UCG, AGU, AGC
17. 트레오닌	thr	TGA, TGG, TGT, TGC	ACU, ACC, ACA, ACG
18. 트립토판	trp	ACC	UGG
19. 티로신	tyr	ATA, ATG	UAU, UAC
20. 발린	val	CAA, CAG, CAT, CAC	GUU, GUC, GUA, GUG
21. 종결 삼중암호	—	ATT, ATC, ACT	UAA, UAG, UGA

12.2 유전암호의 본성과 특성

유전암호의 특성은 다음과 같다:

1. 유전암호는 삼염기 암호이다

폴리펩티드 사슬의 한 아미노산을 특정하는 현재 유전암호의 코돈은 mRNA 상에 있는 특정 염기 서열로 되어 있다.

2. 유전암호는 쉼표가 없다

mRNA에 있는 유전암호는 해독틀에 따라 중간 쉼표 없이 지속적으로 읽혀진다. 인접한 코돈 사이에는 쉼표가 없으며, 각 코돈은 메시지에 있는 어떤 뉴클레오티드도 지나침이 없이 쉼표를 위한 개재 공간도 없이 바로 다음 코돈으로 이어진다.

3. 유전암호는 겹치지 않는다

mRNA에 있는 코돈은 5′ → 3′ 방향으로 세 뉴클레오티드씩 연속적으로 읽혀진다. AAG는 리신을 암호화하기 때문에, AAGAAGAAG...... 메시지는 리신-리신-리신......으로 암호화될 것이다. 쉼표가 없기 때문에, 이론적으로 메시지의 번역은 아래와 같이 어디서 번역을 시작하느냐에 따라 AAG, AGA, 또는 GAA로 시작될 수 있다.

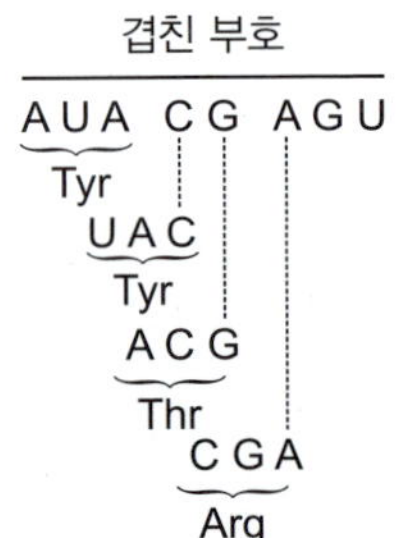

이런 형태의 메시지 번역은 **겹친서열 해독틀**(overlapping sequence reading frame)이라 하는데 실제 mRNA에 있는 유전암호의 번역은 정확한 지점에서 시작하고, 유전암호는 겹치지 않는다.

4. 유전암호는 명확하다

특정 코돈은 항상 동일한 아미노산을 암호화하기 때문에, 세포질 안에 있는 유전암호는 분명하다. 동일한 아미노산이 여러 개의 코돈 의해 암호화될 수 있으나(수렴), 하나의 코돈이 다른 두 아미노산을 암호화하지 않는다는 것은 의심의 여지가 없다.

드문 경우에서, 유전암호는 불명확하다(동일한 코돈이 다른 조건에서 다른 아미노산을 암호화한다). 예를 들면, 대장균의 스트렙토마이신 민감 균주에서, UUU 코돈은 정상적으로 페닐알라닌을 암호화하지만, 리보솜을 스트렙토마이신으로 처리하면 이소루신, 루신, 또는 세린을 암호화할 수도 있다. 다른 불명확성의 예를 단백질 합성의 시작에서 간혹 개시코돈으로 작용하는 GUG에서 볼 수 있다. 개시코돈으로의 GUG는 메티오닌을 특정하나, 번역 서열에서는 발린을 암호화한다. 이것은 **코돈 번역의 위치 특이적 변이**라 불리며, 또한 **코돈 번역의**

문장 효과라고도 한다. 이런 불명확성은 Mg 이온의 고농도, 저온 및 에틸알코올의 존재에서 강화된다.

5. 유전암호는 소수의 예외가 있지만 대부분 보편적이다

바이러스, 세균, 단세포와 다세포 생물체를 포함한 모든 종류의 생물체에서 유전암호는 동일하다. 따라서 예를 들면, 리신은 모든 생물체의 mRNA에 있는 AAA와 AAG에 의해 암호화된다. 그러므로 과학자는 한 생물체로부터 분리된 mRNA를 다른 생물체의 단백질 합성 기구로 단백질을 합성하면, 원래의 생물체에서 합성되는 단백질과 동일한 단백질을 획득할 수 있다. 그러나 코돈은 절대적인 보편성은 아니다. 미토콘드리아, 엽록체 및 다른 생물체에서 소수의 유전암호의 변이가 있다. 식물 미토콘드리아에서 단백질 합성은 보편적 핵 유전암호를 사용한다. 그러나 다른 생물체의 미토콘드리아는 다음과 같은 변이를 갖고 있다.

(1) AUG는 개시코돈으로만 사용되고 메티오닌을 암호하는 반면, **AUA**와 **AUG**는 둘 다 메티오닌을 암호화한다. 핵 코돈의 AUA는 이소루신을 암호화한다.

(2) 핵 코돈의 **UGA**는 종결코돈으로 작용하나, 미토콘드리아에서는 트립토판을 암호화한다.

(3) **AGA**와 **AGG**는 미토콘드리아에서 종결코돈이나, 핵에서는 아르기닌을 암호화한다.

(4) **UAA**와 **UAG**는 어떤 섬모충류의 미토콘드리아에서 종결코돈으로 작용하지 않고, 글루타민을 암호화한다.

6. 유전암호는 수렴적이다

단백질의 아미노산 20개를 위한 코돈으로 $4^3 = 64$개가 가능하기 때문에, 결론적으로 대부분의 경우에서 한 아미노산은 두 개 이상의 다른 코돈에 의해 암호화된다. 암호화의 복수 체계를 **수렴 체계**(degenerate system) 또는 **수렴 유전암호**(degenerate genetic code)라 한다. 메티오닌과 트립토판은 하나의 코돈을 갖고 있어 예외이며, 나머지 모든 아미노산은 두 개나 그 이상의 코돈을 갖고 있다. 수렴 유전암호는 많은 해로운 돌연변이로부터 생물체를 보호하며 무작위 돌연변이의 효과를 둔화시켜 염기쌍의 실수가 생기는 것을 최소화함으로써 표현형을 안정화시킨다. 동일한 아미노산을 특정하는 코돈들은 **동의어**(synonym)이다. 대부분의 동의어는 단지 코돈의 세 번째 염기가 다르다. 예를 들면, GUU, GUC, GUA, GUG는 모두 아미노산 발린을 암호화한다. 이것은 주된 수렴이 삼염기 암호의 끝인 세 번째 위치에서 일어남을 의미한다. 첫 두 염기가 특정되면, 세

표 12.3 인간과 효모 미토콘드리아 유전암호의 차이

번호	아미노산			
	코돈	핵 암호	인간의 미토콘드리아 암호	효모의 미토콘드리아 암호
1.	UGA	종결	트립토판	트립토판
2.	AUA	이소루신	메티오닌	이소루신
3.	CUN*	루신	루신	트레오닌
4.	AGG, AGA	아르기닌	종결	아르기닌
5.	CGN	아르기닌	아르기닌	종결

주의: *N은 모든 네 질소 염기 A,G,C,U를 나타낸다. 이들 질소 염기 중의 어떤 하나라도 아미노산 루신을 위한 코돈으로 표현될 수 있다.

번째 염기 U,C,A,G와 상관없이 동일한 아미노산이 암호화된다. 이들 염기는 **동요 염기**(Wobble base)라 한다.

- 동일한 아미노산을 특징짓는 코돈들을 동의어라 부른다.
- 동일한 아미노산을 갖고 있으나, 다른 안티코돈을 갖고 있는 tRNA를 *동일수용(isoaccepting)* tRNA라 한다.

예를 들면, 다음의 아미노산에 대한 유전암호는 다음과 같다.

(a) **세린:** UCG, UCC, UCA, UCG와 AGU, AGC
(b) **아르기닌:** CGU, CGC, CGA, CGG와 AGA, AGG
(c) **루신:** CUU, CUC, CUA, CUG와 UUA, UUG
(d) **발린:** GUU, GUC, GUA, GUG

다음 표는 다른 아미노산에 대한 복수 코돈을 나타내며 유전암호의 수렴성을 보여준다.

번호	아미노산	각 아미노산에 대한 코돈의 수	코돈의 총수
1.	아르기닌, 루신, 세린	6개	18
2.	알라닌, 글리신, 플로린, 트레오닌, 발린	3개	20
3.	이소루신, 종결코돈	3개	6
4.	아스파라긴, 아스파르트산, 시스테인, 글루탐산, 글루타민, 히스티딘, 리신, 페닐알라닌 및 티로신	2개	18
5.	메티오닌과 트립토판	1개	2
	계		**64**

부가 설명: 유전암호

유전암호는 64(4^3 = 64) 코돈을 포함하고 있다. 이들 중에서, 세 개(UGA, UAA, UAG)는 **종결코돈**(termination codon)이고, 하나(AUG)는 **개시코돈**이다. 나머지 60개 코돈이 20개의 아미노산을 암호화한다. 크릭의 동요 가설에 따르면, 20개의 아미노산을 수송하는 데에는 60개가 아니라 32개의 tRNA면 충분하다. 안티코돈의 첫 번째 염기의 동요 성질 때문에, 하나의 tRNA가 동일한 아미노산에 대한 여러 개의 상이한 코돈을 인식할 수 있다.

1) 수렴 원인: 동요 가설(안티코돈에서 동요가 일어난다)

동요 또는 변동 염기: **크릭**(Crick, 1966)이 **동요 가설**(Wobble hypothesis)을 제안하였다. 이 가설에 따르면, tRNA 안티코돈의 첫 번째 염기는 일반적으로 이노신, 유사-우리딘, 티로신 등과 같은 비정상 염기이다. 이들 비정상 염기는 mRNA 코돈의 세 번째 질소 염기 한 종류 이상과 쌍을 이룰 수 있다. 예를 들면, 이노신(I)은 A, C, 또는 U와 쌍을 이룰 수 있다. 이 염기를 **동요** 또는 **변동 염기**라 한다.

tRNA 안티코돈의 최종 두 뉴클레오티드는 염기쌍의 고전적 규칙처럼 mRNA 코돈의 첫 두 뉴클레오티드에 대하여 엄격하게 상보적이다. 그러나 tRNA 첫 번째 염기에 대한 mRNA 세 번째 염기의 쌍은 덜 엄격하고, 비고전적

표 12.4 안티코돈–코돈 염기쌍 규칙과 동요 쌍

tRNA 안티코돈의 5′ 말단 첫 뉴클레오티드	mRNA 코돈의 3′ 말단 뉴클레오티드와 정상염기쌍	mRNA의 뉴클레오티드와 동요 염기쌍
G	C	U 혹은 C
C	G	G
A	U	U
U	A	A 혹은 G
I (이노신)	—	A, U 혹은 C

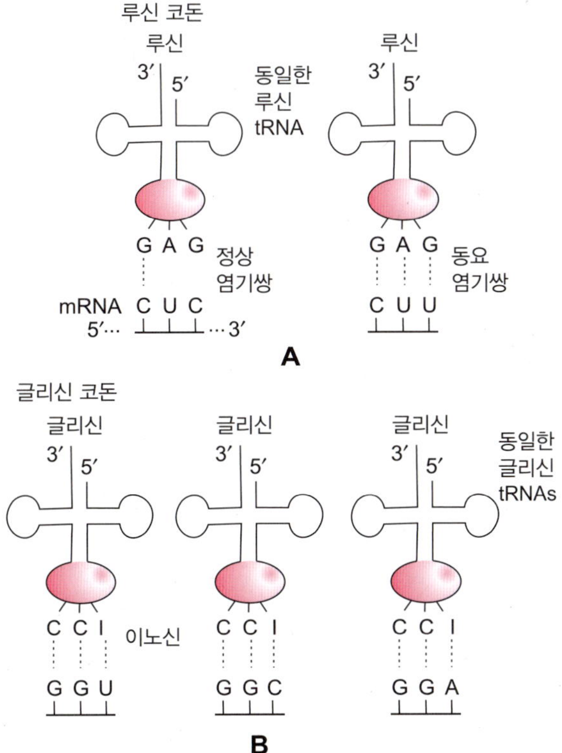

그림 12.2
동요 염기쌍의 예
A. 상이한 두 루신 코돈 CUC와 CUU는 루신-tRNA의 동일한 안티코돈에 의해 읽힐 수 있다.
B. 상이한 세 글리신 코돈 GGU, GGC 및 GGA는 비정상 또는 동요 염기를 갖고 있는 글리신 tRNA의 동일한 코돈에 의해 읽힐 수 있다.

인 방법으로 일어날 수도 있어, 어떤 경우에는 하나의 tRNA가 여러 개의 코돈과 염기쌍을 할 수 있다. 이를 **동요 염기쌍**(Wobble base pairing)이라 부른다.

- 안티코돈과 코돈 사이의 동요는 어떤 tRNA 분자가 하나 이상의 코돈을 읽는 것을 허용한다.
- 코돈/안티코돈 염기쌍 규칙은 동요 규칙으로 알려져 있다.

2) 유전암호 수렴의 생물학적 중요성

다음과 같은 이유 때문에, 유전암호의 수렴은 생명체의 생존을 위해 요긴하다.

(1) 이것은 돌연변이에 대한 보호 장치이다. 동의어 코돈은 일반적으로 코돈의 세 번째 위치의 염기만이 다르다. 첫 두 질소 염기는 암호화에서 중요하다. 그러므로 코돈의 세 번째 염기에서 발생한 돌연변이는 크게 문제되지 않으며 폴리펩티드 사슬의 아미노산은 변하지 않는다.

(2) 사슬 종결 돌연변이는 일반적으로 불완전하고 비기능성 단백질의 합성을 유도한다. 이는 열성 형질이 나타나게 한다. 따라서 종결코돈이 세 개가 존재하는 것은 특정 돌연변이의 해로운 효과를 감소시키는 데 도움을 준다.

7. 유전암호에는 사슬 개시와 사슬 종결코돈이 있다

유전 메시지의 해독틀은 항상 단백질 합성을 위한 특별한 개시와 종결 신호를 갖고 있다. 시스트론의 시작점에 있는 **개시코돈**(initiation codon)은 폴리펩티드 사슬에 대한 메시지의 시작점을 나타낸다. 개시코돈은 **AUG**이고, 메티오닌이나 포르밀메티오닌을 암호화한다.

유사하게, 시스트론의 최종 코돈은 번역에서 폴리펩티드 사슬의 종결을 돕는다. 이것은 **종결코돈**(termination codon)이라 한다. 세 개의 종결코돈이 있다: **UAA**, **UGA** 및 **UAG**. 이들 코돈의 기능이 알려지지 않은 초기에는, 이들은 **넌센스코돈**(nonsense codon)으로 불렸다. 이들 코돈에 대한 안티코돈을 갖고 있는 tRNA는 없다. 그러므로 폴리펩티드 사슬의 합성은 여기서 정지함으로 이들 코돈을 **종결코돈**이라 한다.

개시와 종결코돈은 **구두점**(punctuation)과 같은 **신호**(signal)이다. 구두점은 폴리시스트론 mRNA에서 다른 시스트론의 범위를 구분하게 해준다.

신호는 메시지의 코돈들 사이에서는 나타나지 않으나, 기능적인 유전자들 사이에 있는 메세지의 더 큰 부분을 개시하고 종결시킨다. 이들 특별한 삼염기 암호는 특별한 두 tRNA에 의해 인식되고 더 이상의 단백질 사슬의 성장은 방지된다.

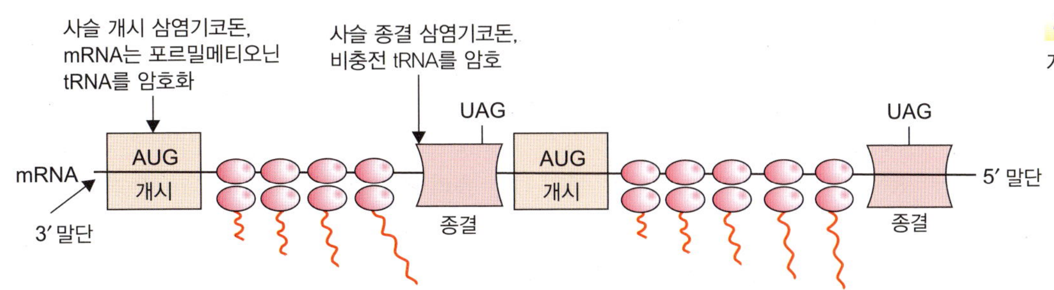

그림 12.3
개시와 종결코돈의 역할

8. 유전암호는 공선성이다

DNA와 mRNA의 코돈과 폴리펩티드 사슬의 일치하는 아미노산 잔기는 선형 배열을 가진다는 것이 T_4 돌연변이체의 연구를 통해 밝혀졌다. 이들은 불완전한 머리 단백질 분자를 생산한다. 재조합 기술로 이 돌연변이체의 선상 서열로 지도를 만들 수 있다. 그 결과 코돈은 **공선**(collinear)이란 것을 제시하였다.

12.3 유전암호의 발견 또는 유전암호의 분석

마셜 니런버그(노벨상 수상자)와 **하인리히 마테이**(Heinrich Matthaei)가 1961년에 실험을 통해 그것의 존재를 증명할 때까지, 삼염기 암호의 존재는 단순히 가설이었다. 그들은 단지 우라실 하나의 염기만을 포함한 인공 mRNA를 합성할 수 있었다. 이를 **폴리우리딜** 분자라 한다. 이 합성 폴리 U mRNA는 단백질-합성계, 대장균으로부터 추출한 효소 **폴리뉴클레오티드 포스포릴에이즈** 및 필요한 ATP와 더불어 20개의 아미노산을 포함한 비세포계에 넣어 반응시켰다. 일정 시간 후에 페닐알라닌으로 연결된 작은 단백질-유사 분자(동종중합체)가 합성되었다.

마샬 워렌 니런버그
(Marshall Warren Nirenberg, 1927.3.10~2010.1.15)

미국 생화학자와 **유전학자**인 니런버그는 대장균으로부터 얻은 비세포 단백질 합성 체계로 단백질을 성공적으로 합성하였다. 니런버그는 새로운 mRNA(폴리 U)를 첨가하여 페닐알라닌 폴리펩티드 사슬을 합성할 수 있었다. 이를 **유전암호의 분석**(cracking of genetic code)이라 한다. UUU는 페닐알라닌을 암호화한다는 것을 보여주었다. 이 발견으로 그는 코라나와 더불어 1968년에 노벨상을 공동 수상하였다.

코라나
(Har Gobined. Khorana, 1922.1.9~2011.12.9)

코라나는 인도 차티스가르주 라이프르에서 1922년에 태어났다. 그는 핵산의 인공적 합성에 지대한 공헌을 하였다. 그는 유전암호에 해당되는 서열을 가진 삼염기로 이루어진 RNA 분자를 합성하는 방법을 발견하였다. 그는 또한 **인공 유전자**(긴 DNA 분자)를 합성하였다. 코라나는 니런버그와 홀리(Robert W. Holley)와 더불어 1968년에 노벨상을 공동 수상하였다.

1. 니런버그와 마테이는 초기에는 동종중합체를 사용하였다.

초기 실험에서, **니런버그**와 **마테이**는 U(UUUUUU...), C(CCCCCC...) 및 G(GGGGGG...)의 동종중합체와 같은 각종 리보뉴클레티드의 동종중합체 RNA를 사용하였다. 그들은 **폴리 U**는 폴리페닐알라닌을 합성하고, 폴리 A는 폴리리신을 합성하고, 그리고 폴리 C는 폴리프롤린을 합성한다는 것을 발견하였다. 위의 정보를 바탕으로, UUU, AAA 및 CCC는 페닐알라닌, 리신, 프롤린 아미노산을 암호한다는 것을 밝혔다.

2. 혼합된 혼성중합체의 사용

동종중합체의 코돈을 정립한 이후에, **니런버그**, **마테이** 및 **오초아**(Ochoa)는 이종중합체를 사용하였다. 합성 mRNA를 만들기 위하여 네 뉴클레오티드 모두를 사용하여, 그들은 ACA, CCA, CAA 등과 같이 둘이나 그 이상의 질소 염기로 형성된 코돈의 성질을 정립하였다. 이들은 **혼성중합체**(copolymer)라고 한다. 최종

표 12.5 RNA의 합성 혼성중합체 목록, 이들로부터 유래된 코돈과 폴리펩티드 형성에 삽입된 아미노산

혼성중합체	형성된 코돈	폴리펩티드 사슬에서 암호화된 아미노산
UG	UGU	시스테인
	GUG	발린
AC	ACA	트레오닌
	CAC	히스티딘
UUC	UUC	페닐알라닌
	UCU	세린
	CUU	루신
AUC	AUC	이소루신
	UCA	세린
	CAU	히스티딘
UAUC	UAU, UAC	티로신
	CUA, UUA, CUU	루신
	UCA, UCU	세린
	AUC, AUU	이소루신
GAUA	GAU	아스파르트산
	AGA	없음
	UGA	없음(종결)
	UAG	없음(종결)
	AUA	이소루신
	UAA	없음(종결)

적으로, 1968년 말에 20개 아미노산에 해당하는 모든 64 삼염기코돈의 조성이 확립되었다.

3. 삼염기결합 분석법

1964년에, **니런버그**와 **필립 레더**(Philip Leder)는 **삼염기결합 분석법**(triplet binding assay)을 개발하였다. 이를 위해, 알려진 서열의 삼염기 암호를 주형으로 사용하기 위하여 실험실에서 합성하였다. 방사성으로 표지한 tRNA와 RNA 삼염기 및 리보솜을 니트로셀룰로오스 여과지에 배양한 다음 RNA 삼염기와 결합된 방사성 tRNA와 리보솜을 니트로셀룰로오스 여과지로부터 분리하여 동정하였다. 이로 인해 특정 코돈과 안티코돈이 연관됨이 밝혀졌다.

4. 코라나의 공헌

인도 생화학자인 **코로나** 박사는 알려진 뉴클레오티드의 반복적인 서열을 가진 mRNA를 인공적으로 합성하는 독창적인 기술을 개발하였다. 이런 가치 있는 공헌으로 그는 1968년에 노벨상을 수상하였다.

합성한 DNA를 사용하여 **코라나**와 그의 동료는 다음과 같은 둘, 셋 및 네 뉴클레오티드의 아는 반복적인 서열을 가진 폴리뉴클레오티드의 사슬을 만들었다.

- 폴리 CUC UCU CUC UCU
- 폴리 CUA CUA CUA CUA

첫 번째 경우에서, CUC와 UCU는 폴리뉴클레오티드 사슬에서 두 코돈이 교대로 배열되었다. 이것은 교대로 배열된 두 아미노산(루신과 세린)을 갖은 폴리펩티드 사슬의 형성을 나타낸다. 두 번째 경우는 동종중합체 사슬의 예이다. 폴리뉴클레오티드 사슬은 코돈 CUA의 반복적인 연결에 의해 형성되었다. 이것은 단지 한 종류의 아미노산 루신으로 구성된 폴리펩티드 사슬의 형성을 지시한다.

문 제

1. 유전암호가 무엇을 의미하는가? 유전암호의 특징을 간략하게 토의하시오.
2. 유전암호에 대한 코라나 박사의 공헌을 기술하시오.
3. 유전암호의 분석이란 무엇인가?
4. 삼염기 암호의 중요 특징에 대해 쓰시오.

5. 다음을 간략하게 서술하시오.
   (a) 니런버그의 공헌 (b) 코로나의 공헌
   (c) 불명확성 (d) 공선

6. 삼염기 유전암호는 수렴적이다. 당신은 이 주장을 어떻게 정의할 수 있는가?

7. 다음 두 경우에서
   (a) UUU와 UUC는 페닐알라닌을 암호화한다.
   (b) 에틸알코올을 고농도로 사용하면 루신과 이소루신의 첨가가 급격하게 증가한 반면 동일한 코돈에 대하여 페닐알라닌의 첨가는 감소한다.
   이들 상황 (a)나 (b) 중 어느 것이 불명확성을 나타내고 무엇이 수렴성인가?

8. 단백질 합성에서 넌센스코돈의 역할은 무엇인가?

9. 누가 '유전암호'란 용어를 만들었는가?

10. 코돈이란 무엇인가?

11. 안티코돈이란 무엇인가?

12. 유전암호란 무엇인가?

13. 세 넌센스코돈의 명칭을 적으시오.

14. 한 아미노산을 암호하는 염기의 수는?

15. 하나의 코돈을 갖는 아미노산의 명칭을 적으시오.

16. 유전암호는 겹쳐-읽기가 없고 수렴적이다, 그 이유는?

17. 하나 이상의 아미노산을 암호화하는 두 코돈의 명칭을 적으시오.

18. 어떤 삼염기 암호가 아미노산 페닐알라닌을 암호화하는가?

19. 아미노산을 암호하고 또한 시작 신호인 삼염기는 무엇인가?

20. 단백질 합성에서 넌센스코돈의 역할은 무엇인가?

21. 어떤 RNA 분자가 코돈을 갖고 있고 어떤 RNA 분자가 안티코돈을 갖고 있는가?

22. 다음 코돈을 인식하기 위하여 어떤 안티코돈이 필요한가?
    (a) AAU (b) CGA

23. 누가 유전암호를 분석했는가?

24. 유전암호의 수렴성에 대한 생물학적 중요성을 기술하시오.

25. 합성 혼성중합체의 사용은 무엇인가?

26. 왜 '유전암호 보편성'의 개념이 위축되는가?

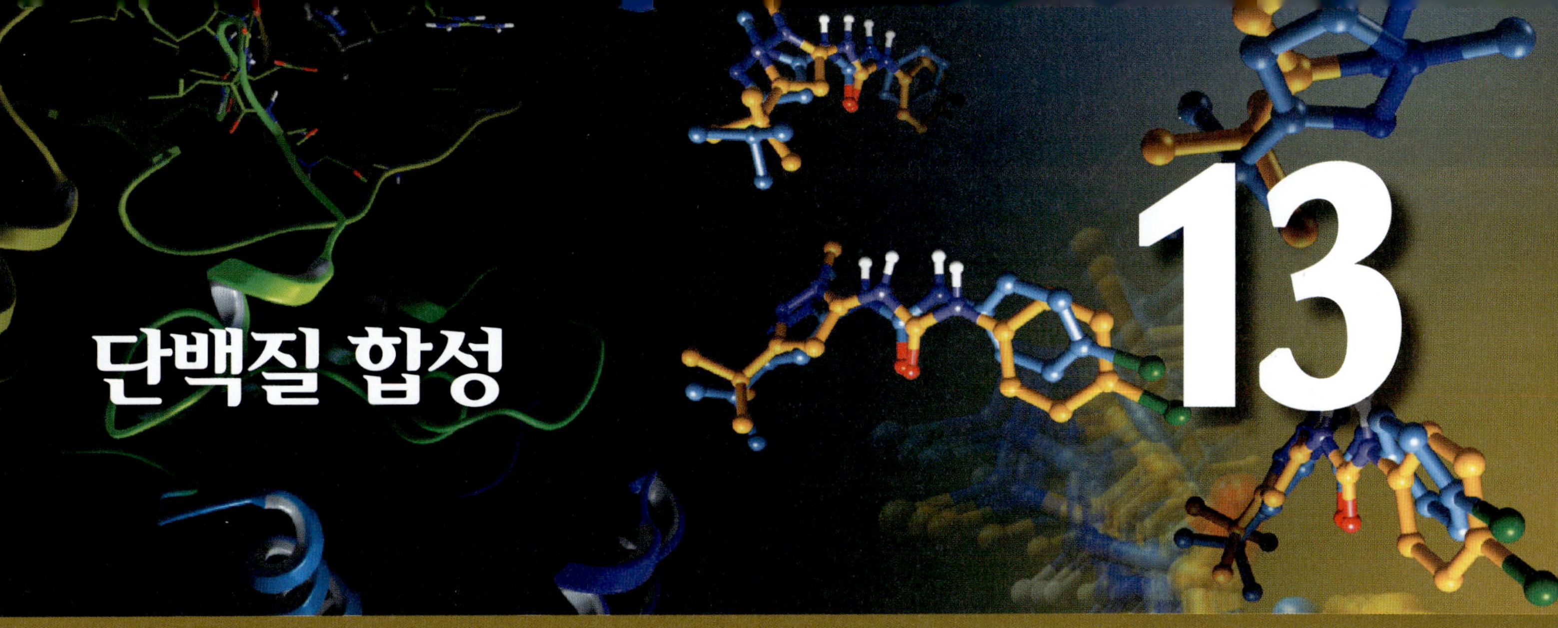

13 단백질 합성

학습 목표

- 유전정보의 흐름에 관한 개념
  - 일방적 흐름
  - 순환적 흐름
  - 역 흐름
- 역전사
- 단백질 합성을 위한 원료
- 단백질 합성의 기작
  - 원핵생물에서 번역
  - 원핵생물에서 전사 동시 번역, 폴리리보솜 형성
  - 진핵생물에서 번역
- 단백질 합성에서 리보솜의 역할
- 단백질 합성에서 tRNA의 역할
- 단백질 합성에서 mRNA의 역할
- 합성된 단백질의 운송
- 단백질 합성의 저해
- 단백질의 번역후 가공
- 아미노산의 활성화
- tRNA 분자에 활성화된 아미노산의 부착
- 번역 동안의 단계

단백질은 세포의 건축 재료일 뿐만 아니라 생체계에서 수행 중인 모든 화학 반응을 조절하는 효소로 작용하고 표현 형질의 발현을 조절하기 때문에, 생물학적으로 가장 중요한 거대 분자이다.

화학적으로 단백질은 **아미노산의 중합체**이다. 아미노산 분자들은 긴 **폴리펩티드 사슬**을 형성하는 선형 형태로 연결되어 있다. 이웃한 아미노산은 한 아미노산의 카르복실기와 다른 아미노산의 아미노기 사이의 **펩티드 공유결합**에 의해 결합되어 있다.

단지 20개 아미노산만이 생물학적으로 중요하고 단백질의 폴리펩티드 사슬 형성에 참여한다. 수 천 개의 단백질이 있으나 단지 20개 아미노산만이 있어서, 단백질의 다양한 형태는 이들 아미노산의 다른 배열에 의해 형성된다. 백 개 이상의 아미노산으로 구성된 폴리펩티드에서 단 하나의 아미노산이 변화되어도, 단백질의 기능은 파괴되고 변화될 수 있다. 세포에 필요한 모든 단백질들은 세포 자체에서 합성된다.

그러므로 단백질 합성은 명확한 서열 순서로 명확한 개수의 아미노산을 배열하는 것이다. 폴리펩티드 사슬의 아미노산 서열은 DNA 폴리뉴클레오티드의 뉴클레오티드 서열에 의해 결정된다. DNA의 세 질소 염기서열이 폴리펩티드 사슬의 한 특정 아미노산을 암호화한다. 이것이 **삼염기 암호**(triplet code)이다.

13.1 유전정보의 흐름에 관한 개념

(1) 정보의 일방적 흐름: **크릭**(1958)은 DNA는 단백질 합성을 위한 유전정보를 mRNA(**전사**, transcription)와 다른 종류의 RNA들을 전사시킴으로써 전달한다고 제시하였다. RNA의 뉴클레오티드로 암호화된 정보는 아미노산의 서열로 번역된다(**번역**, translation). 이것이 **정보의 일방적 흐름** 또는 **중심 원리**(central dogma)이다.

(2) 정보의 순환적 흐름: **베리 코머너**(Barry Commoner, 1968)는 정보의 순환적 흐름에 관하여 제안하였다. DNA는 RNA(mRNA, tRNA 등)을 전사한다. RNA는 단백질로 정보를 번역하고, 그 다음 단백질은 RNA의 합성을 하게 하고, RNA는 DNA의 합성을 지시한다.

(3) 정보의 역 흐름: **테민**(Temin, 1970)은 단일가닥 RNA로부터 DNA의 합성을 조절하는 ***RNA 의존성 DNA 중합효소***(*RNA dependent DNA polymerase*)의 존재를 설명하였다. **볼티모어**(Baltimore, 1970)은 특정 RNA 종양 바이러스에 이 효소가 존재한다는 것을 주장하였다. 종양 바이러스에서 RNA는 유전성 RNA이나, 어떤 경우에는 DNA의 조절하에 합성된 비유전성 RNA가 정보의 역 흐름에 의해 DNA의 합성을 조절할 수도 있다. 이것은 역중심 원리 또는 **역전사**(reverse transcription)로 알려져 있다(**테민**과 **볼티모어**는 **둘벨코**와 더불어 1976년에 노벨상 생 · 의학상을 수상하였다).

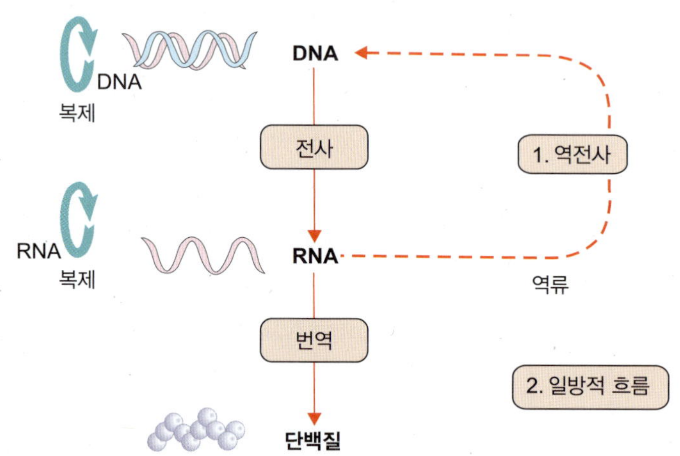

그림 13.1
중심 원리는 핵산의 정보는 영속하거나 전달될 수 있으나, 단백질로의 정보 전달은 비가역적임을 명시한다.

13.2 역전사

진핵생물에서 DNA는 유전물질이다. 이것은 자신의 사본을 복제할 수 있고, 또한 전사에 의해 단백질의 형태로 번역될 전령 RNA로 정보를 전달할 수 있다. 소아마비 바이러스, 독감 바이러스, 이중가닥 RNA 파지와 단일가닥 RNA 파지와 같은 많은 RNA 바이러스에서 바이러스 RNA의 합성은 숙주세포에서 바이러스 감염으로 도입된 바이러스 RNA에 의해 직접적으로 수행된다. 합성은 또한 **복제효소**(replicase)라 불리는 ***RNA 의존성 RNA 중합효소***(*RNA-dependent-RNA polymerase*)에 의해 조절된다.

1970년에, **볼티모어**와 더불어 **테민**과 **미주타니**(Mizutani)는 어떤 단일가닥 종양-생성 RNA 바이러스 또는 RNA 레트로바이러스(retrovirus)에서 **역전사**(reverse transcription)로 불리는 현상을 발견하였다. 바이러스들이 ***역전사효소*** 또는 ***RNA 의존성 DNA 중합효소***를 갖고 있기 때문에, 라우스 사코마(*Rous sarcoma*) 바이러스와 라우처 마우스 루케미아(Rauscher mouse leukemia) 바이러스는 RNA 주형으로부터 DNA를 합성할 수 있다.

감염 동안에, 바이러스 RNA, ***역전사효소***(*reverse transcriptase*) 및 어떤 부가적인 효소들은 바이러스에서 숙주세포로 들어간다. 역전사효소는 바이러스 RNA와 상보적인 단일가닥 DNA을 합성하고, RNA/DNA 혼성체가 형성된다. 합성은 5′ → 3′ 방향으로 일어난다. ***역전사효소***는 ***RNA 가수분해효소***(*RNase*) 활성을 갖고 있으며 RNA뿐만 아니라 DNA도 복사할 수 있다. 이 효소는 RNA/DNA 혼성체의 RNA 가닥을 분해하며 그 결과 생긴 자유 DNA 가닥을 DNA

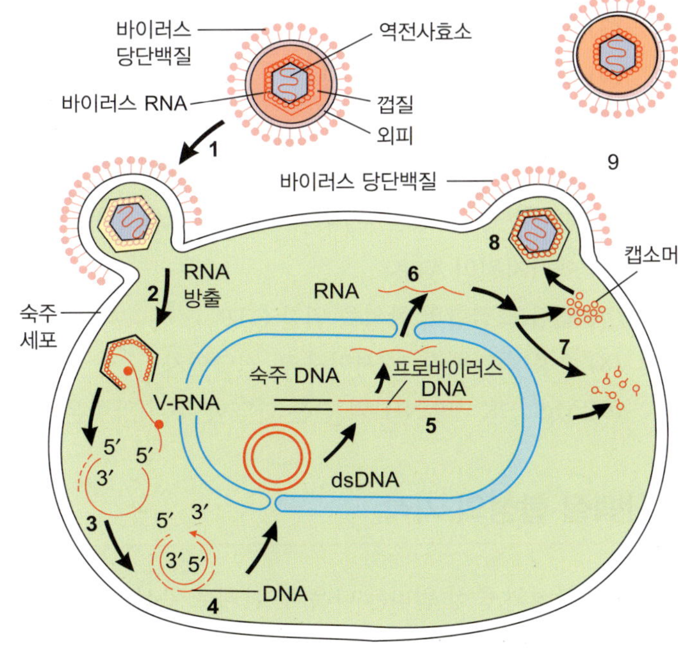

그림 13.2
프로바이러스 DNA의 mRNA로의 전사와 레트로바이러스 입자의 형성

바이러스는 우리를 영리하게 만드는가? 수백만 년 동안 유전된 바이러스는 인간 뇌를 특성화시키는 복잡한 네트워크의 구축에 중요한 역할을 한다는 것이 연구로 밝혀졌다. 내재성 레트로바이러스는 우리 DNA의 5% 정도를 차지한다고 알려졌다. 여러 해 동안, 이들은 실질적인 사용이 없는 쓸모없는 DNA로 간주되었다. **룬드**(Lund) 대학의 **요한 야콥슨**(Johan Jakobsson)과 동료들은 레트로바이러스가 유전자 발현을 특이적으로 조절함으로서 뇌의 기본적인 기능에 중요한 역할을 한다는 것을 발견하였다. 발견은 진화의 과정 위에, 바이러스는 우리의 세포성 기계에서 운전대에 견고한 가속 장치로 자리 잡았음을 가리킨다.

이중가닥 합성을 위한 주형으로 사용한다. 이중가닥 DNA는 숙주세포의 염색체로 삽입되는데 이를 **프로바이러스**(provirus) 또는 **프로바이러스 DNA**라 한다.

프로바이러스는 수 세대 동안 숙주 염색체와 더불어 복제된다. 생식 조직에 삽입된 경우에는 세대를 통해 연속적으로 전달될 수 있다. 이와 같은 **내재성 프로바이러스**(endogenous proviruse)는 조류, 설치류, 영장류와 인간을 포함한 수많은 동물들에서 발견되어 왔다. 따라서 유전성 RNA는 유전성 DNA의 형성을 유도할 수 있다.

정상적인 조건 하에서, 이들 프로바이러스는 불활성 상태이다. 그러나 어떤 경우에, 세포 신호가 프로바이러스 DNA로부터 RNA로의 전사를 촉진할 수 있다. 전사된 RNA 중에 어떤 것은 전령 RNA이며 나머지는 레트로바이러스 염색체 RNA이다. mRNA는 **바이러스 단백질**로 번역된다. 이들은 레트로바이러스 RNA와 함께 레트로바이러스 입자를 형성한다. 발암 바이러스에서 이와 같은 전사의 부산물은 바이러스 염색체로부터 유래된 발암 단백질을 생산한다.

사람 유전체에 있는 이런 프로바이러스는 암을 유발시킬 수 있다.

레트로바이러스의 생활사는 '**유전성 DNA와 유전성 RNA는 상호전환성이다.**'라는 확실한 설명을 보여주는 것이다.

13.3 단백질 합성을 위한 원료

다음의 기구와 물질이 단백질 합성을 위해 필요하다:

(1) 리보솜—작업대
(2) 아미노산—원료
(3) mRNA—정보 운반자
(4) tRNA—아미노산 운반자
(5) 효소: 조절자
 (a) 아미노산 활성화 효소: *amino acyl-tRNA synthetase*
 (b) ***펩티드 중합효소***(*peptide polymerase*) 체계
(6) 에너지원인 ATP
(7) 펩티드 결합의 합성을 위한 GTP
(8) 수용성 단백질, 개시인자 및 전달인자
(9) Mg^{2+}, K^{+} 및 NH_4^+와 같은 다양한 무기 양이온들

13.4 단백질 합성의 기작

단백질 합성의 중심 원리는 다음 두 단계로 구성되어 있다: I. **전사**(Transcription)

와 II. **번역**(Translation).

1. DNA로부터 mRNA의 전사: 개관

DNA 의존성 RNA 중합효소(*DNA-directed RNA polymerase*) 또는 단순한 ***RNA 중합효소***(*RNA polymerase*)의 효소 작용으로 주형 DNA에서 RNA를 합성하는 것을 **전사**(transcription)라 한다. 이것이 중심 원리의 첫 단계이다. 이는 DNA에서 RNA로의 정보 전달이다. DNA 염기서열의 암호화된 정보는 mRNA의 염기서열 정보로 복사된다. 그러므로 전사되는 mRNA는 DNA 절편에 대하여 상보적이다. DNA에서 RNA로의 전사는 DNA 복제와 유사하게 상보적인 염기쌍 기작으로 진행되고, 두 가닥 중 한 가닥(3′ → 5′ 또는 주형가닥)만이 복사되는 것이 다르다. 전사의 자세한 과정은 앞 장에서 다루었다.

2. 번역(폴리펩티드 사슬의 조립): 개관

번역은 중심 원리의 두 번째 단계이다. 이것은 mRNA 분자의 뉴클레오티드 순서를 폴리펩티드의 아미노산 서열로 언어를 바꾸는 것이다. 번역에서, mRNA의 뉴클레오티드 순서는 삼염기 암호로 읽으며 성장하는 폴리펩티드 사슬의 아미노산 순서를 결정한다.

RNA 중합효소는 유전자의 시작 부위에 있는 특별한 결합 부위와 결합한다. 여기로부터 시작하여, 중합효소는 가닥을 따라 이동하면서 개개의 DNA 뉴클레

부가 설명: 단백질 합성의 개관

유전자에 암호화된 유전정보는 두 단계로 발현된다. **1. 전사**, ***RNA 중합효소***는 주형 DNA에서 mRNA 분자를 조립한다. 이것의 뉴클레오티드 서열은 복사되는 유전자의 DNA 뉴클레오티드 서열에 대하여 상보적이다. **2. 번역**, 리보솜은 단백질을 조립하고, 단백질의 아미노산 서열은 mRNA의 뉴클레오티드 서열에 의해 특징지어진다.

그림 13.3

유전자 발현의 중심 원리. DNA는 mRNA를 전사하고 mRNA를 통해 단백질로 번역된다.

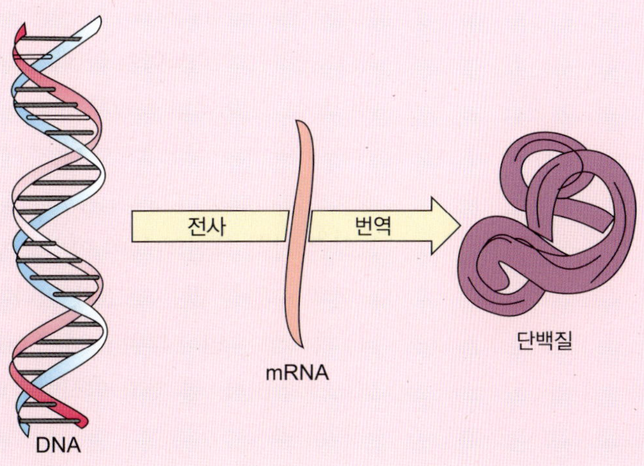

오티드를 만나고, 성장하는 mRNA 가닥에 상응하는 상보적 RNA 뉴클레오티드를 첨가한다. ***RNA 중합효소***가 유전자의 반대편 끝에 있는 중지 신호에 도달하였을 때, RNA 중합효소는 DNA로부터 떨어지고, 새로이 조립된 mRNA는 방출된다. 전사된 mRNA는 핵 밖으로 이동하여 가공과정을 거친 후 단백질의 합성을 위해 리보솜에 부착된다. 전사는 세포가 대사적으로 활발하나 세포분열을 준비하지 않을 때인 G_0 단계에서 일어나거나, 세포가 다음 세포 분열을 준비하며 단백질 합성 시기인 간기 G_1과 G_2기에서 일어난다.

리보솜에 있는 rRNA 분자가 mRNA의 개시코돈을 인식하고 결합할 때, 번역은 시작된다. 리보솜은 mRNA 분자를 따라 동시에 세 뉴클레오티드(한 코돈)을 이동한다. 아미노산을 갖고 있는 코돈 특정 tRNA가 mRNA의 코돈과 결합하기 위하여 온다. 아미노산은 성장하는 폴리펩티드 사슬에 전달된다. 리보솜이 어떤 아미노산도 암호화하지 않는 중지/종결코돈에 도달할 때까지, 리보솜은 mRNA 위에서 이동을 지속하고, 폴리펩티드 사슬은 계속해서 길어진다. 번역이 종결되면 리보솜, 폴리펩티드 사슬 및 mRNA 모두는 분리된다.

13.5 번역의 기작

번역의 과정은 다음의 단계를 포함한다:

- 아미노산의 활성화
- tRNA에 활성화된 아미노산의 부착(tRNA의 아미노-아세틸화)
- 번역의 단계: 폴리펩티드 사슬의 개시, 신장 및 종결
- 방출된 폴리펩티드 사슬의 변형

1. 아미노산의 활성화

세포질의 아미노산들은 불활성 상태로 있고, 단백질 합성에 참여할 수 없다. 따라서 이들은 에너지를 사용하여 활성화된다. 활성화는 ATP에 의해 제공되고, ATP 분자는 **아미노아실 아데닐산**(aminoacyl adenylate)로 알려진 반응성이 강한 **아미노산 인-아데닐 복합체**(amino acid phosphate-adenyl complex)를 형성하기 위하여 아미노산과 결합한다. 활성화 공정은 특정 효소인 ***아미노아실 tRNA 합성효소***(*aminoacyl tRNA synthetase*)에 의해 일어난다. 일반적으로 개개의 아미노산은 자기 자신의 특이 ***아미노아실 tRNA 합성효소***를 갖고 있다. 따라서 아미노산의 수만큼 많은 효소가 있다(즉, 20개). 개개의 효소는 이중 특이성을 갖는다. 특이성은 **인식 부위**(recognition region)에 의해 제공된다. 이것은 자신의 아미노산과 tRNA를 찾고 인식한다. 활성화 기작을 그림 13.4에 나타내었다.

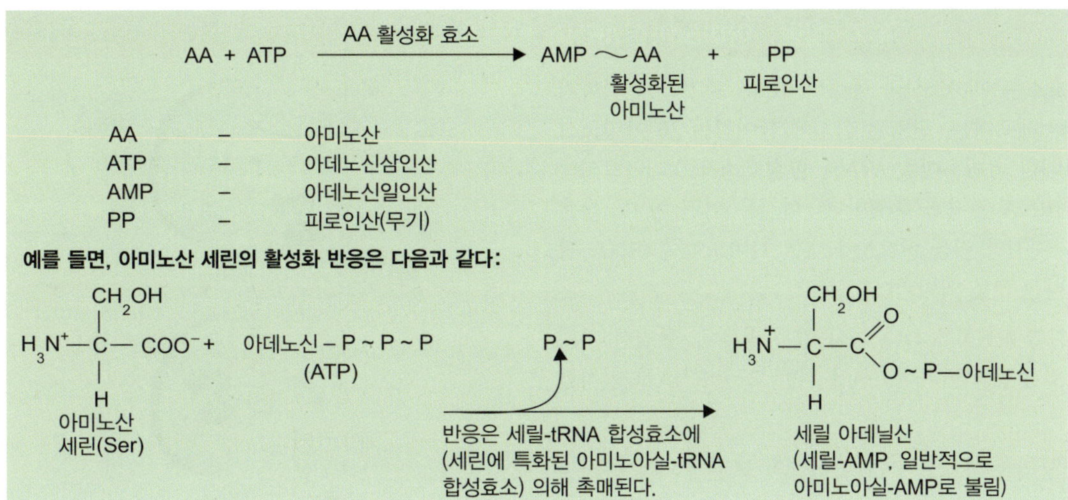

그림 13.4
아미노-아실 tRNA 합성효소의 도움으로 아미노산 세린의 활성화 반응

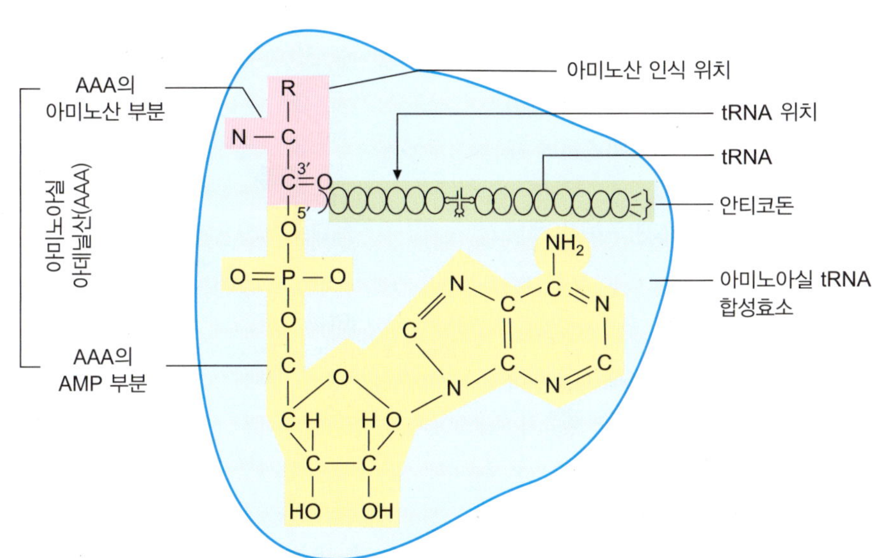

그림 13.5
아미노아실 tRNA 합성효소, 아미노산 및 tRNA로 구성된 아미노아실 아데닐산(AAA)

2. 활성화된 아미노산과 tRNA의 부착 또는 아미노아실-tRNA 형성(tRNA의 충전)

활성화된 아미노산, **아미노아실 아데닐산(AAA)**과 결합한 효소는 그 효소에 상응하는 tRNA 분자 3′ 말단에 부착한다. 부착은 그들 아미노산의 활성화를 촉매하는 동일한 효소, ***아미노아실 tRNA 합성효소***에 의해 촉매된다. 이와 같이 형성된 생성물을 **아미노아실 tRNA 복합체**라 한다. 반응은 그림 13.7에 나타내었다:

특정 아미노산이 특정 tRNA와 결합하는 것을 주목하자. 이것은 20개 아미노산에 대해 최소한 20개의 상이한 tRNA와 효소가 있다는 것을 의미한다. 상응한 아미노산으로 충전된 tRNA는 mRNA 정보의 해독을 위한 **어댑터 RNA**(adaptor

부가 설명: 아미노아실 tRNA 합성효소

아미노아실 tRNA 합성효소는 아미노산과 동족의 tRNA 분자를 연결하기 위하여 필요하다. 개개의 세포에는, 단백질 합성에 참여하는 20 아미노산 개개에 대한 20개의 상이한 ***아미노아실 tRNA 합성효소***가 있다. 그러나 세포에는 60개의 다른 tRNA 분자가 존재한다. 이것은 어떤 아미노산은 하나 이상의 tRNA를 가지지만 이들 tRNA에 대한 아미노아실 tRNA 합성효소는 단 한 개만 있다는 것을 의미한다:

1. 하나의 아미노산을 위한 tRNA가 하나 이상 있을 경우에, 동일한 아미노아실 tRNA합성효소가 동일한 아미노산을 위한 모든 tRNA를 인식할 수 있다.
2. 상이한 또는 하나 이상의 합성효소가 하나 이상의 코돈에 의해 특징지어지는 개개의 아미노산을 위하여 세포에 존재한다.

아미노아실 tRNA 합성효소의 특이성은 높은 정확도로 정확한 아미노산과 개개의 tRNA를 결합시킨다. 그러나 이들 효소 각각은 두 가지 특이성을 수행해야 하기 때문에, 즉 ***아미노아실 tRNA 합성효소***는 tRNA와 적합한 아미노산을 인식하여야 하기 때문에, 아미노산과 tRNA의 잘못된 쌍이 생길 수 있다. 모든 tRNA 분자는 1차, 2차, 3차구조가 매우 비슷하기 때문에, 효소와 특정 tRNA 간의 쌍이 잘못 형성되기도 한다.

아미노산과 tRNA의 연결은 에스테르 결합을 통하고, ATP로부터 에너지를 얻는다.

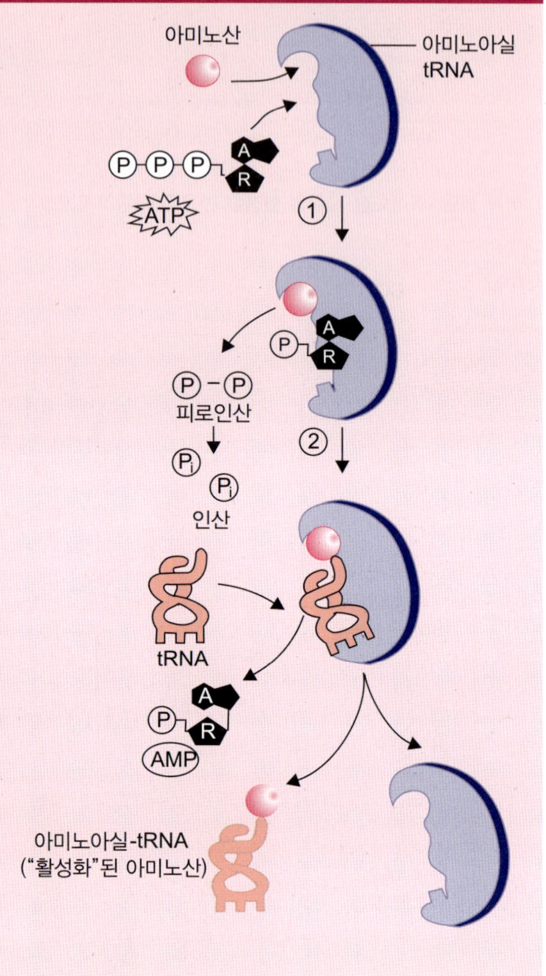

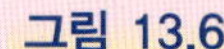
그림 13.6
아미노아실 tRNA 합성효소에 의한 아미노산 활성화와 tRNA와의 결합 과정

그림 13.7
아미노아실 tRNA 합성효소를 통한 활성화된 아미노산 세린과 tRNA의 결합에서 일어나는 반응

AA～AMP + tRNA —(*AA tRNA 합성효소* 효소)→ AA～tRNA + AMP

Ser-AMP + tRNA.Ser —(*세릴-tRNA 합성효소*)→ Ser-tRNA.Ser + AMP

3′ 5′ Ser 5′

세릴-AMP (활성화된 아미노산-세린)
tRNA.Ser
Ser-tRNA.Ser (아실화된 tRNA)

RNA)로 작용한다. 아미노산이 부착된 tRNA는 **아실화** 또는 **충전 tRNA**(charged tRNA)라 한다. 아미노산이 없는 tRNA 분자는 **비충전**(uncharged) **tRNA**이고, 반면에 부정확한 아미노산이 부착된 tRNA는 **오충전**(mischarged) **tRNA**라 한다. 종결코돈에 대한 tRNA는 없다. 그러므로 폴리펩티드 사슬의 합성은 tRNA가 없는 코돈에서 종결된다.

3. 번역 동안의 단계

번역의 과정은 다음의 단계로 나눌 수 있다: (1) 개시, (2) 신장, 그리고 (3) 종결.

원핵생물과 진핵생물에서 번역 과정이 동일한 세 단계를 포함하고 있다 할지라도, 진핵생물이 보다 복잡하다. 그러므로 원핵생물과 진핵생물의 번역은 나누어서 설명한다.

13.6 원핵생물에서 번역

1. 원핵생물에서 폴리펩티드 사슬의 개시(개시 복합체 형성)

원핵생물에서 개시는 다음 네 단계를 포함한다:

(1) **IF1**, **IF2** 및 **IF3**로 불리는 세 **개시인자**(initiation factor, **IF**)가 IF2에 부착된 GTP와 더불어 리보솜의 작은 소단위체에 결합한다.

(2) 아미노산이 부착된 **개시**(initiator) **tRNA**와 mRNA가 리보솜의 소단위체와 결합한다. 대장균과 다른 세균에서, 개시 tRNA는 **포르밀화된 tRNA**라 하고 **tRNA$^{\text{f-Met}}$**로 표시한다. 이것은 질소 원자에 포르밀기를 가진 변형된 메티오닌인 **N-formyl-methionine**(**f-Met**)을 가지고 있다. 원핵생물과 진핵생물의 세포소기관(미토콘드리아와 엽록체)에서, 개개의 폴리펩티드 사슬은 N-포르밀-메티오닌 아미노산(아미노기에 포르밀된 아미노산 메티오닌)으로 시작한다. GTP가 부착된 IF2는 리보솜 30S 단위체의 P-부위에 있는 tRNA$^{\text{f-Met}}$에 의해 N-포르밀-메티오닌의 위치를 확인하는 데에 도움을 준다. 단지 아미노아실 tRNA만이 리보솜 작은 단위체의 P-부위에 결합할 수 있다.
개시인자들, GTP, mRNA 및 30S 리보솜 단위체 모두가 모여 **30S 개시전 복합체**(30S pre-initiation complex)를 형성한다.

(3) tRNA$^{\text{f-Met}}$의 안티코돈은 mRNA 5′ 말단 첫 번째 **AUG**, 개시코돈과 염기쌍을 한다. mRNA가 리보솜 결합 부위에 의해 30S 리보솜 단위체에 결합할 때, AUG는 정확한 위치에 온다. 이것으로 **30S 개시전 복합체**의 형성이 완료된다.
mRNA의 리보솜 결합 부위는 **선도서열**(leader sequence) 또는 발견자 이름을 따서 **샤인-달가노 서열**(Shine-Dalgarno sequence)이라고 한다. 이것은 3~9개의 퓨린 뉴클레오티드(AGGAGGU)로 구성된다. 이 퓨린 서열은 30S 리보솜 단위체에 있는 16S rRNA 3′ 말단의 상보적인 피리미딘 풍부 서열과 염기쌍을 한다. 16S rRNA 3′ 말단은 초기에 mRNA 결합 부위로 불렸다.

그림 13.8

대장균에서 폴리펩티드 사슬의 개시를 위한 개시 복합체 형성의 단계

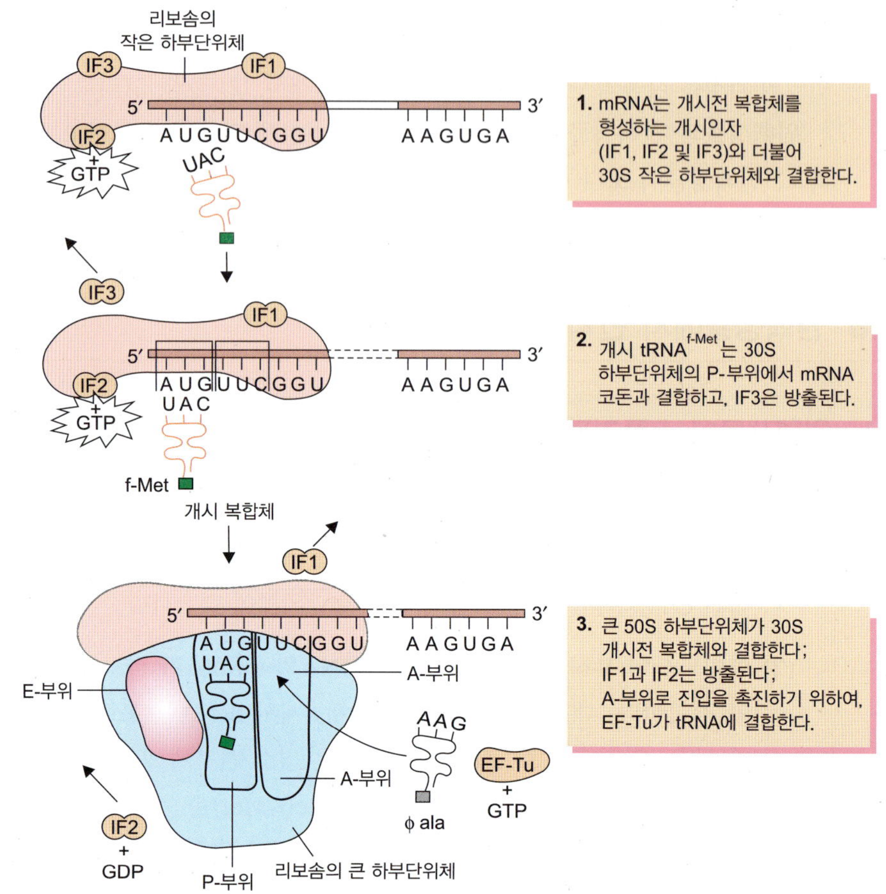

개시인자의 역할

개시를 위한 필요조건

폴리펩티드 사슬의 개시에는 다음이 필요하다:

- 두 리보솜 30S와 50S 하부단위체
- 번역될 mRNA
- 단백질 개시인자(IFs)
- GTP
- 개시 아미노산을 가진 개시 tRNA, 즉 N-포르밀메티오닌을 가진 포르밀화 tRNA. 복합체는 **f-Met-tRNA$^{f\text{-}Met}$**로 나타낸다.

원핵생물 IF1의 역할

- IF1은 A 부위에서 30S 하부단위체와 결합한다.
- 아미노아실 tRNA의 출입을 방지한다.
- 친화성을 증가시켜 리보솜에 결합하는 IF2를 조율
- 30S 하부단위체가 50S 하부단위체에 결합하는 것을 막아 70S 리보솜의 형성을 방해

원핵생물 IF2의 역할

- 리보솜 의존성 GTPase 활성이 있다.
- 개시 tRNA와 또한 30S 하부단위체의 P 부위와 결합한다.
- 리보솜에 대한 tRNA의 진출을 조절
- 50S 리보솜의 P 부위에 f-Met-tRNA$^{f\text{-}Met}$을 전달
- 50S 단위체가 완전한 리보솜을 형성하기 위하여 개시 복합체와 결합할 때 에너지를 방출하기 위하여 GTP의 가수분해를 유도

원핵생물 IF3의 역할

- 70S 리보솜의 해리에 의해 방출된 유리 30S 하부단위체를 안정화시킴
- 30S 하부단위체의 50S 하부단위체와 재결합을 방지
- 개시 복합체가 빠르게 코돈-안티코돈의 염기쌍을 통하여 mRNA에 결합을 가능하게 함
- 첫 아미노아실 tRNA 인식의 정확도를 점검

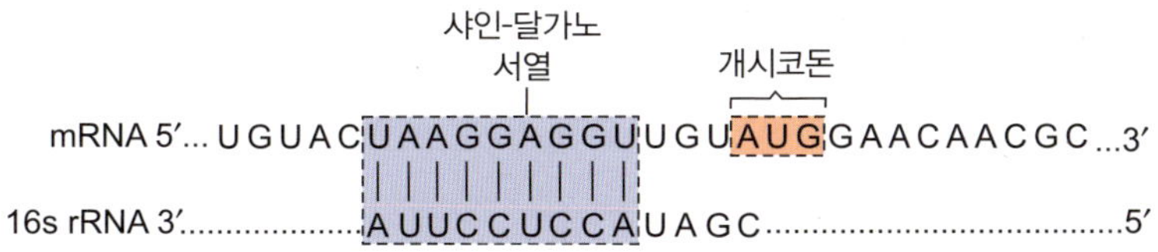

샤인-달가노 서열 / 개시코돈

mRNA 5′... U G U A C U A A G G A G G U U G U A U G G A A C A A C G C ...3′

16s rRNA 3′..................A U U C C U C C A U A G C..................................5′

그림 13.9 mRNA의 샤인-달가노 서열 또는 리보솜 결합 자리와 16S rRNA의 3′ 말단지역 간의 상보적인 지역 사이의 염기쌍

(4) 이와 같은 방법으로 형성된 **30S 개시전 복합체**는 50S 리보솜 단위체와 결합하여, **70S 개시 복합체**(initiation complex)를 생성한다. 50S 단위체와의 결합에 필요한 에너지는 GTP의 가수분해에 의해 공급된다. 이 과정에서 Mg^{2+} 이온이 필요하다. 이들 결합은 30S 단위체로부터 IF2를 방출시킨다. 폴리펩티드 개시의 전 과정은 다음과 같이 나타낼 수 있다:

- 30S 하부단위체 + IF1 + IF2 + IF3 + GTP ⟶ 30S-IF1-IF2-IF3-GTP 복합체
- 30S-IF1-IF2-IF3-GTP 복합체 + f-Met-tRNAf-Met + mRNA ⟶ 30S 개시전 복합체 + IF1 + IF3
- 30S 개시전 복합체 + 50S 하부단위체 ⟶ 70S 개시 복합체 + IF2 + GDP + P_i

즉, 30S 하부단위체 + f-Met-$tRNA^{f\text{-}Met}$ + mRNA + 50S 하부단위체 + GTP ⟶ 70S 개시 복합체 + GDP + P_i

50S 리보솜 하부단위체가 30S 리보솜 하부단위체와 결합할 때, f-Met-$tRNA^{f\text{-}Met}$은 P-부위를 차지한다. 이것이 안티코돈이 mRNA의 AUG 개시코돈과의 염기쌍을 가능하게 된다. 따라서 번역틀이 정해진다.

50S 하부단위체에 30S가 연결되는 과정에는 (i) 16S rRNA와 23S rRNA의 접촉; (ii) 개개의 하부단위체 rRNA와 다른 것의 단백질과의 상호작용; (iii) 단백질-단백질 상호작용을 포함한다. 이들 상호 작용은 다음과 같다:

- 개시에서 16S rRNA의 3′ 말단은 샤인-달가노 서열과의 염기쌍을 통해 mRNA와 직접적으로 상호작용한다.
- 16S rRNA의 특정 부위는 A-부위와 P-부위 둘 다에서 tRNA의 안티코돈과 직접적으로 상호작용한다.
- 16S와 23S rRNA 사이의 상호작용에는 단위체들간의 상호작용이 관여한다.

2. 폴리펩티드 사슬의 신장

70S mRNA-f-Met-tRNA$^{f\text{-}Met}$ 복합체 형성 후에, 폴리펩티드 사슬의 신장은 다음 단계처럼 아미노산을 규칙적으로 첨가하면서 시작된다.

1) 리보솜 큰 하부단위체의 A-부위에 AA-tRNA의 결합

개개 리보솜의 큰 하부단위체는 두 개의 tRNA가 결합하는 두 개의 홈을 갖는다. 이들은 **P-부위**(peptidyl 또는 donor site)와 **A-부위**(aminoacyl 또는 acceptor site)다. 도입된 아미노아실 tRNA 복합체(AA-tRNA)는 수용 부위에

그림 13.10
원핵생물에서 펩티드 결합의 형성과 폴리펩티드의 신장

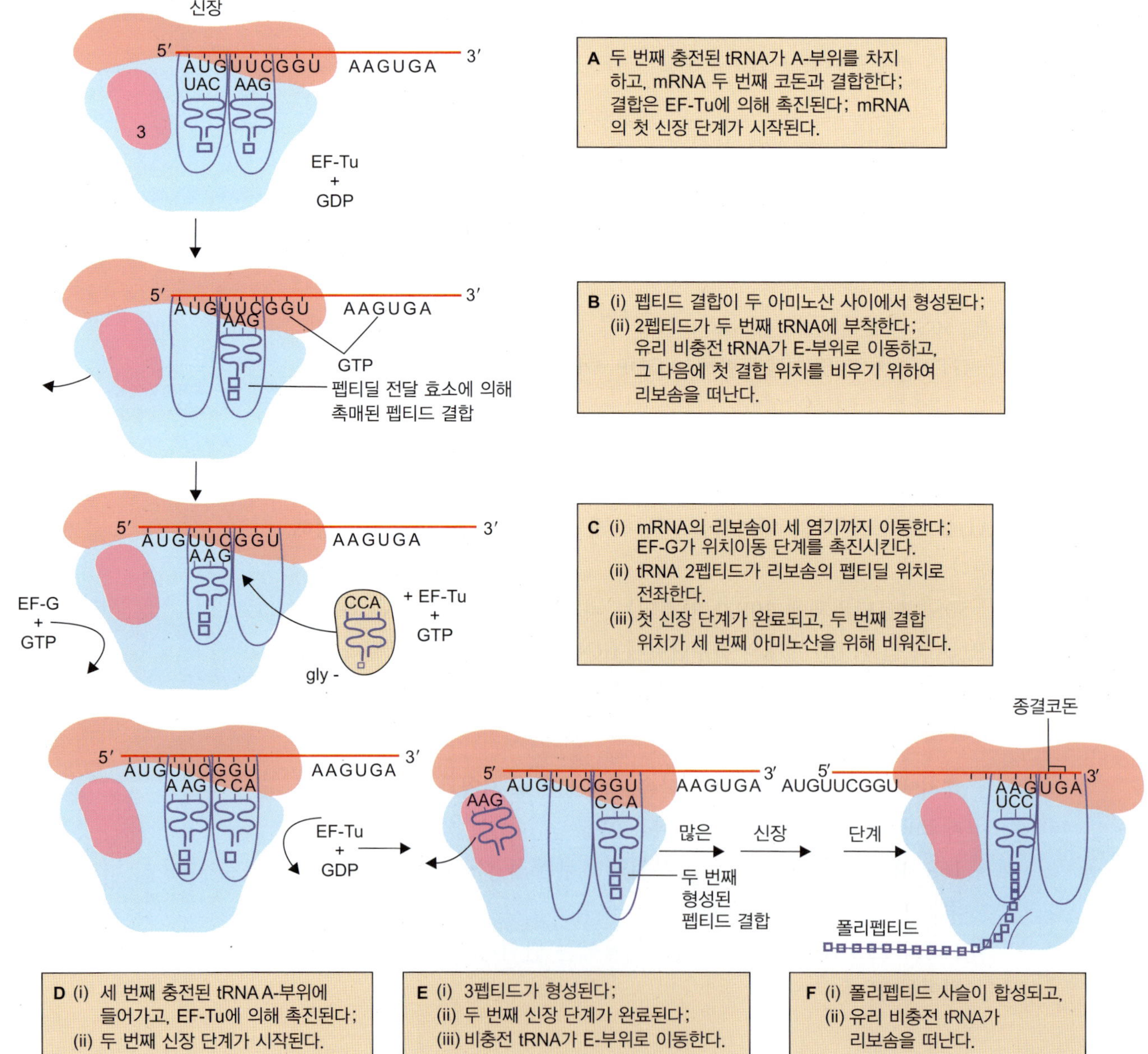

부착하고 리보솜 A-부위에 존재하는 mRNA의 코돈과 염기쌍을 한다. 신장의 첫 회에서, A-부위의 코돈은 개시코돈 바로 옆에 있다. 이것은 두 번째 아미노아실-tRNA를 받는다. 펩티드 사슬을 가진 tRNA는 펩티드 또는 공여자 부위로 이동한다.

새로운 아미노아실-tRNA의 결합에는 두 **신장인자**(elongation factor), **EF-Tu**와 **EF-Ts**이 필요하다. 필요한 에너지는 2개의 GTP 가수분해에 의해 제공된다. **EF-Tu**는 각각이 하나의 GTP와 결합하는 두 단백질의 이량체다. **EF-Tu**는 아미노아실-tRNA를 A-부위로 이동시키고, 아미노아실-tRNA의 전달 후에 방출된다. **EF-Ts**는 다음 아미노아실-tRNA를 위한 EF-Tu-2GTP를 만든다.

아미노아실-tRNA 결합 순서는 다음과 같이 요약될 수 있다:

(1) EF-Tu + 2GTP + AA-tRNA ⟶ EF-Tu-2GTP-AA tRNA

(2) EF-Tu-2GTP-AA-tRNA + 70S 복합체 ⟶ 70S 복합체-AA tRNA + EF-Tu-2GDP + 2Pi

(3) EF-Tu-2GDP $\xrightarrow{\text{EF-Ts}}$ EF-Tu + 2GTP

70S 복합체 + AA-tRNA + 2GTP ⟶ 70S 복합체-AA-tRNA + 2GDP + 2Pi

2) 펩티드 결합의 형성

P-부위에 f-Met-tRNA$^{\text{f-Met}}$가 있고 **A**-부위에 두 번째 아미노아실-tRNA이 있으면, 펩티딜 tRNA의 f-Met 아미노산 카르복실기와 A-부위에 있는 아미노아실-tRNA의 아미노산 아미노기(NH_4^+) 사이에 펩티드 결합이 형성된다. 결과적으로, 두 아미노산은 두 번째 tRNA에 부착되고, A-부위에 존재하게 된다(그림 13.10B).

펩티드 결합 형성은 ***펩디딜 전달효소***(*peptidyl transferase*)에 의해 촉매된다. 이 효소의 활성은 리보솜 큰 하부단위체(50S)의 23S rRNA에 있다. 따라서 23S rRNA는 **리보자임**(ribozyme)이다. 펩티드 결합 형성을 위한 에너지는 tRNA에 부착되어 있는 f-Met의 '고 에너지' 에스테르 결합의 가수분해에 의해 제공된다.

3) 전좌(A-부위로부터 P-부위로의 펩티딜-tRNA의 이동)

펩티드 결합 형성 후에, **P**-부위에 있는 tRNA$^{\text{f-Met}}$에는 아미노산이 없고, A-부위에 있는 tRNA는 2개의 펩티드를 갖는다. 세 이동이 이 시점에서 일어난다.

- 비충전 tRNA는 리보솜의 **E**-부위를 떠나기 위해 이동하고, 새로운 폴리펩티드 사슬을 시작하기 위하여 최종적으로 세포질로 방출된다.
- **2펩티드 tRNA**(2개의 아미노산을 가짐)은 **A**-부위에서 **P**-부위로 이동하고, A-부위는 비게 된다(그림 13.10C). 이것을 **전좌**(translocation)라 한다. 이 과

정에는 ***전좌효소***(*translocase*)와 **GTP**가 관여하고 리보솜에 결합된 신장인자 **EF-G**가 필요하다. EF-G가 리보솜을 떠남에 따라, GTP는 전좌에 필요한 에너지를 제공한다.

- 펩티딜 tRNA가 전좌를 할 때 이것은 mRNA에 수소결합된 채로 남아 있으면서 mRNA를 당긴다. 결과적으로, 리보솜은 mRNA의 길이를 따라 5′ → 3′ 방향으로 이동하고, mRNA의 다음 코돈(즉, 세 번째 코돈)이 **A**-부위에 오게 된다(그림 13.10D).

하나의 리보솜이 mRNA의 길이를 따라 이동하면, mRNA의 개시 지점은 비게 된다. 이것은 다른 리보솜의 30S 하부단위체와 개시 복합체를 형성할 수 있다. 이와 같은 방법으로, 많은 리보솜이 단일 mRNA 분자에 부착된다.

mRNA가 5′ → 3′ 방향으로 읽혀짐에 따라, 개개의 연속적인 아미노산이 이와 같은 방법으로 폴리펩티드 사슬에 첨가된다. 자라나는 폴리펩티드 사슬의 아미노 말단은 리보솜의 50S 하부단위체의 터널을 통하여 리보솜 바깥으로 나간다. 폴리펩티드 합성은 매우 빠르다. 대장균에서, 400개 아미노산의 폴리펩티드 사슬이 10초 내에 형성된다.

단백질 합성 과정 동안에, 많은 리보솜이 단일 mRNA 분자에 부착되어 있는 것을 볼 수 있고, 개개가 폴리펩티드 사슬을 형성 중이며, 폴리펩티드 사슬의 크기는 리보솜마다 상이하다. 이런 복합체를 **폴리리보솜 복합체**(polyribosome complex)라 한다.

표 13.1 번역 과정에 관련된 다양한 인자들

과정	인자	역할
개시	IF–1	30S 하부단위체를 안정시킨다.
	IF–2	f-Met-tRNA(개시 tRNA)를 30S mRNA 복합체에 결합시킨다; GTP 가수분해를 촉진시킨다.
	IF–3	30S 하부단위체를 mRNA의 개시 위치에 결합시킨다; 종결에 이어 리보솜(70S)을 하부단위체(30S + 50S)로 해리시킨다.
신장	EF–Tu	아미노아실-tRNA를 A-위치에 결합시킨다.
	EF–Ts	활성적인 EF-Tu를 생성한다.
	EF–G/EF2	A-부위로부터 P-부위로 폴리펩티딜 tRNA의 전좌(GTP-의존성)를 촉매한다.
종결	RF1	tRNA로부터 폴리펩티드의 방출과 번역 복합체의 해리를 촉매한다; 종결코돈 UAA와 UAG에 특이적이다.
	RF2	RF1와 비슷하게 행동하고, UGA와 UAA 코돈에 특이적이다.
	RF3	RF1와 RF2를 촉진시킨다.

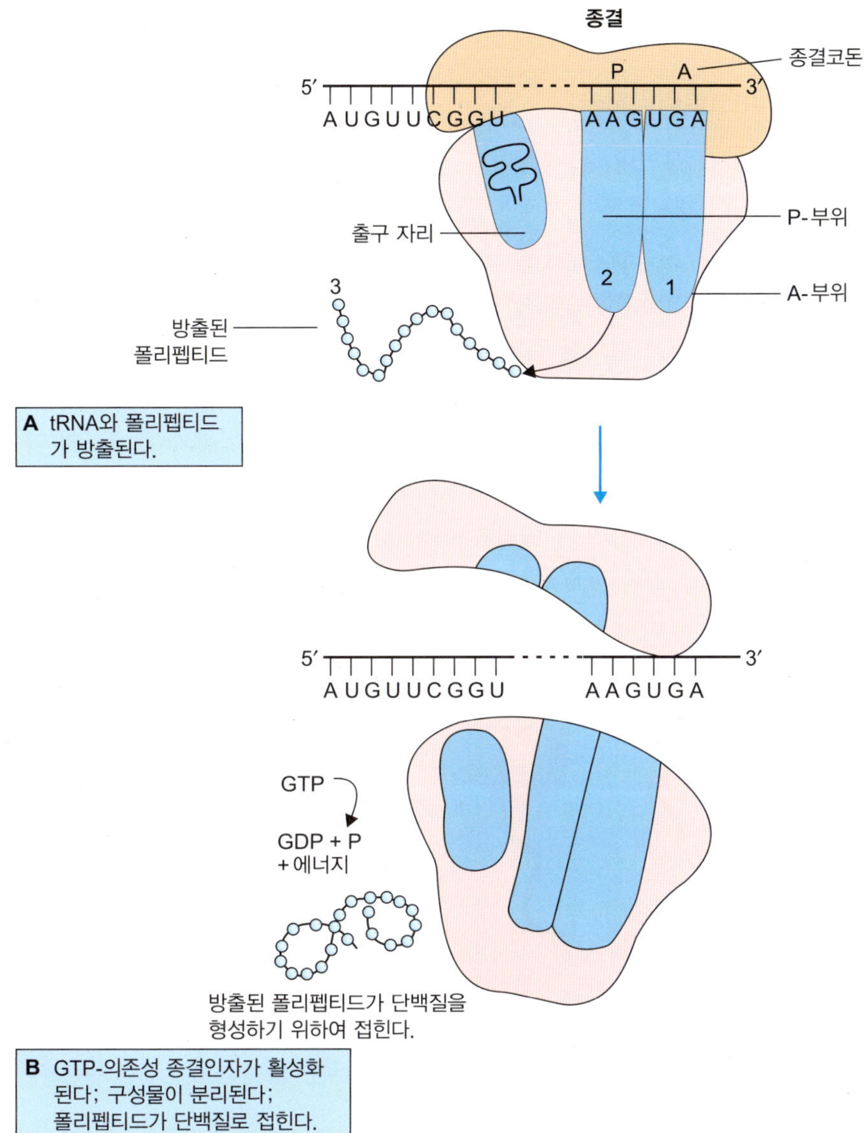

그림 13.11
번역의 종결과 폴리펩티드 사슬의 방출을 보여주는 모식도

3. 폴리펩티드 사슬의 종결

개개의 시스트론 3′ 말단의 mRNA에 존재하는 세 종결코돈(UAA, UAG 또는 UGA) 중에 하나라도 리보솜의 **A**-부위에 도달하면, 폴리펩티드 사슬은 종결된다. 종결코돈을 인식하는 tRNA 분자는 없다. 방출인자들이 종결코돈을 인식하고 번역을 종결하기 때문에, 방출인자 **RF1**과 **RF2**가 사슬 종결을 위해 필요하다. **RF1**은 UAG에 특이적이고, **RF2**는 UGA에 특이적이다. 종결코돈과 방출인자는 복합체를 형성해서 ***펩티딜 전달효소***(*peptidyl transferase*)가 종결과 폴리펩티드 사슬의 방출을 촉매하도록 유도한다(**리프만**, 1973). **RF3**은 **RF1**과 **RF2**를 촉진시킨다. 유리 리보솜은 해리인자 IF3의 도움으로 두 하부단위체로

해리한다.

1) 폴리솜(폴리리보솜)

단백질 합성 동안에, 폴리펩티드 사슬이 25개 아미노산 잔기로 자라면, mRNA 상의 **AUG** 개시코돈은 새로운 폴리펩티드 사슬을 시작할 수 있도록 리보솜으로부터 완전히 자유롭게 되며 새로운 폴리펩티드 사슬의 형성이 개시된다. 현재 두 리보솜이 한 mRNA 분자에 부착되어 있다. 두 번째 리보솜이 mRNA를 따라 이동하여 25개 아미노산 길이의 폴리펩티드 사슬이 만들어지면, 세 번째 리보솜이 mRNA의 개시코돈에 부착한다. mRNA가 80개 뉴클레오티드 당 하나의 리보솜이 배열되어 리보솜이 연속적으로 덮일 때까지 이동과 재개시의 과정은 지속된다. 이처럼 한 mRNA에 여러 개의 리보솜이 부착된 큰 번역 단위를 **폴리리보솜**(polyribosome) 또는 **폴리솜**(polysome)이라 한다.

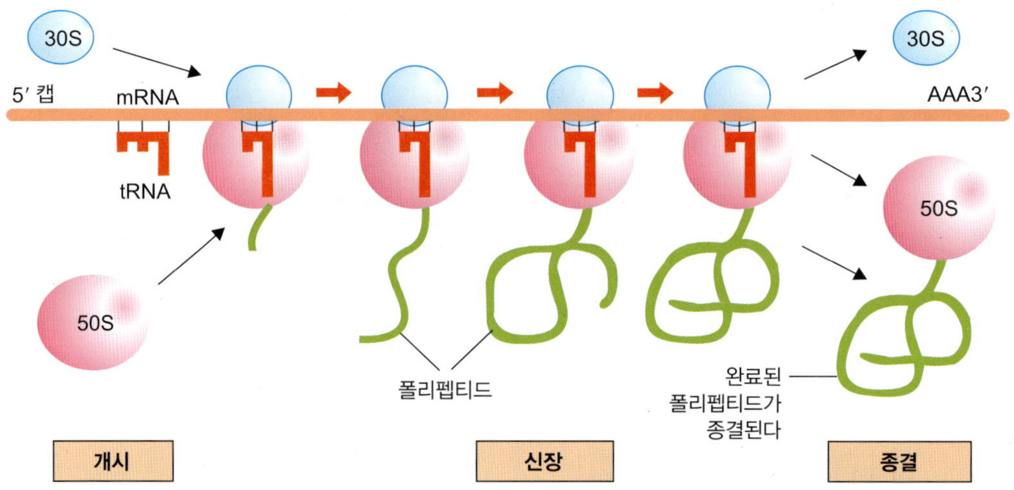

그림 13.12
개개의 길이가 상이한 개별적 폴리펩티드을 가진 수 개의 리보솜을 가진 mRNA 분자를 보여주는 폴리솜. 개시에서 분리된 리보솜의 두 하부단위체가 만나고, 종결에서 리보솜의 두 하부단위체는 분리된다.

2) 원핵생물에서 동시 전사-번역

전사 동안에 합성 중인 mRNA는 유리 5′ 말단을 갖고 있다. 첫째로 리보솜 결합부위가 전사되고, 폴리펩티드 사슬의 합성을 개시하는 코돈(AUG)가 이어지고, 폴리펩티드 사슬의 신장과 연관된 mRNA 부위, 최종적으로 폴리펩티드 사슬의 종결을 위한 종결코돈이 합성된다. 세균에서는 DNA를 세포질과 리보솜으로부터 분리하는 핵막이 없기 때문에, mRNA의 합성이 완료되고 mRNA가 DNA로부터 분리되기 전에, 번역 또는 폴리펩티드 합성 과정이 시작된다. mRNA가 아직 DNA에 붙어 있는 상태에서 폴리펩티드 합성 과정을 보여주는 전자 현미경 사진을 얻었다. 이를 **동시 전사-번역**(coupled transcription-translation)이라 부른다. 진핵생물에서는 전사는 핵 내에서 일어나고 번역은 세포질에서 일어나기 때문에, 이 과정이 진핵생물에서는 일어나지 않는다.

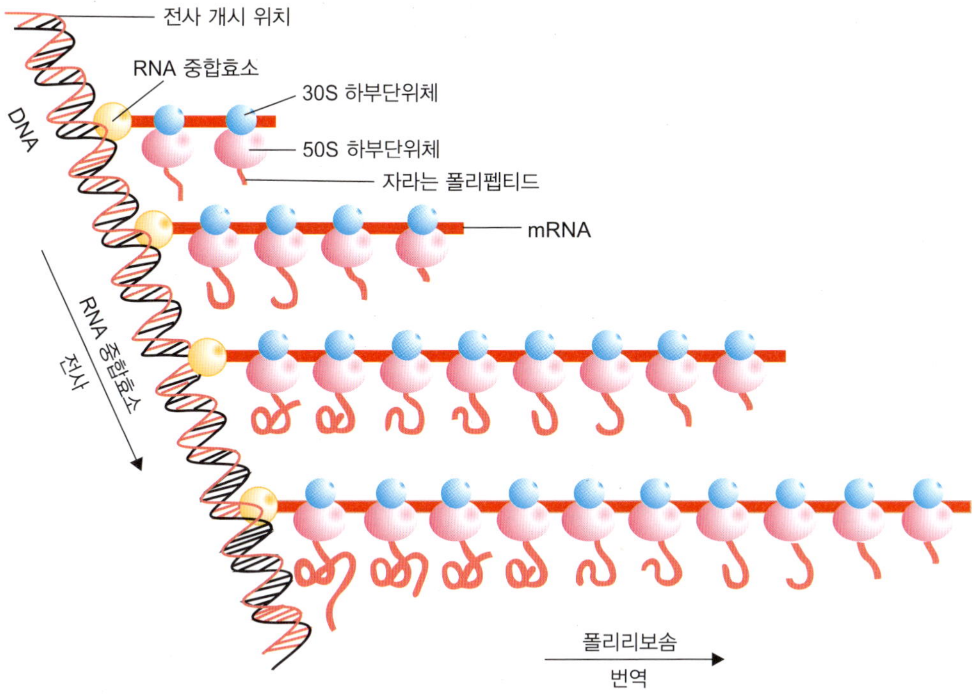

그림 13.13
세균에서 동시 전사-번역

13.7 진핵생물에서 번역

진핵생물에서 폴리펩티드 합성 과정은 원핵생물과 같은 일반적인 양상으로 이루어진다. 다음의 머리글로 설명할 수 있다:

1. 진핵생물에서 폴리펩티드 사슬의 개시

진핵생물에서 폴리펩티드 사슬의 개시 과정은 보다 복잡하고 적어도 12개의 **eIF**(eukaryotic initiation factor) 단백질이 필요하다. 개시 단계는 다음과 같다:

- 개시인자 eIF1A와 eIF3이 40S 리보솜 단위체에 결합한다.
- GTP가 eIF2에 결합하고 이 복합체가 개시 아미노아실 tRNA(메티오닐 tRNA^{Met})와 결합하여 **Met-tRNA^{Met}-eIF2-GTP**를 형성한다. 포유동물에서 개시인자 eIF2는 세 개의 단위체 α, β 및 γ를 갖는다. 인자 eIF2의 α-단위체는 eIF2에 결합한다. γ는 Met-tRNA^{Met}와 eIF2에 결합하고, 단위체 β는 순환 인자로 여겨진다.
- Met-tRNA^{Met}-eIF2-GTP는 40S 단위체와 결합하여 **40S 개시전 복합체**를 형성한다.
- 40S 개시전 복합체(40S-Met-tRNA^{Met}-eIF2-GTP)는 mRNA의 $5'$ 말단에 결합한다.

- mRNA는 eIF4E에 의해 리보솜의 40S 단위체로 오게 된다.
- eIF4E는 mRNA의 5′ 캡을 인식하고 결합한다.
- eIF4G는 5′ 캡에 있는 eIF4E와 3′ 폴리 A 꼬리에 있는 PABP(poly A binding protein) 둘 다와 결합하고 또한 eIF4A와 eIF4B와도 결합한다.
- 리보솜의 작은 단위체(40S)는 $\text{Met-tRNA}^{\text{Met}}$ + eIF2α + GTP와 더불어 개시 코돈 AUG에 도달하기 위하여 mRNA를 따라 미끄러지고, 리보솜의 60S 단위체와 결합한다. 인자 eIF5는 eIF2와 eIF3 인자를 방출시키고, 개시 복합체와 더불어 60S 단위체의 결합을 유도한다. GTP는 결합을 위한 에너지를 공급하기 위하여 가수분해한다.

$$40\text{S} + \text{Met-tRNA}^{\text{Met}} \longrightarrow 40\text{S-Met-tRNA}^{\text{Met}}$$

$$40\text{S} + \text{Met-tRNA}^{\text{Met}} + \text{mRNA} + \text{eIF2-GTP} \longrightarrow 40\text{S-mRNA-Met-tRNA}^{\text{Met}}\text{-eIF2-GTP}$$

$$40\text{S} + \text{mRNA-Met-tRNA}^{\text{Met}}\text{-eIF2-GTP} + 60\text{S} \longrightarrow 80\text{S-mRNA-Met-tRNA}^{\text{Met}}$$

세균과 진핵생물 세포소기관의 **개시 tRNA**는 포르밀화된 메티오닌(f^{Met})을 가지기 때문에 **N-포르밀 메티오닌 tRNA**($\text{tRNA}_\text{f}^{\text{Met}}$)이다. 이 메티오닌(개시 tRNA에 결합된)의 아미노기는 포르밀화되었다. 포르밀화는 Met-tRNA_f의 사용과 IF-2 인식의 효율성을 증가시키기 때문에, 포르밀-메티오닌 tRNA만이 폴리펩티드 합성을 개시할 수 있다. 개시 tRNA는 폴리펩티드 사슬 중간에 포르밀화되지 않은 메티오닌을 도입시킬 수 없다.

$\text{tRNA}_\text{m}^{\text{Met}}$ 또는 메티오닐 tRNA는 개시 복합체를 형성하지는 못하나 사슬 중간에 메티오닌을 도입할 수는 있다.

이들 인자는 작은 단위체 30S 안에 존재하고, 30S 단위체가 리보솜을 형성하기 위하여 50S 단위체와 결합할 때, 방출된다.

표 13.2 $\text{tRNA}_\text{f}^{\text{Met}}$와 $\text{tRNA}_\text{m}^{\text{Met}}$의 차이

f $\text{Met-tRNA}_\text{f}^{\text{Met}}$	$\text{Met-tRNA}_\text{m}^{\text{Met}}$
1. 개시 tRNA이다.	1. 신장 tRNA이다.
2. 아미노산 팔에서, 최종 위치의 염기쌍은 상보적이지 않고 쌍을 하지 않는다.	2. 아미노산 팔에서, 최종위치의 염기쌍은 상보적이고 쌍을 이룬다.
3. 안티코돈 팔에서, 줄기는 3 G-C 염기쌍을 고리 앞서 갖고 있다. 이들 염기쌍은 직접 P-위치로 $\text{fMet-tRNA}_\text{f}$의 삽입을 위해 필요하다.	3. 안티코돈 팔에서, 줄기는 세 번의 G-C 서열을 갖고 있지 않다.
4. IF2의 도움으로, $\text{fMet-tRNA}_\text{f}$는 사슬의 개시에서 리보솜의 P-부위에 자리 잡는다.	4. EF-Tu의 도움으로, Met-tRNA_m은 리보솜의 A-부위에 자리 잡는다.

표 13.3 진핵생물 망상세포의 개시인자와 기능

번호	인자	구조와 분자량(달톤)	기능
1.	eIF1	단량체, 15,000	리보솜 하부단위체에 mRNA 결합을 지원
2.	eIF2	삼량체, 다음 세 사슬 (i) α-사슬, 35,000 (ii) β-사슬, 38,000 (iii) γ-사슬, 55,000	개시코돈에 Met tRNA의 결합 GTP에 결합 재순환 인자 Met–tRNA에 결합
3.	eIF3	다량체, 75,000	mRNA와 결합
4.	eIF4A	다량체, 15,000	mRNA 결합을 지원(또한 ATP와 결합)
5.	eIF4B	단량체, 15,000	mRNA 결합과 해리를 지원
6.	eIF4E eIF4G	단량체, 15,000	40S 단위체와 mRNA에 60S 단위체 결합을 지원
7.	eIF4H	단량체	모름
8	eIF4F	다량체, 200,000	mRNA 5′ 말단과 결합, DNA의 풀림
9.	eIF5 eIF5B	단량체, 150,000	eIF2와 eIF3의 방출
10.	eIF6	단량체, 23,000	리보솜의 40S와 60S 하부단위체의 결합을 방지

2. 진핵생물에서 폴리펩티드 사슬의 신장

mRNA의 두 번째 또는 다음 코돈은 **A-부위**에 있는 적절한 AA-tRNA와 염기쌍을 이룬다. 여기에는 신장인자 1(**EF1**)과 GTP로부터 에너지가 필요하다. **A**-부위에 있는 tRNA 아미노산의 아미노기와 **P**-부위에 있는 tRNA 아미노산의 카르복실기 사이에서 펩티드 결합이 형성된다. 이것은 리보솜 60S 단위체의 펩티딜 전달효소에 의해 촉매된다. **P**-부위의 비충전 tRNA는 즉시 방출된다. 전좌효소와 **EF2** G-인자는 **A**로부터 **P**-부위로 새로이 형성된 p-tRNA의 위치를 이동시킨다. 에너지는 GTP로부터 얻는다. 이 과정은 펩티드 사슬에 아미노산을 첨가하면서 거듭해서 반복적으로 일어난다.

3. 폴리펩티드 사슬의 종결

mRNA의 종결코돈이 리보솜의 **A**-부위에 도달하면 종결코돈에 대한 tRNA가 없기 때문에, 폴리펩티드 사슬의 성장과 신장은 중지된다. 방출인자 **RF1**과 **RF2**는 ***펩티딜 전달효소***의 도움으로 **P**-부위에서 폴리펩티드와 폴리펩티드를 가진 tRNA를 방출한다. 최종적으로, 리보솜은 60S와 40S 단위체로 해리된다. **RF1**은 종결코돈 UAG와 UAA를, 반면에 **RF2**는 UGA와 UAA를 인식한다.

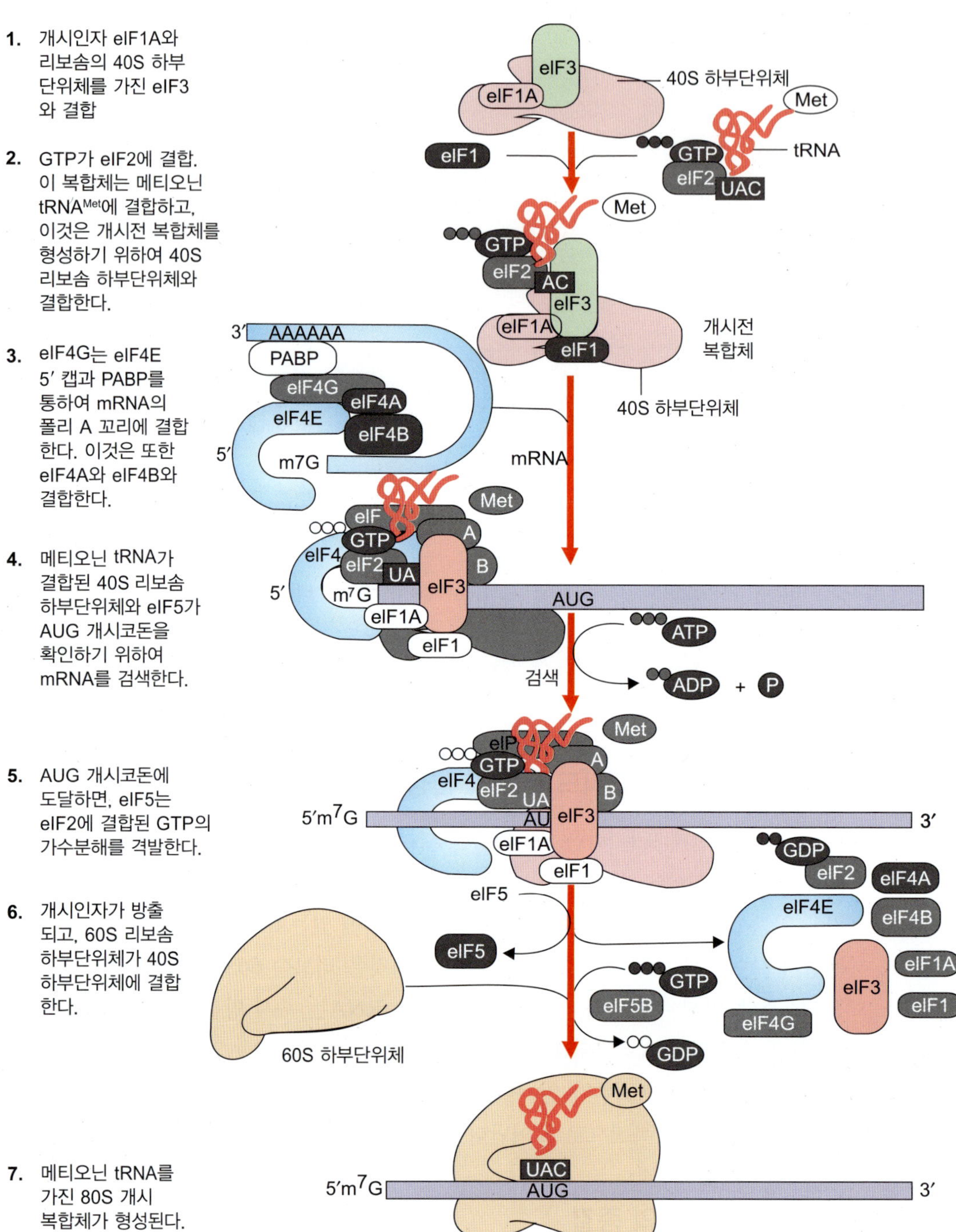

그림 13.14

진핵생물 세포에서 번역 동안 개시 복합체 형성

진핵생물에서는 단지 하나의 방출인자 **eRF1**만이 존재한다. 이 인자가 리보솜에 결합하는 데 GTP가 필요하다. 가수분해 동안, GTP는 리보솜으로부터 **eRF1**의 방출을 위한 에너지를 제공한다.

4. 방출된 폴리펩티드의 변형 또는 폴리펩티드 접힘

방출된 폴리펩티드 사슬의 첫 아미노산(메티오닌)의 포르밀기는 ***탈포르밀효소***(*deformylase*)에 의해 제거된다. ***펩티드말단분해효소***(*exopeptidase*)는 폴리펩티드 사슬의 N-말단이나 또는 C-말단, 혹은 양 말단의 아미노산을 제거한다. 최종적으로 폴리펩티드 사슬은 단독 혹은 다른 사슬과 더불어 3차 또는 4차구조로 접혀지고, 기능적인 효소로 변형된다.

합성이 진행되는 동안에, 폴리펩티드는 2차와 3차구조로 접히기 시작한다. 폴리펩티드의 아미노산 1차 서열은 그것의 3차원 구조를 특징짓기 때문에, 접힘은 일반적으로 자발적이다.

세포 내에서 단백질 접힘은 **분자 샤페론**(molecular chaperone)이라는 다양한 단백질 집단에 의해 일어난다. 그들은 부정확한 분자 상호작용과 부정확한 접힘을 억제한다. 가장 많은 샤페론 가계는 **Hsp70**과 **Hsp60**이다. 이들은 '열 충격 단백질(Heat shock proteins)'이다. 숫자는 그들 분자량을 나타낸다. 이들은 ATPase 활성을 갖고 있다. 새로이 형성된 폴리펩티드의 접힘에 역할하는 것 외에 샤페론 단백질은 세포의 단백질 활성과 세포소기관으로의 단백질 수송과도 연관되어 있다.

13.8 원핵생물과 진핵생물 사이의 단백질 합성 차이

(1) 진핵생물에서 대부분의 유전자는 인트론을 갖고 있고, **인트론**(intron)은 한 단백질의 합성을 위한 실질적인 정보를 **엑손**(exon)이라 불리는 작은 암호화 절편으로 분리한다.

(2) 진핵생물의 mRNA 분자는 단지 하나의 폴리펩티드에 대한 암호 서열을 갖고 있는 모노시스트론(monocistron)이다. 원핵생물의 mRNA 분자는 특정 대사경로와 관련된 여러 개의 전사체를 가지는 폴리시트론(polycistron)이다.

(3) 핵으로부터 세포질로 나가기 전에 진핵생물 mRNA 분자는 형성이 완료된다. 원핵생물의 mRNA 분자는 원래의 장소에서 이동할 이유가 없다.

(4) 진핵생물에서 단백질 합성은 세포질에서 일어난다. 원핵생물에서 단백질 합성은 mRNA 분자의 전사가 완료되기 전에 시작한다. 이를 **동시 전사-번역**(coupled transcription-translation)이라 한다.

(5) 진핵생물에서 mRNA 1차 전사체는 기능성 mRNA로 변화되기 위하여 가공과 이어맞추기(splicing)가 일어난다. 원핵생물에서, mRNA 전사체의 이어맞추기는 일어나지 않는다.

그림 13.15
A. 원핵생물과 B. 진핵생물에서 단백질 합성 차이

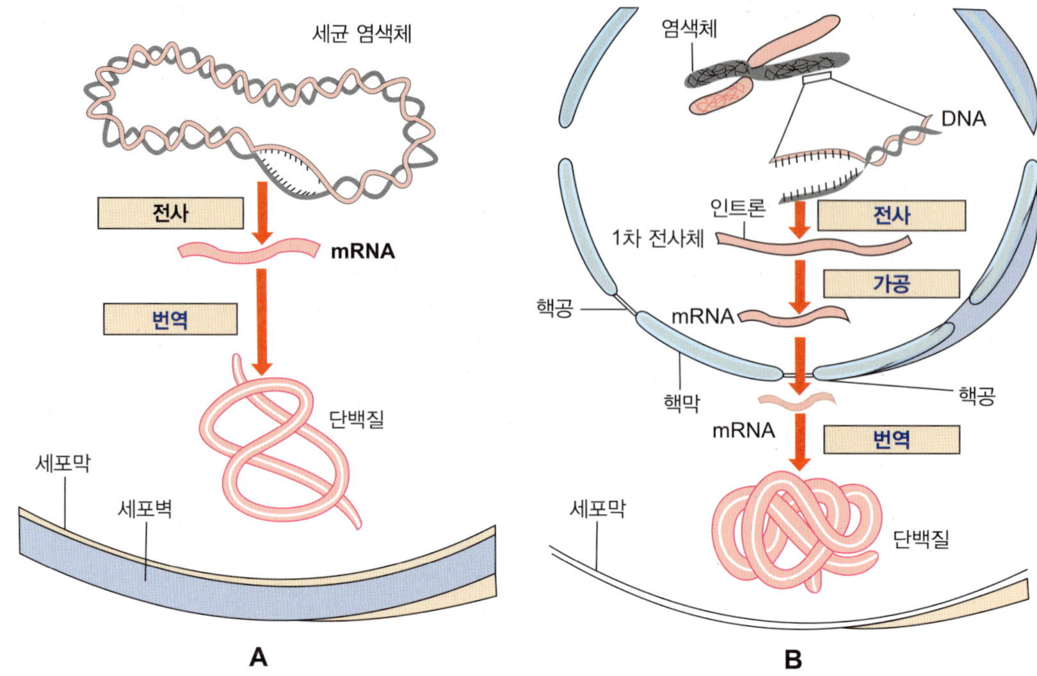

(6) 진핵생물에서, mRNA 분자는 메틸-GTP로 형성된 5′ G 캡의 첨가에 의해 변형된다. 이와 같은 캡은 세균 mRNA의 5′ 말단에서는 형성되지 않는다.

(7) 진핵생물에서 리보솜 작은 단위체가 mRNA의 5′ G 캡에 결합하여 일반적으로 처음 나오는 AUG 코돈에서 번역을 개시한다. 세균에서 번역은 특정 뉴클레오티드 서열이 앞에 있는 AUG에서 시작한다.

(8) 진핵생물에서 약 200개 아데닌 뉴클레오티드로 형성된 **폴리 A 꼬리**(poly A tail)가 mRNA의 3′ 말단에 첨가된다. 세균 mRNA에는 폴리 A 꼬리가 첨가되지 않는다.

(9) 진핵생물에서 폴리펩티드 사슬의 개시는 특정 메티오닌-tRNA(Met-tRNA)의해 초래된다. Met-tRNA는 포르밀 기가 없으나, 반면에 원핵생물에서 첫 또는 개시 아미노산은 포르밀화된 메티오닌(fMet-tRNA$^{f\text{-}Met}$)이다.

(10) 진핵생물에서 개시인자의 수는 원핵생물에서 발견되는 세 개의 IF보다 많다. 약 10개의 IF가 망상세포와 적혈구에서 확인되었다. 이들은 진핵생물 기원을 의미하는 접두어로 e의 삽입에 의해 명명되었다. 이들은 **eIF1**, **eIF2**, **eIF3**, **eIF4A**, **eIF4B**, **eIF4C**, **eIF4D**, **eIF4F**, **eIF5** 및 **eIF6**이다.

(11) 진핵생물에서 mRNA는 원핵생물에 있는 리보솜 결합 서열이 없다. 복합체는 mRNA의 5′ 말단에 있는 5′ 캡을 인식한다.

(12) 진핵생물에서 리보솜 작은 단위체(40S)는 mRNA의 도움 없이 개시 아미노아실 tRNA(**Met-tRNA^{Met}**)와 결합한다. 복합체는 나중에 mRNA와 만난다. 원핵생물에서, 30S 단위체가 먼저 mRNA(30S-mRNA)와 복합체를 만들고, 이후에 f-Met-tRNA$^{f\text{-}Met}$과 만난다.

1. 단백질 합성에서 리보솜의 역할

리보솜은 단백질의 번역을 위한 비특이적인 작업대로 쓰인다. 번역에 참가하지 않는 단일 리보솜은 세포질에서 유리된 상태로 존재하지 않는다.

번역 직후, 리보솜은 큰 단위체와 작은 단위체로 해리한다. 두 단위체는 단지 번역 동안에만 결합한다. 리보솜의 두 단위체는 다음과 같은 기능을 갖는다:

1) 리보솜 작은 단위체의 역할

리보솜의 작은 단위체(원핵생물 30S와 진핵생물 40S)는 mRNA의 첫 번째 코돈과 결합하여 개시복합체를 형성한다. 이것은 첫 아미노아실-tRNA(f-Methionine-tRNA$^{f\text{-}Met}$)를 mRNA의 첫 번째 코돈(AUG)과 연결시킨다. mRNA 5′ 말단에는 4-9개의 퓨린 잔기로 된 개시 신호가 개시코돈에서 8-13 염기쌍 앞

부가 설명: 단백질의 합성을 위한 리보솜의 부위

세균 리보솜은 단백질 합성을 위한 네 개의 특이적 부위를 갖는다. 이들은 다음과 같다:

1. **mRNA 결합 부위**
2. **아미노아실 부위(A-부위)**; 아미노산을 운반 중인 tRNA(AA-tRNA)의 부착 부위
3. **펩디딜 부위(P-부위)**;성장하는 폴리펩티드를 가진 tRNA의 부착 부위
4. **출구 부위(E-부위)**; 아미노산을 성장하는 폴리펩티드에 전달한 후에, 리보솜을 떠는 tRNA의 부위; E-부위는 50S 하부단위체에 국한되어 있으나, 반면에 A와 P-부위는 리보솜의 30S와 50S 하부단위체에 있다.

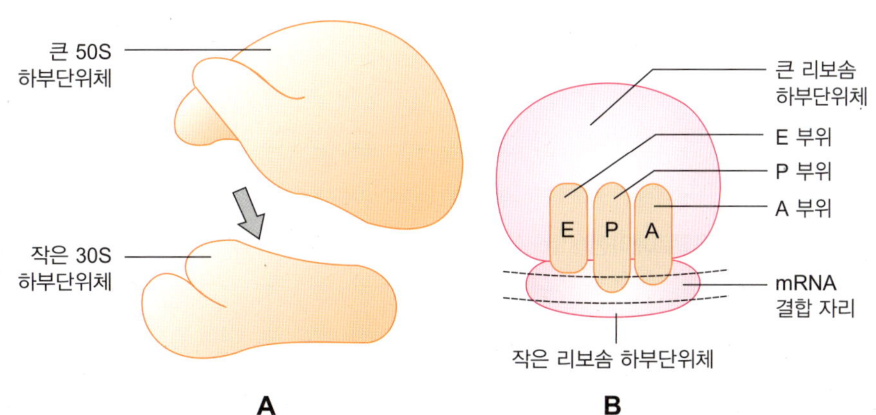

그림 13.16
A. 원핵생물 리보솜의 작고 큰 단위체
B. 리보솜의 tRNA의 부착을 위한 P-부위와 A-부위, E-부위 및 mRNA 결합 자리

에 있다. 이는 30S 리보솜 단위체에 있는 16S rRNA의 3′ 말단에 있는 상보적인 피리미딘 풍부 서열과 염기쌍을 이룬다.

2) 리보솜의 큰 단위체의 역할

리보솜의 큰 단위체는 두 개의 홈 또는 두 개의 tRNA 분자(펩티딜 tRNA와 아미노아실 tRNA)가 부착되는 결합 부위(**P-부위**와 **A-부위**)를 가진다. 또 다른 E-부위는 큰 단위체에만 있으며 기능을 수행한 후 tRNA를 방출하는데 역할을 한다.

큰 단위체는 또한 ***펩티딜 전달효소***(***펩티드 합성효소***)를 포함하고 있으며, 이 효소는 폴리펩티드 사슬의 아미노산 COOH기와 아미노아실 tRNA에 있는 아미노산 NH_2기 사이의 펩티드 결합을 촉매한다. 이 효소는 리보자임이다. **리보솜**의 23S rRNA가 이 기능을 수행한다.

2. 단백질 합성에 tRNA의 역할

(1) tRNA 분자는 안티코돈을 소유하고, 안티코돈은 mRNA에서 코돈의 형태로 발현되는 정보를 읽고, mRNA의 특정 위치를 차지한다.

(2) 개개의 tRNA는 또한 코돈에 특이적인 아미노산을 인식한다. 따라서 tRNA는 세포질로부터 활성화된 아미노산을 획득하고, 특별한 코돈에서 mRNA에 부착하며, 성장하는 폴리펩디드 사슬에 아미노산을 첨가한다.

3. 단백질 합성에서 mRNA의 역할

mRNA 분자는 DNA로부터 뉴클레오티드 서열을 복사하고, 성장하는 폴리펩티드 사슬의 아미노산 서열을 알려준다.

13.9 단백질 합성의 저해

항생제는 세균에서 단백질 합성을 저해한다. 다양한 항생제의 효과는 다음과 같다:

(1) **테트라사이클린**(tetracycline)은 리보솜에 대한 아미노아실 tRNA의 결합을 저해한다.

(2) **스트렙토마이신**(streptomycin)은 번역의 개시를 저해한다.

(3) **네오마이신**(neomycin)은 tRNA와 mRNA의 상호작용을 저해한다.

(4) **클로람페니콜**(chloramphenicol)은 ***펩티딜 전달효소***와 펩티드 결합의 형

성을 저해한다.

(5) **에리트로마이신**(erythromycin)은 mRNA을 따라 일어나는 리보솜의 위치 이동을 저해한다.

13.10 단백질 구조와 기능에 미치는 돌연변이의 효과

유전자 돌연변이는 유전자에 하나 이상의 염기쌍 결실, 첨가 및 치환 등으로 발생한다. 이와 같은 돌연변이는 돌연변이 유전자에 의해 생산되는 단백질의 구조, 조성 또는 성질을 변화시킨다. 방사선(X선, 자외선, 감마선)이나 화학물질도 유전자 돌연변이를 일으킨다. **겸상적혈구빈혈증**(sickle-cell anaemia), **지중해빈혈증**(thalassemia), **페닐케톤뇨증**(phenylketonuria), **백색증**(albinism) 등은 인간에서 유전자 돌연변이에 의한 질병이다.

13.11 단백질의 전좌

(1) 유리 리보솜의 경우에 종결된 단백질 분자는 세포질로 방출되고, 미토콘드리아, 엽록체 및 핵, 혹은 골지체로 전좌한다. 골지체 내에서 이들은 **당화과정**(glycosylation)을 통해 **당단백질**(glycoprotein)을 만들 수 있다.

(2) 소포체 막에 부착된 리보솜의 경우에, 방출된 단백질 분자는 소포체의 내강으로 들어간다. 이들의 어떤 것은 막의 내재성 부분이 되고, 혹은 골지체로 수송된다.

1975년에, **귄터 블로벨**(Gunter Blobel)과 그 동료들은 세포질로부터 도착지로의 단백질 전좌에 대한 **신호 가설**(signal hypothesis)을 제안하였다. 이 가설에 따르면, 개개의 단백질 분자는 N-말단에 단백질을 특정 도착지에 도달하게 하는 15-30개 아미노산의 특정 서열을 갖고 있다. 이것을 **신호서열**(signal sequence) 또는 **표적서열**(targeting sequence)이라 하며 과정을 **단백질 표적**(protein targeting)이라 한다. 신호서열을 가진 단백질은 소포체 막을 건너서 수송되거나 혹은 소포체 막에 삽입되고 신호서열이 없는 단백질은 세포질에 남는다.

1) 소포체를 통한 단백질의 전좌(전사동시 수송)

단백질이 조면 소포체에 부착된 리보솜에서 합성되는 동안에, 소포체에 도달한 단백질은 세포체의 내강으로 전좌한다. 그들은 N-말단에 특징적인 신호서열을 갖는다. 그들의 서열은 소수성 아미노산이 풍부하다. 전좌를 위하여 신호서열은 세포질 수용체 입자인 **신호 인식 입자**(signal recognition particle, **SRP**)에 의해 인식된다. SRP는 소포체 막의 내재성 막 단백질을 인식하고, 폴리펩티드의 신

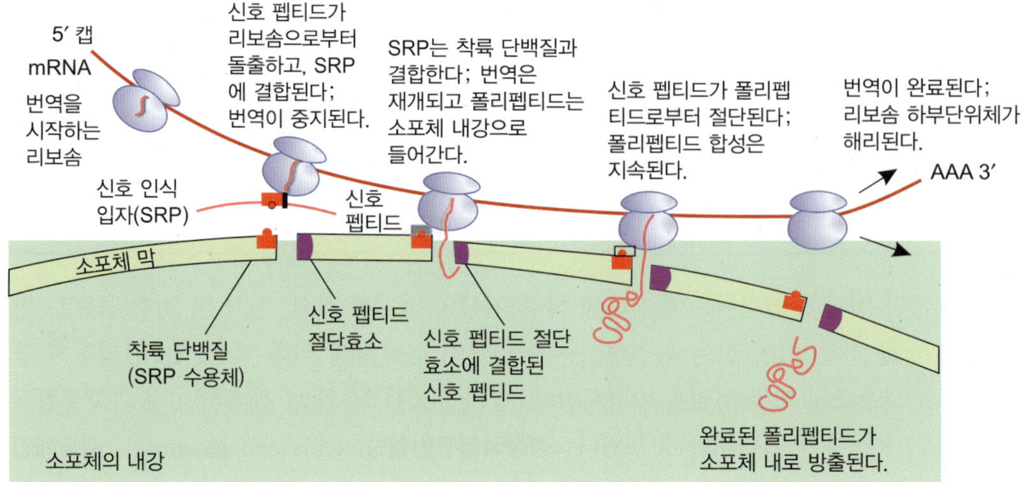

그림 13.17
진핵생물에서 소포체의 내강으로 초기 폴리펩티드의 번역동시 수송

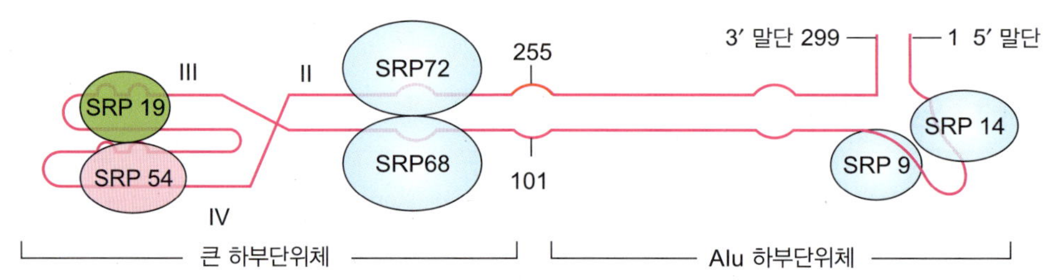

그림 13.18
인간 신호 인식 입자(SRP)의 구조

> **SRP**는 **신호 인식 입자**다. SRP는 일반적으로 세포 내에서 단백질의 교통을 지휘하는 리보핵산-단백질 복합체이다.
> 진핵생물 SRP는 300 뉴클레오티드인 7S RNA와 여섯 개 단백질로 구성되어 있다. SRP 72, 68, 54, 19, 14 및 9. 진핵생물와 고세균 7S RNA는 매우 비슷한 2차 구조를 갖고 있다.
> SRP는 전사후 단백질 선별에 참여하고, 신호 펩티드의 결합과 방출에 기여한다. 이것은 폴리펩티드의 N-말단에 있는 신호서열을 인식한다.
> SRP RNA는 조류와 쥐의 발암 RNA 바이러스 입자에서 처음 발견되었다. SRP RNA는 또한 많은 광합성 생물체의 색소체 SRP에서도 존재한다.

호서열과 소포체 막에 부착된 리보솜과의 결합에 도움을 준다. 내재성 막 단백질은 **신호 인식 단백질 수용체**(signal recognition protein receptor) 혹은 **착륙 단백질**(docking protein)이라 한다. 신호서열을 갖고 있는 성장하는 폴리펩티드는 소포체막을 통하여 내강으로 전좌된다.

소포체로의 단백질 분자의 수송은 합성과 동시에 일어나기 때문에 **번역동시 수송**(cotranslational transport)이라고 한다.

2) 다른 세포소기관으로의 단백질 전좌

미토콘드리아, 엽록체 및 핵에 도착하는 단백질도 역시 상응하는 세포소기관으로 가도록 하는 특별한 신호서열을 갖는다. 이와 같은 단백질은 첫째로 리보솜으로부터 세포질로 방출되고, 그 다음에 상응하는 세포소기관으로 수송된다.

13.12 단백질의 번역후 가공

번역의 산물은 **폴리펩티드**이며 생물학적으로 불활성이다. 여러 단계의 접힘과 생화학적인 변형이 이루어진 후에만 이들은 특정 기능을 수행할 수 있다. 또한 대부분의 단백질은 세포질에서 합성된다(미토콘드리아와 엽록체에서 형성되는 것을 제외). 그러므로 그들은 특정 생물학적 기능이나 반응을 촉매해야 하는 세포 내 장소로 수송된다.

1. 단백질 접힘

폴리펩티드 사슬은 **1차구조**(primary structure)를 나타낸다. 사슬이 소포체에 있는 리보솜에서 나오기 시작한 후부터 즉시 접힘이 일어난다. 접힘의 결과로, 폴리펩티드 사슬은 2차와 3차구조를 형성하여 단백질은 생화학적으로 기능적인 삼차원적 형태로 접히게 된다. 3차구조는 수소결합, 정전기적 상호작용 및 이황화결합에 의해 만들어진다. 개개의 접힘 단계는 다른 선호적인 상호작용의 형성을 촉진하고 개시하기 때문에, 전체적인 접힘 과정은 협동적으로 이루어진다.

샤페론은 생성되는 폴리펩티드 사슬의 N-말단 부위에 결합하고, 폴리펩티드 합성 동안에 접히지 않은 형태를 안정화시킨다. 완료된 폴리펩티드는 그 다음에 리보솜으로부터 방출되고, 정확한 삼차원적 형태로 접힐 수 있다.

1) 분자 샤페론과 단백질 접힘

더 작은 단백질일수록 단백질 접힘은 자발적이고, 자가 조립과정이다. 그러나 큰 단백질은 **분자 샤페론**(molecular chaperone)이라는 특수 단백질의 도움으로 자신의 구조를 이룬다. 분자 샤페론은 접힘이 정확하게 일어나도록 해주며 일시적인 중간체를 보호하고 안정화시킨다. 이들을 **보조 단백질**(accessory protein)이라고도 한다. 이들은 초파리에서 처음 발견되었고, 원래 **열-충격 단백질**(heat-shock protein, HSP)이다. 현재 그들은 모든 원핵생물와 진핵생물에서 분리되어 왔다. **분자 샤페론**은 주로 두 가계, **HSP 70**과 **HSP 60**에 속한다. 그들은 촉매이며 다음의 기능을 수행한다.

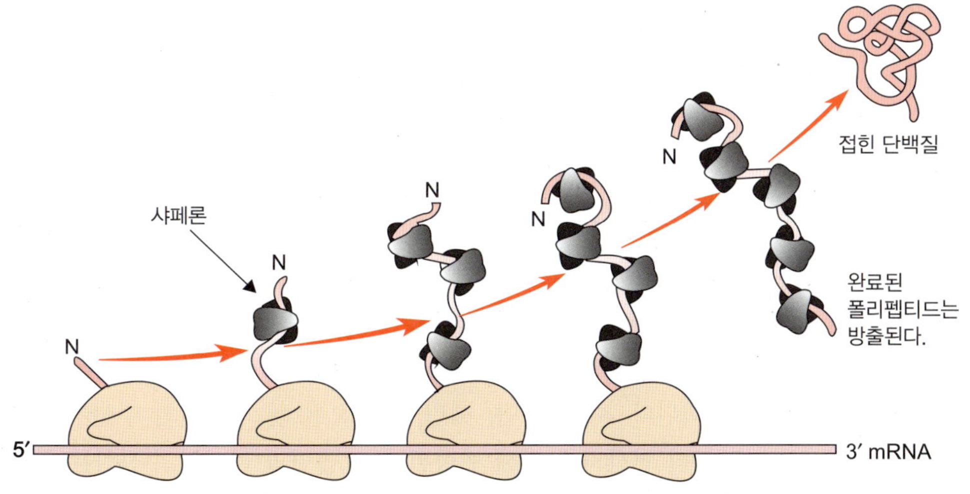

그림 13.19
단백질 접힘 동안에 샤페론의 작용

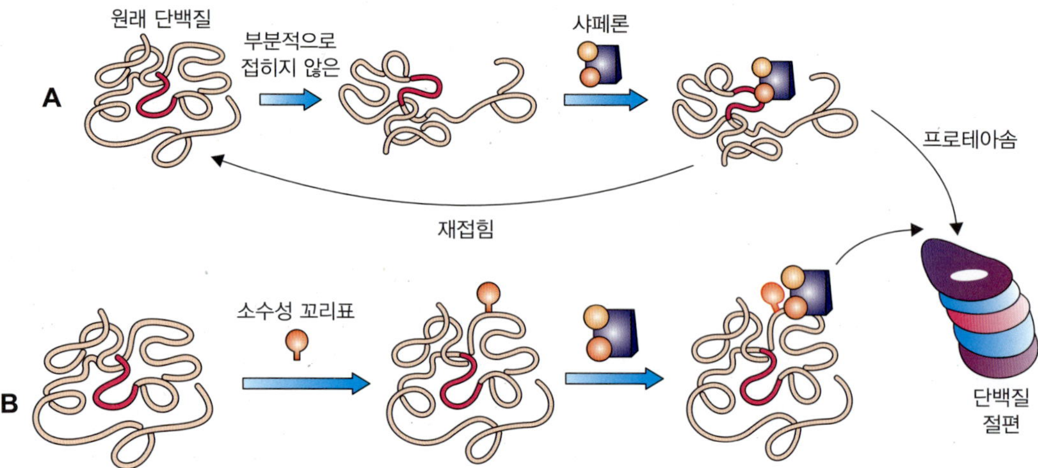

그림 13.20

부분적으로 접히지 않은 단백질에 대한 설명

A. 샤페론 단백질은 접히지 않은 다른 단백질을 3차구조로 재접힘이 일어나도록 한다. 재접힘이 일어나지 않으면 샤페론은 프로테아솜(큰 단백질 복합체)을 통해 접히지 않은 단백질을 분해하도록 한다.

B. 단백질 표면에 합성된 소수성 잔기를 부착하면 부분적으로 접히지 않은 단백질과 닮게 된다. 샤페론은 이 단백질을 접을 수 없기 때문에, 표지된 단백질은 프로테아솜에 의해 분해된다.

- 안 접히거나 부분적으로 접힌 폴리펩티드 사슬에 결합하여 접히게 함.
- 부분적으로 접힌 단백질을 3차구조로 다시 접음.
- 단백질 표면에 소수성 기를 부착하면 부분적으로 접힌 모양처럼 된다. 샤페론은 이들을 큰 단백질 분자인 프로테아솜으로 인도하여 분해되도록 한다.
- 리보솜에서 갓 만들어진 단백질의 잘못된 접힘이나 조숙한 접힘을 방지한다.
- 생물학적으로 활성을 갖지 못하게 하는 상호작용의 형성을 방지한다.
- 불안정한 상태의 상호작용을 안정화시킨다.
- 부적절한 소수성 상호작용을 막는다.
- 합성 동안에 단백질의 응집과 침전을 막는다.
- 어떤 샤페론은 단백질-접힘 공정에서 ATP를 가수분해한다.
- 접힌 단백질에 결합하여 노출된 소수성 아미노산을 숨긴다.

2. 생화학적 변형

단백질은 다음과 같은 생물학적 변화를 통해 원래의 기능적인 형태가 만들어진다:

(1) 단백질분해 절단: 폴리펩티드 사슬의 N-말단에 있는 원핵생물의 아미노산 **N-포르밀-메티오닌**과 진핵생물의 메티오닌은 가수분해에 의해 제거된다. 이는 **단백질분해 절단**(proteolytic cleavage)이라 하며 필수 단계다.

(2) 아미노산 변형: 효소와 단백질의 활성은 어떤 아미노산의 **인산화**(phosphorylation), **메틸화**(methylation) 혹은 **수산화**(hydroxylation)에 의해 변화된다. 예를 들면, 세린, 트레오닌 및 티로신의 수산기(OH)는 ATP로부터 인산기에 의해 변형된다. 프롤린과 리신의 수산화는 콜라겐

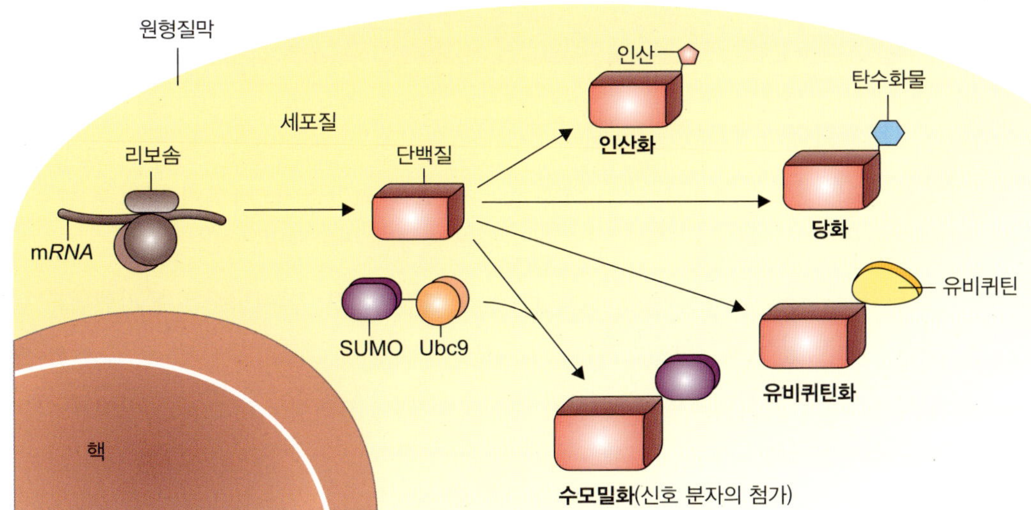

그림 13.21
아미노산의 인산화, 당화 혹은 메틸화에 의한 단백질의 생화학적 변형

단백질(구조 단백질)을 변화시킨다. 진핵생물 단백질의 약 50%에서, 아세틸기가 아미노 말단에 첨가된다.

(3) 탄수화물의 부착(당화과정): 당단백질에서, 탄수화물 분자는 단백질에 공유결합으로 결합된다. 이들은 면역학적 보호, 세포-세포 인식 및 혈액 응고에 중요하다.

(4) 보결분자의 첨가: 많은 효소는 조효소나 보결 분자와 공유결합함으로써 기능을 수행할 수 있다. 보결 분자는 헴, FAD, 바이오틴 및 판토티닉 산이다.

(5) 폴리펩티드 사슬의 정돈: 어떤 경우에서, 긴 폴리펩티드 사슬은 ***펩티드말단가수분해효소***에 의해 정돈된다. N-말단이나 C-말단, 혹은 양 말단으로부터 아미노산 잔기가 하나씩 제거된다. 예를 들면, 인슐린 전구체의 긴 폴리펩티드 사슬이 절단되어 51개 아미노산의 작은 기능성 인슐린이 만들어진다.

(6) 신호 분자: 이들은 어떤 단백질의 N-말단에 첨가되거나 제거된다(스모화). 특정 도착지로 수송되기 위하여 단백질은 N-말단에 30개 정도의 아미노산 서열을 갖는다. 이를 **신호서열**이라 부른다. 단백질이 도착지에 도달하면, 신호서열은 제거된다.

(7) 폴리펩티드 사슬들: 금속 이온이나 보결 분자와 더불어 복합체가 될 수도 있다. 3차와 4차 수준의 단백질 구조가 어떤 금속이온과 복합체를 이루었을 때 만들어진다. 헤모글로빈에서의, 철과 엽록소에서의 Mg가 그들의 4차구조를 위해 필수적이다.

문 제

1. 단백질 합성의 기작을 설명하시오.
2. 분자생물학에서 중심 원리는 무엇인가? 그것을 표현하는 두 과정의 명칭을 적으시오. 이것이 레트로바이러스의 발견과 더불어 어떻게 변화되었는가?
3. 폴리펩티드 사슬의 합성에 포함된 단계들을 설명하시오. 아미노산은 폴리펩티드 합성을 위해 어떻게 활성화되는가?
4. 원핵생물에서 폴리펩티드의 개시 기작을 기술하고, 진핵생물의 그것과 어떻게 다른가를 설명하시오.
5. 원핵생물에서 폴리펩티드로 mRNA의 번역에 포함된 상이한 단계를 간략하게 설명하시오. 이 과정에서 상이한 개시인자의 역할을 토의하시오.
6. 전사와 번역의 차이를 적으시오.
7. 역전사를 간략하게 묘사하시오.
8. 아미노산 활성화의 과정을 묘사하시오. 왜 이것이 필요한가?
9. 아미노아실 tRNA 합성효소의 역할을 묘사하시오.
10. 선도서열 혹은 샤인-달가노 서열이 무엇인가? 폴리펩티드 사슬의 개시에서 이것의 역할은 무엇인가? 단백질 합성에서 mRNA의 역할을 묘사하시오.
11. 폴리펩티드 신장의 과정을 묘사하시오.
12. 폴리펩티드 사슬의 신장에서 신장인자의 역할을 묘사하시오.
13. 폴리펩티드 형성 동안에 펩티드 결합이 어떻게 형성되는지 묘사하시오.
14. 번역에 참여하는 다양한 단백질 인자를 표 형태로 요약하시오.
15. 원핵생물와 진핵생물에서 번역 개시의 주된 차이점을 적으시오.
16. 다음을 간략하게 쓰시오.
    (a) 개시코돈
    (b) 개시인자
    (c) 방출인자
    (d) 단백질 합성에서 리보솜의 역할
    (e) 샤페론
    (f) 폴리펩티드 사슬의 종결
    (g) 폴리펩티드 사슬의 변형
    (h) 역전사
    (i) 아미노아실 tRNA 합성
    (j) 동시 전사 번역
17. tRNA에 의해 인식되지 않는 코돈의 명칭을 적으시오. 이들을 무엇이라 부르는가?
18. 아미노산의 활성화와 tRNA에 활성화된 아미노산의 부착에 필요한 효소의 명칭을

적으시오.

19. 전사 동안의 실수 때문에, ATG가 mRNA에서 UAG를 형성하였다. 이와 같은 mRNA로부터 번역되는 폴리펩티드 사슬에서 어떠한 변화가 일어나는가?

20. 왜 tRNA가 어댑터 RNA로 불리는가?

21. 폴리펩티드 사슬의 아미노산 서열에 대한 정보를 운반하는 RNA 명칭을 적으시오.

22. 정보의 일방적 흐름은 무엇인가? 현재 이것은 어떻게 묘사되는가?

23. 어떤 효소가 단일가닥 RNA로부터 DNA의 합성을 조절하는가?

24. 중심 원리의 역은 무엇인가?

25. 프로바이러스 DNA란?

26. 선도서열 혹은 샤인-달가노 서열은 무엇인가?

27. 원핵생물에서 사슬 개시를 위하여 필요한 다양한 개시인자의 명칭을 적으시오.

28. 개시 복합체의 형성에 필요한 에너지원은?

29. 원핵생물와 진핵생물에서 개시코돈에 결합하는 첫 아미노산의 명칭을 적으시오.

30. 어떻게 원핵생물에서 mRNA의 개시코돈이 리보솜의 작은 하부단위체에 의해 인식되는가?

31. 어떤 rRNA가 리보자임으로 작용하는가?

32. 폴리솜이란?

33. HSP 70과 HSP 60 단백질은 어떤 단백질인가?

34. 분자 샤페론의 역할은 무엇인가?

35. '전사'와 '번역' 용어를 정의하시오.

36. 다음 분자를 연결하는 결합의 명칭을 적으시오.
(a) 핵산에서 뉴클레오티드에 대한 뉴클레오티드
(b) RNA에 대한 아미노산
(c) 아미노아실 tRNA의 안티코돈에 대한 mRNA의 코돈
(d) 폴리펩티드 사슬에서 아미노산에 대한 아미노산

37. 다음의 생화학 과정 중 어떤 것이 전사후 변형 사건의 일부분인가?
(a) 이황화결합의 형성
(b) 폴리펩티드 절단
(c) 단백질에 FAD와 다른 보결분자단의 첨가
(d) 아미노산 잔기의 변형

38. 다음의 기능을 적으시오.

(a) 아미노아실 tRNA 합성
(b) IF1과 IF2
(c) AUG
(d) N-포르밀메티오닌
(e) 신장인자 EF-Tu
(f) 리보솜의 A-부위
(g) RF1과 RF2
(h) eIF4A
(i) 위치이동하는 효소나 혹은 G-인자

유전자: 원핵생물과 진핵생물에서 발현

14

학습 목표

- 유전자
- 유전자의 종류: 살림살이 유전자, 호화 유전자, 구조 유전자, 조절 유전자, 중단되거나 분리된 유전자, 대체 유전자, 겹친 유전자, 트랜스포존, 유전자 가계와 헛유전자, 스마트 유전자
- 유전자의 기능
- 유전자 발현의 개관: 유전자 발현의 기작, 유전자와 폴리펩티드 사슬의 공선성
- 바이러스의 유전자 발현: 용균성 회로, 용원성 회로, 역전사(테민이즘), 원발암유전자와 세포성 발암유전자
- 원핵생물에서 유전자 발현: 세균 유전체, 형질전환, 형질도입과 접합; 레더버그와 테이텀의 실험
- 진핵생물에서 유전자 발현

14.1 유전자

유전자는 유전의 단위다. 이들은 염색체에 선형으로 위치하고, 배우자에 의해 부모로부터 후손으로 운반된다. 이들은 형질의 발현을 조절한다. **멘델**(Mendel)이 처음으로 유전의 단위로 유전자를 인식했고 **인자**(factor)라고 불렀다. 1909년에 **요한센**(Johannsen)이 **유전자**(gene)란 용어를 처음으로 도입하였다.

1. 유전자의 현대적 정의

현대적 개념에 따르면, 유전자는 특별한 형질에 대한 정보를 암호화하는 특정 뉴클레오티드 서열을 가진 DNA의 절편이다. 유전자에 있는 질소 염기의 특별한 서열은 특정 단백질의 합성 동안에 폴리펩티드 사슬의 아미노산 서열에 대한 정보를 제공한다. 유전자는 현재 기능의 단위(**cistron**), 돌연변이의 단위(**muton**) 및 조절의 단위(**operon**)로 묘사된다.

14.2 유전자의 종류

유전자는 기능적 활성에 따라 다음과 같이 분류한다:

1. 살림살이 유전자 혹은 항구적 유전자

이들 유전자는 다세포 생물체의 모든 형태 체세포에서 삶의 모든 시간에 걸쳐 기능적이다. 이들은 기본 세포 활동을 위하여 필요하다. 이같은 유전자를 **살림살이**(house-keeping) 유전자라 하며 그들의 기능을 **살림살이** 또는 **항구적 활성**(constitutive activity)이라 한다. 예를 들면, 해당과정 효소의 암호화와 연관된 유전자는 모든 종류의 세포에서 삶의 모든 시간에 걸쳐 활성을 가지며 이들의 발현은 조절되지 않는다. 이와 같은 효소를 **항구적 효소**라 하고 이들 효소에 대한 유전자를 **항구적 유전자**라 한다.

2. 호화 유전자 혹은 비항구적 유전자

이들 유전자는 개체의 삶 기간에서 대부분의 시간을 비활동적으로 남고, 특정세포에서 혹은 그들의 산물이 요구되는 단지 특정시간에만 발현된다.

이들은 또한 **전문가**(specialist) 유전자 혹은 **호화**(luxury) 유전자로 불린다. 예를 들면, 어떤 유전자는 신장 세포에서, 간세포에서, 창자 세포에서, 위장 세포에서 활동적이나, 모든 체세포에 있다. 이들은 **적응 효소 합성**(adaptive enzyme synthesis)과 연관되어 있다. 그들이 mRNA와 단백질의 수준을 증가시키기 위하여 활성화(유도)될 수 있거나, 혹은 mRNA와 단백질의 수준을 감소기키기 위하여 불활성화(억제)될 수도 있다는 것을 의미한다. 이들 유전자는 ***RNA 중합효소***(*RNA polymerase*)와 조절 단백질, 호르몬 및 대사산물과 같은 신호 분자의 작용에 의해 조절된다. 그러므로 이들 유전자는 또한 **유도**(inducible) **유전자**나 혹은 **억제**(repressible) **유전자**라고도 한다.

3. 구조 유전자

이 유전자는 세포의 형태적이거나 혹은 기능적 특징에 필요한 물질을 암호화하며, **시스트론**(cistron)이라 부른다. 이들은 진핵생물에서는 **인트론**(intron)과 **엑손**(exon)으로 분리된 상태이나 원핵생물에서는 연속적이다. 구조 유전자는 한 폴리펩티드의 합성이나 다수의 폴리펩티드 합성과 또한 단백질 합성 동안에 필요한 다른 종류의 RNA 합성에 중요하다.

따라서 합성된 폴리펩티드는 세포소기관, 효소, 수용체, 혹은 세포막의 운반단백질, 호르몬, 항원과 항체의 구성성분으로 사용될 수 있다.

4. 조절 유전자

어떤 유전자는 구조 유전자의 기능을 양성적으로 혹은 음성적으로 조절하는 단백질을 생산한다. 이들은 다음의 종류이다:

(1) 조절 유전자: 이들은 **시스트론**의 전사를 조절하는 억제 단백질을 암호화한다.

(2) 작동 유전자: 이들은 스위치로 작용하며, 세포가 필요할 때 구조 유전자의 전사를 켜거나 끈다.

(3) 프로모터 유전자: 이들 유전자는 구조 유전자의 RNA 전사를 위한 ***RNA 중합효소*** 결합 부위를 제공한다.

(4) 종결 유전자: 이들 DNA 절편은 메시지의 말단에 있고, 구조 유전자의 전사 활성을 중지시키거나 종결시킨다.

5 중단된 유전자 혹은 비연속 유전자 혹은 분리된 유전자

원핵생물(진정세균)에서 유전자와 단백질은 **공선**(collinear)이다. 즉, 유전자의 뉴클레오티드 서열은 정확히 단백질의 아미노산 서열에 부합한다. 개개의 유전자는 연속적으로 뻗은 DNA이고, DNA의 길이는 합성될 단백질의 크기에 비례한다. 유전자의 공선성은 대장균에서 ***트립토판 합성효소***(*tryptophan synthetase*)를 암호화하는 유전자에서 확인되었다.

(1) 분리된 유전자: 진핵생물에서 유전자의 암호화된 메시지는 연속이지 않다. 유전자는 비암호화 DNA의 부위에 의해 분리된 수 개의 독특한 암호화 단위로 분리된 채로 발견되었다. 생물학적 정보를 함유한 암호화 단위는 **엑손**(exon)이라 하고, 간섭하는 비암호화 DNA 절편은 **인트론**(intron)이라 한다. 이와 같은 유전자는 **불연속**(discontinuous) **유전자**나 혹은 **중단된**(interrupted) **유전자**나 혹은 **분리된**(split) **유전자**로 불린다. **중단된 유전자**의 개념은 1977년에 도입되었다.

(2) 인트론: 이들은 진핵생물, 바이러스 및 고세균에서 발견된다. 분리된 유전자의 전사는 1차 전사체 RNA를 생산한다. 이것은 중단된 유전자의 충실한 복사본이고, 엑손과 인트론 절편 모두의 전사체를 가진 전사체이다. 기능성 RNA는 인트론의 제거와 엑손의 재연결에 의하여 형성된다. 이 과정은 **RNA 이어맞추기**(splicing)라 한다.

6. 대체 유전자

서로 다른 불연속적인 유전자의 엑손이 여러 새로운 조합으로 연결될 때 만들어진다. 따라서 만들어진 대체형은 한 부분은 공통이나 다른 분분은 다른 단백질을 만든다. 이 개념은 **길버트**(Gilbert)가 제시하여 **길버트 가설**(Gilbert hypothesis)로 알려져 있다.

7. 겹친 유전자

겹친 유전자에서, 동일한 뉴클레오티드 서열이 상이한 두 해독틀의 고용에 의해 둘 이상의 상이한 단백질을 암호화한다. 이것은 동일한 특정 뉴클레오티드 서열이 동일하지 못한 두 단백질을 위한 상이한 두 mRNA의 전사에서 공유되는 것을 의미한다.

일반적으로는 단지 한 해독틀만이 단백질을 암호화하기 위하여 사용되고, 유전자는 겹치지 않는다. 그러나 몇 바이러스에서 동일한 DNA 서열이 상이한 두 단백질을 암호화한다. 예를 들면, 박테리오파지 $\phi \times 174$는 10개의 상이한 단백질을 암호화하는 단지 5386 뉴클레오티드만을 함유한다. 이것은 열 개 유전자가 있음을 의미한다. 이들 열 유전자는 **A**에서 **K** 유전자로 불린다. 이들은 해독틀에 부합하는 동심원으로 표현된다.

여기서, **유전자 B**는 **유전자 A**의 서열 내에 있고, 상이한 해독틀을 사용한다. 비슷하게, **유전자 E**는 **유전자 D** 내에 있고, 또한 **유전자 J**와 겹친다. 그러나 이들 세 유전자는 상이한 해독틀을 사용한다. **유전자 K**는 유전자 A와 C와 겹친다 (그림 14.1).

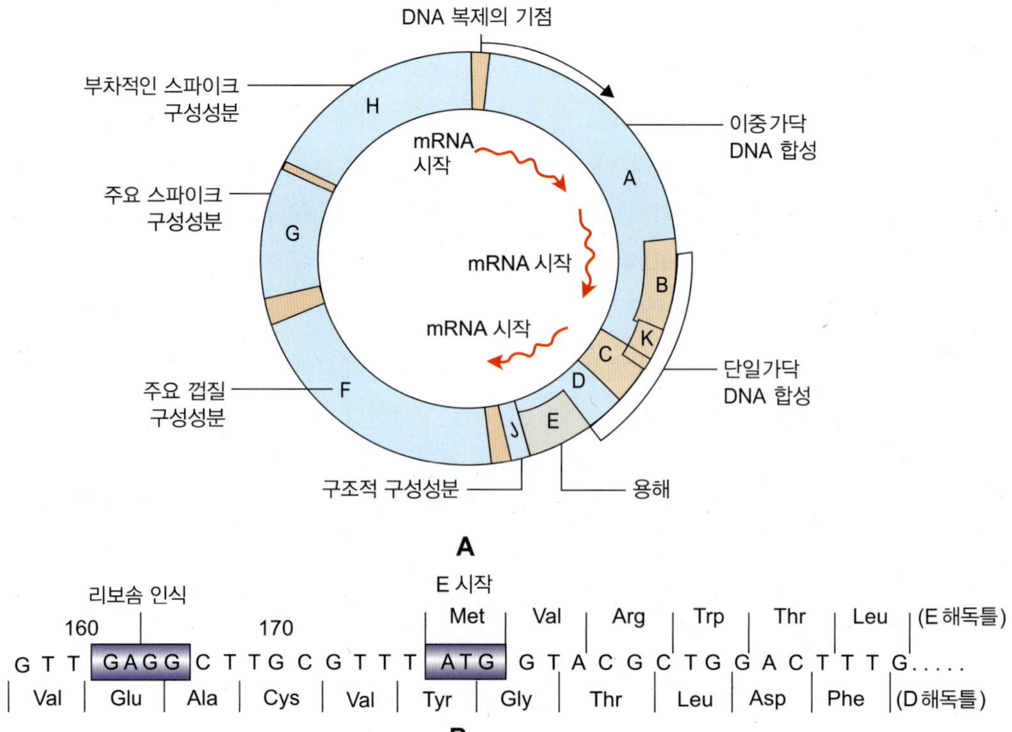

그림 14.1

A. $\phi \times 174$ 박테리오파지의 환상 DNA에서 겹친 유전자를 보여주는 유전자 지도;
B. $\phi \times 174$ 박테리오파지의 D와 E 유전자의 겹침

8. 트랜스포존(도약 유전자)

노벨상 수상자인 **바버라 매클린톡**(Barbara McClintock)은 옥수수에서 세포 유전체에서 한 곳에서 다른 곳으로 움직일 수 있는 DNA 절편이 있음을 밝혔다. 최근에 금어초, 초파리, 생쥐 및 세균에서도 발견되었으며 세균의 플라스미드에도 존재한다. 이들은 플라스미드 DNA 내의 다른 자리 또는 바이러스나 세균의 DNA로 이동할 수 있다.

세균에서 이들은 대장균에서 처음으로 확인하였으며 **삽입**(insertion), 혹은 **IS 요소**(element), 혹은 **전이요소**(transposable element)라 부른다. 수용자 DNA에서, 두 염기쌍 사이에서 트랜스포존의 삽입 과정은 **전이과정**(transposition)이라 한다. 전이과정 동안에 주된 두 사건이 있다:

(1) 수용자 DNA 분자에서 **표적서열**(target sequence)의 중복이 생긴다. 표적서열은 3-12개의 염기쌍으로 구성되어 있다(그림 14.2)

(2) 삽입된 트랜스포존은 반복적인 표적사열 사이에 놓인다.

전이요소는 유전자 배열(역위), DNA 분자의 결실이나 혹은 융합과 같은 다수의 현상을 매개한다. 이들은 유전자를 켜거나 끄는 스위치로 역할할 수 있고, 프로모터를 포함한 서열을 역전시킬 수도 있다. 세균에서, 이들은 유전자 증폭과 Hfr 세포의 형성에도 관여한다.

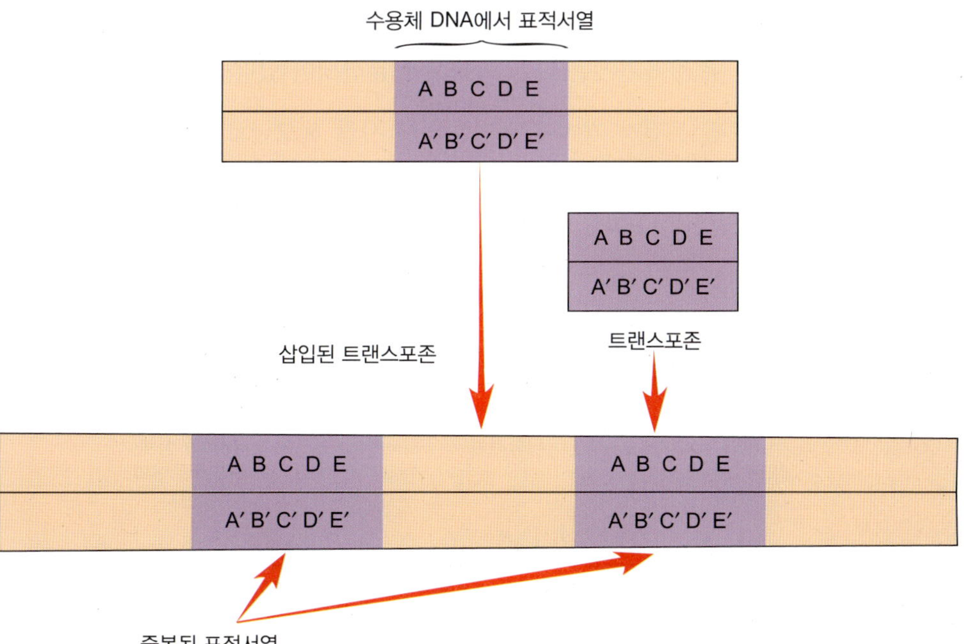

그림 14.2
표적서열의 중복을 만드는 트랜스포존의 삽입

그림 14.3

레트로트랜스포존의 삽입

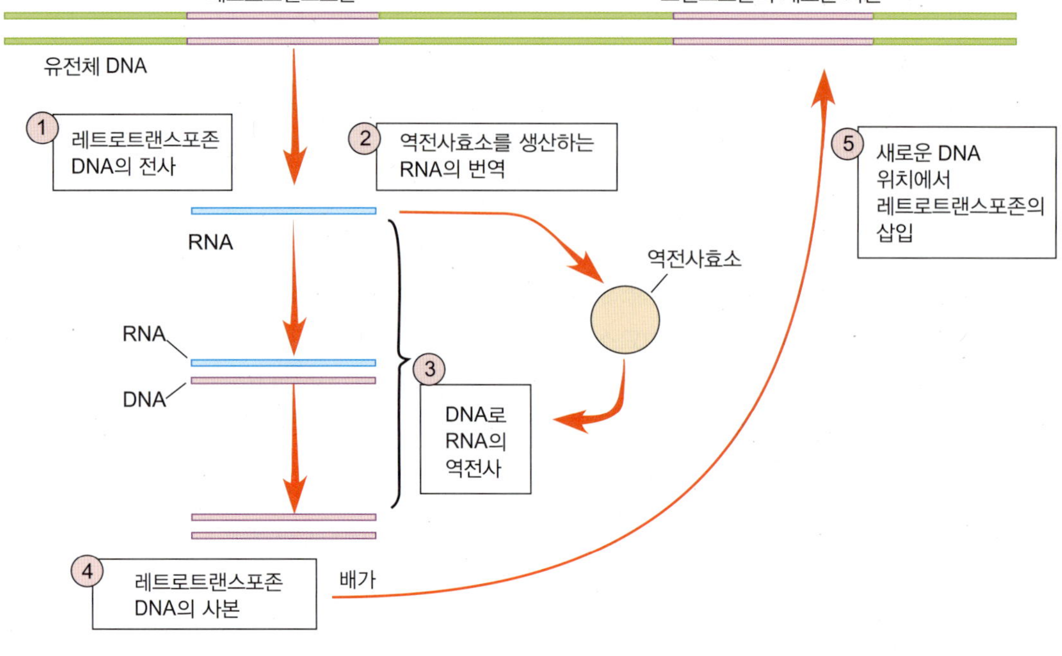

9. 유전자 가계와 헛유전자

원핵생물 유전자는 대부분 유전체에 단지 하나만 존재한다. 그러나 많은 진핵생물 유전자는 다수의 복사본을 가진다. 이들 다수의 유전자 복사본을 **유전자 가계**(gene family)라 한다. 많은 유전자 가계의 구성원은 DNA의 같은 부위에 몰려 있으나, 어떤 유전자 가계는 다른 염색체에 분산되어 있다.

예 1: 글로빈 유전자 가계에서 암호되는 사람 헤모글로빈의 α와 β 단위체는 16번과 11번 염색체에 있다. 이들 가계의 서로 다른 종류들이 배아, 태아 및 성체 조직에서 발현된다(그림 14.4)

그림 14.4

16번 염색체와 11번 염색체 있는 사람 글로빈 α-와 글로빈 β 유전자를 보여주는 글로빈 유전자 가계

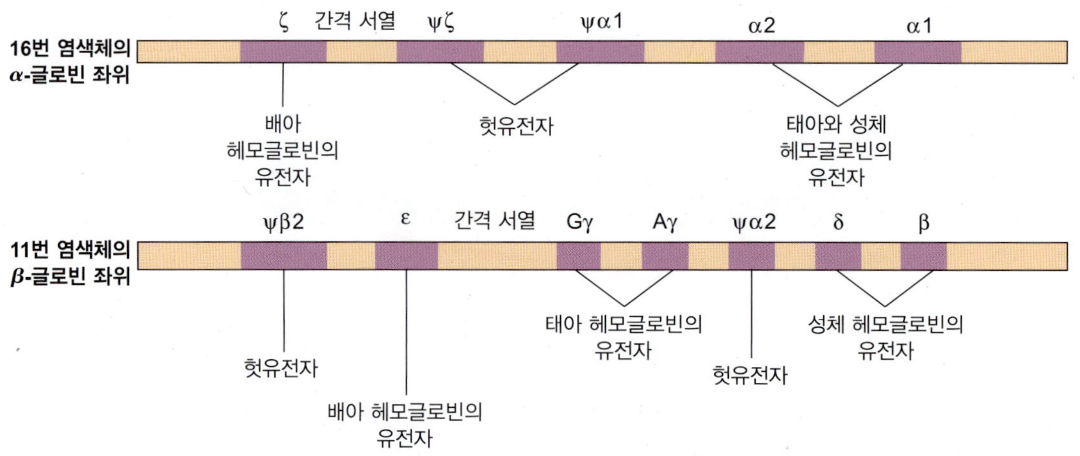

예 2: rRNA와 히스톤은 대량으로 필요하기 때문에, rRNA와 히스톤의 유전자는 다수의 복사본을 가진다.

기원: 유전자 가계는 조상 유전자의 중복으로 만들어지는 것으로 여긴다. 중복된 유전자에 돌연변이가 일어나면 다양화된다. 이와 같은 다양화는 다른 조직이나 발생의 다른 단계에서 기능하는 연관된 단백질로의 진화를 이끈다.

어떤 유전자 복사본은 돌연변이로 인해 기능이 없어진다. 이처럼 기능이 없는 유전자 사본을 **헛유전자**(pseudogene)라 한다. 그들은 진화적 흔적을 나타내며 단순히 진핵생물 유전체의 크기를 증가시킨다. 그림 14.4에 보는 바와 같이, 사람의 α와 β 글로빈 유전자 가계는 각각 두 개의 헛유전자를 가진다.

10. 스마트 유전자

스마트 유전자는 기능적인 단백질이나 효소를 암호화하는 하나나 그 이상의 유전자로 구성된 인위적으로 합성된 유전 분자이다. 스마트 유전자는 단지 어떤 특별한 기질 분자의 존재와 같은 특정 조건에서 발현된다. 따라서 유전자는 조건적 발현을 갖는다. 이런 특성 때문에, 합성된 스마트 유전자는 유전자 치료를 위한 이상적인 치료 운반자가 된다.

14.3 유전자의 기능

유전자는 다음과 같은 기능을 수행한다:

(1) 유전자는 형질의 유전과 관련된 유전단위다.

(2) 유전자는 구조적, 기능적 형질을 포함하는 표현형을 조절한다.

(3) 조절 유전자는 mRNA의 전사를 조절하고, 따라서 합성되는 단백질의 양을 조절한다. 그들은 또한 생물체의 요구에 따라 특정 유전자를 켜거나 끄는 스위치를 조절한다.

(4) 유전자는 호화 유전자의 기능을 조절한다.

(5) 유전자는 발생 동안에 세포 분화를 만든다.

(6) 유전자는 또한 tRNA와 rRNA와 같은 다른 종류의 RNA를 암호화한다.

(7) 유전자는 그들의 복제를 통하여 생식을 조절한다.

(8) 유전자는 노화 과정과 암 생성에 관련된다.

(9) 유전자에 돌연변이가 생겨 집단의 개체들에서 다형성과 다양성을 만든다.

(10) 돌연변이 유전자는 또한 물질대사 이상과 물질대사의 선천성 이상과 연

관되어 있다.

14.4 유전자 발현의 개관

유전자 발현은 분자 기작이며 이를 통해 유전자는 특정 표현형을 생산하거나 특정 대사 활성을 조절하는 효소를 생산한다.

1. 유전자 발현의 기작

유전자는 기본적으로 DNA의 기능적 절편이다. 이것은 질소 염기의 특정 서열

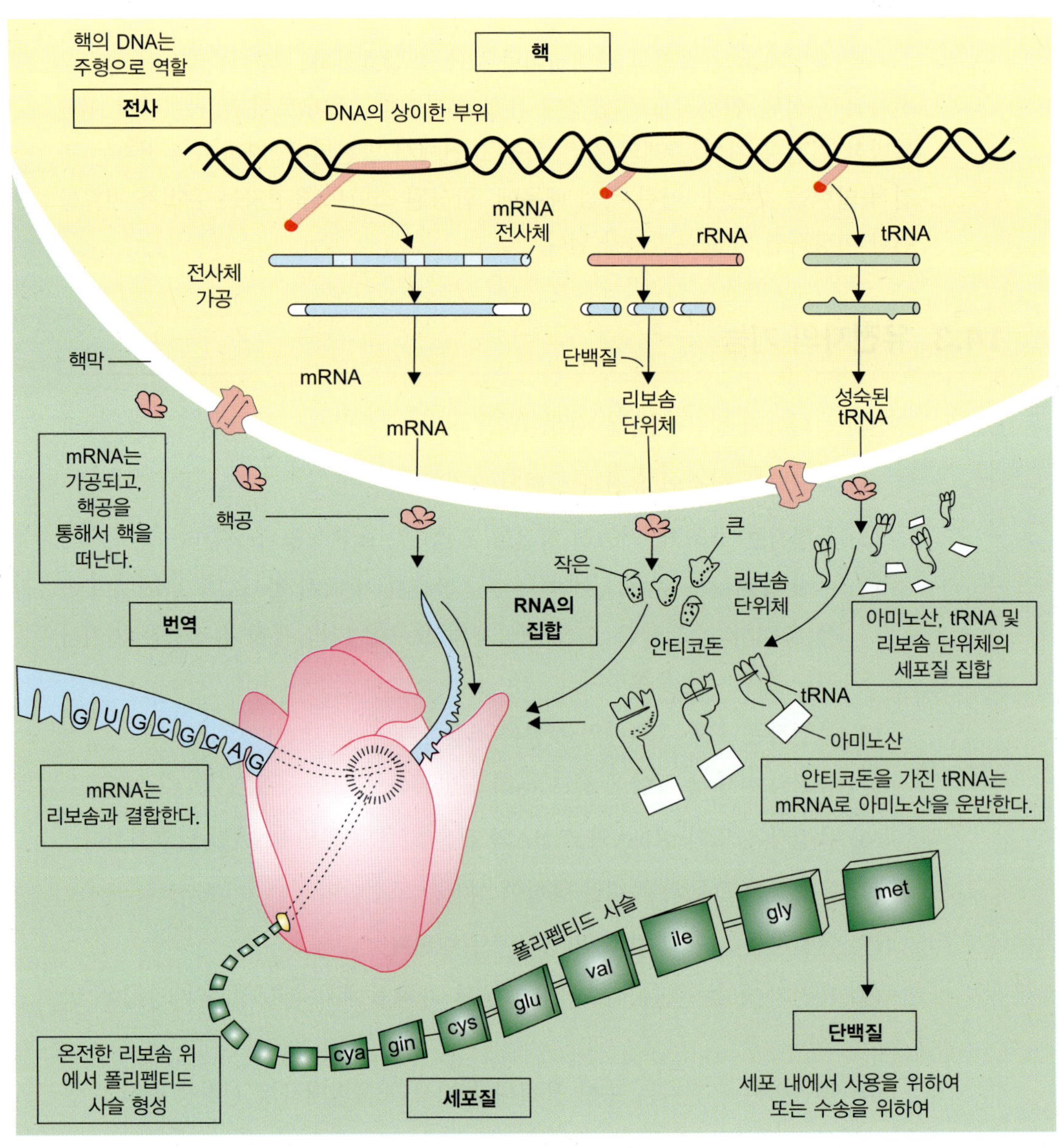

그림 14.5
진핵생물에서 단백질 합성을 통한 유전자 발현의 분자 기작 개관

형태로 부호화되는 유전정보를 함유한다. 이것은 저장소이고, 폴리펩티드 사슬의 형태로 부호화된 정보를 발현하며, 폴리펩티드 사슬은 mRNA를 통한 유전자의 엄격한 지시에 따라 합성된다. mRNA 사본은 DNA로부터 지시된다. 이 과정은 **전사**(transcription)로 불린다. 그 다음, 전령 RNA는 핵으로부터 나오고, 리보솜에 부착하고, 폴리펩티드 사슬을 형성하기 위하여 특정한 서열로 아미노산의 연결을 지시한다. 포괄적으로 이야기하면, 유전자 발현은 다음을 포함한다:

전사

(1) 유전자를 형성하는 DNA 절편으로부터의 전사
(2) rRNA의 전사와 리보솜의 형성
(3) tRNA의 전사

번역

(4) 폴리펩티드 사슬을 형성하기 위하여 아미노산의 연결을 이끄는 mRNA 코돈의 번역
(5) 폴리펩티드 사슬의 종결
(6) 단백질의 성숙

자세한 과정은 앞 장의 '단백질 합성'에서 토의하였다.

2. 유전자(DNA)와 폴리펩티드 사슬의 공선성

뉴클레오티드는 유전자(DNA)에서 선형으로 배열되어 있고, 또한 아미노산도 폴리펩티드에서 선형으로 배열되어 있다. 폴리펩티드 사슬의 아미노산 서열은 DNA 혹은 유전자의 질소 염기서열로부터 복사된 mRNA의 뉴클레오티드나 혹은 질소 염기서열에 의해 서술된다. 따라서, 폴리펩티드 사슬의 아미노산 서열은 펩티드 사슬을 위해 부호화된 정보를 갖는 유전자의 질소 염기서열과 부합한다. 폴리펩티드 사슬의 아미노산 서열과 mRNA와 유전자의 코돈의 평행은 **공선**(collinear)이나 혹은 **유전자**와 **폴리펩티드의 공선성**(collinearity)으로 이야기된다.

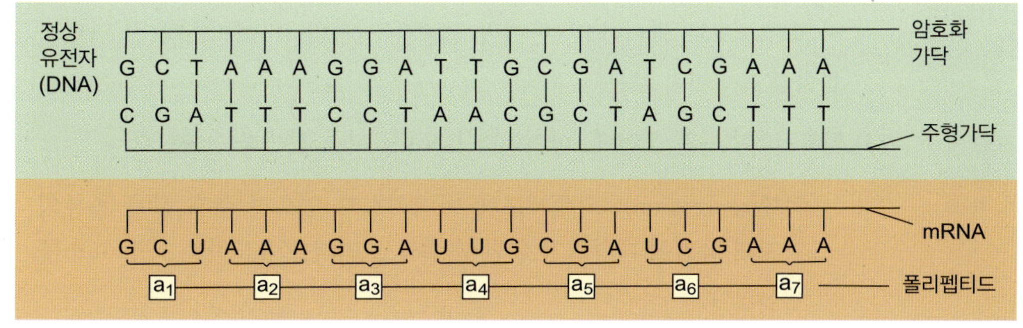

그림 14.6
폴리펩티드 사슬 내에서 아미노산 서열과, mRNA와 DNA의 폴리뉴클레오티드 사슬 내에서 코돈의 공선성

14.5 바이러스에서 유전자 발현

1. 바이러스 유전체

바이러스는 핵단백질의 입자다. 이들은 중심에 핵산, 즉 바이러스 염색체가 들어 있고 단백질 껍질 혹은 외각(캡시드, capsid)에 의해 싸여 있다. 핵산이 유전물질로 작용하며 종류는 다음과 같다:

(a) 이중가닥 DNA(dsDNA)
(b) 단일가닥 DNA(ssDNA)-$\phi \times 174$ 바이러스
(c) 단일가닥 RNA(ssRNA)
(d) 이중가닥 RNA(dsRNA)

바이러스 유전체는 매우 작고 다음과 같은 단백질에 대한 소수의 유전자를 포함하고 있다. (a) 숙주세포 벽의 용해와 감염을 일으킬 수 있는 효소의 합성, (b) 캡시드를 위한 소수 단백질의 합성, (c) 바이러스 유전체의 합성.

바이러스는 **에너지 생산**(energy yielding)과 **생합성 기구**(biosynthetic machinery)가 없다. 이들은 숙주세포 밖에서 대사를 할 수 없고, 숙주의 기구(즉, 리보솜, tRNA와 효소)와 원료(뉴클레오티드와 아미노산)를 사용하여 자신의 핵산과 단백질을 합성한다. 바이러스는 다음과 같은 두 가지 생활사를 보인다:

1) 용균성 회로

용균성 회로는 회로의 끝에 숙주세포의 용해가 일어나기 때문에, 맹독성 파지에서 보여주는 회로이며 다음의 단계를 포함한다:

(1) 흡착: 바이러스 입자 혹은 비리온은 특정 숙주세포에 흡착한다. 박테리오파지는 그들의 꼬리 섬유의 도움으로 숙주 세균세포에 흡착한다.

(2) 투과: 이것은 숙주세포로의 바이러스 핵산의 투입을 포함한다. 꼬리의 첨단에 있는 **리소자임**(lysozyme)이 구멍을 만들면서 접촉한 점에서 숙주세포벽을 용해하거나 혹은 가수분해시킨다. 바이러스 핵산이 구멍을 통하여 숙주세포로 들어가고, 단백질 껍질은 남는다. 바이러스의 빈 단백질 껍질을 유령이라 부른다.

(3) 암흑기: 이 기간 동안에, 바이러스 DNA는 다음 활동을 수행한다:

- **억제**(repression): 숙주세포에 바이러스가 있으면 추후 같은 종류의 파지의 감염에 대항하기 위한 숙주세포 면역을 유도하는 특정 효소를 생산한다.

- **진압**(suppression): 바이러스 단백질은 숙주세포의 모든 세포 활동을

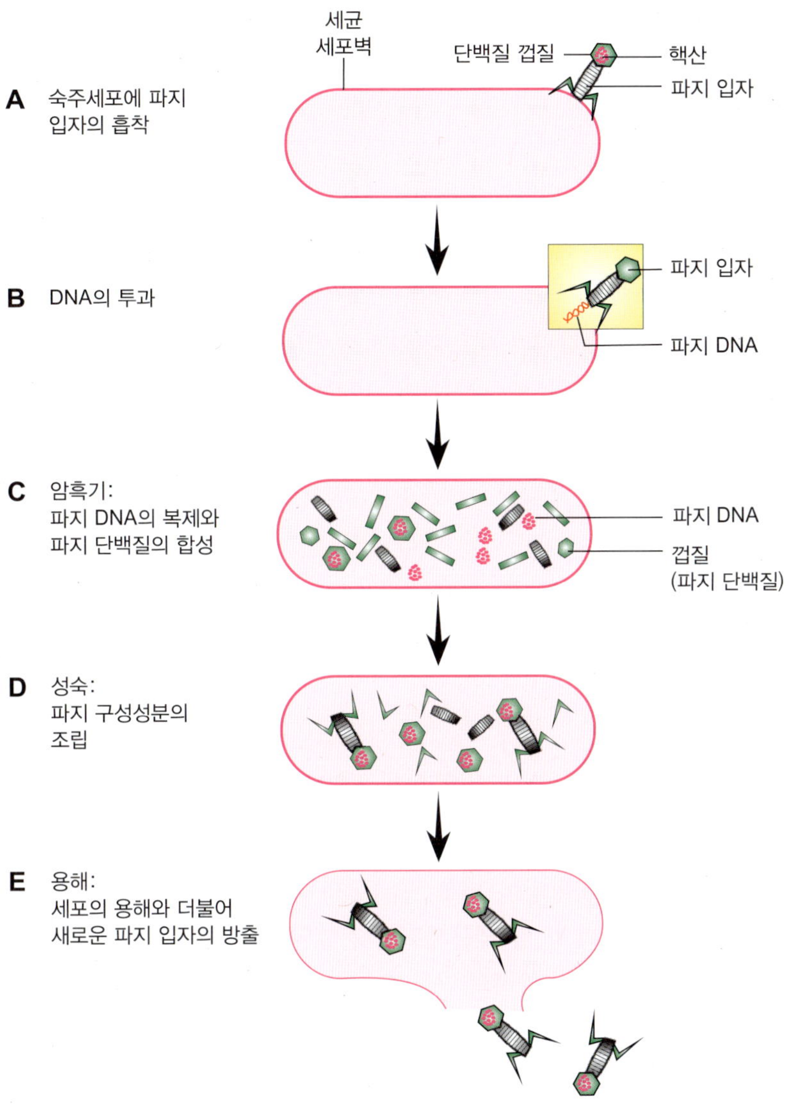

그림 14.7

T_2/T_4 박테리오파지의 용균성 회로
A. 흡착
B. 투과
C. 암흑기
D. 성숙
E. 용해와 딸 파지의 방출

진압한다. 이를 **진압**이라 부른다.

- **합성**: 숙주세포의 아미노산 풀을 활용하기 위하여, 새로운 효소가 바이러스 DNA 조절 하에서 세포 내에서 합성된다. 이들은 초기 단백질로 불린다.
- **숙주 DNA의 분해**: 파지에 의해 생산되는 바이러스 효소(***핵산분해효소***, *nuclease)*는 세균 DNA 혹은 숙주 DNA를 분해한다. 파지 DNA는 변형된 시토신 잔기를 갖고 있기 때문에, 이것은 보호된 채로 남는다.
- **DNA의 합성**: 바이러스 DNA의 새 분자가 숙주세포의 뉴클레오티드를 활용하여 합성된다. 그 다음에, 이들 DNA 분자가 껍질 단백질 혹은 캡소머와 바이러스 리소자임 혹은 **파지 리소자임**(phage lysozyme)

을 합성한다.

(4) 성숙: 완료된 바이러스 입자 혹은 파지가 DNA와 단백질의 조립에 의해 형성된다.

(5) 용해와 새로운 비리온의 방출: 세균 혹은 숙주세포벽은 파지 리소자임에 의해 용해되고, 약 200~300개의 바이러스 입자가 방출된다. 숙주세포당 생산되는 비리온의 수를 **분출 크기**(burst size)라 한다.

바이러스 핵산의 감염과 새로운 파지 후손의 첫 출현과 사이의 기간을 **암흑기**(eclipse period)라 한다. T_2 파지는 약 12분이다. 감염으로부터 숙주세포벽의 파괴까지 걸리는 총 시간은 **잠복기**(latent period)라 한다. T_2 파지에서는 약 18분이다.

2) 용원성 회로

파지 람다(phage λ)와 같은 박테리오파지는 바이러스 DNA가 세균세포에 들어가서 다음과 같은 일이 수행된다:

- 용균성 회로 또는
- ***통합효소***(*integrase*)의 도움으로 세균 DNA에 삽입된다.

세균 DNA에 삽입된 바이러스 DNA를 **프로파지**(prophage)라 한다. 이 경우에, 파지 DNA는 불활성이 되고, 숙주 기구를 활용하지 않는다. 이것은 숙주 DNA를 따라 복제되고, 딸 세균세포에 전달된다. 파지에 의해 생산된 **억제 단백질**(repressor protein)이 파지의 다른 유전자를 불활성이 되도록 한다. 파지 DNA가 숙주 DNA의 일부분으로 있는 것을 **용원성**(lysogeny)이라 한다. 이것이 숙주 DNA로부터 잘릴 때, 숙주 유전자와 함께 운반될 수도 있다. 이들은 감염 동안에 어떤 다른 세포로 전달될 수도 있다. 이런 현상은 **형질도입**(transduction)이라 한다.

용원성에서 바이러스 DNA의 기능성은 숙주 DNA의 기능성과 증폭과 연관되어 있다.

억제 유전자에 돌연변이가 일어나면 억제 단백질이 합성되지 않고, 용원성 파지는 용균성으로 전환되고, 용균성 회로로 들어간다. 용원성 회로의 활동적인 파지 DNA를 **영양 파지**(vege phage) 혹은 **온화한 파지**(temperate phage) **DNA**라 한다.

2. 역전사(테민이즘)

대부분 식물 바이러스와 일부 동물 바이러스는 유전물질로 RNA를 갖고 있다. 이들 RNA 바이러스는 ***역전사효소***(*reverse transcriptase*) 혹은 ***RNA-의존성***

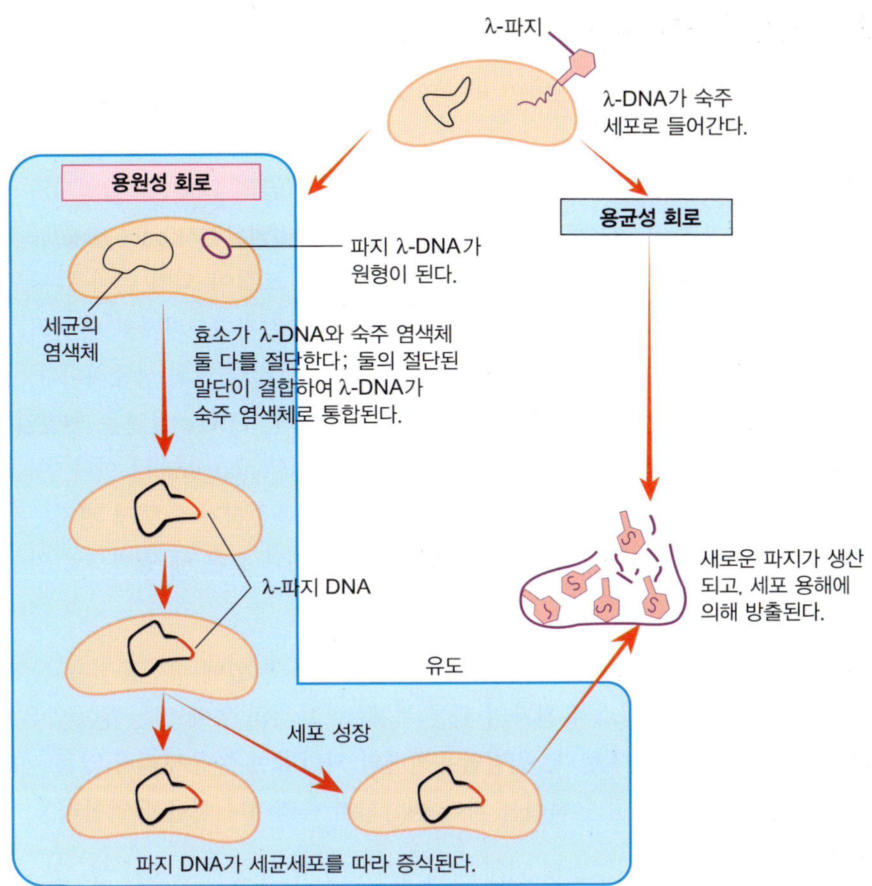

그림 14.8

대장균에서 λ 파지의 용원성 회로와 용원성에서 용균성 형태로 전환과 그 반대

DNA 중합효소(*RNA dependent DNA polymerase*)를 암호화하는 유전자를 갖고 있다. 이것은 단일가닥 DNA의 합성을 돕고, 차례로 상보적인 가닥을 형성한다. 그러므로 이중가닥 DNA가 형성된다. 이런 현상을 **역전사**(reverse transcription)라 한다.

역전사를 할 수 있는 바이러스를 **레트로바이러스**(retroviruses)로 부른다. 이와 같은 현상은 **테민**(Temin)과 **볼티모어**(Baltimore)가 1970년에 발견했다. 발암 레트로바이러스와 AIDS를 일으키는 HIV-Ⅲ(**인간 면역결핍 바이러스-Ⅲ, human immunodeficiency virus-Ⅲ**)는 역전사를 보여주는 레트로바이러스의 예이다.

어떤 RNA 바이러스는 DNA를 합성하지 않는다. 그들은 직접 RNA 유전체와 mRNA를 합성한다. 홍역이나 이하선염을 일으키는 **파라믹소바이러스**(paramyxoviruse)가 그 예이다.

$$\text{RNA} \longrightarrow \text{mRNA} \longrightarrow \text{단백질}$$

3. 원발암유전자 혹은 세포성 발암유전자

B형 간염 바이러스, 앱스타인 바 바이러스, 헤르페스(포진) 바이러스 및 파필로마 바이러스와 같은 암을 유발하는 바이러스를 **발암바이러스**(oncoviruse)라 한다. 이들 발암바이러스는 숙주세포의 DNA에 그들의 DNA를 삽입시켜 정상적인 숙주세포를 암세포로 형질전환시킬 수 있는 **발암유전자**(oncogene)를 가지고 있다. 형질전환 세포의 많은 유전자들의 발현은 조절이 되지 않아 암세포를 유발시킨다. 약 20개의 바이러스 유전자가 발암유전자다. 개개의 바이러스 발암유전자는 정상적인 동물세포 DNA의 질소 염기서열과 거의 상동적이다. 동물세포에서, 바이러스 발암유전자에 대해서 상동성인 DNA 절편을 **원발암유전자**(proto-oncogene) 혹은 **세포성 발암유전자**(cellular oncogene)라 한다. 이들 유전자는 세포 성장과 세포분열을 촉진한다. 원발암유전자가 어떻게 켜지는지의 기작은 아직 알려져 있지 않다. 이것은 아마도 다음과 같은 세 방법으로 일어날 것이다.

- 세포에 감염된 발암바이러스는 원발암유전자의 옆에 유전물질을 삽입할 수도 있다. 바이러스 유전자의 빠른 복제는 그 것의 옆에 있는 원발암유전자의 빠른 발현을 촉진한다. 원발암유전자의 과다발현은 통제되지 않는 세포분열을 개시하는 특정 단백질을 과다 생산시켜 종양이나 암을 유발한다.
- 원발암유전자가 그것의 원래 자리에서 매우 활동적인 유전자 옆 장소로 이동할 수도 있다. 이것은 암 형성을 촉진하는 원발암유전자의 활성화를 일으킨다. 이 기작은 백혈구 암에서 관찰되었다. 이들 세포에서 염색체 절단과 재결합은 때때로 항체 유전자 옆에 발암유전자를 위치시킨다. 이 항체 유전자가 세포를 빠르고 반복적으로 분열하게 만드는 원발암유전자를 촉진시킨다.
- 돌연변이에 의해 원발암유전자가 발암유전자로 바뀔 수 있다. 이 돌연변이는 바이러스나 혹은 다른 유전자에 의해 일어날 수도 있다.

14.6 원핵생물에서 유전자 발현

1. 세균 유전체

세균 유전체는 환형의 이중가닥 DNA이다. 대장균에서, 유전체는 약 2,000에서 3,000개의 유전자를 포함하고 있고, 길이는 대략 1,100 μm이며, 직경은 20 Å이다. 이것은 약 50개의 고리로 접혀져 있다. 개개의 고리는 더 꼬여 있다. 세균 DNA는 매우 접힌 구조이며 **세균 염색체**(bacterial chromosome) 또는 **핵양체**(nucleoid)라 부른다. DNA는 노출되어 있고, 진핵생물에서 보이는 DNA와 결합하는 염기성 단백질은 없다.

흉막폐렴-유사 생물체(pleuropneumonia-like organisms, PPLO) 혹은 마이코플라즈마(mycoplasma)의 유전체에는 적은 수의 단백질에 대한 유전자 몇백 개 정도만 가진다. 그러므로 PPLO는 일반적으로 다른 생물체의 기생체로 살아가고, 숙주로부터 대부분의 영양분을 얻는다.

세균 염색체를 ***단백질분해효소***로 처리하면 염색체가 풀리지 않는다. 이것은 단백질이 세균 염색체의 접힘 과정에 참여하지 않는 것을 가리킨다. 이 때문에 세균 염색체를 발가벗은 것으로 묘사한다.

RNA 분해효소로 처리하면 세균 염색체는 풀린다. 이는 상당한 RNA가 DNA와 연관되어 있다는 것을 의미한다.

2. 세균세포에서 유전물질의 전달

세균은 DNA의 복제와 세포분열이 이어지는 무성생식으로 증식한다. **세대 시간**(generation time)으로 불리는 배가 시간은 20분 정도이다. 세균 DNA의 복제는 단일 **복제 개시점**(origin of replication)에서 양방향으로 진행된다. 이를 **양방향 복제**(bi-directional replication)라 한다. 두 개의 다른 세포 사이에서 유전물질의 교환은 일어난다. 유전물질 교환은 세 가지 방법으로 일어난다:

(1) 형질전환(transformation): 노출된 DNA의 획득

(2) 형질도입(transduction): 바이러스 감염에 의해

(3) 접합(conjugation): 같은 종의 상대 균주 세포 간의 교배

1) 형질전환

형질전환에서 세균세포는 노출된 DNA 절편을 환경으로부터 획득하여, 자신의 염색체에 삽입시키고, 그리고 들어온 DNA에 의해 조절되는 형질을 발현한다. 형질전환은 **그리피스**(Griffith)가 언급하였고, 1944년에 **에이버리**(Avery), **매클라우드**(MacLeod) 및 **매카티**(McCarty)가 실험으로 증명하였다. 그들은 폐렴 쌍구균의 매끈한 병원성 균주로부터 DNA를 추출하여 거칠고, 비병원성 균주의 배양에 첨가하였다. 배양 결과 매끈한 병원성 균주가 생겼다. 이는 병원성 DNA가 배양 배지에서 비병원성 균주에 들어가서 병원성 균주로 형질전환시켰음을 나타낸다.

1. 세균에서 접합은 대장균에서 **레더버그**(Lederberg)와 **테이텀**(Tatum, 1946)에 의해 처음 보고되었다.
2. **헤이스**(Hayes, 1952)는 재조합 빈도가 **레더버그**에 의해 보고된 것보다 100에서 1,000배까지 큰 대장균의 균주를 발견하였다.
3. 감수분열이 없기 때문에, 접합은 유성생식의 원시적인 형태이다.
4. 전달되는 염색체의 길이나 유전자의 수는 두 접합자가 결합한 채로 남아 있는 시간에 의존적이다.

2) 형질 도입

박테리오파지에 의해 한 세균에서 다른 세균으로 DNA가 전달되는 것을 **형질도입**(transduction)이라 한다. 숙주(세균)세포에서 자라는 파지 입자는 자신의 DNA와 함께 세균 DNA(염색체)의 작은 절편을 둘러쌀 수 있다. 새로운 세균세포를 공격하는 과정에서 파지는 자신의 DNA와 함께 세균 DNA의 절편을 투입한다. 전 숙주의 염색체 절편이 새로운 숙주의 염색체와 교차를 통해 들어갈 수 있다. 이것은 전 숙주의 유전자를 새로운 숙주의 염색체에 삽입시키고, 새로운 숙주세포의 변화를 일으킨다.

3) 접합

이것은 새로운 유전자 조합을 만드는 진핵생물의 유성 교배와 비교될 수 있다. 다른 균주(+와 −)의 두 반수체 세균세포가 표면에 있는 상보적 거대분자에 의해 서로를 인식하여 서로 접하게 된다. 염색체의 일부 복사본이나 혹은 전체가 한 세포, **공여자**(수컷에 해당)로부터 **수용자**(암컷에 해당) 세포로 전달된다. 그 다음에, 수용자의 염색체와 공여자의 염색체 사이에서 교차가 일어난다. 이것은 유전자의 조합(재조합)을 이끈다. 그 다음, 수용자의 자손은 재조합에 기인한 공여자의 형질을 발현한다.

그림 14.9

세균세포에서 환경의 DNA로부터 자연적 형질전환의 상이한 단계

A. (a^+) 유전자를 가진 이중가닥 선형 DNA 공여자와 'a' 대립유전자를 가진 DNA를 가진 수용자 세균세포;
B. 공여자 DNA의 한 가닥이 수용자에게 들어가고, 다른 가닥은 분해된다;
C. (a^+) 유전자를 가진 단일가닥 DNA가 수용자 염색체의 상동 부위와 쌍을 이룬다.
D. (a^+)와 (a) 유전자를 가진 DNA 가닥 사이에 이중 교차에 의한 재조합
E. a^+/a 유전자를 가진 수용자 세포에서 이종이중나선 염색체가 형성된다. 유전자(a)를 가진 선형 DNA는 분해된다.
F. 후손은 50%가 형질전환되었고, 50%가 형질전환되지 않았다.

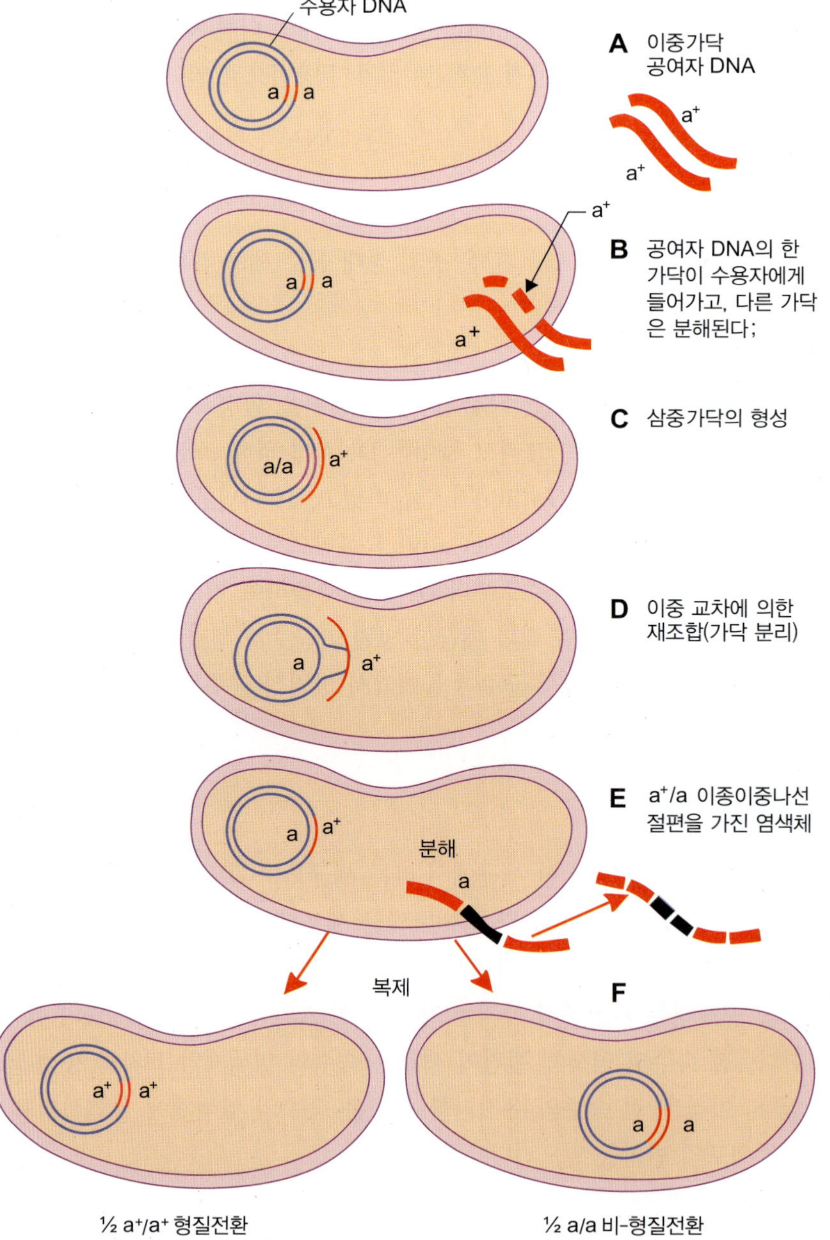

3. 수정 인자와 Hfr 균주

수컷처럼 유전물질을 전달하는 능력은 플라스미드에 있는 **성인자** 혹은 **수정인자**(fertility factor, **F gene**)에 의해 조절된다. **F** 유전자를 갖고 있는 세균은 **F 양성**(F^+)이고, 가지지 않은 것은 **F 음성**(F^-)이다. F 유전자는 세포벽을 통과하는 세포막의 빈 몽둥이-유사 돌기, **F 섬모**(pili)를 만든다. 공여자 세포의 섬모는 유전물질을 전달하기 위하여 수용자 세포막에 부착한다. 접합에서 전달되는 염색체

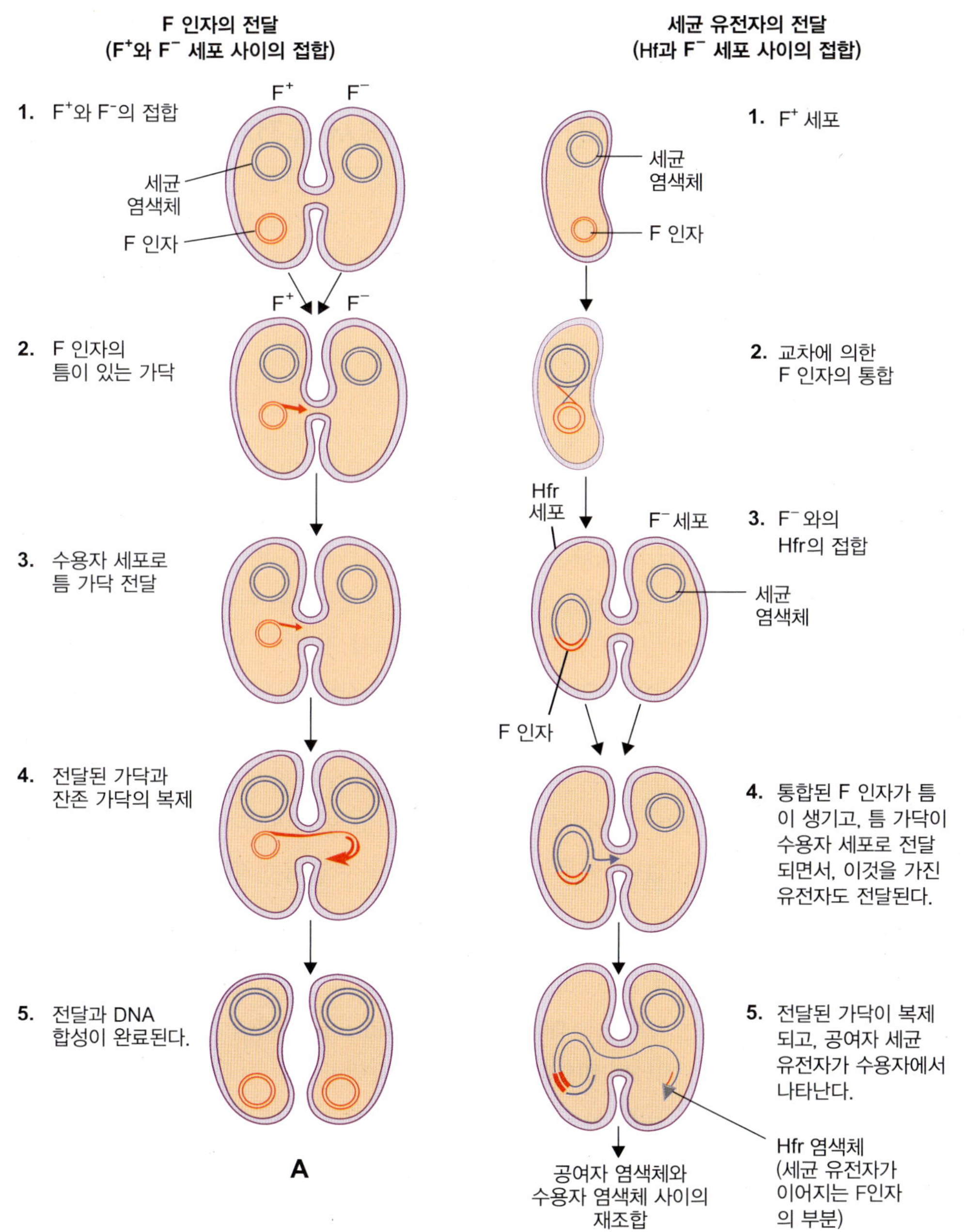

그림 14.10

세균에서 접합

A. F^+로부터 F^- 세포로 F 인자의 전달을 보여주는 F^+와 F^- 균주 사이의 접합;

B. Hfr 균주의 형성과 Hfr 공여자로부터 수용자 F^- 세균세포로의 유전자 전달.

의 길이(유전자의 수)는 두 접합자가 결합한 채로 있는 시간에 의존적이다. **자코브**(Jacob)와 **브레너**(Brenner)는 공여자의 DNA 분자는 복제되어 새로운 이중가닥 중의 하나가 수용자 세포로 전달되고, 반면에 다른 하나는 공여자에 남아 있다고 제안하였다.

때때로 F-인자는 세균 염색체에 삽입된다. 이와 같은 염색체에 삽입된 F-인자를 갖고 있는 세균은 **고빈도 재조합체**(high frequency recombinants, Hfr)로 불린다. F-인자와 세균 염색체 둘 다가 공여자 세포로부터 수용자 세포로 전달된다. 이와 같은 경우, 수용자 세포도 또한 F-인자 때문에 공여자 세포로 바뀐다. 이를 **Hfr 균주**(strain)라 한다.

14.7 레더버그와 테이텀의 실험: 대장균에서 유전자 재조합의 입증

세균에서 유전자의 재조합은 한 세균세포에서 다른 세균세포로 유전물질을 전달하는 것을 말한다. 이것은 1946년에 **레더버그**(Lederberg)와 **테이텀**(Tatum)이 대장균에서 발견하였다.

1. 레더버그의 실험

레더버그는 야생형 대장균 혹은 **영양요구주**(auxotroph strain)가 최소 영양 배지에 자랄 수 있다는 것을 발견하였다. 최소 영양 배지는 기본 성장에 필요한 영양분(즉, 포도당, KH_2SO_4, K_2HSO_4, 나트륨 시트르산, 마그네슘 황산 및 암모늄 황산)을 포함한다. 대장균은 성장에 필요한 모든 필수 비타민과 아미노산을 합성하지만 어떤 돌연변이 균주는 최소 배지에서 자랄 수 없고, 자신이 합성하지 못하는 특정 비타민이나 아미노산을 첨가해야 자랄 수 있다.

레더버그는 생화학적으로 혹은 영양적으로 결핍된 대장균의 두 돌연변이 균주를 가지고 실험하였다. 두 균주는 특정 성장 물질의 합성을 조절하는 영양적 유전자에서 하나 또는 그 이상의 돌연변이를 갖고 있기 때문에, 두 균주는 최소 배지에서 성장할 수 없다. 이들 세균 돌변변이 균주의 유전자형은 다음과 같다:

(1) **균주 A**: met^- bio^- thr^+ leu^+ thi^+

(2) **균주 B**: met^+ bio^+ thr^- leu^- thi^-

즉 **met**는 아미노산 **메티오닌**(methionine)을 나타냄
bio는 비타민 **비오틴**(biotin)을 나타냄
thr은 아미노산 **트레오닌**(threonine)을 나타냄
leu은 아미노산 **루신**(leucine)을 나타냄
thi는 비타민 **티아민**(thiamine)을 나타냄

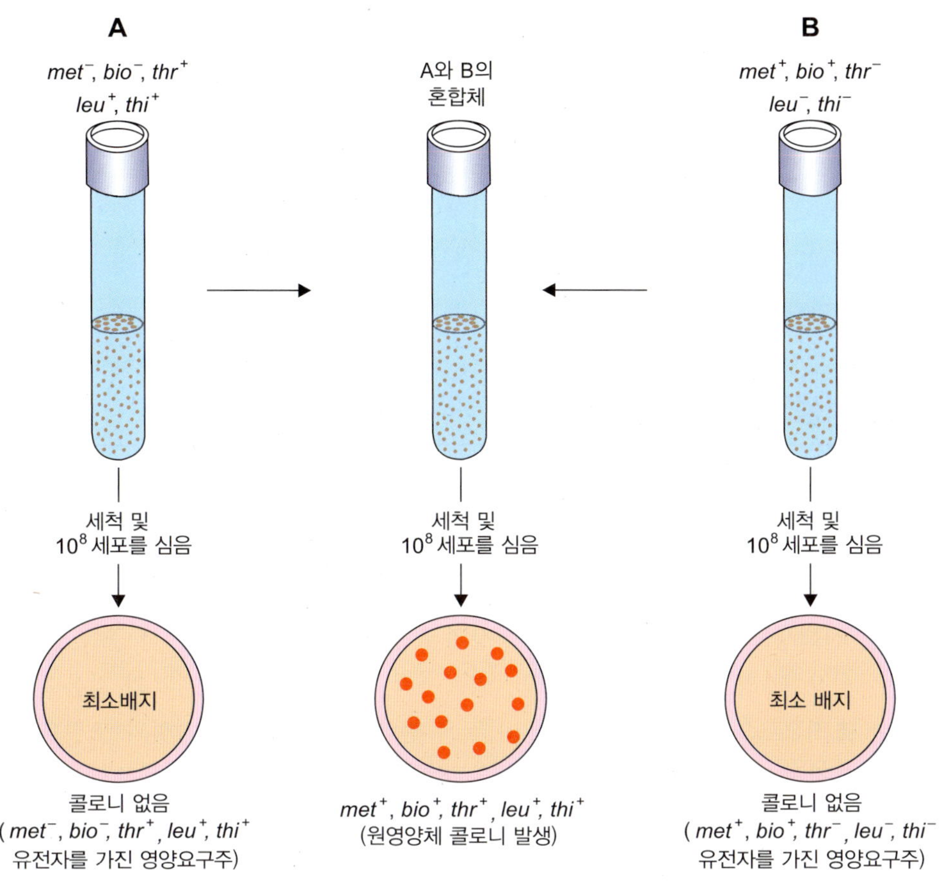

그림 14.11
대장균의 두 균주(균주 A와 B)에서 재조합을 보여주는 레더버그의 실험

기호 +는 특정 유전자의 존재와 물질을 합성할 수 있는 능력을 의미한다.

기호 −는 특정 유전자의 부재와 물질을 합성할 수 없음을 의미한다.

즉, 균주 **A**는 비타민 비오틴과 아미노산 메티오닌을 합성할 수 없고, 균주 **B**는 아미노산 트레오닌, 루신과 비타민 B_1을 합성할 수 없다는 것을 의미한다. 이들 두 균주를 대조실험으로 최소배지에 따로 따로 넣으면, 두 균주 모두 적절한 영양 공급이 없이는 자랄 수가 없다. 그러나 두 균주를 혼합하여 효모 추출물, 펩톤 및 포도당이 포함된 완전 배지에서 키우고 한두 세대 후에, 세포를 세척하여 최소배지에 도말하였다. 대부분의 세포는 증식하지 못했으나 그 중 소수의 세포가 자란다는 것을 관찰했다. **레더버그**는 두 돌연변이 균주로부터 유전자 재조합의 결과로 형성된 이들 세포는 모두 우성 유전자(met^+,bio^+,thr^+,leu^+,thi^+)를 가진 **원영양체**(prototroph)일 것으로 추정하였다.

데이비스 U-관 실험

세균의 두 균주 사이에서 세포와 세포의 접촉이 위의 재조합에 필수적인지를 규명하기 위하여, **버나드 데이비스**(Bernard Davis)는 U-모양의 관을 사용한 실험을 수행하였다. U-관의 두 팔을 미세여과지로 분리시켰다. 이것의 구멍은 너무

작아 세균이 통과할 수 없다. 균주 A와 균주 B의 세균을 두 팔 액체 배양액에 하나씩 심었다. 수 시간 동안 배양하였고, 배양액을 흡입과 압력으로 섞었다. 두 팔에 있는 세포에서 원영양체 균체가 생기는지를 검정하기 위하여 최소 배지에 심어졌다. 균체는 생기지 않았는데 이는 두 균주의 세포가 미세여과지 때문에 접촉할 수가 없어서, 유전자의 교환이 일어날 수가 없었다는 것을 가리킨다. 이것은 세균에서 유전자 재조합이 세포간에 접합을 통해 일어난다는 것을 증명하는 것이다(그림 14.12).

14.8 진핵생물에서 유전자 발현

고등 진핵생물의 유전체는 매우 복잡하다. 이는 진핵생물 안에 있는 유전자의 수를 보면 명확하다. 예를 들어, 초파리는 5,000에서 10,000개의 유전자를 가지고, 인간 반수체 유전체는 대략 30,000개의 유전자를 가지는 것으로 여겨진다. 진핵생물의 유전체는 세포의 성장과 분열뿐만 아니라 동물에서 근육, 간 혹은 심장, 그리고 식물에서 유조직, 엽록조직, 목질부 혹은 체관부와 같은 특별한 조직으로의 분화를 조절한다. 이것은 진핵생물의 유전자 발현과 조절은 매우 복잡하지만 중요한 과정이란 것을 말한다. 유전자와 단백질의 공선성 개념이 원핵생물에서는 맞지만 진핵생물에서는 그렇지 않다. 진핵생물 유전자는 폴리펩티드에 필요한 것보다 훨씬 크다. 이런 유전자에는 아미노산을 암호하지

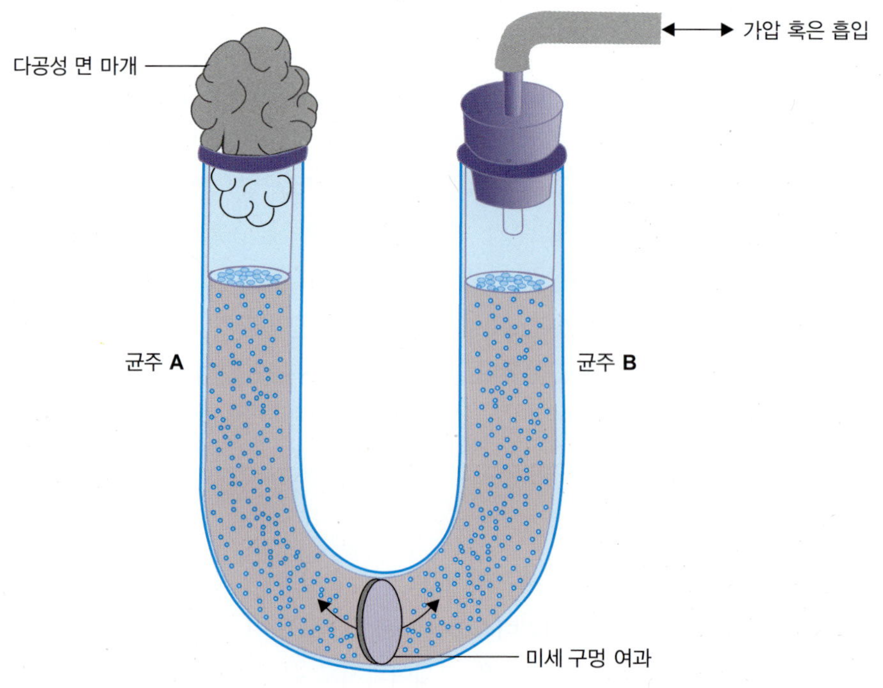

그림 14.12
데이비스 U-관 실험. 두 영양균주는 유전자재조합을 위하여 물리적 접촉이 필요하다.

않는 긴 염기서열의 부분들이 포함되어 있다. 이들은 아미노산을 암호화하는 염기의 절편 사이에 삽입되어 있다. 유전자의 암호화 절편을 **엑손**(exon)이라 하고 비-암호화 절편을 **인트론**(intron)이라 한다. 따라서 진핵생물에서 정보는 조각나 있다.

진핵생물 유전자에서 전사된 mRNA를 **핵 RNA**(nuclear RNA, nRNA) 혹은 **이형성 핵 RNA**(heterogeneous nuclear RNA, hnRNA)라 한다. 이것은 엑손과

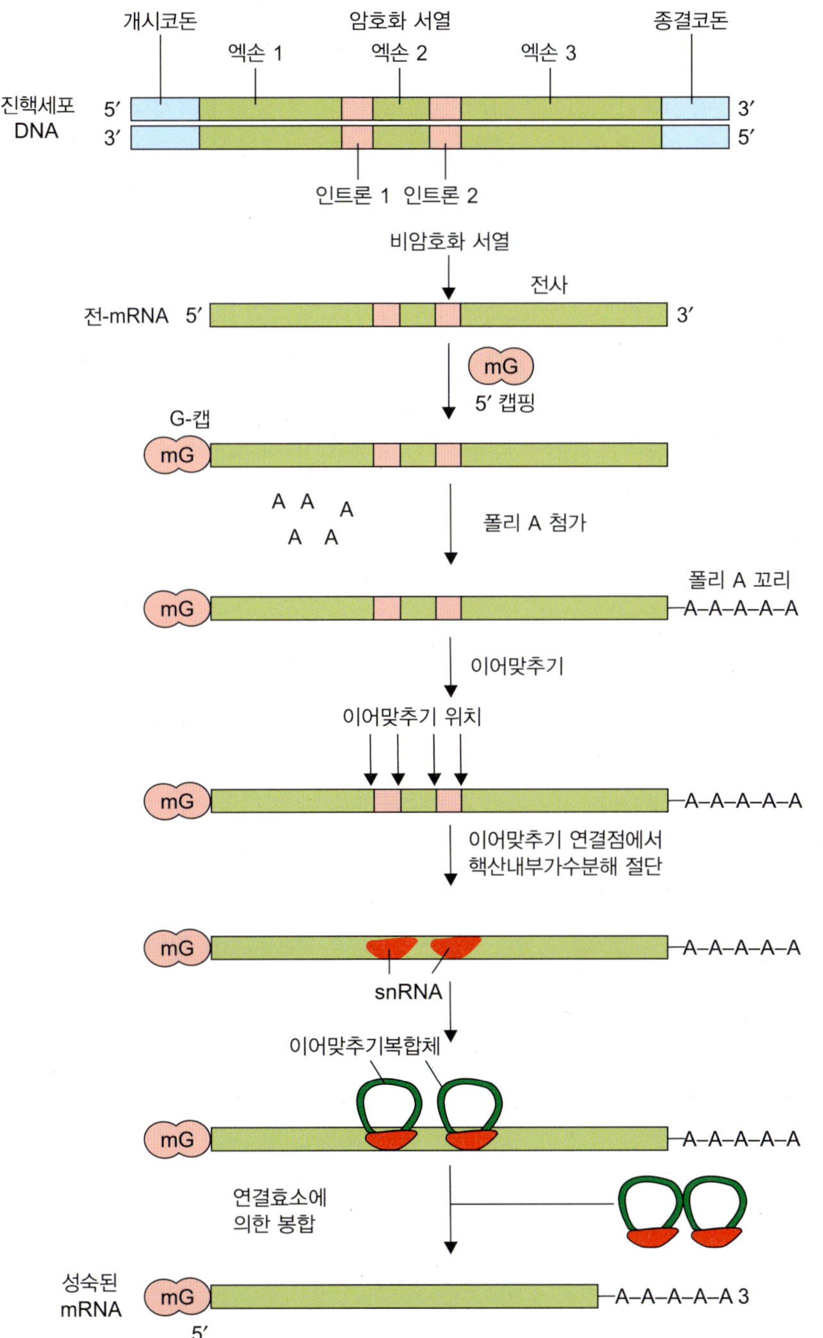

그림 14.13
미가공 mRNA와 최종 mRNA 사이의 관계

인트론 둘 다의 전사체를 갖고 있다. mRNA 전사체 혹은 hnRNA의 가공 동안에, 인트론 같은 필요치 않는 부분은 ***핵산가수분해효소***에 의해 제거되고, 엑손 전사물 절편은 ***연결효소***(*ligase*)에 의해 연결된다. 이런 mRNA의 가공을 이어맞추기라 하며 핵 내에서 일어난다. 기능적인 mRNA는 핵 밖으로 나오고, 세포질에서 폴리펩티드 사슬을 암호화한다.

14.9 인트론의 발견

많은 해 동안에, 과학자들은 모든 생물체(원핵생물 혹은 진핵생물)에서 뉴클레오티드 서열과 단백질의 아미노산 서열 사이의 공선성이 존재한다고 믿었다. 그러나 1970년대 후반기에, 진핵생물의 단백질이 1차 RNA 전사체의 절단과 잘린 절편의 이어맞추기에 의해 형성된 RNA에 의해 암호화된다는 것을 발견하였다. 이는 다음과 같은 실험을 통해 밝혀졌다:

(1) 특정 난알부민 유전자에서 전사된 난알부민 mRNA를 분리, 정제하였다.

(2) 분리된 mRNA에 상보적인 DNA 분자를 **역전사효소**(reverse transcriptase)를 이용하여 합성한다. cDNA 분자가 난알부민 유전자의 주형가닥과 동일한 뉴클레오티드 서열을 갖는 것이 밝혀졌다.

(3) mRNA에 대한 유전자를 포함하는 핵 DNA 부분을 분리하였다.

(4) 단일가닥 cDNA와 핵 DNA를 섞고, 혼성화시켰다.

결과적으로 혼성화 DNA 분자는 전자현미경 하에서, 쌍을 이루지 않는 고리를 갖는 것으로 나타났다. 혼성화된 난알부민 유전자의 경우에, 핵 난알부민 유전자에 있는 뉴클레오티드의 비암호화 절편에 부합되는 일곱 개의 고리를 볼 수 있었다. 이들 비암호화 절편을 **인트론**이라 한다.

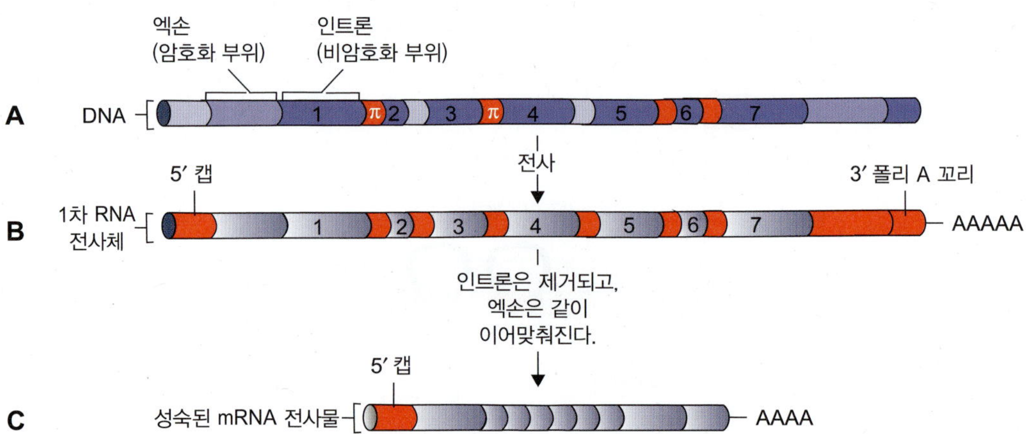

그림 14.14
A. 인트론과 엑손을 보여주는 진핵생물 난자의 난알부민 유전자;
B. 난알부민 유전자의 1차 RNA 전사체;
C. 난알부민 단백질을 위한 성숙된 기능성 mRNA

문 제

1. 유전자의 현대적 정의를 적으시오. 유전자를 기능과 활성에 기초하여 분류하시오.
2. 파지/바이러스의 용균성 회로에서 다양한 단계를 토의하시오.
3. 바이러스 유전체가 어떻게 스스로 발현하는지와 어떤 형태로 하는지를 자세히 토의하시오.
4. 발암 바이러스의 생활사를 도형으로 묘사하시오.
5. 무엇이 역전사인가? 레트로바이러스를 참조하여 설명하시오.
6. 세균에서 형질전환의 현상을 설명하시오.
7. 구조 유전자, 조절 유전자 및 작동 유전자 사이를 구별하시오.
8. 무엇이 역전사인가? 역전사를 나타내는 바이러스 집단의 이름을 적으시오.
9. 인트론과 엑손의 사이를 구별하시오. 그들은 어디서 출현하는가?
10. 무엇이 레트로바이러스인가? 이의 발견이 분자생물학의 중심 원리를 어떻게 바꾸었는가?
11. 호화 유전자란?
12. 길버트 가설은 무엇인가?
13. 누가 도약 유전자 혹은 트랜스포존의 개념을 도입하였는가? 전이 현상을 설명하시오.
14. 겹친 유전자 용어를 설명하시오.
15. 유전자의 기능을 요약하시오.
16. 다음의 어떤 하나라도 쓰시오.
    (a) 헛유전자 (b) 호화 유전자
    (c) 반복적인 서열 (d) 테민이즘
    (e) 용원성 (f) 세균에서 접합
17. 무엇이 레트로바이러스인가?
18. 다음 용어를 정의하시오.
    (a) 살림살이 유전자 (b) 인트론
    (c) 엑손 (d) 전사
    (e) 역전사 (f) RNA 이어맞추기
    (g) 핵양체 (h) 스마트 유전자
19. RNA 이어맞추기란 무엇인가?

15 원핵생물에서 유전자 발현의 조절 또는 단백질 합성의 조절

학습 목표

- 유전자 활성의 조절
- **원핵생물에서 유전자 조절**
  - 통합 조절
  - 유전자 조절의 전략
  - 전사 수준에서 유전자 조절
  - 유도와 억제
  - 젖당 체계와 Lac 오페론 체계
- Lac 오페론의 다른자리입체성 조절, 이화대사 억제에서 cAMP의 역할
- 트립토판 오페론 체계
- 전사 개시 후 약화 혹은 조절
- 자가조절: 되먹임 억제
- 번역 수준에서 유전자 조절
- **박테리오파지에서 유전자 조절**
  - 용균성 경로의 조절
  - 용원성 경로의 조절

15.1 유전자 활성의 조절

모든 세포 내의 DNA는 세포 주기 동안의 다른 시기에 필요한 모든 단백질에 대한 유전정보를 갖고 있다. 거대한 유전적 능력에도 불구하고, 모든 유전자가 모든 시간 또는 특정 시간에 기능적이지는 않다. 사실, 세균 유전체의 4,000개 유전자와 인간 유전자 30,000개 중에서, 일부만이 특정 시간에 발현된다. 더욱더, 특정 유전자의 산물은 특정 종류의 세포에서만 필요하다. 이는 유전자는 어떤 우세적인 환경 조건에 반응하는 특정한 계기와 필요한 제한된 시간 동안에만 선택적으로 활성화한다는 것을 의미한다. 모든 세포 종류에서 어떤 효소는 구성요소로 합성되는데 이는 구성요소 유전자에서는 mRNA의 전사가 지속적으로 일어난다는 것을 의미한다. 다른 효소의 경우 mRNA 전사는 필요할 때에만 개시되고, 요구가 충족되면 스위치는 꺼진다. 유전자 발현이나 혹은 단백질 합성의 조절을 **유전자 조절**(gene regulation)이라 한다.

유전자 발현 조절의 가장 효과적이고 경제적인 방법은 ***RNA 중합효소***에 의한 프로모터 인식과 번역 개시의 효율을 다양화시키는 것이다. 유전자 조절의 이 방법은 유전체에 있는 여러 유전자의 효율성에 영향을 줄 수 있다. 특정 경우에만 필요한 유전자 산물과 단지 특정 환경 하에서 중요한 양이 있어야 할 때에는 다른 기작이 필요하다. 따라서 유전자 활성의 조절은 다음의 조절과 연관되어 있다.

(1) 다른 유전자에 의해 생산되는 단백질/효소의 양에서 양적 차이

(2) 다른 시간에 혹은 다른 조직에서 유전자가 생산하는 단백질/효소의 양

많은 연구를 통해 유전자 활성의 조절이 다음과 같은 단계에서 일어날 수 있다고 밝혀졌다:

(1) **전사 수준**, 유전자로부터 1차 RNA 전사체의 합성 때

(2) **가공 수준** 혹은 **전사후 수준**, 1차 전사체에서 mRNA가 되는 전사후 가공 과정 때

(3) **번역 수준**, 단백질의 합성 때

(4) **번역후 수준**, 폴리펩티드 사슬에서 기능적인 단백질이 되는 번역후 변형 과정 때

전사 개시 수준에서 유전자 발현의 조절은 합성되는 mRNA 분자의 수를 제한하기 때문에, 이것이 가장 경제적인 조절 방법이다. 원핵생물과 진핵생물에서의 유전자 조절 기작은 약간 다르기 때문에 구분하여 다룰 것이다.

15.2 원핵생물에서 유전자 조절

원핵생물에서 유전자 조절 체계는 특정 환경에서 최대 성장률을 갖도록 적응되었고, 유전자 발현은 RNA 중합효소의 번역 조절을 포함하여 일차적으로 전사 수준에서 조절된다. **전사 조절**(transcriptional control)은 **켜고-끄는** 기작으로 이루어진다. 이는 특정 유전자가 켜지고, 그 mRNA의 합성이 유전자 산물이 필요

표 15.1 원핵생물과 진핵생물에서 기본적인 차이

원핵생물	진핵생물
1. 오페론과 작동자를 포함한 조절	1. 세포의 종류에 따라 다른 조절 요소를 갖고 있다.
2. TATA 상자가 있다.	2. TATA 상자는 대부분의 세포가 사용하는 조절요소이다.
3. 조절 단백질이 없다.	3. 많은 조절 단백질들이 TATA 상자에 결합할 수 있다.
	4. 유전자는 필요한 조절 단백질이 TATA 상자에 결합한 후에 발현된다.

할 때만 유도된다는 것을 의미한다. 유전자 산물이 필요치 않을 때는 유전자는 스위치를 끄고, 그 mRNA의 합성은 중지된다. 세균 세포는 프로모터 서열이 다양하여, RNA 중합효소는 다른 것보다 특정 유전자의 전사를 보다 효과적으로 개시한다. 이것은 같은 시간에 다른 유전자에 의하여 생산된 단백질의 양적 차이를 만든다. **전사후**(post-transcriptional) 조절(즉, 번역 수준에서 조절)에는 mRNA 분자의 신속한 분해와, 초기 폴리펩티드 사슬을 기능적인 단백질로 변형하는 것 등을 포함한다.

1. 통합 유전자 조절

세균 체계에서 여러 개의 효소가 단일 대사 경로에서 순차적으로 작용할 때, 이들 효소들은 대개 모두가 만들어지거나 아니면 전부 안 만들어진다. 이런 현상을 **통합 조절**(coordinated regulation)이라 한다. 이는 모든 유전자 산물을 암호하는 단일 폴리시스트론 mRNA 분자의 합성을 조절함으로써 이루어진다. 진핵생물 mRNA는 모노시스트론이기 때문에, 이런 형태의 조절은 진핵생물에서는 발견되지 않는다.

폴리시스트론 mRNA을 사용하는 것은 세포가 연관된 단백질 합성을 통합적으로 조절하는 방법이다. 따라서 여러 개의 관련된 단백질의 합성은 비슷한 양으로 동시에 조절할 수 있다.

2. 유전자 조절의 전략

세균 세포에서 단백질 합성 혹은 유전자 발현은 대부분 전사 수준에서 조절된다. 이런 조절은 **음성적** 또는 **양성적**일 수도 있다.

(1) 음성 조절: 음성 조절에서, **저해제**(inhibitor) 혹은 **억제자**(repressor)가 세포 내에 존재한다. 억제자 결합 부위에 억제자가 결합하면 연관된 유전자의 전사는 억제된다. 전사의 개시가 일어나기 위해서는 억제자와 반응하여 억제자를 제거할 수 있는 신호 분자 또는 유도자가 필요하다. 유전자 발현의 음성 조절을 **억제**(repression)라고도 한다.

(2) 양성 조절: 이 체계에서, **효과자**(effector) 혹은 **유도자**(inducer) 분자는 mRNA의 합성을 촉진하는 프로모터를 활성화시킨다. 억제자-유도자의 상호작용은 없다. 유전자 활동의 양성 조절은 **유도**(induction)라고도 하며 유전자 활동을 유도하는 물질을 **유도자**라고 한다. 유도자는 단백질, 작은 분자 혹은 분자 복합체일 수 있다.

양성 조절은 두 방법 중 어떤 방법으로도 이루어진다:

- 분자 신호가 활성자 분자와 결합하여 활성자 분자가 DNA에서 떨어

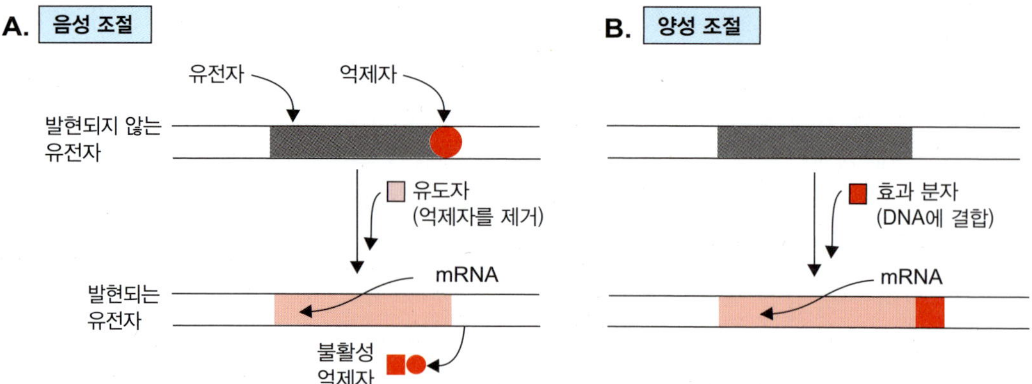

그림 15.1

mRNA 전사의 양성과 음성 조절.

A. 음성 조절에서 억제자는 DNA에 결합하고, mRNA의 전사를 막는다.

B. 유도자가 mRNA의 전사를 허용하기 위하여 억제자에 결합하여 억제자를 DNA로부터 제거한다.

질 때까지 전사는 계속된다.

- 활성자-분자 신호 복합체가 프로모터에 결합한 다음 만약 신호 분자가 떨어져 나가면 활성자는 DNA에서 분리되고 전사가 멈춘다.

음성과 양성 조절은 상호적으로 배타적이지 않다. 어떤 체계에는 음성적으로 혹은 양성적으로 둘 다 조절된다. 이들은 세포의 상이한 조건에 반응하기 위하여 두 상이한 조절자를 활용한다. 이화대사 체계는 양성적으로 혹은 음성적으로 조절될 수도 있다. 이화대사 경로의 효과자는 유도자로서 기능하는 물질이다. 합성대사 경로에서는 효과자가 일반적으로 억제자로 기능하는 최종 산물이다.

15.3 전사 수준에서 유전자 조절 기작

1. 유도와 억제

유전자의 세트는 새로운 물질을 대사하기 위하여 필요할 때 스위치가 켜진다. 이들 유전자의 스위치가 켜지면 효소가 생산된다. 이런 현상을 **유도**(induction)라 한다.

유사하게 세균이 필요한 대사물질이 배양액에 과량으로 제공되면 세균은 그것의 합성을 중지하고, 이것의 물질대사와 연관된 유전자는 꺼진다. 이를 **되먹임 억제**(feedback repression)라 한다.

1) 유도와 유도성 체계(유도 오페론)

유전적인 유도에서, 유전자는 필요한 효소의 합성과 연관된 RNA를 생산하기 위하여 유도되거나 혹은 스위치가 켜진다. 단백질 합성이나 혹은 효소 생산을 위한 유전자를 유도하는 물질을 **유도자**(inducer)라 한다. 대장균을 다음과 같이 다른 영양배지에서 키우면 유도 현상을 알 수 있다:

- 대장균을 글리세롤이 포함된 배양액에서 배양하면, 그들은 글리세롤 분해에 필요한 모든 효소를 생산한다. 다른 모든 효소의 합성은 최소 수준으로 유지한다.
- 대장균을 젖당이 포함된 배양액에서 배양하면, 효소 ***베타-갈락토시다아제***(*β-galactosidase*)의 합성이 몇 배 증가한다. 이 효소는 젖당을 포도당과 갈락토오스로 가수분해한다. 다른 효소의 합성은 심각하게 감소한다.
- 대장균을 포도당 배양액에서 배양하면, 그들은 ***베타-갈락토시다아제***를 미량만 가진다. 만약 이들 세균을 젖당이 포함된 배양액으로 옮기면, 이 효소의 농도는 몇 배로 증가하여 젖당을 대사할 수 있게 된다. 이때 젖당은 특정 유전자를 활성화하는 유도자로 작용한다.

상기의 실험에서 글리세롤과 젖당은 필요한 효소의 합성에 대한 유도자로 작용한다. 물질의 첨가에 의해 합성이 유도되는 효소를 **유도성 효소**(inducible enzyme)라 한다. 유도성 효소의 합성과 관련된 유전자 복합체를 **유도성 체계**(inducible system)라 한다.

젖당을 첨가하기 전후에 세포에 있는 총 mRNA를 분석해보면, 배양액에 젖당이 첨가되기 전에는 젖당 mRNA가 존재하지 않음을 보여준다. 젖당의 첨가는 젖당 mRNA의 합성을 촉발한다. 여기서, 젖당은 **유도자**고, 젖당 대사 체계의 효소와 연관된 유전자는 **젖당 유도성 체계**를 이룬다.

2) 억제 혹은 억제성 체계

억제에서 유전자의 활성은 억제되고, 특정 단백질의 합성은 중지되거나 감소한다. 단백질 합성을 중지시키거나 억제하는 물질을 **억제자**(repressor)라 한다.

예를 들면, 최소 배양 배지에서, 대장균 세포는 다른 아미노산의 합성을 위해 필요한 모든 효소를 합성할 수 있다. 그러나 배양액에 특정 아미노산을 첨가하면 이것의 합성에 필요한 효소는 생산되지 않는다. 히스티딘이 세균 배양액에 첨가되면 히스티딘 합성 효소의 생산은 중지된다. 효소의 합성이 최종 산물의 첨가로 점검되는 효소를 **억제성 효소**(repressible enzyme)라 한다. 이들 효소와 연관된 유전자는 **억제성 체계**(repressible system)를 형성하고, 억제성 효소의 합성을 억제하는 물질을 **억제자**라 한다.

사실, 어떤 효소는 세포에서 정상적으로 존재하나, 최종 산물의 농도가 높아지면 합성이 중지된다. 이들 최종 산물을 **공동억제자**(corepressor)라 한다. 조절자 유전자는 **주억제자**(aporepressor)라는 물질을 생산한다. 주억제자는 공동억제자와 결합하여 기능적인 억제분자가 된다. **억제 분자**(repressor molecule)는 합성 경로의 효소 합성에 관련된 모든 구조 유전자의 전사를 억제한다. 대부분의 억제 효소 체계는 동화 작용에서 볼 수 있다.

프랑수아 자코브(Francois Jacob)는 **자크 모노**(Jacques Monod)와의 공동 실험으로 1961년에 '오페론 개념'과 전령 RNA 개념을 발표하였다. 그들은 **르보프**(Lwoff)와 함께 1965년에 **노벨상**을 수상하였다.

자코브와 모노는 제2차 세계대전에 용맹하게 참전하였으며, 자코브는 1944년 8월 노르망디에서 심각하게 부상당한 자유 프랑스 부대의 요원이었고, **모노**는 파리 레지스탕스 부대의 지도자였다. **모노**는 이미 박사를 획득하였으나, 자코브는 파리 대학으로부터 1947년에 의학박사를 받기 위하여 기다리고 있었다. 둘 다는 파스퇴르 연구소에서 경력의 중요 부분을 쌓았다. 이 연구소는 유명한 파리 연구 센터로서, 19세기 말 루이스 파스퇴르(Louis Pasteur)에 의해 설립되었고, 아직도 가장 영향력 있는 유럽 실험실 중의 하나이다.

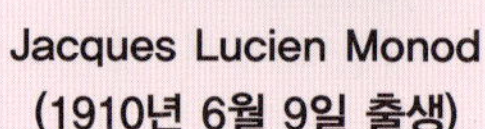

Jacques Lucien Monod
(1910년 6월 9일 출생)

Francois Jacob
(1920년 6월 17일 출생)

자코브는 1961년에 오페론 설과 전령 RNA의 개념을 이끈 모노와의 공동실험 전에, **앙드레 르보프**(Andre Lwoff)와 **엘리 월만**(Elie Wollman)과 박테리오파지의 초기 일에 공헌하였다. 둘은 1965년에 르보프와 공동으로 노벨상을 수상하였다.

1. 대장균에서 젖당 체계: **자코브**와 **모노**(1961)는 대장균에서 젖당 이화대사를 연구하면서, 대부분의 유전자 활동이 **유도**와 **억제** 현상에 의해 전사 수준에서 조절된다고 제안하였다. 젖당 분해대사에는 ***베타-갈락토시다아제***(*β-galactosidase*), ***갈락토오스 퍼미아제***(*galactose permease*), ***티오갈락토시드 트랜스아세틸아제***(*thiogalactoside transacetylase*) 세 개의 효소가 필요하다. 위의 세 효소에 대한 유전자 혹은 시스트론(DNA)은 *lac* **Z**, *lac* **Y** 및 *lac* **A**로 표시한다. 이들을 **구조 유전자**라고 하며 세균 염색체에 서로 가까이 순서대로 놓여 있다. 이들 유전자의 활동은 **조절 유전자**에 의해 협동적인 방법으로 조절된다.

Lac 오페론 체계의 구조

자코브와 모노는 **오페론 모델**(operon model)로 lac 유전자의 활성 조절을 설명

표 15.2 유도와 억제 사이의 차이

유도	억제
1. 유도는 필요한 효소의 합성을 위한 RNA를 생산하는 특정 유전자를 켠다.	1. 억제는 세포가 더 이상 필요치 않는 효소를 왕성하게 생산 중인 유전자나 오페론을 끈다.
2. 이것은 전사와 번역의 시작을 담당한다.	2. 전사와 번역을 중지시킨다.
3. **유도자**가 필요하다.	3. **되먹임 억제자**로 작용하는 **억제자**가 필요하다.
4. 새로운 대사물질이 체계로 들어오면 이 물질의 대사를 위한 새로운 효소가 필요하며 이와 관련된 관계된 유전자가 켜진다.	4. 대사 반응의 최종 산물이 체계에 많아지면 더 이상의 반응과 효소가 필요하지 않다. 따라서 연관된 유전자가 꺼진다.
5. 유도자는 억제자를 작동 유전자에 결합하지 못하게 한다.	5. 억제자는 작동 유전자와 결합하기 위하여 공동억제자의 도움을 받는다.
6. 유도는 이화 경로와 관련되어 있다.	6. 억제는 동화 경로에서 작용한다.

하였다. 젖당의 이화대사에 대한 오페론 모델을 **lac 오페론**(lac operon)이라 한다. 여기에는 두 종류의 유전자가 있다:

(1) **구조 유전자:** 이들 유전자는 젖당 이화대사에 필요한 효소의 합성과 연관된 DNA의 절편이다. lac 오페론에는 세 개의 구조 유전자가 있다:

- ***lac* Z 유전자**: *β-갈락토시다아제*
- ***lac* Y 유전자**: *갈락토오스 퍼미아제*
- ***lac* A 유전자**: *티오갈락토시드 트랜스아세틸아제*

이들 유전자는 그림 15.2에 나타낸 것처럼 한 개의 폴리시스트론 mRNA를 생산한다.

(2) **조절 유전자:** 이들 유전자는 구조 유전자의 활성을 조절하고, 구조 유전자 바로 옆에 놓여 있다. 다음과 같은 세 개의 조절 유전자가 있다:

- **작동 유전자(O)**: 이것은 첫 구조 유전자 상단부, 즉 바로 앞에 있고 프로모터 서열과 겹쳐 있다. 이것은 구조 유전자로부터 mRNA의 전사를 조절한다. 이것은 억제 유전자에서 만들어지는 억제 분자의 조절을 받는다.
- **프로모터 유전자(P)**: 이것은 작동 유전자 바로 옆에 있다. *RNA 중합효소*가 이 부위에서 결합한다. 오페론의 전사는 ***RNA 중합효소***가 결합하는 부위인 프로모터에서 시작한다. 이것은 mRNA의 합성률을 조절한다.
- **억제 혹은 조절 유전자(L)**: 이것은 오페론의 바깥쪽에 있고, **억제 물질**을 생산한다. 이 억제자는 작동 유전자에 결합하여 구조 유전자의 전사를 억제한다.

3) Lac 오페론의 기능

벡위드(Beckwith, 1967), **엡스타인**(Epstein)과 **벡위드**(1968) 및 **마틴**(Martin,

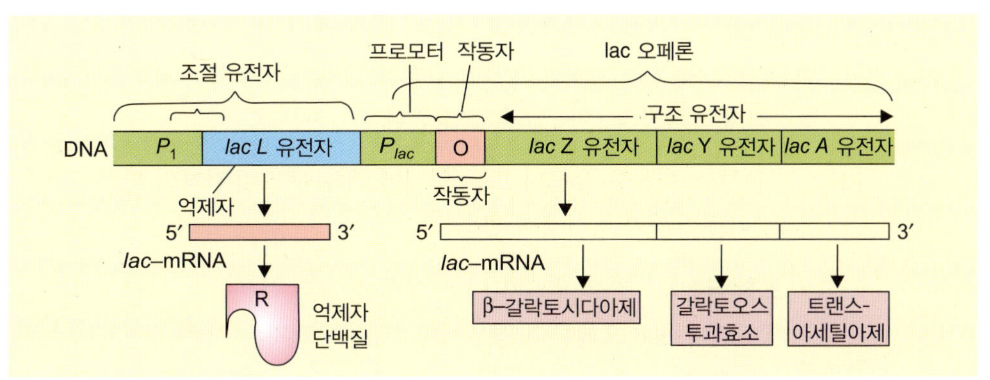

그림 15.2
대장균에서 lac 오페론의 유전자 지도

유전자 발현	단백질을 만들기 위하여 유전자를 활성화시킨다.
조절 단백질	단백질은 프로모터 근처에 있는 조절 요소와 결합하고 RNA 전사를 조절하는 RNA 중합효소와 상호작용한다. (i) 활성자: 프로모터와 RNA 중합효소의 상호작용을 도움으로써 전사를 촉진하는 조절 단백질 (ii) 억제자: 전사로부터 RNA 중합효소를 방지함으로써 전사를 방지하는 조절 단백질
프로모터	유전자의 전사를 개시하기 위하여 RNA 중합효소가 결합하는 유전자 부위
RNA 중합효소	전사 동안에 RNA를 합성하는 효소
오페론	특정 기능(일반적으로 원핵생물에서)의 단백질을 암호화하는 유전자를 포함하고 있는 DNA의 지역
작동자	조절 단백질이 결합하는 오페론의 일부분

1969) 등은 대장균에서의 lac 오페론의 작동을 다음과 같이 설명하였다.

(1) 유도자-젖당이 없는 경우, 조절 유전자(L)은 작동 부위와 강력하게 결합하고 전사를 방지하는 억제 단백질(R)을 생산한다. 결과적으로, 구조 유전자는 mRNA를 합성하지 않고 단백질은 형성되지 않는다.

(2) 배양액에 유도자-젖당을 첨가하면 이것은 세포로 들어가서 억제자와 결합함으로써 억제자를 변형시키고 변형된 억제자는 작동자와 결합할 수 없게 된다. 그러므로 작동자는 비게 되고 RNA 중합효소가 프로모터의 개시자리에 결합할 수 있게 유도한다. 결과적으로 폴리시스트론 *lac* mRNA를 합성하는 전사가 일어나게 된다. 이 *lac* mRNA로부터 젖당의 이화대사에 필요한 세 개의 효소가 합성된다.

4) 오페론의 정의

하나의 오페론은 가까이 연결된 구조 유전자(또는 시스트론)와 대사 활성을 조절하는 연관된 조절 유전자(작동자와 프로모터 유전자)의 집단이다.

5) 오페론의 구조

오페론을 구성하는 유전자는 두 부류로 분류된다:

(1) 구조 유전자: 구조 유전자는 단백질의 합성에 대한 암호를 가진 DNA의 절편이다. 이들 유전자는 단백질 합성 동안에 아미노산 서열을 조절하여 폴리펩티드 사슬의 1차구조를 결정한다.

(2) 조절 유전자: 이들은 유도나 또는 억제에 의해 구조 유전자의 활성을 조절한다. 이들 유전자는 다음과 같다:

- **조절 유전자**: 조절 유전자(L)는 억제 물질로 작용하는 특정 단백질을 생산한다. lac 오페론의 경우에서, 조절 유전자는 작동 유전자에 강하

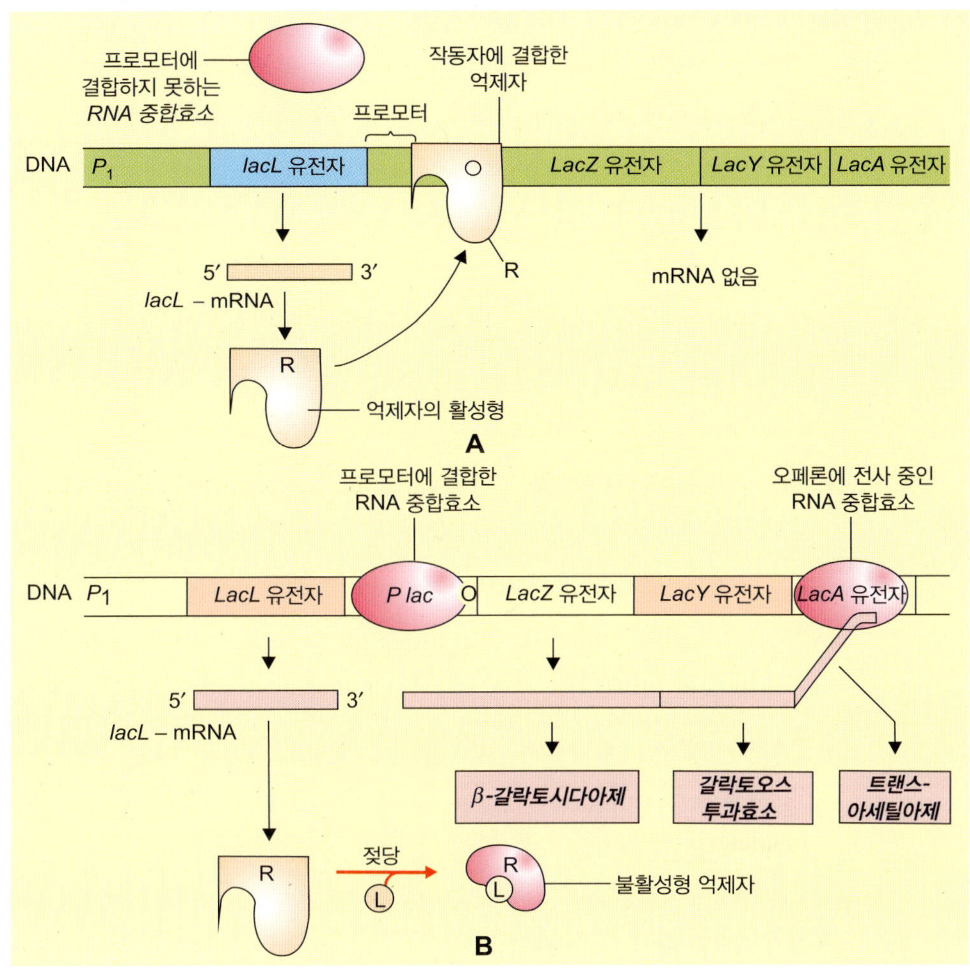

그림 15.3

대장균에서 lac 오페론의 기능:

A. 젖당이 없을 때, 억제자는 활성이고 작동자에 결합하며, 오페론은 억제되고, 전사는 방해되며, mRNA는 합성되지 않는다;

B. 젖당이 있을 때, 억제자는 젖당과 결합하여 불활성이 되며 작동자에 결합하지 않는다. 오페론은 억제가 해제되고, 전사는 시작되며, mRNA는 합성된다.

게 결합하고 그것의 활성을 억제하는 단백질을 암호화한다.

- **프로모터 유전자**: 프로모터 유전자(P)는 ***RNA-중합효소***가 결합하고 구조 유전자의 전사가 개시되는 DNA의 절편이다.
- **작동 유전자**: 작동 유전자(O)는 전사에 대한 조절을 하는 DNA의 절편이다. 조절 유전자에서 만들어진 억제 물질이 작동 유전자와 결합한다. 이것은 구조 유전자와 가까이 있다.

Lac 억제자의 다른자리입체성 조절

억제 단백질은 다른자리입체성을 가진다. 즉, 이들은 두 가지 입체구조 형태로 존재한다. 단백질은 한 형태에서는 활성이며, 다른 형태에서는 불활성이다. 효과 분자가 단백질에 결합하면, 단백질 분자는 입체구조에 변화가 생겨 불활성이 된다. 그러나 변화는 가역적이다. 효과자가 멀리 떨어지면 단백질은 원래 형태로 복귀해 활성을 가진다.

이화대사 억제에서 cAMP의 역할(양성 조절)

작은 분자인 **cAMP**는 세균과 다세포성 진핵생물에 분포한다. cAMP는 ***아데닐 사이클라아제***(*adenyl cyclase*)에 의해 합성되며 이것의 농도는 포도당 대사에 의해 간접적으로 조절된다.

(1) 세균이 포도당을 함유한 배양액에서 자랄 때, 세포의 cAMP 농도는 매우 낮다.

(2) 포도당을 대사하는 생화학 경로에 사용하지 않는 글리세롤이나 다른 탄소원이 포함된 배양액에서는 cAMP 농도가 높게 된다. cAMP는 lac 오페론뿐만 아니라 다른 오페론도 조절한다.

(3) 대장균은 **이화대사 활성화 단백질**(catabolite activator protein, **CAP**)이란 단백질을 가지고 있는데 유전자 **Crp**이 암호한다.

(4) Crp나 혹은 아데닐 사이클라아제 유전자의 돌연변이체는 lac mRNA를 합성할 수 없다. 이것은 CAP와 cAMP 둘 다가 lac mRNA 합성에 필요하다는 것을 의미한다.

(5) CAP과 cAMP는 **cAMP-CAP** 단위체를 형성하기 위하여 서로 결합한다. 이 복합체 단위체는 lac 체계를 조절한다. 이것은 **양성 조절자**(positive regulator)로서 lac 억제 체계와는 독립적으로 기능한다.

(6) cAMP-CAP 복합체가 없으면 ***RNA 중합효소***는 프로모터와 약하게 결합하며 전사 개시는 실패한다.

(7) cAMP-CAP 복합체는 전사를 개시하는 프로모터 부위의 DNA 염기서열과 결합한다.

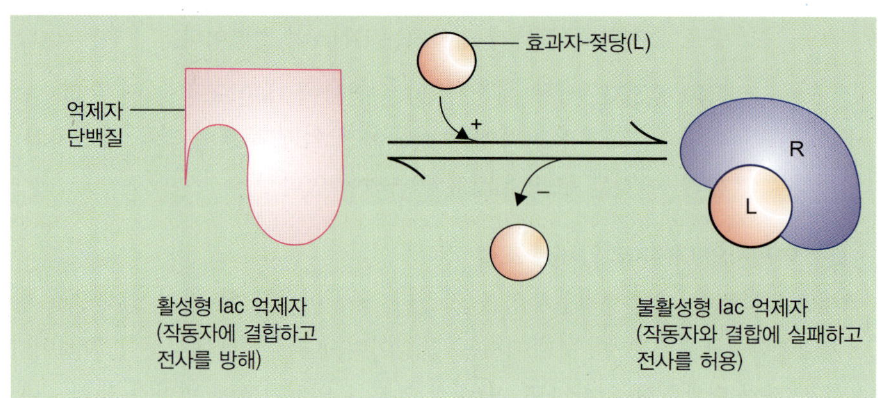

그림 15.4
lac 억제자의 다른자리입체성 조절

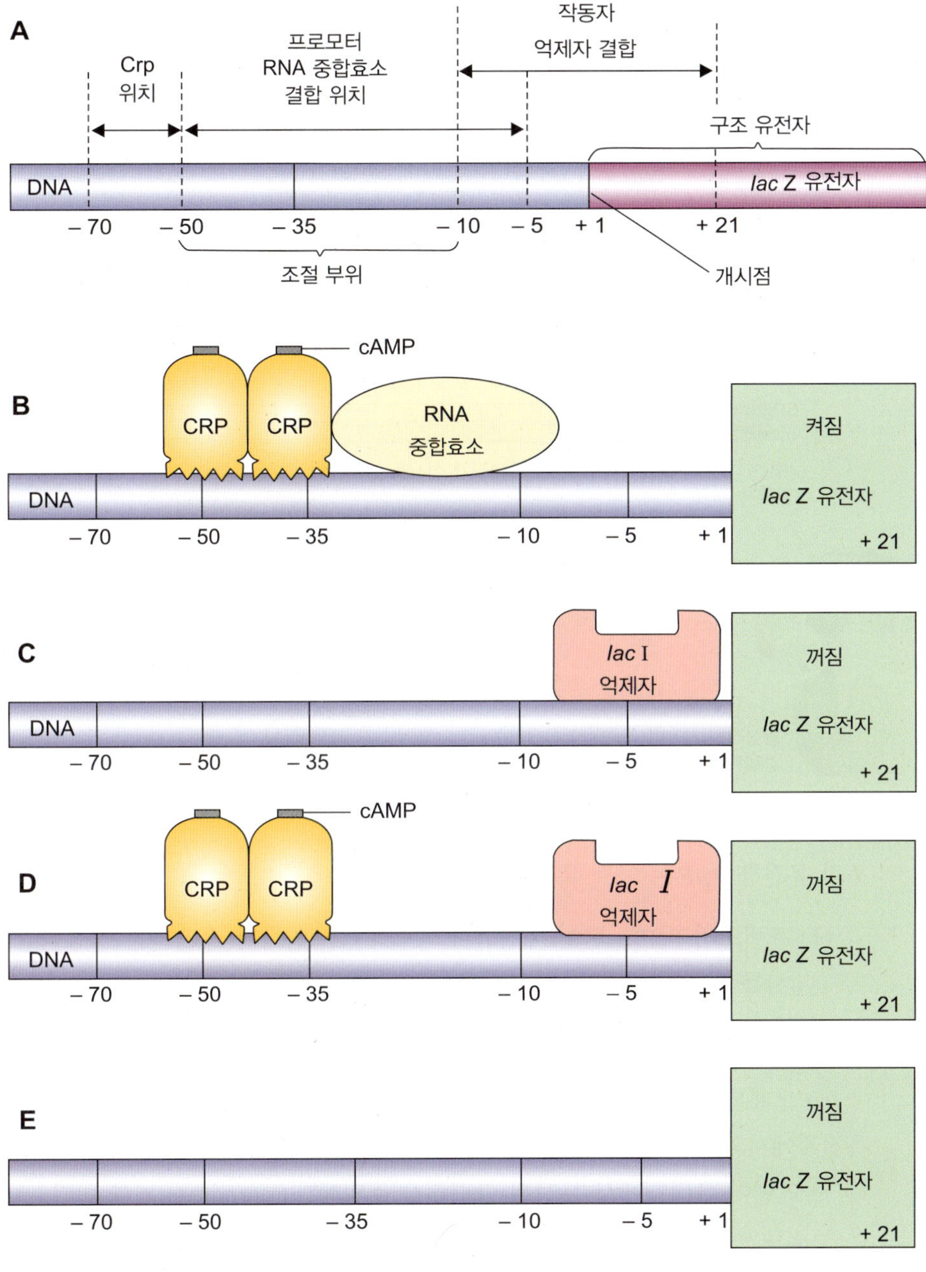

그림 15.5

lac 오페론 전사의 양성 조절에서 CRP의 역할. (CRP는 cAMP와 CRPs의 복합체; CRP는 cAMP 수용체 단백질이다):

A. 다양한 조절 구성성분을 위한 세균 염색체에서 *lacZ* 유전자 근처의 결합 위치를 보여주는 모식도;

B. 포도당이 존재할 때, CRP가 CRP 자리에 결합하고 *lac* I 억제자가 제거되며, RNA 중합효소가 DNA에 결합하고 *lac* Z 유전자가 켜진다;

C. 포도당이 존재하고, CRP와 젖당이 없을 때, *lac* I 억제자가 결합하고, *lac* Z 유전자는 꺼진다.

D. 포도당과 젖당 둘 다가 없을 때, *lac* Z 유전자는 꺼진 채로 남아 있으나 CRP는 존재한다.

E. 포도당, CRP, 젖당이 없을 때, *lac* I 억제자는 제거되나, RNA 중합효소는 CRP가 없어 DNA에 결합하지 못하기 때문에, *lac* Z 유전자는 꺼진 채로 남아 있다.

15.4 트립토판 오페론: 억제성 오페론 체계

대장균에서, 트립토판 오페론(*trp* operon)은 아미노산 **트립토판**(tryptophan) 합성을 조절하는 기구다. 5개의 효소가 트립토판 합성에 관여한다. 이 효소들을 암호하는 유전자는 서로 가까이 연속적으로 있으며, 이름은 *trpE*, *trpD*, *trpC*, *trpB*, *trpA*이다. 유전자 *trpE*가 첫 번째로 번역된다. 프로모터, 작동자 및 **선도**(leader)와 **약화**(attenuator)로 불리는 두 부위는 유전자 ***trpE***에 가까이 위치한다.

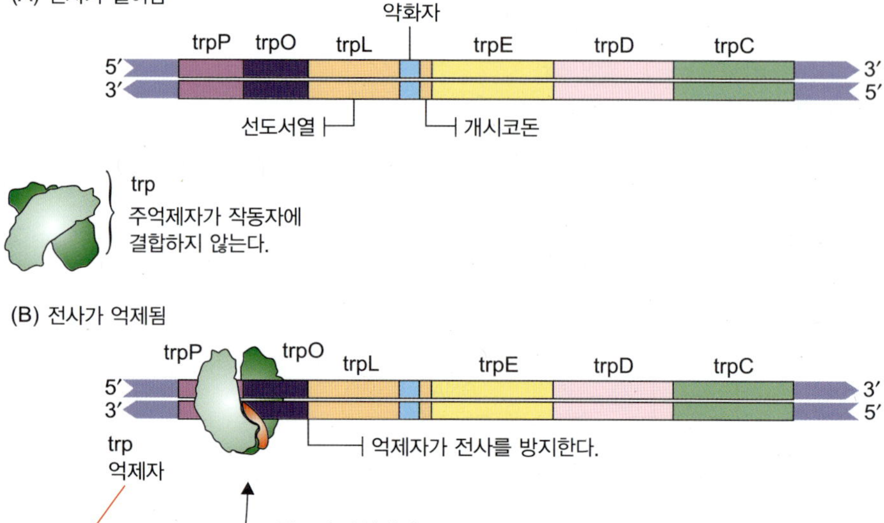

그림 15.6

대장균의 트립토판 오페론의 기능:

A. 트립토판이 없을 때, 억제자는 작동자에 결합하지 않고, 오페론은 필요한 효소의 mRNA를 왕성하게 전사한다;

B. 트립토판이 있을 때, 이것은 억제자와 결합하고, 활성화된 억제자는 작동자에 결합하고, 오페론은 억제된다.

트립토판 오페론은 다음으로 구성된다.

- 프로모터
- 작동자
- 선도(trpL)
- 약화자와 다섯 개의 구조 유전자(trpE, trpD, trpC, trpB, trpA)

조절 유전자 ***trpR***는 이들 유전자 무리와 멀리 떨어져 있다.

(1) 트립토판 아미노산이 배양액에 없을 때, 트립토판 오페론은 정상적인 전사를 위해 켜진다.

(2) 트립토판이 배양액에 많이 있으면 오페론은 꺼진다.

trp 오페론 조절 단백질은 *trpR* 유전자에서 생산된다. 이 유전자나 혹은 작동 유전자에서의 돌연변이는 trp mRNA의 전사 개시가 지속적으로 일어나게 만든다. 돌연변이 유전자에서 합성된 단백질을 **주억제자**(aporepressor)라 한다. 이것은 트립토판이 없으면 작동자에 결합하지 않는다. 주억제자와 트립토판 분자가 만나면 활성을 갖는 *trp* **억제자**(repressor)가 형성되고 이것이 작동자에 결합하여 전사 스위치를 끈다.

1. 약화: 전사 개시 후에 조절

조절 기작의 대부분은 전사의 개시를 조절한다. 원핵생물에서, 전사 개시 이후에 조절하는 기작이 있다. **찰스 야노프스키**(Charles Yanofsky, 1972)와 동료들은 *trp* 오페론은 프로모터/작동자와 첫 번째 구조 유전자 *trpE* 사이에 조절 부위를 가진다는 것을 밝혔다. DNA의 이 부위를 **선도서열**(leader sequence, L)이라

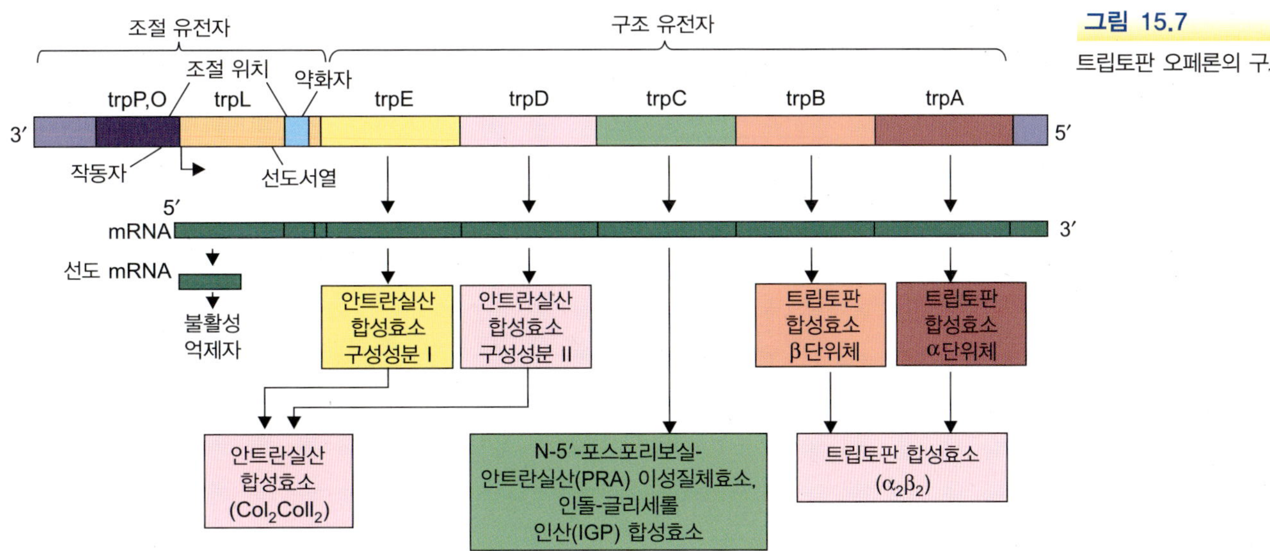

그림 15.7
트립토판 오페론의 구조

한다. 이것은 mRNA의 5′ 말단에 있는 비암호화 DNA 부분이다. 이 *trp* 선도 mRNA의 길이는 162 뉴클레오티드이다. 이것은 트립토판 농도에 민감하고, 폴리시스트론 *trp* mRNA 전사에서 부가적인 조절을 한다. 조절요소인 선도서열이 mRNA의 합성을 감소시키거나 약화시키는 효과를 보이기 때문에 이를 **약화**(attenuation)라 한다.

1) 선도 mRNA의 구조

162 염기 길이의 선도 mRNA는 다음의 절편을 갖고 있다:

(1) 5′ 말단에 개시코돈 **AUG**와 같은 해독틀의 종결코돈 **UGA**를 갖고 있다. 이 부위는 14개 아미노산으로 구성된 폴리펩티드를 암호화한다. 이를 **선도 폴리펩티드**라 한다.

(2) 선도 폴리펩티드 mRNA는 10번째와 11번째에 두 개의 트립토판 코돈을 갖고 있다. 이것은 선도 폴리펩티드의 10번과 11번 아미노산이 트립토판인 것을 의미한다.

(3) 선도 mRNA는 1, 2, 3, 4로 표시하는 구별된 4 지역을 가진다. 이들 부위는 다른 방법으로 서로 염기쌍을 형성해서 여러 개의 머리핀 구조를 만들 수 있다. 예를 들면:

- 안정된 형태에서, 유리 선도 mRNA는 부위 1과 2 사이와 부위 3과 4 사이에서 염기쌍을 이룬다.
- 트립토판 농도가 낮은 경우는 부위 2와 3이 염기쌍을 이루고 리보솜은 부위 1에서 정체한다. 그 결과 부위 4와 이어지는 구조 유전자의

그림 15.8

trp mRNA 선도 절편의 구조

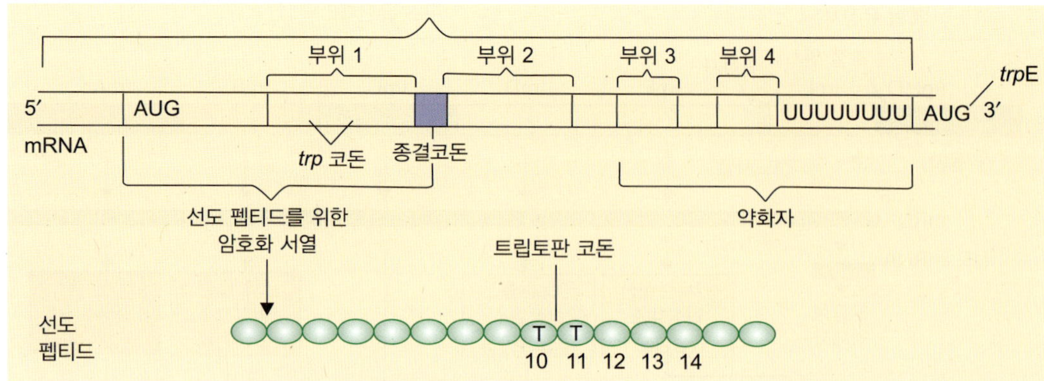

1. 주억제자(트립토판 없음)	⟶	활성형 작동자	⟶	전사
2. 주억제자 + 트립토판	⟶	활성형 억제자 + 작동자	⟶	오페론 꺼짐 ↓ 전사 없음

전사가 완료된다.

- 배양액에 트립토판 농도가 높으면 부위 3과 4가 염기쌍을 하고, 단백질 합성은 2 부위에 도달하여 중단된다.

(4) 부위 4와 구조 유전자 trp E 사이에는 8개의 'U'가 있다.

(5) 선도 mRNA의 부위 3과 4 부분과 8개의 'U'를 **약화자**(attenuator)라 한다. 부위 3과 4 사이에 머리핀 구조가 만들어지면 약화자는 전사 종결 신호로 작용하고, RNA 중합효소와 만들어진 RNA 사슬은 DNA로부터 떨어진다.

2) 약화의 기작

번역 동안에, 리보솜은 *trp* mRNA의 첫 결합 자리(개시코돈)에 부착한다. mRNA의 전사와 번역은 연이어 일어난다:

(1) 배양액에 트립토판 농도가 낮으면 **트립토판-tRNA**(즉, 트립토판을 운반하는 tRNA 분자)의 농도도 낮다. 리보솜이 선도서열의 트립토판 코돈에 도달하게 되면, 트립토판-tRNA가 올 때까지 기다리면서 부위 1을 막게 된다. 그 결과, 머리핀 구조는 부위 2와 3 사이에서 형성된다.

따라서 부위 3은 부위 4와 머리핀을 형성할 수가 없다. 종결 머리핀 고리는 형성되지 않고, 트립토판 오페론의 구조 유전자 전사는 폴리시스트론 *trp* mRNA를 생산하도록 지속된다.

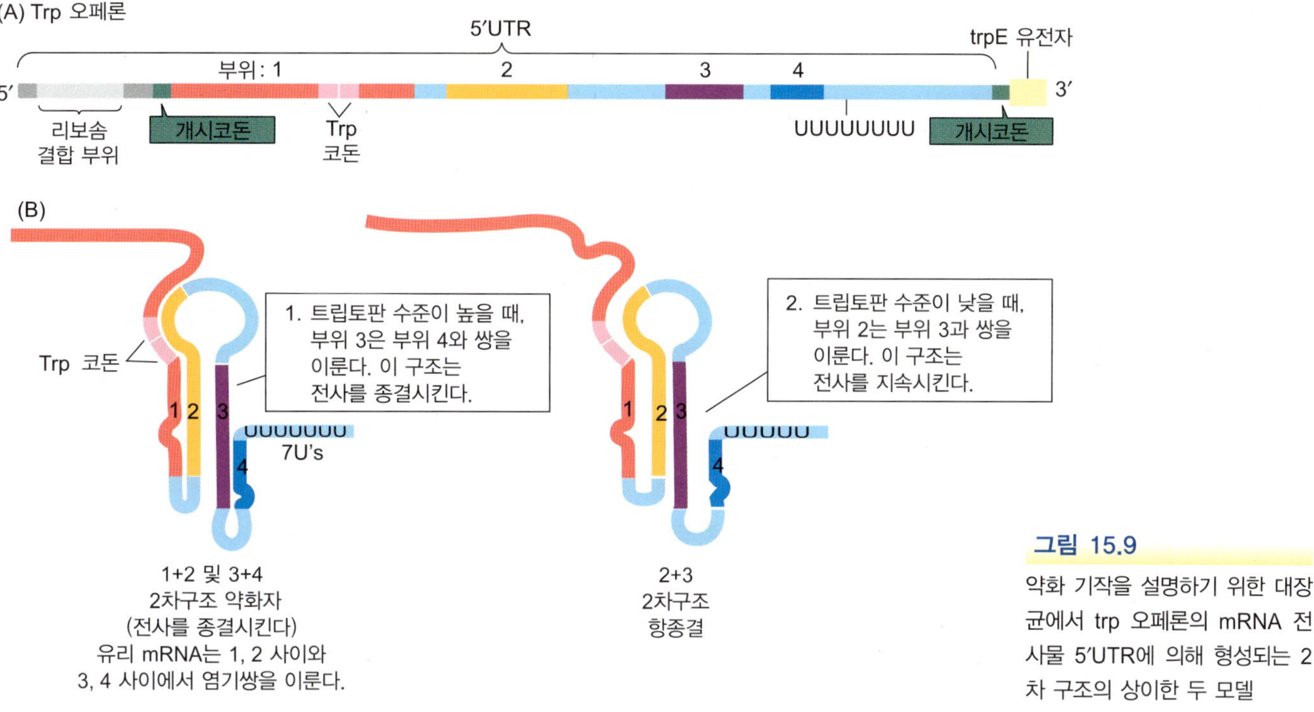

그림 15.9
약화 기작을 설명하기 위한 대장균에서 trp 오페론의 mRNA 전사물 5′UTR에 의해 형성되는 2차 구조의 상이한 두 모델

(2) 배양액에 트립토판 농도가 높으면, 트립토판-tRNA의 농도 또한 높게 된다. 리보솜은 개시코돈에서 이동하여 트립토판 코돈을 지나면서 종결코돈에서 중지한다. 따라서 이것은 *trp* mRNA의 부위 2와 3을 방해한다. 이것은 부위 3과 4의 염기쌍을 허용하고, 3-4 머리핀 고리가 형성된다. 이것은 **폴리 U**와 더불어 mRNA의 종결을 이끌고, 트립토판의 합성이 중지되도록 구조 유전자는 전사되지 않는다.

진핵생물에서는 전사와 번역이 동시에 일어나지 않기 때문에, 이런 형태의 조절 기작은 존재하지 않는다. 진핵생물에서 전사는 핵에서 일어나고, 번역은 세포질에서 일어난다.

2. 자가조절

모노시스트론 mRNA의 합성은 유전자 산물이 억제자로 작용함으로써 자가조절될 수 있다. 자가조절 체계에서, 유전자 산물의 농도가 세포가 필요한 양보다 초과하였을 때, 유전자 산물 분자는 전사를 억제하기 위하여 작동자에 결합한다. 유전자 산물의 농도가 필요한 수준보다 밑으로 떨어질 때, 작동자에 결합된 분자는 부위에서 떨어져 나가고, 작동자와 프로모터는 전사를 할 수 있게 된다.

대부분의 억제 단백질과 모든 시간에 요구되는 많은 효소의 합성은 자가조절된다.

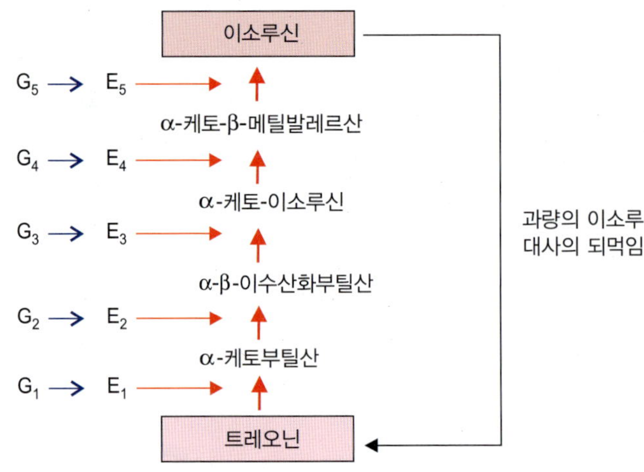

그림 15.10
아미노산 이소루신 합성의 되먹임 억제 기작

3. 되먹임 억제(최종 산물 억제)

생합성 경로의 최종 산물이 활용되지 않을 경우, 이것은 세포 안에 축적되고, 그 물질은 더 이상 합성되지 않는다. 이것은 유전자 활동의 **되먹임 억제**(feedback inhibition)로 알려져 있다. 억제는 축적된 산물이 효소에 결합함으로써 유도된다. 예를 들면, **움바거**(Umbarger, 1961)은 대장균의 배양액에 이소루신을 첨가하면 이소루신 합성이 억제된다는 것을 알게 되었다.

이소루신이 첫 번째 효소에 결합하여 그 효소를 불활성화시킨다. 지금까지 효소 수준에서 억제 현상은 **다른자리입체성 억제**(allosteric interaction)로 알려졌다.

따라서 되먹임이나 최종 산물 억제에서 생합성 경로의 축적된 최종 산물은 경로의 첫 효소와 느슨하게 합쳐진다. 이 복합체는 작동자나 혹은 프로모터 자리에 결합하지는 않지만, 효소의 3차구조가 변형되어 불활성이 된다. 효소 분자의 다른자리입체성 전이는 효소의 활성을 차단하고 최종 산물과 또한 중간 대사물질의 과잉생산을 방지한다.

최종 산물 억제에서, 유전자 발현은 단백질이 합성된 후에 조절된다. 따라서 이것은 **유전자 활동의 번역후 조절**(post-translational control of gene action)이다.

15.5 번역 수준에서 유전자 조절의 기작

단백질 합성의 번역 조절이란 폴리시스트론 mRNA에서 번역되는 특정 단백질의 사본 수를 조절한다는 것을 말한다. 이것은 유전자에 따라 다르고, 번역은 mRNA의 5′ 말단으로부터 3′ 말단으로 갈수록 점진적으로 감소한다. 이것은 다음에 의존한다:

- 번역 개시의 다양한 효율

- 사슬 종결코돈과 다음 개시코돈 사이의 다른 간격
- 분해에 대한 mRNA 다양한 부위의 상이한 민감도
- 유전자 산물에 의한 특정 유전자의 억제(**되먹임 억제**)
- 리보솜의 합성

15.6 박테리오파지에서 유전자 조절

박테리오파지의 유전자 발현도 **오페론**(operon)을 통하여 조절된다. 구조 유전자의 활성도를 조절하는 억제 유전자와 프로모터가 있다. 예를 들면, 파지가 용균성이나 혹은 또는 용원성 경로를 수행하느냐는 억제 유전자 ***cI***과 ***cro*** 유전자를 포함한 **유전적 스위치**(genetic switch)에 의해 결정된다. ***cro*** 유전자가 켜지면 용균성 경로를 개시하고, 반면에 억제 유전자 ***cI***가 켜지면 용원성 경로로 가게 된다.

1. 용균성 경로의 조절

억제 유전자가 불활성일 때, 두 프로모터 유전자 $\mathbf{P_L}$(왼쪽 프로모터)과 $\mathbf{P_R}$(오른쪽 프로모터)은 전사된다.

(1) 유전자 $\mathbf{P_R}$은 용균성 경로 동안에 초기 유전자 전사를 켜는 **cro 단백질**을 합성한다.

(2) 유전자 $\mathbf{P_L}$은 N을 전사한다. 이것은 RNA 합성이 특정 전사 종결자를 넘어서 진행되도록 해준다. 이 과정을 **항종결**(antitermination)이라 하고 유전자 $\mathbf{P_L}$을 **항종결 유전자**라 한다.

이들 두 유전자들의 산물은 **용균성 경로**(lytic pathway)의 다양한 유전자를 켠다. 이들은 외피 단백질의 합성, 바이러스 DNA의 복제, 새로운 파지 입자의 조립 및 세균 세포의 용해를 촉진시킨다.

2. 용원성 경로의 조절

용원성 경로(lysogenic pathway)는 *cII*와 *cIII* 유전자에 의해 생산되는 단백질에 의해 시작된다. 이 단백질들은 **λ-억제 단백질**(repressor protein)을 만드는 *cl* 유전자의 전사를 활성화시킨다. 이것은 두 작동자 O_L과 O_R에 결합하고, P_R과 P_L은 불활성화시킨다. 결과적으로, *cro*와 *N* 유전자의 전사는 차단된다.

따라서 박테리오파지에서, 용균성이나 혹은 용원성 경로에 관계된 유전자는 **오페론**으로 구성되어 있다. 세균 오페론과 유사하게, 이들 오페론은 조절 단백질과 작동자와의 상호작용에 의해 조절되고, 이들 작동자는 구조 유전자의 무리 근처에 있다.

문 제

1. 단백질 합성의 유전자 조절의 오페론 개념을 기술하시오.
2. 억제자와 유도자를 구별하시오. 대사물질이 유도자로 작용하는 예를 드시오.
3. 대장균의 lac 오페론을 자세히 기술하시오. 이것이 어떻게 젖당의 이화대사를 위하여 필요한 효소를 생산하는 유전자의 활성도를 조절하는지를 토의하시오.
4. 작동자와 조절 유전자의 유사점/차이점을 기술하시오.
5. 무엇이 유전자 활성도의 양성과 음성 조절인가? 예를 들어 토의하시오.
6. 오페론을 정의하시오. 누가 개념을 제시하였는가? lac 오페론의 관점에서 이 개념을 설명하시오.
7. lac 오페론은 어떻게 구성되어 있는가? 작동자가 어떻게 오페론에서 유전자 발현을 켜고 끄는가? 설명하시오.
8. 유도와 억제를 구별하시오.
9. 대장균에서 젖당이 첨가되자마자, 세 효소, 베타-갈락토시다아제, 갈락토오스 퍼미아제 및 티오칼락토시드 트랜스아세틸아제는 기능적으로 된다. 왜 젖당의 부재시 이들 효소가 형성이 되지 않는지를 설명하시오.
10. 미생물학자가 파지에 감염된 어떤 세균이 앞서서는 만들 수 없었던 특정 아미노산을 만들 수 있는 능력이 생겼음을 발견하였다. 무엇 때문에 이 새로운 능력이 가능했는가? 이 현상을 간략하게 설명하시오.
11. 어떻게 과도한 트립토판이 트립토판 오페론의 꺼짐을 유도하는가?
12. 어떻게 lac 오페론의 기능이 트립토판 오페론의 그것과 다른가?
13. 세균을 감염시키는 바이러스에 어떤 이름이 주어졌는가?
14. 세균 DNA의 특징 중 하나를 말하시오.
15. 어떤 조건에서, 대장균에서 되먹임 억제 현상이 작동하는가?
16. 한 종류의 세포로부터 분리된 DNA를 다른 세포에 도입하였을 때, 후기에 어떤 표현형 특성을 발현하는 것이 가능하다. 이 현상의 이름을 적으시오.

16 진핵생물에서 유전자 발현의 조절

학습 목표

- 진핵생물에서 유전자 조절
- 유전체 수준에서 유전자 발현의 조절
- 전사 수준에서 유전자 발현의 조절
- 전사후 유전자 조절 혹은 RNA 1차 전사체의 가공에서 유전자 조절
- 진핵생물에서 유전자 활동 조절의 증거

16.1 진핵생물에서 유전자 조절

유전자 발현의 조절은 원핵생물과 진핵생물 사이에 기본적인 유사성이 있다. 그러나 전사 조절은 특히 다세포 진핵생물에서 훨씬 복잡하다. 둘 사이에 주요 차이점이 여러 개 있는데 그 이유는:

(1) 진핵생물에는 박테리아에 존재하는 전형적인 오페론이 없다.

(2) 진핵생물은 원핵생물보다 훨씬 많은 유전자를 가지고 있으며 그들의 발현은 조직에 따라 그리고 발생과 분화의 단계에서 다르게 조절된다.

(3) 진핵생물에서, 전사 조절은 매우 많은 조절 단백질과 **프로모터**(promoter), **증폭자**(enhancer), **활성자**(activator), **차단자**(insulator), **매개자**(mediator) 및 상단부나 혹은 하단부 뉴클레오티드 서열과 같은 많은 DNA 조절 요소를 포함한다.

(4) 어떤 진핵생물의 조절 단백질은 DNA와 직접적으로 상호작용하나, 많은 조절 단백질은 다른 단백질과의 상호작용을 통해서 간접적으로 DNA에 작용한다.

(5) 진핵생물 유전자의 발현에는 여러 개의 **활성자**가 필요하다. 이들은 프로모터의 상단부 부위나 프로모터로부터 수천 염기 떨어져 있는 증폭자 서열에, 혹은 그들 표적 유전자의 하단부에 있는 증폭자에 결합할

수도 있다.

(6) 조절 단백질, 전사인자 등은 세포질에서 리보솜에 의해 합성되나, RNA의 전사는 핵에서 일어난다. 그러므로 조절 단백질은 핵으로 수송되어야 한다.

(7) 진핵생물에서, DNA는 8량체 히스톤 단백질 복합체에 싸여 있고 구슬-유사 구조인 **뉴클레오솜**(nucleosome)을 형성한다. 뉴클레오솜은 DNA 전사를 허락하지 않기 때문에 히스톤의 제거는 전사의 시작을 위해 필수적이다.

(8) 진핵생물에서, DNA의 긴 부분은 자주 이질염색질로 단단하게 접혀져 있다. 이질염색질 단계에서, 그들은 RNA 중합효소와 전사인자들을 받아들일 수 없게 된다.

(9) 인트론은 대부분의 진핵생물 유전자에 존재하나, 원핵생물에서는 소수 유전자에서만 발견된다.

(10) 진핵생물에서, RNA는 핵에서 합성되고, 핵공을 통해 번역되는 세포질로 수송된다.

(11) 진핵생물은 유전자 사본 수를 증가(유전자 증폭)시키는 조절 방법으로 DNA 절편을 재배열하는 기작을 가진다.

(12) 조절 부위는 원핵생물의 그것보다 매우 크고, 이들은 프로모터로부터 멀리 떨어져 있을 수도 있다.

(13) 진핵생물에서, 대부분의 유전자는 양성 조절을 받는다. 억제자는 드물고, 일반적으로 세균의 것과는 다르게 작동한다.

1. 진핵생물에서 유전자 조절의 수준

진핵생물에서, 유전자 발현은 다음 수준에서 조절된다:

(1) 유전체 수준

(2) RNA의 전사

(3) RNA 전사체의 가공

(4) RNA의 핵 바깥으로 위치 이동

(5) 성숙한 RNA의 분해

(6) mRNA의 번역

(7) 단백질의 변형 공정

(8) 단백질 산물의 분해

16.2 유전체 수준에서 유전자 발현의 조절

유전체 수준에서 유전자 발현의 조절은 다음과 같다:

1. 다유전자 가계의 존재

진핵생물 유전체에서, 많은 기능-연관 진핵생물 유전자는 **유전자 가계**(gene family)라는 유전자 세트로 집단화되어 있다. 유전자 가계에는 **단순 다유전자 가계**(simple multigene families), **복합 다유전자**(complex multigene) 및 **발생 조절 복합 다유전자 가계**(developmentally controlled complex multigene families)가

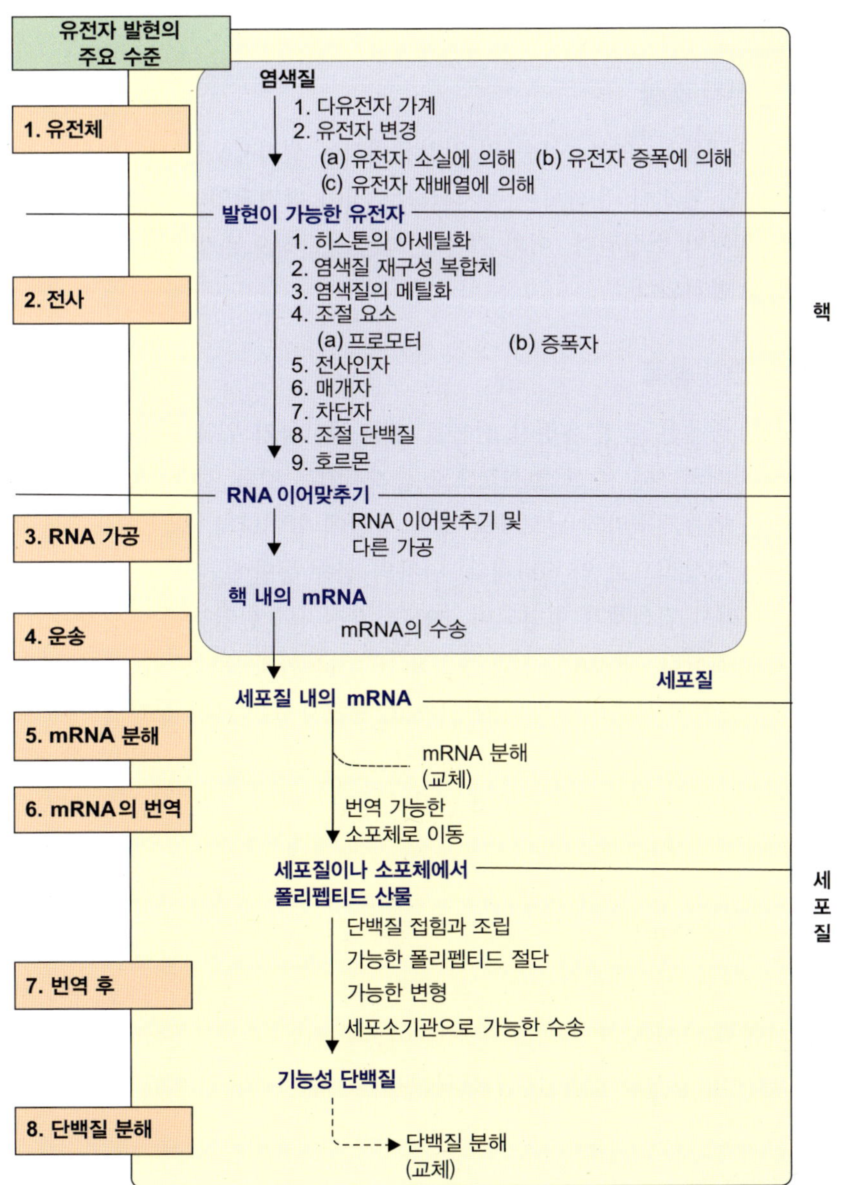

그림 16.1
진핵생물에서 유전자 발현의 조절 수준

있다. 이들로 인해 다양한 유전자의 재조합, 유전자 발현의 변형, 그리고 생산된 mRNA의 양적 변화들이 생길 수 있다. 이 개념은 **유전자 용량**(gene dosage)으로 나타내기도 한다. 이는 전사된 mRNA의 양과 합성된 단백질의 양이 관련 유전자의 수와 직접적으로 비례한다는 것을 의미한다. 예를 들면, 진핵생물에서 세포분열마다 필요한 염색질을 형성하기 위해 거대한 양의 히스톤이 필요하기 때문에 대부분의 세포는 히스톤 유전자를 수백 사본을 갖고 있다.

2. 유전자 변경

유전자 변경에는 유전자 사본 수의 변화나 유전자 구조의 변화 등이 포함된다. 이와 같은 변화는 유전자 **소실**(loss), **증폭**(amplification) 및 **재배열**(rearrangement)에 의해 생길 수 있다.

1) 유전자 소실

어떤 원생동물, 연충, 곤충 및 갑각류에서는 생식세포를 생산하도록 예정된 세포에서만 완전한 유전체를 유지한다는 것이 발견되었다. 체세포에서는 유전물질의 일부가 소실된다. 이와 같은 변화는 일반적으로 발생 동안에 초기 난할 단계에서 발견된다.

2) 유전자 증폭

유전자 증폭은 특정 유전자 산물을 대량 생산하기 위해 특정 유전자나 혹은 유전자 가계의 사본 수를 일시적으로 증가시키는 것을 말한다. 예를 들면, 유전자 증폭은 발톱개구리의 난모세포 성숙 동안에 일어난다. 난모세포에서 rRNA 유전자는 정상적으로 약 600개다. 난자의 성숙 동안에, 유전자 증폭이 일어나고, 램프브러시 염색체가 형성되며, rRNA 유전자와 난알부민 유전자가 4,000배까지나 증폭한다. rRNA 유전자는 2×10^6 사본까지 도달할 수도 있다. 이것은 난세포질에서 리보솜의 수를 증가시키고, 난모세포는 난황 형성과 난할 단계의 조절을 위하여 요구되는 다량의 단백질을 합성할 수 있다. 난자형성 과정에서의 rRNA 유전자의 증폭은 난황이 난자에서 합성되는 곤충, 어류 및 양서류의 난황 난자에서 발견된다.

3) 유전자 재배열

위치 효과는 유전자 활동이나 혹은 유전자 효율에 영향을 준다. 유전자를 프로모터에서 먼 곳에서 가까운 곳으로 이동시키면 작동할 것이다. 이와 같은 유전자 발현의 활성화 예는 면역글로불린이나 혹은 항체를 암호화하는 유전자에서 볼 수 있다.

16.3 전사 수준에서 유전자 발현의 조절

원핵생물에서, DNA는 ***RNA 중합효소***와 조절 단백질을 자유롭게 받아들인다. 그러나 진핵생물의 DNA는 히스톤(염기성 단백질)과 결합되어 있고, 뉴클레오솜을 형성하고 있다. 이들 뉴클레오솜은 히스톤의 상호작용으로 서로 가까이 붙잡고 있다. 이질염색질 부위의 뉴클레오솜은 빽빽이 쌓인 구조다. 그러므로 진핵생물의 DNA에서는 전사가 일어날 수 없다. 이런 조건에서 이웃한 뉴클레오솜이 해체되어야만 **전사인자**와 ***RNA 중합효소***가 프로모터 부위에 도달하여 결합하고 전사가 개시될 수 있다. 그러므로 진핵생물에서의 유전자 전사조절은 다음과 같다:

- 히스톤의 아세틸화
- 진정염색질 재구성 복합체
- 뉴클레오티드의 메틸화
- 조절 요소
- 전사인자
- 매개자
- 조절 단백질
- 호르몬

두 종류의 효소가 DNA를 전사가 가능하게 해준다.

- 히스톤의 특정 부위에 아세틸기나 다른 기를 첨가하여 뉴클레오솜을 변형시키는 효소. 이들 효소는 뉴클레오솜을 불안정화시키거나 또는 더 변형이나 제거되도록 표지하는 역할을 한다.
- DNA에 작용하는 뉴클레오솜 기구를 제거하여 염색질을 리모델링하는 효소. 이 효소들은 개시 스위치나 swi/snf 복합체로 불리는 두 종류의 단백질 복합체이다.

1. 히스톤의 아세틸화에 의한 전사 조절

히스톤 꼬리의 아세틸화는 이웃한 뉴클레오솜의 해체를 촉진한다. 히스톤 4종류(H2A, H2B, H3, H4) 모두가 아세틸화될 수 있으나, 아세틸화가 가장 많이 되는 것은 H4이다. 아세틸화된 히스톤은 덜 응축된 염색질을 형성하여서, RNA 중합효소와 다른 단백질들이 DNA 나선에 더 잘 접근할 수 있게 한다. 아세틸화는 ***히스톤 아세틸 전달효소***(*histone acetyl transferases*, **HAT**)에 의해서, 탈아세틸화는 ***히스톤 탈아세틸효소***(*histone deacetylases*, **HDAC**)에 의해서 이루어진다.

HAT는 유전자를 활성화시키는 반면 HDAC는 유전자를 억제한다. 이전에 조활성자로 불렸던 다수의 단백질이 HAT 범주에 속한다. 유사하게 조억제자로 불리는 것은 HDAC 단백질이다.

2. 염색질 재구성 복합체에 의한 전사 조절

염색질 재구성 복합체는 뉴클레오솜에서 히스톤을 재배열하여 프로모터를 노출시킴으로써 RNA 중합효소가 접근할 수 있도록 해주는 단백질 중합체이다. 이

부가 설명: 비-아세틸화와 아세틸화된 히스톤

1. 비-아세틸화된 히스톤은 전사 비활성인 고도로 응축된 이질염색질을 형성한다.
2. 아세틸화된 히스톤은 전사 활성인 덜 응축된 염색질이나 진정염색질을 형성한다.
3. 아세틸화는 뉴클레오솜의 해체를 일으키지 않는다. 이것은 단위체로서 뉴클레오솜은 손상되지 않는 채로 남으나, 해리된다.

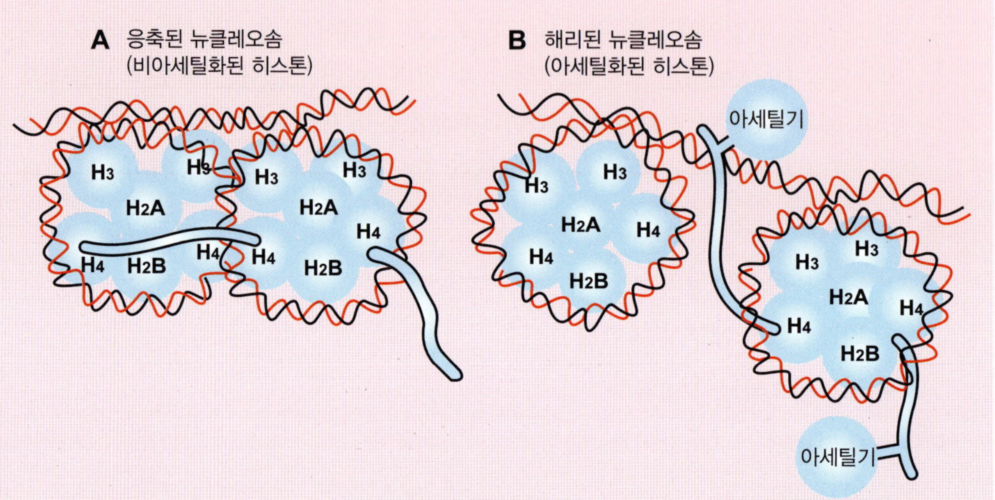

그림 16.2
뉴클레오솜의 해리를 이끄는 히스톤 꼬리의 아세틸화.
A. 비아세틸화된 히스톤을 가진 뉴클레오솜은 응축된다.
B. 아세틸화된 뉴클레오솜은 해리된다.

들 복합체는 2–12개 단백질로 형성된다. 그들은 뉴클레오솜이나 DNA에 강하게 결합하고, DNA의 감기를 느슨하게 한다. 이들은 두 종류이다: (i) 작은 복합체는 2–6개 폴리펩티드로 형성되고, **개시 스위치**로 불린다. (ii) 큰 복합체는 8–12개 폴리펩티드를 가지며, **Swi/Snf 복합체**로 표기한다. 전자는 히스톤에 결합하고, 후자는 DNA에 결합한다. 뉴클레오솜의 재구성은 두 가지 방법으로 이루어진다:

(1) DNA 분자를 따라 뉴클레오솜이 미끄러져서 전사에 대한 뉴클레오티드 서열(프로모터 서열)을 노출,

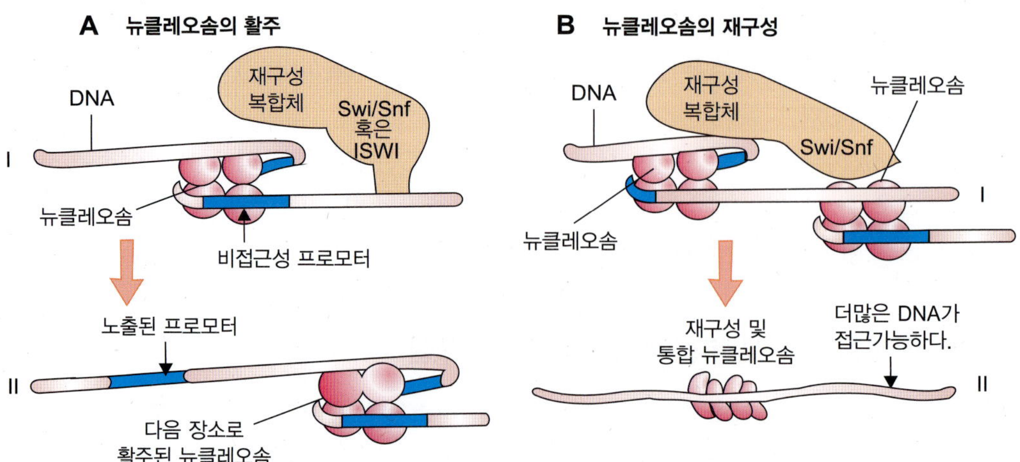

그림 16.3
뉴클레오솜의 활주와 재구성

부가 설명: 아세틸화에 의한 진핵생물 유전자의 활성화 과정 요약

다음 일들이 아세틸화와 염색질 재구성 동안에 연속해서 일어난다:

- 전사인자가 DNA에 결합한다.
- *히스톤 아세틸 전달효소*가 전사인자에 결합한다.
- HAT가 전사인자에 근접한 프로모터 부위에 있는 히스톤 꼬리를 아세틸화한다.
- 이 DNA 부위에서 뉴클레오솜의 결합이 아세틸화로 인하여 느슨하게 된다.
- 전사인자를 받아들이는 프로모터 부위를 노출시키기 위하여, 염색질 재구성 복합체는 미끄러지거나 혹은 뉴클레오솜을 재배열한다.
- 전사인자가 DNA에 결합한다.
- RNA 중합효소가 노출된 프로모터 부위와 결합한다.
- 하나 또는 그 이상의 특정 전사인자로부터 양성 신호가 전사의 개시를 위하여 매개자 복합체를 통하여 전달된다.

(2) 재배열에 의해 히스톤은 뉴클레오솜을 느슨하게 하고, 뉴클레오티드 서열을 노출시킨다.

3. DNA의 메틸화에 의한 전사 조절(유전자의 침묵)

DNA 질소 염기의 메틸화는 유전자를 침묵시키고, 고등 생물체에서 발생 동안에 유전자 발현을 조절한다. 침묵은 5′ ... CG ... 3′ 서열에 있는 시토신을 메틸화하여 일어난다.

메틸기는 DNA의 큰 홈으로 돌출하여 전사인자의 결합을 방해한다. 또한 메틸화된 시토신-구아닌 서열은 **메틸시토신 결합 단백질**(methylcytosine binding protein, MeCP)이 인식한다. 메틸화된 CG-서열에 결합하였을 때, MeCP는 히스톤으로부터 아세틸기의 제거에 도움을 준다. 이는 전사에 대해 접근성이 없는 이질염색질이 만들어지도록 DNA를 응축시킨다. 모든 세포와 조직에서 발현되는 살림살이 유전자는 비-메틸화된-**CG-섬**을 가지고 있고, 항상 아세틸화되어 있으며, 활성적이다. 대조적으로, **조직 특이 유전자**(tissue specific gene)의 -CG-

부가 설명: 메틸화는 유전자의 탈활성화를 유도한다.

메틸화는 다음 방법으로 유전자의 탈활성화를 유도한다:

1. 제한효소 자리의 메틸화는 자가 파괴를 방지한다.
2. 특정 -CG-섬의 메틸화는 어떤 유전자의 전사를 방지한다.
3. 특정 유전자는 그들이 발현되지 않는 세포에서 고도로 메틸화되어 있으나, 이들 유전자가 발현되는 다른 세포에서는 비-메틸화되어 있다.
4. 일반적인 세포의 기능을 조절하고 지속적으로 전사되는 살림살이 유전자는 거의 메틸화되어 있지 않다.

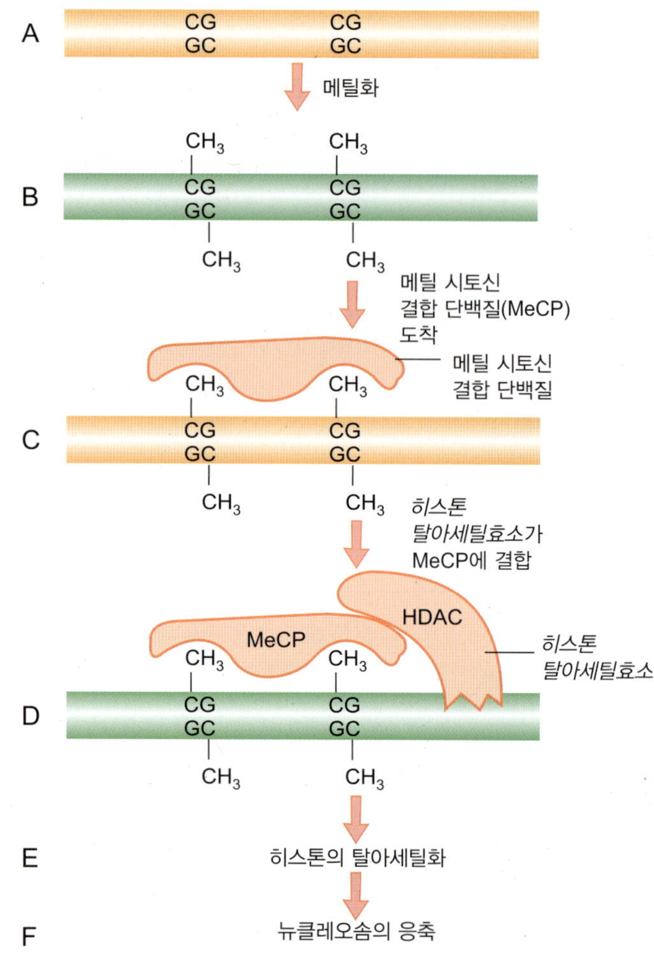

그림 16.4
메틸화에 의한 진핵생물 유전자의 침묵

섬은 단지 유전자가 발현되는 조직에서만 비-메틸화된다.

침묵은 단일 유전자, 유전자의 집단, 염색체의 부분이나 혹은 염색체 전체에도 영향을 미칠 수도 있다. 예를 들면, 포유류 암컷에서 X-염색체 전체가 이질염색질화되고 침묵된다. 메틸화는 척추동물에서 만연하다. 메틸화의 빈도는 하등동물에서 감소한다. 심한 메틸화는 불활성의 X-염색체에서 볼 수 있다. 이 과정을 리용화(lyonisation)라 한다.

4. 조절 요소에 의한 전사 조절

진핵생물의 단백질-암호화 유전자(구조 유전자)는 두 종류의 조절 요소 또는 조절 서열을 가진다. 이들은 **프로모터 요소**와 **증폭자 요소**이다.

1) 프로모터 요소 혹은 프로모터 단백질

이들은 암호화 유전자의 개시 부위 상류에 위치하며 두 가지 중요한 기능을 가진다. 어떤 프로모터는 전사의 개시 위치에서 확인되었다. 예를 들면, TATA 요

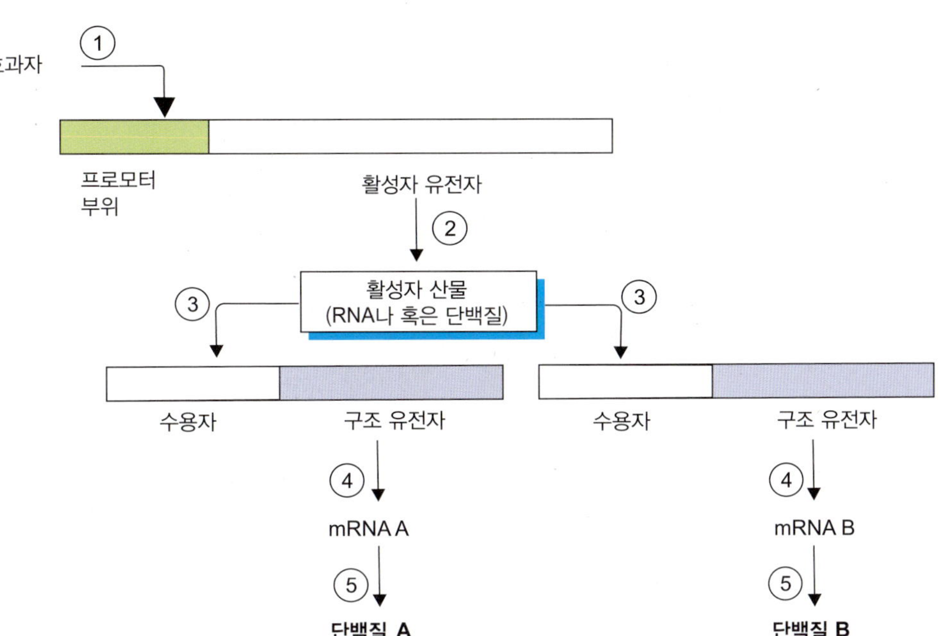

그림 16.5
프로모터와 활성자 요소에 의한 합성의 조절

소는 전사가 시작되는 부위에 존재한다. 다른 프로모터는 조절성이다. 이들은 전사가 일어날 것이냐 아니냐를 조절한다. 전사인자는 이들 프로모터 부위에 결합한다. 이들 프로모터 요소는 **양성 조절 단백질**(positive regulatory protein)이나 **음성 조절 단백질**(negative regulatory protein)을 생산할 수 있다. 이에 따른 프로모터 요소를 **양성 조절 요소**(positive regulatory element)와 **음성 조절 요소**(negative regulatory element)라 한다. 전자는 구조 유전자의 전사를 활성화시키고, 반면에 후자는 전사를 끈다.

2) 증폭자 또는 활성자 요소 또는 증폭자 단백질

증폭자는 특히 발생 동안이나 혹은 다른 세포 종류에서, 특정 전사인자의 결합으로 유전자의 전사를 최대한 증가시키는 뉴클레오티드 서열이다. 이들 세포는 전사 활성자 단백질을 합성한다. 활성자 단백질은 두 영역으로 구성된다: **DNA 결합 영역**(DNA binding domain)은 조절 프로모터에서 특정한 서열 모티프에 결합하고, **활성 영역**(activation domain)은 유전자에 전사 기구를 모집하고 유전자 활성을 증진시키기 위하여 전사인자에 결합한다. 증폭자는 프로모터로부터 수 천 염기가 떨어진 상류나 혹은 하류에 위치한다. 여기에는 인식 자리가 모여 있으며 따라서 여러 개의 조절 단백질과 결합한다. 여기에 전사인자가 결합하면 중합효소의 활성에 영향을 주고 그로 인해 유전자 발현에도 영향을 주게 된다. 증폭자는 그 자신의 프로모터에 가까이 있을 필요가 없다. 이것은 근방에 있는 어떤 프로모터로부터의 전사도 증가시킬 수 있다. 증폭자가 유전자를 켰을 때, 증폭자와 프로모터 사이의 DNA는 고리 모양을 이룬다.

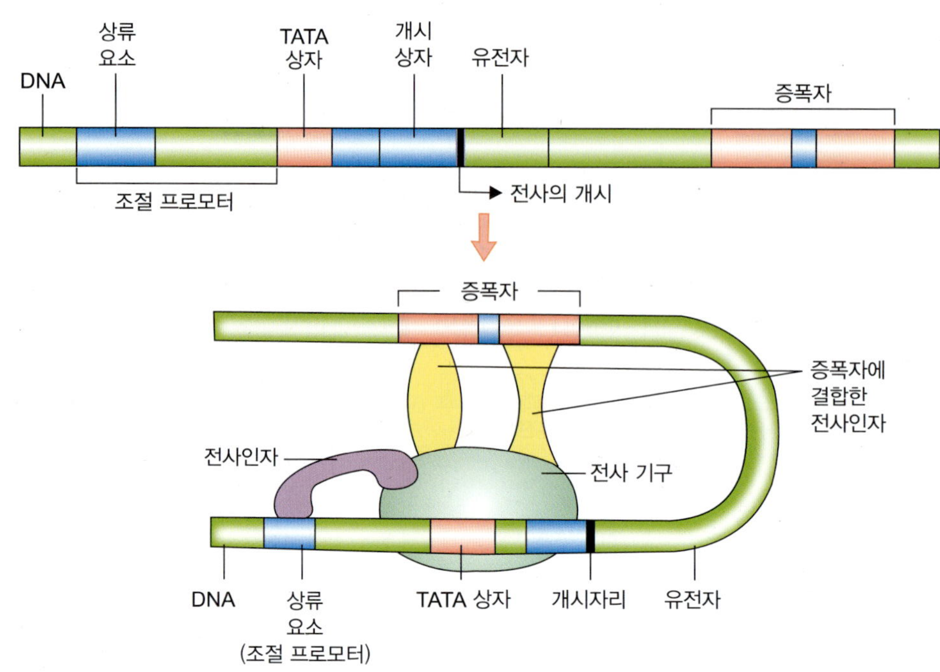

그림 16.6
전사인자를 통한 전사 기구에 증폭자의 결합

5. 전사인자에 의한 전사 조절

진핵생물에서, 전사의 개시는 DNA의 개시서열, ***RNA 중합효소 II***와 몇 가지 전사인자 사이의 **전사 복합체**(transcription complex) 형성이 있거나, 혹은 기존의 전사 복합체에 RNA 중합효소 결합을 조절함으로써 이루어진다.

전사인자(transcription factor)는 특정한 신호에 반응하고, 그에 따라 DNA의 조절 부위에 결합하여 단백질을 암호화하는 유전자의 발현을 조절하는 단백질 복합체이다. 두 종류의 전사인자가 있다:

(1) 보편 전사인자(General Transcription Factor): TATA 상자에 처음 결합하고, 모든 전사의 개시에 필요하며 보편전사인자에는 TFⅡB, TFⅡD 및 TFⅡH가 있으며 프로모터의 인식과 결합에 필요하다.

그림 16.7
DNA의 조절 프로모터 서열과 결합하는 하나의 영역과 전사 기구와 결합하는 영역, 두 영역을 보여주는 전사인자

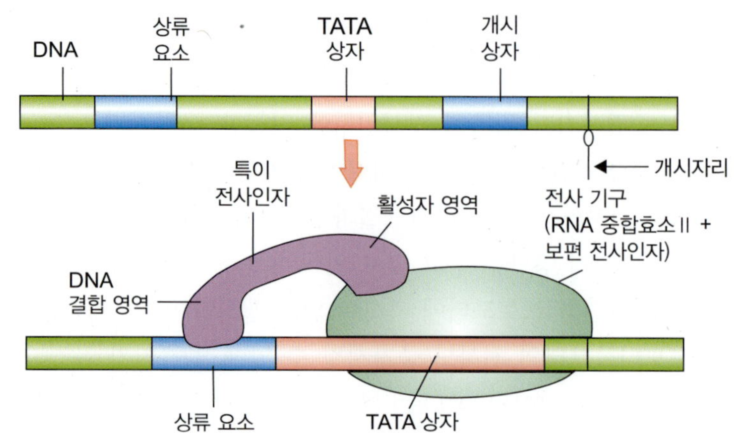

(2) 특수 전사인자(Specific Transcription Factor): 특정 유전자의 전사를 개시하기 위하여 특정한 신호에 반응하여 보편 전사인자에 결합한다. 전형적으로, 특수 전사인자는 다음의 공통적인 특징을 갖는다:

- 전사인자는 하나나 혹은 그 이상의 유전자를 켜도록 신호하는 특정한 자극에 반응한다.
- 전사인자는 핵공을 통하여 핵 내로 들어갈 수 있다.
- DNA의 특정한 프로모터 서열을 인식하고 결합한다.
- 전사 기구와 접촉한다.
- 전사인자는 최소한 두 영역을 갖고 있다. 한 영역은 프로모터 DNA와 결합하고(**결합 영역**), 다른 것은 전사 기구와 상호작용한다(**활성화 영역**).

6. 매개자에 의한 전사 조절

매개자는 약 20개의 단위체로 구성된 단백질 복합체다. 이것은 ***RNA 중합효소 II***의 위에 결합하고 전사 활성자나 혹은 증폭자로부터 신호를 받아 이들을 전사 기구인 RNA 중합효소Ⅱ쪽으로 가깝게 만든다. 매개자의 어떤 단위체는 유전자 전사 조절에서 양성 방식으로 작용하나, 반면에 다른 것은 음성으로 작용한다.

7. 차단자에 의한 전사 조절

차단자는 GC가 풍부한 DNA 부위이고, CG 서열은 빠르게 메틸화된다. 또한 차단자는 **차단자 결합 단백질**(insulator binding protein, IBP)이라는 특정 아연집게

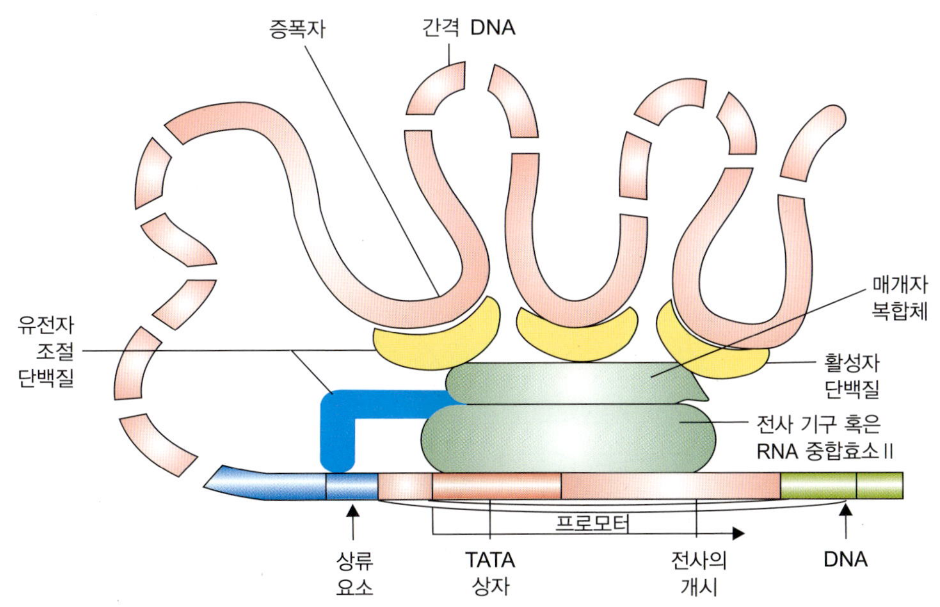

그림 16.8
증폭자와 전사 기구 사이에서 증폭자 조절 단백질과 RNA 중합효소 II를 접하게 해주는 매개자 복합체

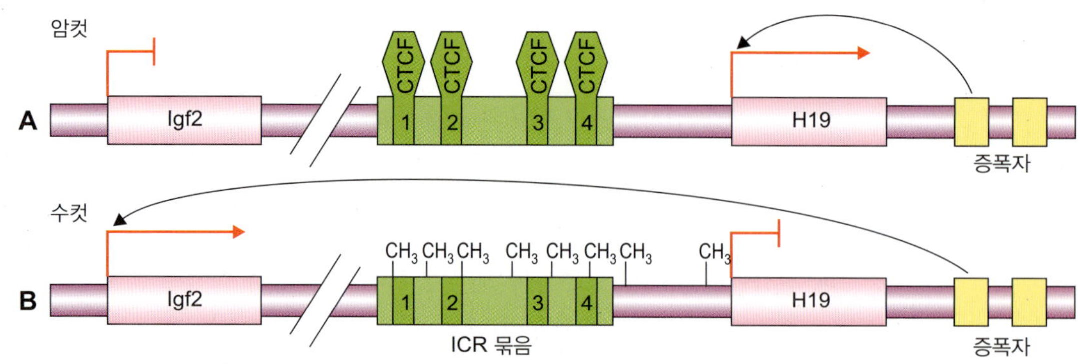

그림 16.9
생쥐 H19와 Igf2 유전자에서 각인에 의한 전사 조절

단백질의 사본들과 결합하는 뉴클레오티드 서열의 무리를 갖고 있다. 차단자 서열에 결합하는 동안, IBP는 증폭자를 방해하나, 메틸화가 일어나면 차단자는 IBP에 결합하지 못하고 대신 증폭자가 결합하여 유전자는 작동한다. 예를 들면, 척추동물에서, 유전자 Igf2(insulin-like growth factor-2)와 유전자 H19는 서로 가까이 위치하고, 두 유전자 사이에는 각인 중심 부위(imprinting center region, ICR)라는 공통 차단자가 있고, H19 유전자의 하류에는 공통 증폭자가 있다. 부계 염색체에서는 ICR 무리가 메틸화되어 있고 모계 염색체는 메틸화가 되어 있지 않다. 단백질 CTCF가 비-메틸화 모계 ICR에 결합하면 증폭자에 전사 활성자의 결합을 차단하여 IgF2의 전사를 촉진하지 않고 대신 증폭자는 H19 유전자를 켠다. 암컷 부모에서, ICR 무리는 메틸화되어 있어 CTCF가 결합할 수 없다. 메틸화된 H19 프로모터는 H19의 전사를 방해하고, H19 유전자는 켜지지 않는

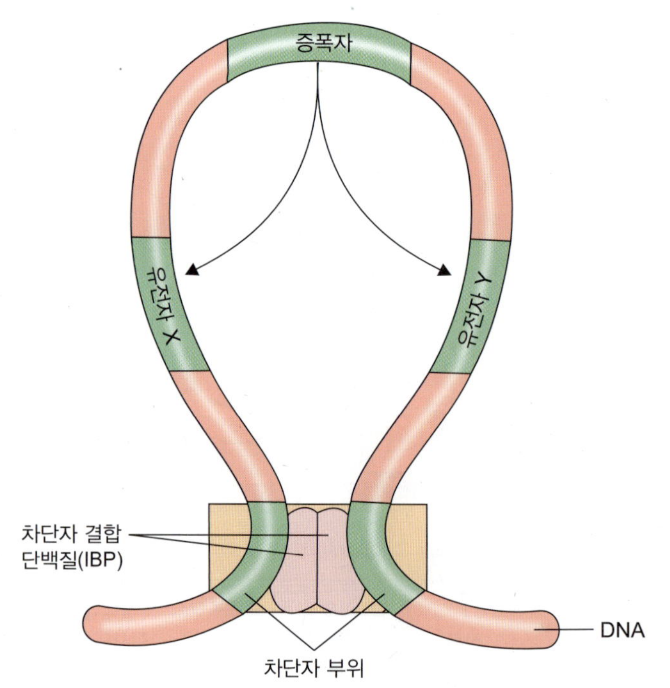

그림 16.10
차단자 결합 단백질(IBP)이 결합하고, 증폭자의 활동 범위를 제한하는 차단자 서열

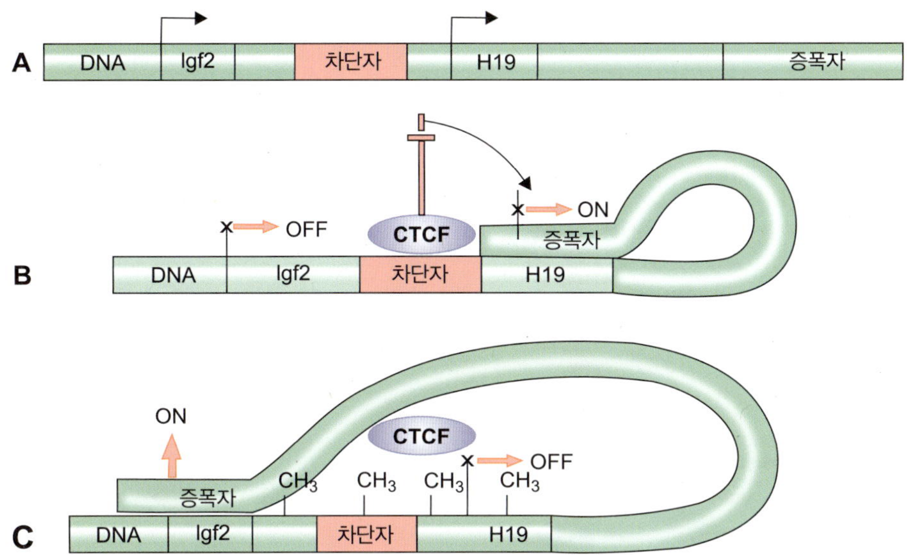

그림 16.11

차단자 서열의 메틸화와 차단자 결합 단백질 CTCF의 결합

A. 유전자 Igf2, H19, 차단자 및 증폭자의 위치;

B. 차단자가 메틸화가 되지 않았을 때 CTCF 단백질은 차단자에 결합하고 증폭자는 H19 유전자만을 켠다;

C. 차단자와 H19 유전자가 메틸화되었을 때 CTCF 단백질은 결합하지 못하고, 증폭자는 Igf2 유전자를 활성화시키고, H19 유전자는 꺼진다.

다. 대신 증폭자는 IgF2 유전자를 활성화시킨다.

8. 조절 단백질에 의한 전사 조절

전사에서 주된 참가자는 ***RNA 중합효소***다. 이것의 활성도는 조절 단백질과 효소에 의해 조절되거나 혹은 중개된다. 조절 단백질은 활성자와 억제자, 두 종류가 있고, 효소로는 DNA를 자르거나 변형하는 것과 DNA의 회문이나 혹은 역반복을 인식하는 것이 있다. 그러나 이들 단백질의 두 종류 모두는 DNA의 특정 염기서열을 인식하고 결합하며, 중합효소를 **켜거나 끈다**. 조절 단백질은 분리된 결합 영역을 갖는다. 그들은 특별한 염기서열을 읽고 거기에 결합한다. 그들은 또한 **단백질 결합 영역**을 가지고 있어 ***RNA 중합효소***나 다른 조절 단백질과 결합한다.

조절 단백질의 작용은 작은 대사물질과 호르몬 같은 다른 분자 신호에 의해서도 영향을 받는다. 그들의 결합은 단백질 DNA 상호작용의 친화도를 증가시키거나 혹은 감소시킬 수 있다.

1) 조절 단백질의 분류

공통적인 구조적 모티프에 기초하여 세 가지로 분류한다:

(1) 나선-회전-나선(HTH) 모티프와 나선-고리-나선(HLH) 모티프

(2) 아연집게 모티프

(3) 루신 지퍼 모티프

그림 16.12

A. 두 개의 알파나선, α2와 α3을 가진 나선-회전-나선(HTH) 분자;
B. DNA에 HTH의 결합

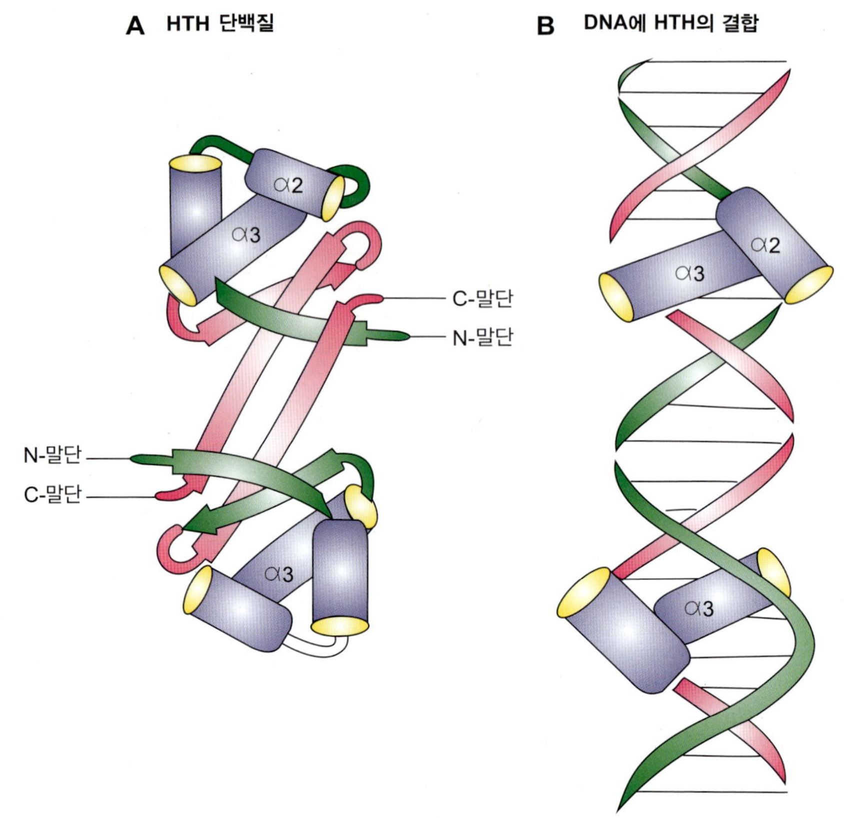

1. 나선-회전-나선 모티프(HTH): 원핵생물 조절 단백질의 가장 일반적인 DNA 결합 영역이다. 이것은 7-9개의 아미노산으로 이루어진 짧은 α-나선 두 개로 배열된 약 20 아미노산 잔기의 이량체이다. 두 나선은 α2와 α3로 표시하고 β-회전으로 연결된다. 이들 나선 중의 하나가 DNA의 큰 홈에 들어가서 염기들과 접촉한다. HTH와 HLH 모티프를 가진 단백질은 DNA의 역반복에 이량체로 결합한다. 그러므로 이들 나선을 **인식 나선**(recognition helix)이라 한다.

나선-고리-나선에서 고리의 회전은 더 길다. HLH 모티프에서는 첫 α-나선이 DNA에 결합하나, HTH 모티프에서는 두 번째 α-나선이 DNA에 결합한다. HTH 모티프는 원핵생물과 진핵생물 둘 다에서 사용되나, HLH 모티프는 단지 진핵생물에서만 사용된다.

2. 아연집게 모티프: 이 모티프는 25~30개 아미노산 잔기로 둘러싸인 중앙 아연 원자로 구성된다. 아연은 일반적으로 두 시스틴 잔기에 결합되어 있으며, 두 시스틴은 히스티딘 두 개와 하나의 β-머리핀을 가지는 매우 짧은 조각의 β-병풍에 놓여 있다.

아연집게 모티프를 갖는 조절 단백질은 DNA의 큰 홈에 결합하고, 이중나선의 축 주위를 둘러싼다. 발톱 개구리의 전사인자 TFIIIA와 글루코코르티코이드

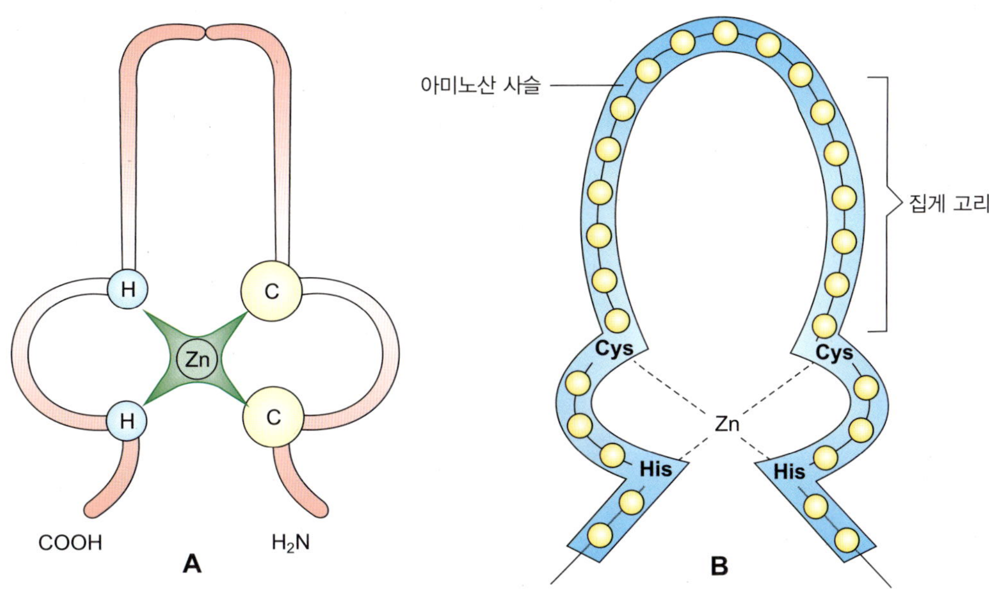

그림 16.13

A. 아연집게 DNA 결합 단백질 모티프;

B. 아연 원자와 시스테인(C)과 히스티딘(H) 잔기 사이의 상호작용에 의해 안정되는 아미노산 고리의 아연집게 모티프. 집게의 끝은 DNA 홈에서 노출된 핵산 염기의 모서리를 인식하고 결합한다.

수용체 단백질은 아연집게를 가진 예이다.

3. 루신 지퍼 모티프: 루신 지퍼 모티프는 많은 진핵생물 전사인자에서 발견된다. 루신 지퍼 모티프는 두 개의 α-나선으로 형성된다. 각각의 α-나선은 소수성 지역과 염기성 말단을 갖고 있다. 두 α-나선은 그들의 소수성 지역을 통해 만나지만 그들의 염기성 말단은 서로 멀리 떨어져 있고 DNA의 큰홈에 들어간다. 루신 지퍼 모티프를 갖는 조절 단백질은 지퍼 모티프와 두 개의 기능적인 영역을 가지는 것으로 보인다.

- α-나선의 **단백질 결합 영역** 또는 **이량화 영역**은 루신이 풍부한 30개의 아미

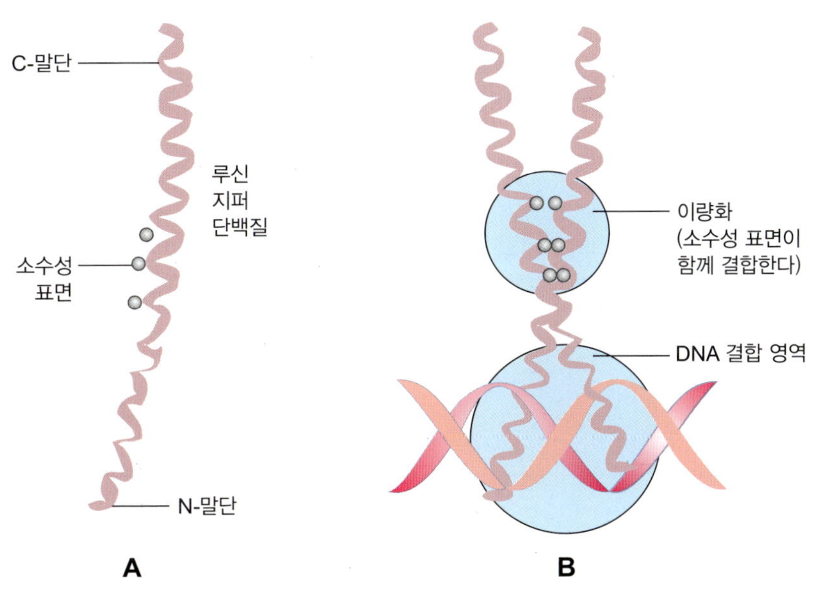

그림 16.14

DNA 결합 루신 지퍼 단백질:

A. 루신 지퍼 단백질의 한 나선;

B. 염기성 단백질에 의한 다른 것과 DNA에 두 루신 지퍼 나선의 결합. 염기성 말단 부위는 DNA의 주 홈에 맞는다. 그들은 대략적으로 평행이고 DNA 근처에서 열려 있기 때문에, 두 나선 절편은 지퍼와 닮았다.

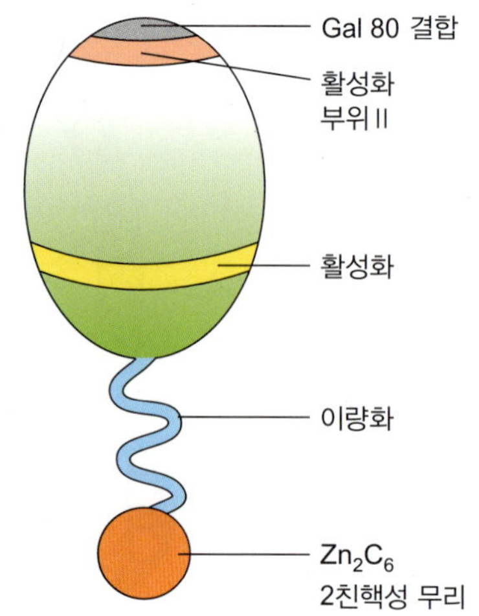

그림 16.15
Gal 4 영역 구조의 모식도

노산 잔기로 구성되어 있다. 네 개 또는 다섯 개의 루신 잔기가 7개의 아미노산으로 띄어져 있다. 이들은 소수성 곁사슬을 형성한다. 두 α-나선의 루신 소수성 곁사슬은 소수성 상호작용으로 서로 결합한다.

- α-나선의 **DNA 결합 영역**은 양전하의 아미노산(리신과 아르기닌)이 풍부하다. 이것은 루신 지퍼 다음에 놓여 있고, DNA에 결합한다.

조절 단백질에 대사물질이나 호르몬이 결합하면 단백질-DNA 상호작용의 친화도를 증가시키거나 감소시킬 수 있다.

9. 호르몬에 의한 전사 조절

고등한 진핵생물에서 단기간의 유전자 조절은 호르몬이 담당한다. 아미노산, 아마이드, 폴리펩티드 및 작은 단백질 같은 호르몬은 세포 표면에 작용하고,

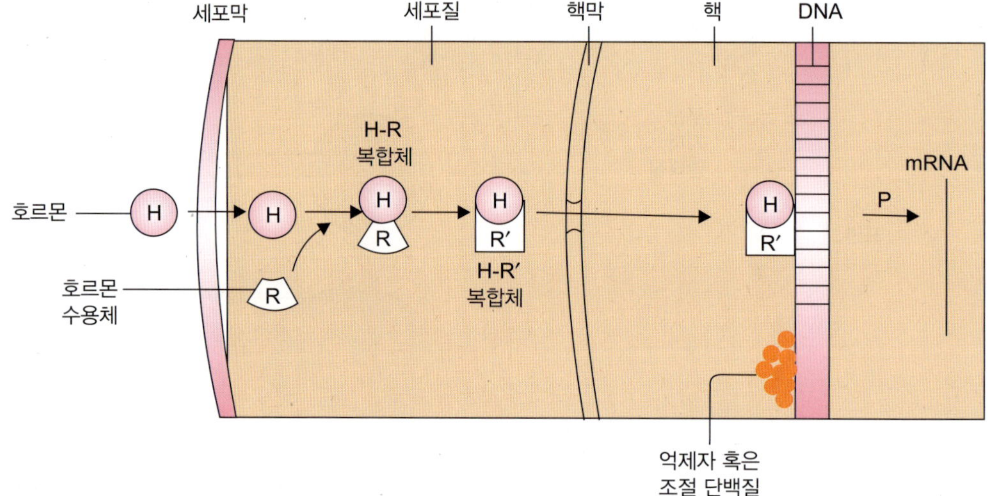

그림 16.16
호르몬에 의한 유전자 활성의 조절: 호르몬(H)이 DNA에 도달하고 세포질 수용체와 결합하여 전사를 시발한다.

cAMP의 형성을 활성화시킨다. 이것은 **2차 전달자**(second messenger)로 작용하며 핵으로 들어가서 유전자 활성도를 조절한다. 여성호르몬, 황체호르몬, 남성호르몬, 알도스테론 등과 같은 **스테로이드 호르몬**(steroid hormone)은 특별한 수용체 단백질과 복합체를 형성한다. 그 다음 복합체는 세포의 유전체에 결합하여 특정 유전자의 발현을 조절한다. 특정 세포 종류에만 있는 호르몬-수용체의 존재가 호르몬 작용의 특이성을 만든다.

10. 염색체 수준에서 전사 조절

I. DNA와 히스톤과 비-히스톤의 상호작용: 진핵생물 염색체는 뉴클레오솜을 형성하는 DNA와 히스톤의 복합체로 이루어져 있다. 뉴클레오솜의 밀집으로 인해 프로모터 부위에 있는 TATA 상자는 노출이 되지 않아 전사가 억제된다. 조절 단백질이 증폭자에 결합하고 TATA 상자에서 뉴클레오솜이 해체될 때에 유전자는 활성화된다. 이는 조절 단백질과 전사인자가 결합하여 전사를 개시시킬 수 있게 해준다.

DNA 결합 비-히스톤 단백질(DNA binding nonhistone protein)은 산성 단백질이다. 그들은 특정 DNA 서열과 상호작용하고, 전사 개시에 조절 효과를 나타낸다. 산성 단백질은 DNA 분자의 가닥 분리를 억제하고, DNA를 안정화시킨다.

II. DNase 민감성과 유전자 발현: 전사적으로 활성인 염색질은 전사적으로 불활성인 염색질과 비교하여 느슨한 DNA-단백질 구조를 갖고 있다. 이것은 DNase-1의 분해에 더욱 민감하다. 전사적으로 활성인 유전자의 프로모터 부위는 더 느슨한 DNA-단백질 구조를 갖는다. 이를 **DNase 고민감성 자리**(DNase hypersensitive site) 혹은 **고민감성 부위**(hypersensitive region)라 한다. 이들은 ***RNA 중합효소***와 조절 단백질이 결합하는 자리이다.

16.4 전사후 유전자 조절 혹은 RNA 1차 전사체의 가공에서 유전자 조절

1. 이어맞추기 자리의 선택을 통한 전사후 조절

진핵생물에서 모든 세 종류의 RNA는 전구 분자로 합성된다. 유전자 발현은 이들 전구 RNA(전-RNA)의 가공 수준에서 조절될 수 있다. 전사후 조절은 두 가지 조절 작용으로 이루어진다:

- 이어맞추기 자리의 선택 및
- 폴리(A) 자리의 선택

두 경우 다 선택에 따라 다른 종류의 mRNA가 만들어진다. 예를 들면, 폴리

1960년대 중반 제임스 다넬(James Darnell)과 동료가 수행한 실험에 따르면 RNA 중합효소 II 기구는 전-mRNA를 합성하고 성숙한 mRNA를 합성하지는 않는 것을 보여주었다. 전-mRNA 전사물의 가공에는 다음의 변화를 포함한다:

- 구아노신 캡이 5′ 말단에 부착된다.
- 어떤 특정 서열이 전사체로부터 제거된다.
- 폴리-A-꼬리가 3′ 말단에 첨가된다.

그림 16.17
아데노바이러스 E1B 1차 전사체의 두 가지 대체 이어맞추기

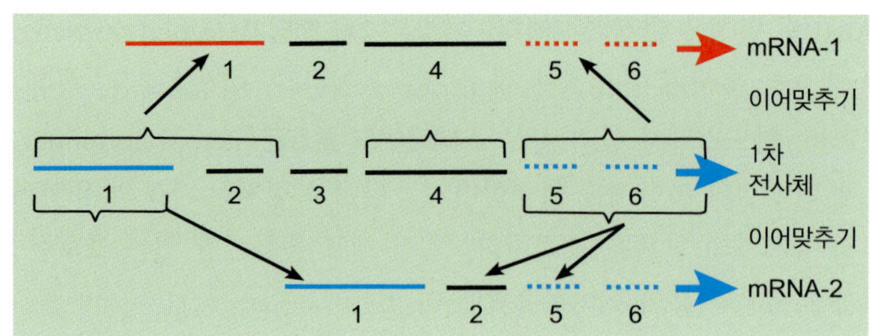

(A) 자리의 선택에 따라 서로 다른 종류의 면역글로불린이 생긴다. 초파리의 성 결정 체계와 쥐의 α-아밀라아제의 합성에서는 이어맞추기 자리의 선택이 중요한 역할을 한다. 동일한 유전자에서 다른 가공 서열을 사용함으로써 다른 mRNA가 만들어지게 된다.

아데노바이러스는 프로모터를 소수 갖고 있으나, 수많은 1차 mRNA 전사체를 만든다. 이들 전사체로부터, 많은 수의 mRNA가 만들어진다. 예를 들면, EIB 부위의 1차 전사체는 이어맞추기를 다르게 하여 여러 개의 다른 mRNA를 만든다. 이 두 가지 mRNA의 형성을 그림 16.17에 나타내었다.

2. 한 mRNA로부터 다단백질 혹은 다수 단백질

원핵생물에서는 단일 폴리시스트론 mRNA를 합성한 뒤 협동적 조절을 통해 여러 개의 유전자 산물을 만든다. 이와 유사하게 진핵생물에서는 **다단백질**(polyprotein)이 만들어진다. 이 다단백질은 절단이 되면 개개의 단백질이 만들어지는 큰 폴리펩티드다. 개개의 단백질 절편은 단일 유전자의 산물에 상응한다. 그러나 유전자의 이들 암호화 절편은 개시코돈과 종결코돈에 의해 분리되어 있지 않다. 폴리펩티드는 특정 단백질 절단 효소에 의해 절단 부위로 인식되는 특정 아미노산 서열을 갖고 있다.

어떤 다단백질은 다른 조직에서 다르게 절단된다. 뇌하수체에서 하나의 다단백질에서 여러 개의 호르몬이 만들어진다.

(1) 뇌하수체의 전엽에서, 다단백질 **전-오피오멜라노코르틴**(pro-opiomelano-

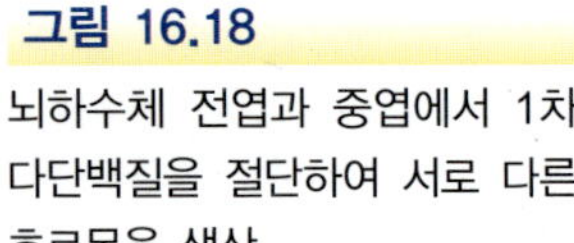
그림 16.18
뇌하수체 전엽과 중엽에서 1차 다단백질을 절단하여 서로 다른 호르몬을 생산

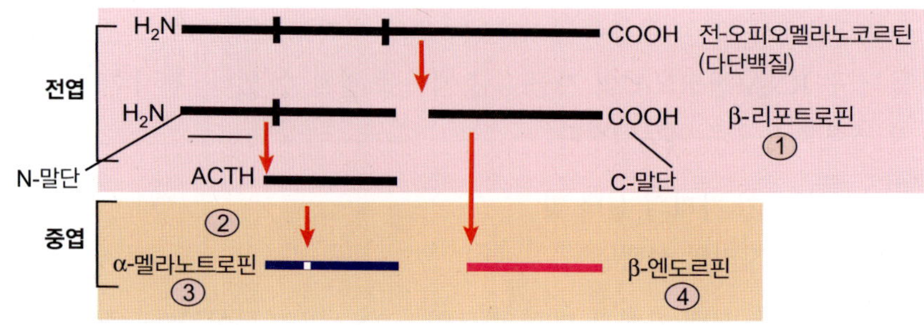

cortin)은 C-말단에서 절단되어 β-리포트로핀이 방출된다. N-말단에서 절단은 부신피질자극 호르몬(ACTH)을 만든다.

(2) 뇌하수체의 중엽에서, β-리포트로핀은 더 절단되어 C-말단 폴리펩티드인 β-엔도르핀을 방출한다. 또한 ACTH도 절단되어 α-멜라닌세포자극 호르몬이 만들어진다.

따라서 첫 번째 절단으로 전엽에서 두 개의 호르몬이 만들어지고, 중엽에서 두번째 절단으로 다시 두 개의 호르몬이 만들어진다.

3. RNA에 의한 유전자 발현의 조절

대부분의 생물학자는 단지 단백질만이 유전자 발현을 조절한다고 믿는다. 조절 단백질은 호르몬이나 혹은 대사물질과 같은 작은 분자를 인지하고 결합하며, 그 다음 특정 단백질의 합성을 유도하거나 혹은 억제하기 위하여 DNA나 혹은 RNA에 결합한다. 현재 유전자 발현을 조절하고 변화를 개시하는 RNA 형태가 발견되었다. 다음의 두 종류 RNA가 유전자 발현을 조절하는 것으로 알려졌다:

1) 리보자임 혹은 리보스위치

원핵생물과 진핵생물 둘 다에서, **리보자임**(ribozyme)이 발견되었는데 이들은 세포에서 어떤 대사물질이나 혹은 호르몬의 존재를 확인하고 이들 작은 분자에 작용하는 단백질의 농도를 조절하는 작용을 한다. 이러한 독특한 리보자임을 대사물질-반응 **유전적 스위치**(genetic switch) 혹은 **리보스위치**(riboswitch)라고 하였다. 이들은 세균에서 비타민 합성 동안에 발견되었다. 예를 들면, B_1과 B_{12}와 같은 비타민이 세포 내에서 특정 농도에 도달하였을 때, 그들은 번역을 늦추기 위한 정보를 전달하기 위하여 특별한 RNA와 상호작용한다. 리보스위치로 작용하는 RNA 절편은 mRNA의 암호 지역 앞에 있다. 이것은 생물학적으로 활성인 mRNA를 절단하여 불활성화시키거나 또는 대사물질을 리보스위치에 붙여 번역 과정을 막도록 한다.

2) RNA 간섭

어떤 RNA 분자는 특정 유전자의 발현을 억제하거나 중지시킬 수 있다. 이러한 현상은 **전사후 유전자 침묵**(post-transcriptional gene silencing, **PTGS**) 또는 **RNA 간섭**(RNA interference, **RNAi**)이라 한다.

RNA 간섭의 현상은 **리처드 요르겐센**(Richard Jorgensen)과 동료들이 관련 유전자 사본을 추가적으로 도입시켜 피튜니아의 보라색 꽃 색깔을 더 진하게 만드는 연구를 진행하는 중에 발견하였다. 그들은 도입한 유전자뿐만 아니라 색소의 내재 유전자까지도 발현이 증가하지 않고 억제되는 것을 발견했다.

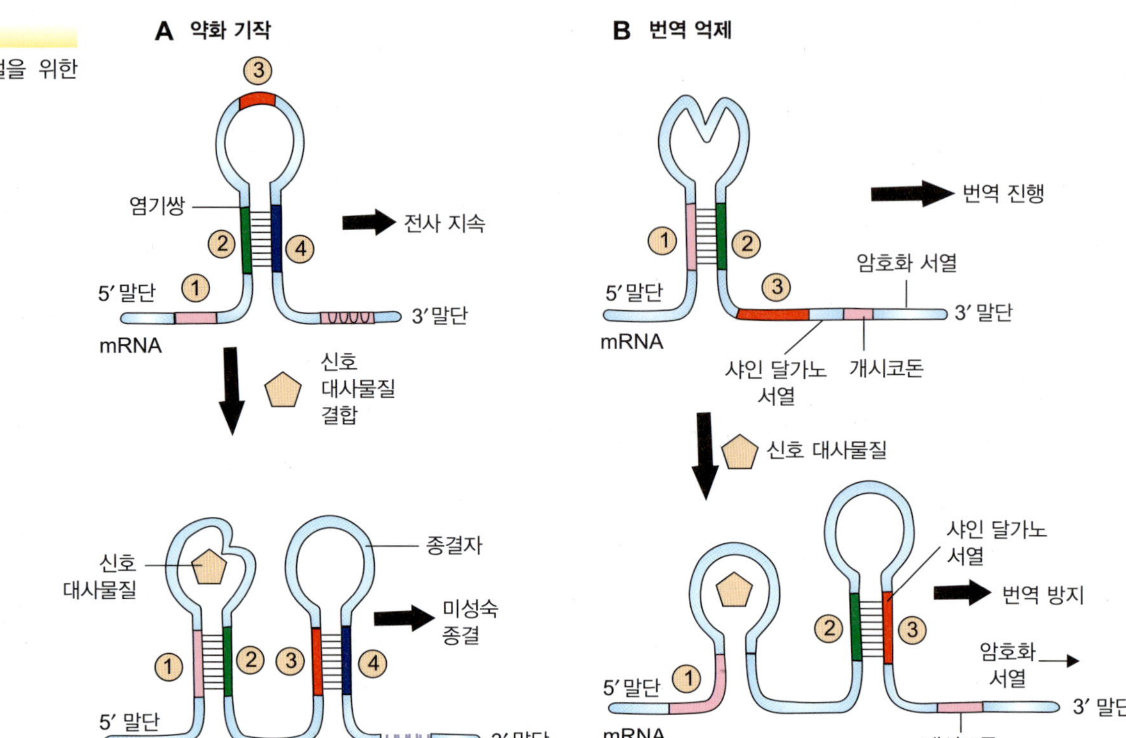

그림 16.19
전사후 혹은 번역 조절을 위한 리보스위치 기작:
A. 약화 기작
B. 번역 억제 기작

RNAi의 생화학적 기작은 초파리에서 연구되었다. **다이서**(dicer)라고 부르는 ATP-의존성 핵산내부가수분해효소로 삽입한 이중가닥 RNA(dsRNA)를 붙잡는다. 이 효소는 긴 dsRNA를 21~23개 염기쌍의 작은 절편으로 절단한다. 이들 dsRNA 절편은 **작은 간섭 RNA**(small interfering RNA, **siRNA**)로 불린다. 그들은 **RNA-유도 침묵 복합체**(RNA-induced silencing complexes, **RISC**)로 불리는 내부핵산가수분해효소-함유 복합체로 조립된다. 그들의 이중가닥 RNA은 단일가닥으로 풀린다. 최종적으로, 복합체는 표적 mRNA의 단일가닥 부위와 결합하고, 번역을 방지하기 위하여 그것을 절단한다.

4. RNA 수송에서 조절

핵으로부터 세포질로의 mRNA 수송은 진핵생물 유전자 조절에서 다른 중요한 조절점이다. 이어맞추기복합체(splicesome) 보유 모델이 이 조절에 대하여 제시되었었다. 전-mRNA의 가공에는 **snRNP**(small ribonucleoprotein particle)가 필요하다. 가공 과정 중 전-mRNA은 이어맞추기복합체를 형성하는 snRNP에 의해 핵에 머무른다. 전-mRNA에서 모든 인트론이 제거되고 모든 엑손이 연결되면, 이어맞추기복합체는 떨어져 나가고 성숙된 유리 mRNA는 핵공을 통해 핵 밖으로 이동, 방출된다.

5. mRNA의 번역에서 조절

mRNA의 차등적인 번역 또한 유전 발현에 영향을 미칠 수 있다. 예를 들면, mRNA는 무수정 난에 저장된다. 저장된 mRNA는 mRNA를 보호하고 번역을 억제하는 단백질과 결합되어 있다. 이들은 난이 수정된 후에만 활성화된다. 폴리(A) 꼬리의 첨가는 번역의 개시를 촉진하는 것으로 알려졌다. 저장된 불활성 mRNA는 활성 mRNA보다 폴리(A) 꼬리가 더 짧다.

6. mRNA 분해 조절

mRNA 분해는 유전자 발현의 조절에서 주요 조절점으로 여긴다. 핵산가수분해 효소가 RNA를 분해한다. 넓은 범위의 mRNA 분해율은 개별 mRNA의 구조적 모양에 기인한다. 예를 들면, 단명의 mRNA의 불안정성은 3′-비번역 지역에 AU-풍부 서열이 있기 때문이다.

7. 단백질 가공 수준 혹은 단백질 접힘 수준에서 유전자 조절

조절 기작은 번역후 수준에서도 작동한다. 이들은 2차와 3차구조를 맡는 초기의 폴리펩티드 사슬의 공정을 포함하고, 그에 따라 접힌 기능적인 단백질로의 비-기능적인 폴리펩티드의 전환 공정을 포함하여서, 기능적인 기나 혹은 장소는 표면에 노출되고, 단백질은 삼차원 입체구조를 맡는다. **샤페론**(chaperone) 단백질은 단백질의 정확한 접힘을 촉진시킨다.

부가 설명: 폴리펩티드 사슬의 접힘

기능적인 단백질은 아미노산의 선형 사슬보다 구조에서 훨씬 복잡하다. 활성 효소나 혹은 다른 단백질의 형성은 실질적인 3차원 입체구조로의 폴리펩티드 사슬의 접힘을 필요로 한다. **크리스천 앤핀선**(Christian Anfinsen)과 그의 동료들에 의해 행해진 고전적인 실험은 다음 질문에 대한 해답을 제공하였다. 어떻게 정확한 단백질 입체구조는 폴리펩티드에 의해 채택되는가, 어떤 정보가 단백질 접힘의 과정을 지휘하는가?

앤핀선과 그의 동료 **미카엘 세라**(Michael Sera)와 **프레더릭 화이트**(Frederick H. White)에 따르면, 단백질의 3차원 구조는 구성 아미노산의 곁사슬 사이의 상호작용에 의해 결정되고, 열역학적으로 가장 안정한 입체구조에 부합한다. 이는 단백질 접힘의 **'열역학 가설**(Thermodynamic hypothesis)'로 불린다. 단백질의 열역학적 안정은 구성 아미노산의 서열에 의해 통치되고, 폴리펩티드 사슬의 아미노산 서열은 DNA의 뉴클레오티드 순서에 의해 결정되기 때문에, 유전자의 뉴클레오티드 서열은 단백질의 삼차원 구조를 결정하는 데에 요구되는 모든 정보를 포함하고 있다는 것을 추정할 수 있다. 추가적인 세포 인자는 활성 단백질로의 폴리펩티드 접힘을 위해 필요 없다.

앤핀선의 결론은 변성된 RNase는 재생될 수 있다는 그의 관찰에 기초하였다. 이것은 시험관에서 자발적으로 활성적인 입체구조로 다시 접힐 수 있다. 최근 연구는 세포 내에서 단백질의 적절한 접힘은 **분자 샤페론**(molecular chaperone)으로 불리는 다른 단백질의 활성에 의해 매개된다는 것을 보여 왔다. 단어 **'샤페론'**은 **론 라스키**(Ron Raskey)와 그의 동료들에 의해 사용되었다. 이들 단백질은 접혀져 있지 않거나 부분적으로 접혀진 폴리펩티드를 안정시키고 결합하여 단백질 접힘을 촉매한다.

8. 단백질 분해 조절

번역후 수준에서 작동하는 조절 기작은 기능적인 단백질의 수명을 결정하기도 한다. 단백질의 분해는 **단백질분해**(proteolysis)로 불리며, 원핵생물과 진핵생물 둘 다에서 일어난다. 단백질 분해에서 단백질을 가수분해할 때 유비퀴틴과 같은 보조인자가 필요한 경우도 있다. 유비퀴틴이 단백질에 결합한다는 것은 그 단백질이 단백질분해효소로 분해되는 것임을 알 수 있게 한다.

16.5 진핵생물에서 유전자 활동 조절의 증거

염색체 퍼프: 염색체 퍼프는 파리의 침샘 **거대 염색체**(giant chromosome)와 양서류 난자의 **램프브러시 염색체**(lampbrush chromosome)에서 볼 수 있다. 개개의 퍼프는 RNA 전사가 활발하게 일어나는 매우 신장된 DNA 가닥에 있는 측면 고리를 나타낸다. 다른 퍼프에서 생산되는 RNA는 뚜렷하게 다르다. 게다가, 발생 동안 퍼프는 다른 장소에서 나타난다.

파리의 애벌레에서 **융화호르몬**(ecdysone)의 주입은 거대 염색체에서 허물벗기와 부풀림을 유도한다. 이들 퍼프는 정상적인 과정에서 허물벗기 전에 거대 염색체에서 형성되는 퍼프와 비슷하다.

문 제

1. '전사 조절은 진핵생물에서 보다 복잡하다'. 문장을 정의하시오.
2. 다음 용어를 설명하시오.
   (a) 유전자 증폭 (b) 리보스위치
   (c) 증폭자 (d) 염색질 재구성
   (e) 루신-지퍼 모티프 (f) 유전자 침묵
3. 전사 조절을 하는 조절 단백질의 종류에 대해 기술하시오.
4. 어떻게 동일한 mRNA로부터 다단백질이 얻어지는가?
5. 분자 샤페론은 무엇을 의미하는가?
6. 무엇이 리보자임인가?

유전공학 또는 재조합 DNA 기술

17

학습 목표

- 재조합 DNA 기술
- 재조합 DNA 기술을 위한 생물학적 도구
- 벡터 혹은 클로닝 운반자: 플라스미드 벡터
- 박테리오파지 벡터, 코스미드 벡터
- 파지미드 벡터, 인공 염색체 벡터, 셔틀 벡터
- 포스미드 벡터
- 재조합 DNA 기술에서 사용되는 기법
- 클로닝 벡터에 외래 DNA 절편의 연결
- 숙주세포로 재조합 DNA의 도입
- 형질전환 세포의 선별과 검색
- 재조합 DNA 기술이나 유전공학의 의미와 인류 복지

유전공학이나 재조합 DNA 기술, 또는 유전자 조작은 살아 있는 세포의 유전 기구를 바꾸는 것과 관련한 새로운 과학 주제이다. 여기에는 특정 유전자나 DNA 절편을 인공 합성 또는 분리하고, 적당한 벡터에 이들을 삽입시키며 **숙주**(host)인 생물체에서 이들 벡터를 클로닝하는 등의 고도로 높은 수준의 기법들이 포함된다. 이 기법을 통해 우리는 다음을 얻을 수 있다:

- 클론된 DNA 절편(cDNA)의 많은 사본
- 클론된 유전자에 의해 생산된 다량의 단백질.
- 숙주 생물체의 염색체에 유전자 삽입(유전자 전달), 결함 있는 유전자의 수선이나 대체, 새로운 유전자형 개발.

- 인간이 교배와 돌연변이를 뛰어넘어 직접 DNA를 조작할 수 있는 유전공학은 1970년대에서야 시작되었다.
- '유전공학(genetic engineering)'이란 용어는 1951년에 출판된 과학 소설 '용의 섬(Dragon's Island)'에서 잭 윌리엄슨(Jack Williamson)가 사용하였다.

17.1 재조합 DNA 기술

1. 발견

재조합 DNA는 벡터 DNA와 **외래 DNA**(foreign DNA, 진핵세포)가 합쳐져서 만들어진 DNA이다. 이것은 또한 **이종 DNA**(heterologous DNA)로 불린다. 재

표 17.1 재조합 DNA 기술의 발달에서 중요한 단계

일련번호	연도	과학자	공헌
1.	1869	**미셰르**	처음으로 DNA 분리
2.	1944	**에이버리, 매클라우드** 및 **매카티**	세균 형질전환 동안에 유전정보를 전달하는 것이 단백질이 아니라 DNA라는 증거를 제공
3.	1953	**왓슨**과 **크릭**	**플랭클린**과 **윌킨스**의 X-선 결과를 기초로 DNA의 이중나선구조를 제안
4.	1958	**콘버그**	**DNA 중합효소** 발견, 이 효소는 방사성 DNA-탐침을 만드는 데에 사용된다.
5.	1961	**마머**와 **도티**	DNA 변성과 **DNA 혼성화**의 가능성을 발견
6.	1962	**아르버**	**DNA-제한효소**의 존재를 최초로 증명
7.	1967	**겔레르트**	**DNA-연결효소** 발견, 이 효소는 DNA 절편을 연결하는 데에 사용된다.
8.	1970	**켈리**와 **스미스**	세균 *Haemophilus influenzae*로부터 제한효소 Hind II를 분리
9.	1972	**폴 버그**	원숭이 바이러스 SV40과 람다 바이러스의 DNA를 연결하여 재조합 DNA를 최초로 생산
10.	1972~1973	**보이어, 코헨** 및 **베르그**와 동료들	DNA 염기서열분석 기법 개발
11.	1973	**허버트 보이어, 스탠리 코헨** 및 **창**	재조합 플라스미드로 대장균을 형질전환시켰고 최초로 형질전환 생물체를 만듦. 도입된 플라스미드는 항생제 내성 유전자로 조작되었다.
12.	1974	**루돌프 재니쉬**	배에 외래 DNA를 도입하여 형질전환 생쥐를 생산
13.	1975	**네이선스**와 **H. 스미스**	DNA-염기서열 결정에서 순수 분리된 제한효소 사용
14.	1975~1977	**생어**와 **배럴, 맥삼**과 **길버트**	신속한 DNA 염기서열분석 기법 개발
15.	1976	**하버트 보이어**와 **로버트 스완슨**	최초로 유전공학 회사 'Genentech'을 설립, 유전공학으로 만든 인간 소마토스타틴을 1977년에, 인간 인슐린을 1978년에 대장균에서 생산하였다.
16.	1978	**데이비드 보스테인**	RFLP 분석을 개발
17.	1980	**캐리 멀리스**	PCR 개발
	1983		자동화한 DNA 염기서열분석 기법을 개발
18.	1981~1982	**팔미터**와 **브린터**	형질전환 생쥐를 생산
19.	1982	**스프라들링**과 **루빈**	형질전환 초파리 생산
20.	1984	**얼리 제프리스**	DNA 족문(foot printing)을 도입
21.	1997	**윌머트**과 동료들	첫 포유동물 클론—양 "돌리(Dolly)"
22.	1999		인간 염색체 22번의 염기서열을 분석함
23.	2000	**인간 유전체**	셀레라사가 6월 26일에 인간 유전체 판본을 발표
24.	2001		2월에 인간 유전체의 완전한 판본을 공식적으로 출간
25.	2002		쌀의 유전체를 완성

조합 DNA 기술은 다음의 발견으로 인해 진보하였다:

- DNA의 변성과 재생 특성
- 시험관에서 유전자의 인위적 합성
- 효소의 발견: 제한 핵산내부분해효소(제한효소)
- 유전자 이어맞추기와 유전자 클로닝 기법

아르버, 네이선스 및 스미스는 1978년에 제한효소의 발견 공로로 노벨 생리의학상을 받았다. 이들 효소는 **생물학적 칼**(biological scalpel) 혹은 **생물학적 가위**(biological, scissors)라 한다.

1) DNA의 변성과 재생

DNA의 두 가닥은 가열로 그들의 질소 염기 사이의 수소결합을 파괴함으로써 쉽게 분리된다. 이것을 **변성**(denaturation)이라 한다. 냉각 동안에, 두 상보적인 가닥은 이중가닥 DNA를 형성하기 위하여 재결합한다(**재생**, renaturation). 이런 성질 때문에, 다른 원천으로부터의 단일가닥 DNA 절편은 상보적인 염기쌍을 이루면 결합할 수 있다. 이를 **복원법**(annealing)이라 한다.

2) 유전자의 인위적 합성

코라나(Har Gobind Khorana, 1972)와 그의 동료들은 살아 있는 세포에서 기능을 하는 티로신-tRNA의 인공 유전자 전체를 시험관에서 합성하였다.

3) 제한 핵산내부가수분해효소(제한효소)

제한 핵산내부가수분해효소는 DNA의 특별한 뉴클레오티드 서열을 인식하여 **표적 자리**(target site)로 불리는 특정한 제한효소 자리에서 DNA 이중나선을 절단하는 효소다. 이들 효소는 세균에서 외래 또는 바이러스 DNA의 침입에 대항하여 자신을 보호하는 장치이다. 이들은 **아르버**(W. Arber, 1962)에 의해 처음으로 보고되었으며 **메셀슨**(Meselson)과 **유안**(Yuan)이 대장균에서 처음으로 분리하였다. 진정한 의미의 제한효소 분리는 **켈리**(Kelly)와 **스미스**(Smith)가 1970년에 세균 *Haemophilus influenzae Rd*.로부터 제한효소 Hind II를 분리하였을 때이다.

제한 핵산내부가수분해효소의 종류: 제한효소는 세 가지 범주로 나눈다:

(1) I형 제한 핵산내부가수분해효소: 이들은 이중가닥 DNA에서 변형이 안 된 인식 서열을 확인한다. 이들은 인식된 서열로부터 떨어진 적절한 임의 자리에서 단지 DNA의 한 가닥만을 절단한다. 이들 효소는 산성 용해성 올리고뉴클레오티드를 방출함으로써 약 75 뉴클레오티드 길이의 틈을 만든다. 이들 효소는 Mg^{2+} 이온, ATP 및 제한을 위한 보조인자로서 S-아데노실 메티오닌을 필요로 한다. I형 제한효소는 재조합 DNA 분자의 구성이 제작하거나 분석하는 데 유용하지 않다.

(2) II형 제한 핵산내부가수분해효소: 이들 효소는 특정 DNA 뉴클레오티드 서열을 인식한다. 그들은 회문서열의 근처나 내에서 폴리뉴클레오티드 사슬 둘 다를 절단한다. 회문은 정방향이나 역방향으로, 혹은 두 가닥 모두 5′ → 3′로 동일하게 읽히는 염기쌍 서열이다. 예를 들면:

A 5′.....NNGAATTCNN.....3′
3′.....NNCTTAAGNN.....5′

B 5′.....CCCGGG.....3′
3′.....GGGCCC.....5′

이들 효소는 한정된 길이와 서열의 DNA 절편을 생산한다. 이들의 절단에는 단지 Mg^{2+} 이온만이 필요하다. ***II형 제한효소****(restriction enzymes type-II)*는 재조합 DNA 제작과 **유전자 조작**(gene manipulation)에 사용된다.

(3) III형 제한 핵산내부가수분해효소: 이들은 일정한 자리에서 이중가닥 DNA를 절단하고, Mg^{2+} 이온, ATP 및 S-아데노실 메티오닌을 필요로 한다. 이들 효소는 I형과 II형의 중간형이다.

2. 인식 자리(표적 자리)

제한 핵산내부가수분해효소는 두 가닥 모두에서 5′ → 3′의 같은 서열의 지역에서만 DNA 분자를 절단한다. DNA의 이 부위를 **인식 자리**(recognition site) 또

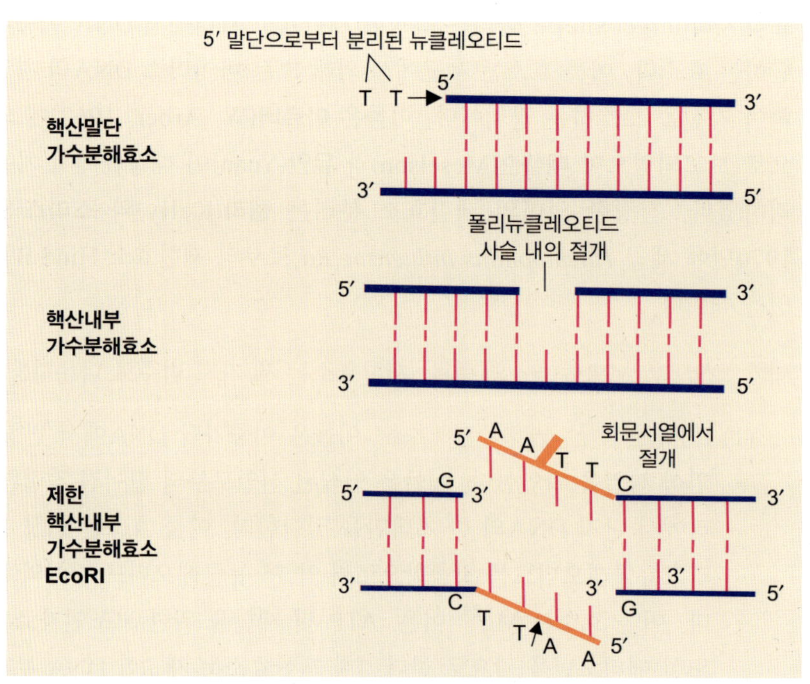

그림 17.1
핵산가수분해효소 세 종류의 차이

는 **표적 자리**(target site)라 한다. II형 제한효소의 인식 자리 뉴클레오티드 서열은 중간점을 대칭축으로 가진다. 즉, DNA 한 가닥의 5′에서 3′으로 염기서열은 상보적 가닥의 5′에서 3′으로 염기서열과 같다.

3. DNA 절단 양식

제한효소는 다음 두 형태 중의 하나로 DNA 분자를 자른다:

(1) 점착성 말단 양식: 절단의 이 양식에서, 표적서열은 대칭이다. 두 가닥 DNA에서, 어긋난 절단은 상보적 단일가닥 돌출 말단을 생산하도록 몇 뉴클레오티드가 떨어져 있다. 이들 쌍을 이루지 못한 돌출된 말단을 **점착성 말단**(sticky or cohesive end)이라 한다. 효소 *EcoRI, HindII, XmaII* 등은 표 17.2에 보인 것처럼 점착성 말단을 생산한다.

(2) 무딘 말단 양식: *AluI*, *HaeIII*, *HindII*, *SmaI* 및 *HpaI*과 같은 제한효소는 동일한 위치에서 DNA의 두 가닥 모두를 가로질러 절단한다. DNA 절편은 무딘 말단을 생산한다. 이것은 모든 종류의 DNA를 제한효소에 따라 다양한 크기의 절편으로 자를 수 있으며, 또한 두 절편을 추가적인 물질이 없어도 서로 연결이 가능하다(표 17.3).

표 17.2 점착성 말단 제한 자리와 절단 산물

일련번호	제한효소	제한 자리	절단산물	
1.	Eco RI (*E. coli* RY03)	5′ ......GAATTC...... 3′ 3′ ..... CTTAAG...... 5′	5′ ...G 3′ ...CTTAA	AATTC... 3′ G... 5′
2.	HindII (*Haemophilus influenzae*)	5′ ......AAGCTT...... 3′ 3′ ......TTCGAA...... 5′	5′ ...A 3′ ...TTCGA	AGCTT... 3′ A... 5′
3.	XmaI (*Xanthomonas malvacearum*)	5′ ......CCCGGG...... 3′ 3′ ......GGGCCC...... 5′	5′ ...C 3′ ...GGGCC	CCGGG... 3′ C... 5′

표 17.3 무딘 말단 제한 자리와 절단 산물

일련번호	제한효소	제한 자리	절단산물	
1.	Alu I (*Arthrobacter luteus*)	5′ ...AG↓CT....... 3′ 3′ ...TC↑GA....... 5′	5′ ...AG 3′ ...TC	CT... 3′ GA... 5′
2	HaeIII (*Haemophilus aegypticus*)	5′ ...GG↓CC ...... 3' 3′ ...CC↑GG ...... 5'	5′ ...GG 3′ ...CC	CC... 3′ GG... 5′
3	SmaI (*Serratia marcescens*)	5′ ...CCC↓GGG... 3′ 3′ ...GGG↑CCC... 5′	5′ ...CCC 3′ ...GGG	GGG... 3′ CCC... 5′
4	HpaI (*Haemophilus parainfluenzae*)	5′ ...GTT↓AAC ... 3′ 3′ ...CAA↑TTG ... 5′	5′ ...GTT 3′ ...CAA	AAC... 3′ TTG... 5′

17.2 재조합 DNA 기술을 위한 생물학적 도구

1. 효소

다음의 특정 효소들을 재조합 DNA 기술에 사용한다:

(1) 용해효소: 이들은 세포를 열거나 세포벽을 용해시키기 위하여 사용한다. **리소자임**(lysozyme)은 세균의 세포벽을 용해시키는 데 사용한다.

(2) 절단효소: 이들은 DNA 분자를 절편으로 절단하는 데나 혹은 환상 플라스미드 DNA를 여는데 사용한다.

- ***핵산외부가수분해효소***는 DNA 분자의 5′나 혹은 3′ 말단으로부터 뉴클레오티드를 자른다.
- ***핵산내부가수분해효소***는 끝이 아닌 어떤 곳에서도 DNA 이중가닥을 절단한다.
- ***제한 핵산내부가수분해효소***는 특정 자리에서 DNA를 절단하고, 뉴클레오티드의 **회문서열**(palindromic sequence)을 인식한다. 그들은 재조합 DNA 기술이나 유전공학에서 널리 사용된다.

(3) 합성효소: 이들은 시험관에서 DNA의 합성이나 상보적 DNA의 합성을 돕는다.

- ***DNA 중합효소***는 DNA 주형에 상보적인 DNA의 합성을 돕는다.

- *역전사효소*는 RNA 주형으로부터 상보적인 DNA의 합성을 돕는다.

(4) 연결효소: 이들은 외래 DNA와 벡터 DNA의 말단을 연결한다. 연결효소(ligase)는 원핵생물과 진핵생물 둘 다에 존재한다.

2. 연결자

연결자(linker)는 올리고 뉴클레오티드로 형성된 짧은 이중가닥 DNA 절편이다. 이들은 하나나 그 이상의 제한효소 표적 자리를 갖고 있다. 연결자는 화학적으로 합성하며, 외래 DNA나 벡터 DNA의 무딘 말단과 연결할 수 있으며 제한 핵산내부가수분해효소로 처리하면 점착성 말단이 생성된다. 일반적으로 사용하는 연결자는 *EcoRI* 연결자와 *SalI* 연결자가 있다.

3. 외래 DNA

이것은 클로닝을 위해 전달되거나 재조합 DNA의 합성을 위해 사용하는 DNA로서 분리하거나 합성하여 사용한다.

4. 클로닝 벡터

적절한 숙주세포에서 외래 DNA(유전자)의 전달과 클로닝을 하기 위해서는 운반자 DNA(벡터)가 필요하다. 재조합 DNA를 만들기 위하여 외래 DNA를 벡터 DNA에 삽입한다. 플라스미드와 파지를 이런 목적으로 사용한다.

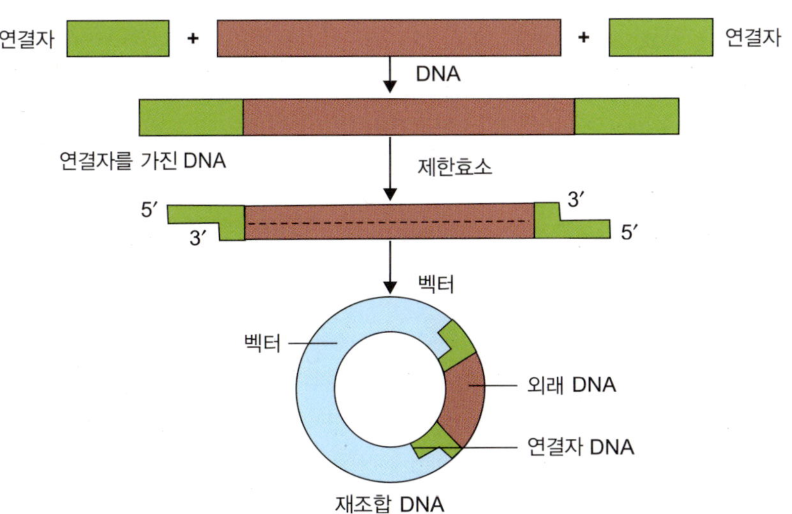

그림 17.2
재조합 DNA 기술에서 연결자 DNA의 역할

17.3 벡터(클로닝 운반자)

벡터는 자가 복제가 가능한 작은 DNA 분자이고, 클로닝을 위해 삽입된 DNA 절편의 운반자로 사용된다. 벡터를 **클로닝 운반자**(cloning vehicle)나 **클로닝 DNA**(cloning DNA)라고도 한다. 벡터에는 두 종류가 있다:

1. 클로닝 벡터와 발현 벡터

숙주세포 내에서 삽입된 DNA의 클로닝과 증식만을 위해 사용하는 벡터를 **클로닝 벡터**(cloning vector)라 한다. 클로닝 벡터는 복제 조절이 완화되어 있어, 형질전환된 세포에서 다수의 사본을 생산할 수 있다.

삽입된 DNA를 발현시켜 특정 단백질을 생산토록 해주는 벡터는 **발현 벡터**(expression vector)라 한다. 이와 같은 벡터는 프로모터, 작동자 및 리보솜 결합 부위와 같은 조절 서열을 갖고 있다. 진핵생물의 조절 서열은 원핵생물에서 인식되지 않기 때문에, 발현 벡터에는 진핵생물 암호화 서열 바로 앞에 원핵생물의 프로모터와 리보솜 결합 부위를 포함한다.

벡터의 종류는 다음과 같다:

부가 설명: 좋은 벡터의 특징

좋은 벡터는 다음의 특징을 반드시 갖고 있다:

- 자동적으로 복제될 수 있어야 하고, 한 숙주세포에서 삽입된 DNA와 더불어 그 자신의 사본을 다수로 생산할 수 있어야 한다.
- 벡터는 DNA 복제를 위해 하나의 복제 개시점을 갖고 있어야 한다.
- 벡터는 크기가 작아야 하고 작은 분자량이어야 한다. 큰 DNA 분자는 순수분리 동안에 깨지기 쉽고, 유전자 클로닝에 필요한 조작에 어려움이 있기 때문에, 크기는 10 kb보다 작아야 한다.
- 쉽게 순수분리되어야 한다.
- 숙주세포에 쉽게 도입되어야 한다.
- 벡터는 숙주세포를 쉽게 형질전환하여야 한다.
- 벡터는 숙주세포의 검색과 형질전환된 세포의 선별을 위하여 알맞은 표식을 갖고 있어야 한다.
- 벡터는 가능한 많은 제한효소의 독특한 표적 자리를 갖고 있어야 하며, 벡터의 필수적인 기능의 파괴 없이 DNA가 삽입될 수 있어야 한다.
- 목표가 유전자 전달일 때, 벡터는 그 자신이나 삽입된 DNA를 숙주세포의 유전체에 삽입시킬 수 있어야 한다.
- 목표가 삽입된 DNA의 유전자 발현일 때, 벡터는 프로모터, 작동자 및 리보솜 결합 부위 등과 같은 알맞은 조절 요소를 함유하고 있어야 한다.
- 삽입된 DNA(재조합 DNA)를 함유한 세포는 단지 벡터 분자에 의해 형질전환된 세포와 구별되어야 한다.

(1) 플라스미드

(2) 박테리오파지

(3) 코스미드

(4) 파지미드

(5) 파스미드

(6) 포스미드 벡터

(7) 효모 벡터

(8) 인공 염색체 벡터

(9) 셔틀 벡터

(10) 효모 인공 염색체(YAC) 벡터

2. 플라스미드 벡터

플라스미드(plasmid)는 염색체 외에 있으며, 자가 복제가 가능한 이중가닥의 환상 DNA 분자이며, 세균 세포에 존재한다. 이들의 크기는 1×10^6에서 200×10^6 달톤의 범위이다. 이들은 독립적으로 존재하거나, 세균 염색체에 삽입될 수도 있다. 일반적으로, 플라스미드는 특별한 환경 하에서를 제외하고는 세균 세포에 필수적이지는 않다. 플라스미드는 그들 자체의 복제를 위한 유전정보를 가지고 있으며 또한 항생제 내성, 중금속 내성, 질소 고정 및 오염물질 분해 등을 위한 유전자를 포함한다.

세균 세포에서 플라스미드는 홀로나 다수의 복사본으로 존재한다. **단일 사본 플라스미드**(single copy plasmid)는 세균 염색체와 더불어 복제하고 분리된다. 이것은 **엄격한 복제**(stringent replication)라 불린다. 다수 사본 플라스미드는 세균 염색체의 개개의 복제 동안 한 번 이상의 복제를 수행한다. 이는 **완화된 복제**(relaxed replication)이다.

1) 플라스미드 벡터의 종류

세균 플라스미드에는 여러 종류가 있으나, 다음 세 종류가 많이 연구되었고 유전공학에 사용된다:

(1) **F 플라스미드**는 접합을 책임지고, **접합**(conjugative) 또는 **전달**(transmissible) 플라스미드로 불리기도 한다. 이 플라스미드를 가진 세균 세포를 수컷으로 간주한다.

(2) **R 플라스미드**는 항생제 내성을 나타내는 유전자를 가진다.

(3) **Col 플라스미드**는 살세균소로 작용하여 민감한 대장균을 살해하는 단백질인 콜리신(colicin)을 암호화하는 유전자를 가진다.

2) 플라스미드 벡터의 특징

플라스미드 벡터는 다음과 같은 특징을 가져야 한다:

(1) 최소 크기의 DNA이어야 한다.

(2) 복제조절이 완화되어야 한다.

(3) 동정을 위하여 최소한 두 개의 표식자를 가져야 한다.

(4) 세포로부터 쉽게 분리할 수 있어야 한다.

(5) 하나나 그 이상의 제한효소 자리를 가져야 한다.

(6) 제한효소 자리 중 하나에 외래 DNA를 삽입시킬 때 복제 능력이 변하면 안 된다.

(7) 유일한 제한효소 자리가 반드시 두 선별 표식자 중의 하나 내에 있어야 한다.

3) 플라스미드 벡터의 예

위에서 언급된 모든 특징을 갖는 플라스미드는 시험관 기법으로 자연 플라스미드를 변형시켜 만들 수 있었다. 이와 같은 플스미드는:

(a) *p*BR322 플라스미드 벡터

*p*BR322는 재구성된 플라스미드다. 이것은 가장 널리 쓰이는 플라스미드로 4362 염기쌍을 가지며 완전한 염기서열은 밝혀졌다. 이것은 세 플라스미드로부터 구성되었고 다음의 부위를 갖고 있다:

(1) 복제 개시점: 이것은 플라스미드 *p*MBI으로부터 유래되었다. 이 플라스미

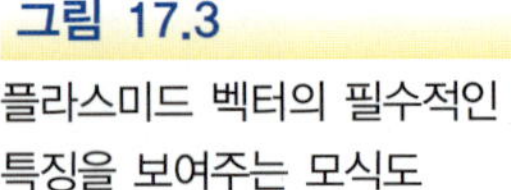
그림 17.3
플라스미드 벡터의 필수적인 특징을 보여주는 모식도

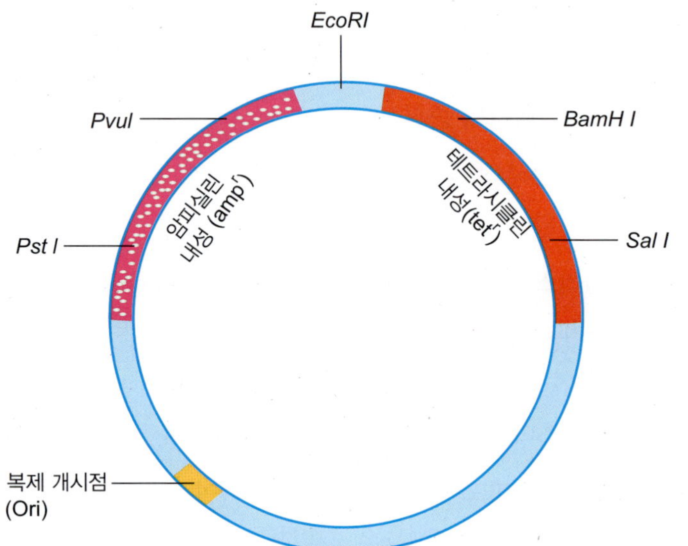

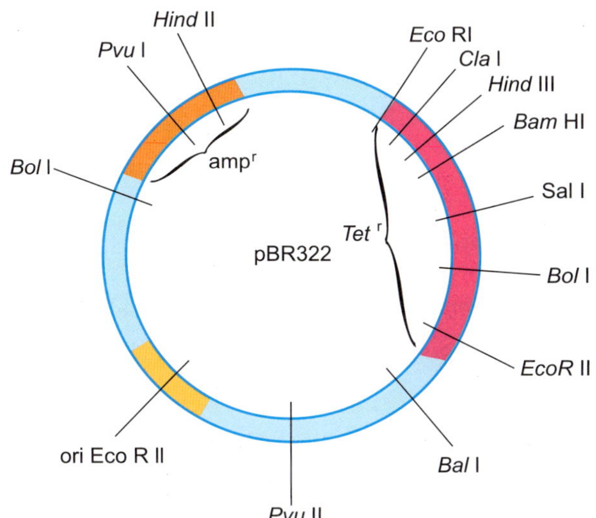

그림 17.4
재구성된 플라스미드 *p*BR322의 구조

드는 자연적으로 존재하는 *Col* EI과 밀접하게 연관되어 있다.

(2) 항생제 암피실린(amp^r^)과 테트라시클린(tet^r^)에 대한 내성을 가진 유전자: 유전자 *amp*^{r}은 플라스미드 RI로부터 유전자 *tet*^{r}은 플라스미드 R6.5로부터 유래되었다. 둘 다는 항생제 내성 플라스미드의 자연 집단이다. 이들 유전자를 **표식자**(marker)로 사용한다.

(3) 20개의 제한 핵산내부가수분해효소의 독특한 인식 자리: 이들 자리 중 표식자 *amp*^{r}와 *tet*^{r} 유전자 내에 있는 제한효소 자리는 재조합 플라스미드를 포함한 형질전환 세포를 쉽게 선별하게 한다. 제한효소 *Pst* 1 및 *Pvu* 1를 사용하면 DNA를 표식 유전자 *amp*^{r} 내에 외래 DNA를 삽입할 수 있다. 이 경우 재조합 *p*BR322을 가진 세균 세포는 암피실린의 존재 하에서는 자랄 수 없지만, 테트라시클린에서는 성공적으로 자란다. 비슷하게, 제한효소 *Bam* HI 및 *Sal* I을 사용하였을 때, 삽입된 DNA는 표식 유전자 *tet*^{r} 내에 놓이게 된다. 이것은 테트라시클린 유전자를 비기능적으로 만든다. 이 경우는 재조합 *p*BR322을 가진 형질전환 세포는 암피실린에서는 증폭되나, 테트라시클린에서는 되지 않는다. 이러한 과정으로 재조합 DNA를 가진 단일 세균 세포를 쉽게 선별할 수 있다.

(4) 닉-봄 부위: *p*BR322은 **닉-봄**(nic-bom) 부위를 갖고 있다(bom은 basis of mobility의 약자). 이것은 이동성이나 플라스미드의 세포에서 세포로의 전달을 책임진다. 이 부위는 원숭이 세포에서 염색체 번외 DNA의 복제 효율을 간섭한다.

*p*BR322 이름은 (1) 플라스미드를 표시하는 *p*, (2) 과학자 볼리버(Boliver)의 이름으로부터 **B**, (3) 로드리게즈(Rodriguez)로부터 **R**로부터 유래하였다. 숫자

'322'는 *p*BR325, *p*BR327, *p*BR328 등과 같이 동일한 실험실에서 개발된 다른 플라스미드와 구별하기 위한 번호이다.

*p*BR322의 유용한 특징

이 플라스미드의 유용한 특징은:

- 크기(4.4 kb)가 작아 취급이나 정제 그리고 조작이 쉽다.
- 두 선별 표식자 *amp*^{r}와 *tet*^{r}은 재조합 DNA를 쉽게 선별하게 한다.
- 세포당 15 복사본을 가지며 단백질 합성이 중지되면 1,000에서 3,000까지 증가할 수 있다.
- 클로닝 벡터로 사용한다.

*p*BR327은 플라스미드 *p*BR322보다 더 많은 장점을 갖고 있다. 대장균의 개개의 정상세포에서 30~40개의 복사본을 가지며 발현 플라스미드로 사용한다.

(b) *p*UC8 플라스미드 벡터

*p*UC8는 *p*BR322의 유도체이다. 크기는 2.7 kb 정도로 더 작다. 이 벡터의 이름은 제작된 장소, 즉 University of California을 따랐다. 이것은 *p*BR322로부터 유래된 다음의 두 부분을 갖고 있다:

- 암피실린 내성 유전자
- Col EI 복제 개시점

이는 또한 대장균에서 유래한 lacZ 유전자를 갖고 있다. 독특한 제한효소 자리들이 포함된 폴리연결자 서열을 *lac* 부위 내에 포함시켰다. DNA가 이 부위에 삽입되면 유전자는 불활성이 된다. 재조합 DNA 분자로 형질전환된 세균 세포는 β-갈락토시다아제 결핍을 나타내므로 정상적인 세균 세포로부터 한번에 쉽게 선별할 수 있다. *p*UC8은 가장 보편적인 대장균 클로닝 벡터 중의 하나이다. *p*UC 계열의 다른 벡터에는 *p*UC9, *p*UC12, *p*UC13, *p*UC18 및 *p*UC19 등이 있다.

(c) *p*GEM3Z 플라스미드 벡터

이 플라스미드 벡터는 *p*UC 벡터와 비슷하다. 크기는 거의 같고, 동일한 기능적인 *amp*^{r} 유전자, *col* EI 복제 개시점 및 *lac* ZX 서열을 갖고 있다.

대장균을 포함하여 그람 음성과 그람 양성 세균에서 의학과 농업 연구를 위한 클로닝 벡터로 사용된다. PK2 플라스미드는 이 범주의 클로닝 운반자이다. 슈도모나스(*Pseudomonas*) 속의 종은 또한 다양한 플라스미드를 갖고 있다. 이들 플라스미드의 어떤 것은 DNA 작은 절편 클로닝을 위한 뛰어난 벡터이고,

cDNA 라이브러리를 만드는 데 도구로 사용된다.

3. 박테리오파지 벡터

박테리오파지는 세균을 공격하는 바이러스다. 몇몇 박테리오파지가 클로닝 벡터로 사용된다. 가장 일반적으로 사용되는 대장균 파지는 λ(람다) 파지와 **M13 파지**이다. 파지 벡터는 플라스미드 벡터에 더하여 다음의 세 장점을 갖고 있다:

- 큰 DNA 절편을 클로닝할 때 플라스미드보다 파지 벡터가 훨씬 효과적이다. 외래 DNA 25 kb까지 파지 벡터에 삽입할 수 있다.
- 시험관에서 DNA를 파지 입자에 넣을 수 있으며, 높은 효율로 대장균에 형질도입시킬 수 있다.
- 재조합 DNA를 저장하고 검색하기에 쉽다.

1) 박테리오파지 벡터의 예

(a) 람다 파지 벡터

λ-파지의 유전체는 길이가 48,502 bp로, 약 49 kb이고, 50개의 유전자를 갖고 있다. 이들 유전자의 약 절반은 필수적이다. 유전체는 선형이며 파지 머리에 들어 있고, 12개 염기의 돌출된 단일가닥 점착성 말단(5′GGGCGGCGACCT ... 3′ 및 3′... CCCGCCGCTGGA ... 5′)을 갖고 있다. 두 점착성 말단은 연결되어 환상의 DNA 분자를 형성한다. 봉합된 점착성 말단은 ***cos*** 자리를 만든다. 이것이 파지 DNA의 절단 자리다. 박테리오파지의 파지 머리에 포장되기 위하여, λ-DNA는 반드시 38 kb보다 커야 하고, 52 kb보다는 작아야 한다. 용원성을 위한 유전자는 λ-파지 유전체의 중간 부분에 위치한다. 람다 파지 벡터를 만들기 위하여, 이들 부분은 완전하게 또는 부분적으로 제거된다. 이것은 벡터가 큰 DNA 삽입을 수용하게 해주며, 용원성이 생기지 않게 한다. 몇몇 벡터들이 재조합 DNA 기법과, 돌연변이, 그리고 재조합을 통해 야생형 람다 유전체로부터 만들어졌다.

λ 파지 벡터의 특징: 이들 벡터는 다음의 두 가지 기본적인 특징을 갖고 있다:

- 벡터는 대장균에서 파지로 증식할 수 있으며 벡터 DNA를 얻을 수 있다.
- 제한효소 자리를 포함하며 이를 이용하여 용원성 부분의 제거와 DNA 절편을 삽입할 수 있다.

λ 벡터의 종류: 다양한 λ 벡터는 두 부류로 분류된다: **삽입 벡터**(insertion vector)와 **대체 벡터**(replacement vector)

(1) 삽입 벡터: 삽입 벡터의 경우에, 비필수적 부위가 삭제되었고, λ 유전체의 두 팔이 연결되었다. 외래 DNA는 독특한 제한효소 자리에 삽입된다. 삽입 DNA는 파지의 기능에 영향을 미치지 않는다. 삽입 벡터의 크기는 약 35 kb 정도이며 18 kb까지 삽입 DNA를 가질 수 있다. 삽입 벡터의 예는 **λgt10**, **λgt11**, 및 **λZAPII** 등이다.

λgt10은 약 7 kb 길이의 DNA 절편을 클로닝할 수 있는 43 kb 이중가닥 DNA다. 외래 DNA의 삽입은 c1(억제자) 유전자를 불활성화한다. **λgt11**은 43.7kb의 이중가닥 DNA다. 이것은 6 kb보다 작은 외래 DNA를 클로닝할 수 있으며 발현 벡터다. 여기에 삽입된 DNA는 β-갈락토시다아제 융합 단백질로 발현된다.

(2) 대체 벡터: 대체 벡터 경우에, λ 파지 DNA의 비필수적 부분이 외래 DNA로 치환되었다. 제거된 부위를 채우는 절편(stuffer fragment)이라 한다. 대체 벡터는 클로닝을 위한 제한효소 자리를 두 개 갖고 있으며 이들 위치는 채우는 부위 측면에 있다. 삽입 DNA의 최대 크기는 파지 DNA의 얼마가 비필수적이냐에 달려 있다. 일반적으로 유전체의 20~25 kb가 비필수적이고 외래 DNA로 대체될 수 있다.

EMBL3와 **EMBL4**, 두 대체 벡터는 44 kb의 중심 비필수적 부분을 20~23 kb 길이의 외래 DNA로 대체하기 위하여 고안되었다. 이들 대체 벡터는 주로 진핵생물 유전체의 유전체 라이브러리를 준비하하는 데 사용한다.

(b) 파지 M13 벡터

M13 파지는 대장균의 섬유성 파지이고, 7.2 kb 길이의 단일가닥의 환상 DNA를 갖고 있다. 이것은 일련의 M13 클로닝 벡터를 만들기 위하여 다양하게 변형되었다. 파지 M13은 클론된 DNA의 단일가닥 사본을 얻기 위하여 사용된다. 이들은 DNA 염기서열분석을 위해 사용되며 대장균에 있는 섬유성 박테리오파지 M13의 6.4 kb의 유전체에서 만들어진다. 숙주세포 내에서, 이는 이중가닥의 환상 복제성 중간물질로 전환된다. 개개의 감염된 대장균은 M13 유전체의 사본 100개 이상을 갖고 있고, 약 1,000개의 새로운 파지 입자가 감염된 세포 각각의 세대 동안에 형성된다.

M13 유전체의 이중가닥 형태는 재조합 분자를 얻기 위하여 사용된다. 이 형태는 숙주세포로부터 얻는다. M13mp 벡터의 완전한 시리즈(M13mp 8, Ml3mp 9 등)은 M13 유전체로부터 재구성되었다.

M13 벡터의 특징

M13의 특징은:

- 매우 큰 DNA 절편을 클로닝할 수 있다.
- 이중가닥 삽입 DNA의 순수한 단일가닥 사본을 얻을 수 있다.
- 삽입 DNA는 두 방향 모두로 수용되기 때문에, 두 가닥 모두의 단일가닥 사본이 얻어진다. 이것은 어떤 재조합 클론은 한 가닥의 단일가닥 사본을 생산하고, 다른 것은 삽입 DNA의 상보적인 사본을 형성한다는 것을 의미한다.
- M13은 세포를 용해시키지 않기 때문에, M13 벡터로 감염된 세포는 생존한다.
- 재조합 DNA는 안정한 박테리오파지 입자에서 얻을 수 있다.
- M13으로 감염된 대장균 세포는 플라크를 형성해서, 쉽게 선별할 수 있다.

4. 코스미드 벡터

코스미드(cosmid)는 λ 파지의 절편을 가진 플라스미드로부터 유래된 혼성 벡터이고, λ 파지 DNA 절편은 *cos* 위치와 ***종결효소***(*terminase*)에 의해 인식되고 절단되는 데에 필요한 서열을 가지고 있으며 이는 λ DNA의 최소한 250 bp에 해당한다.

1) 코스미드의 구조

전형적인 코스미드 벡터는 다음 부위를 갖고 있다:

(1) 복제 개시점

(2) 절단과 외래 DNA의 삽입을 위한 독특한 제한 효소 자리

(3) 플라스미드로부터 항생제 내성을 암호화하는 선별 표식

(4) 람다 파지에서 유래한 12개 염기의 **cos** 자리. 이는 환상으로 연결되면 시험관에서 재조합 DNA를 람다 입자에 포장되게 해준다.

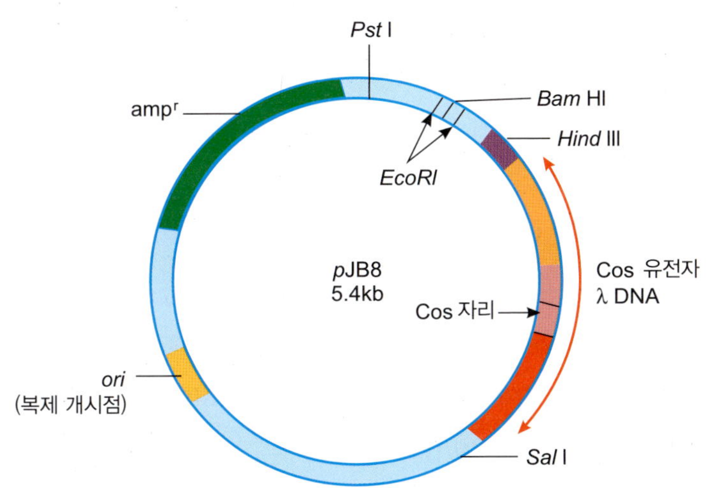

그림 17.5

플라스미드 모듈에 cos 자리를 가진 λ 절편을 포함한 전형적인 코스미드 벡터의 구조

2) 코스미드 벡터의 특성

코스미드 벡터의 전형적인 특징은:

- 코스미드는 길이가 약 5 kb이다. 그들은 40~45 kb까지의 삽입 DNA를 클로닝할 수 있다.
- 이들은 감염된 숙주세포에서 λ-입자로 포장될 수 있다.
- 포장된 코스미드는 숙주세포에 λ-파지와 비슷하게 감염되나 플라스미드와 비슷하게 증식된다.
- 재조합 DNA의 선별은 플라스미드의 선별을 위한 과정과 같다.
- 코스미드 벡터는 플라스미드와 같은 방법으로 증폭되고 유지된다.

*p*WE와 *s*Cos에 속하는 현대 코스미드 벡터는 (1) 선별되지 않은 DNA 절편을 단순히 클로닝하기 위한 **다수 클로닝 자리**(MCS), (2) 삽입 DNA의 RNA 사본을 생산하기 위한 MCS 측면의 **파지 프로모터** 및 (3) MCS 측면에 제한효소(*Not* I, *Sac*II 혹은 *Sfi* III)의 절단을 위한 **독특한 제한 자리**(unique restriction site)를 갖고 있으며, 그리고 (4) 포유동물 세포에 유전자를 전달을 위한 우성 선별 표식을 암호화할 수 있는 **포유동물 발현 모듈**(mammalian expression module)을 포함하기도 한다.

3) 코스미드의 사용

코스미드는 진핵세포의 유전체 라이브러리를 만드는 데 사용된다.

5. 파지미드 벡터

파지미드(phagemid)도 또한 재구성된 플라스미드 벡터다. 개개의 파지미드는 자신의 복제 개시점 외에 파지의 복제 개시점을 갖고 있다. 예를 들면, *p*Bluescript SK(+/−)는 파지미드 벡터다. 이것은 플라스미드 *p*UC19에서 유래한 2958 bp를 갖고 있다.

1) 구조

전형적인 파지미드는 다음 구조를 갖고 있다:

(1) 파지 f1이나 M13의 복제 개시점

(2) *lac*Z 유전자 내의 다수 클로닝 자리(MCS)

(3) *lac* 프로모터와 *lac*Z 유전자의 일부분

(4) MCS 서열 주변의 파지 T7과 T3 프로모터 서열

(5) *Col* E1의 복제 개시점(I1)

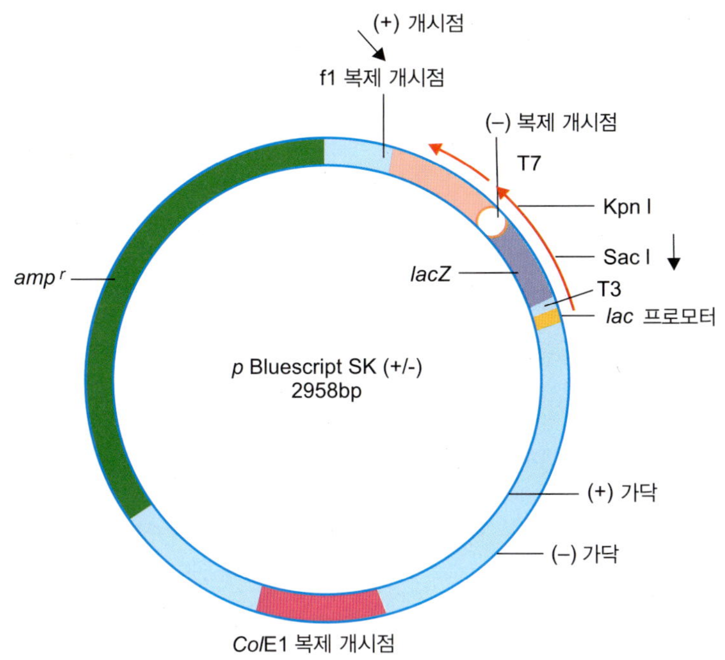

그림 17.6
lacZ 유전자 양쪽 말단에 T7과 T3 프로모터를 갖고 있는 파지미드 벡터 *p*BluescriptSK의 구조

(6) 항생제 내성을 위한 *amp*^{r} 유전자

삽입 DNA를 이중가닥 벡터 내로 시험관 내에서 삽입시킨다. 벡터는 다른 플라스미드와 비슷하게 대장균 세포로 도입된다. 이것은 단지 10 kb까지의 삽입 DNA를 클로닝하는 데에 사용된다. 재조합 DNA는 대장균 내에서 플라스미드처럼 플라스미드의 *Col* E1의 복제 개시점을 사용하여 증식하고, 재조합 DNA의 사본 여러 개가 얻어진다. 삽입 DNA가 *lacZ* 유전자를 따라 전사되기 때문에, 파지미드 벡터는 발현 벡터로도 사용된다. 삽입 DNA 산물과 **lacZ 유전자 산물**이 연결된 융합 단백질이 형성된다.

*p*Bluescript 벡터는 삽입 DNA의 한 가닥에 대한 RNA 사본을 만드는 데도 사용된다. 파지미드 벡터 파지에서, T7 프로모터는 MCS의 한쪽 편에 위치하고, *lacZ* 유전자와 삽입 DNA의 안티센스 가닥의 전사를 촉진한다. 파지 T3 프로모터는 MCS의 다른 편에 존재한다. 이것은 *lacZ* 유전자의 센스 가닥의 RNA 전사를 촉진한다. 이들 RNA 전사물을 방사성으로나 혹은 비방사성으로 표지하면 이들을 탐침 RNA로 사용할 수 있다. 이 때문에, 파지미드 벡터를 **리보탐침**(riboprobe) **RNA 벡터**라고도 한다.

파지미드 벡터는 또한 삽입 DNA의 단일가닥 사본을 생산한다. MCS 안쪽과 근처에 있는 6개의 시발체 자리를 이용하여 단일가닥 사본을 DNA 염기서열 분석에 사용한다. 이 시발체는 T7, T3, 역 시발체, SK 시발체 및 M13-20 시발체다.

6. 인공 염색체 벡터

인공 염색체(artificial chromosome) 벡터는 세포당 1-2개의 사본을 가지는 선형 또는 환상의 셔틀(shuttle) 벡터다. 이들은 수백 kb(1,000 kb까지나 이상) 염기쌍의 DNA를 클로닝할 수 있다. 이들은 종류는 다음과 같다:

(1) 세균 인공 염색체(BAC)

(2) 효모 인공 염색체(YAC)

(3) P1-유래 인공 염색체(PAC)

(4) 포유동물 인공 염색체(MAC)

(5) 인간 인공 염색체(HAC)

이들 벡터 중에 YAC은 효모 세포에서, BAC와 PAC는 세균에서, MAC와 HAC는 포유동물과 사람 세포에서 클로닝에 사용된다.

1) 세균 인공 염색체(BAC) 벡터

BAC 벡터는 큰 크기의 외래 DNA 클로닝을 위해 만들어진 셔틀 플라스미드 벡터이다. 그들은 대장균 F-인자의 복제 개시점(oriS)을 갖고 있다. 이것은 세포당 벡터 사본 수를 하나 또는 두 개를 유지하도록 엄격하게 조절된다. 이 BAC의 낮은 사본 수는 다수 벡터들의 서로 다른 삽입 DNA들 간에 재조합이 일어나지 않게 한다.

구조: 첫 BAC 벡터는 *p*BAC108L이며 다른 종류로는 *p*BeloBAC11, *p*BACe3.6 등이 있다. 벡터 *p*BeloBAC11은 7.4 kb이며 *lacZ*α 상보성을 이용하여 재조합 클론을 선별할 수 있게 해준다. 여기에는 다음과 같은 모듈이 있다:

- *oriS*, 대장균 F1 플라스미드의 복제 개시점
- *repE*, 복제 개시를 위하여 *oriS*에 결합하는 복제 단백질을 암호
- *CM^r*, 클로람페니콜 내성 표식

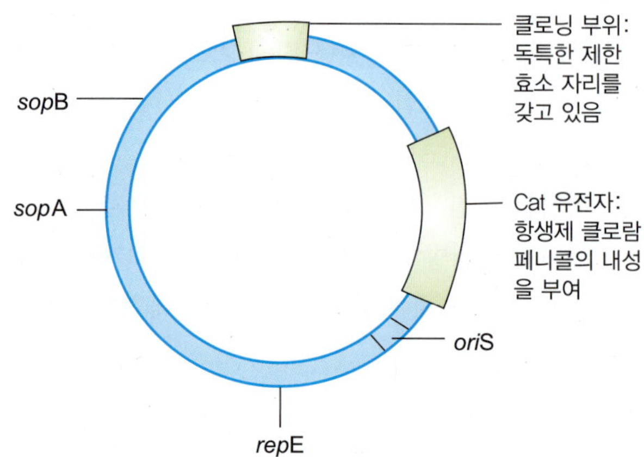

그림 17.7
세균 인공 염색체(BAC) 벡터의 유전자 지도

- *cosN*, 람다 파지 *cos* 자리
- *lacZ*, 제한효소 자리에 있는 β-갈락토시다아제 유전자
- T7 프로모터
- SP6 프로모터
- 세포분열 동안 F 플라스미드의 분열을 위한 *parA*, *parB* 및 *parC*
- 재조합을 위해 파지 P1의 *loxP*

BAC 벡터의 중요성: BAC 벡터는 다음의 특성 때문에, 더 보편적인 클로닝 벡터로 사용한다:

- BAC 벡터는 300 kb까지 삽입 DNA를 클론할 수 있다.
- 안정성이 높고 실험에 쉽게 사용된다.
- 재조합에 의한 클로닝한 DNA의 다양화로 생기는 혼합(chimerism)을 피할 수 있다. 키메리즘으로부터 고생을 하지 않는다.
- 숙주세포당 BAC 벡터의 낮은 사본 수는 삽입 DNA를 원래의 형태로 유지시킨다. 이것은 또한 클론된 유전자의 중화작용을 회피한다.
- BAC 벡터는 유전체의 분석에 광범위하게 사용된다.

BAC 벡터를 위한 숙주는 정상적인 제한과 변형 자리가 결실된 대장균의 돌연변이 균주를 사용한다.

2) 효모 인공 염색체(YAC) 벡터

YAC는 효모 염색체와 비슷하게 행동하는 선형 플라스미드 벡터다. YAC는 두 가지 형태가 있다. 환상형은 세균에서 자라고, 선형은 효모에서 증식한다. 전형적인 YAC(예: *p*YAC3)는 효모 염색체로부터 다음의 기능성 모듈을 함유하고 있다:

- *ARS*, 복제를 위한 서열
- *CEN*4, 동원체 기능을 위한 서열
- 말단소체 서열, 핵산외부가수분해효소에 대항하는 염색체 양 말단에 있고, 6 염기 5′... CCCCAA ... 3′가 20-70번 직렬 반복되어 있다.
- *TRP*1과 *URA*3, 두 선별 표식
- 대장균의 선별과 증식을 위한 대장균 플라스미드의 서열
- *SUP*4, 선별 표지이며 삽입 DNA가 통합되는 자리이다.

첫 개발된 YAC 벡터는 *p*YAC3이다. 이것은 근본적으로 *p*BR322 플라스미드 벡터이고, 여기에 위의 효모 서열이 통합된 것이다. 이것은 대장균에서 환상 형

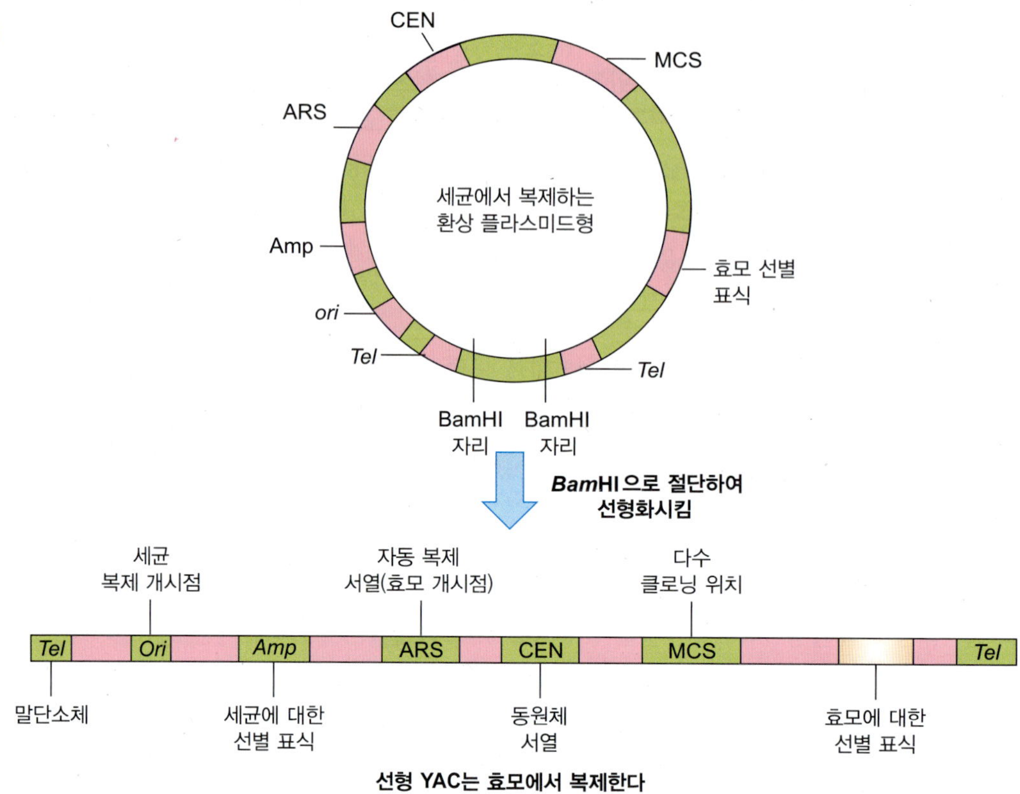

그림 17.8
YAC 벡터 *p*YAC3의 유전자 지도

으로 증식한다. 삽입 DNA는 선형 YAC 벡터를 생산하는 *SUP*4 내로 통합된다. 재조합 YAC는 원세포 형질전환에 의해 $TRPI^-$와 $URA3^-$ 효모 세포에 도입된다. 재조합 클론은 단일 색상 검사에 의해 검출되는 *SUP*4의 삽입 불활성화에 의해 확인된다.

YAC은 다수 클로닝 자리에 2,000 kb까지의 DNA를 삽입시킬 수 있다. 그러므로 YAC은 매우 큰 DNA(100~1,400 kb) 절편을 클로닝하는 데에 사용된다. 그들은 복잡한 진핵세포 염색체 지도 작성에 도움을 준다. 그러나 두 가지 단점이 있다:

- 클로닝 효율이 DNA μg당 약 1,000 클론 정도로 매우 낮다. 따라서 그들은 유전체 라이브러리의 완전한 생성을 위해서는 사용될 수가 없다.
- 개별 클론으로부터 순수한 삽입 DNA를 대량으로 얻는 것은 불가능하다.

7. 셔틀 벡터

셔틀 벡터는 다른 두 종의 세포에서 복제할 수 있게 고안된 플라스미드다. 이는 복제 개시점을 두 개 가지고 있어 서로 다른 두 개의 숙주세포 종에서 복제할 수 있다. 이것은 대장균에서만 복제되는 플라스미드와는 대조적이다. 셔틀 벡터는 재조합 기법으로 만들어졌다. 이들 벡터는 한 숙주에서 증식시켜 별다른 조작없

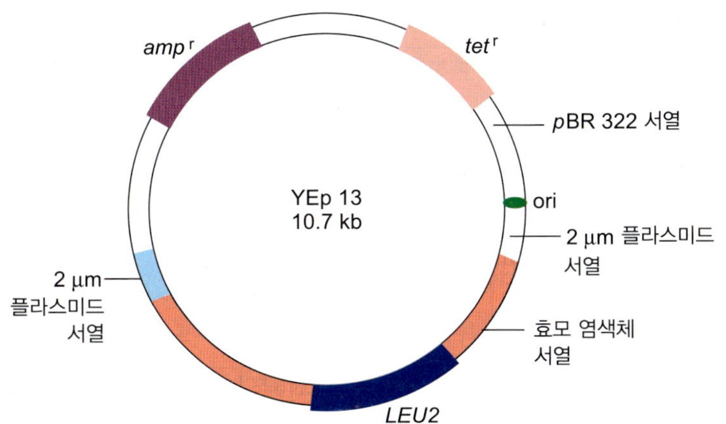

그림 17.9
셔틀 벡터의 구조

이 다른 숙주로 옮겨 작동시킬 수 있다. 이런 이유로 **셔틀**(shuttle) **벡터**라 한다. 진핵세포 벡터의 대부분이 셔틀 벡터다. **카도**(Kado)와 **테이트**(Tait, 1983)에 따르면, 셔틀 벡터는 다음과 같은 특징을 가져야 한다:

- 많은 생물체(세균, 효모, 식물 혹은 동물)에서 복제할 수 있어야 한다.
- 선별 표지에 의해 쉽게 인식될 수 있어야 한다.
- 큰 크기의 DNA 삽입이 가능하도록 크기가 작아야 한다.
- 클론된 유전자는 쉽게 확인되어야 한다.
- 벡터는 안정적이고, 비병리적이며, 스트레스를 유도하지 않아야 한다.
- 벡터는 대체 숙주에서 안정적인 유지를 위해 유전정보를 효과적으로 전달해야 한다.
- 도입된 유전정보는 새로운 숙주에서 유지되어야 한다.

셔틀 벡터의 예는 YEp(yeast episomal plasmid)이다. 다른 셔틀 벡터는 대장균과 방선균에서 복제되도록 고안되었다. 이것은 방선균 플라스미드와 대장균 플라스미드로부터 재구성되었다. 이것은 대장균에서 방선균 삽입 DNA의 초기 클로닝과 함께 방선균에서 연속적인 기능성 검사를 가능케 한다.

8. 포스미드 벡터

포스미드(fosmid) 벡터는 변형된 BAC 벡터다. 이것은 λ-파지 cos 자리를 함유하고 있어, 파지 람다의 머리에 포장될 수 있다. 포스미드 벡터의 예는 *p*FOS1이다. 이것은 *p*BAC10L의 cos 자리와 *p*UC cos 자리 사이에서 동종재조합으로 만들어졌다. 이 포스미드에서, *lacZα* 부위와 pUC 벡터의 다수 클로닝 자리는 파지 람다 *cos* 서열로 대체되었다. 이 벡터의 복제는 pUC 복제 개시점으로 작동한다. 포스미드는 작은 BAC이고, 약 40 kb의 삽입 DNA를 클로닝하는 데 사용한다. 이들은 적은 양의 원천 DNA로 작은 BAC 라이브러리를 만드는 데 유용하다.

17.4 재조합 DNA 기술에서 사용되는 기법

재조합 DNA 기술의 기작에는 다음의 단계가 있다:

1. DNA 절편의 생성

몇몇 기법이 원하는 유전자나 DNA 절편을 분리하거나 혹은 합성하는 데에 적용되었다. 이들은:

- 제한효소를 이용한 절단이나 혹은 유전체의 기계적 절단에 의해 DNA의 파편화
- 유전자의 인공 합성
- 상보적 DNA(cDNA)의 합성

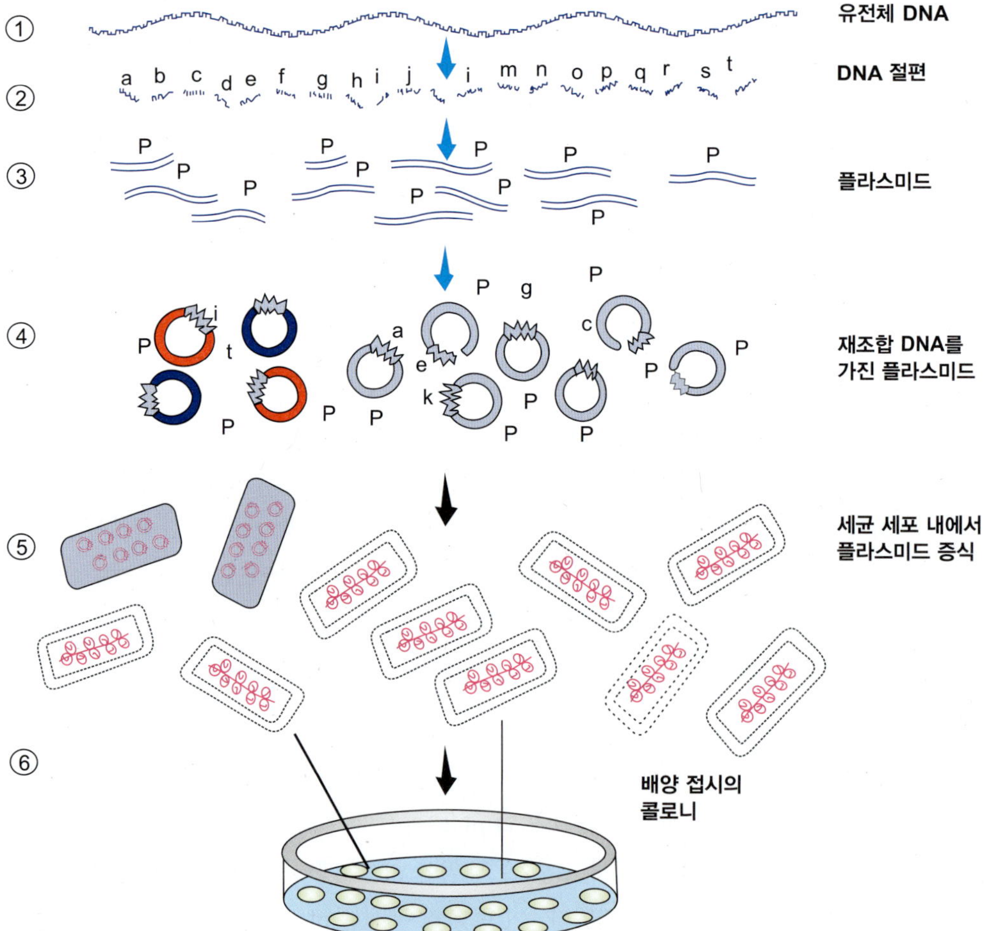

그림 17.10 유전체 라이브러리 혹은 유전자 은행

1) 제한효소 또는 유전체의 기계적 전단에 의한 DNA 절단

진핵생물 유전체에서 원하는 DNA 조각들은 ***제한 핵산내부가수분해효소***나 기계적 전단으로 자른다. 많은 경우에, 원하는 DNA 절편은 **유전체 라이브러리**(genomic library)나 혹은 **유전자 은행**(gene bank)에서 분리된다.

DNA 절단과 분리 과정은 다음과 같다:

1. DNA 절편의 분리: DNA 절편의 분리는 **겔 전기영동**(gel electrophoresis)에 의해 수행된다. 사용되는 겔은 두 종류다:

- **아가로오스**(agarose) **겔**은 DNA의 큰 절편을 분리하는 데에 사용된다.
- **폴리아크릴아미드**(polyacrylamide) **겔**은 염기쌍 차이가 적게 나는 작은 DNA 절편을 분리하는 데에 사용된다. 이것은 DNA 염기서열분석 실험과 또한 RNA나 단백질의 분리 더 보편적으로 사용된다.

유전체 DNA는 식물이나 동물 종의 어떤 조직으로부터도 추출되며 제한효소로 분해된다. 다른 크기로 절단된 절편은 겔 전기영동에 의해 분리된다.

겔 전기영동은 겔 판의 한쪽 편의 홈에 있는 DNA 절편을 이동시키는 것이다(겔 판의 길이는 약 10 cm이고, 두께는 약 0.5 cm이다). 절편의 이동 속도는 그들의 크기에 반비례한다. 작은 DNA 절편이 빠르고 멀리 이동하나, 반면에 크고 무거운 절편은 하역된 위치에 더 가까이에 있게 된다. 서로 다른 크기의 절편은 겔에서 띠로 분리된다. DNA 띠를 포함한 겔을 형광 색소 용액(브롬화에티듐,

부가 설명: 전체 염색체나 혹은 큰 DNA 분자의 분리

매우 큰 크기의 DNA 분자는 **펄스필드 겔 전기영동**(pulse field gel electrophoresis, **PFGE**)으로 분리한다. 이 기법에서 짧은 전장을 두 다른 방향에서 사용하고, DNA는 조작 동안에 큰 DNA 분자의 파편화를 피하기 위하여 아가로오스 플러그의 형태로 내장한다. 이 기법으로 전체 염색체에 속한 DNA를 분리할 수 있다.

역 고정 동종 전장 전기영동(counter clamped homogeneous electric field electrophoresis, **CCHEFE**)은 DNA의 큰 절편을 추출하는 더 세밀한 기법이다.

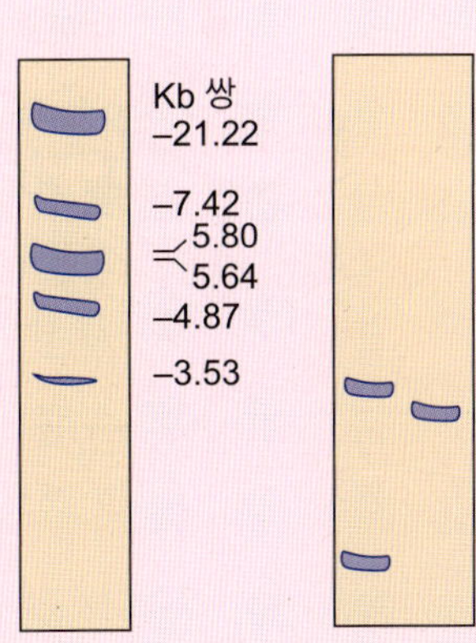

그림 17.11
전기영동에 의해 분리된 아가로오스 겔의 DNA 밴드

ethidium bromide)에 담그고, 그것에 자외선을 조사하면, DNA 띠는 형광 색상을 나타낸다.

2. DNA 절편의 동정: 따로 분리된 DNA 절편은 **분자 탐침**(molecular probe)을 이용하여 동정할 수 있다. 분자 탐침은 이미 뉴클레오티드 서열을 알고 있는 단일가닥 DNA로서 방사성으로 표지되었고 관심 있는 특정 DNA 절편과 동종이다. DNA 절편을 동정하는 방법은 세 가지가 있다. 서던(Southern) 블롯화(blotting), 노던(Northern) 블롯화 및 웨스턴(Western) 블롯화다.

2) 서던 블롯화

이 기법은 1975년에 **서던**(E. M. Southern)에 의해 개발되었다. 서던 블롯화를 위해, 겔의 DNA 띠(겔 전기영동에 의해 얻어진)는 수산화나트륨 용액에 겔을 담그면 단일가닥으로 변성된다. 알칼리 용액은 수소결합을 변성시킨다. 그 다음 겔을 유리판 위에 있는 완충용액-포화 여과지 위에 놓는다. 여과지의 양 말단은

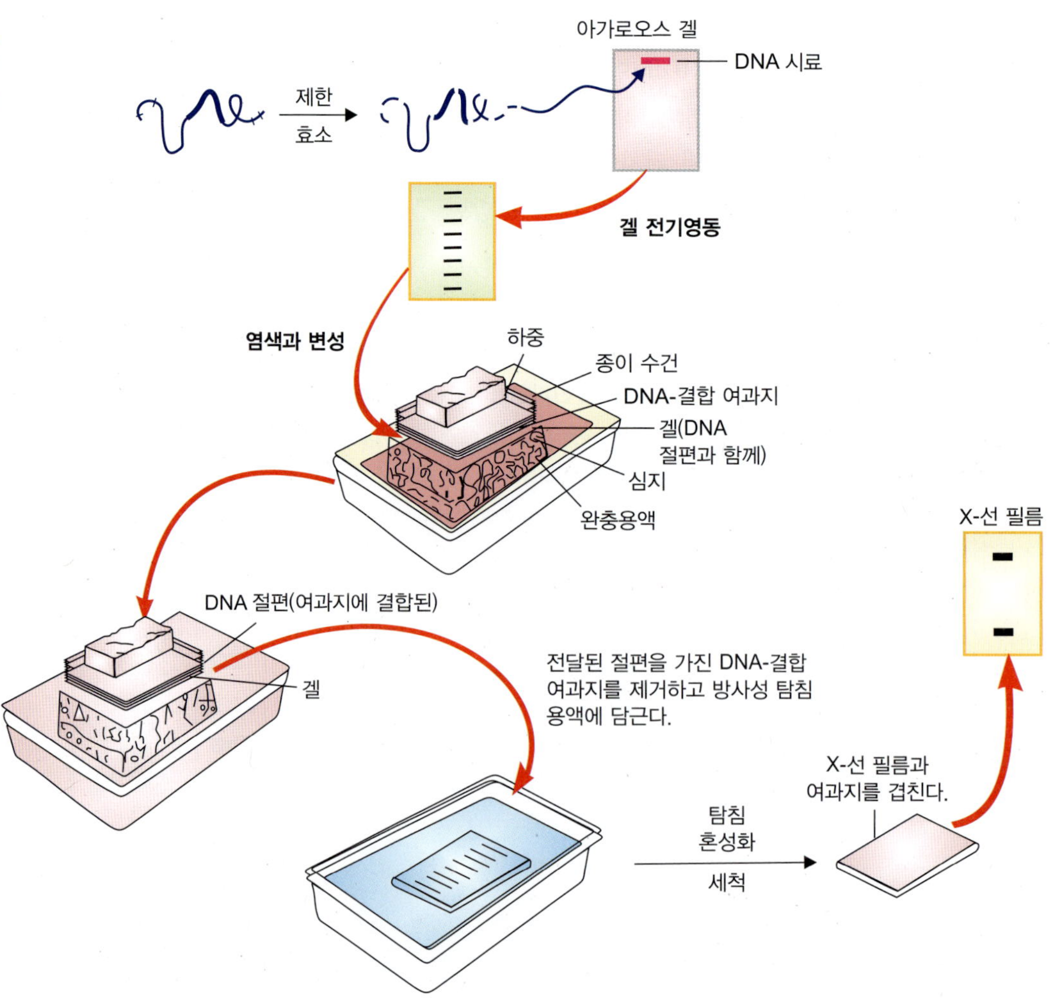

그림 17.12
방사성 핵산 탐침을 사용하여 전체 유전체 DNA로부터 DNA 절편을 확인하는 서던 블롯화

완충용액에 담겨져 있다. 인공적으로 합성된 **니트로셀룰로오스 막**(nitrocellulose membrane)을 겔 위에 놓고, 건조한 흡수 종이(종이 수건)의 여러 장 무더기를 이 막의 위에 놓는다. 0.5 kg의 무게를 종이 수건 위에 놓는다.

아가로오스 겔에서 나온 DNA 띠를 포함한 니트로셀룰로오스 막은 표지된 핵산(DNA 탐침이나 RNA 탐침)과 혼성화시킨다. 막을 방사성으로 표지된 탐침(서열을 알고 있는 표지된 단일가닥 DNA)을 포함한 용액에 넣는다. 탐침은 니트로셀룰로오스의 상보적인 DNA(cDNA)와 혼성화한다. 혼성화가 완료된 이후에, 니트로셀룰로오스 막은 결합하지 않은 DNA를 제거하기 위해 세척한다. 니트로셀룰로오스 막을 사진 필름과 접촉하여 혼성화된 부위를 자기방사법으로 검출한다.

3) 노던 블롯화

이 방법은 **제임스 알빈**(James Alwin, 1979) 등이 개발하였다. 이것은 서던 블롯화와 연관이 있으나, RNA 전달의 블롯에 사용된다. RNA는 니트로셀룰로오스 막에 결합하지 않기 때문에, 겔 전기영동으로 분리한 mRNA는 니트로셀룰로오스 막으로 전달할 수 없다.

노던 블롯화(Northern blotting)에서, 아가로오스 겔로부터의 mRNA 띠는 화학적으로 반응성인 DBM 종이(아미노벤질옥시메틸 종이를 이-질소화시킨 것, diazotisation of aminobenzyloxymethyl paper, Watmans's 540)에 블롯 전달된다. 이 종이의 mRNA는 방사성으로 표지된 DNA나 RNA 탐침으로 혼성화시키고, 자기방사법으로 검출한다. 탐침의 단일가닥 부위는 ***핵산가수분해효소***(녹두 핵산가수분해효소나 S_1-핵산가수분해효소)로 제거하고, 혼성화된 mRNA의 정량 평가가 이루어진다.

4) 웨스턴 블롯화

이 기법은 단백질을 검출하는 데 사용하며, 전달된 유전자가 형질전환된 세포 내에서 발현될 때, 번역된 산물을 단백질의 형태로 확인하는 데에 사용된다. 추출한 단백질을 **폴리아크릴아미드 겔 전기영동**(polyacrylamide gel electrophoresis, PAGE)을 하고 니트로셀룰로오스 막으로 전달한다. 니트로셀룰로오스 막은 특정 단백질에 결합하는 방사성으로 표지된 특정 항체와 반응시킨다. 항체를 ^{125}I로 표지하여 자기방사법으로 검출하거나 또는 효소가 붙어 있는 2차 항체로 검출할 수도 있다.

2. 유전자의 인공 합성

시험관에서 유전자를 합성하는 데에는 세 가지 접근 방법이 있다.

- 유전자의 자세한 구조가 알려진 경우에는, 유전자는 **코라나**(Khorana, 1970)에 의한 화학적 방법으로 순수하게 합성할 수 있다.
- 유전자의 자세한 구조가 알려지지 않았다면, 시험관에서 유전자를 합성하기 위해 ***RNA 의존성 DNA 중합효소***(*RNA directed DNA polymerase*)를 사용한다. **cDNA**(complementary DNA)가 유전자의 mRNA로부터 합성된다.
- 단백질이나 폴리펩티드의 아미노산 서열이 알려졌다면, 그 단백질과 관련된 유전자의 염기서열을 결정할 수 있으며 동일한 염기서열의 폴리뉴클레오티드를 시험관에서 합성할 수 있다.

유전자의 인공 합성 공정에는 다음 두 단계가 있다:

- 뉴클레오티드를 화학적으로 조립하여 짧은 가닥의 DNA-절편(10~1,000 kb)을 만듦. 이 작은 절편을 **올리고뉴클레오티드**(oligonucleotide)라 한다.
- 올리고뉴클레오티드를 효소적으로 조립하여 클로닝 가능한 이중가닥 DNA를 만듦.

1) 올리고뉴클레오티드의 화학적 조립

올리고뉴클레오티드는 포스포디에스테로(phosphodiester)나 포스포트리에스테르(phosphotriester) 접근에 기초하여 합성된다. 가장 최근에는 포스파이트(phosphite) 트리에스테르(triester) 방법이 초기의 두 접근을 대신한다. **코라나**는 포스포디에스테르 접근을 따랐었다. 현재에는, 포스포디에스테르 접근은 다음의 단점 때문에 완전히 포기하였다:

부가 설명: 유전자의 합성

1965년에 **홀리**(R. W. Holley)와 그의 공동작업자들은 효모의 **알라닌 tRNA**(77 bp)의 자세한 구조를 밝혔다. **코라나**와 공동작업자들은 이 tRNA에 대한 유전자의 자세한 구조를 밝혔다. **미켈슨**(Michelson, 1955)은 처음으로 단순한 2-뉴클레오티드를 실험실에서 화학적으로 합성하였으며 코라나 등은(1972~1979) 두 tRNA 유전자들을 성공적으로 합성하였다: **알라닌 tRNA 유전자** 및 **티로신 tRNA 유전자**. 여기에는 20여 명의 수년간의 노력이 있은 결과다. 그 이후로, 알려진 질소 염기서열의 DNA 분자 합성 방법은 극적으로 향상되었다. '**유전자-합성 기계**'의 도움으로, 유전자는 며칠 만에 합성될 수 있다. 유전자 기계에는 여러 종류가 있으며 유전자 기계에는 올리고뉴클레오티드 합성을 위한 미세공정자를 포함한다.

부가 설명: 역전사효소

역전사효소는 DNA 중합효소이다. 이것은 일반적으로 **조류 골수아세포 바이러스**(avian myelobalstosis virus, AMV)로부터 얻어진다. 이것은 mRNA를 DNA 합성을 위한 주형으로 사용하고 RNA~DNA 혼성 분자를 생산하는 레트로바이러스다. RNA 가닥은 ***리보핵산가부분해효소***(*ribonuclease*, RNase)의 분해로 혼성 분자에서 제거되며 단일가닥의 cDNA가 남는다. cDNA의 3′ 말단에는 짧은 머리핀 고리가 있으며, 다음 단계에서 ***DNA 중합효소***가 작용하여 이중가닥 cDNA가 만들어진다.

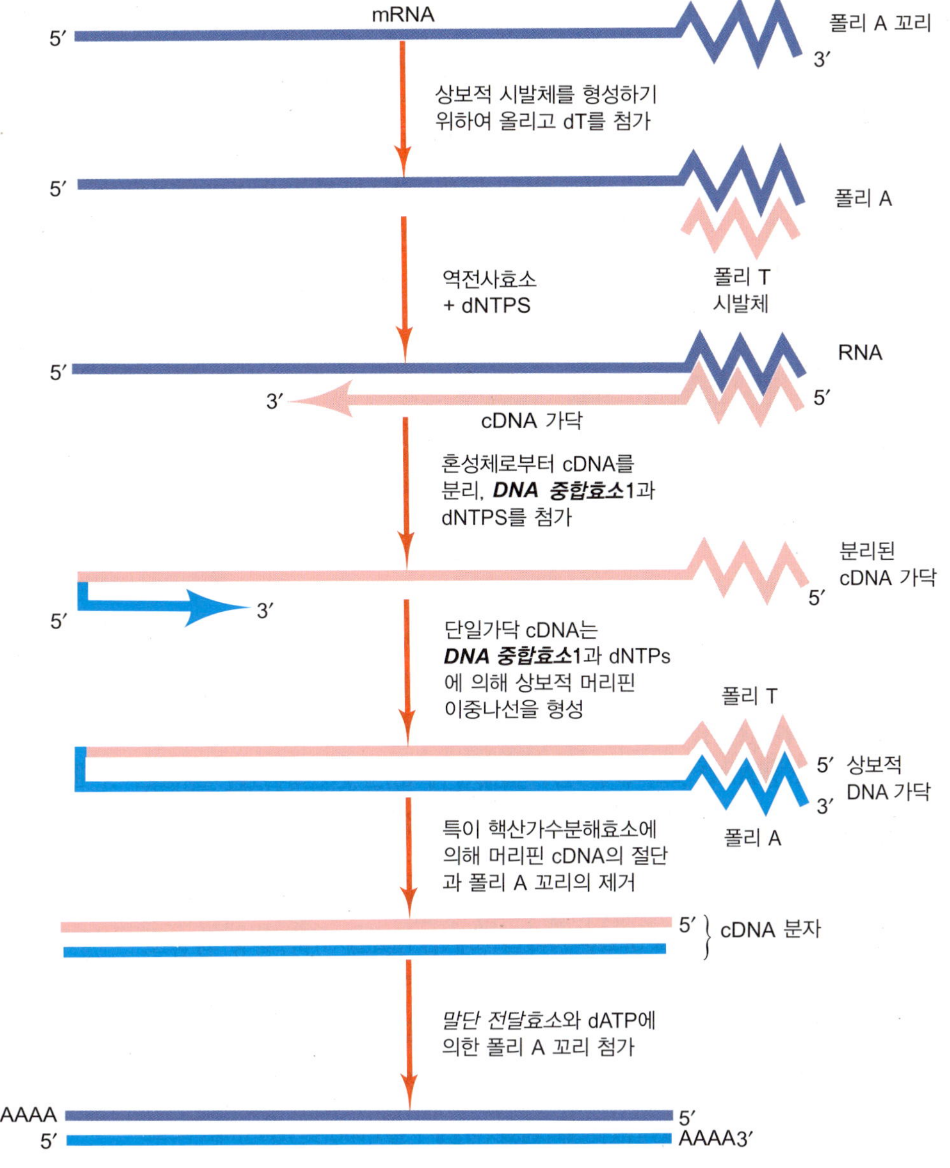

그림 17.13
역전사효소에 의한 mRNA로부터 cDNA의 합성

- 반응 완료 시간이 길다.
- 산물은 폴리뉴클레오티드 사슬의 길이가 길어짐에 따라 감소한다.
- 정제 과정에 시간이 걸린다.

포스포트리에스테르 방법(phosphotriester method)에서, 디옥시리보오스의 3′-OH와 5′-OH기와 인산 일부분의 한 OH가 보호된다. 인산 트리에스테르 방법에서는 3가 인산을 가진 화합물이 5가 인산 대신 사용된다.

2) 올리고뉴클레오티드의 효소적 조립 또는 유전자 합성

화학적으로 합성된 올리고뉴클레오티드의 양 말단에 존재하는 자유 수산화기는

그림 17.14
올리고뉴클레오티드의 효소적 조립

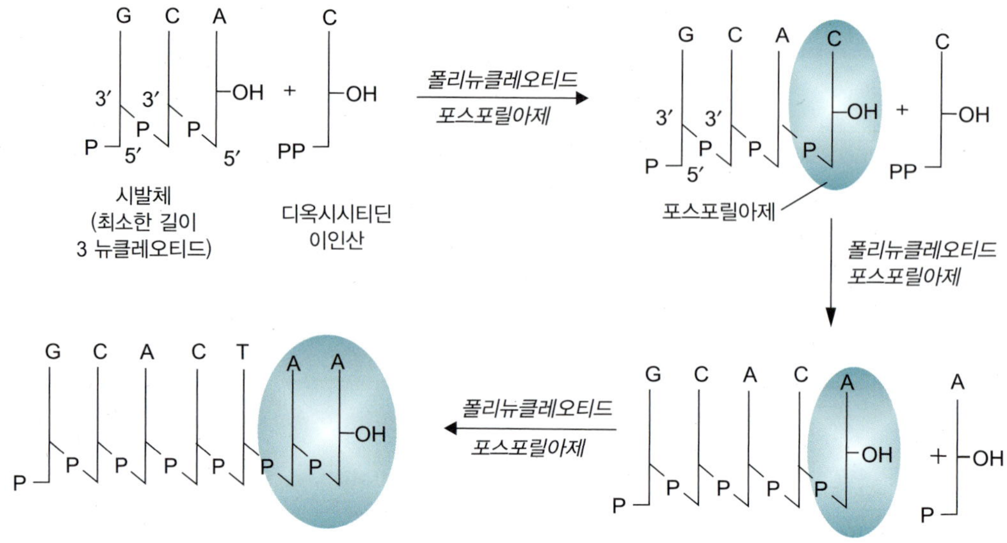

폴리뉴클레오티드 인산화효소(*polynucleotide-kinase*)에 의해 ATP를 사용하여 5′에 인산화된다. 이들을 높은 온도(90~100°C)로 가열하면 올리고뉴클레오티드가 연결 자리에 틈이 있는 이중가닥 DNA로 전환된다. 이들 틈은 ***DNA 연결효소***가 연결한다.

3. 상보적 DNA 합성

이 방법에서, 원하는 단백질의 mRNA를 역전사효소를 사용하여 상보적 DNA(cDNA)를 합성한다. 이 효소는 1970년에 **테민**(H. Temin)과 **발티모어**(D. Baltimore)가 발견하였다.

원하는 mRNA를 분리하기 위해 적당한 조직에서 전체 RNA를 추출한다. 폴리-T 서열을 원하는 mRNA의 3′ 말단에 시발체로 첨가한다. 형성된 cDNA는 한 말단에서 머리핀 고리를 갖는다. 머리핀 고리는 **S_1 핵산가수분해효소**를 처리하여 제거한다(그림 17.13).

17.5 클로닝 벡터에 외래 DNA 절편의 연결

재조합 DNA를 만들기 위해 분리한 외래 DNA-절편을 클로닝 벡터에 연결한다. 벡터는 ***제한 핵산내부가수분해효소***로 절단하여 개방하고 외래 DNA를 벡터에 삽입시키고, 절단 말단은 DNA 연결효소로 연결한다. 플라스미드는 환상이기 때문에, 단일 절단은 환상을 개방한다. 클로닝한 DNA를 삽입하고 말단을 연결하면 환상 재조합 DNA 분자가 만들어진다. 삽입을 위한 세 가지 방법이 있다:

- 엇갈린 절단에 의한 점착성 말단의 연결
- 무딘 말단 연결
- 동종중합체 꼬리달기

1. 점착성 말단 연결 방법

외래 DNA와 선택한 플라스미드 벡터가 같은 인식 자리를 가지고 있다면 둘 다 동일한 **제한 핵산내부가수분해효소**로 절단할 수 있다. ***제한 핵산내부가수분해효소***가 엇갈려서 절단하면 외래 DNA와 벡터 DNA의 개개의 가닥은 상보적 단일 가닥이 돌출된 5′ 말단을 가지며 5′ 말단은 상보적 회문 염기서열을 갖고 있다. 외래 DNA와 벡터 DNA의 상보적 점착성 말단은 재생 과정에서 상보적 염기쌍으로 연결된다. 남겨진 틈은 ***DNA 연결효소***에 의해 메꿔지고, 결과적으로 이중 가닥의 환상 DNA로 재조합 DNA가 만들어진다.

2. 무딘 말단 연결 방법

동일한 제한효소의 절단으로 생긴 외래 DNA와 클로닝 벡터의 무딘 말단은 T_4-*DNA 연결효소*로 연결된다(**스가라멜라**(Sgaramella), 1972).

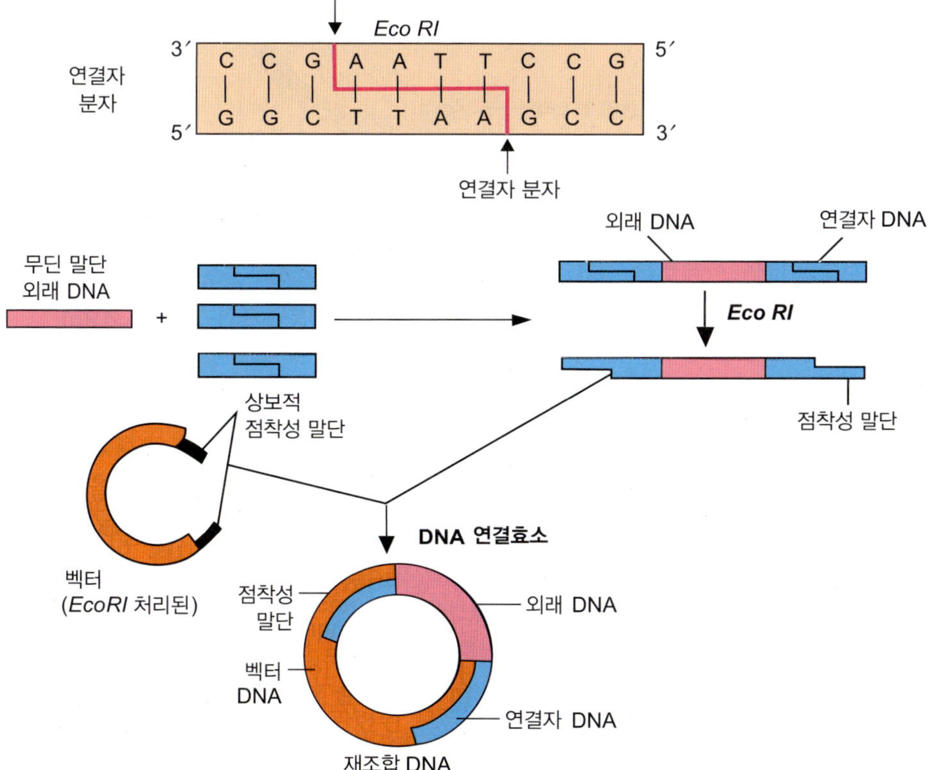

그림 17.15
재조합 DNA를 형성하는 점착성 말단 연결

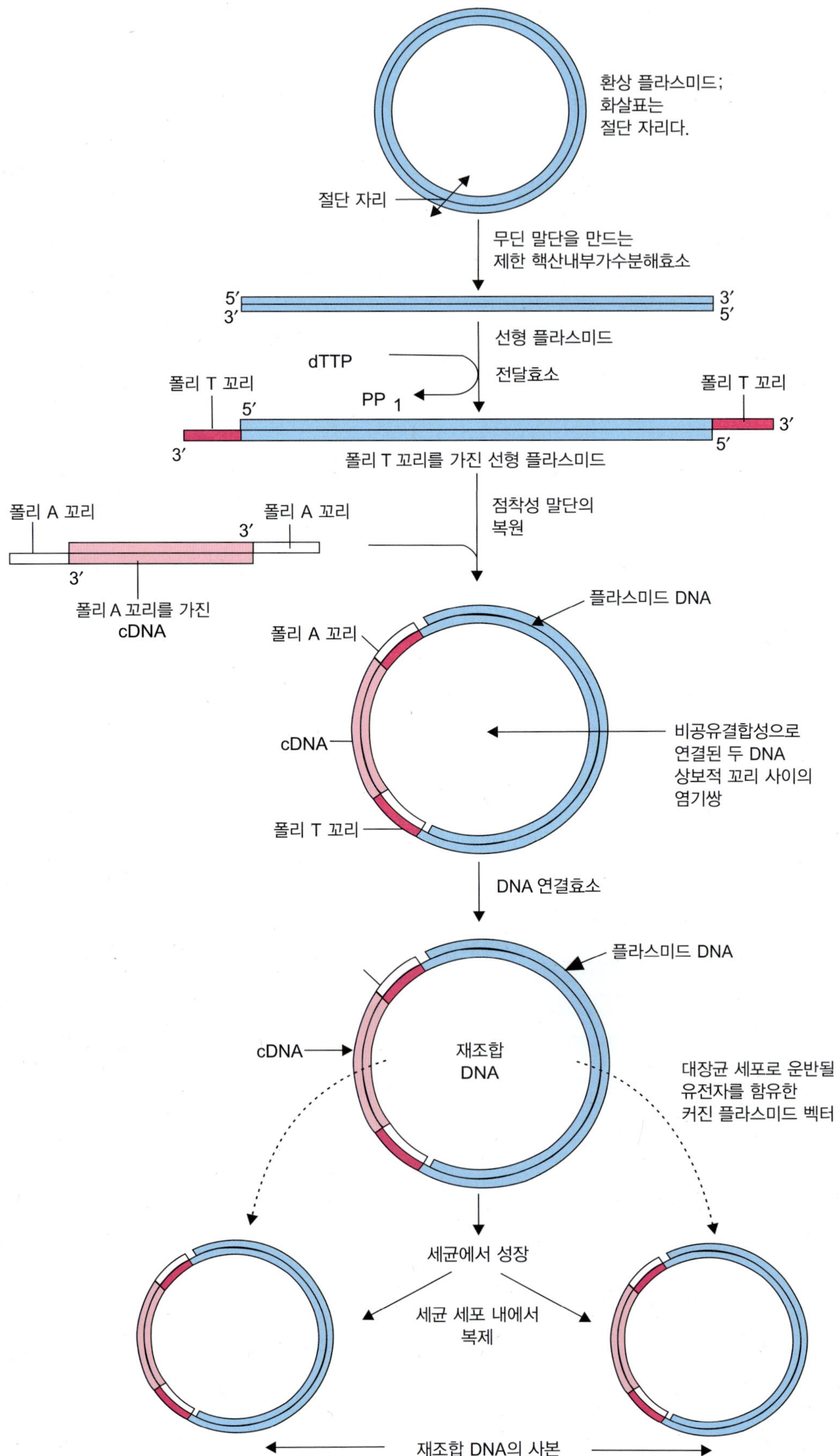

그림 17.16
연결자 분자의 도움으로 재조합 DNA를 형성하는 무딘 말단 연결

더 일반적으로 사용되는 방법은 외래 DNA의 무딘 두 말단에 ***T_4-DNA 연결효소***를 사용하여 연결자 DNA를 연결하는 것이다. 연결자 분자는 특정 제한효소에 대한 특정 인식 자리를 갖고 있다. ***제한 핵산내부가수분해효소***를 처리하면 연결자 내에서 점착성 말단이 만들어진다. 따라서 점착성 연결자를 가진 DNA를 상보적인 점착성 말단을 가진 클로닝 벡터와 연결시킨다. 연결자의 선별은 사용하는 벡터와 벡터가 가진 인식 자리에 기초한다.

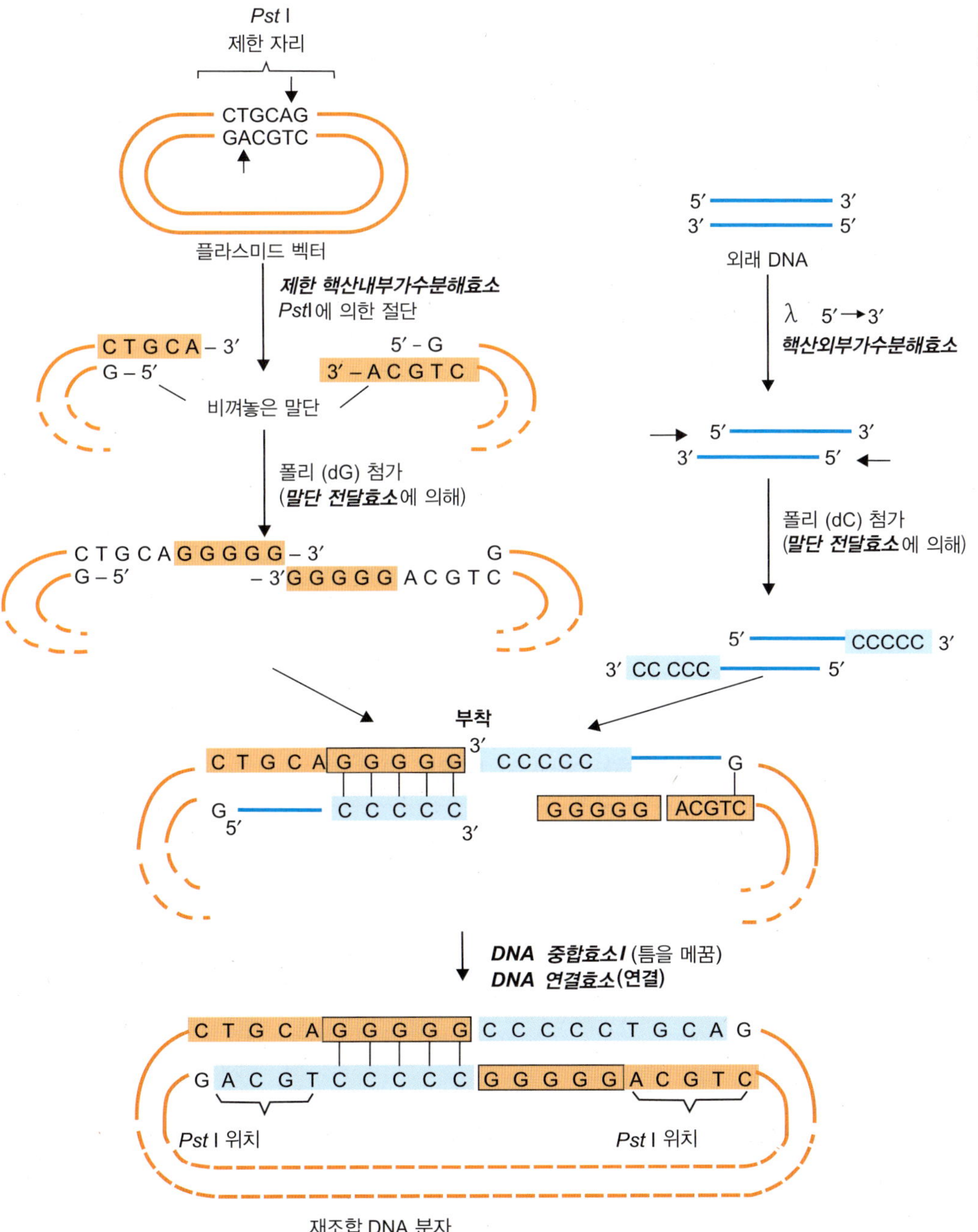

그림 17.17
재조합 DNA의 합성을 위한 동종중합체 꼬리 기법

부가 설명: 연결자와 어댑터

연결자(linker)는 짧고, 화학적으로 합성된 자가 상보적 올리고뉴클레오티드이며, 이것은 특정 ***핵산내부가수분해효소***를 위한 하나나 그 이상의 인식 위치를 갖고 있다. 예를 들면, pCCGAATTCGG는 하나의 *Eco RI* 위치를 함유하고 있다. 연결자가 외래 DNA의 무딘 말단에 융합되고, 적절한 제한효소로 절단되면, 알맞은 5′ 말단의 돌출이 생성되고, 이 말단의 돌출은 동일한 제한효소에 의해 열린 선택된 벡터와 염기쌍을 이룬다.

어댑터(adaptor)는 또한 화학적으로 합성된 뉴클레오티드이며, 다른 두 단일가닥 올리고뉴클레오티드로부터 준비되었고, 올리고뉴클레오티드는 5′ 말단에 다른 핵산내부가수분해효소의 인식 서열을 갖고 있으나, 3′ 말단에는 자가 상보적인 염기서열을 갖고 있다. 예를 들면, 올리고뉴클레오티드 5′ … OHGATCCTCGAG … 3′p와 올리고뉴클레오티드 5′ p … AATTCTCGAG … 3′은 어댑터이며, 이것은 *BamH*I(GATC)와 *EcoR*I(AATT)의 인식 위치와 5′ … CTCGAG와 3′ … GAGCTC의 자가-쌍 상보적 부위를 갖고 있다.

어댑터는 한 제한효소에 의해 생산된 돌출 말단을 다른 제한효소에 의해 생성된 것으로 전환한다. 이것은 한 제한효소에 의해 생산된 DNA 절편과 다른 제한효소에 의해 개방된 벡터의 절단과 융합을 가능하게 한다. 연결자와 어댑터는 cDNA의 클로닝과 클로닝 벡터에 새로운 절단 위치를 도입하는 데에 사용된다.

3. 동종중합체 꼬리달기 방법

DNA 이어맞추기의 방법은 DNA의 3′ 말단에 동일한 뉴클레오티드 서열(동종중합체)을 첨가하는 ***말단 전달효소***(*terminal transferase*)의 능력에 따른다. **잭슨**(Jackson, 1972) 등이 사용하였으며 ***말단 전달효소***는 소 흉선에서 얻었다. 이 방법에서, 상보적인 동종중합체 서열을 시험관에서 합성했거나 제한효소 처리로 만들어진 DNA 분자의 말단에 첨가한다. 예를 들면, 중합체 G를 외래 DNA 분자의 3′ 말단에 첨가하고 상보적 동종중합체 C를 클로닝 벡터에 첨가한다. 따라서 상보적인 동종중합체 3′ 꼬리 5′ … GGGG … 3′/3′ … CCCC … 5′가 만들어지며 연결되면 재조합 DNA가 형성된다.

17.6 숙주세포로 재조합 DNA의 도입

재조합 DNA는 복제와 클론 형성이 가능한 숙주세포로 도입된다. 여기에는 다음의 방법이 있다:

(1) 형질전환
(2) 형질도입
(3) 전기천공법
(4) 리포솜
(5) 미세주입
(6) 미세발사체

1. 형질전환

형질전환(transformation)은 세포가 주변으로부터 외래 DNA를 받아들이는 것을 말한다. 이것이 재조합 DNA를 숙주세포로 도입시키는 가장 일반적인 방법이다. 이는 **만델**(Mandell)과 **히가**(Higa)가 1979년에 개발하였다. 대장균, 효모 및 포유동물 세포 등 대부분의 세포는 DNA 분자를 잘 받아들이지 않는다. 그러나 세포를 $CaCl_2$로 처리하면 세포 표면에 DNA의 결합을 증가시켜서 DNA에 대한 투과성을 높여준다. 자라는 대장균 세포를 분리하고, 50 mM $CaCl_2$ 용액에 현탁시킨 후, 12~24시간 배양하면, 형질전환의 빈도가 증가한다. 그 후, 재조합 DNA를 처리된 세포에 첨가한다. 형질전환은 단지 몇 분 만에 진행되며, 형질전환된 세포를 선별하기 위하여 알맞은 배지에 도말한다. 형질전환된 세포의 빈도는 약 10,000 플라스미드당 하나이거나 플라스미드 DNA μg당 10^6~10^7이다. 이 빈도는 특정 대장균 균주를 사용하거나 형질전환 중에 특정 조건을 부여하면 더 증가시킬 수 있다.

2. 형질도입(바이러스 입자로 포장된 재조합 DNA의 도입)

람다 파지의 cos 서열을 갖고 있는 벡터(코스미드, 플라스미드 및 λ-파지 벡터와 같은 것)는 시험관에서 빈 파지 머리 안에 포장될 수 있다. 포장은 재조합 DNA를 가진 완전한 λ 입자를 생산한다. 이들 새로이 합성된 파지 입자는 대장균 세포를 감염시키는 데에 사용된다. 따라서 박테리오파지에 의해 외래 DNA가 세균에 도입되는 것을 **형질도입**(transduction)이라 한다.

재조합 DNA를 함유한 파지 입자에 의한 감염은 매우 효과적으로, DNA μg당 10^8 플라크에 이르나, 반면에 형질전환에 의한 것은 DNA μg당 10^3 플라크 정도이다.

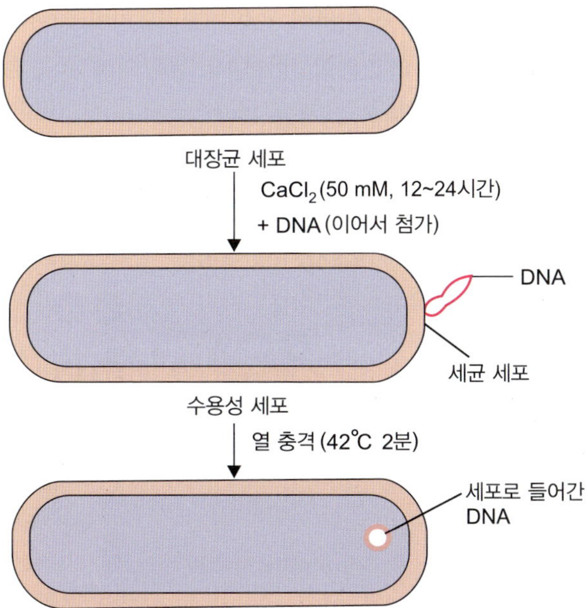

그림 17.18
$CaCl_2$ 처리에 의한 대장균의 형질전환

형질전환된 세균 세포를 배양 중인 수용성 세포 위에 뿌리면 맑은 플라크 지역이 세포 위에서 만들어진다. 재조합 DNA를 포함한 플라크를 확인할 수 있으며 플라크로부터 수집된 파지 입자에서 **순수분리된 재조합 DNA**(purified recombinant DNA)를 얻을 수 있다.

3. 전기천공법

전기천공법(electroporation)은 4,000~8,000 V/cm 범위의 굉장히 높은 전압과 짧은 전기 파동에 세포를 매우 짧게 노출시킴으로써 세포로 외래 DNA나 재조합 DNA을 도입시키는 것이다. 이것은 세포막에 순간적인 통로를 유도하여 세포막 투과성을 증가시킨다. 이들 구멍은 외래 DNA가 이곳을 통하여 세포로 들어갈 수 있는 경로를 제공하고, DNA는 막과 직접적으로 접촉한다.

전기천공법 파동은 특별히 고안된 전기천공법 챔버 내에 전극을 가로질러 용량을 방전시킴으로써 생성된다. 짧은 지속기간의 높은 전압이나 긴 지속기간의 낮은 전압이 사용된다. 원형질체(protoplast)를 벡터 DNA나 재조합 DNA를 포함한 이온 용액에 현탁시킨다. 전기천공을 시행하고 배지 위에 도말하면 형질전환된 콜로니를 선별할 수 있다.

쌀, 밀, 옥수수, 사탕수수, 피튜니아, 담배 등의 원형질체에서 전기천공법으로 유전자를 전달할 수 있다.

4. 리포솜-매개 유전자 전달

리포솜은 큰 플라스미드를 둘러쌀 수 있는 인공 막 운반자이다. 리포솜은 식물세포의 원세포체와 융합하기 위하여 도입되고, 유전자 전달을 위한 배달 운반자로서 사용된다. DNA는 리포솜의 세포내유입에 의해 원세포체로 들어간다. 리포솜-매개 유전자 전달은 다음 단계를 포함한다:

그림 17.19

DNA를 가진 리포솜

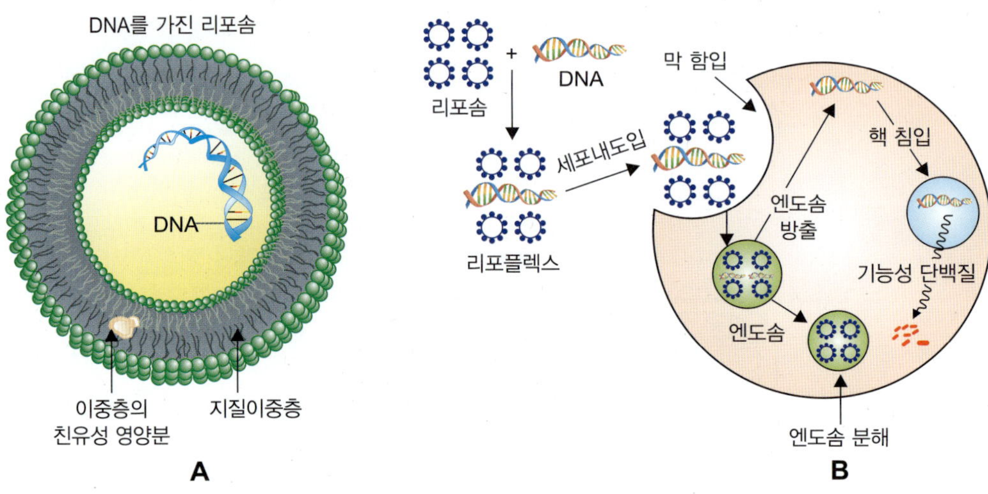

(1) 원세포체의 표면에 리포솜의 접착

(2) 접착 위치에서 리포솜의 융합

(3) 세포 내로 플라스미드의 방출

기법은 더 유리하며, 그 이유는 다음과 같다. 이것은 (1) 핵산가수분해효소로부터 DNA/RNA의 보호, (2) 핵산의 안정성, (3) 낮은 독성, (4) 높은 수준의 증폭 및 (5) 넓은 범위의 세포 종류에 적용을 제공한다. 이 기법은 담배, 당근, 피튜니아 등에서 유전자 전달에 사용된다.

디메틸아미노에탄 카보닐(DC-Chol)과 디올레오포스파티딜에탄올아민(DOPE)을 함유한 양이온 리포솜은 높은 형질주입 활성을 나타낸다.

리포솜 유전자 전달의 장점: 과정이 비병원성이고, 면역 문제가 없고, 유전자 크기의 한계가 없다.

리포솜 유전자 전달의 단점: 낮은 형질도입 효율과 안정된 삽입 효율이 낮다.

5. 미세주입

미세주입(microinjection)은 외래 DNA를 미세조작기로 세포질이나, 세포의 핵으로 또는 수정난의 전핵이나, 일, 이 세포기의 배에 직접 운반하는 기법이다. 미세주입 기구는 낮은 배율의 **입체해부현미경**(stereoscopic dissecting microscope)과 두 개의 **미세조작기**(micromanipulator)로 이루어진다. 현미경은 DNA 도입의 전 과정 동안에 세포나 난자를 보기 위하여 필요하다. 미세조작기 중 하나는 부분적인 흡입으로 난자를 고정하는 데에 사용되는 유리 마이크로피펫이며 **고정 피펫**(holding pipette)이라 한다. 다른 미세조작기는 유리 주입 바늘이고 난자의 세포질이나 수컷 전핵으로 DNA를 도입하는 데에 사용된다. 미세

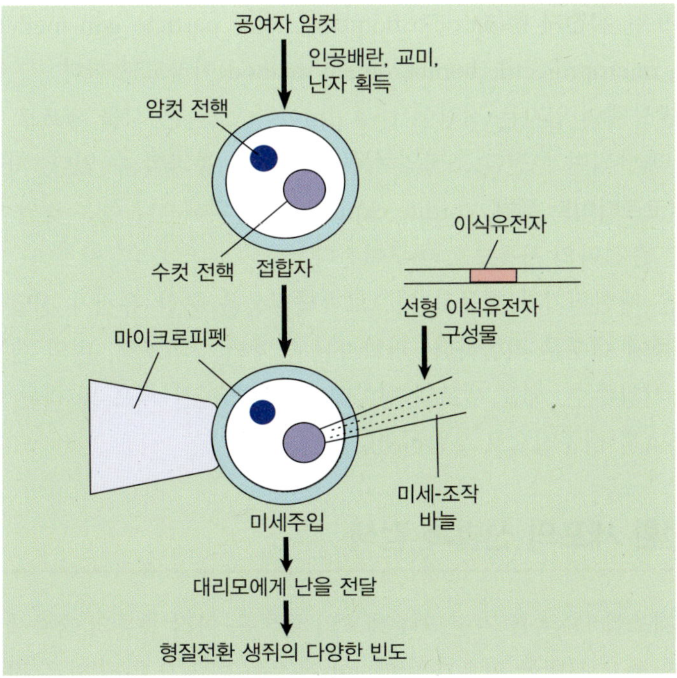

그림 17.20
수정된 난자의 수컷 전핵으로 클론 플라스미드 DNA의 미세주입

주입 기법은 동물 세포뿐만 아니라 식물 원형질체에도 사용할 수 있다.

미세주입 과정은 다음과 같다:

- 유리 마이크로피펫의 한쪽 끝을 유리가 녹을 때까지 가열한다. 이것을 급격히 잡아당겨서 매우 미세한 끝을 만든다. 이것은 직경이 약 0.5 mm이고 주입 바늘과 비슷하다.
- 미세주입할 세포를 함에 넣는다.
- 고정 피펫을 현미경의 시야에 놓고, 끝에 표적 세포가 고정되도록 조작한다.
- 주입 마이크로피펫의 끝이 세포막을 통과하도록 부드럽게 밀어 넣는다.
- 주입 마이크로피펫의 내용물이 세포질로 운반된다.

발톱개구리 난자는 미세주입을 통해 전사를 시키기 위해 널리 사용되어 왔다. 주입한 외래 DNA는 임의적으로 핵 DNA와 접촉한다. DNA의 발현은 적당한 프로모터와 붙어 있을 때에만 가능하다. **루빈**(Rubin)과 **스프라들링**(Spradling, 1982)은 초파리 ***크산틴 탈수소효소***(Xanthine dehydrogenase) 유전자를 P 요소(부모 요소)로 도입하는 데 성공하였다. 이 배는 발생을 진행하여 모자이크 눈 대신에 장밋빛 눈을 만들었다.

6. 미세발사체(유전자 총)

중석이나 금을 입힌 DNA의 무거운 **미세입자**(microparticle)를 매우 빠른 속도(약 1,4000피트/초)로 식물 세포로 밀면, 외래 DNA는 식물 세포로 배달될 수 있다. 기법은 **스탠포드**(Stanford) 교수와 공동작업자들이 1987년에 개발하였다. 이것은 또한 **유전자 총**(particle bombardment, particle gun method, biolistic process, microprojectile bombardment method)이라고도 한다.

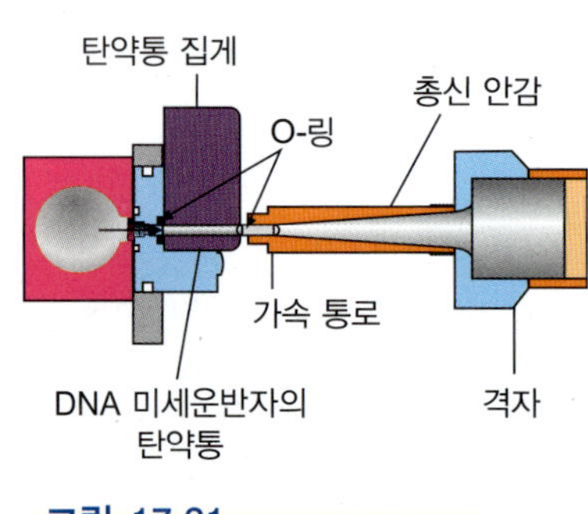

그림 17.21

유전자 총의 모식도

미세발사체의 입자는 직경이 1~3 μm이다. 그들은 식물 세포로 가속된 권총에 의해 배달되며 온전한 조직의 식물 세포벽을 통과할 수 있다. 가속은 폭발적인 전하(**코르다이트 폭발**, cordite explosion)에 의해서나 높은 전압 방전에 의해 격발되는 충격파의 사용으로 이루어진다.

기법은 재현되기가 힘들고 아그로박테리움을 통한 유전자 전달에 반응하지 않는 식물에 대부분 적합하다. 과학자는 양파의 상피조직, 벼의 세포 배양, 밀, 옥수수, 사탕수수, 세균 세포의 병아리콩, 또한 인간 세포 및 다른 동물 세포로 외래 DNA를 성공적으로 운반하였다.

17.7 형질전환 세포의 선별과 검색

원하는 재조합 DNA를 가진 숙주세포의 클론은 여러 종류의 숙주세포 혼합체로부터 확인하고 선별할 필요가 있다. 이 목적을 이루기 위해 많은 전략이 개발되

었다:

1. 표식 유전자나 보고 유전자에 의한 형질전환 세포의 동정

표식 유전자(marker gene)나 보고 유전자(reporter gene)는 이들 유전자가 존재하는 세포를 쉽게 선별하거나 빠르게 동정할 수 있는 표현형을 생산한다. 표식 유전자는 선별과 점수화가 가능하다.

선별 가능한 표식 유전자가 존재하면 선별 조건 하에서 생존할 수 있는 능력을 부여한다. 항생제 카나마이신에 내성을 부여하는 유전자가 선별 표식으로 사용된다. 예를 들면, 세균 세포의 집단을 카나마이신을 포함한 배지에 심으면, 카나마이신 내성 유전자(kan^r)를 가진 세균 세포만이 생존하고, 콜로니를 형성한다. 표식 유전자 kan^r을 포함한 재조합 DNA를 가진 형질전환 세균 세포는 생존하고 선별된다.

점수화 가능 표식 유전자(scorable marker gene)는 뚜렷한 표현형을 생산하는 유전자다. 이 특성은 이들이 있고 없는 세포를 쉽게 확인할 수 있게 한다. 예를 들면:

- 유전자 *gus*(β-갈락토시다아제)는 적절한 기질에서 파란색을 만든다.
- 유전자 *gfp*는 녹색 형광 단백질을 생산한다.
- 유전자 *lux*는 형광을 일으키는 발광효소(luciferase)를 생산한다.

이 유전자들로 형질전환된 세균은 비-형질전환 세포와 구별하여 확인할 수 있다.

2. 비-형질전환 세포의 배제

벡터가 숙주세포로 도입되었을 때, 다음 세 종류의 세포가 형성된다:

(1) 비-형질전환 세포

(2) 재조합 DNA가 없는 벡터로 형질전환된 세포

(3) 삽입 DNA를 가진 재조합 DNA로 형질전환된 세포

구분하는 과정에서, 첫 단계는 비-형질전환 세포의 배제이다. 좋은 벡터는 적어도 표식 유전자 둘을 가지며 그 중 하나는 선별 표식이다. 예를 들면, 벡터 *p*BR322는 표식 유전자 tet^r과 amp^r(테트라시클린과 암피실린 내성)을 갖고 있으며 테트라시클린이나 암피실린이 포함된 배지에서 배양한다. 이 배지에서 생기는 모든 콜로니는 항생제 내성 형질전환 세균 세포들이다. 그러나 이 세포에는 벡터만 또는 재조합 벡터가 포함되어 있을 수 있다.

그림 17.22
재조합 플라스미드를 가진 형질전환 세균의 콜로니 형성

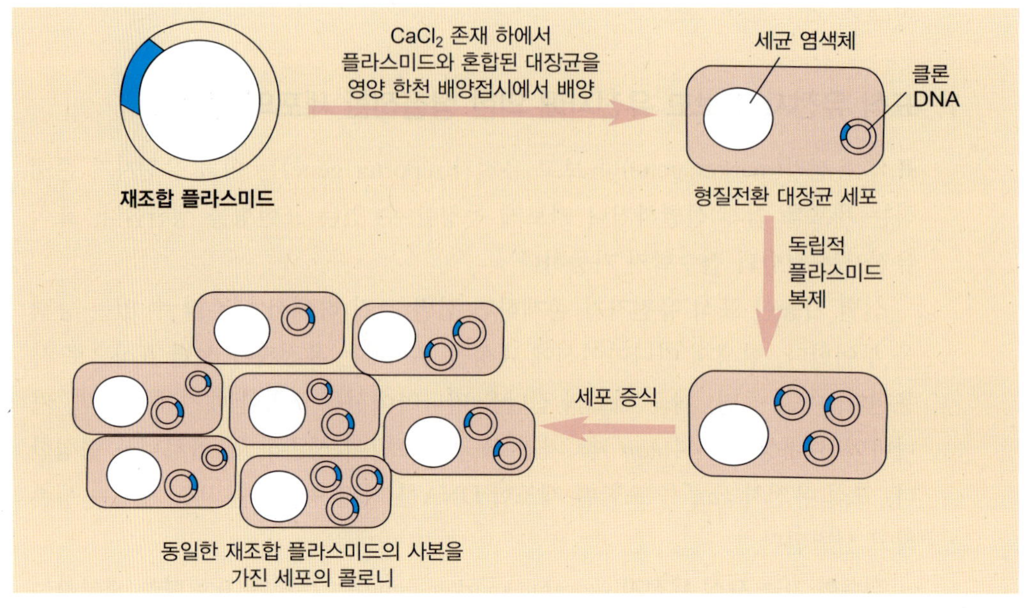

3. 재조합 DNA를 가진 클론의 동정

다음 단계는 재조합 DNA로 형질전환된 세포를 벡터만으로 형질전환된 세포와 구별하여 확인하고 분리하는 것이다. 두 가지 방법이 있다:

(1) 두 개의 선별 표식을 가진 벡터의 선택: 두 개의 선별 표식을 가진 벡터에서는 삽입 DNA를 이들 표식 중 하나에 넣는다. 예를 들면, *p*BR322의 경우, 두 표식 유전자는 *tet*ʳ과 *amp*ʳ이다. 삽입 DNA를 표식 중 하나인 *amp*ʳ 내에 넣는다. 다른 표식인 *tet*ʳ은 비-형질전환 세포를 배제하기 위해 사용한다. 형질전환 클론의 복사본을 암피실린 함유 배지에 놓으면, 삽입 DNA가 유전자 *amp*ʳ를 불활성화시켰기 때문에 재조합 DNA를 함유한 클론은 암피실린에 민감해진다. 이 클론들을 마스터 접시에서 확인하고 분리한다.

(2) 결실된 숙주 유전자에 대한 상보적 유전자를 가진 벡터의 선택: 어떤 벡터는 유전자나 유전자의 일부분을 갖고 있고, 이 유전자가 숙주세포에서 결실된 기능을 보완해 준다. 예를 들면, 벡터 *p*UC에서 유전자 *lacZ*α는 대장균의 특정 *lacZ*⁻ 균주를 보완한다. 동일한 조합으로 λ 벡터와 M13 파지 벡터에서도 사용할 수 있다. 이 경우, 삽입 DNA를 *lacZ*α의 기능을 없앨 수 있는 자리에 넣는다. 결국 재조합 DNA를 함유한 대장균 세포는 ***β*-갈락토시다아제**를 만들지 못한다. 이같은 콜로니는 X-gal을 함유한 배지에서 흰 플라크를 형성하며, 재조합 DNA가 없는(즉, 벡터만을 가진) 대장균 세포는 청색 콜로니를 형성한다.

4. 특정 삽입 DNA를 포함한 클론의 선별

이와 같은 방법으로 얻어지는 재조합 클론의 집단은 DNA의 상이한 절편을 가진 이종성이다. 관심의 삽입 DNA를 가진 클론을 동정하고 분리할 필요가 있다. 이 목적을 위해 많은 전략이 있으며 다음과 같다:

(1) 콜로니 혼성화: 원하는 DNA 서열이나 유전자를 가진 세균 콜로니를 동정하는 데 사용.

(2) 서던 블롯화: 원하는 DNA 서열이나 유전자를 확인하고 분리하는 데 사용.

(3) 노던 블롯화: 원하는 DNA 절편에 의해 생산된 RNA를 분리하는 데 사용.

(4) 웨스턴 블롯화: 원하는 DNA 절편에 의해 합성된 단백질을 확인하고 분리하는 데 사용.

5. 재조합 DNA 클론의 형성

재조합 플라스미드를 가진 형질전환 세균은 배양접시에서 증식한다. 플라스미드도 또한 증식한다. 세균 세포는 단일 재조합 플라스미드만 가지기 때문에, 세균 콜로니나 클론의 각 세포는 같은 클로닝한 DNA를 가질 것이다. 유사하게, 하나의 재조합 파지가 하나의 세균 세포에 감염할 것이고, 자손도 동일한 클론 DNA 절편을 갖게 될 것이다. 따라서 재조합 DNA의 복수의 사본이 형성된다. 이들을 분리하고 정제하여 분석할 수 있다.

6. 클론 유전자의 발현

숙주세포에서 클론 유전자를 발현시키기 위하여, 발현 벡터를 제작한다. 이와 같은 벡터는 프로모터, 작동자, 조절자 및 리보솜 결합 자리 등과 같은 조절 서열을 갖고 있다. 클로닝한 진핵생물 유전자는 원핵세포에서 조절 자리로 인식되는 서열이 없기 때문에, 진핵생물 유전자 앞에 프로모터와 리보솜 결합 자리를 연결시킴으로써 세균 세포에서 번역이 되어 관련 단백질을 생산토록 해준다. 쥐 인슐린, 사람 인슐린, 성장 호르몬, 포유동물 효소, 키모신(전구키모신으로) 등을 각자의 DNA를 클로닝하여 합성하였다.

17.8 재조합 DNA 기술이나 유전공학의 의미와 인류 복지

재조합 DNA 기술은 유전학, 의학, 농학 및 산업의 분야에서 과학자들에게 넓은 기회를 열어주었다.

1. 유전 질병의 진단과 치료(유전자 치료)

사람에게는 단일 열성 돌연변이로 인한 수백 가지 유전 질병이 있다. 이 중에서 어떤 것은 치명적이며 이들 질병의 대부분은 명확한 처치가 가능하지 않다. 과학자는 가까운 장래에 이들 질병 중 일부는 정상적인 유전자의 도입에 의해 치료될 것으로 기대한다. 이를 **유전자 치료**(gene therapy)라 한다. 유전자 치료에 대한 노력을 하는 질병에는 **겸상적혈구빈혈증**, **혈우병**, **당뇨병**, **테이-삭스증**, **레쉬-니한증후군**, **아데노신 탈아미노효소 결핍증** 및 **푸린 뉴클레오시드 포스포릴라아제 결핍증** 등이 있다. 이들 대부분의 질병에 대한 정상 유전자가 성공적으로 클론되어 왔다. **그리버**(Greever, 1981) 등은 겸상적혈구빈혈증에 대한 결함 유전자를 확인하기 위하여 유전공학 기법을 사용하였다.

유전자 치료에 대한 계획에는 우선 시험관에서 클론한 유전자를 결함 체조직 세포로 운반하며, 전달된 유전자의 수용과 가동을 확인한 후 조직을 재삽입시키는 과정을 거친다. 이를 '**유전자 수술**(Gene surgery)'이라고도 한다.

유전자 치료의 목적은 유전적 이상을 고치는 것이다. 유전자 치료의 과정은 다음과 같다:

- 유전적 이상의 발생에 중요한 역할을 하는 유전자의 확인.
- 건강과 질병에서 이것의 단백질 산물 역할을 결정.
- 유전자의 분리와 클로닝.
- 시험관에서 클로닝한 유전자를 체세포로 도입.
- 조직의 삽입과 전달된 유전자의 작동.

도입된 유전자의 발현은 이상의 증상을 해소하거나 제거하나, 그 과정이 체세포에서만 이루어지기 때문에 효과가 유전되지는 않는다. 생식-계열은 포함되지 않는다. 시험관 수정의 기법이 이 기법의 성공에 기여하였다. 현재까지 임상적 시도는 암과 혈액 이상의 치료에 이루어져 왔다. 유전자 치료는 또한 AIDS 치료에도 사용할 수 있다. AIDS의 경우에, 적절한 인터루킨 유전자를 몸의 방어 기작

부가 설명: β-글로빈을 암호화하는 유전자

토마스 와그너(Thomas Wagner)와 동료들은 토끼의 β-글로빈을 암호화하는 유전자를 수정된 생쥐 난자로 미세주입에 의해 성공적으로 전달하였다. 토끼 β-글로빈을 함유한 재조합 플라스미드가 구성되었고 수백 개의 사본을 얻었다. 이 재조합 플라스미드를 쥐 난자와 수정된 수컷 전핵으로 미세주입하였다. 수정된 난자를 대리모의 자궁에 착상시켰다. 이와 같은 접합자로부터 발생된 생쥐와 더욱 다음 세대의 후손은 토끼 글로빈 유전자의 존재와 발현을 보였다. 이것은 주입된 토끼의 글로빈 유전자가 생쥐 유전체의 일부가 되었고 유전되었음을 보여준다.

비슷하게 **리처드 팔미터**(Richard Palmiter)와 **랄파 브린스터**(Ralpha Brinster)는 클론된 인간 성장호르몬 유전자를 생쥐 접합자에 주입하였고, 인간 성장 호르몬을 생산하는 **형질전환 생쥐**(transgenic mice)를 생산하였다.

을 부양시키기 위하여 환자의 몸으로 전달할 수도 있고, 암 환자에서는 독소 암호 유전자를 환자의 암 세포로 전달할 수도 있다.

시험관 수정의 기법은 정교한 형질전환 동물(특히 형질전환 생쥐)에서 유전자 수술에 도움을 주어왔다. 접합체에 유전자의 미세주입은 형질전환 동물을 생산하는 또 다른 방법이다.

2. 제한효소 지도작성, 제한효소 절편 길이 다형화(RFLPs) 및 무작위 증폭 다형화 DNA(RAPD)에 의한 분자 지도와 염색체 지도의 준비

1) 제한효소 지도작성에 의한 것

분자 수준에서, 유전자의 명확한 구조는 뉴클레오티드 서열의 결정에 의해 연구되었다. 이것은 유전자에 일치하는 DNA를 추출함으로써 실현되었으며, 또한 제한 ***핵산내부가수분해효소***의 도움으로 정확한 자리에서 DNA를 절단할 수 있으면서 이루어질 수 있었다. 절단 자리를 확인하여 지도를 작성할 수 있다. 이를 통해 **제한효소 지도**(restriction map)를 만들게 된다. 제한효소 지도는 특정 효소 개개의 자리에 대한 선형 서열이다. 자리 사이의 거리는 DNA 염기쌍의 수로 측정되었다. 제한효소 지도에서, 뉴클레오티드 서열과 서로 인접한(300 염기쌍이나 더 적은) 제한효소 자리가 결정될 수 있다.

이 기법은 원핵생물에서는 직접적으로 사용할 수 있으나, 진핵생물에서는 그렇지 않다.

2) 제한효소 절편 길이 다형화에 의한 것

재조합 DNA 기술의 발달은 인간에서 대립유전자 변이체의 유전을 연구하고 유전자 지도를 작성하는 새로운 방법을 제공하여 왔다. 제한효소는 인식 자리에서 DNA 분자의 두 가닥 모두를 절단한다. 그러나 인식 서열에서 단일 염기 변화는 상이한 길이의 절편을 생산하면서 DNA의 절단 양상을 변화시킬 수 있다. 이들 대립유전자 변이체를 **제한효소 절편 길이 다형화**(restriction fragment length polymorph, **RFLP**)라 하고 표식자로 사용한다.

지도 작성을 위한 RFLP 표식자의 사용에는 다음이 필요하다:

- 변이를 인식하는 클론 DNA 서열의 선별은 DNA 절단 자리이다.
- 특정 인간 염색체에 대한 이들 서열의 지도작성은 체세포의 분획화와 혼합된다. RFLP의 사용에 의해 400개 이상의 인간 유전자가 특정 상염색체에, 약 250개 유전자가 X-염색체에 할당되었다. 토마토와 옥수수의 염색체 연관지도를 작성하기 위해서는 각각 1,000여 개의 RFLP를 사용하였다.

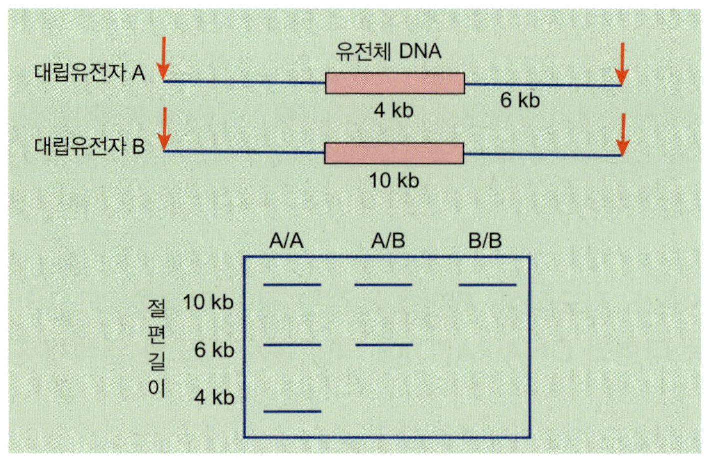

그림 17.23
대립유전자 A와 B 쌍의 제한효소 절편 길이 다형화. 대립유전자 B에는 없는 제한효소 자리가 대립유전자 A의 가는 평행선에 있다는 것에 주목하시오.

3) 무작위 증폭 다형화 DNA

중합효소연쇄반응(polymerase chain reaction, PCR) 기법은 염색체 지도 작성의 또 다른 방법이다. 표식 DNA의 무작위 시료가 무작위 DNA 절편의 PCR 증폭에 의해 준비되었다. 이들 절편들은 **무작위 증폭 다형화 DNA**(random amplified polymorphic DNA, RAPD)로 불린다. RAPD는 RFLP를 대체하였는데 몇 가지 장점이 있다. RAPD 기법은 또한 유전적 분석을 위한 분자 표식의 효율성을 증가시키기 위하여 RFLP와 함께 사용할 수도 있다. RAPD 기법의 주된 이점은 다음과 같다:

- 임의 서열의 동일 시발체를 다른 종에 대하여 사용할 수 있기 때문에 RFLP처럼 다른 종에 대하여 종 특이 탐침을 각각 사용할 필요가 없다.
- 이 과정에는 단계가 적기 때문에, RAPD를 이용한 데이터의 수집은 보다 빠르게 진행된다. RAPD 데이터의 생산은 RFLP보다 다섯 배 빠르다.

3. 희귀 약물의 생산(약학)

인슐린, 소마토스타틴, 티모신, 인간 성장 호르몬 및 혈액 응고 인자 Ⅷ: C의 인간 유전자들을 클로닝하여 생물학적으로 중요한 화학물질이나 호르몬 등을 순수하게 생산하였다. 1984년에는 기능성 생식선자극 호르몬도 형질전환된 인간 세포로부터 만들었다.

4. 합성 백신의 생산

간염과 간암, 광견병, 구제역, 고양이 백혈병(암 유발), 콜레라, 말라리아 등에 대한 많은 바이러스, 세균 및 원생동물 백신들이 합성 중이다. 항원 단백질을 암호화하는 유전자는 병원균으로부터 분리되었고, 숙주 세균이나 혹은 관심 있는

부가 설명: 인간 인슐린 유전자의 클로닝

인간 인슐린 유전자의 정상적인 유전자 클로닝을 위해서 다음 단계들이 포함된다:

- 인간 이자 세포를 파쇄하여 방출된 mRNA를 얻는다.
- 이들을 고속 원심분리 기법을 이용하여 세포 물질의 나머지로부터 분리한다.
- 인슐린 mRNA를 노던 블롯화로 분리한다.
- ***역전사효소***를 DNA 시발체와 함께 mRNA에 첨가한다.
- mRNA를 주형으로 하여, 이중가닥 DNA를 얻는다. 이를 cDNA라 한다.
- 인슐린 cDNA를 대장균의 플라스미드(클로닝 벡터)로 도입한다.
- 플라스미드를 세균 세포로 도입시킨다. 대장균 내의 단일 플라스미드가 수십 개의 사본을 생산할 수 있도록 증식할 수 있다.
- 인슐린 유전자의 몇몇 사본은 또한 세균의 증식과 더불어 생산된다. 따라서 인간 인슐린 유전자를 가진 세균 세포의 클론이 형성된다.

항체를 생산하는 생쥐의 지라 세포에서 클론되었다. 이것은 분리되고, 백신으로 사용하기 위하여 순수분리된다.

- 항-간염 백신: 1980년에 파스퇴르 연구소의 프랑스 팀이 유전공학으로 조작된 세균과 생쥐 세포에서 B형 간염의 감염에 대항하는 면역력을 부여하는 B형 간염 바이러스의 항원을 생산하는 데에 성공하였다.
- 항-광견병 백신: 1981~1982년에 프랑스 회사 '**Transgene**'의 과학자가 광견병 바이러스의 표면 단백질을 합성할 수 있는 유전공학으로 조작된 대장균을 생산하였다.
- 항-구제역 백신: 1982년에 네덜란드 농장 '**Akzo**'는 유전공학적 **항-구제역 바이러스 백신**을 판매하였다.
- 콜레라 백신(세균 백신): 세균(*Vibrio cholerae*)에 의한 콜레라에 대한 백신이 개발되었다.
- 말라리아 백신: 뉴욕 대학 메디컬 센터에서 말라리아 백신 생산을 위한 노력이 진행 중이다; 콜롬보, 스리랑카 및 호주 퀸즐랜드 의료 연구 센터의 월터 리드 연구소.
- 천연두 바이러스의 백신: 우두 바이러스는 재조합 DNA 기술을 이용하여 천연두 백신의 기초로 사용될 수 있다.

5. 인터페론의 생합성

인터페론은 바이러스 감염에 대항하는 신체의 1차 방어선이다. 이는 바이러스가 들어간 숙주세포에서 매우 적은 양으로 분비되는 단백질이다. 이것은 혈액의 백혈구, 결합 조직의 섬유아세포 및 면역계의 T-림프구에 의해 생산된다. 인터페론은 항바이러스와 항암 특성을 갖고 있다. 1980년에 α-인터페론이 유전공학 대장균으로부터 생산되었고, 1981년에 유전공학 효모세포(*Saccharomyces cerevisiae*)로부터 얻었다. 1981년에 γ-인터페론은 유전공학 원숭이 세포에서 만들었다.

6. 하이브리도마와 단일클론 항체(Mab)

단일클론 항체는 명확한 특이성을 지닌 동종 면역글로불린 한 종류만의 항체다. 이들은 진단과 선별을 위해 사용된다. 단일클론 항체는 일반적인 **하이브리도마(hybridoma) 기술**에 의해 합성된다.

하이브리도마 기술은 1975년에 독일의 **게오르게스 쾰러**(Georges Kohler)와 아르헨티나의 **세살 밀스테인**(Cesal-Milstein)에 의해 개발되었다. 하이브리도마는 두 종류의 다른 세포의 융합에 의해 형성된 세포이다. 단일클론 항체를 위해, 하이브리도마는 다음 세포의 융합에 의해 형성된다:

(1) 양의 특정 항원이나 적혈구로 면역된 생쥐의 지라로부터 항체를 생산하는 **림프구**(lymphocyte)와
(2) 무한 증식하는 쥐나 토끼의 **골수종 세포**(골수 종양 세포)

이들 하이브리도마 세포는 림프구로부터 유전되는 항체-생성 능력과 종양의 악성 세포로부터의 지속적으로 자라는 능력을 갖고 있다.

단일클론 항체는 혈액형의 확인, 질병 및 암의 진단, 백신 생산 및 면역치료에 사용된다.

7. 유전공학과 농업

현재까지 종간 유전자 전달은 혼성화를 통해 이루어졌다. 이들은 유성생식 식물종에 한정되어 있다. 종간 유전자 전달은 현재 재조합 DNA 기술로 가능하다. 아그로박테리움 튜메파시엔스(*Agrobacterium tumefaciens*)의 **Ti** 플라스미드와 아그로박테리움 리조게네스(*A. rhizogenes*)의 **Ri** 플라스미드는 식물 세포에 유전자 전달을 위한 벡터로 효과적으로 사용하고 있다. 외래 유전자를 가진 식물을 **형질전환 식물**(transgenic plant)이라 한다. 1992년 말까지, 형질전환 식물 50종 이상이 생산되었고, 그 이후로 더 많이 목록에 첨가되었다. 곤충, 곰팡이, 바이러스 및 제초제에 내성이 있는 형질전환 식물, 또는 저장기간이 길거나 맛이 좋거나 산출량이 많은 과일을 생산하는 형질전환 식물이 생산되어 왔다.

Ti 플라스미드 벡터를 통한 성공적 유전자 전달에는 다음과 같은 예가 있다:

부가 설명: 단일클론 항체

지라 세포(spleen cell)는 B-와 T-림프구를 생산한다. 이들은 특정 항원에 대한 특정 항체를 생산한다. 골수종 세포(종양 세포)는 항체를 생산하지 못하고 **하이포크산틴 구아닌 포스포리보오스 전달효소**(HGPRT)를 합성하지 못하는 돌연변이체이다. 이 두 계의 하이브리도마(이종융합) 세포는 약물 아미노프테린을 함유한 선택성 **하이포크산틴 아미노프테린 티민**(HAT) 배양액에서 키운다. 이 약물은 뉴클레오티드 합성의 한 경로를 방해하여, 세포가 HGPRT가 필요한 대체 HGPRT 경로를 따르도록 한다. 종양 세포는 이 효소가 결핍되어, 그들은 이 배양액에서 살고 자랄 수가 없다. 지라 세포는 배양액에서 생존할 수 없고 죽는다. 그러나 B-림프구로부터 HGPRT 유전자를, 종양세포로부터 배양액에서 증식할 수 있는 능력을 물려받은 하이브리도마 세포는 HAT 배양액에서 생존하고 증식한다. 따라서 HAT 배양액은 하이브리도마 세포를 선별할 수 있도록 해준다. 하이브리도마 세포의 단일세포 콜로니의 분리와 분리된 배양에 의해 단일클론 배양이 얻어진다. 이들은 단일클론 항체의 다량 생산에 사용된다. 이들 하이브리도마 세포는 얼려지고 다음 사용을 위해 저장될 수 있다.

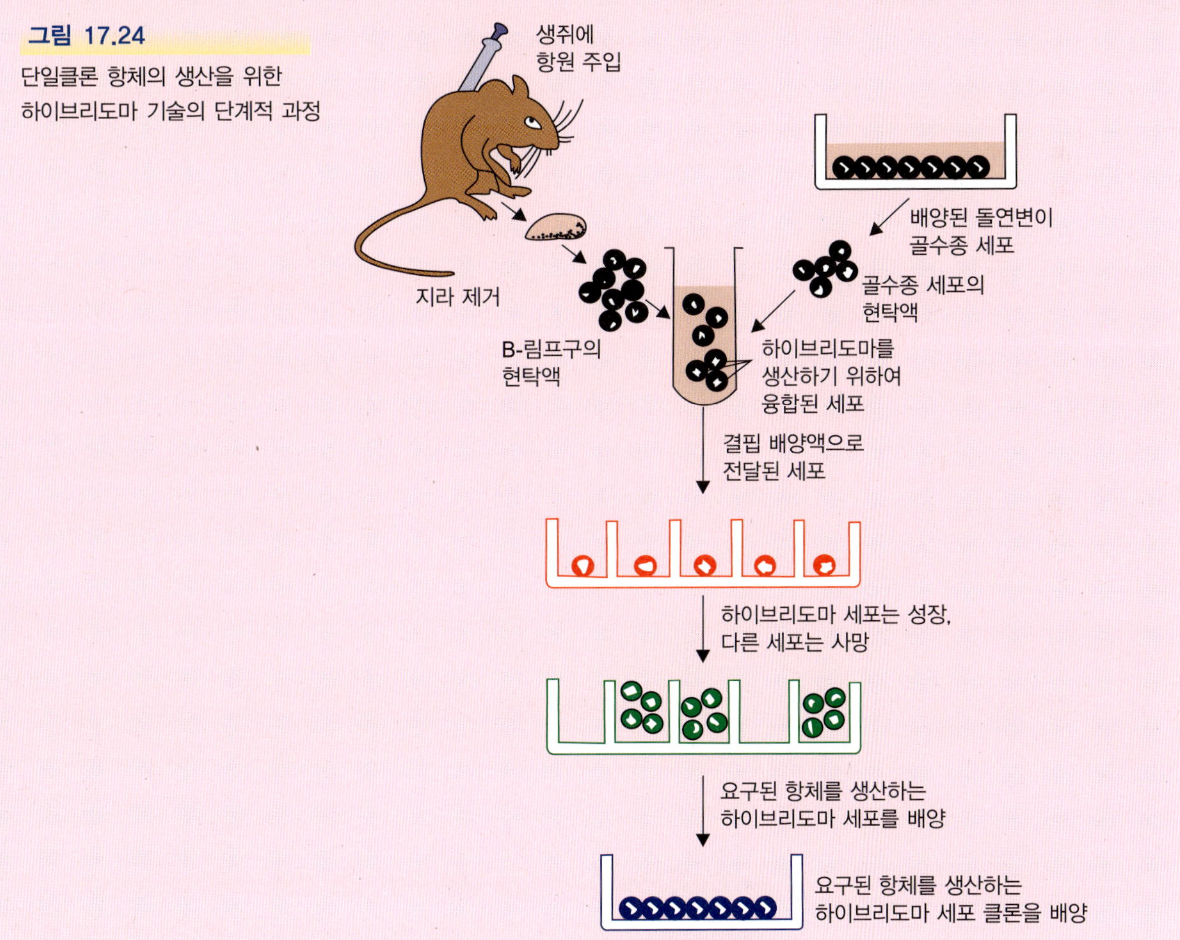

그림 17.24
단일클론 항체의 생산을 위한 하이브리도마 기술의 단계적 과정

- 해바라기로 붉은 콩의 상정렬(phasealine) 유전자(G_1 글로빈)의 전달.
- 대장균에서 담배 및 기타 식물 종으로의 **카나마이신 내성** 유전자 전달.
- 쌍떡잎식물로 외떡잎 밀과 옥수수의 뿌리혹-헤모글로빈과 ***RuBP-카르복실 아제 유전자의 전달***.

부가 설명: 형질전환 식물의 증가

야채와 과일의 저장 기간

모든 고등 식물은 CO_2 고정 효소 ***루비스코***(*Rubisco*)를 갖고 있다. 이 효소는 ***옥시게나아제***(호흡에서 사용되는 산소 고정)과 ***카르복실아제***(광합성과 연관된 CO_2 고정 효소) 둘 다로 작동한다. 자색비황세균의 돌연변이 균주, 루브럼(*R. rubrum*)과 녹조류 클라미도모나스 레인하드티(*Chlamydomonas reinhardtii*)는 강화된 카르복실아제와 약화된 옥시게나아제 활성을 갖고 있다. 미생물학자들은 대부분의 작물의 생산성을 감소시키는 광호흡률을 줄이기 위하여 세균과 조류로부터 이와 같은 유전자를 분리하여 식물 세포에 도입하고 삽입하였다.

표 17.4 FDA에서 승인된 사람 재조합 DNA 단백질

일련번호	단백질	연도	승인	세포
1.	인슐린	1982	인슐린 의존성 당뇨 어린이; 결실된 인슐린을 대체	대장균
2.	성장 호르몬	1985	뇌하수체 왜소증 어린이; 결실된 성장호르몬을 대체	대장균
3.	α-인터페론	1986	암 환자; 털모양 세포 백혈병, AIDS-관련 카포시 육종, 간염 및 생식기 사마귀	대장균
4.	B형-간염 백신	1986	B형 간염 바이러스의 감염에 대항	효모
5.	조직 플라스미노겐 활성자	1987	심장마비 환자; 관상 동맥을 막은 혈전 용해	햄스터 배양세포
6	적혈구 생성소	1989	신장 손상 환자; **적혈구생성소**(신장에서 생산)의 부족에 기인한 악성 빈혈, AIDS 연관 빈혈	햄스터 배양세포
7.	γ-인터페론	1990	만성 육아종 환자: 면역계의 유전병; 심각한 감염을 방지	대장균
8.	과립구 클론 촉진 인자	1991	약물치료 중인 암 환자; 백혈구 성장 촉진에 의한 감염 방지	대장균
9.	과립 대식세포 클론 촉진 인자	1991	백혈병이나 호지킨병 환자 골수 이식에서 백혈구 성장을 촉진	효모
10.		1992	신장 암 환자	대장균
11.	혈액 응고 인자 VIII	1992	혈우병 A 환자	햄스터 배양세포

- C_3 작물로 C_4 광합성 경로 유전자의 전달.
- 비-뿌리혹 식물의 염색체로 뿌리혹박테리아 질소 고정 유전자의 전달. 이 작업은 또한 세균의 유전체나 비-뿌리혹 식물의 유전체를 변형시켜서, 새로운 공생 관계를 발달시킬 수 있으며, 또한 비-뿌리혹 식물이 질소-고정 세균을 지지할 수 있게 한다.
- 나무와 작물로 결빙-내성 유전자의 전달로, 이들이 강설 지역에서 자랄 수 있다.

8. 유전공학과 산업

재조합 DNA 기술은 다음과 같은 산업용 화학물질의 상업용 생산에 이용되었다: 알코올, 아세톤, 글리세롤, 과당, 구연산, 글루콘산, 젖산, 초산 및 다양한 효소 등.

유전공학은 다음 특성을 가진 미생물 개발을 목적으로 한다:

(1) 원래 능력보다 더 많은 양의 물질을 생산한다.

(2) 먹을 수 없는 식량을 사람이나 동물의 식용 가능한 식량으로 전환하는, 식량 공정에 사용될 수 있다.

(3) 비경제적 과정을 경제적으로 경쟁력이 있도록 변형한다. 과학자는 슈도모나스 푸티다(*Pseudomonas putida*)의 **나트탈렌 탈산소효소 유전자**(naphthalene deoxygenase gene)를 대장균에서 클로닝하여 상업용 수준의 쪽빛 색소를 생산하는 데에 성공하였다.

(4) 희석된 용액으로부터 가치 있는 금속을 회수할 수 있다.

(5) 저등급의 원광석으로부터 금속을 침출할 수 있다. 예를 들면, 티오바실러스(*Thiobacillus*) 세균은 필름 공장의 폐기물로부터 은을 추출하고 축적할 수 있다. 이 추출된 은은 다시 사용될 수 있다.

9. 유전공학과 오염 조절

유전공학 미생물은 다음과 같은 오염을 처리하기 위하여 개발 중에 있다: 기름-유출, 하수 오물, 살충제, 제초제, 화학 폐수 및 중금속 등. 다음의 것을 할 수 있는 '**슈퍼버그**(superbug)'의 개발은 다음과 같은 문제들을 해결한다:

- 유출된 기름을 세척
- 노폐물을 유용한 자원으로 분해나 전환
- 주변의 독성 물질을 분해
- 환경으로부터 비독성 폐기물의 제거

인도 출신 미국 과학자, **아난다 챠크라바티**(Ananda Chakrabarty, 1979)는 기름에 있는 모든 종류의 탄화수소를 소모할 수 있는 슈도모나스의 한 균주를 만들었다. 이들 유전공학 세균을 **슈퍼버그**라 한다. 이들은 슈도모나스의 다른 균주로부터 얻은 플라스미드들을 한 세포에 도입함으로써 만들어졌다.

세균 균주의 혼합체는 배 저장고의 안쪽 표면에 침적되어 있는 기름을 세척하는 데에 사용 중이다.

10. 기발한 단백질의 생산

완전히 기발한 단백질에 대한 유전자를 만들 수 있으며 발현을 위해 세균 세포에 도입시킬 수 있다. 예를 들면, 프롤린-풍부-단백질을 생산하는 합성 유전자를 대장균에서 발현하였다.

11. 형질전환 식물의 생산과 곡물 증산

다수의 다양한 형질전환 식물들이 재조합 DNA 기술에 의해 개발되었다. 이들 다양한 형질전환 식물은 다음과 같은 기발한 형질을 갖고 있다. 곤충 살충제 내성, 제초제 내성, 결빙 내성 및 다양한 생물의 스트레스, 바이러스와 곤충에 대한 내성. 형질전환 식물은 인터페론, 인슐린, 면역글로불린 등과 같은 기발한 화학물질 고급 단백질과 지방, **재조합 백신**(recombinant vaccine)이나 **식용 백신**(edible vaccine) 등을 생산하기 위하여 개발되었다.

12. 질소 고정

질소 고정 유전자(NIF)는 뿌리혹박테리아의 유전체로부터 비-뿌리혹 식물의 염색체로 전달될 수 있다. 세균이나 비-뿌리혹 식물의 유전체를 변경시켜서, 새로운 공생 관계가 개발될 수 있으며, 비-뿌리혹 식물은 질소-고정 세균을 지지할 수 있거나, 혹은 비-뿌리혹 식물이 대기에서 직접 질소 고정을 할 수 있게 해준다.

13. 효소 기술

현재, 세균으로부터 2,000개 이상의 효소가 분리되었다. 이들 중 약 1,000개 효소가 다양하게 사용되며 이들 중 약 50개 미생물 효소가 산업에 사용된다. 이들 효소는 낙농 산업, 세척제와 녹말 산업, 맥주와 포도주 양조 산업, 약학 산업에 사용되고 있다. 이들은 또한 치료용으로 사용되고 있으며, 바이오센서에도 사용되고 있다. 요구된 효소를 생산하는 특정 미생물이 병원균인 경우에는 이 효소의 유전자를 유해하지 않으면서 더 적당한 생물체나 세균으로 전달할 수 있다.

14. 식품 공정

재조합 DNA 기술이나 유전공학은 다음 방법으로 식품 산업에 사용될 수 있다:

- 식품을 변형시키는 데 사용되고 요구된 공정으로 처리된 식품 생산물을 얻는 데에 사용되는 재조합 미생물을 만들 수 있다.
- 먹을 수 없는 물질을 사람의 식품이나 동물 사료로 전환시킬 수 있는 재조합

미생물을 개발할 수도 있다.

- **레닌**(rennin)이나 **트립신**(trypsin)과 같은 단백질분해효소를 많은 양으로 생산하는 미생물의 재조합 균주를 만들 수도 있다. 레닌은 소 위장으로부터 얻고, 우유의 응결을 위해 치즈 산업에 사용된다.
- 치즈 산업에서 파지에 의해 공격받은 연쇄상구균 렉티스(*Streptococcus lactis*)를 세균 배양 개시자로 사용한다. 종종 개시자의 실패 때문에, 치즈 형성이 일어나지 않을 수 있다. 재조합 DNA 기술로 파지 내성 세균 균주를 만들 수 있다.

15. 발효 기술

재조합 DNA 기술을 사용하여 미생물을 자연상태보다 더 많은 양과 질의 물질을 생산하도록 조작할 수 있다.

16. 살충제-분해 미생물

챠크라바티(Chakrabarty), **군살러스**(Gunsalus), **나가나**(Nagana) 및 다른 연구자들은 살충제 분해 플라스미드를 가진 유전공학 세균을 개발하였다. 그들은 장뇌, 나프탈렌, 크실렌, 톨루엔, 옥탄 및 헥산을 분해할 수 있다. 플레보박테리움속(*Flavobacterium*) 종과 슈도모나스 디미무타(*Pseudomonas diminuta*)로부터 분리된 *Opd* 유전자는 파라티온과 메틸파라티온의 분해와 연관되어 있다. 따라서 합성 살충제를 분해하는 유전공학 미생물의 개발은 이와 같은 해로운 화학물질에서 벗어날 수 있도록 해준다.

17. 생물적 환경정화

환경 오염물을 분해하는 데에 살아 있는 생물체나 유전공학 미생물을 사용하는 것을 **생물적 환경정화**(bioremediation)라 한다. 이것은 세포 안이나 환경에 축적된 해로운 화학물질을 무독성 형태로 해독하여 제거하는 것이다. 미생물에 의한 탄화수소, 염료, 산업 폐기물, 중금속, 외래생체물질(zenobiotics) 등의 제거도 생물적 환경정화라 부른다.

문 제

1. 재조합 DNA를 정의하시오. 재조합 DNA 기술에서, 제한 핵산내부가수분해효소, 벡터, 플라스미드의 역할을 토의하시오.

2. 다음 용어를 설명하시오.
   (a) 회문서열
   (b) 서던 블롯화
   (c) Ti 플라스미드
   (d) 연결자
   (e) 형질전환 생물체
   (f) 이질 DNA

3. 다음 약자를 설명하시오.
   (a) PGE
   (b) RFLP
   (c) cDNA
   (d) PFGE
   (e) AMV
   (f) Mab
   (g) PCR

4. 다음의 역할을 기술하시오.
   (a) 역전사효소
   (b) 동종 중합체
   (c) 니트로셀룰로오스 막

5. 재조합 DNA 기술에서 벡터는 무엇인가? 좋은 벡터의 성질은 무엇이어야 하는가?

6. 클론이란 무엇을 의미하는가? 진핵세포의 큰 유전체 클로닝에서, 네 인식 서열(GATC)을 가진 제한효소 Sau3A로 부분 절단하는 것의 장점을 설명하시오.

7. 토끼 β-글로빈 유전자가 형질도입된 생쥐에서, 토끼 유전자는 지라, 간, 뇌 및 신장을 포함한 많은 조직에서 활성적이고, 어떤 생쥐는 α와 β 글로빈의 협조적인 생산에서 불균형에 의해 야기되는 지중해성 빈혈로 고통을 받는다. 유전자 치료와 연관된 어떤 문제가 이들 발견으로부터 예시되었는가?

8. 진핵세포 DNA의 유전체 라이브러리를 구성하는 데에 사용할 벡터를 결정할 때 어떤 인자를 고려해야 하는가?

9. 재조합 DNA 기술을 정립하는 데에 도움을 주었던 요인들에 대하여 토의하시오.

10. 재조합 DNA 기술의 응용에 대하여 에세이를 쓰시오.

11. 재조합 DNA 기술의 필수적인 단계를 열거하시오. 클로닝 운반자로 사용되는 다양한 종류의 벡터를 논하시오.

12. 유전체 라이브러리에 의해 당신은 무엇을 이해하였는가? 그것은 어떻게 준비되는가?

13. 유전체 라이브러리의 제작 과정을 기술하고 이 과정이 이런 라이브러리를 준비하는 데 왜 중요한가?

14. 유전체 라이브러리 준비에서 역전사효소의 역할을 기술하시오.

15. mRNA로부터 cDNA의 생산을 기술하시오.

16. 다음을 짧게 쓰시오.
    (a) 단일클론 항체
    (b) 중합효소연쇄반응(PCR)
    (c) 제한효소 지도작성
    (d) 형질전환 생쥐
    (e) 유전자 치료
    (f) 슈퍼버그(Superbug)

용어 해설

I형 위상이성화효소(type I topoisomerase) DNA의 단일 나선을 절단하여 고리수 한 개를 바꾸는 위상이성화효소

I형 제한효소(type I restriction enzyme) 인식 부위에서 수천 염기쌍 떨어진 DNA를 절단하는 제한효소의 종류

II형 위상이성화효소(type II topoisomerase) DNA 두 나선을 절단하여 고리수 두 개를 바꾸는 위상이성화효소

II형 제한효소(type II restriction enzyme) 인식 부위 안에서 DNA를 절단하는 제한효소의 종류

1차구조(primary structure) 중합체의 단위체가 배열된 일렬 순서

1차 전사체(primary transcript) DNA 주형에서 전사가 일어나 가공이나 변형이 생기기 전의 원래 RNA 분자

3′-비번역 지역(3′-untranslated region, 3′-UTR) mRNA의 3′ 말단에 있는 서열이며 단백질로 번역되지 않으며 종결코돈의 하류 쪽에 위치

3′ 이어맞추기 자리(3′ splice site) 인트론의 하류 쪽 또는 3′-말단에 있는 이어맞추기의 인식 자리

3′-핵산말단분해효소(3′-exonuclease) 3′-말단에서 핵산을 분해하는 효소

5′-말단 올리고피리미딘 지대(5′-terminal oligopyrimidine tract, 5′-TOP) mRNA의 5′-말단과 개시코돈 사이에 있는 피리미딘이 풍부한 지대

5′-비번역 지역(5′-untranslated region, 5′-UTR) 5′ 말단과 개시코돈 사이의 mRNA 지역

5′ 이어맞추기 자리(5′ splice site) 인트론의 상류 쪽 또는 5′-말단에 있는 이어맞추기의 인식 자리

−10 지역(−10 region) 전사 개시점에서 뒤로 10 염기로 떨어져 있고 RNA 중합효소가 인식하는 박테리아의 프로모터 지역

30 nm 섬유(30 nanometer fibre) 직경이 약 30 nm 정도이며 나선으로 배열된 뉴클레오솜 사슬

30S 개시복합체(30S initiation complex) 박테리아 리보솜의 작은 단위체만 포함한 번역의 개시복합체

30S 단위체(30S subunit) 70S 리보솜의 작은 단위체

−35 지역(−35 region) 전사 개시점에서 뒤로 35 염기로 떨어져 있고 RNA 중합효소가 인식하는 박테리아의 프로모터 지역

40S 단위체(40S subunit) 80S 리보솜의 작은 단위체

50S 단위체(50S subunit) 70S 리보솜의 큰 단위체

60S 단위체(60S subunit) 80S 리보솜의 큰 단위체

70S 개시복합체(70S initiation complex) 박테리아 리보솜의 두 단위체를 다 포함한 번역의 개시복합체

70S 리보솜(70S ribosome) 박테리아 세포의 리보솜 종류

80S 리보솜(80S ribosome) 진핵세포의 세포질에 있는 리보솜 종류

A-DNA 회전당 11 염기쌍을 가지는 이중나선 DNA의 한 형태

AP-부위(AP-site) 염기가 탈락한 DNA의 부위(탈락한 염기에 따라 탈퓨린 부위나 탈피리미딘 부위)

araBAD 오페론(araBAD operon) 아라비노오스 당의 대사에 관련한 단백질을 암호하는 오페론

attri.[λ 부착 부위] λ 파지가 자신의 DNA를 박테리아의 염색체에 삽입하는 부위

β-갈락토시다제(β-galactosidase) 젖당과 관련 분자를 분해하여 갈락토오스를 만드는 효소

β-락타마아제(β-lactamase) 페니실린과 세팔로스포린 같은 β-락탐계의 항생제를 분해하는 효소

β-병풍(β-sheet) 평평한 병풍 모양을 가진 단백질의 2차 구조

B-형 또는 B-DNA(B-form or B-DNA) 왓슨과 크릭이 제안한 DNA 이중나선의 정상적인 형태

C-말단(C-terminus) 카르복실 말단. 합성되는 폴리펩티드의 마지막 말단이며 유리 카르복실기를 가진다.

CAAT 상자(CAAT box) 진핵생물의 프로모터의 상류 지역에 있으며 전사인자가 결합하는 서열

CAT 클로로암페니콜 아세틸전달효소

cDNA 인트론이 없는 유전자의 DNA 복사본으로 암호서열로만 구성된다. mRNA의 역전사에 의해 만들어진다.

cDNA 말단 신속 증폭(rapid amplification of cDNA ends, RACE) 부분 서열에서 시작하여 cDNA의 5′과 3′의 완전한 말단을 만드는 RT-PCR을 근거로 한 방법

ColEI 플라스미드(ColEI plasmid) 대장균에 있는 작고 다수 복사본의 플라스미드이며 분자생물학에 사용되는 많은 클로닝 유전자운반체의 기본형이다.

cos 서열(cos sequences) 선형의 λ 유전체 각 말단에 있는 상보적인 12 bp 길이의 서열

cPABP 엽록체 mRNA의 발현을 조절하는 번역 활성화 단백질

CRP 고리형 AMP에 결합한 후 DNA에 결합하는 박테리아 단백질

CTD RNA 중합효소II의 C-말단에 있고 인산화가 일어나는 반복적인 지역

D-이성질체(D-isomer) 한 쌍의 광학 이성질체 중 시계 방향으로 빛을 회전시키는 이성질체

D-형과 L-형(D- and L-forms) 광학 활성 물질의 두 가지 이성질체 형: D-이성질체, L-이성질체라고도 함

dif 부위(dif site) 교차에 사용되는 박테리아 염색체의 부위로 공유적으로 고정된 염색체를 분리한다.

DNA(deoxyribonucleic acid) 유전자를 구성하는 핵산 중합체

DnaA 단백질(DnaA protein) 박테리아 염색체의 개시점에 결합하여 복제 개시를 도우는 단백질

DNA 가수분해효소(deoxyribonuclease, DNase) DNA를 절단하고 분해하는 효소

DNA 가수분해효소 I(DNase I) DNA를 두 뉴클레오티드 사이를 절단하는 비특이적 핵산가수 분해효소이며 족문분석에 종종 사용한다.

DNA 당화효소(DNA glycosylase) DNA 골격에 있는 염기와 디옥시리보오스 사이의 결합을 끊는 효소

DNA 라이브러리(DNA library) 특정 개체의 모든 유전자를 적어도 한 복사본을 포함하는 클로닝한 DNA 절편의 집합체이며 유전자 라이브러리와 동일하다.

DNA 미세배열(DNA microarray) DNA 배열 또는 DNA 칩과 동일

DNA 바이러스(DNA virus) DNA를 유전체로 가지는 바이러스

DNA 시토신 메틸화효소(DNA cytosine methylase, Dcm) CCAGG와 CCTGG 서열에서 시토신을 메틸화시키는 박테리아 효소

DNA 아데노신 메틸화효소(DNA adenosine methylase, Dam) GATC 서열에서 아데닌을 메틸화 시키는 박테리아 효소

DNA 연결효소(DNA ligase) DNA 절편의 말단과 말단을 공유적으로 연결하는 효소

DNA 중합효소(DNA polymerase) DNA 사슬을 신장시키는 효소로서 특히 염색체가 복제될 때 사용

DNA 중합효소 α(DNA polymerase α) 동물 염색체의 복제에서 개시 DNA의 짧은 절편을 만드는 효소

DNA 중합효소 δ(DNA polymerase δ) 동물 염색체의 복제에서 대부분의 DNA를 만드는 효소

DNA 중합효소 η(DNA polymerase η) 동물에서 티민 이량체를 지나면서 복제하는 수선 중합 효소

DNA 중합효소 I(DNA polymerase I, Pol I) 오카자키 절편 사이의 틈을 채울 때라든지 손상된 DNA를 수선하는 과정에서 짧은 DNA를 만드는 박테리아 중합효소

DNA 중합효소 II(DNA polymerase II, Pol II) 박테리아 염색체가 복제될 때 DNA 대부분을 합성하는 효소

DNA 중합효소 Y(DNA polymerase Y) 피리미딘 이량체와 AP 자리를 지나 복제할 수 있는 박테리아의 수선 중합효소

DNA 지라아제(DNA gyrase) DNA에 음성 초나선을 만드는 효소이며 II형 위상이성화효소 계의 한 종류

DNA 지문(DNA fingerprint) 제한효소로 만들어진 다수의 DNA 밴드로 인한 개인별 독특한 형태이며 전기영동으로 분리하여 서든 블롯화로 관찰할 수 있다.

DNA 칩(DNA chip) DNA-DNA 혼성화로 많은 짧은 DNA 절편들을 동시에 확인하는 데 사용

DNA 헬리카제(DNA helicase) 이중나선 DNA를 푸는 효소

Ds 전위효소를 제공하는 Ac 요소

dsRNA 이중나선 RNA

F-플라스미드(F-plasmid) 접합으로 대장균이 DNA를 공여하게 하는 플라스미드

G1 기(G1 phase) 세포분열 전의 진핵생물의 세포주기 단계; 세포 성장이 일어나는 단계다.

G2 기(G2 phase) DNA 합성과 유사분열기 사이의 세포주기 단계로서 분열을 준비한다.

GC 비(GC ratio) DNA에서 모든 4개의 염기 중 G와 C를 합한 양. GC 비는 대개 %로 표시

H-DNA 삼중나선으로 구성된 DNA 형태. 이의 형성은 산성 조건과 계속된 퓨린 염기에 의해 증진된다.

Hfr-주(Hfr-strain) 삽입된 플라스미드 때문에 고빈도로 염색체 유전자를 전달하는 박테리아 주

Hox 유전자(Hox gene) 다른 전사인자의 발현을 포함한 많은 다른 조절 유전자의 발현을 조절함으로써 전반적인 몸의 상태를 조절하는 호메오 상자 유전자의 가계

HU 단백질(HU protein) DNA에 낮은 특이성으로 결합하고 DNA의 꺾임에 관여하는 박테리아 단백질

L-형과 D-형(L- and D-form) 광학 활성 물질의 두 가지 이성질체형으로 L-이성질체, D-이성질체라고도 함

Laci 단백질(Laci protein) 락토오스 오페론을 조절하는 억제자

lac Z 유전자(lac Z gene) β-갈락토시다아제를 암호하는 유전자

λ(lambda) 자신의 DNA를 박테리아 염색체에 삽입시키는 대장균의 형질도입 파지

λ 부착자리(lambda attachment site, attλ) λ DNA가 대장균 염색체에 삽입하는 과정에 사용하는 DNA 인식자리

λ 좌프로모터(λ left promoter, PL) λ 억제자나 cI 단백질의 결합으로 억제되는 프로모터

λ 억제자(λ repressor, cI protein) 박테리오파지 λ가 용원성 상태로 유지되게 하는 억제자 단백질

LINE 긴 산재요소

LINE-1 요소(LINE-1 element) 사람과 포유동물의 유전체에 많은 복사본으로 존재하는 특정 LINE

lux 유전자(lux gene) 박테리아에서 루시퍼라아제를 암호하는 유전자

N-말단(N-terminus) 폴리펩티드에서 유리 아미노기를 가진 맨 처음 말단으로 아미노 말단과 동일

M13 대장균에 감염하는 막대기 모양의 박테리오파지이며 환형의 단일가닥 DNA를 포함하고 DNA 염기서열 분석에 사용한다

M 기(M phase) 진핵생물의 세포주기 중 세포분열이 일어나는 단계

P 자리(peptide site) 성장하는 폴리펩티드 사슬이 붙어 있는 tRNA가 결합하는 리보솜의 자리

Pl 인공 염색체(Pl artificial chromosome, PAC) 매우 긴 DNA 삽입체를 포함할 수 있는 대장균의 Pl-파지/플라스미드를 기초로 한 단일 복사본의 유전자운반체

PAGE 폴리아크릴아미드로 만들어진 겔에서 전기영동하여 단백질을 분리하는 폴리아크릴아미드 겔 전기영동 기법

PCNA 단백질(PCNA protein) 진핵세포의 DNA 중합효소에 필요한 활주클램프

PCR 시발체(PCR primer) 표적 DNA 부분의 양 말단의 서열과 대응하는 짧은 길이의 단일가닥 DNA이며 PCR에서 DNA 합성을 개시하는 데 필요

R-고리 분석(R-loop analysis) 유전자의 DNA 복사본을 일치하는 mRNA와 혼성화시키면 고리가 형성되는데 이는 DNA 상에 mRNA에는 없는 간섭서열이 존재함을 의미한다.

R-플라스미드 또는 R-인자(R-plasmid or R-factor) 항생제 저항성 유전자를 포함한 플라스미드

Rho(ρ) 단백질(ρ protein) 전사 종결인자에서 성공적인 종결을 이끄는 단백질 인자

Rho-비의존성 종결인자(Rho-independent terminator) Rho 단백질에 의존하지 않는 전사 종결인자

Rho-의존성 종결인자(Rho-dependent terminator) Rho 단백질에 의존하는 전사 종결인자

RNA 간섭(RNA interference) 이중나선 RNA가 있을 때 촉발되는 반응으로 유도하는 dsRNA와 상동적인 mRNA나 다른 RNA 전사체가 분해된다.

RNA 또는 리보핵산(RNA or ribonucleic acid) 디옥시리보오스 대신 리보오스를 가진 DNA와 다른 핵산

RNA 바이러스(RNA virus) RNA를 유전체로 가지는 바이러스

RNA 복제효소(RNA replicase) RNA 바이러스가 자신의 RNA 유전체를 복제하는 데 사용하는 특수 RNA 중합효소

RNA 세계(RNA world) 초기 생물은 DNA나 단백질이 아닌 RNA가 유전정보를 가지고 효소 반응을 수행했다는 가정 단계

RNA 시발체(RNA primer) 복제 동안 DNA 새 가닥의 합성을 개시하는 데 사용하는 짧은 RNA 조각

RNA-의존성 RNA 중합효소(RNA-dependent RNA polymerase, RdRP) RNA를 주형으로 사용하는 RNA 중합효소

RNA 중합효소(RNA polymerase) RNA를 합성하는 효소

RNA 중합효소 I(RNA polymerase I) 큰 rRNA의 유전자를 전사하는 진핵생물의 RNA 중합효소

RNA 중합효소 II(RNA polymerase II) 단백질 암호 유전자를 전사하는 진핵생물의 RNA 중합효소

RNA 중합효소 III(RNA polymerase III) 5S rRNA와 tRNA의 유전자를 전사하는 진핵생물의 RNA 중합효소

RNA 편집(RNA editing) 전사 후에 RNA 분자의 암호서열을 염기를 바꾸거나 첨가 또는 제거하여 변화시키는 것

σ 단위체(sigma subunit) 프로모터 서열을 인식하고 결합하는 RNA 중합효소의 단위체

S1 핵산가수분해효소(S1 nuclease) 단일가닥의 RNA나 DNA를 절단하고 이중나선의 핵산은 절단하지 못하는 *Aspergillus oryzae*의 핵산내부가수분해효소

S1 핵산가수분해효소 지도(S1 nuclease mapping) S1 핵산내부가수분해효소를 사용하여 전사체의 5′-말단과 3′-말단의 위치를 정하는 것

S-값(S-value) 침강계수는 원심력에 의해 나누어지는 침강속도다. 이는 질량에 의존하며 스베드베리 단위로 측정

한다.

SINE 짧은 산재요소

snurp snRNP 또는 작은핵 리보핵산단백질

SOS 계(SOS system) 심각한 DNA 손상에 반응하는 박테리아의 실수 유발 수선계

Swi/Snf 복합체(Swi/Snf complex) 염색질 리모델링 복합체의 더 큰 종류

θ 복제(theta-replication) 환형 DNA 분자에서 두 개의 복제 분기점이 반대 방향으로 진행하는 복제 양식

T4 연결효소(T4 ligase) 박테리오파지 T4의 DNA 연결효소의 유형이며 평활말단을 연결할 수 있다.

TA 클로닝 유전자운반체((TA cloning vector) 3′에 돌출된 T를 가지는 유전자운반체로서 Taq 중합효소에 의해 만들어지는 3′-A 돌출부를 가지는 DNA 조각을 클로닝하는 데 사용한다.

Taq 중합효소(Taq polymerase) *Termus aquaticus*에서 분리한 내열성 DNA 중합효소이며 PCR에 사용한다.

TaqMan → 탐침자(TaqMan → probe) DNA 탐침자 서열에 의해 연결되는 두 개의 형광단으로 구성된 형광 탐침자. 형광은 형광단이 연결 DNA의 분해로 분리된 후에만 증가한다.

TATA 결합 단백질(TATA binding protein, TBP) TATA 상자를 인식하는 전사인자

TATA 상자(TATA box) 진핵생물에서 RNA 중합효소 II를 프로모터로 안내하는 전사인자의 결합자리

TATA 상자 인자(TATA box factor) TATA 결합 단백질의 또 다른 이름

Ter 자리(Ter site) 복제분기점의 이동을 저해하는 종결 지역의 자리

Tra+ 운반 양성(자체 운반이 가능한 플라스미드)

tra 유전자(tra gene) 플라스미드 운반에 필요한 유전자

Tus 단백질(Tus protein) Ter 자리에 결합하고 복제분기점의 이동을 막는 박테리아 단백질

U1 Snurp(snRNP) 상류쪽 이어맞추기 자리를 인식

U2AF(U2 accessory factor) 하류쪽 이어맞추기 자리를 인식하여 인트론을 이어맞추기하는 단백질

U2 Snurp(snRNP) 분기점 자리를 인식

Ung 단백질(Ung protein) 우라실-N-당화효소와 동일

Z-DNA DNA 이중나선의 대체 형으로 왼손 방향으로 회전하며 회전당 12 염기쌍을 포함

가변수 직렬 반복(variable number tandem repeat,VNTR) DNA의 직렬로 반복된 서열의 집합체로 반복된 수는 개인별로 다르다.

가지 부위(branch site) 이어맞추기 중 가지화가 생기는 인트론의 중간에 있는 부위

각인(imprinting) 특정 대립인자의 발현이 대립인자의 기원이 아버지인지 어머니인지에 따라 결정되는 것

간기(interphase) 진핵생물의 세포주기 중 세포분열 사이의 단계이며 G1기, S기 G2기를 포함한다.

감지 인산화효소(sensor kinase) 특정 신호를 감지할 때 자신을 인산화시키는 단백질

개시인자(initiation factor) 새 폴리펩티드 사슬의 개시에 필요한 단백질

개시자 상자(initiator box) 진핵생물 유전자의 전사 개시에 있는 서열

개시자 DNA(initiator DNA, iDNA) 동물 염색체의 복제 동안 RNA 시발체에 연결되는 짧은 길이의 DNA

개시자 tRNA(initiator tRNA) 새 폴리펩티드 사슬이 만들어질 때 리보솜에 첫 아미노산을 운반하는 tRNA

개시코돈(start codon) AUG 코돈으로 단백질 합성을 개시하게 한다.

갭(gap) DNA나 RNA 나선에서 염기가 빠진 부분

거대분자(macromolecule) DNA, RNA, 단백질 그리고 탄수화물 같이 세포 안에 있는 크기가 큰 중합체 분자

거대핵(macronucleus) 발현될 다수 복사본의 유전자를 포

함하는 섬모충의 큰 체세포 핵

거울상체(enantiomer) 한 쌍의 거울상 광학 이성질체(D-이성질체, L-이성질체)

거울상 회문구조(mirror-like palindrome) 동일 가닥에서 앞뒤로 읽어도 같은 DNA 서열로서 회문구조의 한 종류

겔 전기영동(gel electrophoresis) 전하를 띤 분자를 크기에 따라 분리하기 위해 겔에서 전기 영동함

격막(septum) 분열한 후 두 개의 새 박테리아 세포를 분리하는 교차벽

경쟁적 저해제(competitive inhibitor) 기질을 모방하여 효소를 저해하는 화학물질

고도의 반복 DNA(highly repetitive DNA) 수백에서 수천 복사본으로 존재하는 DNA 서열

공여 세포(donor cell) 다른 세포에게 DNA를 공여하는 세포

공유적으로 닫힌 환형 DNA(covalently closed circular DNA, cccDNA) 어느 사슬에도 틈이 없는 환형 DNA

공통서열(consensus sequence) 각 위치에 가장 흔한 염기로 구성된 이상적인 염기서열

과열점(hot spot) DNA나 RNA에서 돌연변이가 빈번하게 일어나는 자리

과오 돌연변이(missense mutation) 단일 코돈이 바뀌어 단백질의 아미노산 하나가 다른 아미노산으로 대체되는 돌연변이

교정(proofreading) 새 DNA에 정확한 뉴클레오티드가 연결되었는지 점검하는 과정. 대개 DNA 중합효소가 정확한 염기를 합성했는지 점검하는 것을 말한다.

구아노신(guanosine) 구아닌과 (디옥시)리보오스를 포함한 뉴클레오시드

구아닌(guanine, G) 시토신과 염기쌍을 이루는 DNA나 RNA의 퓨린 염기

구조 단백질(structural protein) 세포 구조물을 형성하는 단백질

구조 유전자(structural gene) 단백질을 암호하는 또는 비번역 RNA에 대한 DNA의 서열

글리신(glycine) 가장 단순한 아미노산

글리코겐(glycogen) 박테리아와 동물의 간에 있는 탄수화물 저장체

기본단위체(protomer) 더 큰 수준의 집합체의 단위체인 단일 중합체 사슬

긴말단반복(long terminal repeats, LTRs) 레트로바이러스의 유전체 말단에 있는 수백 염기쌍으로 된 직렬 반복

긴 산재 요소(long interspersed element, LINE) 포유동물의 반복 DNA로 구성된 다수 복사본에 있는 긴 서열

꼬임(twist, T) DNA 분자에서 이중나선의 회전 수

나선-고리-나선(helix-loop-helix, HLH) 단백질에 공통적인 DNA-결합 모티프의 종류

나선-회전-나선(helix-turn-helix, HTH) 단백질에 공통적인 DNA-결합 모티프의 종류

내부 제거 분절(internal eliminated segment, IES) 미세핵에서 거대핵으로 전환되는 동안 제거되는 섬모충의 미세핵의 DNA에 있는 여분의 서열

넌센스 돌연변이(nonsense mutation) 아미노산에 대한 코돈이 종결코돈으로 바뀌는 돌연변이

노던 블롯화(Northern blotting) DNA 탐침자를 RNA 표적 분자에 결합시키는 혼성화 기술

노보비오신(novobiocin) B-단위체에 결합하여 2형 위상이성화효소를 저해하는 항생제

뉴클레오솜(nucleosome) DNA가 히스톤 단백질 주변에 꼬여있는 진핵생물 염색체의 단위체

뉴클레오티드(nucleotide) 핵산의 단량체 또는 단위체로서 5탄당과 염기, 인산기로 구성

다단백질(polyprotein) 몇 개의 더 작은 단백질로 절단되는 긴 폴리펩티드

다른자리입체성 단백질(allosteric protein) 작은 분자와 결합할 때 모양이 바뀌는 단백질

다인산(polyphosphate) 다수 인산기가 고에너지 인산결합으로 연결된 화합물

다형화현상(polymorphism) 두 연관된 개별 개체 사이에서 DNA 서열의 차이

단백질(protein) 아미노산 중합체로서 여러 개의 폴리펩티드 사슬로 구성되기도 한다.

단백질가수분해효소(protease) 단백질을 분해하는 효소로서 proteinase와 동일

단일가닥 결합 단백질(single strand binding protein, SSB protein) 분리된 DNA 가닥이 떨어져 있게 하는 단백질

단일 뉴클레오티드 다형화(single nucleotide polymorphism, SNP) 두 개체 사이에서 DNA 서열에 염기 하나가 차이가 나는 것

당단백질(glycoprotein) 단백질과 탄수화물의 복합체

닻 서열(anchor sequence) 제한효소 부위, 시발체 결합 부위 또는 PCR 반응의 시발체 결합 부위 등에 넣을 수 있는 시발체나 탐침자에 첨가하는 서열

대단위체(large subunit) 두 개의 리보솜 단위체 중 큰 단위체로서 박테리아는 50S, 진핵생물에서는 60S

대립인자(allele) 한 유전자의 특정 형태 또는 더 넓은 의미로는 DNA 분자의 특정 위치에 있는 특정 형태

대장균(Escherichia coli, *E. coli*) 유전학과 분자생물학에 보편적으로 사용하는 박테리아 종

대체 시그마 인자(alternative sigma factor) 특정 유전자를 인식하는 비표준 시그마 인자

대체 이어맞추기(alternative splicing) 동일한 유전자에서 다른 부분을 사용하여 두 개 이상의 다른 최종 mRNA를 만드는 대체 방법

더듬기식 염색체 탐색법(chromosome walking) 중첩하는 탐침자를 사용하여 연속적인 혼성화로 염색체의 이웃하는 지역을 클로닝하는 방법

도약 유전자(jumping gene) 전위인자의 일반명이다.

도움 바이러스(helper virus) 결함 바이러스, 위성 바이러스, 위성 RNA에 중요 기능을 제공하는 바이러스

동물원 블롯화(zoo blotting) 탐침자 DNA가 암호 지역에 있는지 확인하기 위해 몇몇 다른 동물의 DNA 표적분자를 사용하는 비교 서든 블롯

동반전달 빈도(cotransfer frequency) 세포 사이에서 DNA의 전달이 일어나는 동안 두 유전자가 연관되어 남아 있을 빈도

동요 원칙(wobble rule) 덜 엄격한 염기쌍이 코돈/안티코돈 쌍에만 허용되는 원칙

동원체(centromere) 유사분열과 감수분열 동안 미세소관이 부착하는 진핵생물 염색체의 지역

동원체 서열(centromere sequence) 세포분열 동안 염색체를 정확하게 분배하는 데 필요한 진핵생물 염색체의 동원체 서열

동형접합(homozygous) 같은 유전자의 두 개의 동일한 대립인자를 포함하는 것

두 성분 조절 시스템(two-component regulatory system) 감각 키나아제와 DNA 결합 조절자 같이 두 개의 단백질로 구성된 조절 시스템

등차적 표시 PCR(differential display PCR) 올리고(dT) 시발체를 사용하여 진핵생물 세포의 mRNA를 특이적으로 증폭시키는 RT-PCR의 변형법

디디옥시뉴클레오티드(dideoxynucleotide) 당이 리보오스나 디옥시리보오스가 아닌 디디옥시리보오스인 뉴클레오티드

디디옥시리보오스(dideoxyribose) 리보오스의 2′과 3′ 수산기 둘 다에 산소가 없는 리보오스의 유도체

디디옥시 염기서열분석법(dideoxy sequencing) 디디옥시뉴클레오티드를 사용하여 DNA 사슬의 합성을 종결시키는 DNA 염기서열분석 방법으로 사슬 종결 염기서열분석법과 같다.

디옥시리보오스(deoxyribose) DNA에 있는 5탄당

디옥시뉴클레오시드(deoxynucleoside) 디옥시리보오스 당을 포함한 뉴클레오시드

디옥시리보뉴클레오시드 5′-삼인산(deoxyribonucleoside 5′-triphosphate, deoxyNTP) 염기와 디옥시리보오스,

세 개의 인산기로 구성된 DNA 합성의 전구체

디옥시뉴클레오티드(deoxynucleotide) 디옥시리보오스 당을 포함한 뉴클레오티드

디히드로폴레이트(dihydrofolate, DHF) DNA와 RNA 합성을 위한 전구체를 만드는 등의 다양한 역할을 하는 보조인자

디히드로폴레이트 환원효소(dihydrofolate reductase) 디히드로폴레이트를 테트라히드로폴레이트로 전환시키는 효소

락토오스 투과효소(lactose permease, Lac Y) 락토오스 수송단백질

레트로바이러스(retrovirus) 외피로 둘러싸인 두 개의 단백질 껍질 내에 단일가닥 RNA를 가진 동물 바이러스 가계. 숙주세포 안에서 역전사효소를 사용하여 RNA 유전체를 DNA 복사본으로 전환시킨다.

레트로트랜스포존(retrotransposon) RNA 유전체를 역전사효소를 사용하여 DNA 복사본으로 전환하는 트랜스포존 요소

레플리솜(replisome) DNA를 복제하는 단백질(프리마아제, DNA 중합효소, 헬리카아제, SSB 단백질)들의 집합

루비스코(Rubisco, ribulose bisphosphate carboxylase) 광합성 동안 이산화탄소를 고정하는 특정 효소

루신 지퍼(leucine zipper) 단백질에 흔한 DNA 결합 모티프의 종류

리보뉴클레오시드(ribonucleoside) 당이 디옥시리보오스가 아닌 리보오스인 뉴클레오시드

리보뉴클레오티드(ribonucleotide) 당이 디옥시리보오스가 아닌 리보오스인 뉴클레오티드

리보뉴클레오티드 환원효소(ribonucleotide reductase) 리보뉴클레오티드를 디옥시리보뉴클레오티드로 환원시키는 효소

리보솜(ribosome) 단백질을 합성하는 세포 기구

리보솜 RNA(ribosomal RNA, rRNA) 리보솜의 구조를 구성하는 RNA 분자의 종류

리보솜 결합자리(ribosome binding protein, RBS) 샤인-달가노 서열과 동일; 리보솜이 인식하는 mRNA의 앞쪽 가까이에 있는 서열로서 원핵세포에만 존재한다.

리보솜 재순환인자(ribosome recycling factor, RRE) 폴리펩티드 사슬이 종결되고 방출된 후 리보솜 단위체를 분리하는 단백질

리보솜 조정인자(ribosome modulation factor, RMF) 박테리아의 느린 성장이나 정체기 동안 과잉의 리보솜을 불활성화하는 단백질

리보스위치(riboswitch) 두 구조 사이의 변화를 통해 신호에 직접 감각하고 번역을 조절하는 mRNA의 도메인

리보자임(ribozyme) RNA 분자가 촉매 활성을 가지는 RNA 효소

리보핵산(ribonucleic acid, RNA) 디옥시리보오스 대신 리보오스, 티민 대신 우라실을 가지는 점에서 DNA와 다른 핵산

리보핵산가수분해효소(ribonuclease, RNase) RNA를 절단하거나 분해하는 효소

리보핵산가수분해효소 II(ribonuclease II) rRNA와 tRNA 전사체의 가공이 주 기능인 박테리아 리보핵산가수분해효소

리보핵산가수분해효소 H(ribonuclease H, RNase H) DNA:RNA 혼성 이중나선에서 RNA를 분해하는 효소. 박테리아에서 DNA 합성을 개시하기 위해 사용한 RNA 시발체를 제거한다.

리보핵산가수분해효소 P(ribonuclease P) 박테리아에서 tRNA를 가공하는 데 사용하며 RNA 리보자임과 부속 단백질로 구성된 리보핵산가수분해효소

리소좀(lysosome) 소화효소를 포함한 진핵세포의 막으로 구성된 소기관

리소자임(lysozyme) 체액에 있으며 박테리아 세포벽의 펩티도글리칸을 분해하는 효소

말단소체(telomere) 특정 DNA 반복서열을 포함한 선형 진핵생물 염색체의 말단

말단소체 중합효소(telomerase) 진핵생물 염색체의 말단소체에 DNA를 첨가하는 효소

머리핀(hairpin) 단선의 DNA나 RNA가 접혀 만들어진 이중나선의 염기쌍 구조

무작위 증폭 다형화 DNA(randomly amplified polymorphic DNA, RAPD) 임의적으로 선택한 서열을 PCR로 증폭하여 유전적 근연성을 조사하는 방법

물질대사(metabolism) 세포로 영양 분자가 운송되고 전환되어 에너지를 방출하고 새로운 세포 물질을 만드는 과정

박테리아 인공 염색체(bacterial artificial chromosome, BAC) 대단히 긴 삽입 DNA를 가질 수 있는 대장균의 F-플라스미드에 근거한 단일 본의 유전자운반체이며 인간 유전체 프로젝트에 널리 사용

박테리오신(bacteriocin) 매우 근연의 박테리아를 죽이는 박테리아에서 만들어지는 독성 단백질

박테리오파지(bacteriophage) 박테리아에 감염하는 바이러스

박테리오페리틴(bacterioferritin) 페리틴의 박테리아 유사 물질이며 철 저장 단백질

반메틸화(hemi-methylated) 한 나선에만 메틸화됨

반보존적 복제(semi-conservative replication) 딸 분자의 한 가닥은 원래의 가닥이고 다른 가닥은 새로 만들어진 상보적인 가닥인 DNA 복제 양식

반복서열(repeated sequences) 다수 복사본으로 존재하는 DNA 서열

반수체(haploid) 각 염색체나 유전자의 단일 복사본만 포함

반수체 유전체(haploid genome) 모든 유전자의 단일 복사본을 포함한 완전한 세트

발색 기질(chromogenic substrate) 효소에 의해 강하게 발색하는 산물로 전환하는 무색의 기질

발현부위(expression site) 다수 복사본의 유전자 중 선택된 복사본만 발현되는 염색체 상의 특정 위치

발현유전자운반체(expression vector) 클로닝한 유전자를 프로모터의 조절 하에 두도록 특별히 고안된 유전자운반체

방사성동위원소(radioisotope) 방사성 형태의 원소

방출인자(release factor) 종결코돈을 인식하여 종결된 폴리펩티드를 리보솜에서 방출시키는 단백질

번역(translation) mRNA의 정보로 단백질을 만드는 과정

번역 억제(translational repression) mRNA의 번역을 억제하는 조절 형태

번역 억제자(translational repressor) mRNA에 결합하여 번역을 막는 단백질

번역 활성자(translational activator) mRNA에 결합하여 번역을 증진시키는 단백질

번역후 변형(post-translational modification) 번역이 끝난 후 단백질이나 구성 아미노산의 변형

변성 구배 겔 전기영동(denaturing gradient gel electrophoresis, DGGE) 염기 한 개의 차이를 가진 DNA 분자를 분리할 수 있도록 DNA를 변성을 통한 겔 전기영동의 조합

변형염기(modified base) 핵산이 합성된 후 화학적으로 바뀐 핵산 염기

변형효소(modification enzyme) 제한효소와 같은 인식 자리에 결합하여 DNA를 메틸화하는 효소

보결기(prosthetic group) 폴리펩티드 사슬의 부분은 아니며 단백질에 공유적으로 결합된 여분의 화학기

보조 억제자(co-repressor) 원핵생물에서는 억제 단백질이 DNA에 결합할 때 필요한 작은 신호 분자; 진핵생물에서는 유전자 억제에 관련된 히스톤 탈아세틸화효소 같은 부속 단백질

보조인자(cofactor) 단백질에 결합되어 있는 여분의 화학기로서 폴리펩티드 사슬의 부분은 아니다.

보존적 전위(conservative transposition) 잘라 붙이기식 전위와 동일

보통 반복서열(moderately repetitive sequence) 수천 복사본으로 존재하는 DNA 서열

보편적 유전암호(universal genetic code) 거의 모든 생물체에서 사용하는 유전암호

복제(replication) 세포분열이나 바이러스 복제 전에 일어나는 유전체 DNA의 복사

복제 개시복합체(initiation complex for replication) 복제 개시점에 결합하여 DNA의 복제를 개시시키는 단백질 조립체

복제 개시점(origin of replication, ori) 복제가 시작하는 염색체나 다른 DNA 분자상의 자리

복제단위(replicon) 복제 개시점을 포함하고 자체 복제가 가능한 DNA나 RNA 분자

복제분기점(replication fork) DNA 분자를 복제하는 효소들이 풀린 단일가닥의 DNA에 결합하는 지역

복제인자 C(replication factor C, RFC) 개시자 DNA에 결합하여 자신의 활주클램프와 DNA 중합효소 δ를 DNA에 장착시키는 진핵생물 단백질

복제전위(replicative transposition) 두 복사본의 트랜스포존이 하나는 원래 자리에서 다른 하나는 새 위치에서 만들어지는 전위 형태

복제 종단(terminus of replication, ter) 복제가 끝나는 DNA의 장소

복제형(replicative form, RF) 단일가닥 DNA(또는 RNA) 바이러스의 이중가닥 형태. RF는 처음에 자체적으로 복제한 다음 바이러스 입자로 조립하기 위해 ssDNA(또는 ssRNA)를 만든다.

부수체 DNA(satellite DNA) 진핵세포에서 직렬 반복의 긴 집합체로 이질염색질로 영구히 꼬여 있는 고도로 반복된 DNA

부수체 RNA(satellite RNA) 복제와 캡시드 형성을 위해 보조 바이러스가 필요한 기생 RNA 분자

불균등 교차(unequal crossing over) 교차되는 두 조각은 다른 길이를 가진다; 종종 DNA 나선이 짝을 이루는 동안 잘못된 배열이 원인

비대칭형 중심(asymmetric center) 4개의 다른 기가 붙어 있는 탄소 원자. 이는 광학 이성질화를 만든다.

비암호 DNA(non-coding DNA) 단백질이나 기능적인 RNA 분자로 암호하지 않는 DNA

비암호 RNA(non-coding RNA) 단백질로 번역되지 않고 기능을 하는 RNA로서 tRNA, rRNA, snRNA, scRNA, 그리고 조절 RNA 등이 있다

비오틴(biotin) 에비딘(abidin)이나 스트렙타비딘(streptavidin)으로 매우 단단히 결합되기 때문에 분자생물학에서 핵산을 표지시키는 데 사용하는 비타민

비충전 tRNA(uncharged tRNA) 아미노산이 부착되지 않은 tRNA

뼈대 부착 지역(scaffold attachment region, SAR) 염색체 뼈대나 핵 매질의 단백질이 결합하는 진핵생물 DNA 자리이며 MAR 자리와 동일

사슬 종결 돌연변이(chain termination mutation) 넌센스 돌연변이와 동일

사슬 종결 염기서열 분석(chain termination sequencing) 디디옥시뉴클레오시드로 DNA 사슬의 합성을 종결시키는 DNA 염기서열 분석법이며 디디옥시 염기서열 분석과 동일

사슬 종결자(chain terminator) DNA 사슬의 연속적인 신장을 막는 물질

사우스-웨스턴 블롯화(South-Western blotting) 단백질 표적 분자에 DNA 탐침자의 결합을 확인하는 기술

산탄 서열분석(shotgun sequencing) 유전체를 서열분석을 위해 수많은 단편으로 자르는 시도이다. 각 서열들 사이의 중첩 부분을 컴퓨터로 분석하여 완전한 유전체 서열을 만든다.

삽입 불활성화(insertional inactivation) 외래 DNA 조각을 암호서열의 중간에 삽입시켜 유전자를 불활성화시킴

상동염색체(homologous chromosome) 같은 유전자 서열을 동일한 순서로 가지는 상동적인 두 개의 염색체

상동 재조합(homologous recombination) 서열이 같은 두 DNA 길이 사이에서의 재조합

상류 요소(upstream element) 특정 단백질이 인식하는 진핵생물의 프로모터의 TATA 상자 상류 쪽 서열

상류 지역(upstream region) 구조 유전자 앞의 DNA 지역; 전사의 개시점에서 반대 방향으로 −로 숫자로 표시한다.

상보적 서열(complementary sequence) 서로 염기쌍을 형성하는 두 개의 핵산서열이며 한쪽 서열이 A, T, G, C이면 이에 상보적인 서열은 T, A, C, G이다.

샤인-달가노 서열(Shine-Dalgarno sequence) mRNA의 앞에 가까이 있으며 리보솜이 인식하는 서열로서 RBS와 동일하다; 원핵세포에서만 존재

샤페로닌(chaperonin) 다른 단백질의 접힘이 정확하게 일어나게 만드는 단백질

샤페론(chaperone) 가끔 "분자적 샤페론"이라고도 하며 샤페로닌과 같은 의미다.

생물정보학(bioinformatics) 방대한 양의 생물학적 서열 자료의 컴퓨터 분석

서든 블롯화(Southern blotting) DNA에 결합하는 탐침자를 사용하여 나일론 종이에 옮긴 단일가닥의 DNA를 확인하는 기술

서열표지자리(sequence tagged site, STS) 유전체 내에 유일한 짧은 서열(100~500 bp)로서 대개 PCR로 쉽게 확인된다.

선도가닥(leading strand) 복제에서 연속적으로 합성되는 DNA 가닥

선도 지역(leader region) 전사약화 기작으로 조절되는 구조유전자 앞에 있는 mRNA 지역

선도 펩티다아제(leader peptidase) 단백질이 배출된 후 선도서열을 제거하는 효소

선도 펩티드(leader peptide) 특정 유전자의 선도 지역에서 암호되는 짧은 펩티드

섬광계수(scintillation counting) 빛의 각 미세 파동을 검출하고 계수함

섬광계수기(scintillation counter) 빛의 파동을 확인하고 계수하는 기계

섬광물질(scintillant) 방사성 입자와 충돌할 때 빛의 파동을 방출하는 분자

세 번째 염기 풍부성(third base redundancy) 4개의 코돈이 같은 아미노산을 암호하는 상황으로 번역시 세 번째 염기가 달라도 차이가 없음을 의미한다.

세포성 PrP(cellular PrP) 프리온 단백질의 정상적인 형태

세포주기(cell cycle) 하나의 세포분열에서 다음 세포분열까지의 일련의 단계

세포질분열(cytokinesis) 세포분열

센스 RNA(sense RNA) 주형으로 DNA의 비암호 가닥을 사용하여 만들어지는 RNA(mRNA)로서 + 가닥 또는 RNA 암호가닥과 동일

셔틀 유전자운반체(shuttle vector) 한 종류 이상의 숙주세포에 넣을 수 있고 존재할 수 있는 유전자운반체

소부수체(mini-satellite) VNTR의 다른 용어

수소결합(hydrogen bond) 양전하의 수소 원자와 음전하의 두 개의 다른 원자 사이의 인력에 의한 결합

수여부위[A (acceptor) site] 다음 아미노산을 가진 tRNA가 결합하는 리보솜 부위

수여 줄기(acceptor stem) 아미노산이 부착하는 tRNA의 염기쌍으로 이루어진 줄기

수평 유전자 전달(horizontal gene transfer) 관련 없는 개체 사이에서 유전자의 전달이며 측면 유전자 전달이라고도 함

숙주삽입인자(integration host factor, IHF) DNA에 결합하여 특정 유전자의 전사 개시를 돕는 박테리아 단백질; 대장균 염색체에 박테리오파지 λ의 삽입을 돕는 역할에서 명명

슬라이서(slicer) RISC 복합체의 리보핵산가수분해효소 활성

시발체(primer) 주형가닥에 결합하여 새 DNA 가닥을 합성하게 해주는 짧은 RNA 조각. RNA 시발체는 세포에서 사용되며 DNA 시발체는 PCR에 사용한다.

시발체 연장(primer extension) 역전사효소를 사용하여 mRNA에 결합한 시발체를 연장시켜 전사체의 5′-말단에 위치하게 하여 전사의 5′ 개시자리를 만드는 방법

시토키닌(cytokinin) 식물세포의 분열을 유도하는 식물 호르몬

시티딘(cytidine) 시토신에 리보오스가 결합한 뉴클레오시드

신장인자(elongation factor) 폴리펩티드 사슬의 신장에 필요한 단백질

신호 분자(signal molecule) 조절 단백질에 결합하여 조절 효과를 나타내는 분자

신호서열(signal sequence) 배출되는 단백질의 앞에 있는 소수성 아미노산의 짧은 서열

실수 유발 수선(error-prone repair) 돌연변이를 유발하는 DNA 수선 과정의 종류

십자형 구조(cruciform structure) 역반복에서 형성되는 이중나선 DNA(또는 RNA)의 교차형 구조

쌍극자 이온(dipolar ion) 양극성 이온(zwitter ion)과 같으며 양전하와 음전하 둘 다 가지는 분자

아가로오스(agarose) 전기영동으로 핵산을 분리할 때 겔을 만들기 위해 사용하는 해조류의 다당류

아가로오스 겔 전기영동(agarose gel electrophoresis) 아가로오스 겔에 전류를 통과시켜 핵산(DNA와 RNA) 분자를 분리하는 기술

아데노신(adenosine, A) DNA와 RNA에 있는 티민과 쌍을 이루는 퓨린 계열의 염기

아라비노오스(arabinose) 많은 박테리아가 탄소원으로 사용하는 식물 세포벽에 있는 5탄당

아미노 말단(amino-terminus) 유리 아미노기를 가지는 폴리펩티드의 말단

아미노산(amino acid) 폴리펩티드 사슬의 단량체

아미노아실 tRNA 합성효소(amino-acyl tRNA synthetase) tRNA에 아미노산을 붙이는 효소

아세틸화(acetylation) 아세틸(CH_3/CO)기의 첨가

아연 손가락(zinc finger) 단백질에서 공통적인 DNA 결합 모티프의 한 종류

아지도티미딘(azidothymidine, AZT) 역전사 동안 DNA 사슬 종결자로 역할하는 뉴클레오시드 유사물질로서 항 AIDS 제재로 사용하며 지도부딘(zidovudine)이라고도 함

아크리딘 오렌지(acridine orange) 삽입에 의해 작동하는 돌연변이 유발원

안티센스 RNA(antisense RNA) mRNA나 기능적인 RNA 분자와 상보적인 RNA 분자

안티-시그마 인자(anti-sigma factor) 시그마 인자에 결합하여 전사개시를 막는 단백질

안티코돈(anticodon) mRNA의 코돈을 인식하고 결합하는 tRNA에 있는 세 개의 상보적인 염기군

안티코돈 고리(anticodon loop) 안티코돈을 포함하는 tRNA의 고리

알칼리성 인산가수분해효소(alkaline phosphatase) 다양한 분자로부터 인산기를 절단하는 효소

알파 나선(α-helix) 단백질의 나선형 2차구조

알파 탄소(α-carbon) 아미노기와 카르복실기를 가지는 아미노산의 중심 탄소 원자

암호나선(coding strand) mRNA와 같은 서열인 DNA 나선

약화(attenuation) 성숙전 종결으로 작동하는 전사조절의 형태이며 mRNA의 선도 지역에 있는 대체 줄기와 고리에 따른다.

약화 단백질(attenuation protein) 약화에 참여하는 조절 단백질이며 mRNA의 선도 지역에 결합

양극성 이온(zwitter ion) 쌍극성 이온과 동일; 한 분자 안에 양전하와 음전하가 둘 다 있다.

양립불가성(incompatibility) 같은 가계의 두 플라스미드는 같은 숙주세포에 존재할 수 없는 성질

양방향 복제(bi-directional replication) 복제 원점에서 두 방향으로 진행하는 복제

양성 또는 '+' 가닥(positive or 'plus' strand) RNA나 DNA의 암호가닥

양성조절(positive regulation) 활성자가 결합하여 유전자 발현을 증진시키는 조절

억제 tRNA(suppressor tRNA) mRNA의 종결코돈을 읽을 때 종결코돈을 인식해 아미노산을 넣는 돌연변이체 tRNA

억제자(repressor) 유전자의 전사를 막는 조절 단백질

에임즈 검사(Ames test) 박테리아를 사용하여 돌연변이 활성을 검사

엑손(exon) 단백질을 암호하는 유전자의 부분이며 가공과정이 끝난 후에도 mRNA에 존재한다.

역 PCR(inverse PCR) 주형 분자를 순환시켜 미지의 서열을 증폭하는 PCR 방법

역반복(inverted repeat) 앞쪽으로 읽었을 때와 상보적인 사슬을 뒤로 읽었을 때 동일한 DNA 서열

역 샤인-달가노 서열(anti-Shine-Dalgarno sequence) mRNA의 샤인-달가노 서열과 상보적인 16S rRNA의 서열

역전사(reverse transcription) 단일가닥 RNA를 주형으로 하여 이중나선 DNA를 만드는 과정

역전사효소(reverse transcriptase) 단일가닥 RNA를 주형으로 하여 이중나선 DNA를 만드는 효소

역전사효소 PCR(reverse transcriptase PCR, RT-PCR) 역전사효소로 mRNA에서 인트론이 없는 DNA 복사본을 만든 후 유전자를 증폭시키는 변형 PCR

역종결자 단백질(anti-terminator protein) 전사 종결자를 넘어서 전사를 계속하게 하는 단백질

역평행(antiparallel) 반대 방향으로 평행

연결효소(ligase) DNA 절편의 말단을 연결하는 효소

연계된 전사-번역(coupled transcription-translation) mRNA가 DNA에서 전사가 일어나는 도중에 박테리아의 리보솜이 번역을 개시한다.

연쇄체(catenane) 두 개 이상의 환형 DNA가 연쇄되어 있는 구조

열린 읽기틀(open reading frame, ORF) 단백질로 번역되는 염기서열

염기(base) 알칼리성 화학물질

염기교차(transversion) 피리미딘이 퓨린으로 퓨린이 피리미딘으로 교체되는 돌연변이

염기쌍(base pair) 수소결합을 이루는 두 개의 상보적 염기의 쌍

염기성 HLH(b/HLH) 단백질(basic HLH protein) 옆에 HLH-모티프가 있는 양전하로 된(염기성) 지역을 포함하는 DNA 결합 단백질

염기 유사물질(base analog) DNA 염기를 모방한 화학적 돌연변이 유발원

염기 치환(base substitution) 한 염기가 다른 염기로 대체되는 돌연변이

염색분체(chromatid) 한 염색체 전체나 절반을 구성하는 단일 이중나선 DNA. 염색분체 또한 히스톤과 DNA-연관 단백질을 포함한다.

염색질(chromatin) 진핵생물 염색체를 구성하는 DNA와 단백질의 복합체

염색질 개조 복합체(chromatin remodelling complex) 전사가 일어나도록 하기 위해 염색질의 히스톤을 재배열하는 단백질 조합체

염색체(chromosome) 세포의 유전자를 포함하고 단일 DNA 분자로 구성된 구조

염색체 개시점(origin of chromosome, oriC) 염색체 복제의 개시점

염색체분염법(chromosome banding technique) 특수 염색으로 유전자가 없는 지역을 강조하여 염색체 밴드를 관찰

염색체 종단(terminus of chromosome, terC) 복제가 끝나

는 염색체 상의 장소

오카자키 절편(Okazaki fragment) 지체가닥을 구성하는 짧은 DNA 조각

오른손 방향 나선(right-handed helix) 오른손 방향 나선은 관찰자가 나선 축을 내려다 봤을 때 각 가닥은 시계방향으로 회전한다

오페론(operon) 단일 mRNA로 함께 전사되는 원핵생물의 유전자 집합체

올가미 구조(lariat structure) 인트론이 이어맞추기 되어 형성되는 올가미 모양의 RNA 부분

올리고 (dT) [oligo (dT)] 전체가 dT로만 구성된 단일가닥 DNA 지역

올리고 (U) [oligo (U)] 전체가 U로만 구성된 단일가닥 RNA 지역

용균성 성장(lytic growth) 세포를 파괴하고 많은 바이러스 입자를 생산하는 바이러스의 감염 형태

용원(lysogeny) 바이러스가 새 바이러스 입자도 만들지 않고 숙주세포와 함께 자신의 유전체를 복제하는 긴 휴지기에 들어간 바이러스 감염 상태

용원세포(lysogen) 용원성 바이러스를 포함하는 세포

우라실(uracil, U) 아데닌과 쌍을 이루는 RNA의 피리미딘 염기

운반 RNA(transfer RNA, tRNA) 리보솜에 아미노산 운반하는 RNA 분자

운반 단백질(carrier protein) 몸 주변이나 세포 내로 다른 분자를 운송하는 단백질

운송(translocation) a) 운송효소로 막을 거쳐 새로 합성한 단백질을 운송; b) 리보솜이 번역 동안 mRNA를 따라 활주 이동 c) DNA 절편을 원래 위치에서 제거하고 다른 곳에 삽입시키는 것

운송 단백질(transport protein) 막이나 몸의 주변에 다른 분자를 수송하는 단백질

운송효소(translocase) 막을 통하여 단백질을 수송하는 효소 복합체

유도자(inducer) 조절 단백질에 결합하여 유전자를 작동시키는 신호 분자

유사물질(analog) 거대분자나 특정 효소, 수용체 단백질 그리고 조절 단백질 등의 실수를 초래하는 특정 물질과 닮은 화학물질

유사 우리딘(pseudouridine) 번역 후 변형과정에서 RNA 분자로 도입되는 우리딘의 이성질체

유사유전자(paralogous gene) 유전자 중복으로 같은 개체 안에 있는 상동성 유전자

유전자(gene) 유전정보의 단위

유전자 가계(gene family) 연속적인 중복을 통해 생긴 매우 밀접한 유전자 군으로 유사한 역할을 한다.

유전자간 DNA(intergenic DNA) 유전자 사이에 있는 비암호 DNA

유전자간 지역(intergenic region) 유전자 사이의 DNA 서열

유전자내 억제(intragenic suppression) 같은 유전자 상에서 다른 위치에 두 번째 변화가 생기는 역돌연변이

유전자 라이브러리(gene library) 특정 개체의 모든 유전자를 적어도 하나 이상의 복사본을 포함하는 클로닝한 DNA 조각의 모음

유전자 산물(gene product) 유전자 발현의 최종 산물; 대개 단백질이나 rRNA, tRNA, snRNA 같은 번역되지 않는 RNA도 포함한다.

유전암호(genetic code) 핵산의 염기서열을 세 개씩 그룹지어 폴리펩티드 사슬의 서열로 전환시키는 암호

유전적 요소(genetic element) 유전정보를 가지고 유전 단위로 역할하는 DNA나 RNA 분자

유전자 융합(gene fusion) 두 유전자의 부분을 연결한 구조로서 특히 한 유전자의 조절 지역과 리포터 유전자의 암호지역을 연결한다.

유전자형(genotype) 각 개체의 유전적 성질

유전체(genome) 각 개체의 전체 유전정보

유전체학(genomics) 유전자 하나보다 유전체 전체를 연구하는 학문

융합 단백질(conjugated protein) 단백질과 다른 분자의 복합체

원심분리(centrifugation) 시료를 고속으로 회전시켜 더 크고 무거운 성분이 바닥으로 침강하게 하는 과정

원핵생물(prokaryote) 박테리아처럼 하등생물이며 핵이 없고 단일 염색체를 가지는 원시세포형

웨스턴 블롯화(western blotting) 대개 항체인 탐침자로 표적 단백질 분자에 결합시켜 확인하는 기술

위상이성질체(topoisomers) 위상학적으로 다른 이성질체

위상이성화효소(topoisomerase) DNA의 초나선이나 고리 연결을 변경하는 효소

위상이성화효소 IV(topoisomerase IV) 박테리아에서 DNA 복제에 연관된 특정 위상이성화효소

음성되먹임(negative feedback) 경로의 최종 산물이 첫 번째 효소를 억제하는 음성 조절 형태

음성조절(negative regulation) 억제자가 제거되기 전까지 유전자를 꺼진 상태로 만드는 조절

음성 또는 "–" 가닥(negative or "minus" strand) RNA나 DNA의 비암호 가닥

이기적 DNA(selfish DNA) 복제에는 필요하나 자신이 있는 숙주세포에게는 필요 없는 DNA 서열

이노신(inosine) tRNA에 존재하는 퓨린계 뉴클레오시드

이동 DNA(mobile DNA) 다른 DNA 분자들 내에서 또는 사이에서 자리를 이동하는 DNA 조각

이동성 변경 분석(mobility shift assay) 전기영동 동안 DNA의 이동성의 변화를 측정함으로서 단백질이 DNA에 결합하는 것을 검사하는 방법이며 띠 변경 분석 또는 겔 지연과 같은 의미다

이동 유전요소(mibile genetic element) 더 큰 DNA 분자 내에서 전위나 삽입과 절제에 의해 위치를 바꿀 수 있는 개별 DNA 조각

이어맞추기(splicing) 사이서열을 제거하고 분자의 말단을 재연결하는 과정으로 RNA에서 인트론을 제거하는 것

이어맞추기복합체(spliceosome) mRNA의 가공 과정에서 인트론을 제거하는 단백질과 작은핵 RNA 분자의 복합체

이종상동성 유전자(orthologous gene) 분리하는 종에 있는 상동성 유전자로 이들을 포함한 개체가 분지될 때 같이 분지된다

이중나선(double helix) DNA 두 나선이 서로 회전하여 꼬인 구조

이질염색질(heterochromatin) 고도로 응축된 염색질로서 RNA 중합효소가 결합하지 못해 전사가 되지 않는다.

이황화결합(disulfide bond) 두 개의 설프히드릴기 사이에서 형성되는 황과 황의 결합으로 특히 시스테인 사이에서 생기며 두 단백질 사슬을 결합시킨다.

인간 면역결핍 바이러스(human immunodeficiency virus, HIV) AIDS를 일으키는 레트로바이러스

인간 유전체 프로젝트(human genome project) 인간 유전체를 구성하는 모든 DNA의 염기서열을 결정하는 과제

인산기(phosphate group) DNA나 RNA의 골격을 구성하고 중심 인 원자에 주변의 4개의 산소 원자가 결합한 기

인산이에스테르(phosphodiester) 핵산의 뉴클레오티드 사이의 결합으로 중앙 인산기의 한 쪽이 당의 수산기와 에스테르화된 구조다.

인지질(phospholipid) 세포막을 구성하는 소수성 분자이며 하나의 용해성 머리기와 글리세롤 인산에 연결되어 있는 두 개의 지방산으로 구성된다.

인트론(intron) 전사가 되고 1차 전사체에 포함되는 부분이지만 단백질로 암호되지 않는 유전자의 분절

인 형성체(nucleolar organizer) 인과 관련된 염색체 지역으로 실제로 rRNA 유전자의 집합체다.

자가이어맞추기(self-splicing) 특정 단백질 효소의 관여 없이 RNA 분자 자체의 리보자임 활성으로 인트론을 이

어맞추기함

자가 조절(autogenous regulation) DNA 결합 단백질이 자신의 유전자 발현을 조절하는 자체 조절

자기방사법(autoradiography) 방사성 물질을 사진 필름 위에 평평하게 놓아 스스로 사진이 찍히게 함

자리-지정 돌연변이 과정(site-directed mutagenesis) 인위적인 기술로 DNA의 특정 서열을 변경함

자리 특이적 재조합(site-specific recombination) 크게 관련이 없는 두 DNA 길이 사이에서의 재조합. 특정 서열을 인식하는 특수 단백질이 필요하며 DNA 사이에서 교차가 일어난다. 비상동적 재조합과 동일

작동자(operator) 억제자 단백질이 결합하는 DNA 자리

작은 세포질 RNA(small cytoplasmic RNA, scRNA) 진핵세포의 세포질에 있으며 다양한 기능을 가진 작은 RNA 분자

작은인 RNA(small nucleolar RNA, snoRNA) 진핵세포의 인에서 rRNA의 염기 변형에 관여하는 작은 RNA 분자

작은핵 RNA(small nuclear RNA, snRNA) 진핵생물의 핵에만 존재하는 작은 RNA 분자이며 mRNA의 이어맞추기에 참여

작은핵 리보핵산단백질(small nuclear ribonuclearprotein, snRNP) snRNA와 단백질 복합체

잘못짝지움(mismatch) DNA 이중나선의 두 염기가 쌍을 잘못 이룸

잘못짝지움 수선계(mismatch repair system) 잘못 짝지어진 염기를 인식하여 잘못된 염기가 포함된 DNA 가닥 일부를 잘라내고 수선하는 DNA 수선계

잠재적 가닥내 삼중구조(potential intrastrand triplex, PIT) 서열이 H-형 삼중 DNA를 형성할 수 있는 DNA 부분

잠적 플라스미드(cryptic plasmid) 특정 특징이나 표현형 성질이 없는 플라스미드

재생(renaturation) 단일가닥 DNA의 재결합 또는 변성된 단백질이 원래의 3차원 구조로 재접힘이 일어나는 것

전기영동(electrophoresis) 전기장으로 전하를 가진 분자를 이동시키는 것. 핵산과 단백질을 분리하고 정제하는 데 사용

전기천공기(electroporator) 고전압의 방출로 세포가 DNA를 잘 받아들이게 하는 장치

전령 RNA(messenger RNA, mRNA) 유전자의 유전정보를 가지는 RNA 종류

전사(transcription) DNA의 정보가 RNA로 전환되는 과정

전사 거품(transcription bubble) 전사가 일어날 수 있도록 일시적으로 풀리는 이중나선 DNA의 지역

전사 연계 수선(transcription-coupled repair) 전사가 될 주형 DNA 나선을 우선적으로 수선

전사인자(transcription factor) 유전자의 조절 지역에서 DNA에 결합하여 유전자 발현을 조절하는 단백질

전사후 유전자 침묵화(post-transcriptional gene silencing, PTGS) dsRNA에 대한 식물에서의 RNA 간섭 반응이며 mRNA나 유도 dsRNA에 상동적인 RNA 전사체를 분해한다.

전위(transposition) 트랜스포존이 하나의 숙주 DNA 분자에서 다른 곳으로 이동하는 기작

전위인자(transposable element) 다른 숙주 DNA 분자에 항상 삽입되는 이동성 DNA 조각. 자신의 복제 개시점은 없고 복제를 위해서 숙주 DNA 분자에 의존한다. DNA에 기초한 트랜스포존과 레트로트랜스포존이 있다.

전위효소(transposase) 트랜스포존을 이동시키는 효소

전자분무이온화(electrospray ionisation, ESI) 용액에서 가스상 이온이 이온에서 만들어지게 하는 질량분광광도기의 종류

절제수선계(excision repair system) “절단-붙임” 수선이라고도 하며 이중나선 DNA의 부푼 지역을 인식하여 손상된 사슬을 제거하고 새로 합성하는 DNA 수선계이다.

절제화효소(excisionase) dsDNA의 조각을 제거하고 틈을 재연결하여 DNA 삽입을 역전시키는 효소다. 특히 λ 절제화효소는 삽입된 λ DNA를 제거한다.

점착성 말단(sticky end) 단일가닥이 염기쌍을 이루지 않고 삐져나온 이중나선 DNA의 말단

접합(conjugation) 세포와 세포 간의 접촉에 의해 유전자가 전달되는 과정

접합교(conjugation bridge) 두 세포 사이에서 형성되는 연결로이며 접합 동안 공여자에서 수여자로 DNA가 이동하는 통로

접합 트랜스포존(conjugative transposon) 접합 동안 한 박테리아 세포에서 다른 세포로 자신을 전달할 수 있는 트랜스포존

제한효소(restriction enzyme) 특정 염기서열과 인식자리에서 이중나선 DNA를 절단하는 핵산내부가수분해효소의 종류

제한효소 절편 길이 다형화현상(restriction fragment length polymorphism, RFLP) 두 관련 DNA 사이에 제한효소 자리가 다르면 다른 길이의 제한효소 절편이 생성된다.

제한효소지도(restriction map) DNA에서 제한효소 절단 자리의 위치를 보여주는 모식도

조건 돌연변이(conditional mutation) 표현형 효과가 온도나 pH 같은 환경적 조건에 따라 만들어지는 돌연변이

조절 단백질(regulatory protein) 유전자의 발현이나 다른 단백질의 활성을 조절하는 단백질

조절 지역(regulatory region) 단백질을 암호하기보다 조절에 관여하는 유전자 앞에 있는 DNA 서열

종결자(terminator) RNA 중합효소가 전사를 종결하게 하는 유전자의 말단에 있는 DNA 서열

종결코돈(stop codon) 단백질 합성의 종결을 신호하는 코돈

주형나선(template strand) 합성되는 새 나선과 상보적인 염기쌍을 가지며 새 나선의 합성을 안내하는 DNA 나선

줄기와 고리(stem and loop) 역반복 서열이 접혀 형성하는 구조

중심 원리(central dogma) 생명체에서 유전정보가 DNA → mRNA → 단백질로 흐른다는 기본 개념

중첩 시발체(overlap primer) 두 개의 다른 유전자 조각의 작은 지역과 일치하는 PCR 시발체이며 다른 기원의 DNA 조각을 연결하는 데 사용한다.

중합효소(polymerase) 핵산을 합성하는 효소

중합효소 η(polymerase η) 티민 이량체를 건너서 복제할 수 있는 동물의 수선 DNA 중합효소

중합효소 I(polymerase I) DNA 중합효소 I 참조

중합효소 III(polymerase III) DNA 중합효소 III 참조

중합효소연쇄반응(polymerase chain reaction, PCR) 가닥 분리와 복제를 반복하여 DNA를 증폭

지정 돌연변이화(directed mutagenesis) 다양한 인위적인 기술로 유전자의 DNA 서열을 바꿈

지체가닥(lagging strand) 복제 동안 짧은 조각으로 합성되어 나중에 연결되는 DNA 가닥

직렬 반복(tandem repeat) DNA나 RNA의 서열이 연이어 반복되어 있다.

직렬 질량 분광분석기(tandem mass spectrometry, MS/MS) 더 자세한 분석을 위해 처음에는 부모 이온을 추출하고 그 다음 딸이온으로 쪼개는 두 번의 연속적인 질량 분광분석기

진정염색질(euchromatin) 정상적 염색질로 이질염색질과 반대다.

진핵생물(eukaryote) 핵이라는 구획 안에 하나 이상의 염색체를 가지는 세포로 구성된 고등 생물

진핵생물(80S) 리보솜(eukaryotic ribosome) 진핵세포의 세포질에 있는 리보솜 종류이며 핵의 유전자에 의해 암호된다.

짧은 간섭 RNA(short interfering RNA, siRNA) 진핵생물에서 RNA 간섭을 촉발하는 21-22 뉴클레오티드로 구성된 이중나선 RNA 분자

짧은 산재 요소(short interspersed element, SINE) 포유동물의 보통 또는 고도의 반복 DNA의 중요 부분을 구성하는 짧은 반복서열

차단자(insulator) 증폭자가 프로모터에 작용하는 것을 차단하고 이질염색질의 확장을 저해하는 DNA 서열

차단자 결합 단백질(insulator binding protein, IBP) 차단자 서열에 결합하고 차단자의 기능에 필요한 단백질

체세포(somatic cell) 몸을 구성하는 세포로 생식세포와 반대다.

충전 tRNA(charged tRNA) 아미노산이 부착한 tRNA

친수성(hydrophilic) 물을 좋아하며 물에 쉽게 용해한다

침묵(silencing) 유전학적 용어로 비교적 비특이적인 방법으로 유전자의 발현을 멈추게 하는 것

침묵 돌연변이(silent mutation) 표현형에 영향을 주지 않는 DNA 서열의 변경

카르복실 말단(carboxy-terminus) 유리 카르복실기를 가지는 폴리펩티드 사슬의 말단

칼모듈린(calmodulin) 동물세포의 작은 칼슘 결합 단백질

캡(cap) 메틸화된 구아노신으로 구성된 진핵생물 mRNA의 5′-말단 구조

캡시드(capsid) 바이러스 입자의 DNA나 RNA를 둘러싸는 껍질 또는 보호 단백질 캡슐

코돈(codon) 한 아미노산을 암호하는 세 개의 RNA나 DNA 염기군

코스미드(cosmid) λ *cos* 부위를 가지고 45 kb 정도의 DNA를 포함할 수 있는 작고 다수 복사본의 플라스미드

콜리신(colicin) 대장균에서 생산되며 가장 가까운 근연관계의 박테리아를 죽이는 독성 단백질 또는 박테리오신

클램프 장전 복합체(clamp-loading complex) DNA 중합효소의 활주클램프를 DNA에 장전하는 단백질군

클로닝 유전자운반체(cloning vector) 세포 안에서 자체적으로 복제할 수 있는 DNA 분자이며 클로닝한 유전자나 DNA 절편을 포함시키는 데 사용한다. 대개 작고 다수 복사본의 플라스미드나 변형된 바이러스다.

클로로암페니콜(chloramphenicol) 23S rRNA에 결합하여 단백질 합성을 저해하는 항생제

클로로암페니콜 아세틸전달효소(chloramphenicol acetyl transferase, CAT) 아세틸기의 첨가로 클로로암페니콜을 불활성화시키는 효소

클로버 잎 구조(cloverleaf structure) tRNA 분자에서 염기쌍을 나타내는 2차원적 구조

키랄 중심(chiral center) 비대칭형 중심과 같은 의미

탈아미노효소(deaminase) 아미노기의 소실

탈인산화효소(phosphatase) 인산기를 제거하는 효소

토토머화(tautomerisation) 핵산의 특정 염기에서 분자가 두 개의 다른 이성질체 구조 사이에서 바뀌는 것

통합(integration) dsDNA 조각을 다른 DNA 분자의 특정 인식서열에 삽입시키는 것

통합효소(integrase) dsDNA 조각을 다른 DNA 분자의 특정 인식서열에 삽입시키는 효소. 특히 λ 통합효소는 λ DNA를 대장균의 염색체에 삽입한다.

투과효소(permease) 영양분이나 다른 분자를 막을 통해 수송하는 단백질

트랜스-이어맞추기(tran-splicing) RNA 분자 조각 하나를 다른 RNA 분자와 이어맞추기함

트랜스포존(transposon) 일종의 전위인자이며 대개 역전사효소를 사용하지 않는 DNA에 기초한 요소에 국한하는 용어이다.

틀이동 돌연변이(frameshift mutation) 하나 또는 몇 개의 염기가 첨가되거나 결실되어 구조 유전자의 암호틀이 바뀌는 돌연변이

티미딘(thymidine) 티민과 디옥시리보오스를 포함한 뉴클레오시드

티미딜산 합성효소(thymidylate synthetase) 메틸기를 첨가하는 효소로서 dUMP의 우라실을 티민으로 전환시킨다.

티민(tymine, T) DNA에서 아데닌과 쌍을 이루는 피리미딘

펄스장 겔 전기영동(pulse field gel electrophoresis, PFGE) 매우 큰 DNA 분자를 분석하는 데 사용하는 겔 전기영동 방법이며 육각배열의 전극에서 나오는 펄스의 전기장을 사용한다.

펜토오스(pentose) 리보오스나 디옥시리보오스 같은 5탄당

펩티도글리칸(peptidoglycan) 박테리아 세포벽을 구성하는 중합체이며 일정 간격으로 짧은 아미노산 사슬로 연결된 당 유도체의 긴 사슬로 구성

펩티드결합(peptide bond) 아미노산을 폴리펩티드로 연결하는 화학결합

펩티드기 전이효소(peptidyl transferase) 펩티드결합을 만드는 리보솜 상의 효소 활성; 박테리아에서는 23S rRNA이고 진핵생물은 28S rRNA

펩티드 핵산(peptide nucleic acid, PNA) 폴리펩티드 골격을 가진 핵산의 인공 유사물질

평활 말단(blunt end) 끝까지 완전히 염기쌍을 이루는 이중나선 DNA의 말단

폐물 DNA(junk DNA) 숙주세포에 사용되지 않고 유전자를 발현시키지도 않는 이기적인 결함 DNA

폴리(A) 결합 단백질(poly(A)-binding protein) mRNA의 폴리(A) 꼬리에 결합하는 단백질

폴리(A) 꼬리[poly(A) tail] mRNA의 3′-말단에 있는 다수의 아데노신 잔기로 된 부분

폴리(A) 중합효소[poly(A) polymerase] mRNA 말단에 폴리(A) 꼬리를 첨가하는 효소

폴리시스트론 mRNA(polycistronic mRNA) 몇 개의 다른 단백질로 번역되는 다수의 암호서열(시스트론)을 포함하는 mRNA; 원핵세포에서만 존재

폴리아데닐화 복합체(polyadenylation complex) 진핵생물 mRNA에 폴리(A)를 첨가하는 단백질 복합체

폴리아크릴아미드(polyacrylamide) 겔 전기영동으로 단백질이나 매우 작은 핵산 분자를 분리하는 데 사용하는 중합체

폴리아크릴아미드 겔 전기영동(polyacrylamide gel electrophoresis, PAGE) 폴리아크릴아미드로 만든 겔에서 단백질을 전기영동하여 분리하는 기술

폴리연결자(polylinker) 흔히 사용하는 7, 8개의 제한효소 절단자리를 포함하는 인공적으로 합성한 DNA. 다수 클로닝 자리(MCS)와 동일

폴리펩티드 사슬(polypeptide chain) 아미노산으로 구성된 중합체

표적 DNA(target DNA) 혼성화 과정 중 탐침자가 결합하는 표적의 DNA 또는 PCR에서 증폭되는 표적

표적서열(target sequence) (a) 트랜스포존 자체가 삽입하는 숙주 DNA 분자 상의 서열; (b) PCR 반응에서 증폭되는 원래 DNA 주형 상의 서열

퓨린(purine) DNA와 RNA에서 이중고리를 가진 질소화합물의 염기 종류

프로바이러스(provirus) 숙주세포 DNA에 삽입된 바이러스 유전체

프로파지(prophage) 박테리오파지 유전체가 박테리아 숙주세포에 삽입되어 있는 것

프리나우 상자(Pribnow box) 박테리아 프로모터의 −10 지역의 다른 명칭

프리마아제(primase) 새 DNA 가닥을 만들기 위한 RNA 시발체를 합성하는 효소

피리미딘(pyrimidine) DNA와 RNA에서 단일고리를 가진 질소화합물의 염기 종류

프리온 단백질(prion protein, PrP) 포유동물의 신경세포에 있는 프리온 단백질이며 잘못 접힌 형태는 프리온 질병을 일으킨다.

플라스미드(plasmid) 원핵세포와 진핵세포 둘 다에 있는 자가 복제하는 유전적 요소다. 이들은 염색체나 숙주세포의 유전체 부분이 아니다. 대부분의 플라스미드는 이중나선 DNA의 환형 분자이나 드물게 선형 플라스미드나 RNA 플라스미드도 존재한다.

필수아미노산(essential amino acid) 동물이 스스로 합성할 수 없는 아미노산(Val, Ile, Leu, Phe, Thr, Met, Lys, His)

항구적 유전자(constitutive gene) 항상 발현하는 유전자

항동결 단백질(antifreeze protein) 영하의 온도에서 개체의 혈액이나 조직액 또는 세포의 동결을 막는 단백질

항존유전자(housekeeping gene) 주요 생명 기능에 필요하기 때문에 항상 가동하는 유전자

핵공(nuclear pore) 단백질, RNA, 그리고 다른 분자들이 핵 안팎으로 이동할 수 있는 핵막의 구멍

핵껍질(nuclear envelope) 진핵세포의 핵을 둘러싸는 두 개의 농축 막으로 구성된 껍질

핵단백질(nucleoprotein) 단백질과 핵산의 복합체

핵막(nuclear membrane) 진핵세포에서 핵을 나머지 부분과 분리하는 핵껍질을 구성하는 한 쌍의 농축된 막

핵매질(nuclear matrix) 핵막 안에 있고 DNA를 고정시키는 섬유상 단백질의 그물망

핵산(nucleic acid) 유전정보를 가진 뉴클레오티드로 구성된 중합체

핵산가수분해효소(nuclease) 핵산을 절단하거나 분해하는 효소

핵산내부가수분해효소(endonuclease) 핵산의 중간에서 절단하는 핵산가수분해효소

핵산말단분해효소(exonuclease) 핵산 분자를 말단에서 절단하는 효소이며 대개 한 번에 하나의 뉴클레오티드를 제거한다.

핵심효소(core enzyme) 새 DNA나 RNA를 합성하는 DNA나 RNA 중합효소의 일부분

헬리카아제(helicase) 이중나선 DNA를 푸는 효소

헛 유전자(pseudogene) 진짜 유전자의 결함 복사본

형광(fluorescence) 한 파장의 빛을 흡수하는 분자가 더 길고 더 낮은 에너지의 파장의 빛을 방출하는 과정

형광공명 에너지 수송(fluorescence resonance energy transfer, FRET) 짧은 파장의 형광단에서 긴 파장의 형광단으로 에너지를 전달해 단파문의 방출을 해소

형광현장혼성화(fluorescence in situ hybridisation, FISH) 형광 탐침자를 사용하여 DNA나 RNA를 원래의 위치에서 관찰

형광활성화 세포선별기(fluorescence activated cell sorter, FACS) 형광 표식에 기초하여 세포나 염색체를 선별하는 기구

형질감염(transfection) 분리한 바이러스 DNA가 형질전환에 의해 세포 안으로 들어가는 과정이며 바이러스 기원이 아닌 DNA가 동물세포로 들어가는 것을 나타내는데도 사용한다.

형질도입(transduction) 유전자가 바이러스 안으로 전달되는 과정

호르몬(hormone) 동물이나 식물 같은 다세포 생물 내에서 순환하는 신호 분자

혼성 DNA(hybrid DNA) 두 다른 기원의 나선 두 개를 쌍을 이루게 하여 만든 인위적인 이중나선 DNA

활성 부위(active site) 단백질이 다른 분자와 결합하고 화학 반응이 일어나는 특정 부위

활성자 단백질(activator protein) 유전자를 활성화하는 단백질

활주클램프(sliding clamp) DNA를 둘러싸서 핵심효소가 DNA에 결합하게 하는 DNA 중합효소의 단위체

황산 도데실 나트륨(sodium dodecil sulfate, SDS) 전기영동으로 단백질을 분리하기 전에 단백질을 변성시키고 용해시키는 계면활성제

회문구조(palindrome) 앞뒤로 똑같이 읽히는 서열

회전환 복제(rolling circle replication) 환형의 이중나선 DNA의 한 가닥에 틈을 만들어 풀고 환형 가닥을 주형으로 하여 DNA 합성을 하는 복제 기작

회전환 증폭기술(rolling circle amplification technology, RCAT) 정상 온도에서 표적 DNA를 증폭하기 위해 DNA 중합효소를 사용하는 회전환 복제에 기초한 방법

효모 인공 염색체(yeast artificial chromosome, YAC) 매우 긴 DNA를 포함시킬 수 있는 효모 염색체를 기초한 단일 복사본의 유전자운반체. 인간 유전체 프로젝트에 사용

효율적 유전체(effective genome) 유용한 유전정보로 구성된 유전체의 부분으로 인트론과 비암호 DNA는 무시한다. 진핵생물에게만 적용

히스톤(histone) DNA에 결합하고 진핵생물의 염색체 구조를 유지하는 양전하의 단백질

히스톤 아세틸전이효소(histone acetyl transferase, HAT) 히스톤에 아세틸기를 첨가하는 효소

히스톤 탈아세틸효소(histone deacetylase, HDAC) 히스톤에서 아세틸기를 제거하는 효소

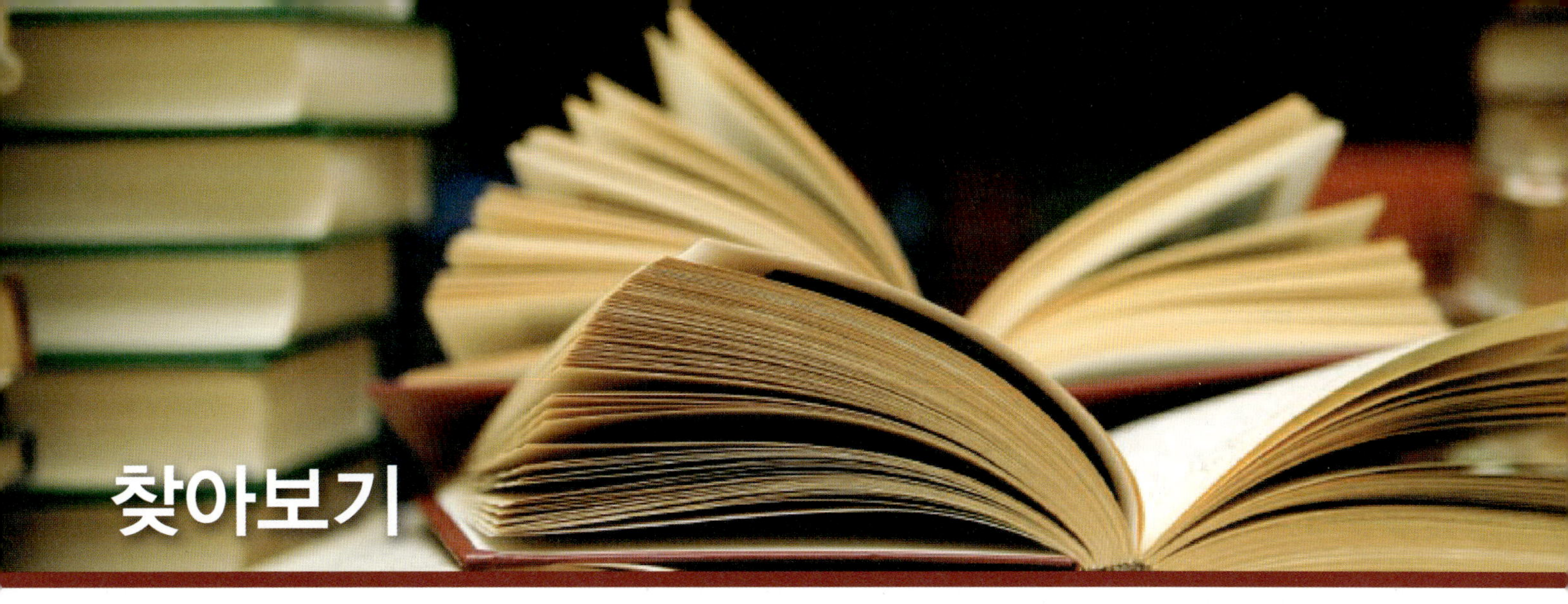

찾아보기

국문 찾아보기

ㅁ

ㅂ

ㅇ

ㅈ

ㅊ

ㅋ

ㅌ

ㅍ

ㅎ

영문 찾아보기

A

B

C

D

E

F

G

H

I

J

K

L

M

Q

R

S

T

U

V

W

X

Y

Z

기타